计算机基础教育研究会
"计算机系统能力培养教学研究与改革课题"立项项目

Android 实例详解
——基础进阶开发

韩迪 李建庆◎编著

业界接轨 | 使用大量的业界最新流行框架和开发工具
扩展学习 | 每章附参考文档，信手拈来学习更方便
典型实例 | 实例间互相独立但逻辑上融合
实用性强 | 不局限于理论介绍，实训皆采用了"项目驱动

整本书集基础知识、核心技能、高级应用、项目案例于一体

内容简介

随着移动互联网的发展和4G网络提速，智能手机应用开发市场越来越完善。本书以此为前提，并不炫耀Android开发架构的优点，也不强调如何弥补其他系统的软肋，更多是结合Android开自身开源平台和利用Google等强有力的后盾，设计出更多方便生活，服务社会的应用程序。

本书以Android应用程序开发为主线，分问上下两册，此次为上册，适合有一定编程基础(如C/C++)的读者阅读。本册分为三个部分。分别为：

准备知识：深入浅出的罗列掌握Android开发需要的基础内容，并辅佐案例学习。

基本组件：利用实例对Android基本组件使用方法进行训练。

简单案例：以案例驱动学习为主线，将基本组件融合的综合案例教学。

图书在版编目（CIP）数据

Android实例详解：基础进阶开发 / 韩迪，李建庆编著. --北京：北京邮电大学出版社，2015.7

ISBN 978-7-5635-4374-8

Ⅰ. ①A… Ⅱ. ①韩…②李… Ⅲ. ①移动终端－应用程序－程序设计 Ⅳ. ①TN929.53

中国版本图书馆CIP数据核字（2015）第114573号

书　　　名：Android实例详解——基础进阶开发

著作责任者：韩　迪　李建庆　编著

责 任 编 辑：满志文

出 版 发 行：北京邮电大学出版社

社　　　址：北京市海淀区西土城路10号(邮编：100876)

发 行 部：电话：010-62282185　传真：010-62283578

E-mail：publish@bupt.edu.cn

经　　　销：各地新华书店

印　　　刷：北京鑫丰华彩印有限公司

开　　　本：787 mm×1 092 mm　1/16

印　　　张：25.75

字　　　数：676千字

版　　　次：2015年7月第1版　2015年7月第1次印刷

ISBN 978-7-5635-4374-8　　定　价：55.00元

前　言

随着计算机处理能力的高速发展，以及通信能力速度提高和云服务计算成本的降低，可穿戴设备的普及，IT 行业逐渐朝着移动互联网方向蓬勃发展。同时由于人类对生产效率、生活质量的不懈追求，人们开始希望能随时、随地、无困难地享用计算能力和信息服务，由此带来了计算模式的新变革。

新的变格方向之一就是进入普适计算(Pervasive Computing 或 Ubiquitous Computing)时代。普适计算是指：是一個强调和环境融为一体的计算概念，而计算机本身则从人们的视线里消失。人们能够在任何时间、任何地点，都可以根据需要获得计算能力。

技术是以人为本的，所以将来智能手机市场发展的趋势的重点并不是 Android 新 SDK 提供了什么新功能；苹果又有了什么新的用户体验；又或者其他的手机平台又提供了什么更有趣的软件市场，而是普适计算的发展。其中包括计算机、手机、汽车、家电、可穿戴设备等所提供的综合网络服务。

所以本书以此为前提，并不在炫耀 Android 架构的优点，也不强调如何弥补其他系统的软肋，更多是结合 Android 自身的开源平台和 Google 这个强有力的后盾，设计出更多方便生活、服务社会的应用。

本书内容

本书以 Android 应用程序实例开发为主线，通过由浅入深的 13 个单元项目，全面涵盖了 Android 底层框架、通信应用程序开发、本地数据应用、网络数据应用、盈利模式分析以及云计算服务应用等多个开发领域。

本书分为 3 个部分：

第一部分：准备知识——前 1～4 个单元以 Android 预备知识点训练为主，分别融合了 Android 开发工具(其中包含业界使用的 Android Studio、Git 代码提交等、Android 应用如何植入广告)、XML 和 JSON(轻量级的存储)、Android 布局、以及 Java 的基本功训练(内部类、事件监听、多线程以及异常处理)，弥补读者进入 Android 开发平台所需要的基础。

第二部分：基本组件——5～13 单元融合了 Android 所有的开发组件(Activity、Intent、Broadcast、Service、Manifest、Handler 以及一些 widget 等。本书和其他书籍在此部分的区别在于：讲解的安排不是案例为知识点服务，而是知识点是为案例服务的。以某个案例展开来讲解一个或者多个组件。

根据作者的教学和开发经验，要更好的让读者学到知识点融会贯通，必须将项目拆分成主要的功能模块，将项目实际开发经验和建构主义教学思想融入其中，培养读者分析问题的能力解决问题的能力。

第三部分：简单案例——本书最后一个部分设计了 3 个单元，这 3 个单元分别涉及：本地开发、网络开发以及数据库开发。本地应用特别之处在于利用 Java 代码来实现布局功能；网络开发包含了使用利用谷歌或者百度的资源开发二维码扫描机、天气预报等应用；最后的一个案例结合了 SQLite3 和多线程实现了一个信息查询功能。整个案例的讲解依照软件工程的规范化形式组织内容。

最后，包含了一篇关于 JNI 使用的附录，方便有需要的读者扩展学习：了解如何为自己的项目添加如 Open CV 等更强大图像识别库的支持。

本书三个部分环环相扣，注重对实际动手能力的指导，在遵循技术研发知识体系的严密性的同时，在容易产生错误、不易理解的环节配以详细的开发截图，并将重要的知识点和开发技巧以“知识点”、“注意”、“小技巧”等活泼形式呈现给读者。所有程序实例的讲解方面，按照“搜索关键字”（挖掘本章中在搜索引擎中的需要的关键字）、“本章难点”（帮助读者把握重点）、“项目简介”（项目的功能介绍）、“案例的设计与实现”（如何将功能需求进行分析、拆解最终实现）、“项目心得”（笔者的心得体会）“参考资料”（笔者在解决问题时候查阅的网页、书籍或者其他资料）和“常见问题”（初学者会出现的问题）。

本书特色

■ 适用于没有项目开发经验或程序设计基础薄弱的读者，以及希望快速开发安卓 App 的新手、编程爱好者、安卓爱好者。

■ 本书共分准备知识、基本组件和简单案例三个单元，每个单元中包含若干个主题，而每一个主题由 3 个左右单独的小案例组成，学习时间约为 2 小时，这些小案例是彼此之间独立的，但它们又有逻辑的关系。避免读者因为某个功能无法实现，而不能放弃整个项目学习。做到学习意义上的“高内聚，低耦合”。这样做的目的是：尽量避免很多实训类的教材，案例非常好，但是读者无法实现或者无法理解其中一个功能而不得不放弃整个项目的问题，将项目拆开虽然会带来更多的工作量，但是读者学习的效率会更高。

■ 培养分析问题、解决问题的能力，而不仅仅是一本指导书。笔者并不仅仅是教读者第一步怎么做，第二步这么做，而且思考这个项目该如何拆分，大的问题该如何变成小的问题，小的问题如何去需找答案，解决的方法有多少种，哪一种更好，此外这个问题的解决方法还可以应用其他什么方面。希望能够达到授人鱼不如授人以渔，授人以渔不如授人以欲的目的。而且书中大部分案例都以放上应用市场，所以本书中在介绍开发过程中，同时也根据市场的反馈、用户体验等深入讲解原本代码中不妥当的地方。令读者开发经验更成熟。避免其他 Android 图书经常忽略对于错误反馈的讲解。

■ 每个章节最后给出参考链接，让读者能够有依可寻。因为每个人精通的范围是有限的，关键是为读者提供信息二次挖掘的入口。现在搜索引擎提供很丰富内容，问题的解决方法一般网上都会有，但是关键是：如何找到这些信息，然后如何整理。所以本书通过开始的“搜索关键字”和课后提供的“参考资料”的超链接及其注解，辅导读者能够更好的利用搜索引擎，提高自学能力。

■ 案例讲解中融入了大量作者在业界的开发经验，选取了大量的企业中实际的开发框架和工具，让学习者真正实现了和理论学习和业界实践相结合。

致谢

衷心感谢在本书编著过程中提供支持的机构和提供帮助的每一个人，包括在技术群和论坛中的热心网友。

首先特别感谢澳门基金会的资助。

感谢曾梓华，态度认真的 Android 工程师，移动互联网爱好者，在案例的设计和建议上，建议良多。

感谢朱冠州，在软件调试过程中的细心、踏实的工作，和较强责任心，值得借鉴。

感谢孙智威，资深全栈型工程师，一起无数次熬夜研究代码，对 Android 新技术执着和积极向上的态度，激励我们前行。

感谢团队中的每一位优秀技术成员，和你们交流，让我们找到了的进步空间；

最后感谢黄丽芳女士的理解与默默支持。

由于书中内容较多较新，难免有所疏漏，诚挚感谢读者指出书中不足，这样能和读者共同进步和提高。

作 者

目　录

第一部分　准备知识

第二部分　基本组件

第三部分　简单案例

第一部分　准备知识

01　Android 整体接触

A　磨刀不误砍柴工——开发工具比较

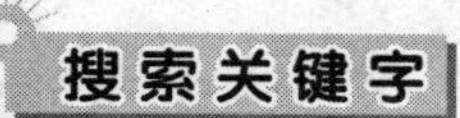

Intellij Idea;Eclipse。

本章难点

Eclipse 最初是由 IBM 公司捐献给开源社区的,目前已经发展成为人气最旺的 Java IDE。Eclipse 插件化的功能模块吸引了无数开发者开发基于 Eclipse 的功能插件,在这样一个稳健的社区环境下,Eclipse 得到了无论是企业还是初学者的青睐。

Intellij Idea 为 JetBrains 公司的产品,在业界被公认为最好的 Java 开发工具之一,尤其在智能代码助手、代码自动提示、重构代码审查、创新的 GUI 设计等方面的功能可以说是超常的,也因此积累了一批特杆粉丝。

本章将基于 Android 开发环境,对他们进行比较并解剖分析两者的优点与缺点,让读者可以选择适合自己的 IDE,提高开发效率。

A.1　项目简介

A.1.1　UI 界面

Eclipse 的本身只是一个框架平台,但是众多插件的支持使得 Eclipse 拥有其他功能相对固定的 IDE 软件很难具有的灵活性。许多软件开发商以 Eclipse 为框架开发自己的 IDE。

Eclipse 最初是由 IBM 公司开发的替代商业软件 Visual Age for Java 的下一代 IDE 开发环境,2001 年 11 月贡献给开源社区,现在它由非营利软件供应商联盟 Eclipse 基金会(Eclipse Foundation)管理。截至今日,其仍然保持着比较频繁的更新频率,旨在为工程师打造更好用的 IDE。

版本代号	平台版本	主要版本发行日期	SR1发行日期	SR2发行日期
Callisto	3.2	2006年6月26日	N/A	N/A
Europa	3.3	2007年6月27日	2007年9月28日	2008年2月29日
Ganymede	3.4	2008年6月25日	2008年9月24日	2009年2月25日
Galileo	3.5	2009年6月24日	2009年9月25日	2010年2月26日
Helios	3.6	2010年6月23日	2010年9月24日	2011年2月25日
Indigo	3.7	2011年6月22日	2011年9月23日	2012年2月24日
Juno	3.8及4.2	2012年6月27日	2012年9月28日	2013年3月1日
Kepler	4.3	2013年6月26日	2013年9月27日	2014年2月28日
Luna	4.4	2014年6月25日	N/A	N/A

图 1A-1　发行历史版本

界面方面虽然 Eclipse 没有 Intellij Idea 的华丽惊艳，但却给与一种务实稳重的感觉，相信图 1A-2 的界面大家也比较熟悉了。

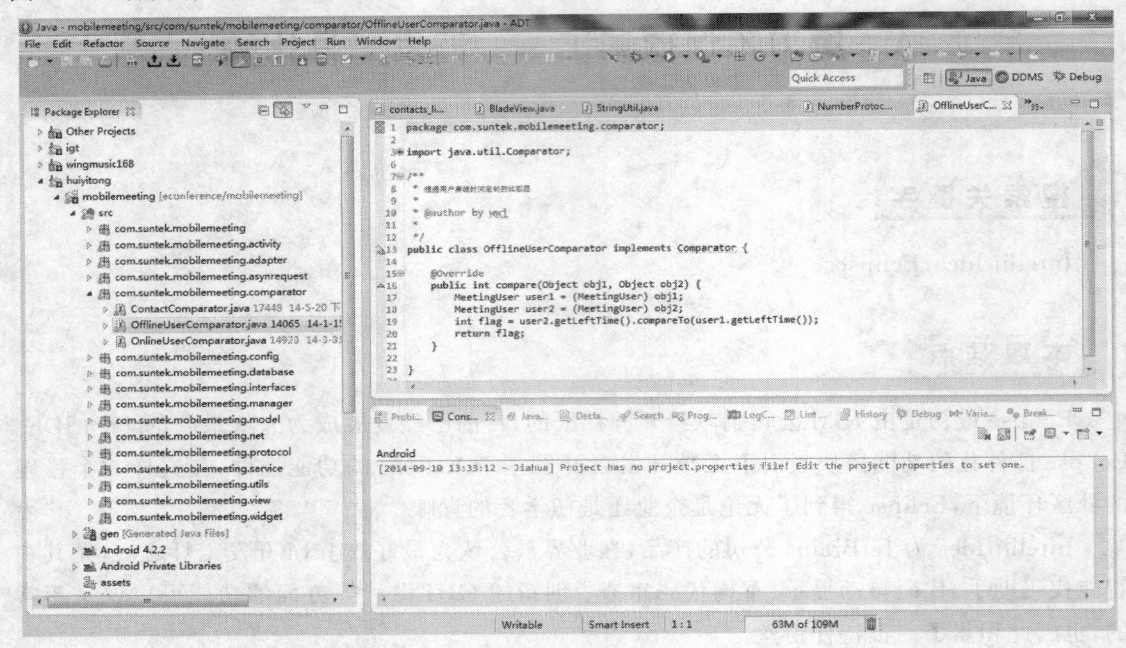

图 1A-2　Eclipse 默认主题的界面

IntelliJ IDEA（下面简称 IDEA）被认为是当前 Java 开发效率最快的 IDE 工具。它整合了开发过程中实用的众多功能，几乎可以不用鼠标可以方便的完成读者要做的任何事情，最大程度的加快开发的速度。简单而又功能强大。与其他的一些繁冗而复杂的 IDE 工具有鲜明的对比。

2001 年 1 月发布 IDEA 1.0 版本，同年七月发布 2.0，接下来基本每年发布一个版本（2003 除外），当然每年对各个版本都是一些升级。3.0 版本之后，IDEA 屡获大奖，其中又以 2003 年的赢得的"Jolt Productivity Award"，" JavaWorld Editors's Choice Award"为标志，从而奠定了 IDEA 在 IDE 中的地位。近日由谷歌推出的 Android Studio，也建立在相同的基础之上。目前版本为 13.1，2014 年 7 月 22 日发布，更新版本为 13.1.4。IDEA 的宗旨："Develop with pleasure"。

初次使用 IDEA，最具备吸引力的地方非它的 UI 界面莫属了，其中最著名的要数其自带的深蓝黑色为主调的 Darcula 主题，相信不少工程师对这种黑酷炫的颜色搭配有种独特的情怀。关于该主题的选择会在“常见问题”里进行详细说明。

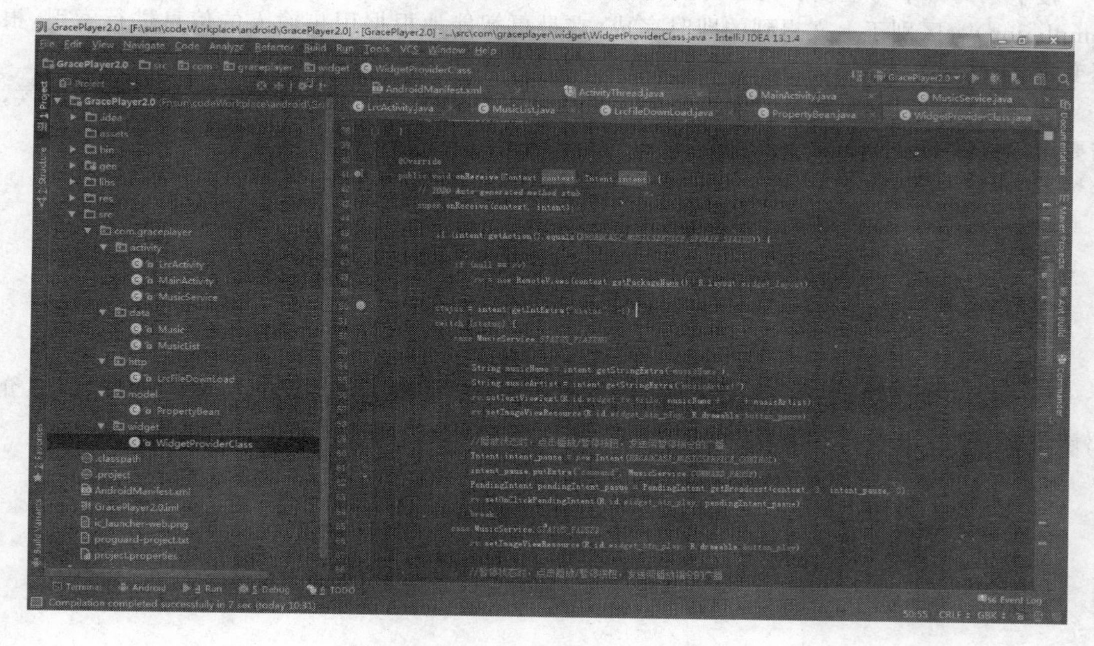

图 1A-3　IDEA 的 Darcula 主题的界面

A.1.2　代码提醒

代码自动提示，智能补全是 IDE 与记事本的一个重要的区别之一，在这方面 IDEA 的表现就更强大，更智能了。它对代码的理解并不仅仅停留在【符合语法，编译无误】的层面，它对当前的上下文，相关的类、包、最近抛出过的异常、每种类型最近用过的变量、当前类有哪些成员哪些方法它们都是什么名字什么类型、上下文中所有驼峰变量名的首字母和大写字母……等等都有非常准确及时的了解和“猜测”，并且给予读者最舒服最贴心的帮助。由于篇幅的问题下面就只简单介绍 IDEA 几个代码自动完成的特效。

1. *即刻完成*(Instant completion)

第一个也是最吸引我的就是“即刻完成”特性，不同于其他 IDE，IDEA 可在任意地方提供这个功能，而不只是当读者要访问某个类的成员时。只需要输入单词的首字母，IntelliJ IDEA 就会立即给出最相关的、最适合此处代码编辑需要的选项共读者选择。

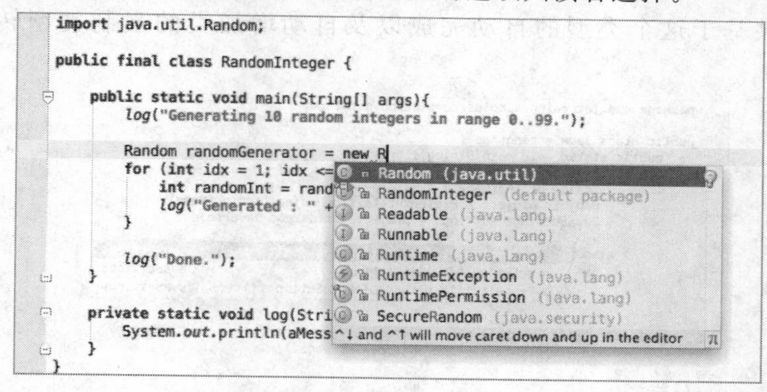

图 1A-4　即刻完成

2. 链式自动完成(Chain completion)

接下来的一个可让读者更多的提升编码效率的自动完成特性，名为 链式自动完成(Chain completion)。区别于上文提到的即时完成，它是更智能地根据用户输入的信息进行索引，根据变量、属性和方法给出更深层次的代码提醒，具体到相关使用类里的具体的方法。

例如现在我们有个 User 类，该类为存储登录用户的基本信息。当需要调用该类的时候，需要用到该类的时候一般会先声明具体的对象，如图 1A-5 所示。

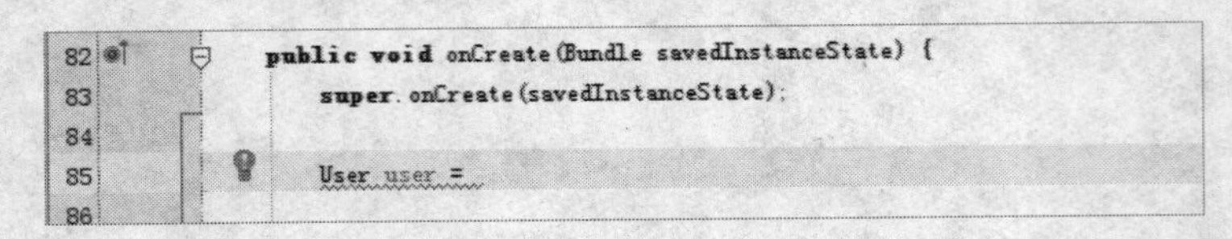

图 1A-5 声明对象

此时按下快捷键 Ctrl＋Shift＋Space(也即智能的代码补全功能，在常见问题中会具体介绍该快捷键)，会提示并没有找到相关的类，并且建议进行搜索更深一层的方法进行调用。

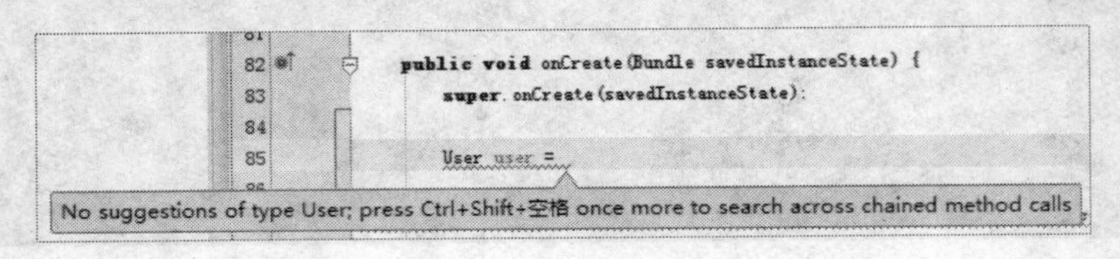

图 1A-6 按下 Ctrl＋Shift＋Space

接着再次按下 Ctrl＋Shift＋Space 键，IDEA 立刻索引整个项目，并且快速给出返回 User 类的方法，也即图 1A-7MainApp. getUser()和 MainApp. getUserAccount()。

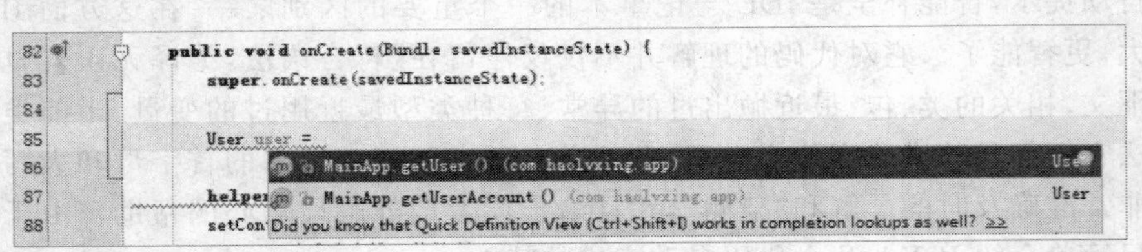

图 1A-7 链式自动完成

3. 数据流分析(Data flow analysis)

IntelliJ IDEA 被称为是最智能的 Java IDE 的原因是，IDEA 提供的各种功能都是基于对读者代码分析的结果，数据流分析就是其中一项。IDEA 分析数据流以便猜测运行环境中的变量类型，并提供基于这个类型的自动完成以及自动增加类的强制类型转换，如图 1A-8 所示。

```
package com.jetbrains.samples.completion.dataflow;

public class JavaSettingsApp {
    public static void main(String[] args) {
        if (args.length == 1) {
            String projectName = args[0];
            Project project = ProjectUtils.findProject(projectName);
            JavaSettings settings = project instanceof JavaProject ?

        } else  ((JavaProject)project).getJavaSettings()   JavaSettings
            Sys getDefaultJavaSettings()                     JavaSettings
        }       ProjectUtils.getDefaultJavaSettings() (c...  JavaSettings
    }

    private static JavaSettings getDefaultJavaSettings() {
        return ProjectUtils.getDefaultJavaSettings();
    }
}
```

图 1A-8 数据流分析

而 IDEA 之所以能够做到如此智能与人性化，很大程度上是因为它索引缓存了整个项目目录，这使得 IDEA 需要占用系统大量的内存资源，也就造成了当配置较低的电脑里使用 IDEA 会启动速度超慢，也非常卡，此时使用 Eclipse 就不会有这样的情况出现。

A.1.3 插件

虽然大多数用户很乐于将 Eclipse 当作 Java 集成开发环境(IDE)来使用，但 Eclipse 的目标却不仅限于此。Eclipse 还包括插件开发环境(Plug-in Development Environment，PDE)，这个组件主要针对希望扩展 Eclipse 的软件开发人员，因为它允许他们构建与 Eclipse 环境无缝集成的工具。由于 Eclipse 中的每样东西都是插件，对于给 Eclipse 提供插件，以及给用户提供一致和统一的集成开发环境而言，所有工具开发人员都具有同等的发挥场所。

因此 Eclipse 拥有非常丰富插件集群，如 FindBugs，Checkstyle，PMD，SourceHelper 等等，这是 IDEA 无法比拟的，目前 IDEA 官方公布的插件不足 400 个，并且许多插件实质性的东西并没有，在插件上的距离可见一斑。下面罗列了一些 Eclipse 常用的提高编写代码效率的插件：

(1) FindBugs

FindBugs 可以帮读者找到 Java 代码中的 bug，它使用 Lesser GNU Public License 的自由软件许可。

(2) Checkstyle

Checkstyle 插件可以集成到 Eclipse IDE 中去，能确保 Java 代码遵循标准代码样式。

(3) ECLemma

ECLemma 是一款拥有 Eclipse Public License 许可的免费工具，它提供了方便快捷的开发和测试环境。读者可以使用代码覆盖模式下的“launch”功能，用起来就像是真正的运行/调试模式。可以通过使用代码覆盖试图，高亮源文件，计数来分析代码。

(4) JDepend4Eclipse

JDepend4Eclipse 可以帮助遍历文件夹，协助量化设计的质量。它使用 Eclipse Public License v1.0 许可。

(5) PMD

PMD 是一款代码分析器，用来检测变量和写得不好的代码。(更新网址：http://pmd.sourceforge.net/eclipse/)

(6) SourceHelper

SourceHelper 可以协助编码和调试，对写好的代码提供说明。

(7) Structure101

Structure101 帮助修改代码的架构，就是说读者可以改变架构，而不打乱代码。

文本编辑插件

(8) AnyEdit Tools

AnyEdit 为输出控制台和工具栏增加了新的编辑器，帮助导入和导出数据。它使用 Eclipse Public License v1.0 许可。

(9) Eclim

Eclim 给 Eclipse 引入了 Vim 的功能，Vim 是最好的编辑器之一。开发者可以采用不同的语言来编写代码，它也提供 bug 纠错功能。Eclim 使用 GPLV3 许可。

(10) Eclipse-rbe

Eclipse-rbe 用来编辑 Java 文件，它的功能有为缺失变量发出警告信息，排序键值，转变 Unicode 编码等。它使用 GNU 库或 LGPL 许可。

依赖管理

(11) Apache IvyDE

Apache IvyDE 集成了 Apache Ivy 的依赖管理功能。它能管理“ivy. xml”中的依赖，也能够配合 WPT 和 Ant 插件的使用。

(12) M2eclipse (Maven 插件)

M2eclipse 能够管理简单的项目，也能管理多模块项目，它能在 Eclipse 中启动 maven。它提供依赖管理，能提供自动下载。

版本控制插件

(13) Subclipse

Subclipse 是一个 SVN 插件，它为 Eclipse IDE 提供 subversion 支持，使用 EPL 1.0 许可。

(14) EGit

EGit 提供同步视图，可以读. git/ 下排除的文件，提供 rebase 功能，为 pull 和 push 提供精简的操作。

(15) MercurialEclipse

MercurialEclipse 是个流行的版本控制系统。它提供了 clone repository 功能，push-pull 同步功能，以及简单的回滚功能。

(16) P4Eclipse

P4Eclipse 吸纳了 Perforce 管理系统的特长。它提供了以开发者为导向的一系列的功能，并且支持许多 Agile 开发流程以及传统开发流程。

框架开发插件

(17) Spring Tool Suite

Spring Tool Suite 提供了 XML 文件预览以及图形化的 spring 配置编辑器等开发环境和工具，它能让开发变得更简单。

(18) Spring IDE

Spring IDE 帮助读者开发 Spring 应用，它提供了图形编辑界面。它还能用图形的方式显示 bean 之间的关系。(更新网址：http://springide. org/updatesite)

(19) Hibernator

Hibernator 能够创建或更新数据库 schema，运行 hibernate 查询语句，创建映射文档。用户可以将一个 Java 类和一个相关的映射文件同步起来。

(20) JbossTools

JbossTools 3.2x 支持 JBoss，Hibernate，Drools，XHTML，Seam 等。(更新网址：http://download. jboss. org/jbosstools/updates/JBossTools-2.1.2.GA)。

其他功能插件

(21) ASM—二进制预览插件

ASM Bytecode Outline 插件可以显示当前的 Java 文件或 class 文件的分解的二进制代码，便于 Java/class 文件的二进制比较，也可以显示当前二进制代码的 ASMifier 代码。读者可以用 Eclipse 更新管理器来安装 ASM。(更新网址：http://download. forge. objectweb. org/eclipse-update/)。

(22) Mylyn-任务管理

Mylyn 采用任务为中心的界面，它为开发者提供了任务管理工具。另外，也集成了富文本编辑工具，以及监测工具。

(23) Eclipse Launcher

Eclipse launcher 采用 Delphi 6 写成，使用它读者可以自定义启动 Eclipse IDE 时的配置。

(24) AmaterasUML

Eclipse 的 UML 插件，支持 UML 活动图，class 图，sequence 图，usecase 图等；支持与 Java class/interface 之间的相互导入导出。

(25) Log4E

Log4E 可以帮读者更容易地写日志，而不需要受特定日志框架的约束。当然也可以自定义自己的日志模版。

总而言之，插件能让 Eclipse 用其他语言来编写。Eclipse 插件是必不可少的，因为它们让 Java 应用无缝连接，降低了 Java 的复杂度。然而，装了过多的插件会让读者的 Eclipse 变慢，所以读者需要有选择性地安装插件。

我们简单的介绍其中的 AmaterasUML 插件.

在安装 AmaterasUML 之前，首先要按照 GEF(Graphic Editing Framework)。其官方的文档地址是 http://wiki.eclipse.org/index.php/GEF_Developer_FAQ#Download_and_Install

在线安装地址 GEF -https://hudson.eclipse.org/hudson/job/gef-maintenance/lastSuccessfulBuild/artifact/update-site/

在这里，可以通过连接，下载 GEF 的压缩包。下载好之后，将其复制的 Eclipse 的父目录下。然后，将其解压缩。其压缩包中，按照 Eclipse 的目录结构提供了 plugins、features 等目录。因此，如果在 Eclipse 的父目录中进行解压缩，其中的内容会自动放入相应的文件中。

安装好 GEF 之后，再下载 AmaterasUML 的压缩包。其下载地址是：http://amateras.sourceforge.jp/cgi-bin/fswiki_en/wiki.cgi? page=AmaterasUML

解压缩之后，将其 jar 包复制到 Eclipse 目录下的 plugins 文件夹中保存。

重启 Eclipse，然后在 File－＞New－＞Other 下面就可以看见 AmaterasUML 的标志了。接着用户便可以导出导入或者制作类图，时序图等。

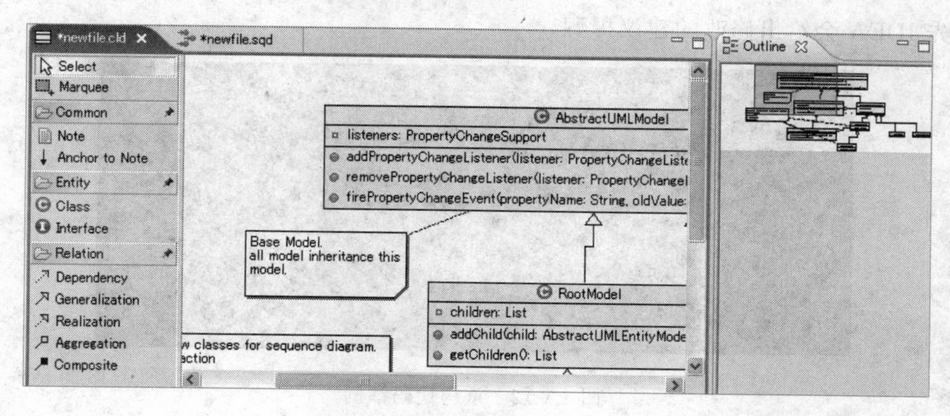

图 1A-9　数据流分析

A.1.4　重构

高效的工程师能够熟练地使用 IDE 提供的重构功能。所有的现代 IDE 都提供许多印象深刻的重构功能。但是还是那句，IDEA 的重构功能也很聪明智能。它们能读懂读者需要什么，然后针对不同的情况提供给读者最适合的解决方案。

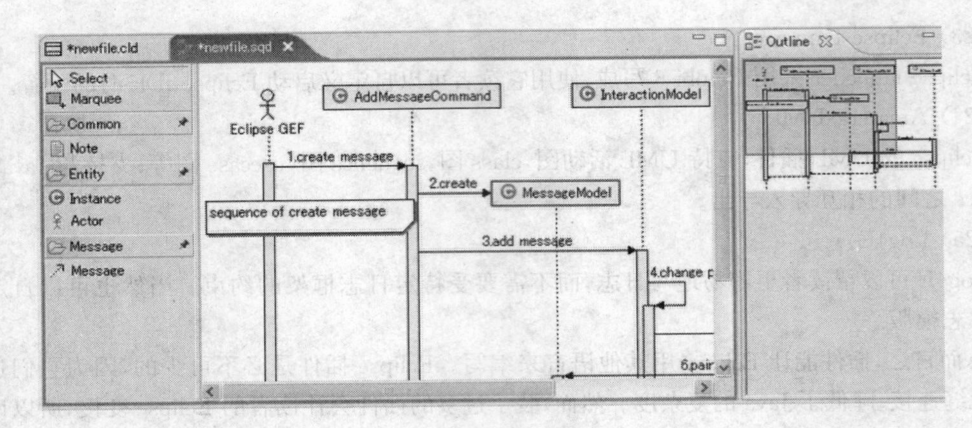

图 1A-10　时序图

例如图 1A-11 中我们可以看到一段设置按钮监听器的代码，以及其被注释的另一份代码。此时我们想修改 leftButton 为 mBackButton，此时就可以使用 IDE 的其中一个重构快捷，Shift＋F6。

```
53    baseLayout.leftButton.setOnClickListener(new OnClickListener() {
54        @Override
55        public void onClick(View arg0) {
56            Places_Attractions.this.finish();
57        }
58    });
59
60    /*baseLayout.leftButton.setOnClickListener(new OnClickListener() {
61        @Override
62        public void onClick(View arg0) {
63
64        }
65    });*/
```

图 1A-11　重构代码举例

首先 IDEA 会给出修改的建议提醒。

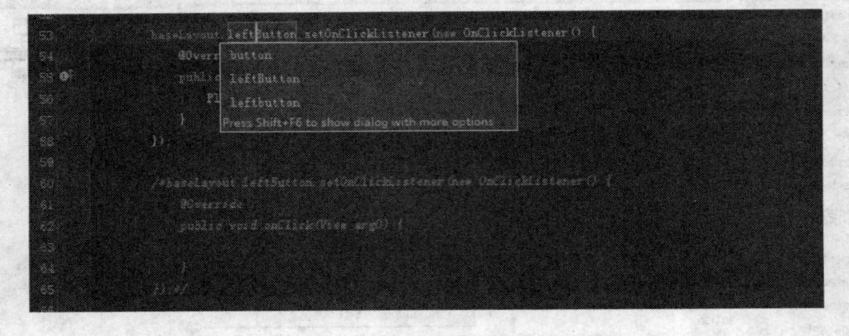

图 1A-12　重构代码举例

当输入完毕并且按 Enter 键后，IDEA 会对整个项目进行扫描，并且提醒询问所有关联的地方是否进行修改，甚至是注释了的地方，这一来就大大得加快了编码的效率了。

单击 Do Refactor，既可以完成该次重构。

若是一些自定义的方法，需要添加或者删除某些参数时，可以使用 Ctrl＋F6 进行重构。如图 1A-14 的 fileIsExist(String filePath)方法，如果此时需要往该方法添加 String name 的参数，并且不用每个调用它的地方都重复修改的话，使用该“重构”的方法是非常快的。

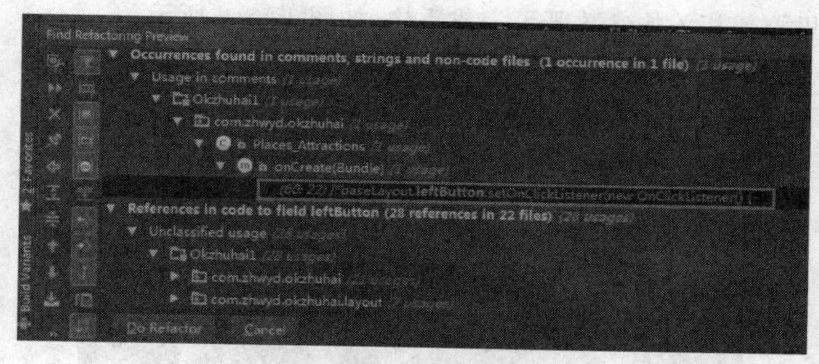

图 1A-13　重构代码提示

```
32    public static boolean fileIsExist(String filePath) {
33        if (filePath == null || filePath.length() < 1) {
34            Log.d("param invalid, filePath: " + filePath);
35            return false;
36        }
37
38        File f = new File(filePath);
39        if (!f.exists()) {
40            return false;
41        }
42        return true;
43    }
```

图 1A-14　重构方法参数

鼠标移至该方法上，并按 Ctrl+F6，此时就会弹出下面这样一个窗口，如图 1A-15 所示。

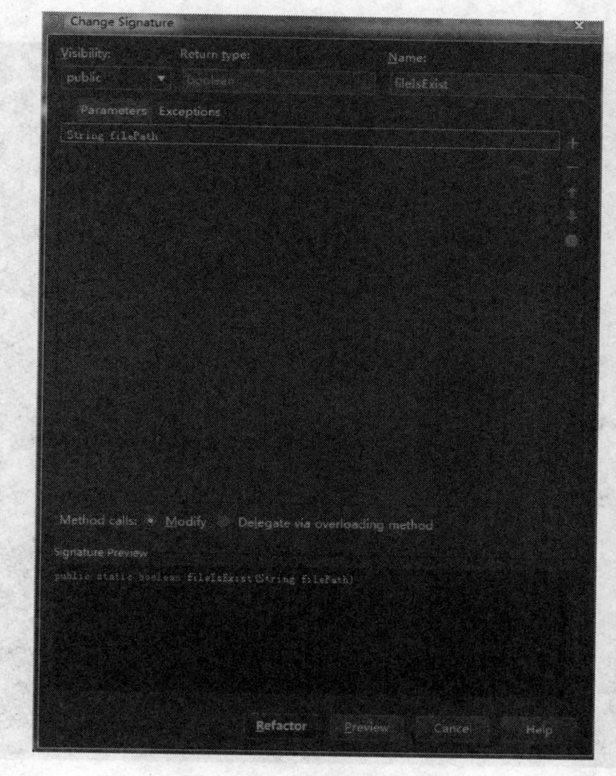

图 1A-15　重构方法参数

此时在窗口里添加相关的参数既可完成重构，如图 1A-16 所示。

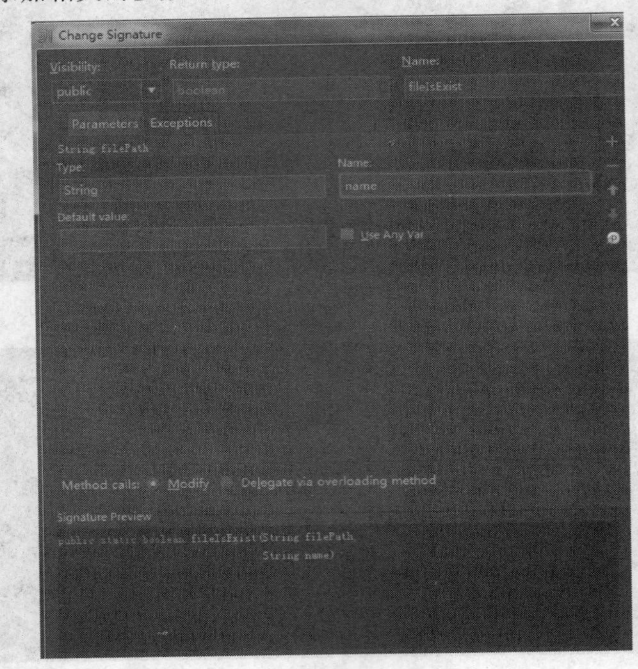

图 1A-16　重构方法参数

就算是重构布局文件中 ID 也是可以的，在这方面 IDEA 就显得比 Eclipse 智能得多，如图 1A-17所示。

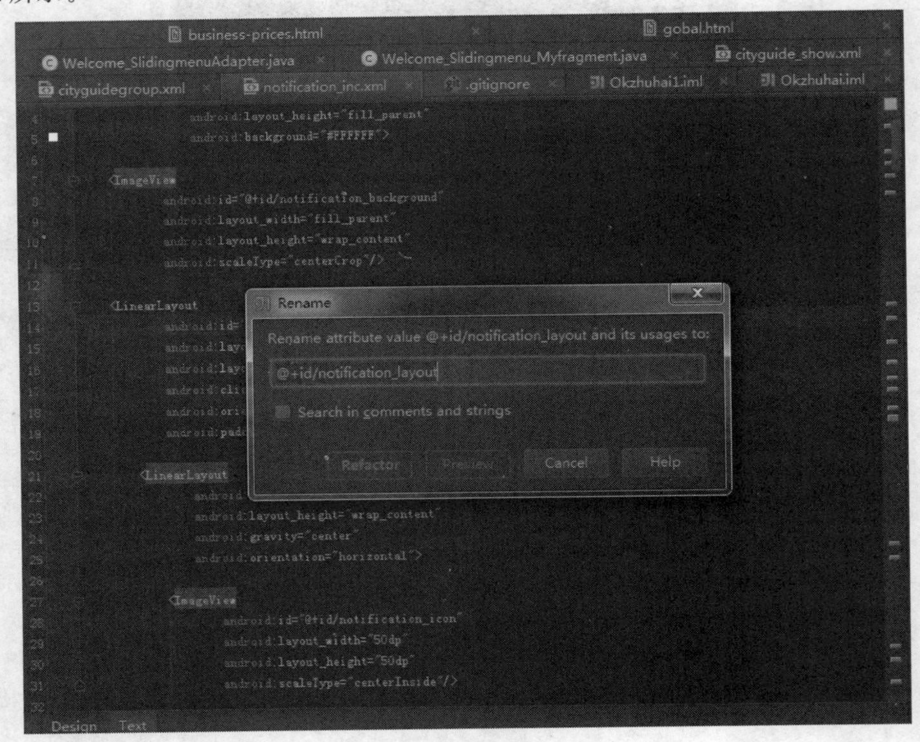

图 1A-17　重构方法参数

A.1.5 自定义模板

用过 Eclipse 的人都会对其中的 System. out. println()的快捷输入 sysout 印象很深刻，在 IDEA 里其实也有类似的方式：输入 sout，按 Tab 键即会完整输出 System. out. println()。这些快捷方式使我们用最少的字符就能完成较长的代码语句，非常的实用，相信读者们用过一次就会对它爱不释手。

更深入一层，我们能否自定义这些快捷方式呢？答案是肯定的。在 Eclipse 和 IDEA 都同样具有类似的功能，称之为自定义模板。两个编辑器在这方面的功能都不相伯仲，这里就简单通过大家都比较陌生的 IDEA 来讲解这个功能。

首先可以通过 Ctrl+J 快捷键组合来获得模板列表。一般快捷方式均为模板关键字首字母的组合。

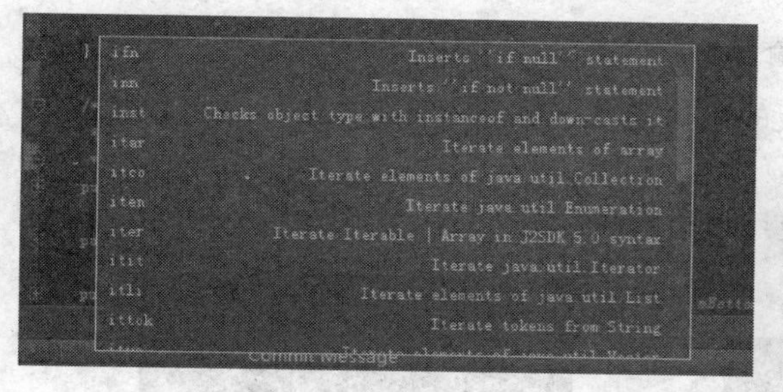

图 1A-18　模板列表

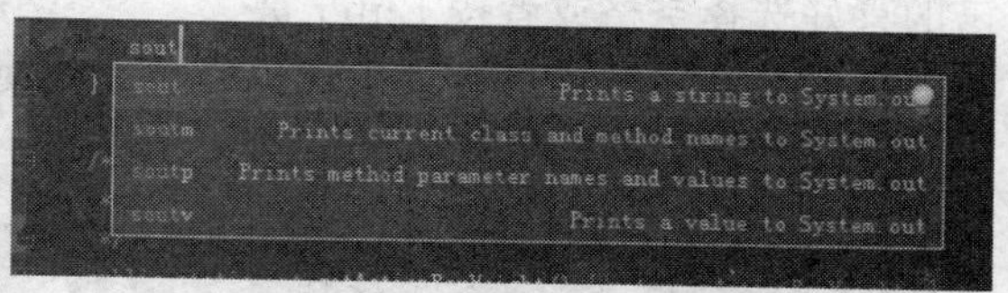

图 1A-19　sout 模板列表

接着我们来自定义我们常用的模板吧！在 IDEA 里是没有提供 try-catch 模板的，它只提供了选中一句话后围绕着该句代码生成 try-catch 的方法，也即当我们想要输入空的 try-catch 代码块时，是需要手动输入的。

那么我们下面需要的操作是

```
Settings(Ctrl + Alt + S) -> Live Templates -> Add -> Edit Live Template
```

下面会看到如下的界面，如图 1A-20 所示。

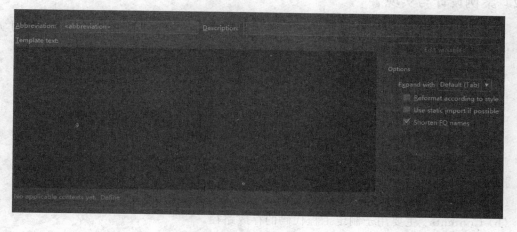

图 1A-20　添加模板

我们只需要输入 Abbreviation 和 try-catch 代码，然后单击“Refine”进行定义该模板适用的场景，单击后勾选“java”即可，如图 1A-21 所示。

图 1A-21　输入相关信息

在图 1A-21 中方框部分为选择触发该模板的快捷键，默认的是"Tab"，当然也可以根据自己的喜好选择空格或者按 Enter 键。

单击保存后既可以在编辑代码时快速的使用该模板了，如图 1A-22、图 1A-23 所示。

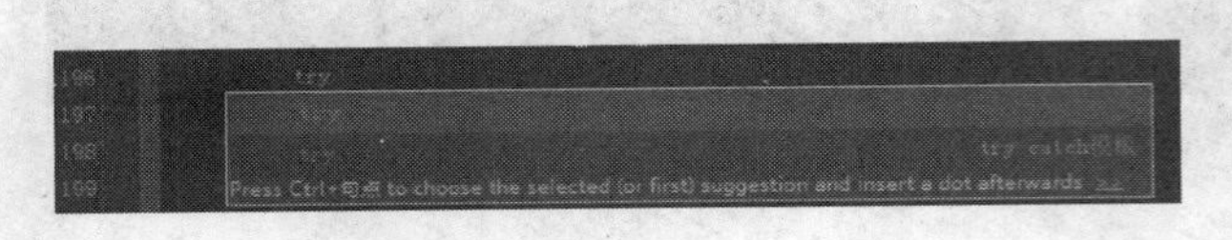

图 1A-22　输入 try

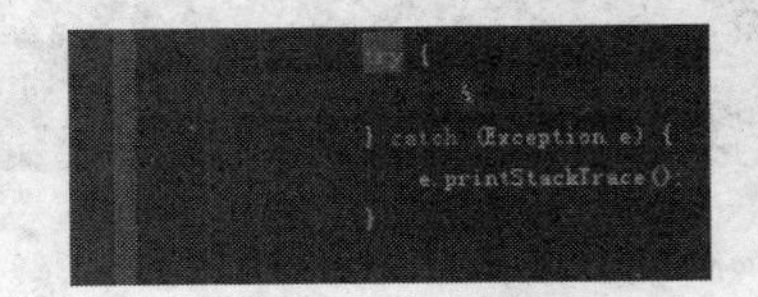

图 1A-23　单击 Tab 展示出完整的 try-catch

A.1.6　技术支持

由于 Eclipse 相比起 IDEA 已经相对较长的发展历史，并且用户相对更加多，所以网络中的相关技术文章会丰富得多，这让初学者可以很快捷得上手并且解决遇到的问题。

A.2　案例设计与实现

上面对两大 IDE 做出了粗略的对比，但是实际上更多的体验上的细节还是需要通过实践来把握的，所以接下来我们设计了 3 个案例让读者能够对两者之间有个更加清晰的对比。

A.2.1　HelloWorld

1. Eclipse

Eclipse 里新建新的 Android 项目相对会比较简单，如图 1A-24～图 1A-30。

(1)【File】－＞【new】－＞【Project】－＞【Android Project】

(2) 输入项目名称

按顺序介绍以上方框内内容。

(a) Project name：建立的工程的名称，类似于 VS 中的 Project Name。

(b) Contents：主要用于制定工程代码的存放路径。

(c) Build Target：说明要开发基于 Android 那个版本的应用程序。

(d) Application name：这个是开发出来的程序，安装到设备中之后，那个图标下面显示的名字。

(e) Package name：包名称了，这个相等于.Net 中的 namespace。

(f) Create Activity：选择了这个就会生成一个默认的类，等同于 VS 中新建一个 Console 工程，会自动创建一个 Program.cs，并且包含 Main 方法一样，如果不选择，则就是一个空的程序架子，自己可以多建几次体会一下。

(3) 创建完成之后，Eclipse 中就会打开。

至此，Android 工程已经建立完毕。只需要单击 Run 运行即可让程序跑起来。

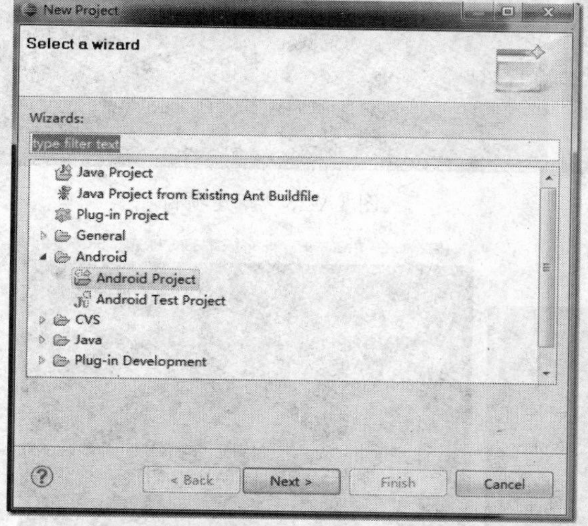

图 1A-24　新建项目

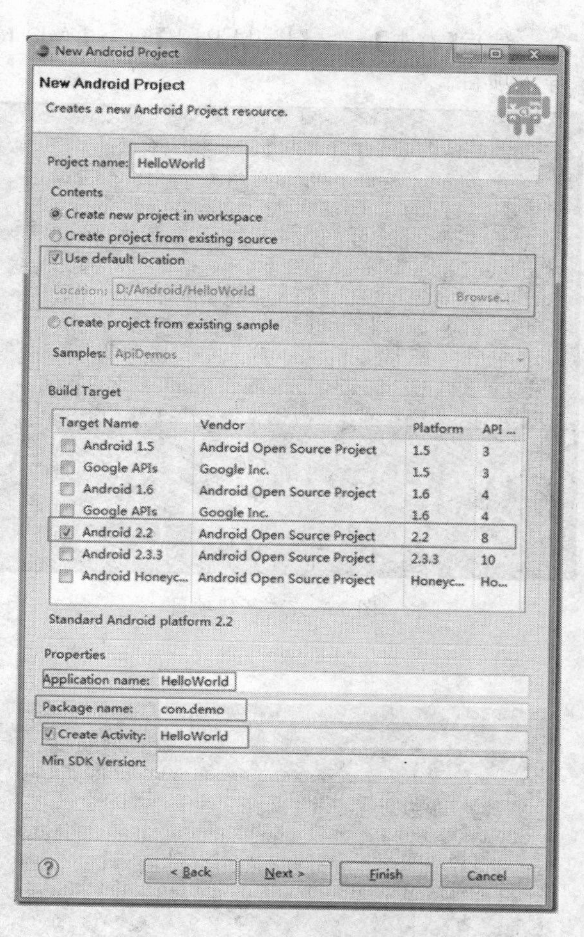

图 1A-25　新建项目

2. IntelliJ IDEA

首先要说明的一点是，IDEA 里面“new Project”就相当于我们 eclipse 的“workspace”，而“new Module”才是创建一个工程。

(1)【File】—>【New Project】—>【Android】。

(2) 输入项目名称信息。

(3) 创建完成后，对应可以看到如下目录。

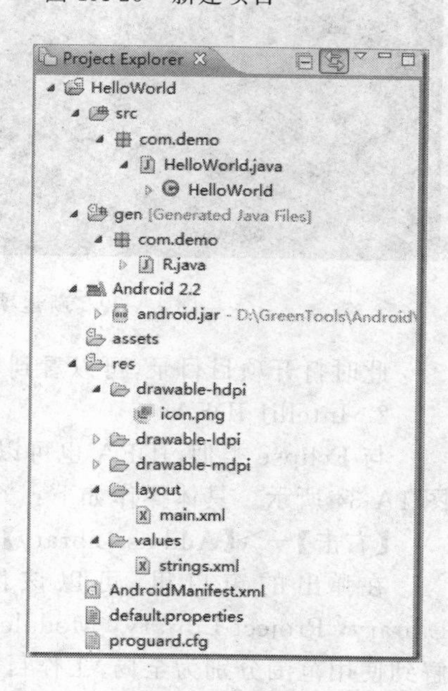

图 1A-26　项目目录

A.2.2　依赖库导入

很多时候我们在进行 android 开发的时候，恰当的使用插件能让我们 app 应用如虎添翼，并且避免重复制造轮子。那么在 Eclipse 与 IDEA 里，两者引入依赖库的方式是大同小异的，不过 IDEA 提供了更为方便的一些特性。本案例中我们用 android-support-v4.jar 为例，分别介绍它们的导入方式。

1. Eclipse

一般情况下，我们都是在项目目录下的 libs 文件夹里放置依赖库，如图 1A-31 所示。

然后【右击】－＞【Build Path】－＞【Add to Build Path】就能够成功得把所选择的依赖库导入项目。

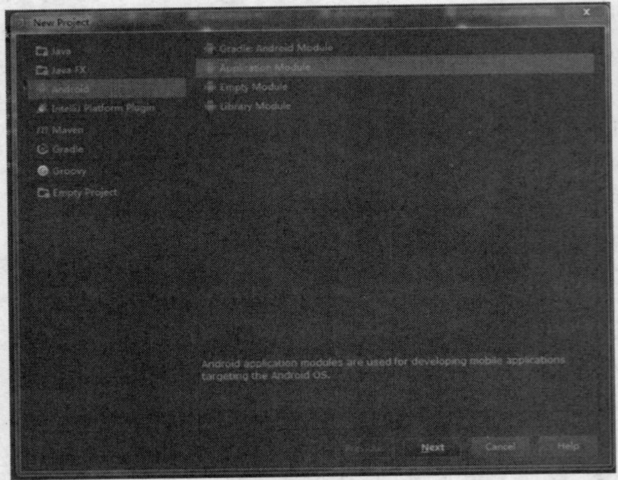

图 1A-27　新建项目

图 1A-28　新建项目

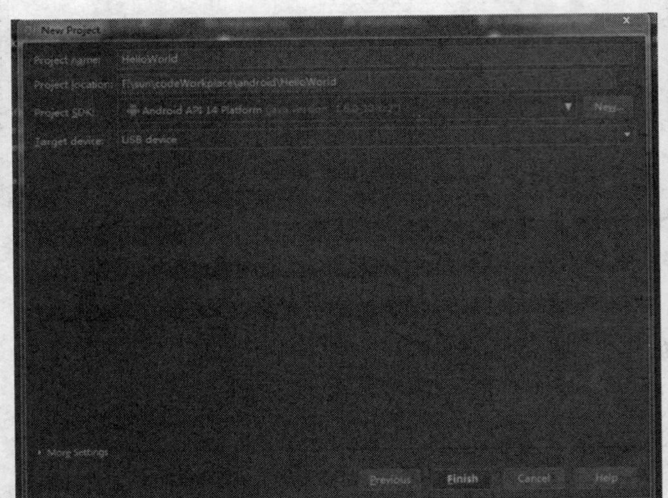

图 1A-29　新建项目

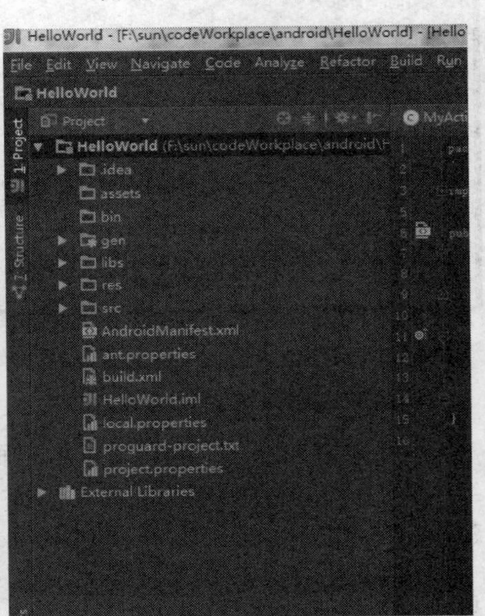

图 1A-30　新建项目

此时打开项目目录，可以看到对应的添加了 Jar。

2. IntelliJ IDEA

与 Eclipse 类似，IDEA 也可以直接右击进行导入依赖库如图 1A-34 所示。具体操作如下：

【右击】－＞【Add as Library】。

在弹出的窗口里，可以该依赖库的使用范围，Global Library，Project Library，Module Library。从字面上就能够理解到使用范围分别为全局，工作目录，以及项目目录。这个功能是非常实用的，一些常用的依赖库可以更方便地管理起来，不用

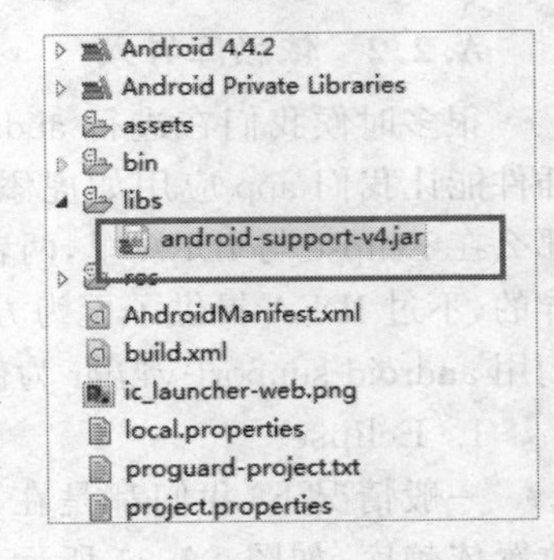

图 1A-31　导入依赖库

每次都去复制粘贴一遍。

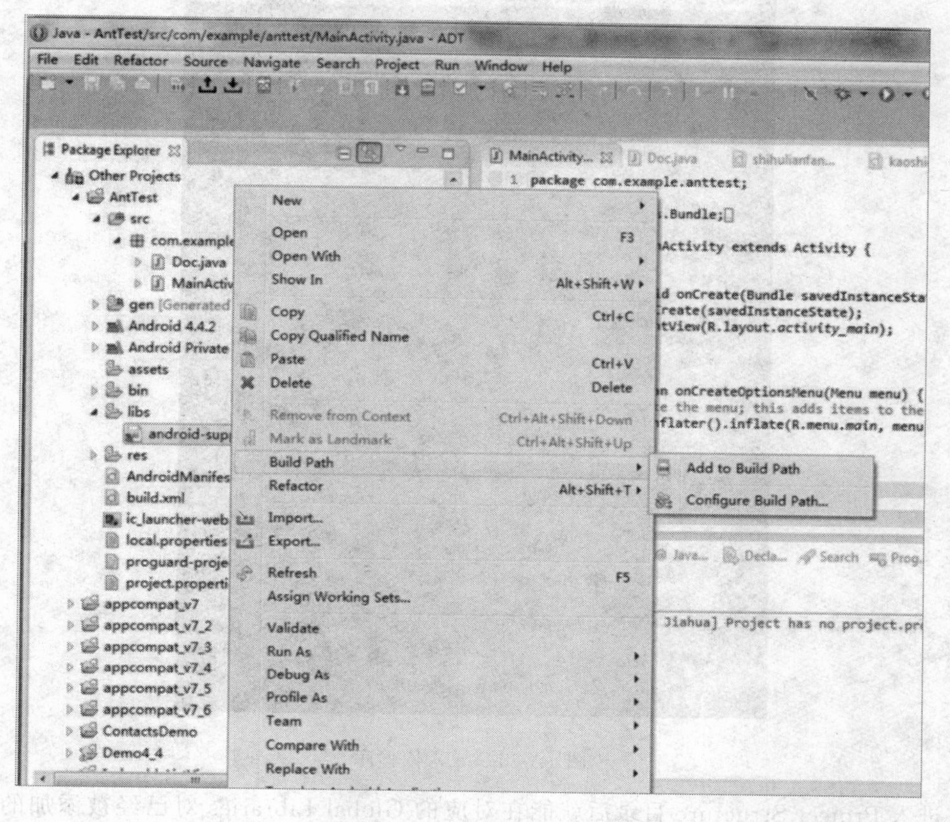

图 1A-32　操作演示

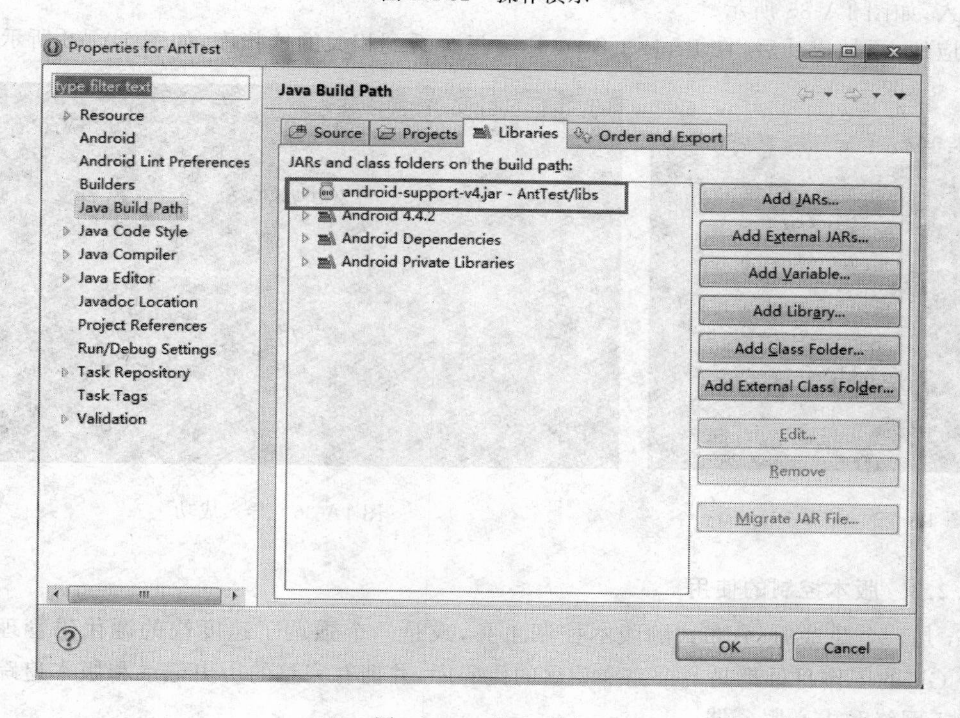

图 1A-33　导入成功

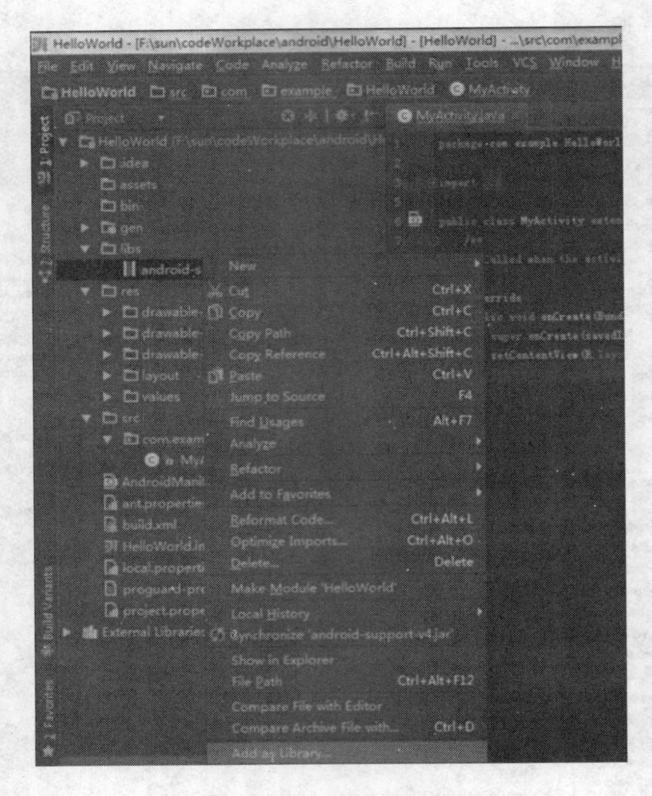

图 1A-34　导入依赖库

在进入 Project Structure 目录后就能在对应的 Global Libraries 对已经被添加的依赖库进行导入，如图 1A-35 所示。

对应地，添加成功后，在 Project Structure 里会看到相关的依赖库，如图 1A-36 所示。

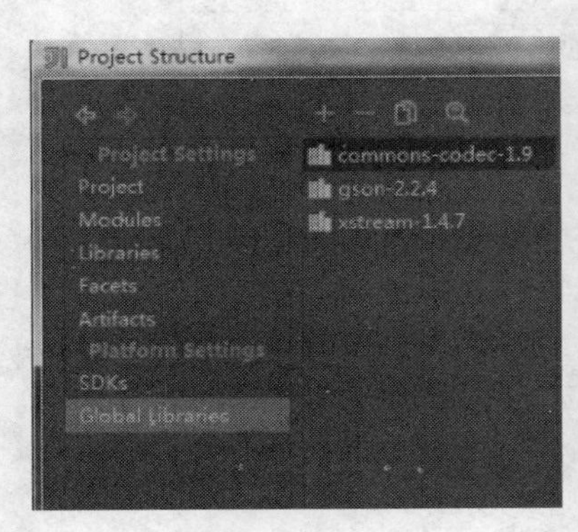

图 1A-35　Global Library

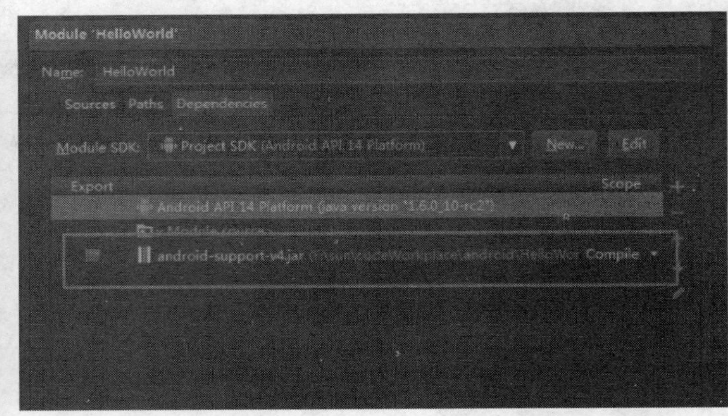

图 1A-36　导入成功

A.2.3　版本控制的使用

Git 是一个免费的、分布式的版本控制工具，或是一个强调了速度快的源代码管理工具。每一个 Git 的工作目录都是一个完全独立的代码库，并拥有完整的历史记录和版本追踪能力，不依赖于网络和中心服务器。

Eclipse 自身是不带版本控制功能的，所以它通过插件的形式来使用这方面的功能，其中 egit 为较为流行的 Git 插件。而 IDEA 则自带了版本控制的功能，包括 git，svn 等。

1. Eclipse

在本次案例中，我们通过演示使用 EGit(Eclipse Git Plugin)获取 Android 源代码来让大家了解在 Eclipse 使用 Git 的情况。

导入 Git repository，在 Eclipse 中选择 File→Import... 打开 Import 对话框，在里面选择 Projects from Git 选项。

单击“Next”按钮，在 Git URI 中输入地址。

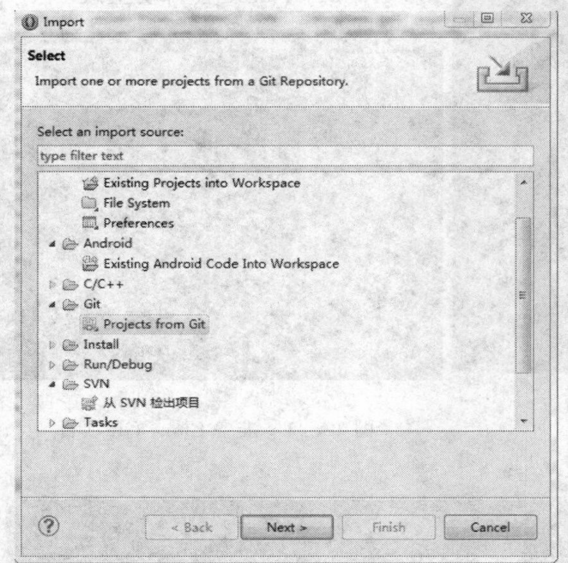

图 1A-37　选择 Projects from Git

图 1A-38　填入信息

单击“Next”按钮，选择要 clone 的分支。

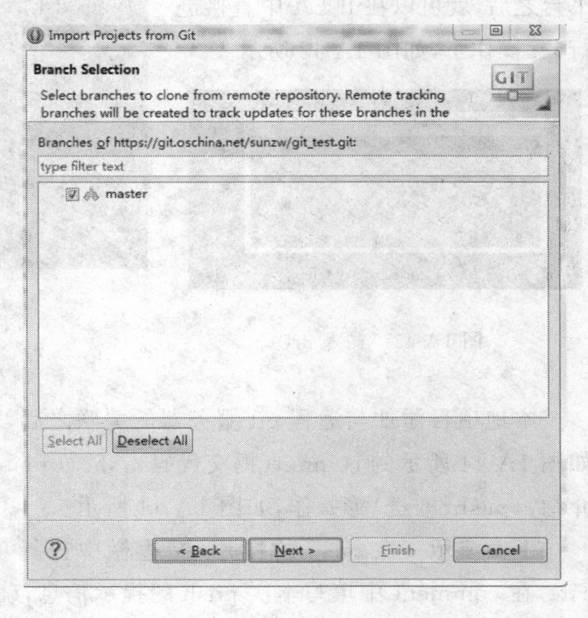

图 1A-39　选择分支

单击“Finish”按钮，导入完成后，项目既出现 Eclipse 中，可以在选择的目录中查看到 clone 的内容。(在旧的版本中，项目并不会出现在 Eclipse 中，需要手动导入)。

2. IntelliJ IDEA

由于 IDEA 自身就集成了 Git 的功能，所以其易用性，体验各方面都会比 Eclipse 好很多，下面简单介绍一下利用 IntelliJ 使用代码版本控制(Git)的操作过程(此部分作为初学者不做必须要求，但使用 git 是成熟程序员必备的技能。)

首先，判断是否成功连接上了 git 服务器(前提是需要预先申请好账号)，单击【file】→【Setting】→【Version Control】→【Git】，选择右上角的 Test，如图中高亮所示。如果成功连接上了 Git，就会显示 Successfully，如图 1A-40 所示。

【其他方法】新版本 IntelliJ 可以在【VCS】下的【Checkout from Version control】－>【Git】找到 Test 选项。

连接成功后，接下来需要实现 Clone 项目的操作，在 IDEA 只需选择：【VCS】→【Checkout from Version control】→【Git】。

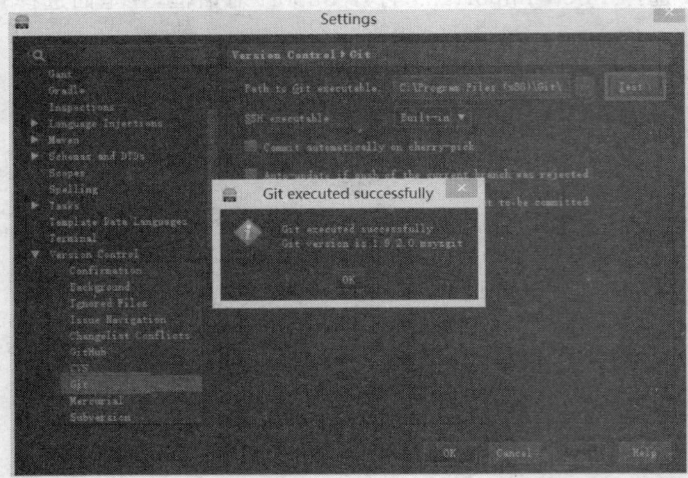

图 1A-40　测试是否连上 git

然后在图 1A-42 中的 Vcs Repository URL 填入地址即可，对应 Dictory Name 会自动生成。

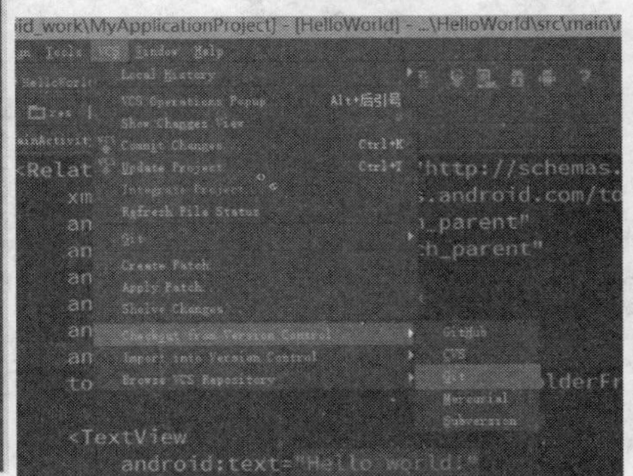

图 1A-41　准备 Clone Git 项目

在修改项目之后需要上传新的项目文件至 git，可以在【Setting】→【Version Control】中单击左上角的绿色加号，选择项目文件和上传的平台之后，就可以在 IDEA 中直接进行 git 操作了，如图 1A-43 所示。

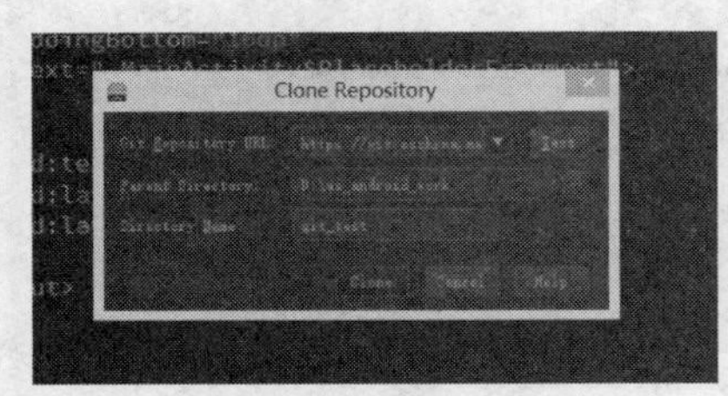

图 1A-42　输入 url

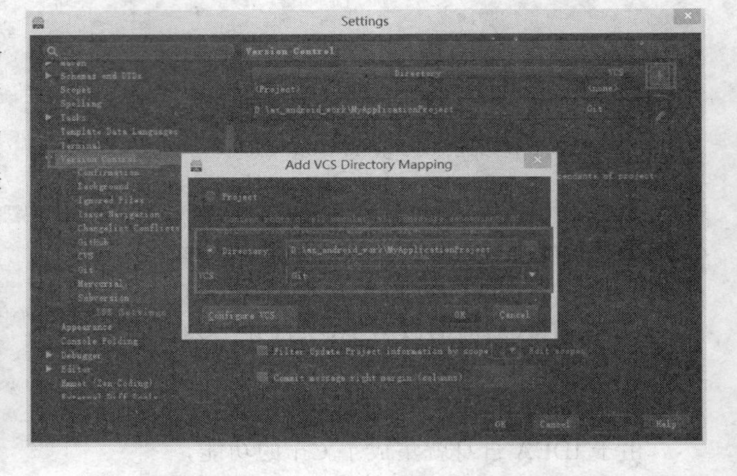

图 1A-43　添加本地项目与 git 的关联

本地项目添加与远程 git 服务器的关联之后，就可以单击【vcs】→【git】中进行 git 操作了，如图 1A-44 所示的 commit（提交代码），show history（显示历史版本，稍后此部分后面有细节介绍），push（推送）等操作，如图 1A-44 所示。

下面演示一次 push 的操作，左边栏中选择项目文件，然后单击图 1A-44 中的 Commit File，在 comment 中填写本次 push 的提示信息，确认后单击“commit”按钮，如图 1A-45 所示。

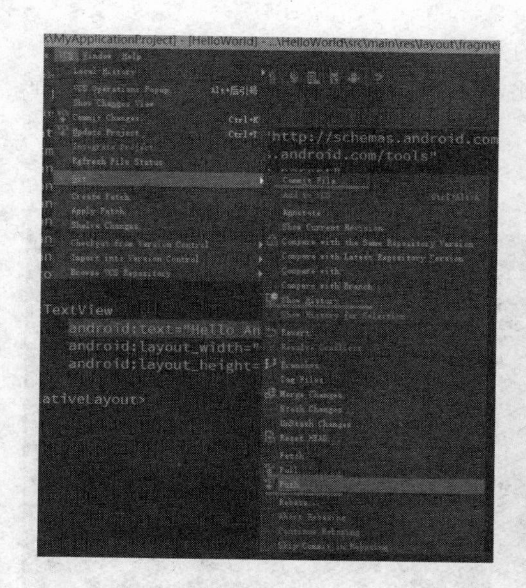

图 1A-44　对项目文件进行 git 操作

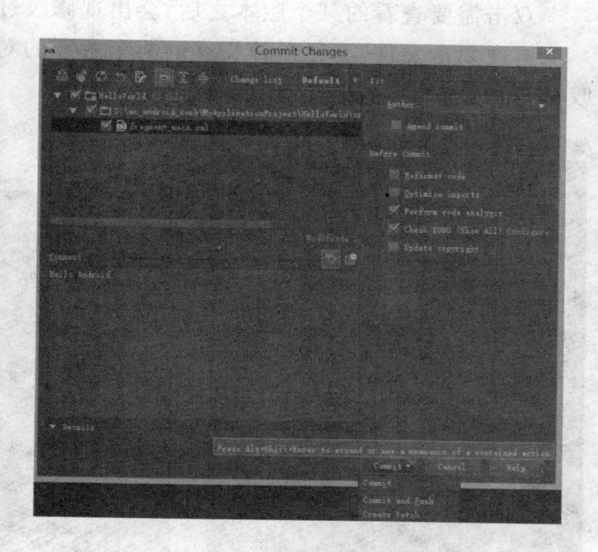

图 1A-45　commit 操作

【注意】单击“commit”按钮会要求读者填入读者的账号密码，commit 成功之后窗口下方会出现如图 1A-46 所示的提示信息。

然后单击“push”按钮，选择 commit 的版本，记得要勾上下图中的方框位置，确定后单击“push”按钮，如图 1A-47 所示。

Push 成功之后，窗口下方出现提示信息如图 1A-48 所示就代表 Push 成功了。

图 1A-46　commit 成功

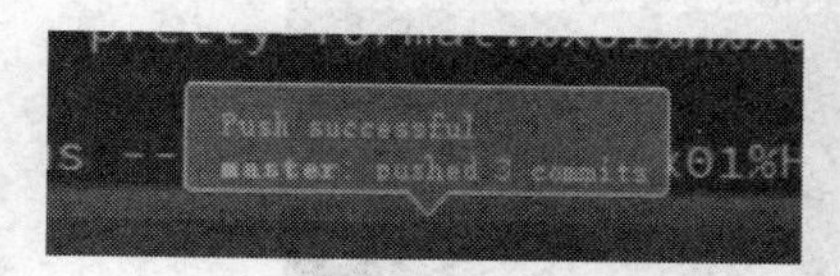

图 1A-48　项目 Push 成功

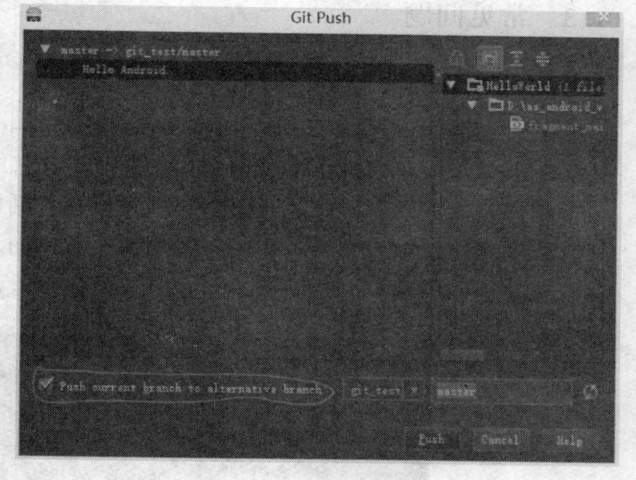

图 1A-47　Push 操作

如果需要查看 push 之前的几个版本代码可以单击图 1A-44 中的 Show History，如图 1A-49 所示。

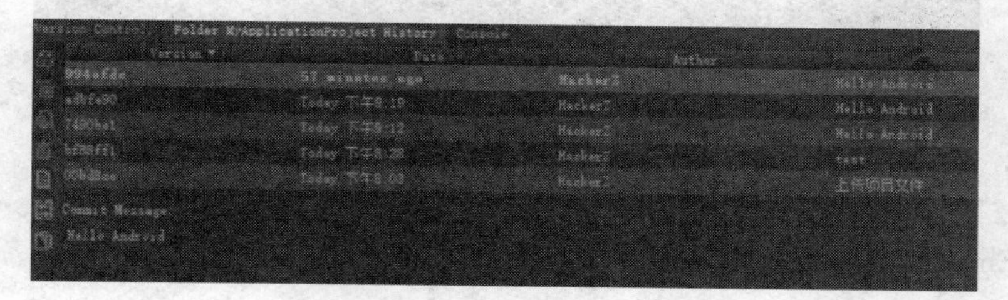

图 1A-49　显示以前的版本

双击需要查看的某个版本之后，会出现修改过的文件列表，如图 1A-50 所示。

再次双击文件，会显示该文件的两个版本的对比，如图 1A-51 所示（右图比左图多加了感叹号，IntelliJ 会高亮提示，如图 1A-51 所示。

图 1A-50　该版本修改过的文件列表

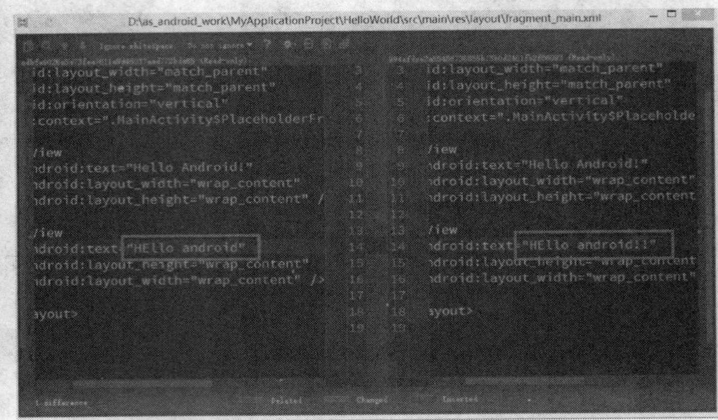

图 1A-51　文件对比

A.3　常见问题

A.3.1　切换主题

上文有提到过 IDEA 最受欢迎的一个主题：Darcula，那么该主题是怎么设置的呢 在这里介绍一个 IDEA 非常强大的快捷键：双击 Shift，它能够进行“全局”搜索，这里的“全局”并不是指代码方面的搜索，而是对整个 IDEA IDE 包括配置文件，快捷键，偏好设置，代码，资源文件的全方位搜索。所以当我们需要切换主题的时候，只需要双击 Shfit 后输入“Theme”就会有相关的选择出现，如图 1A-52 所示。

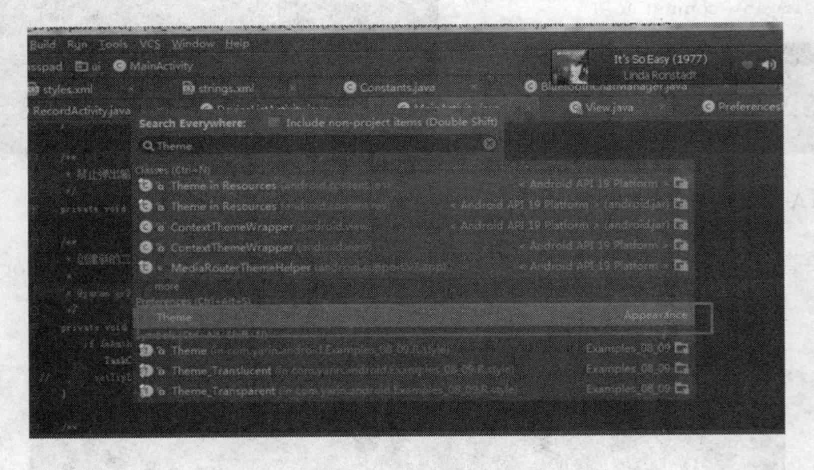

图 1A-52　双击 Shift

然后按 Enter 键既可以进入切换主题的界面。

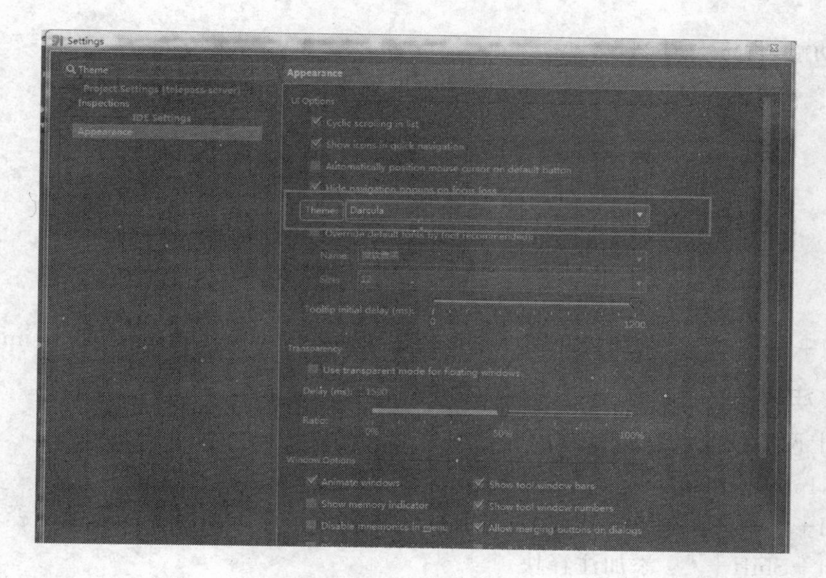

图 1A-53　选择 Darcula

A.3.2　保存

一开始使用 IDEA 时可能会找保存相关按钮或者快捷键，其实这是不需要的，因为 IDEA 是实时保存读者的代码的，所以在这里大家并不用担心因为没保存而导致代码丢失的问题。

A.4　快捷键

在 IDEA 中提供了让快捷键映射成其他 IDE 的快捷键的功能的，同上面类似，可以直接双击 Shfit，然后输入 keymap 来进行相关设定。下面罗列了 IDEA 默认常用的快捷键，只有熟悉使用这些快捷键才能达到“键盘流”的境界，把 IDE 发挥到极致，下面将对部分 IDEA 以及 Eclipse 常用的快捷键进行介绍对比。

A.4.1　代码提示

Eclipse：

ALT＋/，提供内容辅助功能，当输入部分类、属性或方法的名字后，按此键会显示匹配的名称。

Intellij Idea：

(1) Ctrl＋Space，基本的代码补全功能，包括提示相关类名，方法名，变量名。

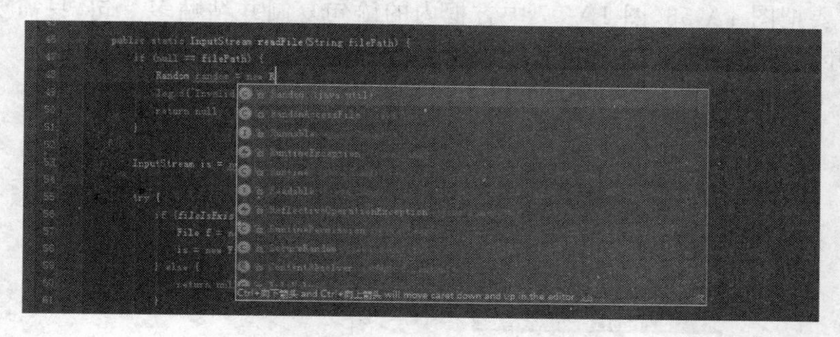

图 1A-54　基本代码提示

(2) Ctrl＋Shift＋Space，智能的代码补全功能，它会将建议列表中的不适用的条目过滤掉，只显示可用的类、变量、属性或者方法，这个提升了性能而且可以避免不必要的错误，如果试用下这个功能，肯定会时刻想到它。

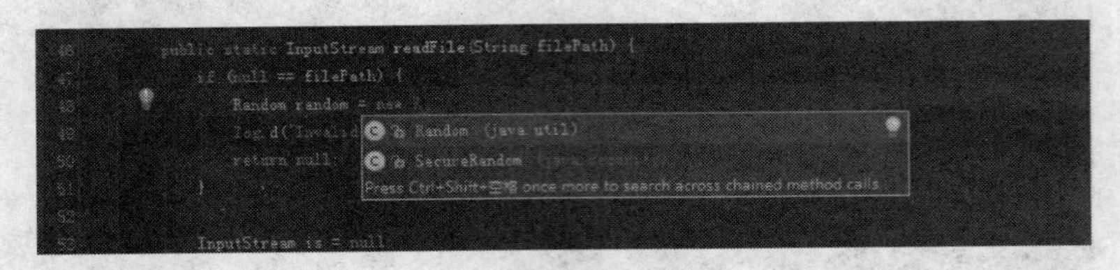

图 1A-55　智能代码提示

(3) Ctrl＋Alt＋ Space，类名补全，让读者更加快速的补全类名，并且添加 import 语句。

A.4.2　注释

在注释上两者使用的快捷键并没有任何差异。

Eclipse，Intellij Idea：

(1) Ctrl＋/ ：快速添加注释，能为当前行或选定行快速添加注释或取消注释。

(2) Ctrl＋Shift＋/ ：添加注释块。

A.4.3　最近的文件

Eclipse，Intellij Idea：

Ctrl＋E：在窗口中列出最近打开的所有文件，切换文件更方便。

Intellij Idea：

Ctrl＋Shift＋E：在窗口中列出最近编辑过的文件。

A.4.4　编辑

Eclipse，Intellij Idea：

(1) Ctrl＋C，复制（IDEA 可以复制当前整行）。

(2) Ctrl＋X，剪切（IDEA 可以剪切当前整）。

(3) Ctrl＋V，粘贴（IDEA 中可以使用 Ctrl＋Shift＋V 选择选择最近复制的内容）。

(4) Tab ：选中部分 向右跳置 Tab 的距离。

(5) Shift＋Tab ：选中部分 向左跳置 Tab 的距离。

Eclipse：

(1) Ctrl＋Alt＋↑（↓）：复制正行或者整块，并且自动粘贴到新的一行。

例如我需要把图 1A-56、图 1A-57 中方框内的语句复制并粘贴多一句，只需要把鼠标单击到对应位置，并按下 Ctrl＋Alt＋↓ ：

```
 3 import android.os.Bundle;
 6
 7 public class MainActivity extends Activity {
 8
 9     @Override
10     protected void onCreate(Bundle savedInstanceState) {
11         super.onCreate(savedInstanceState);
12         setContentView(R.layout.activity_main);
13     }
14
15     @Override
16     public boolean onCreateOptionsMenu(Menu menu) {
17         // Inflate the menu; this adds items to the action bar if it is present.
18         getMenuInflater().inflate(R.menu.main, menu);
19         System.out.println("hi");
20         return true;
21     }
22
23 }
```

图 1A-56　代码举例

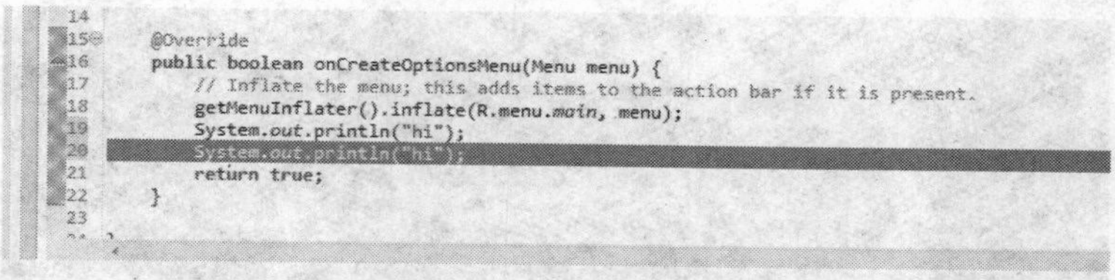

```
14
15  @Override
16  public boolean onCreateOptionsMenu(Menu menu) {
17      // Inflate the menu; this adds items to the action bar if it is present.
18      getMenuInflater().inflate(R.menu.main, menu);
19      System.out.println("hi");
20      System.out.println("hi");
21      return true;
22  }
23
```

图 1A-57　复制粘贴成功

(2) Ctrl＋D ：删除行。

Intellij Idea：

(3) Ctrl＋D ：复制正行或者整块，并且自动粘贴到新的一行，效果类似上面提到的 Eclipse。

(4) Ctrl＋Y ：删除行。

(5) Ctrl＋W ：可以选择单词继而语句继而行继而函数，此快捷键可以说是 IDEA 的杀手级快捷键，熟练使用它，效率肯定会上升一个级别。

如图 1A-58 鼠标定位在 category_name 上。

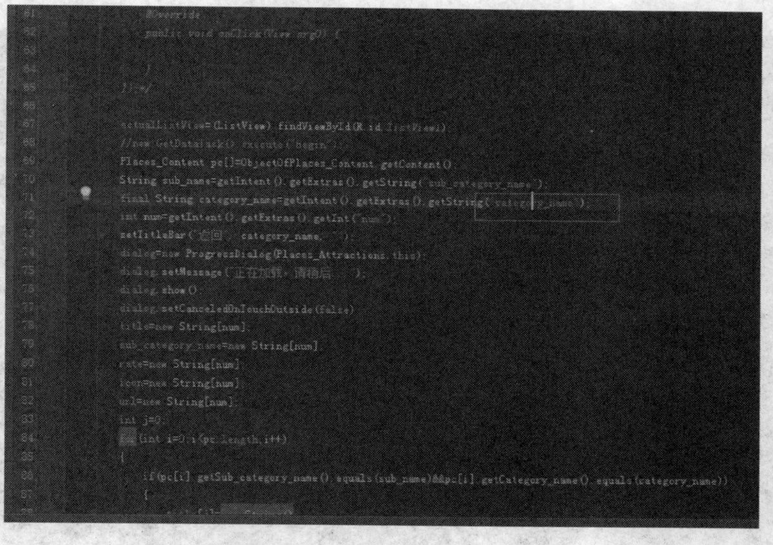

图 1A-58　Ctrl＋W 演示

当初次按下 Ctrl＋W 时，将选中整个 category_name，如图 1A-59 所示。

再次按 Ctrl＋W 下，将选中"category_name""，再按一次，将选中 getIntent .... " category_name"的句子。

再按 Ctrl＋W 就是选中整行，如此类推，跃进，直到整个方法，整个类都选中了。实践下是否爱上这个快捷键呢？

A.4.5　查找与定位

(1) 全局搜索（Eclipse：Ctrl＋H，Intellij Idea ：Ctrl＋Shift＋F ）。

(2) 查找类、方法和属性的引用（Eclipse：Ctrl＋Shift＋G ，Intellij Idea ：Ctrl＋Alt＋F7（Alt＋F7））。

(3) 跳转到当前类的指定行数（Eclipse：Ctrl＋G，Intellij Idea ：Ctrl＋L）。

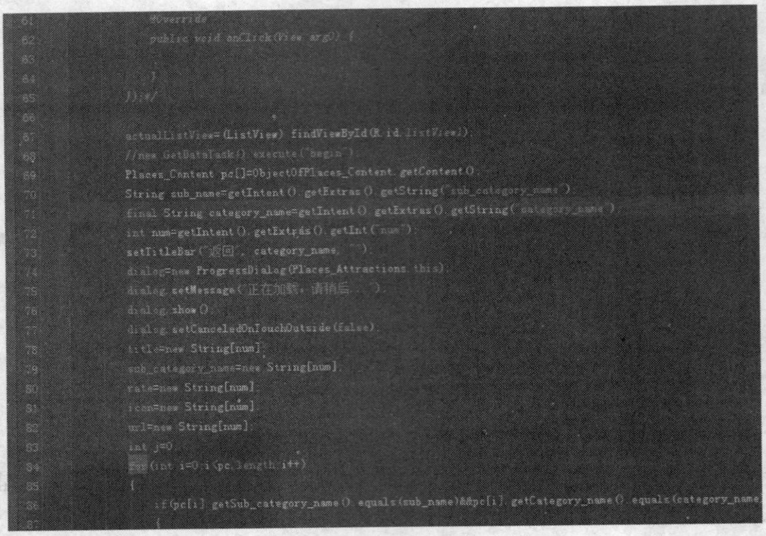

```
61        @Override
62        public void onClick(View arg0) {
63
64        }
65    });*/
66
67    actualListView=(ListView) findViewById(R.id.listView1);
68    //new GetDataTask().execute("begin");
69    Places_Content pc[]=ObjectOfPlaces_Content.getContent();
70    String sub_name=getIntent().getExtras().getString("sub_category_name");
71    final String category_name=getIntent().getExtras().getString("category_name");
72    int num=getIntent().getExtras().getInt("num");
73    setTitleBar("返回", category_name, "");
74    dialog=new ProgressDialog(Places_Attractions.this);
75    dialog.setMessage("正在加载，请稍后...");
76    dialog.show();
77    dialog.setCanceledOnTouchOutside(false);
78    title=new String[num];
79    sub_category_name=new String[num];
80    rate=new String[num];
81    icon=new String[num];
82    url=new String[num];
83    int j=0;
84    for(int i=0;i<pc.length;i++)
85    {
86        if(pc[i].getSub_category_name().equals(sub_name)&&pc[i].getCategory_name().equals(category_name
87        {
```

图 1A-59　Ctrl＋W 演示

```
52
53    baseLayout.leftButton.setOnClickListener((arg0) -> { Places_Attractions.this.finish(); });
59
60    /*baseLayout.leftButton.setOnClickListener(new OnClickListener() {
61        @Override
62        public void onClick(View arg0) {
63
64        }
65    });*/
66
67    actualListView=(ListView) findViewById(R.id.listView1);
68    //new GetDataTask().execute("begin");
69    Places_Content pc[]=ObjectOfPlaces_Content.getContent();
70    String sub_name=getIntent().getExtras().getString("sub_category_name");
71    final String category_name=getIntent().getExtras().getString("category_name");
72    int num=getIntent().getExtras().getInt("num");
73    setTitleBar("返回", category_name, "");
74    dialog=new ProgressDialog(Places_Attractions.this);
75    dialog.setMessage("正在加载，请稍后...");
76    dialog.show();
77    dialog.setCanceledOnTouchOutside(false);
78    title=new String[num];
79    sub_category_name=new String[num];
80    rate=new String[num];
81    icon=new String[num];
82    url=new String[num];
83    int j=0;
84    for(int i=0;i<pc.length;i++)
85    {
86        if(pc[i].getSub_category_name().equals(sub_name)&&pc[i].getCategory_name().equals(category_name))
87        {
```

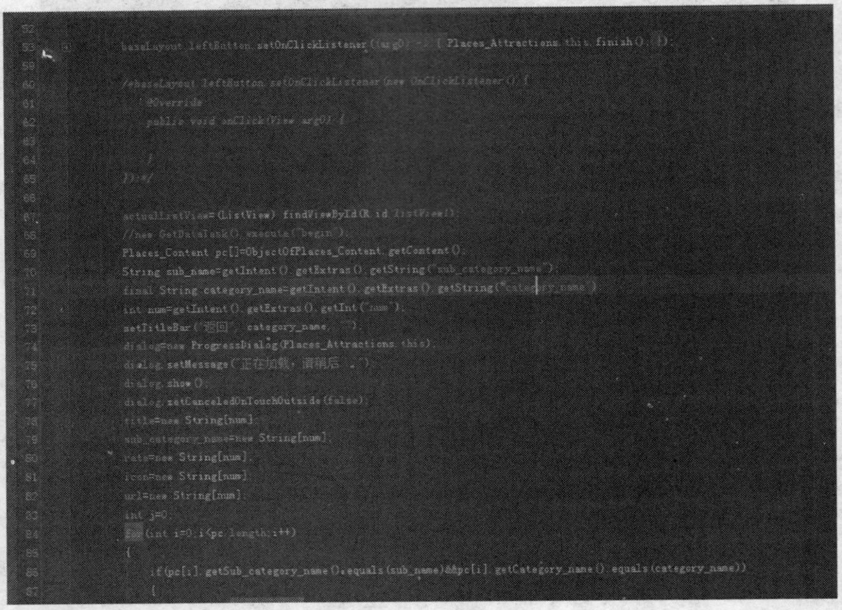

图 1A-60　Ctrl＋W 演示

(4) 快速定位光标位置的某个类、方法和属性(Eclipse:F3，Intellij Idea ：Ctrl＋B(Ctrl＋单击))。

(5) 返回到上次编辑的地方(Eclipse:Ctr＋Q，Intellij Idea ：Ctrl＋Shift＋Backspace)。

A.4.6　重构

重命名(Eclipse：Alt＋Shift＋R ，Intellij Idea ：Shift＋F6)。

A.4.7　修正代码

格式化代码(Eclipse:Ctrl＋Shift＋F，Intellij Idea ：Ctrl＋Alt＋L)。

Eclipse：

Ctrl＋Shift＋O ：快速生成 import，导入需要的类。

Intellij Idea ：

Ctrl＋Alt＋O ：优化 import，如图 1A-61 中的方框部分，此时的“import”是杂乱无序的。

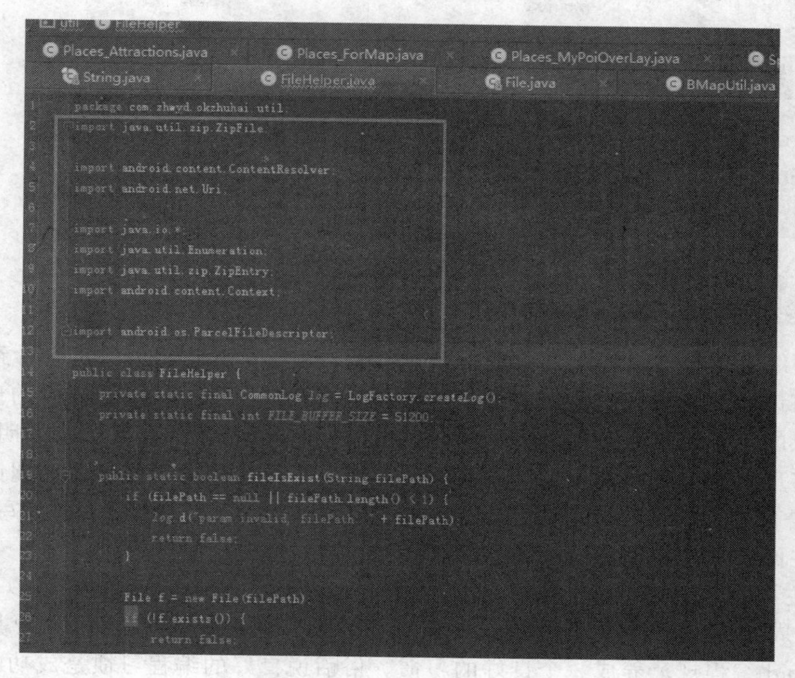

图 1A-61　乱序的 import

这个时候，在 IDEA 里只需要输入上述的快捷键，即可完美解决，如图 1A-62 所示。

```
1  package com.zhwyd.okzhuhai.util;
2
3  import android.content.ContentResolver;
4  import android.content.Context;
5  import android.net.Uri;
6  import android.os.ParcelFileDescriptor;
7
8  import java.io.*;
9  import java.util.Enumeration;
10 import java.util.zip.ZipEntry;
11 import java.util.zip.ZipFile;
12
13 public class FileHelper {
14     private static final CommonLog log = LogFactory.createLog();
15     private static final int FILE_BUFFER_SIZE = 51200;
16
17
18     public static boolean fileIsExist(String filePath) {
19         if (filePath == null || filePath.length() < 1) {
20             log.d("param invalid, filePath: " + filePath);
21             return false;
22         }
```

图 1A-62　优化后的 import

B　万丈高楼平地起——从开发到打包

搜索关键字

（1）Android 组件；

（2）Android 布局；

（3）Android 编程规范。

本章难点

本次小型综合实训放在开篇的目的是：希望用户初次接触 Android 就能看到一个完整的小程序是如何设计的。避免很多初学者学了长时间内容“只见树木不见森林”的现象。

本次选取的例子比较简单，也许从来未接触过 Android 开发的读者会看不明白部分语法，但是是否能够理解所有代码并不是本次案例的重点。不过希望读者能够耐心阅读完。试想当我们初学 C 语言的第一个 HelloWorld 案例时，是否当时也对“void、include”等写法比较陌生？但学到后期在回头重新阅读，是否感觉顿时明朗？

本实训主要是对 Android 主要组件例如 activity、intent、manifest 等以及 bundle 和 Android 生命周期讲解，其目的除了回顾知识点为后续实训做好铺垫之外，主要是在学习的一开始对 Android 编程规范养成一个良好的习惯。俗话说良好的编程习惯是成功的一半。

B.1　项目简介

本例设计一个简易表单，通过一个 activity 中收集了用户输入数据，利用 bundle 进行存储。然后利用 intent 将页面跳转到另外一个 activity。最终根据用户输入的数据判断用户标准体重应该是多少。如图 1B-1、图 1B-2 所示。

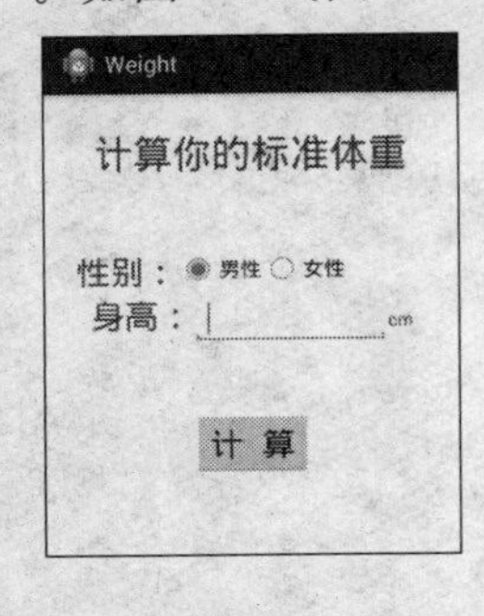

图 1B-1

你是一位男性
你的身高是180.0公分
你的标准体重是70.00公斤

图 1B-2

B.2　案例设计与实现

1. 需求分析

项目实现的功能：

(1) 能选择男女(男女算法不同)。

(2) 根据不同性别输入的数据做出相应的计算结果。

(3) 此次项目只有 2 个界面需要跳转。

首先新建 Android 工程如图 1B-3 所示。

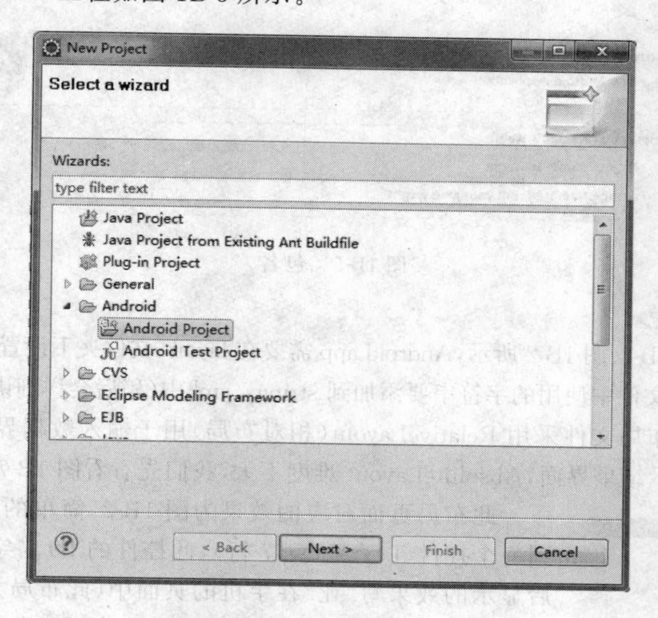

图 1B-3　新建 Android 工程

然后选择 Android SDK 的版本，这里可以选择默认配置，如图 1B-4 所示，最低运行此程序的 SDK(Android 系统)版本要求为 2.2(简单说如果读者的手机版本是 1.6 则运行不了此程序)，但是以 Android 4.4 版本进行编译的。

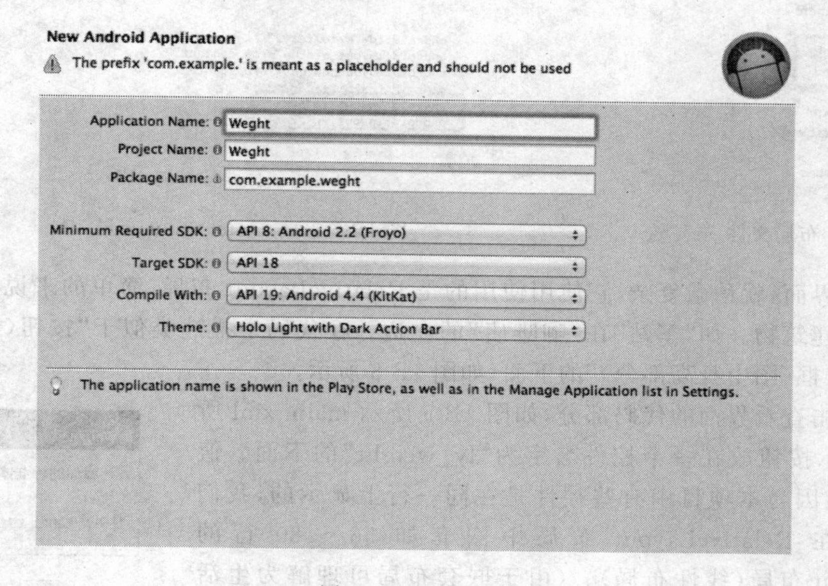

图 1B-4　SDK 版本

填入必要的版本信息，如图 1B-5 所示。

【注意】Package name 命名虽然没有特别要求，但是建议名字写的比较有标志性较好。因为 Android 自带了 explore,如果要寻找该程序对应的数据库需要根据包名寻找。更重要的时候当读者的程序传到市场上,会显示对应的包名,如果设置的名字例如 abc、example 之类,会显得不太专业。

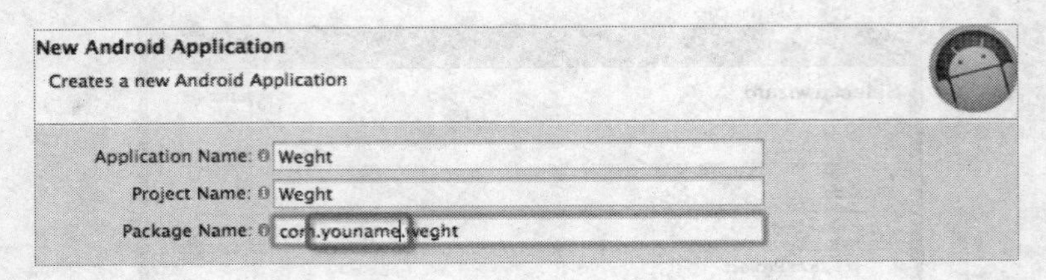

图 1B-5　包名

2. 界面设计

整个程序如图 1B-1、图 1B-2 所示,Android app 需要在 layout 文件夹下设置对应的布局文件,如图 1B-6 所示。布局文件中使用的字符串要添加到 strings. xml 中(稍后会详细讲解使用用法)。

由于本次项目布局文件采用 RelativeLayout(相对布局)用于输入数据界面、AbsoluteLayout(绝对布局)用于显示结果界面,AbsoluteLayout 难度不大,我们先看看图 1B-7。

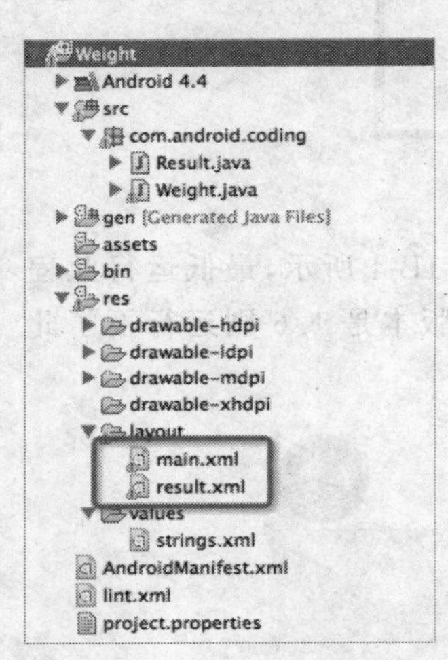

图 1B-6　布局文件

此布局页面对应的效果为图 1B-2,简单的说把显示的结果写到一个控件 TextView(7 行),此控件的 ID 名字为 text1(8 行),然后显示的效果写“死”在手机的页面中(此布局方式虽然简单,但不能自适应屏幕,不建议在一般程序中使用)。

```
main.xml    result.xml    strings.xml    *Weight.java    W
1  <?xml version="1.0" encoding="utf-8"?>
2  <AbsoluteLayout
3    android:layout_width="fill_parent"
4    android:layout_height="fill_parent"
5    xmlns:android="http://schemas.android.com/apk/res/android"
6  >
7    <TextView
8      android:id="@+id/text1"
9      android:layout_width="wrap_content"
10     android:layout_height="wrap_content"
11     android:textSize="20sp"
12     android:layout_x="50px"
13     android:layout_y="72px"
14   />
15 </AbsoluteLayout>
```

图 1B-7　AbsoluteLayout 布局

而输入界面,就稍微复杂,它使用使用的是 RelativeLayout 布局,简单的来说类似于生活中我们描述建筑物。如“车站”在“咖啡店”的左边。在代码中描述类似于“按钮(图中计算部分)”在“输入框(图中身高部分)”的下面,如图 1B-8 所示。

我们单击查看界面的代码部分,如图 1B-9 所示 main. xml 所示:87 行表示按钮放在一个控件名字为“ly_weight”的下面。值得一提的是:因为本项目中有些控件是在同一行上显示的,我们可以采用在 RelativeLayout 布局中嵌套如 56 ～ 80 行的 LinearLayout 布局(线性布局)。(由于嵌套布局可理解为生活中,一个大的背包中包含小的袋子,嵌套布局略复杂,我们在后续的内容会详细解释)。

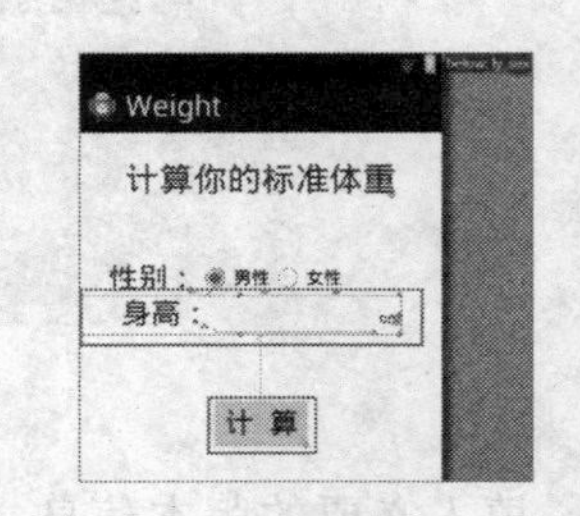

图 1B-8　RelativeLayout 布局

```
Result.java    main.xml    result.xml    strings.xm
1  <?xml version="1.0" encoding="utf-8"?>
2  <RelativeLayout
3      xmlns:tools="http://schemas.android.com/tools"
4      android:id="@+id/widget0"
5      android:layout_width="match_parent"
6      android:layout_height="match_parent"
7      xmlns:android="http://schemas.android.com/apk/res/
8  >
9  <TextView
10     android:id="@+id/tv_title"
11     android:layout_width="wrap_content"
12     android:layout_height="wrap_content"
13     android:text="计算你的标准体重"
14     android:textSize="30dp"
15     android:layout_centerHorizontal="true"
16     android:layout_marginTop="25dp"
17     />
18
19 <LinearLayout
20     android:id="@+id/ly_sex"
21     android:layout_width="wrap_content"
22     android:layout_height="wrap_content"
23     android:layout_below="@+id/tv_title"
24     android:layout_marginTop="55dp"
25     android:orientation="horizontal" >
26
27     <TextView
28         android:id="@+id/tv_sex"
29         android:layout_width="wrap_content"
30         android:layout_height="wrap_content"
31         android:text="性别："
32         android:textSize="26dp"
33         android:layout_marginLeft="25dp"/>
34     <RadioGroup
35         android:id="@+id/rg_sex"
36         android:layout_width="wrap_content"
37         android:layout_height="wrap_content"
38         android:layout_below="@+id/tv_title"
39         android:orientation="horizontal"
40
41         >
42         <RadioButton
43             android:id="@+id/rb_male"
44             android:layout_width="wrap_content"
45             android:layout_height="wrap_content"
46             android:checked="true"
Graphical Layout    main.xml
```

图 1B-9　嵌套布局

```
Result.java    main.xml    result.xml    string
41         >
42         <RadioButton
43             android:id="@+id/rb_male"
44             android:layout_width="wrap_content"
45             android:layout_height="wrap_content"
46             android:checked="true"
47             android:text="男性"/>
48         <RadioButton
49             android:id="@+id/rb_female"
50             android:layout_width="wrap_content"
51             android:layout_height="wrap_content"
52             android:text="女性"
53             />
54     </RadioGroup>
55
56 </LinearLayout>
57 <LinearLayout
58     android:id="@+id/ly_height"
59     android:layout_width="wrap_content"
60     android:layout_height="wrap_content"
61     android:layout_below="@+id/ly_sex">
62     <TextView
63         android:id="@+id/tv_height"
64         android:layout_width="wrap_content"
65         android:layout_height="wrap_content"
66         android:textSize="26dp"
67         android:text="身高："
68         android:layout_marginLeft="55px"/>
69     <EditText
70         android:id="@+id/et_height"
71         android:layout_width="150dp"
72         android:layout_height="wrap_content"
73         />
74     <TextView
75         android:id="@+id/tv_cm"
76         android:layout_width="wrap_content"
77         android:layout_height="wrap_content"
78         android:textSize="13dp"
79         android:text="cm"/>
80 </LinearLayout>
81 <Button
82     android:id="@+id/btn_calculate"
83     android:layout_width="wrap_content"
84     android:layout_height="wrap_content"
85     android:text="计 算"
86     android:textSize="26dp"
87     android:layout_below="@+id/ly_height"
88     android:layout_centerInParent="true"
89     android:layout_marginTop="55dp"/>
90 </RelativeLayout>
Graphical Layout    main.xml
```

图 1B-10　嵌套布局

3. 功能实现

因为本程序会用到了一些 widget 组件，所以必须在程序开始需要 import 相关的 widget 类(系统会自动提示)，如图 1B-11 所示。那么在此一开始有必要注意命名的规范。

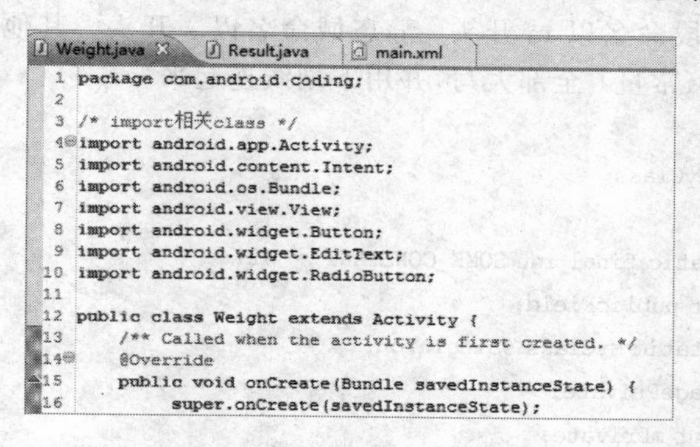

```
Weight.java    Result.java    main.xml
1  package com.android.coding;
2
3  /* import相关class */
4  import android.app.Activity;
5  import android.content.Intent;
6  import android.os.Bundle;
7  import android.view.View;
8  import android.widget.Button;
9  import android.widget.EditText;
10 import android.widget.RadioButton;
11
12 public class Weight extends Activity {
13     /** Called when the activity is first created. */
14     @Override
15     public void onCreate(Bundle savedInstanceState) {
16         super.onCreate(savedInstanceState);
```

图 1B-11　引用规范

命名规范的目的是使程序更易读。它们也可以提供一些有关标识符功能的信息，以助于理解代码，不论它是一个常量、包、还是类。

应该尽量做到以下几点：使用完整的英文描述来命名；避免命名超长（15 个字符以内比较好）；避免相似的命名，例如：persistentObj 和 persistentObjs 不要一起使用；anSqlStmt 和 anSQLStmt 不要一起使用；慎用缩写，如果要用到缩写，则按照缩写规则使用缩写，例如：No. 代表 number 数字，ID. 代表 identification 标示。下面分类介绍命名规范。

1. Android 命名规范

（1）包

包名小写

```
importcom.founder.mobile.common
```

（2）类/接口

大小写字母混合组成，头字母大写，名字要有意义。

```
classXmlParseUtils
```

（3）方法

方法名字是一个动词，大小写字母混合组成，第一个单词的首字母小写，其后单词的首字母大写，名字要有意义。

```
run();
getBackground();
```

（4）变量、参数

变量用大小写混合的方式，第一个单词的首字母小写，其后单词的首字母大写。变量名不应以下划线或美元符号开头，尽管这在语法上是允许的。

变量名应简短且富于描述。变量名的选用应该易于记忆，即，能够指出其用途。尽量避免单个字符的变量名，除非是一次性的临时变量。临时变量通常被取名为 i、j、k、m 和 n，它们一般用于整型；c、d、e，它们一般用于字符型。

（5）集合、数组

应该从命名中体现其复数的含义，例如加后缀 s 或前缀 some，名字要有意义。

```
customers;
postedMessages;
someCustomers;
someItems。
```

（6）域（Field）命名

非公有，非静态字段命名以 m 开头。静态域命名以 s 开头。其他字段以小写字母开头。public static final 字段（常量）全部大写，并用下划线连起来。

例子：

```
1.    public class MyClass
2.    {
3.        public static final int SOME_CONSTANT = 42;
4.        public int publicField;
5.        private static MyClass sSingleton;
6.        int mPackagePrivate;
7.        private int mPrivate;
8.        protected int mProtected;
9.    }
```

(7) 文件命名规范

res/layout 目录下文件：

统一用小写和下划线"_"组合命名，建议 xml 文件加个前缀以便区分，如对话框的 xml 配置文件：dlg_name. xml；

res/drawable 目录下文件：

统一用小写加下划线“_”组合命名，同上，每个资源文件最好加个前缀以便区分，如：btn_submit_default. png，btn_ submit _pressed. png，btn_ submit. xml；

(8) 方法注释的内容

① 该方法是做什么的 。

② 传入什么样的参数给这个方法。

@param

③ 异常处理。@throws

④ 这个方法返回什么。@return

2. 核心代码

第一个 UI 界面实现主要功能集中在方框中，如图 1B-12 所示，比较好理解。难点是 49 行关于 bundle 的理解，下面详细理解下 bundle 使用，因为几乎所有 Android 程序都会用到 bundle。

```
Result.java   main.xml   result.xml   strings.xml   *Weight.java

18      public void onCreate(Bundle savedInstanceState) {
19          super.onCreate(savedInstanceState);
20              /* 载入main.xml Layout */
21              setContentView(R.layout.main);
22              /* 以findViewById()取得Button对象，并加入onClickListener */
23              Button b1 = (Button) findViewById(R.id.btn_calculate);
24              b1.setOnClickListener(new OnClickListener() {
25                  @Override
26                  public void onClick(View arg0) {
27                      // TODO Auto-generated method stub
28                      EditText et = (EditText)findViewById(R.id.et_height);
29
30                      double height=Double.parseDouble(et.getText().toString());
31                      /*取得选择的性别*/
32                      RadioGroup rg = (RadioGroup)findViewById(R.id.rg_sex);
33                      rg.setOnCheckedChangeListener(new OnCheckedChangeListener() {
34                          @Override
35                          public void onCheckedChanged(RadioGroup arg0, int checkedId) {
36                              // TODO Auto-generated method stub
37                              if(checkedId==R.id.rb_male){
38                                  sex="M";
39                              }
40                              else{
41                                  sex="F";
42                              }
43                          }
44                      });
45                      /*new一个Intent对象，并指定class*/
46                      Intent intent = new Intent();
47                      intent.setClass(Weight.this,Result.class);
48                      /*new一个Bundle对象，并将要传递的数据传入*/
49                      Bundle bundle = new Bundle();
50                      bundle.putDouble("height",height);
51                      bundle.putString("sex",sex);
52                      /*将Bundle对象assign给Intent*/
53                      intent.putExtras(bundle);
54                      startActivity(intent);
55                  }
56              });
57          }
```

图 1B-12 第一个 activity

【知识点】简单阐述 Android 代码中的简单存储方法，如 Bundle 和 SharedPreferences。（所谓简单，指不经过数据库操作，以下讲解使用的代码和本例无关）

（1）Bundle 与 SharedPreferences 的使用区别

Bundle 作用：

用于不同 Activity 之间的数据传递，很容易实现图 1B-13 的功能。

姓名： 确定

姓名： wookyan 确定

你的姓名是：wookyan

图 1B-13　数据传递

Bundle 重要方法

```
clear():清除此 Bundle 映射中的所有保存的数据
clone():克隆当前 Bundle
containsKey(String key):返回指定 key 的值
getString(String key):返回指定 key 的字符
hasFileDescriptors():指示是否包含任何捆绑打包文件描述符
isEmpty():如果这个捆绑映射为空，则返回 true
putString(String key, String value):插入一个给定 key 的字符串值
readFromParcel(Parcel parcel):读取这个 parcel 的内容
remove(String key):移除指定 key 的值
writeToParcel(Parcel parcel, int flags):写入这个 parcel 的内容
```

Bundle 与 SharedPreferences 的区别

SharedPreferences 是简单的存储持久化的设置，就像用户每次打开应用程序时的主页，它只是一些简单的键值对来操作。它将数据保存在一个 xml 文件中 Bundle 是将数据传递到另一个上下文中或保存或回复读者自己状态的数据存储方式。请注意，它的数据不是持久化状态，如果需要持久化是需要调用 Android 轻量级数据库 sqlite3。

（2）Bundle 数据拆包

那么，在“Weight”界面发过来“身高”数据该如何发给“Result”界面进行结果运算呢？既然 Weight 中是以 Bundle 封装对象，自然在 Result 中是以 Bundle 方式解开数据，如图 1B-14 中方框 getExtras()方法所示，其余完整代码如图 1B-15 所示。

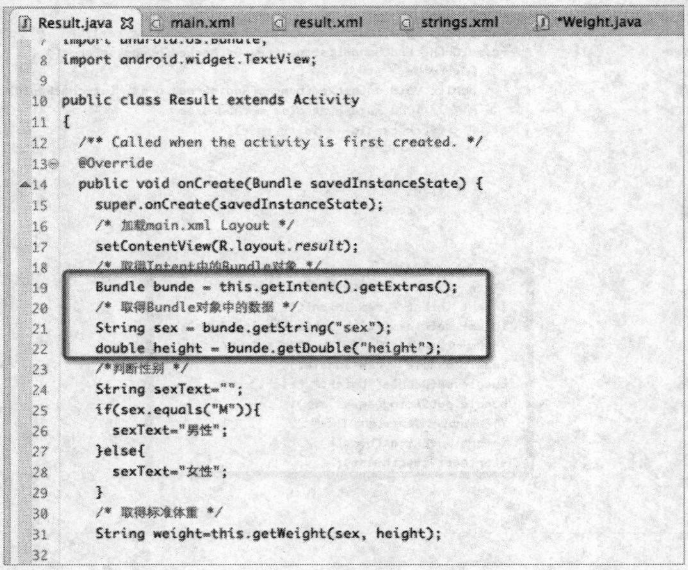

Result.java　main.xml　result.xml　strings.xml　*Weight.java

```
 7 import android.os.Bundle;
 8 import android.widget.TextView;
 9
10 public class Result extends Activity
11 {
12   /** Called when the activity is first created. */
13   @Override
14   public void onCreate(Bundle savedInstanceState) {
15     super.onCreate(savedInstanceState);
16     /* 加载main.xml Layout */
17     setContentView(R.layout.result);
18     /* 取得Intent中的Bundle对象 */
19     Bundle bunde = this.getIntent().getExtras();
20     /* 取得Bundle对象中的数据 */
21     String sex = bunde.getString("sex");
22     double height = bunde.getDouble("height");
23     /*判断性别 */
24     String sexText="";
25     if(sex.equals("M")){
26       sexText="男性";
27     }else{
28       sexText="女性";
29     }
30     /* 取得标准体重 */
31     String weight=this.getWeight(sex, height);
32
```

图 1B-14　拆包

```
32
33    /* 设定输出文字 */
34    TextView tv1=(TextView) findViewById(R.id.text1);
35    tv1.setText("你是一位"+sexText+"\n你的身高是"+height+ "公分\n你的标准体重是"+weight+"公斤");
36  }
37
38  /* 四舍五入的method */
39  private String format(double num)
40  {
41      NumberFormat formatter = new DecimalFormat("0.00");
42      String s=formatter.format(num);
43      return s;
44  }
45
46  /* 以findViewById()取得Button对象，onClickListener */
47  private String getWeight(String sex,double height)
48  {
49      String weight="";
50      if(sex.equals("M"))
51      {
52        weight=format((height-80)*0.7);
53      }else
54      {
55        weight=format((height-70)*0.6);
56      }
57      return weight;
58    }
59  }
```

图 1B-15　完整代码

3．整合 AndroidManifest.xml

基本到这里程序已经完成，因为本例有 2 个 activity，所以文件中必须对于有 2 个 activity 的声明，否则系统无法运行，如图 1B-16 框中强调。

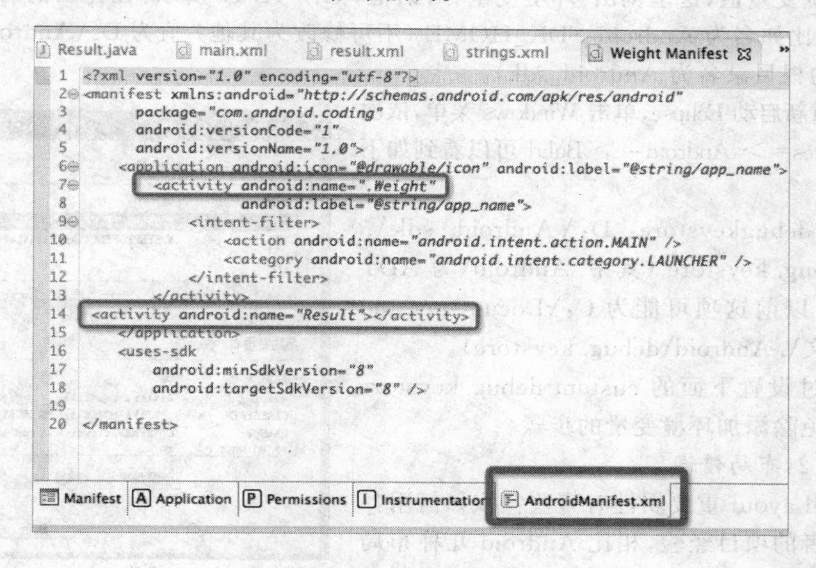

图 1B-16　manifest 设置

B.3　项目心得

本实训是非常简单的一个例子，例子虽然简但是 Android 几大组件除了广播没有用到之外，基本上全部设计到了，第一次完成此案例大概需要 2 小时的时间，初学者可以自查。本文特别针对 Bundle 针对不同的数据类型，介绍了许多方法，建议多利用 Android 提供的 API 进行自学提高。

B.4 参考资料

Android Bundle 的应用(用 Bundle 绑定数据,便于数据处理):

http://blog.sina.com.cn/s/blog_629b701e0100qr4l.html

Android Bundle 传自定义数据:

http://wenku.baidu.com/view/8d18c22db4daa58da0114a38.html

Bundle 传递数据详解与实例:

http://www.hackvip.com/mobiwen/html/Mobile_219661.html

B.5 常见问题

1. 错误 1:中文错误

emulator:ERROR:no search paths found in this AVD's configuration. Weird, the AVD's config.ini file is malformated(原因:用户名是中文造成)。

有时候我们测试其他平台运行情况时可能需要借助 Android 模拟器,而出现类似 emulator:ERROR:no search paths found in this AVD's configuration. Weird, the AVD's config.ini file is malformated 这样的问题,主要是因为 Windows 用户名造成的,默认情况下很多 XP 用户的用户名可能是中文,而导致了 AVD's config.ini file is malformated 这样的错误。

解决方法:如果不修改用户名或创建一个新的英文账户跑 Android 的话,还可以手动添加一个系统环境变量值,这里调出"环境变量"对话框,如图 1B-17 所示:在弹出的对话框新建一个环境变量,比如名为 Android_SDK_HOME(不可修改为其他)值为 D:\Android_sdk(假设 sdk 在 d 盘的根目录名为 Android_sdk)。

接下来重新启动 Eclipse,单击 Windows 菜单,依次进入 preferneces=> Android=> Bulid 可以看到如下所示:

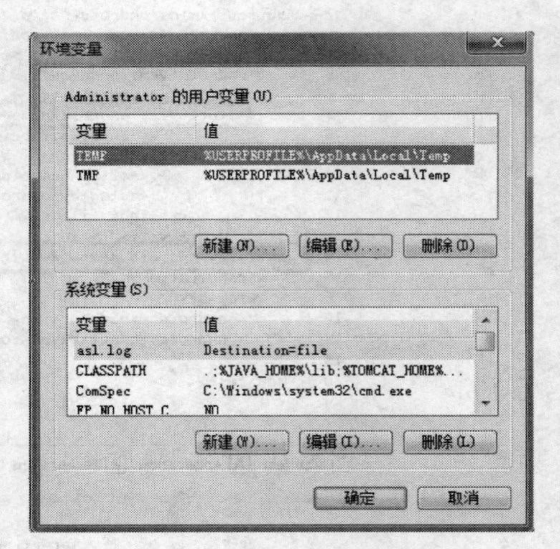

图 1B-17　环境变量

Default debugkeystore: D:\Android_sdk\.Android\debug.keystore(其中.Android\为 ADT 自动创建的,以前这项可能为 C:\Documents and Settings\中文\.Android\debug.keystore)。

当然通过设置下面的 custom debug keystore 来设置可以免除添加环境变量的步骤。

2. 错误 2:布局错误

RelativeLayout 重要属性有哪些? 该如何用?

根据笔者的项目经验,相比 Android 几种布局来说,RelativeLayout 是最常用的一种布局,因为它表达的效果比较丰富,并且能够适合各种屏幕的分辨率,所以不是万不得已,不要使用 AbsoluteLayout,因为它是通过坐标指定元素的绝对位置,屏幕分辨率不一样,控件会发生错位。

RelativeLayout 灵活性大很多,当然属性也多,操作难度也大。但是如果对其属性了如指掌就会用的得心应手。因为官方提供的属性是根据字母的顺序排列,所以记忆起来不太方便。根据开发经验“有规律的记忆才能有规律的输出。”所以笔者对知识点进行分类整理之后，结果如下：

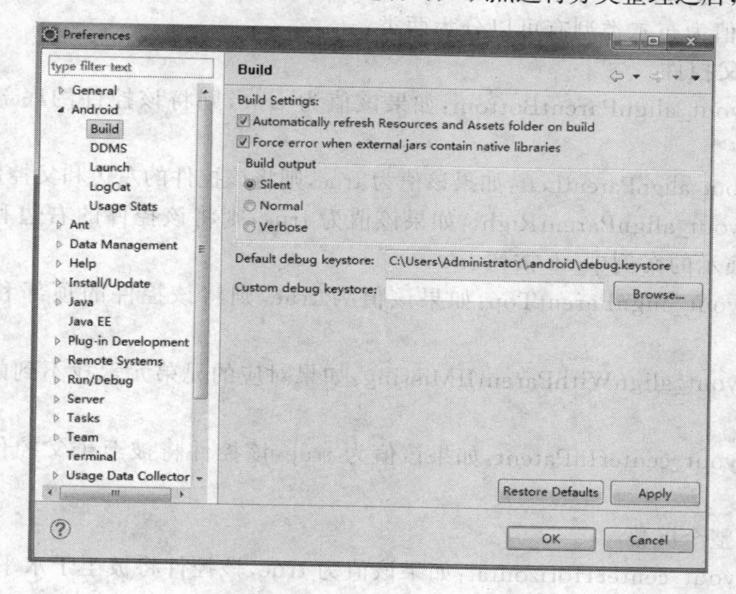

图 1B-18　Default debug keystore

1. 第一类：属性值必须为 id 的引用名“@id/id-name”

属性值为 ID 引用名的又可以分为两种：

(1) 控件外部关系

Android：layout_above：将该控件的底部至于给定 ID 的控件之上。

Android：layout_below：将该控件的顶部至于给定 ID 的控件之下。

Android：layout_toRightOf：将该控件的左边缘和给定 ID 的控件的右边缘对齐。

Android：layout_toLeftOf：将该控件的右边缘和给定 ID 的控件的左边缘对齐，如图 1B-19 所示。

(2) 控件内部关系

Android：layout_alignBottom：将该控件的底部边缘与给定 ID 控件的底部边缘对齐。

Android：layout_alignLeft：将该控件的左边缘与给定 ID 控件的左边缘对齐。

Android：layout_alignTop：将该控件的顶部边缘与给定 ID 控件的顶部缘对齐。

Android：layout_alignRight：将该控件的右边缘与给定 ID 控件的右边缘对齐，如图 1B-20 所示。

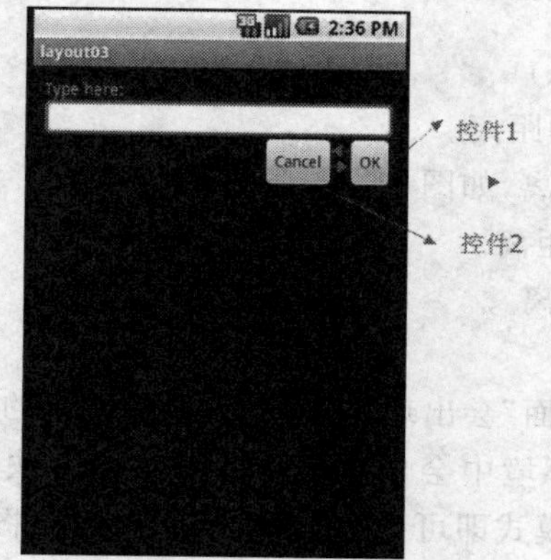

图 1B-19　Android：layout_toLeftOf

图 1B-20　Android：layout_alignRight

2. 第二类:属性值为 true 或 false

第二类属性值为布尔类型有可以分为两类:

(1) 相对于父控件

Android:layout_alignParentBottom:如果该值为 true,则将该控件的底部和父控件的底部对齐。

Android:layout_alignParentLeft:如果该值为 true,则将该控件的左边和父控件的左边对齐。

Android:layout_alignParentRight:如果该值为 true,则将该控件的右边和父控件的右边对齐,图 1B-18 演示的案例中 ok 按钮。

Android:layout_alignParentTop:如果该值为 true,则将该控件的顶部和父控件的顶部对齐。

Android:layout_alignWithParentIfMissing:如果对应的兄弟元素找不到的话就以父元素做参照物 。

Android:layout_centerInPatent:如果该值为 true,该控件将被至于父控件水平方向和垂直方向的中央。

(2) 相对于整个屏幕

Android:layout_centerHorizontal:如果该值为 true,该控件将被至于水平方向的中央,如图 1B-21 所示。

Android:layout_centerVertical:如果该值为 true,该控件将被至于垂直方向的中央。

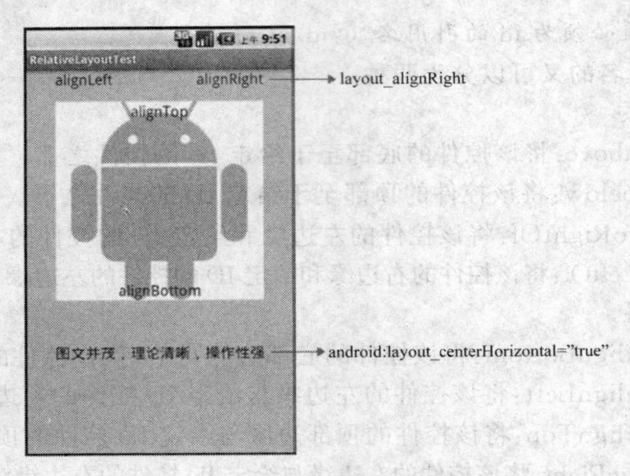

图 1B-21 Android:layout_centerHorizontal

3. 第三类:属性值为具体的像素值(如 30dip,40px)

android:layout_marginBottom:离某元素底边缘的距离。

android:layout_marginLeft:离某元素左边缘的距离,如图 1B-22 所示。

android:layout_marginRight:离某元素右边缘的距离。

android:layout_marginTop:离某元素上边缘的距离 。

4. 错误 3:乱码的问题

有时候会下载网上下载的源代码会发现“注释、界面”会出现显示乱码,造成乱码的原因有很多,如别人使用的中文版的 eclipse,运行在英文的环境中会出现乱码。解决的方法可以在 eclipse 中找到 properties,将其编码方式调整成 GBK 模式即可(默认的是 UTF-8),如图 1B-23 所示。

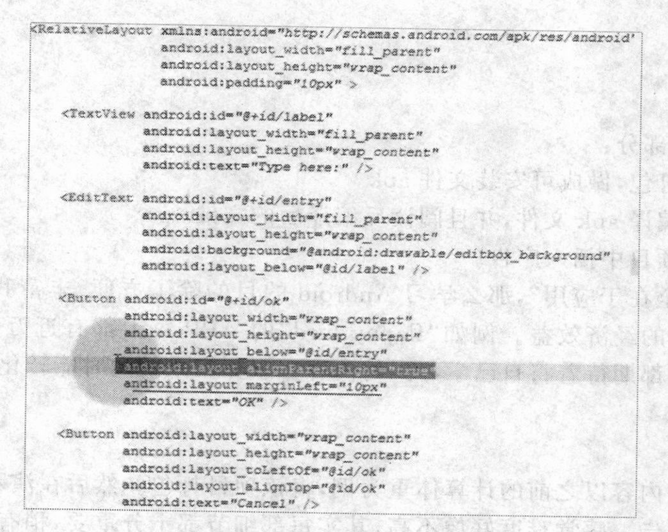
```
<RelativeLayout xmlns:android="http://schemas.android.com/apk/res/android"
                android:layout_width="fill_parent"
                android:layout_height="wrap_content"
                android:padding="10px" >

    <TextView android:id="@+id/label"
              android:layout_width="fill_parent"
              android:layout_height="wrap_content"
              android:text="Type here:" />

    <EditText android:id="@+id/entry"
              android:layout_width="fill_parent"
              android:layout_height="wrap_content"
              android:background="@android:drawable/editbox_background"
              android:layout_below="@id/label" />

    <Button android:id="@+id/ok"
            android:layout_width="wrap_content"
            android:layout_height="wrap_content"
            android:layout_below="@id/entry"
            android:layout_alignParentRight="true"
            android:layout_marginLeft="10px"
            android:text="OK" />

    <Button android:layout_width="wrap_content"
            android:layout_height="wrap_content"
            android:layout_toLeftOf="@id/ok"
            android:layout_alignTop="@id/ok"
            android:text="Cancel" />
```

图 1B-22 android:layout_marginLeft

Properties for Weight.java

Resource

Path: /Weight/src/com/android/coding/Weight.java
Type: File (Java Source File)
Location: /Users/andy/workspace/android/Weight/src/com/android/coding/Weight.java
Size: 2,185 bytes
Last modified: 2014年8月7日下午4:17:27

Attributes:
Locked
Derived

Permissions:

	Read	Write	Execute
Owner	☑	☑	☐
Group	☑	☐	☐
Other	☑	☐	☐

Note: Removing the executable flag on a folder will cause its children to become unreadable.

Text file encoding
Default (inherited from container: UTF-8)
Other: gbk

Restore Defaults Apply

图 1B-23 乱码解决方法

C 谈钱不伤感情——把 APP 放上市场

搜索关键字

（1）Android Market；

（2）eoemarket；

（3）Andorid 反编译；

（4）Android 广告。

本章难点

本章涉及三个部分：

第一，将文件打包，做成可安装文件 apk。

第二，如何反编译 apk 文件，并且阅读反编译后的文件。

第三，如何在项目中插入广告。

“学习的目的全在于应用”，那么学习 Android 的目的除了方便、丰富我们日常生活之外，还希望能带来一定的经济效益。例如“flappy bird”的 APP 每天都有近万美元的收入。每一个 Android 程序员都期待着将自己学习到的内容在服务大众的同时能转化为经济效益。

C.1 项目简介

本例所讲解的内容以之前的计算体重为例，将该项目打包。然后在演示反编译的过程，最后在项目中插入广告。感觉难度好像不高，其实每部细节都十分重要，稍有差错都不能成功。

C.2 案例设计与实现

C.2.1 打包签名

在打包签名前，可以将之前工程打开进行观察，如图 1C-1 所示。无须特别设置(只要编译成功运行在模拟器之后)就会发现已经生成了一个 apk 文件，这个文件经过笔者测试之后，既可以安装到自己调试的机器上，又可以安装到其他的 Android 设备上。那既然已经有了 apk 文件，那么还需要打包干什么呢？

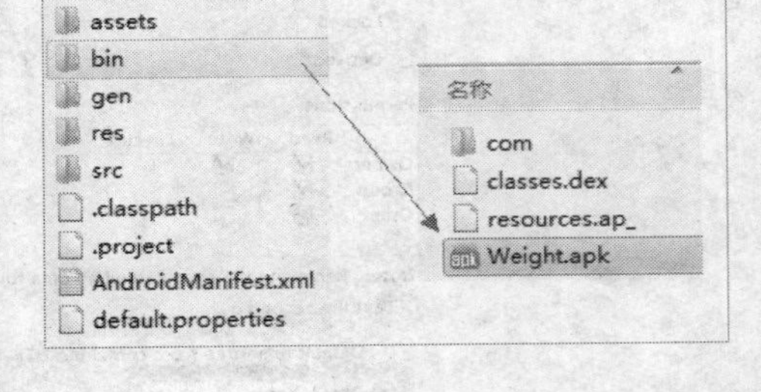

图 1C-1

图 1C-1 中的 Weight.apk 属于 Debug 版本，而传到 Android 市场上“必须”是 Release 版本。那么 Debug 和 Release 之间有什么的本质区别呢？

【知识点】Debug 和 Release 本质区别。

Debug 通常称为调试版本，它包含调试信息，并且不作任何优化，便于程序员调试程序。Release 称为发布版本，它往往是进行了各种优化，使得程序在代码大小和运行速度上都是最优的，以便用户很好地使用。

Debug 和 Release 的真正秘密，在于一组编译选项。下面列出了分别针对两者的选项(当然除此之外还有其他一些，如/Fd /Fo，但区别并不重要，通常他们也不会引起 Release 版错误，在此不讨论)。

Debug 版本

参数	含义
/MDd /MLd 或 /MTd	使用 Debug runtime library(调试版本的运行时刻函数库)
/Od	关闭优化开关
/D "_DEBUG"	相当于 #define _DEBUG，打开编译调试代码开关(主要针对 assert 函数)
/ZI	创建 Edit and continue(编辑继续)数据库，这样在调试过程中如果修改了源代码不需重新编译
/GZ	可以帮助捕获内存错误
/Gm	打开最小化重链接开关，减少链接时间

Release 版本

参数	含义
/MD /ML 或 /MT	使用发布版本的运行时刻函数库
/O1 或 /O2	优化开关，使程序最小或最快
/D "NDEBUG"	关闭条件编译调试代码开关(即不编译 assert 函数)
/GF	合并重复的字符串，并将字符串常量放到只读内存，防止被修改

实际上，Debug 和 Release 并没有本质的界限，它们只是一组编译选项的集合，编译器只是按照预定的选项行动。事实上，程序员甚至可以修改这些选项，从而得到优化过的调试版本或是带跟踪语句的发布版本。

如果不太能理解它们之间根本区别也不重要，因为原理上的区别平时也用到比较少，接下来就着重叙述：为什么必须在 Android 市场上使用 Release 版本，下面的讲解就十分重要了！

(1) Android apk 签名的作用可以防止出现"李鬼"现象，比如说恶意使用其他公司的 package name 替代正规的应用；同时，相同签名应用之间的数据共享不受限制，例如项目发布第二个版本，只要是相同签名签出来的文件，用户下载安装会自动覆盖老版本。反之，则不会！(这是最重要的)。而且使用特殊签名会得到不同的权限。

【注意】Google 在 Android 系统方面的策略是非盈利性质的。所以其签名作用和其他智能手机(如 symbian)签名是完全不同的。

(2) bin 目录的 apk 文件可以安装，但是不能作为 release 发布到市场，因为它使用的是 debug 签名，该文件名为 Android. debug. keystore，如图 1C-2 所示。如果要发布 release 版本，就必须新建 release 的 keystore。

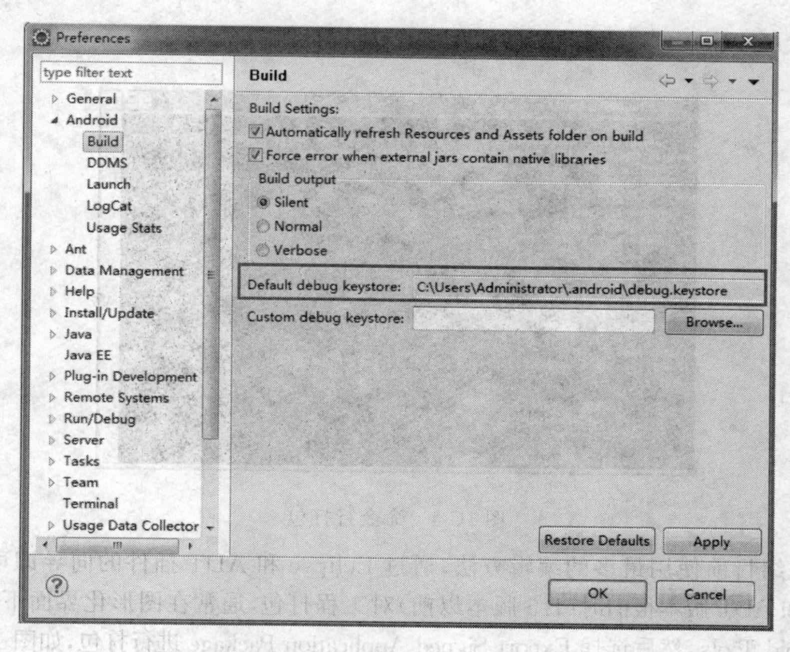

图 1C-2 环境变量

(3) 应该如何做 release 版的 apk 发布呢？

关于如何发布 release 版的 apk，Android 官方给出了 3 种打包方式，3 种最后的结果都是一样的：

方式一：命令行手动编译打包。

方式二:使用 ant 自动编译打包。

方式三:使用 eclipse+ADT 编译打包。

前 2 种打包方式流程如图 1C-3、图 1C-4 所示，太烦琐。笔者打包的项目也不少,除了曾经研究这 2 种打包方式尝试过一次之外,再没有用这 2 种方式打包过任何程序,可以夸张的形容,用前面 2 种打包方式的时间,代码都可以写几千行了。既然 3 种方式打包结果一样,肯定用时间最短最方便的方法。这里就不将方式一和方式二的打包方式逐一介绍了,有兴趣的读者可以查阅搜索引擎。

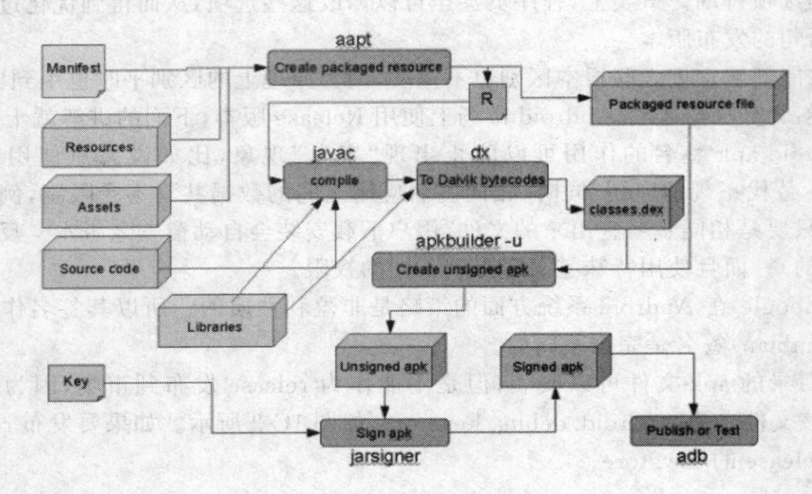

图 1C-3　手动打包

```
C:\WINDOWS\system32\cmd.exe

C:\Program Files\Java\jdk1.6.0_20\bin>keytool -genkey -alias SuperLock.keystore
-keyalg RSA -validity 20000 -keystore SuperLock.keystore
输入keystore密码:
再次输入新密码:
您的名字与姓氏是什么?
  [Unknown]:   Kei
您的组织单位名称是什么?
  [Unknown]:   KSoft
您的组织名称是什么?
  [Unknown]:   KSoft
您所在的城市或区域名称是什么?
  [Unknown]:   Shun De
您所在的州或省份名称是什么?
  [Unknown]:   Canton
该单位的两字母国家代码是什么
  [Unknown]:   CN
CN=Kei, OU=KSoft, O=KSoft, L=Shun De, ST=Canton, C=CN 正确吗?
  [否]:   Y

输入<SuperLock.keystore>的主密码
        (如果和 keystore 密码相同, 按回车):
再次输入新密码:

C:\Program Files\Java\jdk1.6.0_20\bin>
```

图 1C-4　命令行打包

下面就介绍目前使用最多的编辑方法,通过 Eclipse 和 ADT 插件的向导即可完成。

当 SDK 和 ADT 版本很旧时(1.5 版本以前)对工程打包,通常在图形化界面下对工程单击右键,选择 Android Tools,然后选择 Export Signed Application Package 进行打包,如图 1C-5 所示。

1. Use the Export Wizard

Android 1.5 SDK 以后 ADT 0.9.1 版自带的 Use the Export Wizard。首先在 Package Explorer 中选择工程的 Androidmanifest.xml 文件,可以看到右边默认的 manifest 模式中有个 exporting 功能,选择 Use the Export Wizard,如图 1C-6 所示。

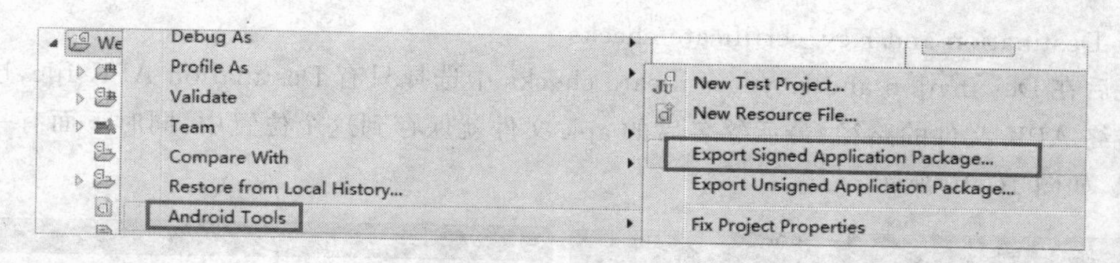

图 1C-5　旧版本打包

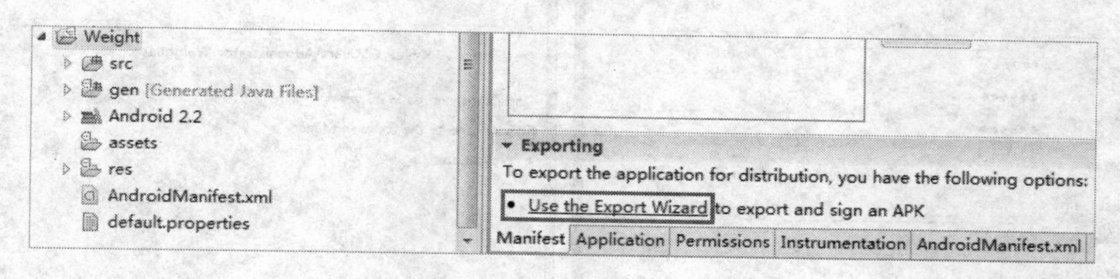

图 1C-6

2. Project Checks

第二步在 Project Checks 中,选择需要导出的工程,一般默认的是当前工程,这里使用默认的 Weight 即可,如图 1C-7 所示。

3. Keystore selection

接下来在 Keystore selection 中,如果是第一次,选择 Create new keystore 这项,默认的 Location 为 keystore 文件的保存位置,这里随意选择一个路径即可,然后输入密码和确认密码(6 位以上),如图 1C-8 所示。

4. Key Creation

在 Key Creation 这项中,需要输入一些简单信息,比如 Alias(别名),这里就以 andy 为例,密码要和刚才 keystore 中输入的一样才行,整个签名过程其实是一个 RSA 加密过程,最后的 Validity(years)是有效期,这里输入推荐的 25 年即可,其他的内容为选填,如图 1C-9 所示。

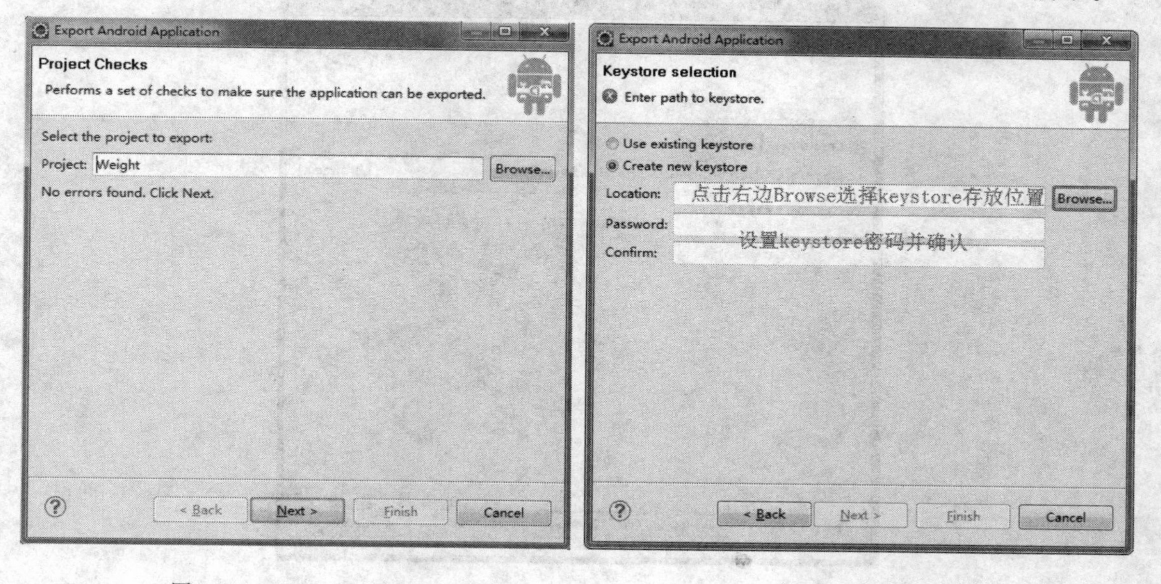

图 1C-7　Project Checks　　图 1C-8　Keystore selection

5. Destination and Key/certificate checks

最后在 Destination and Key/certificate checks 中选择只有 Destination APK file，这是保存的最终 APK 文件的路径，最后签名后的 apk 文件就保存到这个位置中，同时下面有一些描述信息，如图 1C-10 所示。

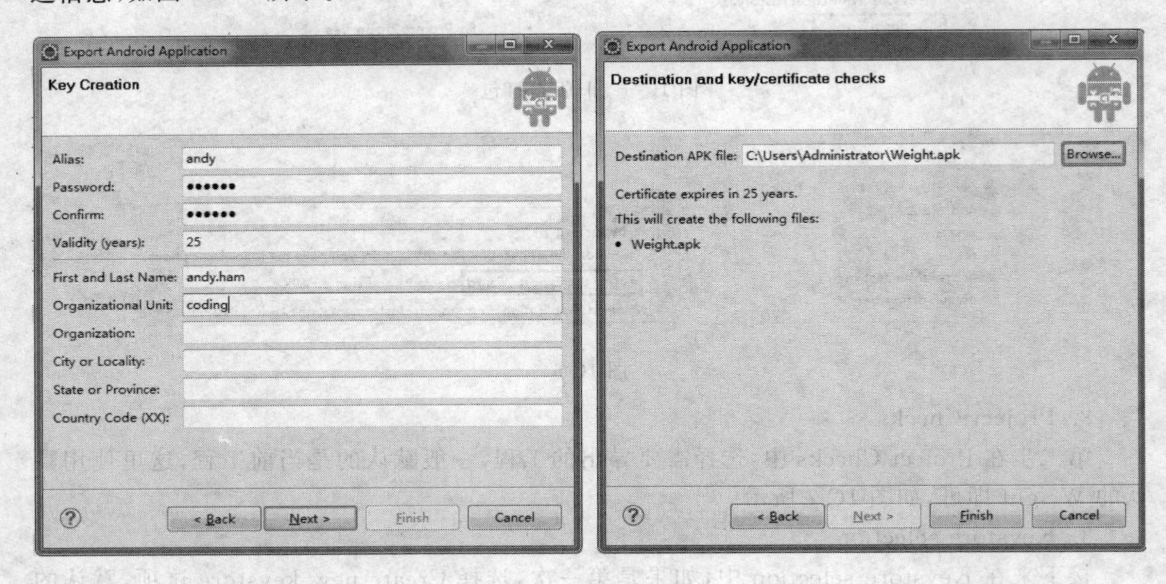

图 1C-9　Key Creation　　　图 1C-10　Destination and Key/certificate checks

6. Use existing keystore

做到这里就全部完成了，在相应的目录下就生成对应的 release 版本的 apk 程序。如果以后需要对程序升级，或者发布新的程序，就不需要这么复杂，直接选择已经有的 Use existing keystore 进行签名，如图 1C-11、图 1C-12 所示。

图 1C-11　Use existing keystore

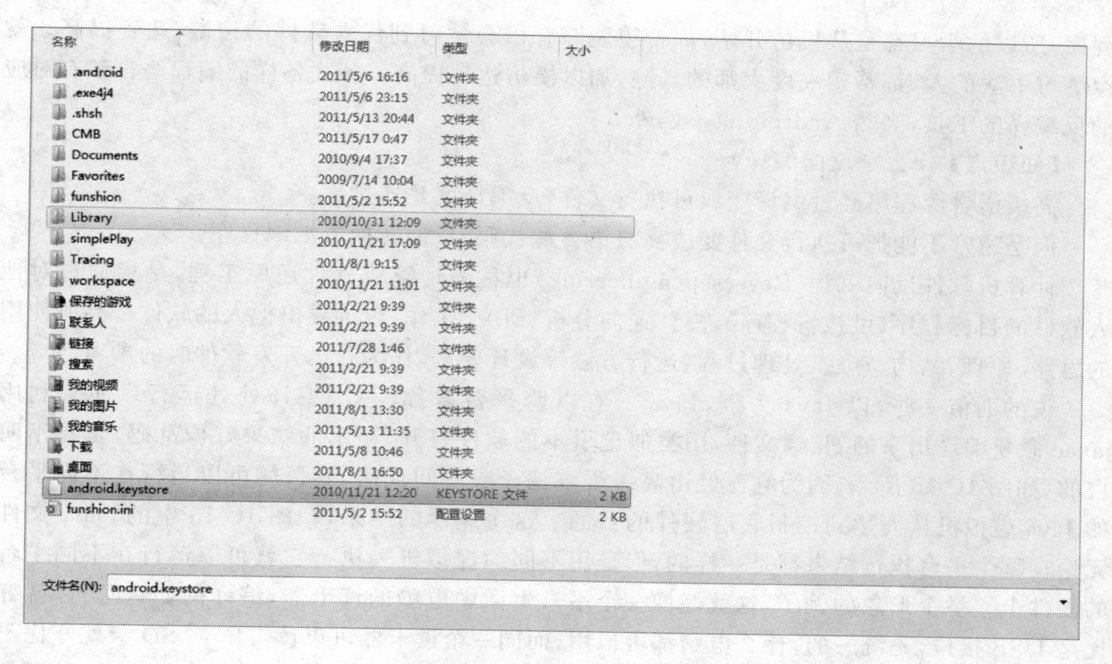

图 1C-12　keystore 存放位置

7. Key alias selection

选择好相应的 existing key，如图 1C-13 所示。

大功告成，如图 1C-14 所示。

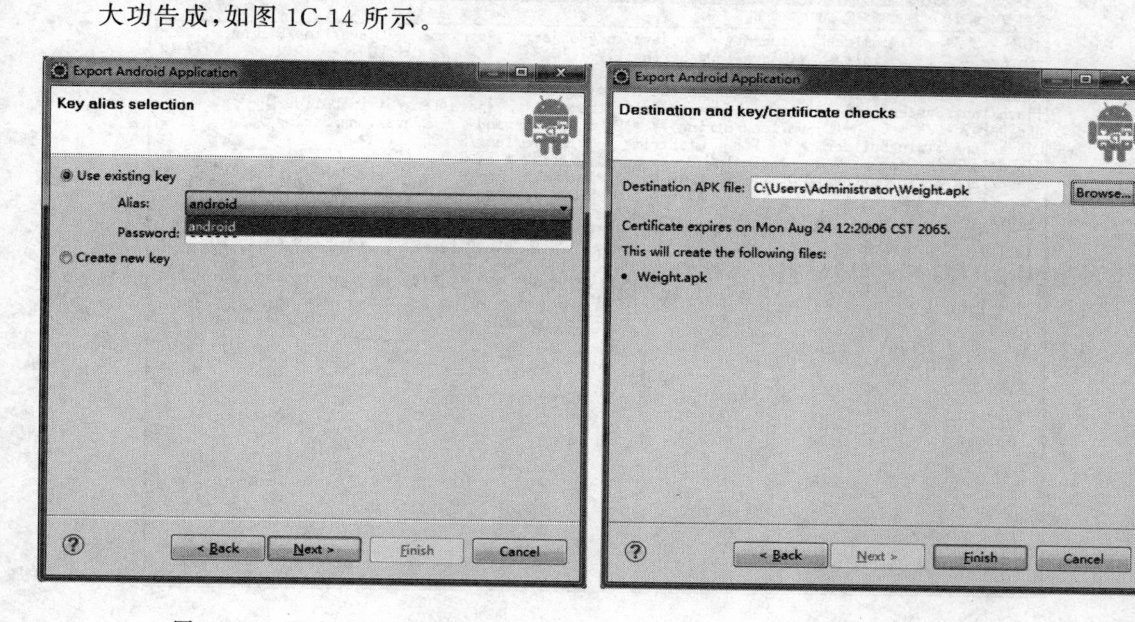

图 1C-13　Use existing key　　　　图 1C-14　生产 apk

C.2.2　反编译

反编译有时候就像一把双刃剑。因为抄袭、山寨的软件开发者通常都令人厌恶，试想辛辛苦苦开发的一个程序，过了几天就有人模仿读者的 idea 开发了一个类似的程序。

但是反过来说，不可能每一个 Android 的初学者一开始都能马上独立开发出一个像样的程序,所以的学习都是从模仿开始,都希望能够有机会学习到优秀软件的精髓,达到提高。就像练习书法的人,都希望一度大师的真迹,加以模仿达到提高。各式各样的编程语言都有对应的反编译的工具,当然 Android 也不例外。

【知识点】什么是反向编译?

高级语言源程序经过编译变成可执行文件,反编译就是逆过程。

但是通常不能把可执行文件变成高级语言源代码,只能转换成汇编程序。

计算机软件反向工程(Reversepengineering)也称为计算机软件还原工程,是指通过对他人软件的目标程序(可执行程序)进行"逆向分析、研究"工作,以推导出他人的软件产品所使用的思路、原理、结构、算法、处理过程、运行方法等设计要素,作为自己开发软件时的参考。

说的通俗一些,以 Java 为例,Java 一直以跨平台著称,一次编译处处运行。那么利用 javac 命令编译出来的 class 文件,用类似记事本的软件打开,显示的结果好像乱码,是看不明白的,如图 1C-15 所示,因为它已经由高级语言编译成中间代码,其目的可以运行在不同平台的 Java 虚拟机从而达到控制底层硬件的目的。这个编译的结果,即图 1C-15 中的 class 文件无论在哪个平台执行结果都是一样的,但是用不同的虚拟机去执行它就可以运行在不同平台的硬件上。举个形象的例子,这就好像一个平日生活中电脑的读卡器,编译的 class 文件就好比是 USB 接口,是统一的,什么电脑都可以用,而同一个读卡器可以读 TF 卡、SD 卡就好比不同的平台,通过 USB 接口可以执行这些不同平台的数据。这就是跨平台的原理。而反编译的目的就是将下图中的乱码还原成原始的高级语言。

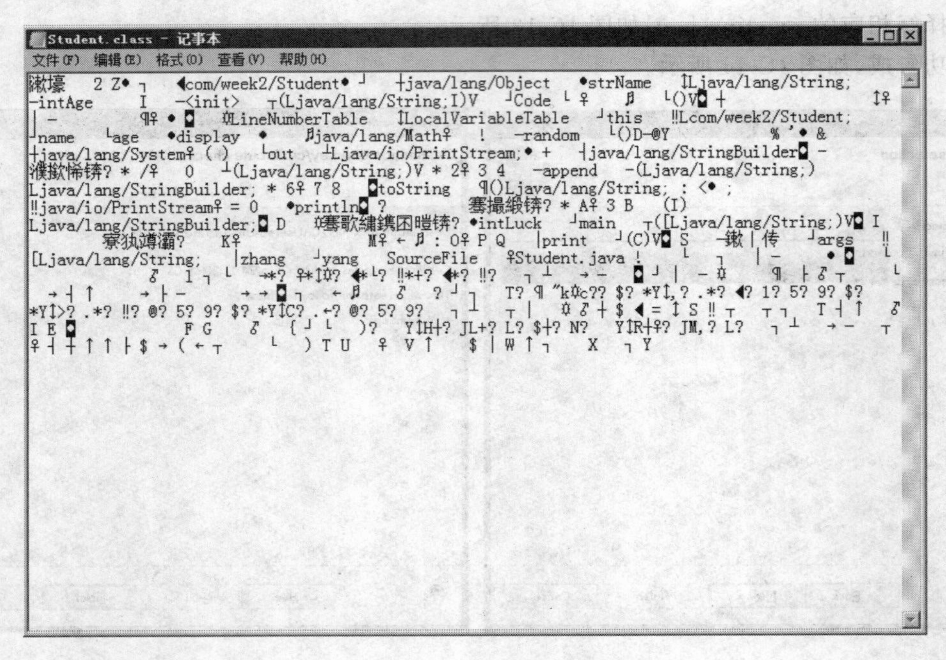

图 1C-15　class 文件

1. 需求分析

目前来说 Google Android 平台选择了 Java Dalvik VM 的方式使其程序很容易破解和被修改,首先 APK 文件其实就是一个 MIME 为 ZIP 的压缩包,读者可以修改 ZIP 扩展名方式可以看到内部的文件结构,类似 Sun JavaMe 的 Jar 压缩格式一样,不过比较去别的是 Android

上的二进制代码被编译成为Dex的字节码，所有的Java文件最终会编译进该文件中去，作为托管代码既然虚拟机可以识别，那么就可以很轻松的反编译。所有的类调用、涉及的方法都在里面体现到，至于逻辑的执行可以通过实时调试的方法来查看，当然这需要借助一些第三方编写的跟踪程序。Google最然在Android Market上设置了权限保护app-private文件夹的安全，但是最终读者使用修改定值的系统仍然可以获取到需要的文件。

反编译所需工具：

(1) AXMLPrinter2. jar;

(2) dex2jar;

(3) 查看Jar包的GUI工具。

2. 功能实现

1) 解压缩

依旧以上面打包好的weight. apk程序进行反编译，用自己的案例进行反编译，更有对比性，方便学习。

首先把apk文件改名为.zip，然后将其解压缩。找到解压缩包中的classes. dex文件，如图1C-16所示。

图1C-16　核心程序

classes. dex就是Java文件编译再通过Dalvik虚拟机提供的DX工具打包而成的，(和Java相比，为什么这么多类，却只有一个文件，请参考文章最后的常见问题)接下来，就用上述提到的两个工具来逆向导出Java源文件。

2) 生成jar包

将classes. dex复制到工具dex2jar. bat所在目录，如图1C-17所示。

Windows下用命令行模式下定位到dex2jar. bat所在目录运行：dex2jar. bat(空格) classes. dex，生成classes. dex. dex2jar. jar，如图1C-18、图1C-19所示。

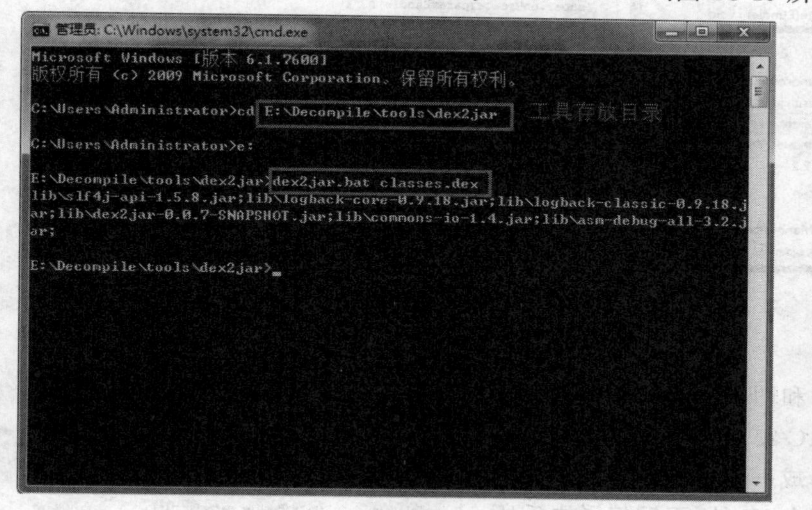

图1C-18　反编译jar包

图1C-17　copy文件

图1C-19　生产jar包

3) JD-GUI查看源码

JD-GUI是绿色软件，用它打开上面的classes. dex. dex2jar. jar文件，即可看到源代码，如图1C-20所示。

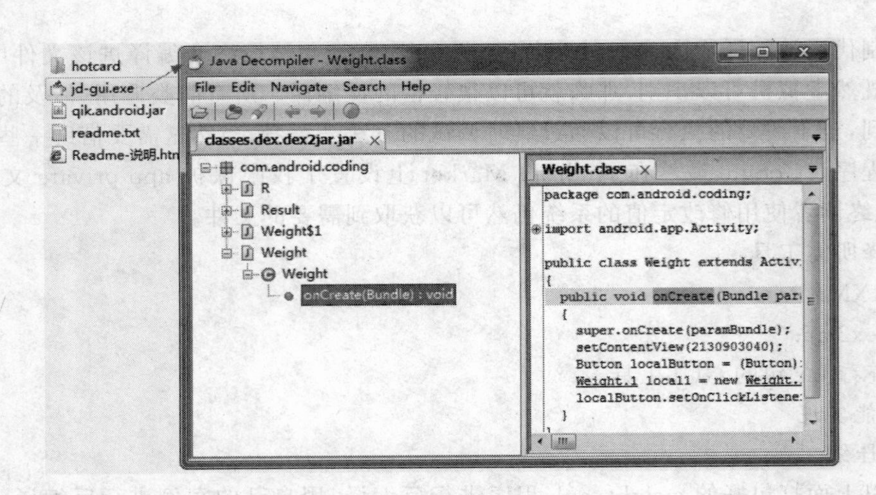

图 1C-20　反编译成功

【知识点】不是每一个程序都可以被反编译;不是每一个反编译程序都能看懂。

这两句话该如何理解呢?

首先,很多大公司放在市场上的程序已经用加密算法加密过了,很可能反编译结果是空的。

其实不要奢望反编译的程序和源程序是一摸一样的。可以从图 1C-21 中看出一些端倪出来。首先右边的树状目录为类名,和源程序的类比较一致($表示内部类)。

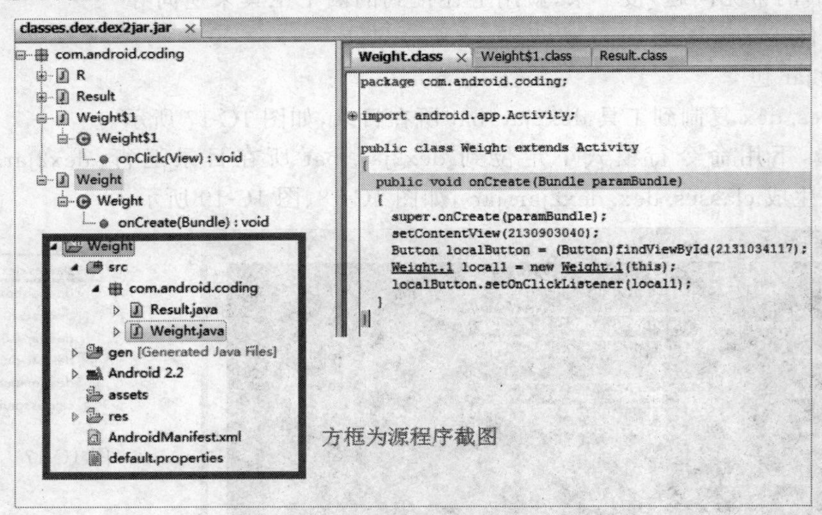

图 1C-21　对比

但仔细观察图 1C-22 和图 1C-23 发现和原来的程序大相径庭。观察图 1C-23 不免发现,反编译程序将每一个内部类都编译成一个单独的类。并且布局文件中每一个组件都是有 ID 的,而反编译之后所有的 ID 都是十进制数字。

```
Weight.class  Weight$1.class  Result.class
package com.android.coding;

import android.app.Activity;

public class Weight extends Activity
{
  public void onCreate(Bundle paramBundle)
  {
    super.onCreate(paramBundle);
    setContentView(2130903040);
    Button localButton = (Button)findViewById(2131034117);
    Weight.1 local1 = new Weight.1(this);
    localButton.setOnClickListener(local1);
  }
}
```

图 1C-22　反编译程序

【小技巧】本例反编译后的结果是很容易理解的,原因是这个例子之前已经做过,知道主文件是哪一个,而且重点是代码很少。如果一个复杂程序反编译之后，会有几百个类，每个类里面有上千行的代码，其实根本无法下手。

```
Weight.class   Weight$1.class ×   Result.class

package com.android.coding;

⊕import android.content.Intent;

@EnclosingMethod
class Weight$1
  implements View.OnClickListener
{
  public void onClick(View paramView)
  {
    double d = Double.parseDouble(((EditText)this.this$0.findViewById(2131034121)).getText().toString()
    String str = "";
    if (((RadioButton)this.this$0.findViewById(2131034119)).isChecked());
    for (str = "M"; ; str = "F")
    {
      Intent localIntent = new Intent();
      Weight localWeight = this.this$0;
      localIntent.setClass(localWeight, Result.class);
      Bundle localBundle = new Bundle();
      Object localObject;
      localBundle.putDouble("height", localObject);
      localBundle.putString("sex", str);
      localIntent.putExtras(localBundle);
      this.this$0.startActivity(localIntent);
      return;
    }
  }
}
```

图 1C-23　反编译内部类

```
Weight.java ×   Result.java   main.xml   Weight Manifest

12 public class Weight extends Activity {
13     /** Called when the activity is first created. */
14⊖    @Override
15     public void onCreate(Bundle savedInstanceState) {
16         super.onCreate(savedInstanceState);
17             /* 载入main.xml Layout */
18             setContentView(R.layout.main);
19             /* 以findViewById()取得Button对象，并加入onClickListener */
20             Button b1 = (Button) findViewById(R.id.button1);
21⊖            b1.setOnClickListener(new Button.OnClickListener()
22             {
23⊖              public void onClick(View v)
24              {
25                /*取得输入的身高*/
26                EditText et = (EditText) findViewById(R.id.height);
27                double height=Double.parseDouble(et.getText().toString());
28                /*取得选择的性别*/ String sex="";
29                RadioButton rb1 = (RadioButton) findViewById(R.id.sex1);
30                if(rb1.isChecked()) { sex="M"; }
31                else{ sex="F"; }
32                /*new一个Intent对象，并指定class*/
33                Intent intent = new Intent();
34                intent.setClass(Weight.this,Result.class);
35                /*new一个Bundle对象，并将要传递的数据传入*/
36                Bundle bundle = new Bundle();
37                bundle.putDouble("height",height);
38                bundle.putString("sex",sex);
39                /*将Bundle对象assign给Intent*/
40                intent.putExtras(bundle);
41                /*调用Activity EX03_10_1*/
42                startActivity(intent);
43              }
44             });
45         }
```

图 1C-24　源程序

这个时候需要先找到对应 main. xml 文件的类。可以利用 JD-GUI 中的查找功能找到 setContentView。然后在一步步的利用反编译的信息往下查找，例如图 1C-22 中 setContentView (2130903040)，在利用 2130903040 就找到 layout 布局文件夹，如图 1C-25 所示，然后又得到了另外布局文件 result 的代码，以此类推。夸张一点的说有点类似于侦探小说的推理。

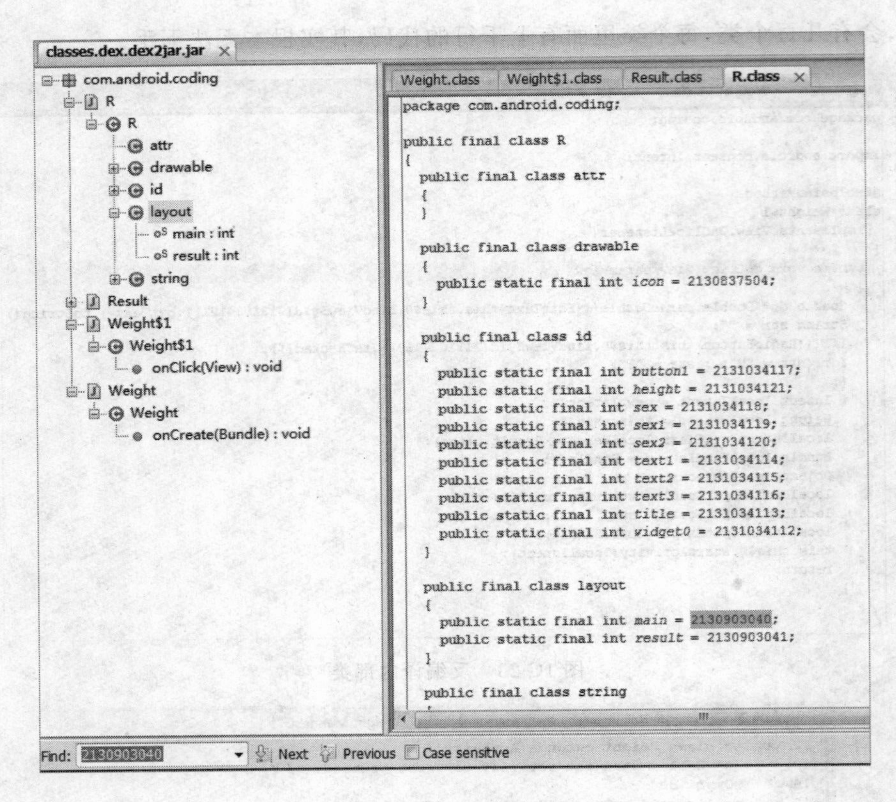

图 1C-25　反编译查找

所以并非所有的反编译程序都能看明白，况且本例中就涉及类比较少。根据笔者经验一般来说超过 1MB 的项目(无图片)代码量接近一万行。一般优秀的程序大概都在几万行以上(5～10 MB)，游戏就更多。所以不要以为通过反编译软件就有捷径可以走，同样需要日积月累的学习才能让好的工具带来锦上添花的效果。

【小技巧】虽然大型的程序源代码和反编译之后的结果有很多出入，但是界面反编译后的结果还是比较相似的。

4）XML 的反编译

虽然功能代码反编译学习起来需要点功底，但是 XML 的反编译的结果和源程序的布局就比较接近。根据笔者经验，从反编译学习最多内容多半是布局文件的学习。一个优秀的程序 UI 是设计的很精巧的。

而直接打开刚刚解压缩的 XML 文件，如图 1C-26 所示，全部是乱码。

用 AXMLPrinter2. jar 查看 apk 中的布局 xml 文件。

方法一：把 AXMLPrinter2. jar 复制到 C 盘(方便)，在控制台 cd 到要解压出来的 apk 文件夹，执行下面的命令就可以把所有的 xml 还原文本格式了，如图 1C-27 所示。

```
for/r. %a in (*.xml) do @java - jar c:\AXMLPrinter2.jar "%a">>"%a".txt
```

方法二：如果不想全部还原，有针对性查看 xml 文件。也可以打开 cmd 终端，一直进入到 tools 目录下，输入如下命令：java-jar AXMLPrinter2. jar main. xml ＞ main. txt，如图 1C-28 所示。

至此反编译的流程就介绍完毕了。互联网上还有其他软件可以通过反编译更改其他软件的图片、文字，即刻可以生产新的程序。但是这些并不是一个优秀程序员应该做的。任何事还是需要一步一个脚印，多看多吸收。所有复杂的程序万变不离其宗，都是由很基础的内容组合而成。

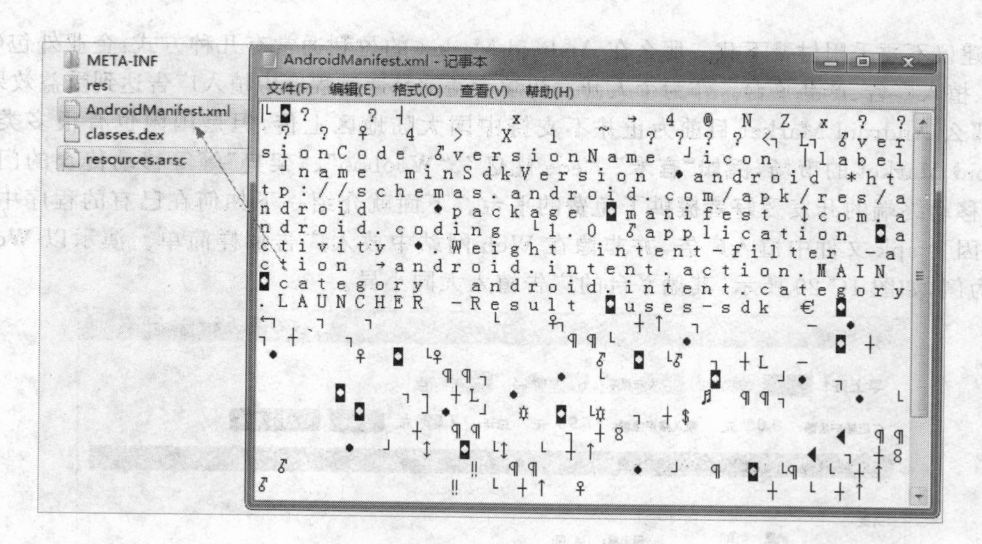

图 1C-26　乱码

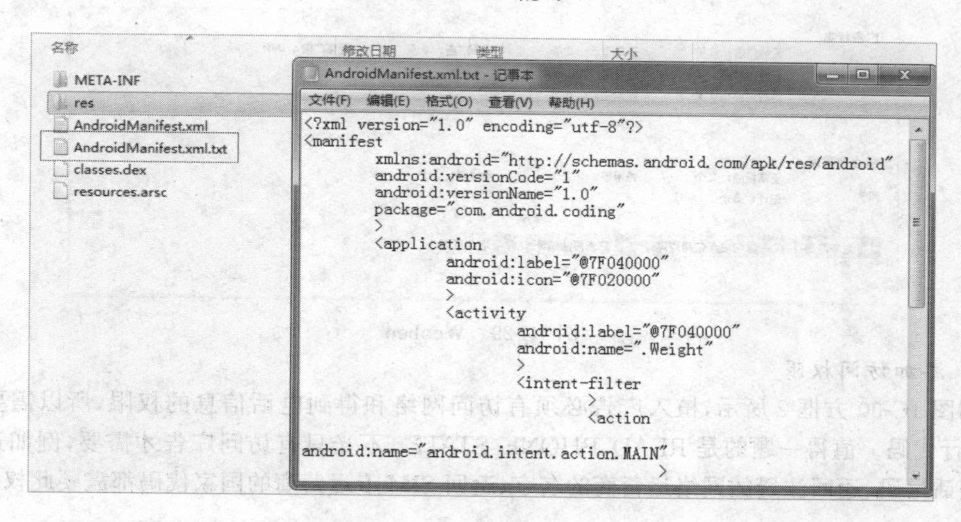

图 1C-27　方法一

```
Microsoft Windows [版本 6.1.7600]
版权所有 (c) 2009 Microsoft Corporation。保留所有权利。

C:\Users\frankie>d:

D:\>cd D:\Android\eclipse-for-android-win32\sdk\tools

D:\Android\eclipse-for-android-win32\sdk\tools>java -jar AXMLPrinter2.jar main.x
ml > main.txt
```

图 1C-28　方法二

C.2.3　植入广告

目前为止尽管 Android 已经在美国的市场占有率已经超过了 iPhone，但是目前在 Android Market 赚钱没在 App Store 上容易这绝对是事实。原因很多，网上也有很多分析的原因，有兴趣的读者可以参考。从数字上面来看，iPhone 的付费软件卖的比 Android Market 好，很大一定程度和国外用户使用正版软件的习惯有关。

如果读者的软件没有好像金蝶软件“随手记”功能丰富（一年营业额达百万）能够切入理财市

场，就建议不要采用付费下载。那么在 Android Market 的盈利通常有几种方式：企业外包(定制服务)、植入广告、产品平台。作为个人开发初学者通常是通过程序中植入广告达到受益效果。

那么 Android Market 目前为止并不支持中国大陆地区上传，但是国内也有很多类似于 Android Market 的市场，例如“有米”、“eoe 优亿”、“Wooboo”、“架势”等等移动传媒的门户网站，给移动终端的开发爱好者提供了免费的平台。下面就介绍一下如何在已有的程序中植入广告，因为 apk 文件中植入广告，并非像在 Web 网站中放入广告那样简单。演示以 Wooboo 平台为例，如图 1C-29 所示，其他平台的广告植入大同小异。

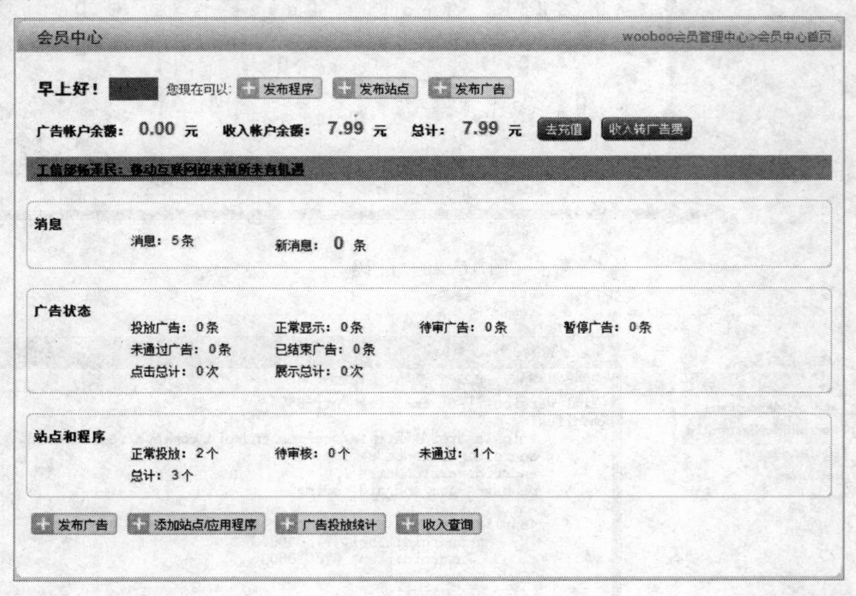

图 1C-29　Wooboo

1. 添加访问权限

如图 1C-30 方框 2 所示，植入广告必须有访问网络和得到电话信息的权限，所以需要添加 21、22 行代码。值得一题的是 READ_PHONE_STATE，不光只有访问广告才需要，例如返回设备的电话号码、返回注册的网络运营商的名字、返回 SIM 卡运营商的国家代码都需要此权限。

```
main.xml    result.xml    Weight Manifest
1  <?xml version="1.0" encoding="utf-8"?>
2  <manifest xmlns:android="http://schemas.android.com/apk/res/android"
3        package="com.android.coding"
4        android:versionCode="1"
5        android:versionName="1.0">
6     <application android:icon="@drawable/icon" android:label="@string/app_name">
7        <activity android:name=".Weight"
8                android:label="@string/app_name">
9           <intent-filter>
10              <action android:name="android.intent.action.MAIN" />
11              <category android:name="android.intent.category.LAUNCHER" />
12          </intent-filter>
13       </activity>
14  <activity android:name="Result"></activity>
15
16   <meta-data android:value="023f129c6a70413f823b394b0a52a7fa" android:name="Wooboo_PID"/>
17      <meta-data android:value="1" android:name="Market_ID"/>
18
19     </application>
20     <uses-sdk android:minSdkVersion="8" />
21     <uses-permission android:name="android.permission.INTERNET" />
22     <uses-permission android:name="android.permission.READ_PHONE_STATE" />
23 </manifest>
```

图 1C-30　权限

2. 申请 ID

当在开源平台注册好账号为程序申请好 ID 之后，就需要在 manifest 里面填入注册信息，如图 1C-30 方框 1 所示。

简单来说，当其他用户使用了用户自己的程序，程序就会报告 wooboo 服务器：ID 为 023f129c6a70413f823b394b0a52a7fa 程序的广告被他人阅读或者单击，广告费才会充入读者申请的账号。

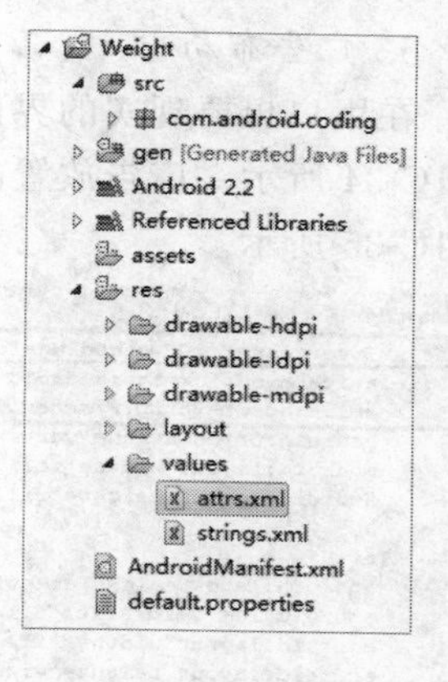

图 1C-31　新建 attrs. xml 文件

3. 广告参数

在 res/values 目录下面新建一个 attrs. xml 文件，如图 1C-31 所示。此文件是配置广告的参数，代码如图 1C-32 所示。

4. 添加广告 SDK 包

广告的形式、如何计算点击率、如何通知服务等这一切重要并且复杂的操作，广告运营商已经为用户考虑好了，封装好了一个软件开发包 SDK 的 jar 包。开发者只需要在工程中引用即可，无须自己设计封装，简化操作。

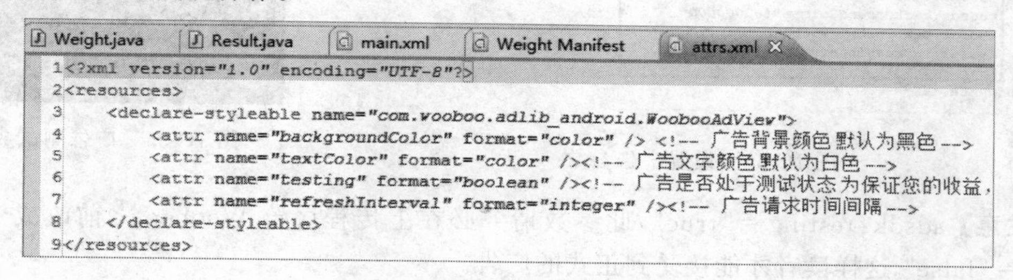


```
1<?xml version="1.0" encoding="UTF-8"?>
2<resources>
3    <declare-styleable name="com.wooboo.adlib_android.WoobooAdView">
4        <attr name="backgroundColor" format="color" /> <!-- 广告背景颜色 默认为黑色 -->
5        <attr name="textColor" format="color" /><!-- 广告文字颜色 默认为白色 -->
6        <attr name="testing" format="boolean" /><!-- 广告是否处于测试状态 为保证您的收益，
7        <attr name="refreshInterval" format="integer" /><!-- 广告请求时间间隔 -->
8    </declare-styleable>
9</resources>
```

图 1C-32　广告的参数

在本例中将 adlib 文件夹下的 adlib_Android. jar 文件添加到工程中引用，如图 1C-33 所示。

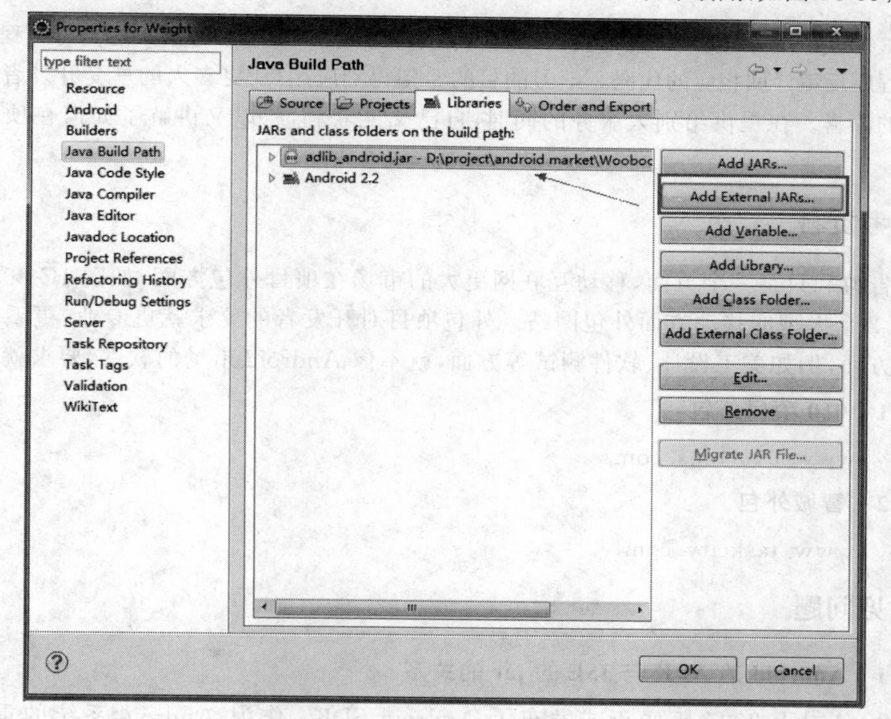

图 1C-33　添加 SDK

5. 广告布局

在用户想要现实的界面对应的 layout 文件中加入显示广告代码,配置广告相关参数,如图 1C-34 所示。广告放置的位置既要美观不突兀,又能吸引用户单击是需要精心设计的,如图 1C-35 所示。

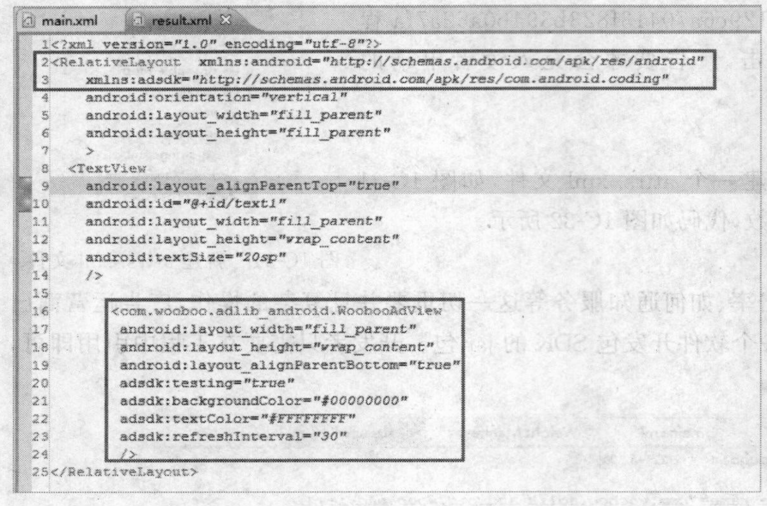

图 1C-34 设置广告参数

图 1C-35 广告测试成功

【注意】adsdk:testing="true",此参数请务必在上传程序给 Wooboo 之前改成 adsdk:testing="false" 这样读者才能接受到正式的广告。

C.3 项目心得

本次 3 个实训非常连贯,首先学会该如何签名打包,然后如果想学习别人的优秀的程序该如何将打包的程序反编译回相应的代码。学习的目的希望得到应用,让更多人的享受开发者所开发的程序带来的惊喜。在提供给别人服务的同时,自己又能获利,所以又讲解了如何在项目中植入广告。

C.4 参考资料

靠广告盈利只是一个方面,移动互联网更大的市场在项目外包方面,如图 1C-36 和图 1C-37 所示的 2 个大型的移动方面外包网站。外包项目对开发者的要求就更专业、更系统化。并且对细节方面,例如美工设计、软件测试等方面,就不像 Android 市场的软件,要求就更严格。

C.4.1 010 项目外包

http://www.010china.com/

C.4.2 智城外包

http://www.taskcity.com/

C.5 常见问题

C.5.1 Android 的 APK 与 JSE 的 jar 的关系

Google 公司于 2007 年底正式发布了 Android SDK,作为 Android 系统的重要特性,

Dalvik 虚拟机也第一次进入了人们的视野。它对内存的高效使用，和在低速 CPU 上表现出的高性能，确实令人刮目相看。依赖于底层 Posix 兼容的操作系统，它可以简单的完成进程隔离和线程管理。每一个 Android 应用在底层都会对应一个独立的 Dalvik 虚拟机实例，其代码在虚拟机的解释下得以执行。

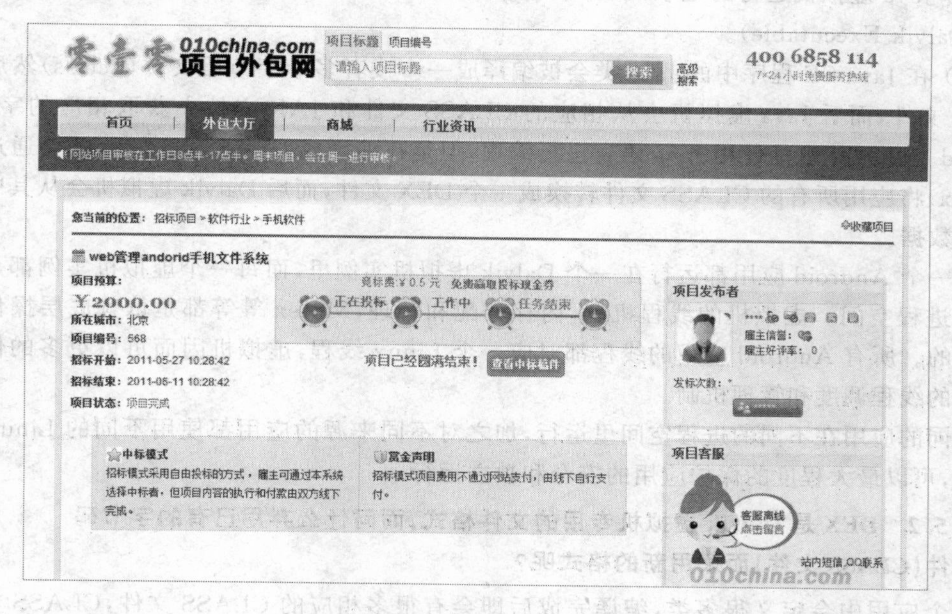

图 1C-36　010 外包

图 1C-37　taskcity 外包

很多人认为 Dalvik 虚拟机是一个 Java 虚拟机，因为 Android 的编程语言恰恰就是 Java 语言。但是这种说法并不准确，因为 Dalvik 虚拟机并不是按照 Java 虚拟机的规范来实现的，两者并不兼容；同时还要两个明显的不同：

(1) Java 虚拟机运行的是 Java 字节码，而 Dalvik 虚拟机运行的则是其专有的文件格式 DEX(Dalvik Executable)。

(2) 在 Java SE 程序中的 Java 类会被编译成一个或者多个字节码文件(.class)然后打包到 JAR 文件，而后 Java 虚拟机会从相应的 CLASS 文件和 JAR 文件中获取相应的字节码；Android 应用虽然也是使用 Java 语言进行编程，但是在编译成 CLASS 文件后，还会通过一个工具(dx)将应用所有的 CLASS 文件转换成一个 DEX 文件，而后 Dalvik 虚拟机会从其中读取指令和数据。

每一个 Android 应用都运行在一个 Dalvik 虚拟机实例里，而每一个虚拟机实例都是一个独立的进程空间。虚拟机的线程机制，内存分配和管理，Mutex 等等都是依赖底层操作系统而实现的。所有 Android 应用的线程都对应一个 Linux 线程，虚拟机因而可以更多的依赖操作系统的线程调度和管理机制。

不同的应用在不同的进程空间里运行，加之对不同来源的应用都使用不同的 Linux 用户来运行，可以最大程度的保护应用的安全和独立运行。

C.5.2 DEX 是 Dalvik 虚拟机专用的文件格式，而问什么弃用已有的字节码文件(CLASS 文件)而采用新的格式呢？

一个应用中会定义很多类，编译完成后即会有很多相应的 CLASS 文件，CLASS 文件间会有不少冗余的信息；而 DEX 文件格式会把所有的 CLASS 文件内容整合到一个文件中。这样，除了减少整体的文件尺寸，I/O 操作，也提高了类的查找速度。

如何生成 DEX 文件呢？Android 系统和 Dalvik 虚拟机提供了工具(DX)，在把 Java 源代码编译成 CLASS 文件后，使用 DX 工具。

Android 应用开发和 Dalvik 虚拟机 Android 应用所使用的编程语言是 Java 语言，和 Java SE 一样，编译时使用 Sun JDK 将 Java 源程序编程成标准的 Java 字节码文件(.class 文件)，而后通过工具软件 DX 把所有的字节码文件转成 DEX 文件(classes.dex)。最后使用 Android 打包工具(aapt)将 DEX 文件，资源文件以及 AndroidManifest.xml 文件(二进制格式)组合成一个应用程序包(APK)。应用程序包可以被发布到手机上运行。

C.5.3 程序出错

有时候会在论坛看到有些程序员将图 1C-38 的错误截图发到论坛进行提问。一般来说这样的错误信息是绝对看不出问题出在什么地方。

Android 自带了错误的调试信息 DDMS，当程序不能正常运行时，第一时间应该看 DDMS 中提示的错误信息，如果看不明白，可以将 DDMS 中提示的错误信息复制到搜索引擎或者论坛进行提问，这样的问题才有意义。例如之前的例子，如果没有在 manifest 中添加 Android.permission.READ_PHONE_STATE 读取电话状态的权限，就会提示图 1C-38 的错误。

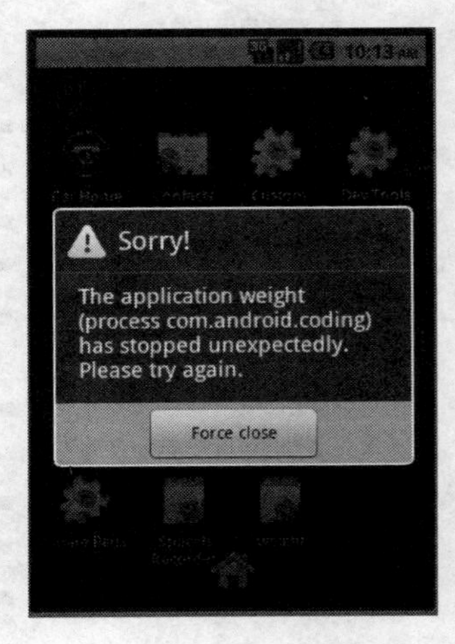

图 1C-38 错误截图

这个时候单击 DDMS，选择 E(error)可以明显看到提示的错误信息，如图 1C-39 所示，然后加以修改。

【提示】有关其他信息按钮建议查阅各大搜索引擎或者 API。

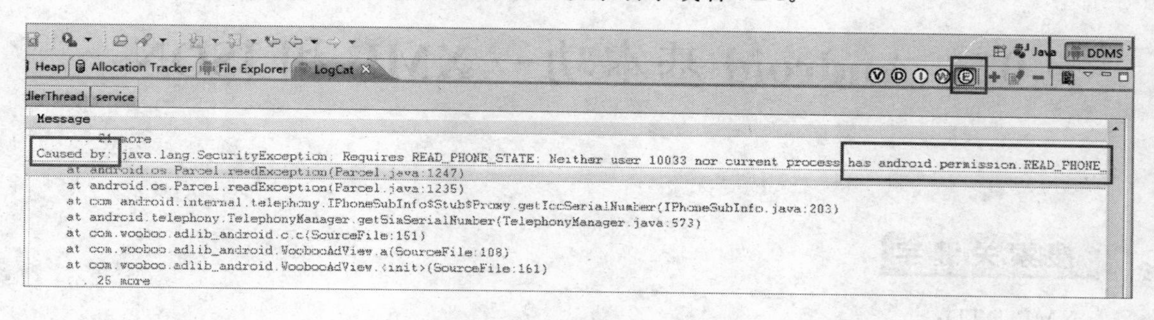

图 1C-39　DDMS 错误截图

02　Android 基本功—XML 和 JSON

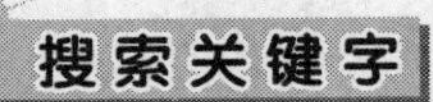

XML DTD；
XML Schema；
JSON。

本章难点

XMLSchema 的语法使用。

2.1　项目简介

1. 关于 XML

XML，即可扩展标记语言（eXtensible Markup Language），是一种用于标记电子文件使其具有结构性的标记语言。

一说起标记语言，人们常常会想起 HTML。没错，作为标记语言，两者都没有任何“动作行为”，都只是通过在文本文件中添加一些标记，来传递更多的信息。

但不同于用于展示数据的 HTML，XML 侧重于数据如何进行储存传输。因此，它逐渐演变成了一种跨平台的数据交换格式，一种轻量级的持久化方案。通过 XML，人们可以在不同平台，不同系统之间进行数据交换。同时还可以将程序状态保存到 XML 文件中，而无须使用关系数据库。

XML 广泛应用于 Java 开发以及 Web 开发。因为 Java 作为跨平台编程语言，需要频繁地在不同平台和系统之间数据交换，而 XML 正好能给予这种支持。

同时 XML 也是 Web 技术重要基础，常用于简化数据的存储和共享被大量应用与 Web 开发中。

XML 文档具有严格的定义格式，如图 2-1 所示，该 XML 文档记录的是每一种花的信息。分别是从属于哪一间花店，花的名字是什么，价格是多少等信息。值得一提的是，XML 没有预定义的标签（例如本例子中的＜Vendor＞和＜Name＞），所有的标签都是由文档的创建者发明的。

2. 关于 JSON

尽管 XML 如此优秀，具有如此广泛的应用前景。但它也经常被诟病有标记格式繁杂、带宽占用多、需要大量代码用于解析等问题，如果有其他更加简洁好用的数据交换格式，那么 XML 将面临巨大挑战。

```xml
<?xml version="1.0" encoding="gb2312"?>
<?xml:stylesheet type="text/css" href="Flowers.css"?>
<Flowers>

    <Flower>
        <Vendor>shop1</Vendor>
        <Name>iris</Name>
        <Price>$4.00</Price>
    </Flower>

    <Flower>
        <Vendor>shop2</Vendor>
        <Name>iris</Name>
        <Price>$4.30</Price>
    </Flower>

    <Flower>
        <Vendor>shop3</Vendor>
        <Name>iris</Name>
        <Price>$3.50</Price>
    </Flower>

</Flowers>
```

图 2-1　一个 XML 文档

JSON 全称为 JavaScript Object Notation，即基于 JavaScript 的对象符号，也是一种轻量级数据交换格式。目前，JSON 在主流编程语言中已经被广泛使用。

与 XML 相比，JSON 除了有更简单的语法结构，还提供了在多种编程语言之间完成数据交换的能力。

JSON 本质是一组字符串，相关元素会使用特定的符号标注，一般以键值对(key：value)为书写格式。

(1) {}双括号表示对象。

(2) []中括号表示数组。

(3) ""双引号内是属性或值。

(4) ：冒号表示后者是前者的值(这个值可以是字符串、数字、也可以是另一个数组或对象)。

例如 {"name"："Jack"} 可以理解为是一个 name 为 Jack 的对象，而[{"name"："Jack"}，{"name"："Mike"}]就表示包含两个 name 分别为 Jack 和 Mike 的对象数组。

下面我们来看看同一组数据在 XML 格式和 Json 格式之间到底有什么不同。如图 2-2 所示是一个 XML 格式的文档。

```xml
<?xml version="1.0" encoding="gb2312"?>
<?xml:stylesheet type="text/css" href="Flowers.css"?>
<书籍列表>

    <计算机书籍>
        <书名>Book A</书名>
        <作者>Author A</作者>
        <价格>Prise A</价格>
        <简要介绍>Introduce A</简要介绍>
    </计算机书籍>

    <计算机书籍>
        <书名>Book B</书名>
        <作者>Author B</作者>
        <价格>Prise B</价格>
        <简要介绍>Introduce B</简要介绍>
    </计算机书籍>

</书籍列表>
```

图 2-2　一个简单的 XML 文档

而上述文档用 JSON 格式表示则如图 2-3 所示。

```
1  books = {
2      {
3          书名:Book A,
4          作者:Author A,
5          价格:Prise A,
6          介绍:Introduce A
7      },
8      {
9          书名:Book B,
10         作者:Author B,
11         价格:Prise B,
12         介绍:Introduce B
13     }
14
15 }
```

图 2-3　用 JSON 表示的文档

同时,JSON 也可以创建 Javascript 对象和使用 Javascript 语法,实现灵活多用。如图 2-4 所示。图 2-4 的结果显示为:姓名:Name A 性别:male。

```
1  person = {
2      name:'Name A',
3      sex:'male',
4      son:{
5          name:'Name B',
6          grade:1
7      },
8      info:function()
9      {
10         alert("姓名:"+this.name+"性别:"+this.sex);
11     }
12
13 }
```

图 2-4　JSON 也可以使用 Javascript 语法

2.2　案例设计与实现

2.1.1　XML 的两种定义格式:DTD 与 Schema

虽然 XML 允许开发者自由拓展元素,但在实际使用中,进行信息交换的双方需要一种更具体的语义约束才能保证数据交换。

DTD 和 XML Schema 正是两种为 XML 定义语句约束的工具:前者简单易用,但功能相对较弱。后者比前者要复杂一些,但功能强大得多,支持丰富的数据类型,而且允许开发者自定义数据类型。图 2-5 找的很好,我作为用过 XML 的人,看的很清楚,但是作为初学者,你可能不知道两者之间的区别,需要借助搜索引擎查看它们的相关描述和区别。

图 2-5 展示的是它们之间的区别。

1. XML DTD

XML DTD(XML 的文档类型定义),具有简单的语法格式和功能。它能够定义 XML 文档的元素结构,元素(类型,取值,属性)限制,元素内属性(类型,数值等)限制等。图 2-6 为 DTD 的一个示例。

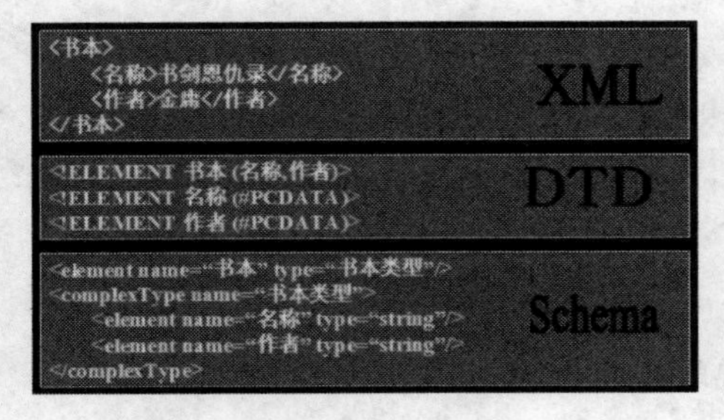

图 2-5　区别

```
1  <?xml version="1.0"?>
2  <!DOCTYPE message [
3    <!ELEMENT note (to,from,heading,body)>
4    <!ELEMENT to       (#PCDATA)>
5    <!ELEMENT from     (#PCDATA)>
6    <!ELEMENT heading  (#PCDATA)>
7    <!ELEMENT body     (#PCDATA)>
8  ]>
9  <message>
10   <to>Mike</to>
11   <from>Jack</from>
12   <heading>Reminder</heading>
13   <body>Don't forget the meeting!</body>
14 </message>
```

图 2-6　DTD

XML DTD既可以作为一个单独文件编写，也可以编写在XML文件中，当DTD编写在XML文件中时，可参考如图2-5所示。

而当DTD文件作为一个单独的文件编写的时候有两种情况。

(1) 当作为单独编写的DTD文件保存在本地时，可以在需要引用的XML文件中这样写：

```
<! DOCTYPE 文档根结点 SYSTEM "DTD文件的URL">
```

如图2-5的例子即为：

```
<! DOCTYPE message SYSTEM "file///d:/ massage.dtd">
```

【注意】DTD文件的URL必须是完整路径，不然无法读取，这里给出一个保险的方法：直接把DTD文件拖进浏览器打开，地址栏里面的就是DTD文件在本地的完整路径。

(2) 当作为单独编写的DTD文件保存在公共文件夹里面时，可以在需要引用的XML文件中这样写：

```
<! DOCTYPE 文档根结点 PUBLIC "DTD名称" "DTD文件的URL">
```

例我们需要引用一个在Web上的DTD文件：

```
<! DOCTYPE web - app PUBLIC " - //SunMicrosystems, Inc.//DTD Web Application 2.3//EN" "http://java.sun.com/dtd/web - app_2_3.dtd">
```

2. XML Schema

随着XML技术领域的发展，XML DTD不能完全满足XML自动化处理的要求，例如不能很好地实现应用程序不同模块的互相协调，缺乏对文档结构、属性、数据类型等约束的足够描述等等，所以W3C于2001年5月正式推荐XML Schema为XML的标准模式。

相比XML DTD内置的10种数据类型，XML Schema支持高达37种数据类型定义，并可以很好地支持用户自定义类型数据、丰富的命名空间。但是这也令XML Schema变得比XML DTD更加复杂了。图2-7是XML Schema的一个例子。

下面，我们要实现三个案例。

2.2.2 功能实现

1. XML DTD的应用

本次演示是用XML DTD中内、外部普通实体的引用，来约束一个XML文档。

首先，要注意普通实体的声明和引用的方法：

内部普通实体就是实体内容在DTD文件本身中。内容普通实体一般包含常用文本或较难输入的文本内容。在定义实体引用时，以 & 开头，以 ; 结束。

内部普通实体语法格式：

```
<! ENTITY name“text”>
```

ENTITY:关键字 说明是个实体。

name:实体引用的名称，可以在XML文档中使用实体引用。

text:实体内容。如图2-8所示。

外部普通实体就是在XML文档意外包含的数据，这些数据通过URI定位的资源引入到文档中。两种类型：

(1) SYSTEM

```
<! ENTITY name SYSTEM "URI">
```

```
1  <?xml version="1.0"?>
2  <xs:schema xmlns:xs="http://www.w3.org/2001/XMLSchema"
3  targetNamespace="http://www.w3school.com.cn"
4  xmlns="http://www.w3school.com.cn"
5  elementFormDefault="qualified">
6
7  <xs:element name="message">
8      <xs:complexType>
9        <xs:sequence>
10       <xs:element name="to" type="xs:string"/>
11       <xs:element name="from" type="xs:string"/>
12       <xs:element name="heading" type="xs:string"/>
13       <xs:element name="body" type="xs:string"/>
14         </xs:sequence>
15       </xs:complexType>
16 </xs:element>
17
18 <message>
19   <to>Mike</to>
20   <from>Jack</from>
21   <heading>Reminder</heading>
22   <body>Don't forget the meeting!</body>
23 </message>
24
25 </xs:schema>
```

图 2-7 XML Schema 的一个例子

```
1  <?xml version="1.0" standalone="-yes"?>
2  <!DOCTYPE 篮球[
3  <!ENTITY MJJ "MICHALE JEFFREY JORDAN">
4  <!ENTITY FR "飞人&MJJ;">
5  <!ELEMENT 篮球 (球员,团队)>
6  <!ELEMENT 球员 (#PCDATA)>
7  <!ELEMENT 团队 (名称,城市)>
8  <!ELEMENT 名称 (#PCDATA)>
9  <!ELEMENT 城市 (#PCDATA)>
10 ]>
11
12 <篮球>
13     <球员>&MJJ;</球员>
14     <团队>
15         <名称>公牛队</名称>
16         <城市>芝加哥</城市>
17     </团队>
18 </篮球>
leng Ln : 17   Col : 10   Sel : 0|0   Dos\Windows   GB2312 (Simplified) INS
```

图 2-8

（2）PUBLIC

<! ENTITY name PUBLIC FPI "URI">

FPI:Formal Public Identifier,即正式公用标志符:如果外部普通实体的内容有许多< > & 就可能会使 XML 文档出现语法错误。

如:

外部 DTD 文件:test1. dtd。

如图 2-9 所示。

2. XML Schema 的应用

本次演示是用 XML Schema 在内、外部实现对 XML 文档的约束。

XML Schema 支持丰富的数据类型、支持丰富命名空间机制、对整个 XML 文档或者文档局部进行效验,完全遵循 XML 规范,比起 XML DTD 更加容易学习。

实现方式如下,如图 2-10 到图 2-13 所示。

```
1  <?xml version="1.0" standalone="yes"?>
2  <!DOCTYPE 篮球[
3  <!ENTITY MJJ "MICHALE JEFFREY JORDAN">
4  <!ENTITY FR "飞人&MJJ;">
5  <!ELEMENT 篮球 (球员,团队)>
6  <!ELEMENT 球员 (#PCDATA)>
7  <!ELEMENT 团队 (名称,城市)>
8  <!ELEMENT 名称 (#PCDATA)>
9  <!ELEMENT 城市 (#PCDATA)>
10 ]>
11
12 <!--文件: BASKETBALL.XML-->
13 <?xml version="1.0" standalone="yes"?>
14 <!ENTITY 篮球 SYSTEM "http://.../test1.dtd">
15 <篮球>
16     <球员>&MJJ;</球员>
17     <团队>
18         <名称>公牛队</名称>
19         <城市>芝加哥</城市>
20     </团队>
21 </篮球>
YA length : 537   lines : 21   Ln : 4   Col : 23   Sel : 0|0   Dos\Windows   GB2312 (Simplified) INS
```

图 2-9

```
1  <?xml version="1.0" encoding="UTF-8"?>
2  <!-- edited with XMLSpy v2009 (http://www.altova.com) by andy (EMBRACE)-->
3  <xs:schema xmlns:xs="http://www.w3.org/2001/XMLSchema"
4    elementFormDefault="qualified" attributeFormDefault="unqualified">
5  <xs:element name="员工" type="员工Type">
6  <xs:annotation>
7  <xs:documentation>Comment describing your root element</xs:documentation>
8  </xs:annotation>
9  </xs:element>
10 <xs:complexType name="员工Type">
11 <xs:sequence>
12 <xs:element name="姓名"/>
13 <xs:element name="性别"/>
14 <xs:element name="出生日期"/>
15 </xs:sequence>
16 </xs:complexType>
17 </xs:schema>
eXtensible Markup Language file   length : 618   lines : 17   Ln : 1   Col : 1   Sel : 0|0   Dos\Windows   GB2312 (Simplified) INS
```

图 2-10

本次案例使用了 XMLspy 编辑器用于生成 XML Schema,按照逻辑步骤很容易就可以添加。

然后新建一个 XML 文件便可以调用刚刚生成的 Schema。

引用为外部约束,成功。

3. 如何利用 DOM 加载 XML

DOM 是 XML 文档的编程接口,它定义了访问和处理 XML 文档的标准方法,即 如何在程序中访问和操作 XML 文档，是与平台好语言无关的结构，DOM 将 XML 文档作为一个树状结构进行操作，如图 2-14 所示，其步骤为：首先 DOM 解析器把该 XML 文档加载到内容中去，在内存中，XML 文档的逻辑形式以树的结构存在，而树叶被定义为结点 ，利用程序对 XML 文档的操作都是建立在树的结构形式上的。

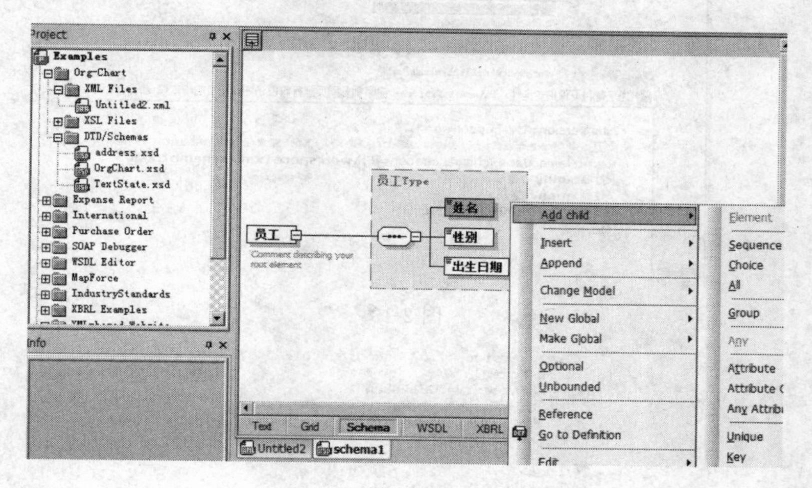

图 2-11

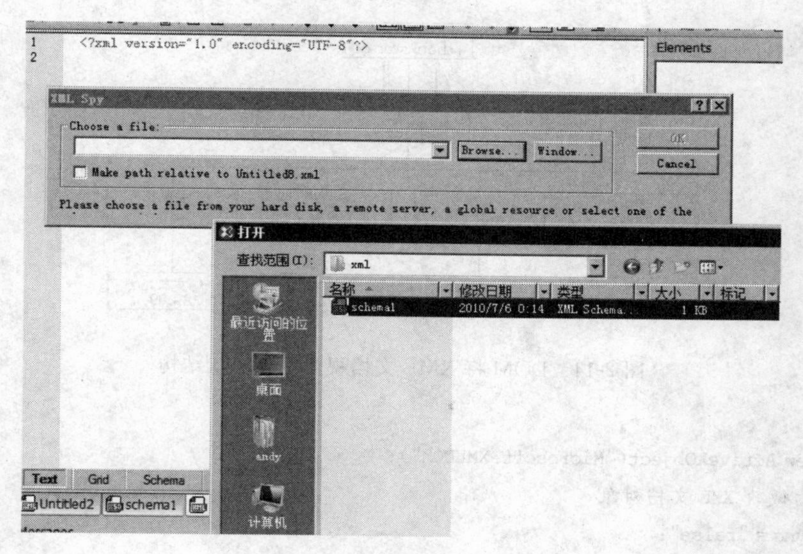

图 2-12

在上文所述中，根结点是 ＜bookstore＞。文档中的所有其他节点都被包含在 ＜bookstore＞中。根结点 ＜bookstore＞ 有一个＜book＞结点。＜book＞结点有四个结点：＜title＞，＜author＞，＜year＞ 以及 ＜price＞，其中每个结点都包含一个文本结点，"Harry Potter"，"J K. Rowling"，"2005" 以及 "29.99"。

下面我们利用 javascript 片段尝试加载一个 xml 文件。

【注意】不同浏览器中内置的 XML 解析器是不一样的，下面我们是以微软(IE)的 XML 解析器。

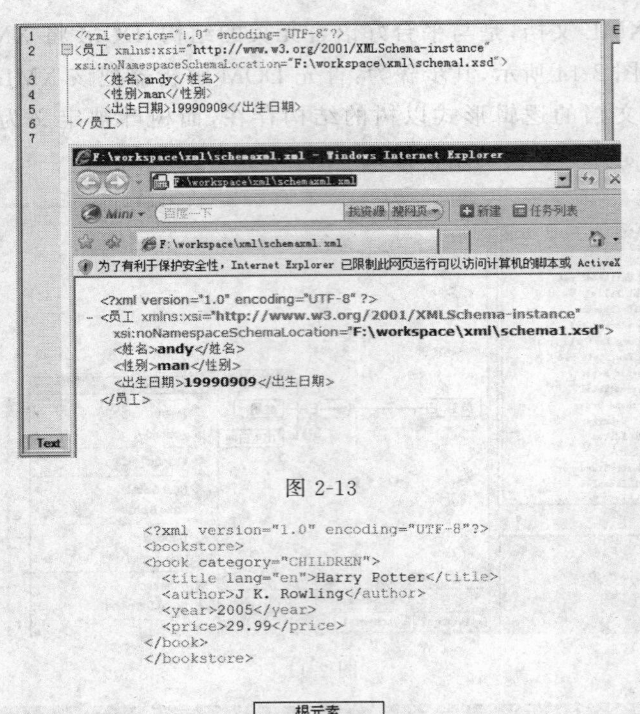

图 2-13

```
<?xml version="1.0" encoding="UTF-8"?>
<bookstore>
<book category="CHILDREN">
  <title lang="en">Harry Potter</title>
  <author>J K. Rowling</author>
  <year>2005</year>
  <price>29.99</price>
</book>
</bookstore>
```

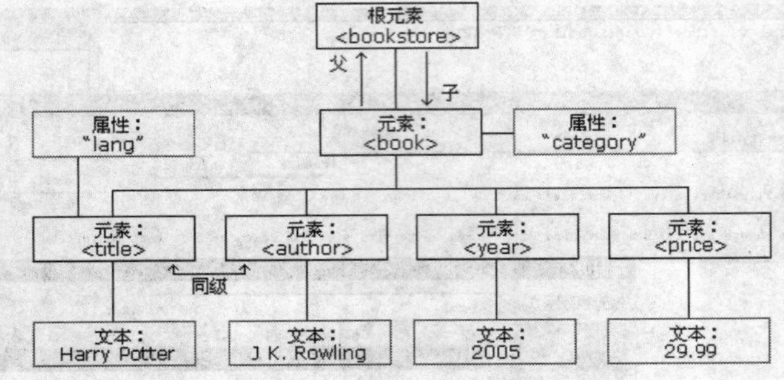

图 2-14　DOM 将 XML 文档视为一个树状结构

例：

```
xmlDoc = new ActiveXObject("Microsoft.XMLDOM");
//创建空的微软 XML 文档对象
xmlDoc.async = "false";
//关闭异步加载，这样可确保在文档完整加载之前，解析器不会继续执行脚本
xmlDoc.load("books.xml");
//告知解析器加载名为 "books.xml" 的文档
```

下面的示例是通过 Java 的 DOM 加载 XML，如图 2-16 所示。

代码分析：

Java：

DocumentBuilderFactory factory＝DocumentBuilderFactory. newInstance ()；

DocumentBuilderFactory 是一个抽象类，定义工厂 API，使应用程序能够从 XML 文档获取生成 DOM 对象树的解析器。这句话表示：创建一个 API 工厂 factory，在这里可以获得 API。

```
<html>
<body>
<script type="text/javascript">
try //Internet Explorer
  {
  xmlDoc=new ActiveXObject("Microsoft.XMLDOM");
  }
catch(e)
  {
  try //Firefox, Mozilla, Opera, etc.
    {
    xmlDoc=document.implementation.createDocument("","",null);
    }
  catch(e) {alert(e.message)}
  }
try
  {
  xmlDoc.async=false;
  xmlDoc.load("/example/xdom/books.xml");
  document.write("xmlDoc is loaded, ready for use");
  }
catch(e) {alert(e.message)}
</script>
</body>
</html>
```

```
xmlDoc is loaded, ready for use
```

图 2-15　XML 已经通过 DOM 加载进去了

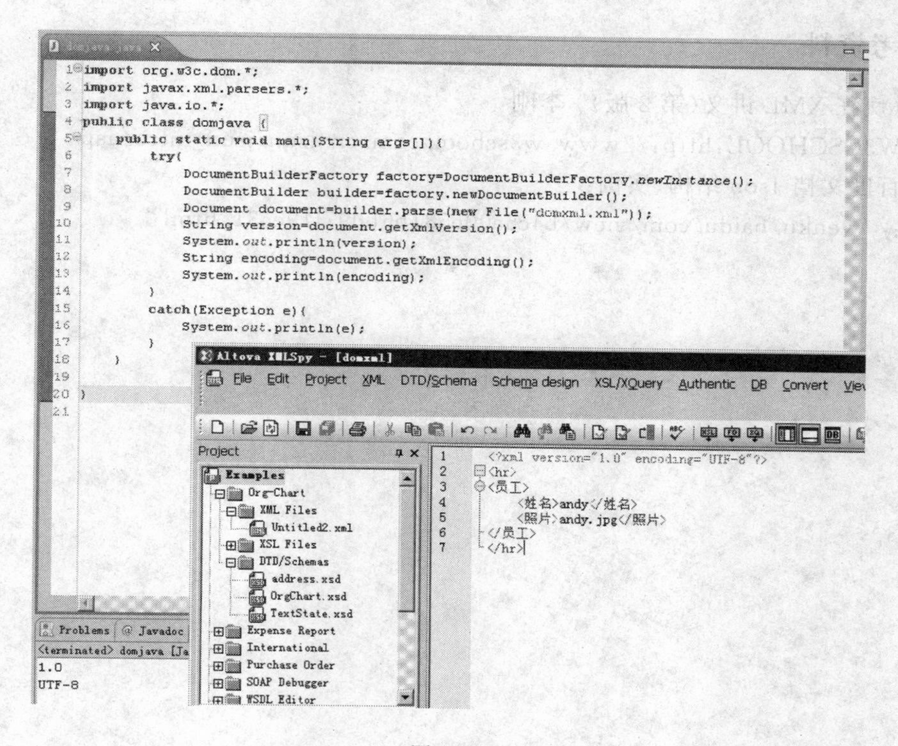

图 2-16

DocumentBuilder builder＝factory.newDocumentBuilder()；

DocumentBuilder 定义 API，使其从 XML 文档中获取 DOM 文档实例。使用此类，程序员可以从 XML 中获取一个 Document 对象。用 newDocumentBuilder()方法获取。获取此类实例之后，将解析 XML。这句话的意思是：

标记表示创建一个该类的对象作为实现 Document 对象 API。

Document document＝builder.parse(new　File("domxml.xml"))；

在内存中加载 XML 文件，并创建对象，在加载 XML 文档的时候，DocumentBuilder 的实例化对象会在内存中建立一个结点树，并且形成一个可以操作改结点树的对象 Document。

String version=document.getXmlVersion();

当 document 对象创建好以后，就可以对 XML 文档的结点树进行相关操作。getXmlVersion()方法表示获得该 XML 文档使用的版本号。

System.out.println(version);

String encoding=document.getXmlEncoding();

getXmlEncoding()方法表示获得该 XML 文档使用的编码形式。

System.out.println(encoding)。

2.3 项目心得

至此，我们掌握了 XML 的最基本语法，理解了它可以用来标记数据、定义数据类型，是一种允许用户对自己的标记语言进行定义的源语言。非常适合万维网传输，提供统一的方法来描述和交换独立于应用程序或供应商的结构化数据。

2.4 参考资料

(1)《疯狂 XML 讲义(第 2 版)》李刚

(2) W3CSCHOOL：http://www.w3school.com.cn/json/json_intro.asp

(3) 百度文档 Json 结构、实例：

http://wenku.baidu.com/view/b4c6a00e581b6bd97f19ea31.html

03 Android 基本功二 Android 布局

搜索关键字

XML；
Layout；
Android 布局。

3.1 项目简介

Android 系统应用程序一般是由多个 Activity 组成，而这些 Activity 以视图的形式展现在我们面前，视图都是由一个一个的组件构成的。组件就是我们常见的 Button、TextEdit 等等。那么我们平时看到的 Android 手机中那些漂亮的界面是怎么显示出来的呢？这就要用到 Android 的布局管理器了，布局好比是建筑里的框架，组件按照布局的要求依次排列，就组成了用于看见的漂亮界面了。

Android 中任何可视化的控件都是从 android. view. View 继承而来的，系统提供了两种方法来设置视图：第一种也是我们最常用的的使用 XML 文件来配置 View 的相关属性，然后在程序启动时系统根据配置文件来创建相应的 View 视图。第二种是我们在代码中直接使用相应的类来创建视图。

3.1.1 使用 XML 文件定义视图

每个 Android 项目的源码目录下都有个 res/layout 目录，这个目录就是用来存放布局文件的。布局文件一般以对应 activity 的名字命名，以. xml 为扩展名。在 XML 中为创建组件时，需要为组件指定 id，如：android：id＝"@＋id/名字"系统会自动在 gen 目录下创建相应的 R 资源类变量。

3.1.2 在代码中使用视图

在代码中创建每个 Activity 时，一般是在 onCreate()方法中，调用 setContentView()来加载指定的 XML 布局文件，然后就可以通过 findViewById()来获得在布局文件中创建的相应 ID 的控件了，如 Button 等。

```
public classBtnChangeText extends Activity {
    public voidonCreate(Bundle savedInstanceState) {
        super.onCreate(savedInstanceState);
        setContentView(R.layout.main);// 加载 main.xml 布局文件
    Buttonbtn = (Button)findViewById(R.id.myButton);// 通过 ID 找到对应的 Button 组件
    .........
    }
}
```

3.1.3 Android 系统提供的五大布局

Layout 就负责管理控件在屏幕的位置的类，下面是 Android SDK 已经内置的简单几种布局模型：LinearLayout（线性布局）、FrameLayout（单帧布局）、AbsoluteLayout（绝对布局）、TablelLayout（表格布局）、RelativeLayout（相对布局）。其中最常用的的是 LinearLayout、TablelLayout 和 RelativeLayout。这些布局都可以嵌套使用。下面我们分别用例子分析 Android 系统的五大布局。

3.2 案例设计与实现

3.2.1 案例简介 1

本次演示的案例是使用 LinearLayout（垂直线性布局），主要实现文字的显示。

【注意】线性布局分为两种：水平方向和垂直方向的布局。分别通过属性 android：orientation＝"vertical"和 android：orientation＝"horizontal"来设置。android：layout_weight 表示子元素占据的空间大小的比例。

1. 功能实现

（1）在 LinearLayout. java 的代码，如图 3-1 方框标注是加载 main. xml 布局文件。

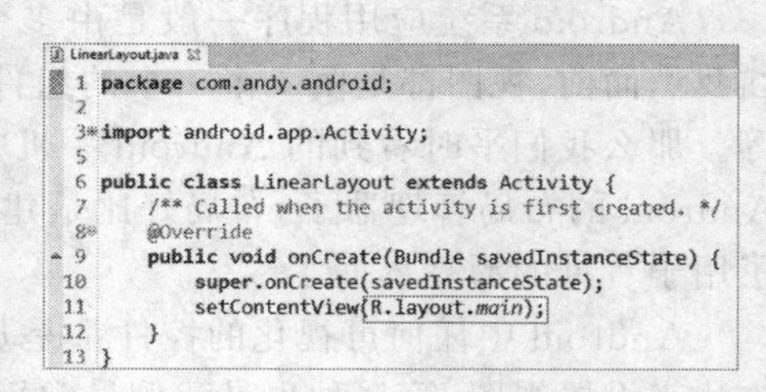

图 3-1 LinearLayout. java 的代码

如图 3-2 所示，在 TextView 子标签中第 5 行表示按照垂直的顺序将子元素依次按照顺序排列，每一个元素都位于前面一个元素之后；8～9 行，分别是对 TextView 组件的宽和高的设置；11 行～13 行分别是对背景颜色的设置，对 TextView 组件内容放置在顶部，内部边缘距为 10dip；15～16 行是输入的文本和字体的大小；第 10 行是表示子元素占据的空间大小的比例，第 14 行表示设置单行显示，当所输入的文本不能全部显示时，后面用...... 表示。

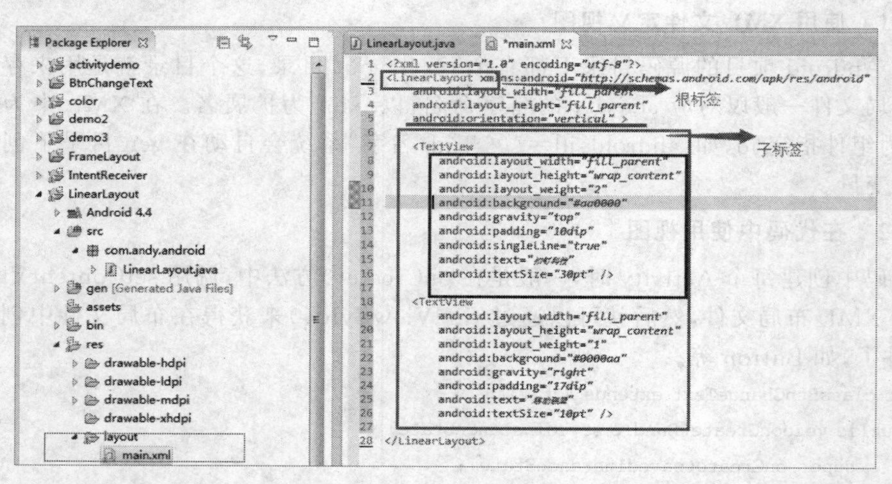

图 3-2 LinearLayout 中 main. xml 的代码

2. 测试

如图 3-3 所示，两个 TextView 组件是按整个屏幕的 2∶1 比例分配的，查看上图 3-2 中的第 10 行和 21 行；当我们改为 android：text＝"扣钉科技扣钉科技扣钉科技扣钉科技扣钉科技"如图 3-4 所示。这是因为在 14 行使用了单行显示属性。

图 3-3　LinearLayout 的垂直布局效果图

图 3-4　单行显示省略图

3.2.2　案例简介 2

本次演示的案例是使用 TableLayout 表格布局。表格布局，适用于多行多列的布局格式，每个 TableLayout 是由多个 TableRow 组成，一个 TableRow 就表示 TableLayout 中的每一行，这一行可以由多个子元素组成。实际上 TableLayout 和 TableRow 都是 LineLayout 线性布局的子类。但是 TableRow 的参数 android:orientation 属性值固定为 horizontal。所以 TableRow 实际是一个横向的线性布局，且所以子元素宽度和高度一致。

【注意】在 TableLayout 中，单元格可以为空，但是不能跨列，意思是不能让相邻的单元格为空。

1. 功能实现

(1) 在 tablelayout. java 中显示的代码是简单的加载 main. xml 布局文件。

(2) 如图 3-5 所示，第 2 行是根标签；其中 7～26 行是一个子表一，16～24 行是子表一中的一行，两个 TextView 表示一行有两列；28～86 行是表二至表四；第 5 行蓝色标注是隐藏第二列，第二个蓝色标注是表示对第二列可拉伸。

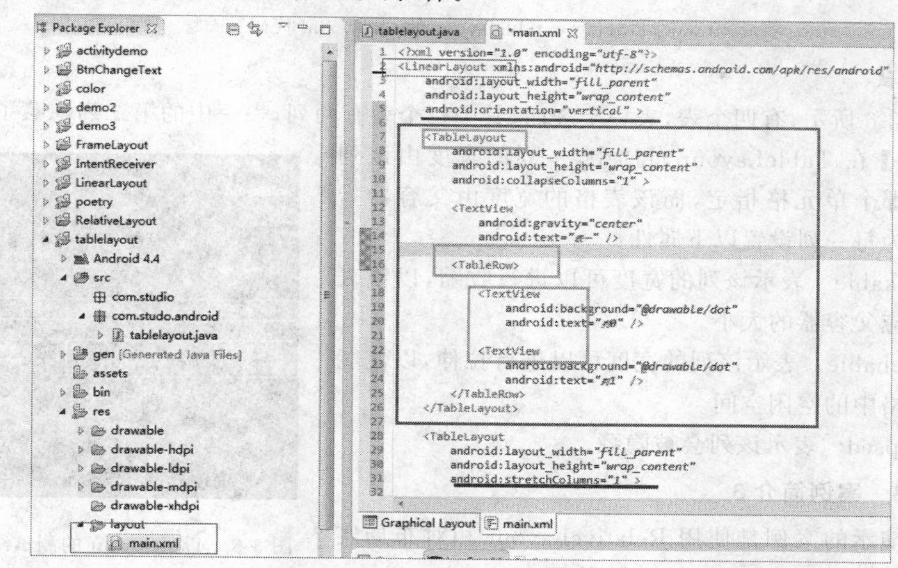

图 3-5　tablelayout 的 main. xml 代码

```
33          <TextView
34              android:gravity="center"
35              android:text="表二" />
36
37          <TableRow>
38
39              <TextView android:text="列0不能伸展" />
40
41              <TextView
42                  android:gravity="right"
43                  android:text="列1可以伸展" />
44          </TableRow>
45      </TableLayout>
46
47      <TableLayout
48          android:layout_width="fill_parent"
49          android:layout_height="wrap_content" >
50
51          <TextView
52              android:gravity="center"
53              android:text="表三" />
54
55          <TableRow>
56
57              <TextView
58                  android:background="@drawable/dot"
59                  android:text="这一列很长，将会造成下一列无法显示或显示不全" />
60
61              <TextView
62                  android:background="@drawable/dot"
63                  android:text="这一列被挤到了屏幕外" />
64          </TableRow>
65      </TableLayout>
66
67      <TableLayout
68          android:layout_width="fill_parent"
69          android:layout_height="wrap_content"
70          android:shrinkColumns="0" >
71
72          <TextView
73              android:gravity="center"
74              android:text="表四" />
75
76          <TableRow>
77
78              <TextView
79                  android:background="@drawable/dot"
80                  android:text="由于设置成了可收缩，所以这一列不管有多长都不会把其他列挤出去" />
81
82              <TextView
83                  android:background="@drawable/dot"
84                  android:text="这一列会被显示完全" />
85          </TableRow>
86      </TableLayout>
87
88  </LinearLayout>
```

图 3-5(续)　tablelayout 的 main. xml 代码

2. 测试

如图 3-6 所示，有四个表，表一至表四，其中每个表有两列，表一中的第二列隐藏了。

【注意】 在 TableLayout 布局中，一列的宽度由该列中最宽的那个单元格指定，而该表格的宽度由父容器指定。可以为每一列设置以下属性：

Shrinkable　表示该列的宽度可以进行收缩，以使表格能够适应父容器的大小。

Stretchable　表示该列的宽度可以进行拉伸，以使能够填满表格中的空闲空间。

Collapsed　表示该列会被隐藏。

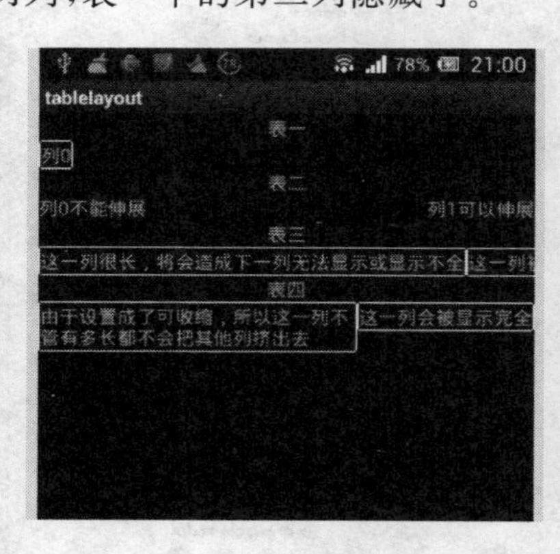

图 3-6　Tablelayout 的测试结果图

3.2.3　案例简介 3

本次演示的案例是使用 RelativeLayout 相对布局实现一个时钟的，RelativeLayout 继承于 android. widget.

ViewGroup，其按照子元素之间的位置关系完成布局的，作为 Android 系统五大布局中最灵活也是最常用的一种布局方式，非常适合于一些比较复杂的界面设计。

【注意】 在引用其他子元素之前，引用的 ID 必须已经存在，否则将出现异常。

1. 功能实现

(1) 在 RelativeLayout. java 中的代码也是简单的只是加载 main. xml 布局文件。

(2) 在 RelativeLayout 布局里的控件包含丰富的排列属性：

Android:layout_below	将该控件的底部至于给定 ID 控件之下
Android:ayout_above	将该控件的底部至于给定 ID 控件之下
Android:layout_toLeftOf	将该控件的右边缘于给定 ID 控件左边缘对齐
Android:layout_toRightOf	将该控件的左边缘于给定 ID 控件右边缘对齐
Android:layout_alignBaseline	将该控件的 baseline 与给定 ID 控件的 baseline 对齐
Android:layout_alignBottom	将该控件的底部边缘与给定 ID 控件的底部边缘对齐
Android:layout_alignLeft	将该控件的左边缘与给定 ID 控件的左边缘对齐
Android:layout_alignRight	将该控件的右边缘与给定 ID 控件的右边缘对齐
Android:layout_alignTop	将该控件的顶部边缘与给定 ID 控件的顶部边缘对齐

上述属性是当前控件相对于给定 ID 控件来设置其相对位置。

Android:layout_centerInparent，将当前控件放置于起父控件的横向和纵向的中央部分

Android:layout_centerHorizontal，使当前控件置于父控件横向的中央部分

Android:layout_centerVertival，使当前控件置于父控件纵向的中央部分

Android:layout_alignParentBottom，使当前控件的底端和父控件底端对齐

Android:layout_alignParentLeft，使当前控件的左端和父控件左端对齐

Android:layout_alignParentRight，使当前控件的右端和父控件右端对齐

Android:layout_alignParentTop，使当前控件的顶端和父控件顶端对齐

上述属性只能设置 Bool 类型的值，"true"或"false"。

(3) 结合上面给出的 RelativeLayout 的布局属性，如图 3-7 所示，第 10 行横线标注是定义

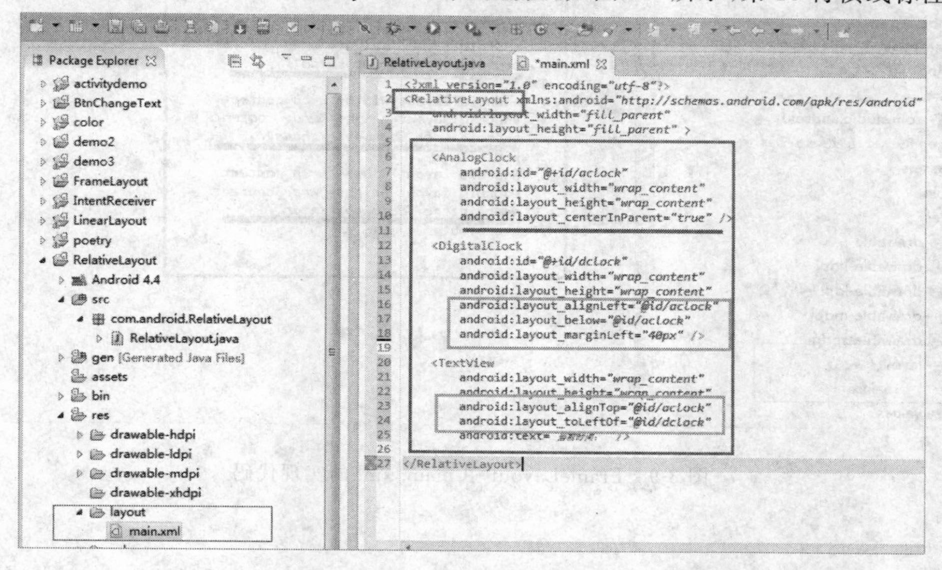

图 3-7 RelativeLayout 中 main. xml 的代码

一个 AnalogClock 子控件置于父控件中央部分；第 16 表示定义一个 DigitalClock 它的左边缘与 AnalogClock 左边缘对齐，第 17 行表示将 DigitalClock 底部至于 AnalogClock 之下，第 18 行表示 DigitalClock 位于 AnalogClock 下方左边缘 40 像素地方；第 23 行表示定义一个 TextView 让其上边缘与 AnalogClock 对齐；第 24 行表示定义一个 TextView 使它的右边缘与 DigitalClock 左边缘对齐。

2. 测试

如图 3-8 所示，是一个时钟设计效果图。

图 3-8　RelativeLayout 时钟设计效果图

3.2.4　案例简介 4

本次演示的案例是使用 FrameLayout 框架布局，实现大中小三个字放在整个界面的左上角，依次叠加覆盖前面的元素大中小。

1. 功能实现

(1) 在 FrameLayout. java 中的代码也是简单的只是加载 main. xml 布局文件。

(2) FrameLayout 是最简单的一个布局对象，简单设计了对文字图片大中小的布局。如图 3-9 所示，第 9 行、13 行、17 行中 Android：src＝"@drawable/"属性指定所需图片的文件位置，用 ImageView 显示图片时，用 Android：src 指定要显示的图片。

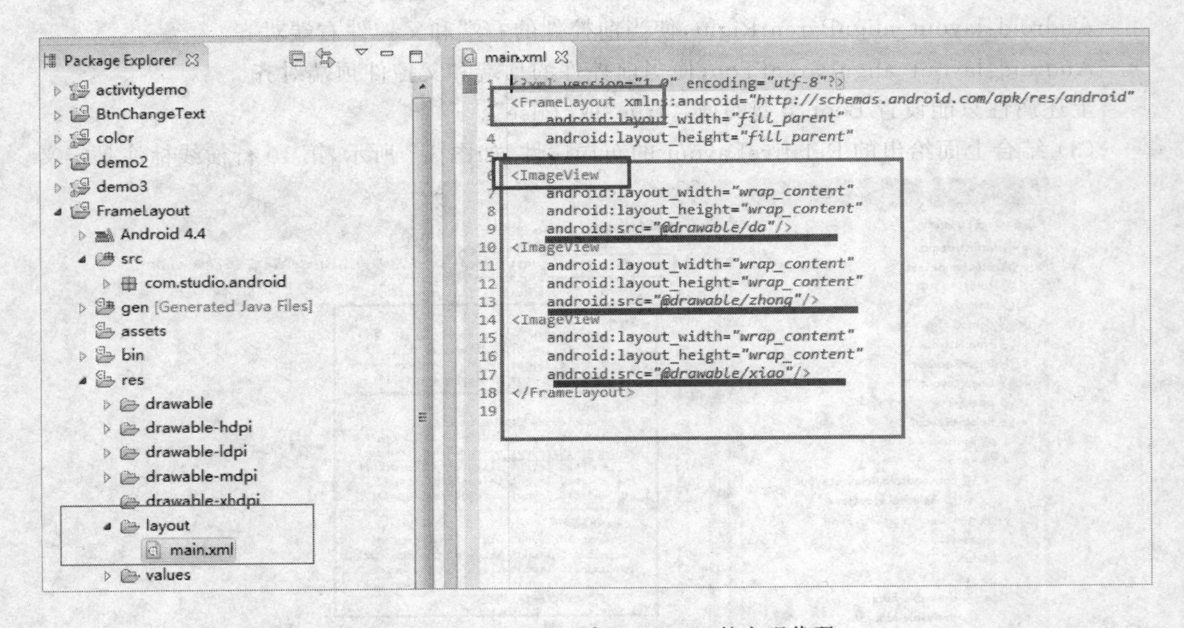

图 3-9　FrameLayout 中 main. xml 的实现代码

2. 测试

如图 3-10 所示，FrameLayput 框架结果图。

图 3-10　FrameLayput 框架结果图

3.3　项目心得

在 Android 的五种 Layout 布局种类中，比较常用的是 LinearLayout、TableLayout、RelativeLayout 这三个，FrameLayput，AbsoluteLayout 比较少用，特别是 AbsoluteLayout 几乎不用的。LinearLayout、TableLayout、RelativeLayout 这三个布局可以嵌套使用，实现更好的布局界面。

3.4　参考资料

（1）singleLine 的用法：

http://blog.sina.com.cn/s/blog_72fad6270100tq0n.html

（2）Android 的 Layout 布局种类：

http://blog.csdn.net/yk_tao/article/details/12107203

3.5　常见问题

如何提高界面布局的效率？

为了方便编程员的操作我们可以使用代码助手“Alt+/”会显示所有属性的可供选择，如图 3-11 所示。

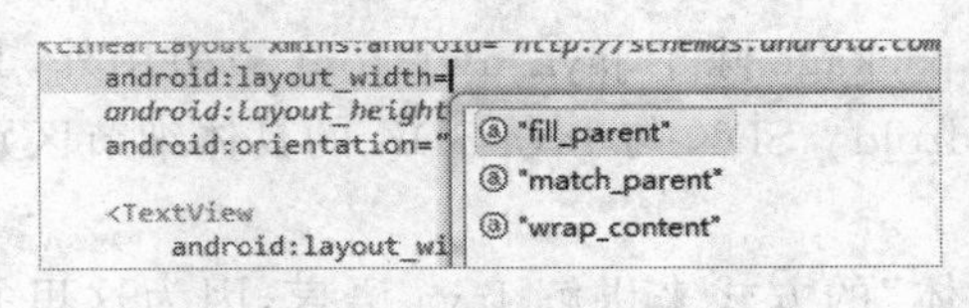

图 3-11　Alt 显示属性

04 Android 基本功三 Java 基本功训练

A Android 基本功三——Java 内部类

搜索关键字

内部类；
匿名类；
匿名对象；
回调方法(回调函数)；
内存回收机制。

A.1 内部类知识点简介

【知识点】 Android SDK 与 Java SDK 之间的关系。

首先介绍一下什么是 SDK。SDK 通常指:软件开发工具包(外语全称:Software Development Kit)一般都是一些被软件工程师用于为特定的软件包、软件框架、硬件平台、操作系统等建立应用软件的开发工具的集合。

SDK 通常是为了开发某一个方面的程序软件,由厂商提供的集成封装的库(library),通常比较底层,通用性强。例如,Windows 的 API 也可以看作是一个 SDK。如:Java Develop Toolkit,就是针对 Java 语言的 SDK。

Android 虽然使用 Java 语言作为开发工具 ,但是在实际开发中发现,还是与 Java SDK 有一些不同的地方。Android SDK 引用了大部分的 Java SDK,少数部分被 Android SDK 抛弃,比如说界面部分,java. awt package 除了 java. awt. font 被引用外,其他都被抛弃,在 Android 平台开发中不能使用。Android SDK 与 Java SDK 的具体细节区别,有兴趣的读者可查阅搜索引擎,在此就不详细展开了。

本篇并没有按照"编年体"的方式来讲解 Java 语言,因为这里并不是定位专门讲解 Java 语言的教程,而是假设读者有一定的编程基础(如 C++),然后选取了 Java 相比面向对象语言比较特殊的地方,如"内部类"、"事件监听"、"多线程"和"异常处理"等方面进行讲解。

本章主要讲解 Java 中类之间的关系。

A.1.1 内部类是什么

在一个类的内部定义的类称为内部类(或嵌套类),包含内部类的类称为外部类。如 Outer 是外部类,Inner 是内部类。内部类与外部类的称呼是相对的。

如图 4A-1 所示，Outer 是一个外部类，Inner 是一个内部类。

由图 4A-1 可以看出，内部类是依赖于外部类而存在的，如果需要在外部类之外定义内部类的对象，则应使用 外部类名.内部类名 的格式来表示内部类。如图 4A-2 所示：在外部类 Outer 外面使用内部类 Inner 对象，必须以 Outer.Inner 表示内部类，假若是在外部类 Outer 里面使用内部类 Inner 对象，则不必写上外部类名和点号(.)。

```
Outer.java
1
2  public class Outer {
3
4      public Outer() {
5          // TODO Auto-generated constructor stub
6      }
7
8      class Inner
9      {
10
11     }
12 }
13
```

图 4A-1　外部类与内部类

```
OuterB.java
1  class Outer
2  {
3      class Inner
4      {
5          public void print()
6          {
7              System.out.println("Inner");
8          }
9      };
10     public void func()
11     {
12         new Inner().print();        内部调用
13     }
14 }
15 public class OuterB {
16
17     public static void main(String[] args) {
18         Outer outer = new Outer();
19         Outer.Inner inner = outer.new Inner();        外部调用
20         inner.print();
21     }
22
23 }
24
```

图 4A-2　内部类的内部调用与外部调用

A.1.2　内部类的种类

类型	说明
成员类	作为类的成员而存在在某一类的内部
内部类	存在于某一方法内的类
静态类	作为类的静态成员存在于某一类的内部，用关键字 static 修饰
匿名内部类	存在于某一类的内部，但无名称的类

1. 成员内部类(成员类)

成员类是作为外部类的成员而存在的，也就是说，成员类与外部类的成员变量和成员方法的地位是一样的。成员类是最常见的内部类，如图 4A-1 所示。

【注意】在内部类中可加上 private、public、protected 修饰符。如图 4A-3 所示。

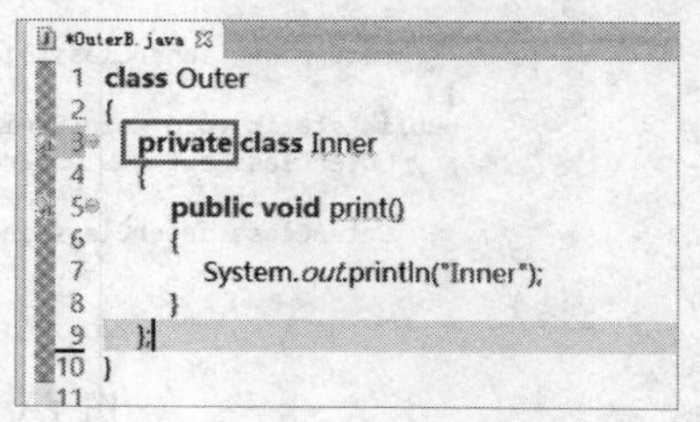

图 4A-3　内部类可以加上权限修饰符

1）成员类案例 01

案例设计(成员类)：

外部类 Outer 中包含一个内部类 Inner，在主函数中创建 Outer 的对象 outer，对象 outer 调用 Outer 的 print()方法，在外部类 Outer 中又包含了一个内部类 Inner。在外部类中的 print()方法中我们创建了内部类 Inner 的对象 inner，并且调用了其方法 display()。

案例实现，如图 4A-4 所示。

输出，如图 4A-5 所示。

```java
class Outer{
    private int x=1;
    public void print(){
        Inner inner=new Inner();
        inner.display();
    }
    class Inner{
        private int y=2;
        private void display(){
            System.out.println("Inner:"+x++);
        }
    }
}
public class NestedClasses {
    public static void main(String[] args){
        Outer outer=new Outer();
        outer.print();
    }

}
```

图 4A-4　在外部类调用内部类的方法

案例注意的问题：

(1) 访问权限的规则

① 内部类可以直接访问外部类的成员(包括私有成员)。

② 外部类不可以直接访问内部类成员(因为内部类的成员只有在内部类范围内是可见的)，可以通过先创建外部类实例，再创建内部类实例来调用内部类的变量和方法。

```
Problems  @ Javadoc  Declaration  Console  LogCat
<terminated> NestedClasses [Java Application] D:\Program Files (x86)\Java\jdk1
Inner:1
```

图 4A-5　输出结果

(2) 内部类的适用场合：一个类的程序代码要用到另一个类的实例，而另一个类的程序代码又要访问第一个类的成员，将另一个类做成第一个类的内部类，程序代码的编写就要容易得多。这种情况在实际应用中很多(如事件处理)。

(3) 如果内部类与外部类的变量同名，则可以在内部类中采用如下格式进行区别：this. 变量名→内部类的变量、外部类名. this. 变量名→外部类的变量。

2) 成员类案例 02

案例实现：如图 4A-6 所示。

```java
public class OuterClass {
    innerClass in=new innerClass();            //在外部类实例化内部类对象引用
    public void ouf(){
        in.inf();                              //在外部类方法中调用内部类方法
    }
    class innerClass{
        innerClass(){                          //内部类构造方法
        }
        public void inf(){                     //内部类成员方法
        }
        int y=0;                               //定义内部类成员变量
    }
    public innerClass doit(){                  //外部类方法，返回值为内部类引用
        //y=4;                                 //外部类不可以直接访问内部类成员变量
        in.y=4;
        return new innerClass();               //返回内部类引用
    }
    public static void main(String args[]){
        OuterClass out=new OuterClass();
        //内部类的对象实例化操作必须在外部类或外部类中的非静态方法中实现
        OuterClass.innerClass in=out.doit();
    }
}
```

图 4A-6　在外部类调用内部类方法

案例注意的问题：

此例子的外部类创建内部类实例时与其他类创建对象引用时相同。内部类可以访问它的外部类的成员，但内部类的成员只有在内部类的范围之内是可知的，不能被外部类使用。如果将内部类的成员变量 y 再次赋值时将会出错，但是如果使用内部类对象引用调用成员变量 y 即可。

3）成员类案例03

案例设计：

主函数中创建Outer外部类的对象outer并传入形参10调用了其构造方法进行初始化，继而通过对象outer调用了其print()方法，输出属性i的值.通过类似的方法我们可以利用外部类Outer的对象outer创建出内部类Inner的对象inner，利用inner对象调用其内部类所特有的print()方法。

案例实现，如图4A-7所示。

```java
class Outer{
    private int i=0;
    public Outer(int i){
        this.i=i;
    }
    public void print(){
        System.out.println("Outer:"+i);
    }
    public class Inner{
        private int j=0;
        public Inner(int j){
            this.j=j;
        }
        public void print(){
            System.out.println("Inner:"+i+","+j);
        }
    }
}
public class TestInner {
    public static void main(String[] args){
        Outer outer=new Outer(10);
        outer.print();
        Outer.Inner inner=outer.new Inner(20);
        inner.print();
    }
```

图4A-7　外部类分别调用自己以及内部类的方法

输出结果，如图4A-8所示。

```
Problems  Javadoc  Declaration  Console  LogCat
<terminated> TestInner [Java Application] D:\Program Files (x86)\Java\jdk1.6.0_21\
Outer:10
Inner:10,20
```

图4A-8　输出结果

案例注意的问题：

必须首先创建外围对象然后才可用它创建内部对象。

静态成员类的优点在于：允许在成员类中声明静态成员。

其特点如下：

① 实例化静态类时，在new前面不需要用对象变量。

② 静态类中只能访问其外部类的静态成员。

③ 静态方法中不能不带前缀地实例化一个非静态类。

2. *局部内部类（简称局部类）*

局部类是包含在外部类的某一方法中的内部类，其作用域是在局限于该方法的范围，地位与该方法中的局部变量一样。局部类只有在方法内部才能创建对象，一旦方法执行完毕，它就会释放内存而消亡，如图4A-9所示。

(1) 局部类可直接访问外部类成员，但是对象的创建是在方法内进行的。

(2) 局部类只访问用 final 修饰的局部变量和形参。原因是：局部变量会随着方法的退出而消亡，通过将其定义为 final 变量，可以扩展其生命周期，可与访问其类实例的生命期相配合。因为类实例的生命期是由内存的回收机制决定的。

(3) 局部类的作用域仅限于其直接外围块。因而局部类不可使用访问控制修饰符 public 、protected 、private。

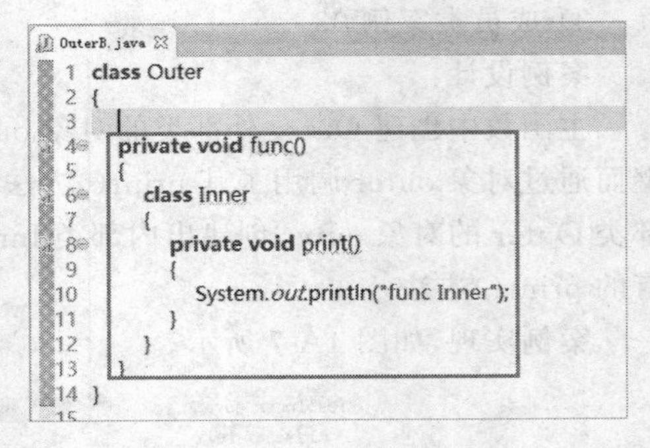

图 4A-9　局部内部类

局部内部类案例 01

案例设计：

在外部类的 sell 方法中创建 Apple 局部内部类，然后创建该内部类的实例，并调用其定义的 price()方法输出单价信息。

案例实现，如图 4A-10 所示。

```
*SellOutClass.java
public class SellOutClass {
    private String name; // 私有成员变量
    public SellOutClass() {// 构造方法
        name = "苹果";
    }
    public void sell(int price) {
        class Apple { // 局部内部类
            int innerPrice = 0;

            public Apple(int price) {// 构造方法
                innerPrice = price;
            }
            public void price() {// 方法
                System.out.println("现在开始销售" + name);
                System.out.println("单价为：" + innerPrice + "元");
            }
        }
        Apple apple = new Apple(price);// 实例化Apple类的对象
        apple.price();// 调用局部内部类的方法
    }

    public static void main(String[] args) {
        SellOutClass sample = new SellOutClass();// 实例化SellOutClass类的对象
        sample.sell(100);// 调用SellOutClass类的sell()方法
    }
}
```

图 4A-10　调用局部内部类

输出，如图 4A-11 所示。

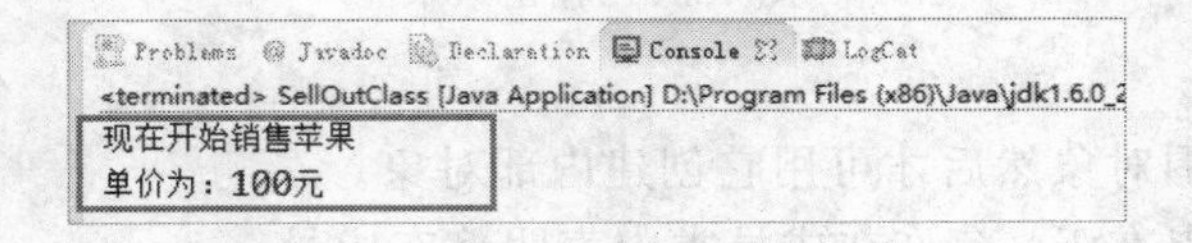

图 4A-11　输出结果

案例注意的问题：

将内部类定义在 sell()方法内部。但是有一点值得注意，内部类 Apple 是 sell()方法的一部分，并非 SellOutClass 类的一部分，所以在 sell()方法的外部不能访问该内部类，但是该内部类可以访问当前代码块的常量以及此外部类的所有成员。

3. 静态内部类(简称嵌套类)

静态类是最简单的内部类形式，与其他静态变量一样，静态内部类只需要在定义的时候加上 static 关键字，同样，静态内部类只能访问外部类中的静态成员变量，如图 4A-12 所示。

一般静态内部类都被称为嵌套类，当一个内部类是 static 的时候，这意味着：

（1）创建嵌套类对象并不需要外部类的对象。

（2）不能从嵌套类的对象中访问非静态类的外部类对象。

静态内部类案例 01

案例设计：

在 main()中访问使用静态内部类方法。

案例实现，如图 4A-13 所示。

```
public class staticInner {

    public static void main(String[] args) {
        OutClass.InnerClass A = new OutClass.InnerClass();
        A.print();
    }
}

class OutClass{
    static int a = 1;
    public static class InnerClass{

        void print(){
            System.out.println(a);
        }
    }
}
```

图 4A-12　静态内部类

```
2
3 public class Outer {
4
5     static  int x = 1;
6
7     static class Nest {
8         void print(){
9             System.out.println("Nest "+x);
10            }
11        }
12
13    public static void main(String[] args) {
14        Outer.Nest nest = new Outer.Nest();
15        nest.print();
16    }
17 }
```

图 4A-13　访问静态内部类方法

输出如图 4A-14 所示。

案例注意问题：

因为静态嵌套类和其他静态方法一样只能访问其他静态的成员，而不能访问实例成员。因此静态嵌套类和外部类（封装类）之间的联系就很少了，他们之间可能也就是命名空间上的一些关联。而上例需要注意的就是静态嵌套类的声明方法 new Outer. Nest() 连续写了两个类名，以至于会怀疑前面的 Outer 是个包名。

4. 匿名内部类（简称内部类）

匿名类是指没有自己名字的内部类，而且必须是非静态类。匿名类是不能有名称的类，所以没办法引用它们。必须在创建时，作为 new 语句的一部分来声明它们，如图 4A-15 所示。

```
问题 @ Javadoc 声明 控制台 ☒
<已终止> Outer [Java 应用程序] D:\Java\bin\javaw.exe ( 201
Nest 1
```

图 4A-14　输出结果

```
abstract class Person {
    public abstract void name();
}

public class Contents {
    public static void main(String[] args) {
        Person p = new Person() {
            public void name() {
                System.out.println("Andy");
            }
        };
        p.name();
    }
}
```

图 4A-15　匿名内部类

在使用匿名内部类时，要记住以下几个原则：

（1）匿名内部类不能有构造方法。

（2）匿名内部类不能定义任何静态成员、方法和类。

（3）匿名内部类不能是 public，protected，private，static。

（4）只能创建匿名内部类的一个实例。

（5）一个匿名内部类一定是在 new 的后面，用其隐含实现一个接口或实现一个类。

（6）因匿名内部类为局部内部类，所以局部内部类的所有限制都对其生效。

【注意】匿名类和内部类中的中的 this ：

有时候，我们会用到一些内部类和匿名类。当在匿名类中用 this 时，这个 this 则指的是匿名类或内部类本身。这时如果我们要使用外部类的方法和变量的话，则应该加上外部类的类名。

1）匿名内部类案例 01

案例设计：

在 main()方法中编写匿名内部类去除字符串中的全部空格。首先声明 ISringDeal 接口，在接口中又声明了一个过滤字符串中的空格的方法，在主函数中我们实现了 ISringDeal 接口并且重写了 filterBlankChar()方法。

案例实现，如图 4A-16 所示。

```
OutString.java
interface IStringDeal {
    public String filterBlankChar();    //声明过滤字符串中的空格的方法
}

public class OutString {
    public static void main(String[] args) {

        final String sourceStr = "吉林省 明日 科技有限公司—编程 词典！";
        IStringDeal s = new IStringDeal() { // 编写匿名内部类
            @Override
            public String filterBlankChar() {
                // TODO Auto-generated method stub
                String convertStr = sourceStr;
                convertStr = convertStr.replaceAll(" ", ""); // 替换全部空格
                return convertStr; // 返回转换后的字符串
            }
        };
        System.out.println("源字符串：" + sourceStr);// 输出源字符串
        System.out.println("转换后的字符串：" + s.filterBlankChar());// 输出转换后的字符串
    }
}
```

图 4A-16　调用匿名内部类

输出，如图 4A-17 所示。

```
Problems  Javadoc  Declaration  Console  LogCat
<terminated> OutString [Java Application] D:\Program Files (x86)\Java\jdk1.6.0_21\bin\javaw.exe (2014-10-27 下午1:28:03)
源字符串：吉林省 明日 科技有限公司——编程 词典！
转换后的字符串：吉林省明日科技有限公司——编程词典！
```

图 4A-17　输出结果

案例注意的问题：

匿名类因为没有名字，所以匿名类不能有自己的构造方法。所以在初始化问题上，一般匿名类利用局部变量或形式参数完成初始化。在 GUI 事件编程中，大量使用匿名内部类。

2）匿名内部类案例 02

案例设计：

匿名类继承事件类重写回调方法，生成匿名对象，再调用匿名对象的方法。

案例实现，如图 4A-18 所示。

输出字符串，如图 4A-19 所示。

案例需要注意的问题：

使用匿名内部类必须继承一个父类或实现一个接口。

```
Main.java
1  interface pr {
2
3      void print1();
4  }
5
6  public class Main {
7
8      public pr dest() {
9          return new pr() {
10             public void print1() {
11                 System.out.println("Hello world!!");
12             }
13         };
14     }
15
16     public static void main(String args[]) {
17         Main c = new Main();
18         pr hw = c.dest();
19         hw.print1();
20     }
21 }
```

图 4A-18　重写回调方法调用匿名内部类

A.1.3　为什么要使用内部类

结束了基础内部类的学习之后，相信还有不少读者不知道在 Java 中，内部类到底起着什么样的作用。这是因为内部类是 Java 中高级编程的应用，那么我们就来总结一下内部类的一些特点。

```
Problems  Javadoc  Declaration  Console  LogCat
<terminated> Main [Java Application] D:\Program Files (x86)\Java\jdk1.6.0_21\bin\javaw.exe
Hello world!!
```

图 4A-19　输出结果

(1) 内部类只能依靠其外部类存在，在内部类的定义中我们可以声明 public、protected、private 等访问权限，但是内部类可以访问其外部类中的所有成员，无论是否 private。这样，就可以起到一个隐藏代码的作用，同时也提供了一个进入外部类的窗口。

(2) 说起内部类，最吸引人的就是内部类可以直接继承一个接口，而并不用管外部类是否继承这个接口。这样，内部类使得 Java 不支持的“多重继承”的解决方案变得完整。

A.2　匿名对象

A.2.1　匿名对象概念

概念：匿名对象是在一个对象被创建之后，调用对象的方法或属性时可以不定义对象的引用变量。

A.2.2　匿名对象案例

例一：

如图 4A-20 所示。

其中图 4A-20 中第 4 行代码的 test(new A());语句等价于图 4A-21 中的第 5 行到第 6 行所示。而在图 4A-20 中的 new A()就是一个匿名对象。

```
2 public class Contents {
3     public static void main(String[] args) {
4         test(new A());
5     }
6 }
7
```

图 4A-20　调用匿名对象

```
2
3 public class Contents {
4     public static void main(String[] args) {
5         A a = new A();
6         test(a);
7     }
8 }
```

图 4A-21　平时的调用方法

例二：

如图 4A-22 所示。"abc". equals(str) 一个字符串能够调用一个函数，我们就可以看出来：一个字符串是 String 的匿名对象。

在 Java 中使用匿名对象能够使代码简洁并提高代码的可阅读性。

```
2 public class Contents {
3     public static void main(String[] args) {
4         String str = new String("abc");
5         if("abc".equals(str)){
6             System.out.println(1);
7         }
8         else{
9             System.out.println(2);
10        }
11    }
12 }
```

图 4A-22　字符串调用方法

A.3 回调函数

所谓回调，就是客户程序 C 调用服务程序 S 中的某个函数 A，然后 S 又在某个时候反过来调用 C 中的某个函数 B，对于 C 来说，这个 B 便称为回调函数。

一般说来，C 不会自己调用 B，C 提供 B 的目的就是让 S 来调用它，而且是 C 不得不提供。由于 S 并不知道 C 提供的 B 姓甚名谁，所以 S 会约定 B 的接口规范（函数原型），然后由 C 提前通过 S 的一个函数 R 告诉 S 自己将要使用 B 函数，这个过程称为回调函数的注册，R 称为注册函数。Web Service 以及 Java 的 RMI 都用到回调机制，可以访问远程服务器程序。

A.3.1 回调原理图

如图 4A-23 所示。

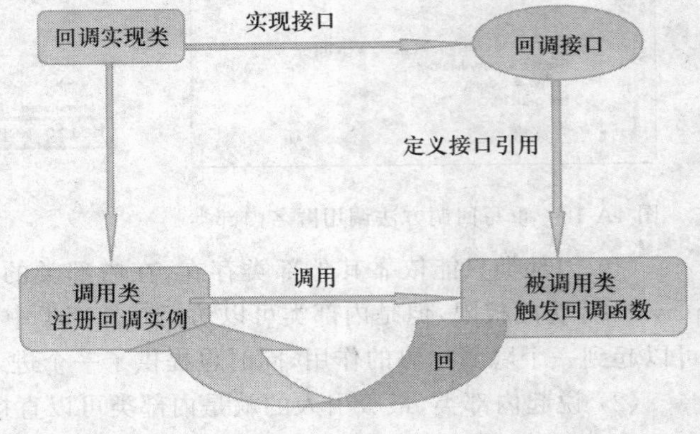

图 4A-23 回调原理

A.3.2 回调函数案例

案例设计：

Test 是一个用于测试的调用者类，它通过 main 方法中实例化一个 FooBar，并用实现的 ICallBack 的匿名类作为参数传递给 FooBar 的被调用方法 setCallBack，而在这个虚拟方法中，FooBar 调用了匿名类的匿名类的 postExec 方法的动作，这个动作就是回调(Callback)。

案例实现：如图 4A-24 所示。

```
Test.java
interface ICallBack {     //声明一个接口
    void postExec();
}
// 另外一个类有方法里面有个参数时这个接口类型的
class FooBar {
    private ICallBack callBack;

    public void setCallBack(ICallBack callBack) {
        this.callBack = callBack;
    }
    public void doSth() {
        callBack.postExec();
    }
}
public class Test {

    public static void main(String[] args) {
        FooBar foo = new FooBar();
        foo.setCallBack(new ICallBack() {
            @Override
            public void postExec() {
                // TODO Auto-generated method stub
                System.out.println("method executed.");
            }
        });
        foo.doSth();//调用函数
    }
}
```

图 4A-24 使用回调函数

输出结果如图 4A-25 所示。

```
问题 @ Javadoc 声明 控制台
<已终止> Test [Java 应用程序] D:\Java\bin\javaw.exe ( 20
methon executed.
```

图 4A-25 回调函数输出结果

A.4 回收机制

回收机制概念：在 Java 程序运行过程中，垃圾回收器是以后台线程方式运行，它会被不定时地被唤醒以检查是否有不再被使用的对象，以释放它们所占的内存空间。

(1) finalize()是 Object 类的一个方法,它可以被其它类继承或改写。finalize()的作用:在对象被当成垃圾从内存中释放前调用,并不是在对象变成垃圾前被调用。由于垃圾回收器的启用是不定时的,因此,finalize()方法的调用并不可靠。

(2) System. gc()作用:强制启动垃圾回收器来回收垃圾(指不再使用的对象)。

(3) 在 Java 语言中,采用 new 为对象申请内存空间,至于内存空间的释放和回收,是由 Java 运行系统来完成的,用户可以完全不管,这样可以避免内存泄漏和无用内存的调用两类错误的产生,这种机制被称为垃圾回收机制。C++程序使用内存空间的策略:用 new 申请空间,用 delete 归还空间,否则,会产生内存泄漏。

(4) 垃圾回收器的启动不用程序员控制,也无规律可循。并不会一产生了垃圾,它就被唤醒,甚至可能程序终止,它都没有启动的机会。当内存空间严重不足或调用相关外部命令时,它会被唤醒。

A.5 项目心得

在本章学习中,主要讲述了 Java 中的内部类、匿名对象、回调函数以及垃圾回收机制。

本章的重点是内部类的学习。下面来总结下四种的内部类的使用场景:

静态内部类:作为类的静态成员存在于某一类的内部,用关键字 static 修饰。最简单的内部类,主要用于访问静态对象。

成员内部类:作为类的成员而存在在某一类的内部。最常用的内部类种类。

匿名内部类:存在于某一类的内部,但无名称的类。常用于需要隐藏的类。

局部内部类:存在于某一方法内的类。常用于用完就需要丢弃的类,会随着方法的消逝而消逝。

通过学习本章的内容,希望能加深读者对 Android 中对 Java 语法代码以及系统运行机制的理解。

B Android 基本功三——Java 事件监听

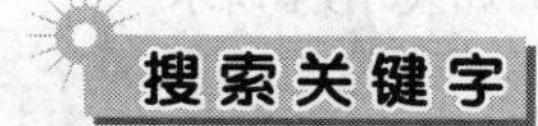

事件监听器;
监听接口;
常用组件及案例;
事件侦听器与侦听接口;
事件的处理方法。

B.1 Java 事件处理机制

在 Java SE 中,事件处理是非常常见的,因为有组件(如:按钮、输入框等)就有事件,要想完成某一功能就必须有对应的事件处理,把组件和事件相互配合、相互协调起来。

在学习 Java 事件处理机制之前,先了解以下概念。

(1) 事件(Event)—— 一个对象,它描述了发生什么事情。当我们与界面元素交互时,例如:单击窗口上的按钮,在文本框中输入内容时,都会引发相应的事件。

(2) 事件源(Event source) —— 产生事件的组件。当这个事件源内部状态以某种方式改变时,就产生了相应事件。

(3) 监听器接口——定义监听器应该实现的功能。

(4) 监听器——实现监听器接口,监听事件的发生并做出响应。

B.1.1 事件类(AWTEvent)

所有的事件类必须继承 Java 事件基类,即 java. util. EventObject。EventObject(Object source)是 EventObject 唯一的构造方法,再看看构造函数的形参,这意味着所有事件必须在实例化时就指定事件源。EventObject 类则提供了 getSource()方法来获取事件源。

定义了事件类后,产生一个事件,就是生成事件类的一个实例。

除了事件源,复杂的事件类代码可以含有其他属性、方法,包含更多的信息,如事件的名称、事件发生的时间、事件所属类别以及事件的描述等等。

B.1.2 事件监听器与监听接口

1. 监听器

监听器是监听器接口的实现者,提供监听器接口中定义的所有方法的实现代码。一个监听器只监听一种类型的事件,即实现一种监听器接口,比如按钮(Button)、键盘(keyboard)、鼠标(mouse)等不同的监听器,都只监听一种类型的事件。而在 Android 中,监听器可以实现对按钮、文本框、触摸屏、焦点等更多类型的监听接口。复杂的监听器可以实现多种监听器接口,监听多种类型的事件。在事件处理方法代码中,监听器可以从入口参数中获得事件对象,并通过该对象获得所需的信息,例如事件源、事件发生时间等等。

2. 监听接口

监听器接口定义了一个类要成为监听器必须具备的功能。所有的监听器接口也都必须继承监听器接口基类 java. util. EventListener。监听器接口定义了监听器必须实现的方法。可以在监听器接口中定义任意多的事件处理方法,这取决于应用所需,事件处理方法以事件对象作为入口参数,包含对事件进行处理的代码,方法名称任意,如 processEvent 或者 handleEvent 之类。

B.1.3 Java 常用的组件及监听器

Java 常用的组件及监听器有 5 种,分别对应按钮组件(ActionListener)、键盘组件(KeyListener)、鼠标组件(MouseListener)、窗口(WindowListener)、文本框组件(TextListener),如表 4B-1 所示。

表 4B-1 Java 常用组件及监听器

事件源	事件	事件监听器	监听接口的方法
当前按钮	ActionEvent	ActionListener	actionperformed(ActionEvente){…}
当前窗口	KeyEvent	KeyListener	keypressed (keyEvent e) {…} keyReleased (keyEvent e){…}keyTYped(keyEvent e){…}
当前面板	MouseEvent	MouseListener	mousePressed(MouseEvent e){…}
当前窗口	WindowEvent	WindowListener	windowClosing (WindowEvent e) {…} windowopened(WindowEvent e){…}
当前 JTextField 文本框	TextEvent	TextListener	textValueChanged(TextEvent e){…}

B.2　事件案例设计范例

实现监听事件很简单,往往只需要三步:

(1) 定义组件。

(2) 实现相关组件的监听器及相关监听接口。

(3) 将监听器与相关组件绑定起来。

这样,就可以简单地完成事件监听,同样的方法也适用于 Android 中。

B.2.1　按钮事件案例

案例设计:

本案例设计的目的主要是创建一个窗口,这个窗口有一个输入文本框加上一个按钮,只要你单击按钮,输入文本框就会自动隐藏。首先需要自己创建一个继承自 Frame 类的子类 MyFrame,创建出一个无标题的窗口,在 MyFrame 中我们 new 出一个输入文本框 t1 (new TextField)与一个按钮 b1 (new Button),同时需要为它们添加事件监听器(ActionListenter)并且通过 add() 方法把监听器与组件 t1,b1 绑定起来,以便它们受到相关操作时做出反应。

案例实现,如图 4B-1 所示。

```
TestButton.java
1 import java.awt.*;
4 class MyFrame extends Frame {
5     TextField t1;
6     Button b1;
7     MyFrame() {
8         setLayout(new FlowLayout());
9         t1 = new TextField(12);
10        b1 = new Button("隐藏");
11        b1.setActionCommand("b1");
12        b1.addActionListener(new action1());
13        add(t1);
14        add(b1);
15        setBounds(100, 100, 200, 200);
16        setVisible(true);
17        validate();
18    }
19    class action1 implements ActionListener {
20        public void actionPerformed(ActionEvent e) {
21            if (e.getActionCommand().equals("b1")) {
22                t1.setVisible(false);
23            }
24        }
25    }
26 }
27 public class TestButton {
28     public static void main(String args[]) {
29         MyFrame myframe = new MyFrame();
30     }
31 }
```

图 4B-1　按钮事件案例实现

【注意】为了简便,通常会把多个组件和一个监听器绑定起来,然后通过在监听器中判断组件 id 判断出哪个组件发生了变化。从而实现相对应的方法。如图 4B-1 中 21 行所示。

输出:显示一个窗口,单击按钮隐藏输入文本框,如图 4B-2,图 4B-3 所示。

图 4B-2　显示一个窗口

图 4B-3　隐藏效果

案例需要注意的问题：

如果没有对相关组件绑定对应的事件监听器，那么组件不会对事件作出任何反应。如果发现事件没有被触发，最好查看该组件是否绑定好事件监听器。

B.2.2 键盘事件案例

KeyEvent 类中的常用方法，如表 4B-2 所示。

表 4B-2 KeyEvent 常用方法

方法	功能简介
getSource()	用来获得触发此次事件的组件对象，返回值为 Object 类型
getKeyChar()	用来获得与此事件中的键相关联的字符
getKeyCode()	用来获得与此事件中的键相关联的整数 keyCode
getKeyText(int keyCode)	用来获得描述 keyCode 的标签，例如 A、F1 和 HOME 等
isActionKey()	用来查看此事件中的键是否为“动作”键
isControlDown()	用来查看 Ctrl 键在此次事件中是否被按下，当返回 true 时表示被按下
isAltDown()	用来查看 Alt 键在此次事件中是否被按下，当返回 true 时表示被按下
isShiftDown()	用来查看 Shift 键在此次事件中是否被按下，当返回 true 时表示被按下

案例设计：

本案例设计的目的是通过捕获文本框的键盘事件实现只允许输入数字的文本框。JFrame 类相当于一个画板，而内容面板是一张画纸，要放了纸，才能在上面画东西。其用法跟 Panel 相同，可用于容纳界面元素，以便在布局管理器的设置下可容纳更多的组件，实现容器的嵌套。此例子我们是通过创建 Answer_2508 类继承自 JFrame 类，在 Answer_2508 类的构造方法中主要是创建 JPanel 对象，同时将 label 对象添加到所生成的 JPanel 这容器中。其次是创建文本框对象，并为其添加键盘事件监听器。在监听器中我们还需要对输入的字符进行判断是否是数字。

实现代码如图 4B-4 所示。

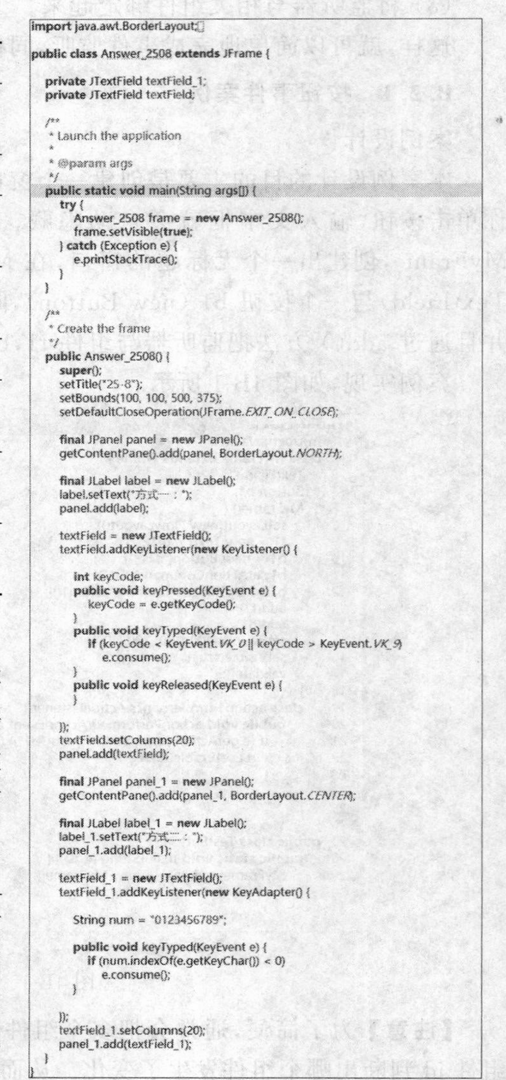

```
import java.awt.BorderLayout;

public class Answer_2508 extends JFrame {

   private JTextField textField_1;
   private JTextField textField;

   /**
    * Launch the application
    *
    * @param args
    */
   public static void main(String args[]) {
      try {
         Answer_2508 frame = new Answer_2508();
         frame.setVisible(true);
      } catch (Exception e) {
         e.printStackTrace();
      }
   }

   /**
    * Create the frame
    */
   public Answer_2508() {
      super();
      setTitle("25-8");
      setBounds(100, 100, 500, 375);
      setDefaultCloseOperation(JFrame.EXIT_ON_CLOSE);

      final JPanel panel = new JPanel();
      getContentPane().add(panel, BorderLayout.NORTH);

      final JLabel label = new JLabel();
      label.setText("方式一：");
      panel.add(label);

      textField = new JTextField();
      textField.addKeyListener(new KeyListener() {

         int keyCode;
         public void keyPressed(KeyEvent e) {
            keyCode = e.getKeyCode();
         }
         public void keyTyped(KeyEvent e) {
            if (keyCode < KeyEvent.VK_0 || keyCode > KeyEvent.VK_9)
               e.consume();
         }
         public void keyReleased(KeyEvent e) {
         }

      });
      textField.setColumns(20);
      panel.add(textField);

      final JPanel panel_1 = new JPanel();
      getContentPane().add(panel_1, BorderLayout.CENTER);

      final JLabel label_1 = new JLabel();
      label_1.setText("方式二：");
      panel_1.add(label_1);

      textField_1 = new JTextField();
      textField_1.addKeyListener(new KeyAdapter() {

         String num = "0123456789";

         public void keyTyped(KeyEvent e) {
            if (num.indexOf(e.getKeyChar()) < 0)
               e.consume();
         }

      });
      textField_1.setColumns(20);
      panel_1.add(textField_1);
   }
}
```

图 4B-4 键盘事件案例实现

输出，如图 4B-5 所示。

本案例通过两种方法过滤掉在输入文本框中输入非数字的事件，读者可以认真看看这两种方法都是如何实现的。

B.2.3 鼠标事件案例

MouseEvent 类中的常用方法，如表 4B-3。

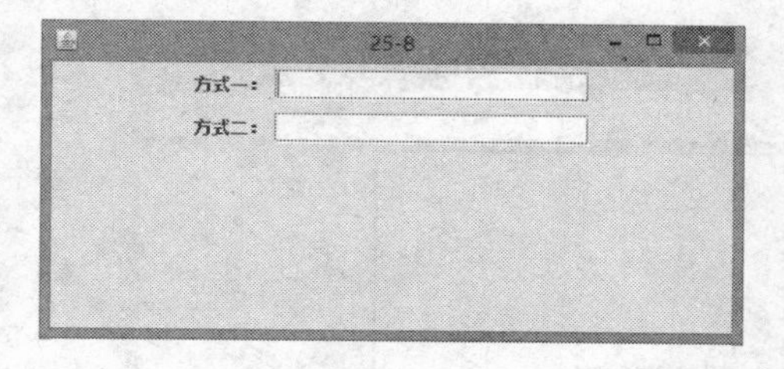

图 4B-5　键盘事件案例输出

表 4B-3　MouseEvent 类中的常用方法

方法	功能简介
getSource()	用来获得触发此次事件的组件对象，返回值为 Object 类型
getButton()	用来获得代表触发此次按下、释放或单击事件的按键的 int 型值
getClickCount()	用来获得单击按键的次数

案例设计：

本案例设计目的是演示 Java 中鼠标监听器 MouseListener 如何捕获和处理鼠标事件的方法，尤其是鼠标事件监听器接口 MouseListener 中各个方法的使用方法。

在案例中将实现将光标移入窗体，然后单击鼠标左键，然后释放左键，这些都可以被记录显示出来。实现这些效果需要创建继承自窗体类 JFrame 的 MouseEvent 类，在其构造方法中设置一些窗口属性，同时也创建了 JLabel 的对象 label，并对它绑定了鼠标事件监听器。在 public void mousePressed(MouseEvent e)方法中是判断鼠标按下的是哪个键，在 public void mouseReleased(MouseEvent e) 方法中判断的是鼠标释放的是哪个键，public void mouseClicked(MouseEvent e) 方法判断的是鼠标单击哪个键。

案例实现，如图 4B-6 所示。

```
import java.awt.BorderLayout;

public class MouseEvent_Example extends JFrame { // 继承窗体类JFrame
   public static void main(String args[]) {
      MouseEvent_Example frame = new MouseEvent_Example();
      frame.setVisible(true); // 设置窗体可见，默认为不可见
   }

   public MouseEvent_Example() {
      super(); // 继承父类的构造方法
      setTitle("鼠标事件示例"); // 设置窗体的标题
      setBounds(100, 100, 500, 375); // 设置窗体的显示位置及大小
      setDefaultCloseOperation(JFrame.EXIT_ON_CLOSE);// 设置窗体关闭按钮的动作为退出

      final JLabel label = new JLabel();
      label.addMouseListener(new MouseListener() {
         public void mouseEntered(MouseEvent e) {// 光标移入组件时被触发
            System.out.println("光标移入组件");
         }
         public void mousePressed(MouseEvent e) {// 鼠标按键被按下时被触发
            System.out.print("鼠标按键被按下，");
            int i = e.getButton(); // 通过该值可以判断按下的是哪个键
            if (i == MouseEvent.BUTTON1)
               System.out.println("按下的是鼠标左键");
            if (i == MouseEvent.BUTTON2)
               System.out.println("按下的是鼠标滚轮");
            if (i == MouseEvent.BUTTON3)
               System.out.println("按下的是鼠标右键");
         }

         public void mouseReleased(MouseEvent e) {// 鼠标按键被释放时被触发
            System.out.print("鼠标按键被释放，");
            int i = e.getButton(); // 通过该值可以判断释放的是哪个键
            if (i == MouseEvent.BUTTON1)
               System.out.println("释放的是鼠标左键");
            if (i == MouseEvent.BUTTON2)
               System.out.println("释放的是鼠标滚轮");
            if (i == MouseEvent.BUTTON3)
               System.out.println("释放的是鼠标右键");
         }
         public void mouseClicked(MouseEvent e) {// 发生单击事件时被触发
            System.out.print("单击了鼠标按键，");
            int i = e.getButton(); // 通过该值可以判断单击的是哪个键
            if (i == MouseEvent.BUTTON1)
               System.out.print("单击的是鼠标左键，");
            if (i == MouseEvent.BUTTON2)
               System.out.print("单击的是鼠标滚轮，");
            if (i == MouseEvent.BUTTON3)
               System.out.print("单击的是鼠标右键，");
            int clickCount = e.getClickCount();
            System.out.println("单击次数为" + clickCount + "下");
         }
         public void mouseExited(MouseEvent e) {// 光标移出组件时被触发
            System.out.println("光标移出组件");
         }
      });
      getContentPane().add(label, BorderLayout.CENTER);
   }

}
```

图 4B-6　鼠标事件案例实现

输出，如图 4B-7，图 4B-8 所示。

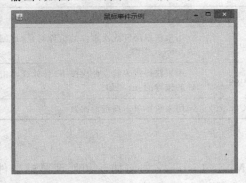

图 4B-7　鼠标事件案例输出

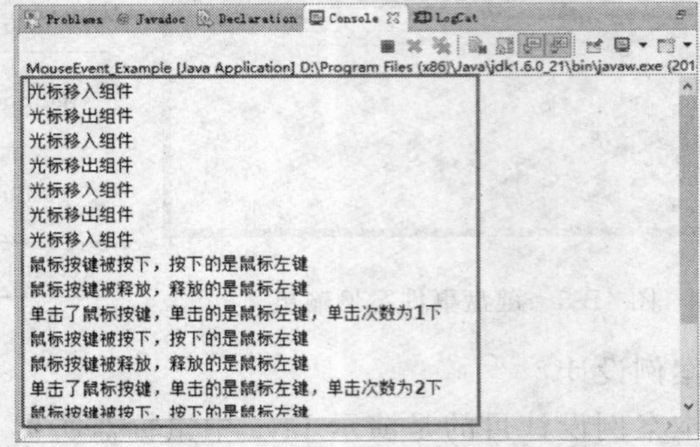

图 4B-8　鼠标事件案例输出结果

B. 3　多重事件监听器

一个事件源上的动作可以产生多种不同类型的事件，因而可以向同一事件源上注册多种不同类型的事件监听器。比如在一个监听器中继承按钮（ActionListener）、鼠标（MouseListener）、窗口（WindowListener）等监听器，然后通过在监听器中判断组件 id，这样就可以在一个监听器中实现对多个不同组件的监听。如图 4B-9，实现多重事件监听。

```
import java.awt.*;
public class MultiListenerTest implements ActionListener, MouseListener,MouseMotionListener,WindowListener{

    Frame f = new Frame("MultiListenerTest");
    Button b = new Button("退出");
    Label l = new Label("请按下鼠标左键并拖动");
    TextField tf = new TextField(40);

    //创建一个方法
    public void Start(){
        b.addActionListener(this); //给按钮添加监听事件
        f.add(l,BorderLayout.NORTH);//添加组件并进行布
        f.add(tf,BorderLayout.SOUTH);//添加组件并进行布
        f.add(b,BorderLayout.EAST);//添加组件并进行布局
        f.setBackground(Color.CYAN);//设置frame的颜色
        f.addMouseListener(this); // 给frame添加MouseListener事件
        f.addMouseMotionListener(this);//给frame添加MouseMotionListener事件
        f.addWindowListener(this);//给frame添加 WindowListener 事件
        f.setLocationByPlatform(true);
        f.setSize(400,300);
        f.setVisible(true);
    }

    //重写ActionListener中的actionPerformed(ActionEvent e) 方法
    public void actionPerformed(ActionEvent e){
        System.exit(1);//退出窗口,关闭窗口
    }
    //重写MouseMotionListener中mouseDragged(MouseEvent e)方法
    public void mouseDragged(MouseEvent e){
        String str = "鼠标位置为: X="+e.getX() + ", Y="+e.getY();
        tf.setText(str);
    }
    //重写MouseListener中的mouseMoved(MouseEvente e)方法
    public void mouseMoved(MouseEvent e){
        String str = "鼠标进入窗体X="+e.getX()+", Y="+e.getY();
        tf.setText(str);
    }
    //重写MouseListener中的 mousePressed(MouseEvente e)方法
    public void mousePressed(MouseEvent e){
    }
    //重写MouseListener中的 mouseClicked(MouseEvente e)方法
    public void mouseClicked(MouseEvent e){
    }
    //重写MouseListener中的 mouseReleased(MouseEvente e)方法
    public void mouseReleased(MouseEvent e){
    }

    //下面的是重写WindowListener中的所有的抽象方法
    public void windowActivated(WindowEvent e){
    }
    public void windowClosed(WindowEvent e){
    }
    public void windowClosing(WindowEvent e){
        System.exit(0);//关闭窗口
    }
    public void windowDeactivated(WindowEvent e){
    }
    public void windowDeiconified(WindowEvent e){
    }
    public void windowIconified(WindowEvent e){
    }
```

图 4B-9　多重事件监听实现

一个事件侦听器对象可以注册到多个事件源上，即多个事件源产生的同一事件都由一个对象统一处理。

B.4 事件的处理方法

在 GUI 中编程实现处理 XXXEvent 事件的步骤：

(1) 编写一个实现了 XXXListener 接口的事件侦听器类。

(2) 在事件侦听器类中，编程实现 XXXListener 接口的全部方法，缺一不可（对于感兴趣的方法编写代码，其他方法可以写成空方法）。

(3) 创建事件侦听类的对象作为事件侦听器，并调用组件的 addXXXListener（事件处理类的对象）方法注册到 GUI 的组件上。

B.4.1 使用适配器进行事件处理

(1) 为什么要引入事件适配器类？

引例：关闭窗口几乎是每一个窗口程序都要进行的操作，根据“事件委托模型”，事件侦听器类要实现 WindowListener 接口的所有方法（共计 7 个），而我们真正关心的是 windowClosing（WindowEvent e）方法，只要把关闭窗口的代码写入该方法即可，尽管其余的 6 个方法可以写成空方法，但毕竟我们还得去实现它们，仍很麻烦。

(2) 什么是适配器类？

为简化编程，Java 针对大多数事件侦听器接口定义了相应的实现类——事件适配器类，在适配器类中，实现了相应侦听器接口中所有的方法，但不做任何事情，即空实现。例如：对应 WindowListener 接口的适配器类为 WindowAapter，其源代码如图 4B-10 所示。

(3) 在定义侦听器类时就可以继承事件适配器类，并只需要重写所需要的方法。这样，可以避免书写其他方法。

```
MouseEvent_Example.java
1  import java.awt.event.WindowEvent;
2
3  public abstract class WindowAdapter
4      Implements  WindowListener,  WindowStateListener,     WindowFocusListener{
5      public void windowOpened(WindowEvent e) {}
6      public void windowClosing(WindowEvent e) {}
7      public void windowClosed(WindowEvent e) {}
8      public void windowIconified(WindowEvent e) {}
9      public void windowDeiconified(WindowEvent e) {}
10     public void windowActivated(WindowEvent e) {}
11     public void windowDeactivated(WindowEvent e) {}
12     public void windowStateChanged(WindowEvent e) {}
13     public void windowGainedFocus(WindowEvent e) {}
14     public void windowLostFocus(WindowEvent e) {}
15
16 }
```

图 4B-10 窗口监听器适配器 WindowAapter

以 WindowsAdapter 类为例，说明如何实现关闭窗口功能：应该先定义一个新类，然后继承该适配类。如图 4B-11 所示。

```
WindowHandling.java
1* import java.awt.Window;[]
3
4  public class WindowHandling extends WindowAdapter {
5      public void windowClosing(WindowEvent we){
6          Window w = (Window)(we.getSource());
7          w.setVisible(false);
8          w.dispose();
9          System.exit(0);
10     }
11 }
12
```

图 4B-11 继承适配器

(4) 适配类形如：XXXAdapter，位于 java. awt. event 包中，如表 4B-4 所示。

表 4B-4 常用适配器类

适配器类	对应的事件侦听器接口	适配器类	对应的事件侦听器接口
ComponentAdapter	ComponentListener	MouseAdapter	MouseListener
ContainerAdapter	ContainerListener	MouseMotionAdapter	MouseMotionListener
FocusAdapter	FocusListener	WindowAdapter	WindowListener
KeyAdpter	KeyListener		

【注意】只有一个方法的接口，并没有提供对应的适配器类，所以，ActionListener、TextListener、AdjustmentListener 等类没有对应的适配器类。

（5）由于 Java 只支持单重继承，如果某一类继承了适配器类，就无法再继承其他类了。

B.4.2 使用匿名内部类进行事件处理

（1）什么是匿名内部类？

我们学习了内部类的知识，知道使用内部类的好处——内部类可以直接访问外部类成员，所以，用内部类来作为事件侦听类是很有益处的。

所谓匿名内部类，顾名思义就是指没有命名的内部类，类的定义与对象的创建被合并在一起，是为唯一对象定义的类。

匿名内部类既可以实现某一接口，也可以继承某一类。

匿名内部类很适合作为事件侦听器类，这样可简化程序代码，方便访问外部类成员。

（2）匿名内部类用作事件侦听器类的格式，如图 4B-12 所示。

```
格式:
    事件源.addXXXListener(new 适配器类或接口([实参表]) {
        //重写或实现方法
    });
 例如: //使用匿名内部类关闭窗口方法 (最好记住)

    窗口对象.addWindowListener(new WindowAdapter() {
        public void windowClosing(WindowEvent we) {
            System.exit(0);
        }
 });
```

图 4B-12 实现匿名内部类做事件监听器

B.5 项目心得

到此，Java 的事件监听已经学习完毕，在 Android 开发中，事件监听将贯通在整个项目中，当你能熟悉掌握 Java 中的事件监听，那么在 Android 中的事件监听学习中你将会事半功倍。

C Android 基本功三——Java 多线程

线程；

多线程。

难点：

线程的同步。

C.1 项目简介

在学习前先介绍一下什么是线程。

线程是进程中的一个实体，被系统独立调度和分派的基本单位。一开始的程序都是用单线程的形式来完成程序的运行，即一个程序从头到尾只有一条执行线索，不能同时执行多个任务。这样会使得系统的使用效率大打折扣。因此，多线程的使用将会大大提高系统资源的利用率。

多线程就是使得程序可以同时运行多个任务，共享同一进程中相同的资源和内存。简单的说多线程，类似我们平时边看电视同时还可以跟朋友聊天。

Java 提供了对多线程的支持，其中线程的创建有两种方法，通过使用 Thread 类和实现 runnable 接口都可轻松实现多线程，但同时多线程的使用要非常严谨，在程序中非法使用多线程不但会使程序变慢，而且还会使得程序崩溃。同时每个线程有它自己的生命周期、优先级、基本控制。

在 Android 4.0 及以上版本，主线程只负责处理 UI 的更新，而禁止在主线程中访问网络，如果在访问网络的需求下，必需要新建一条线程去访问网络，得到需要的结果后再在主线程中更新 UI。所以，学好 Java 多线程对以后 Android 的学习时很有好处。

C.2 案例的设计和实现

C.2.1 两种创建线程的方法

(1) 简述

方式一：通过继承 Thread 类，可以从 java. land. Thread 类派生一个新的线程类，通过重载它的 run()方法，run()方法决定了该线程所做的工作。然后创建子类的对象，并通过 start 方法启动线程。

方式二：用类来实现 Runnable 接口，而这个类实例将用一个线程来调用启动。Runnable 接口只有一个 run()方法，其作用和 Thread 类的 run()方法相同。

(2) 实例与解析

实例 1，通过方式一的继承 Thread 类派生出一个新的线程类 PongPing1。

实现方法如图 4C-1 所示。

该实例中先创建一个 PingPong1 类继承父类 Thread 类，然后重构了一个构造函数，通过构造函数初始化 delay 和 message 变量，然后重写了 run()方法定义线程体，那么当 PingPong1 类对象 t1、t2 调用 start 方法的时候就会找到 run()方法执行。

执行结果，如图 4C-2 所示。

```
PingPong1.java
1  public class PingPong1 extends Thread {
2      private int delay;
3      private String message;
4
5      public PingPong1(String m, int r) {
6          message = m;
7          delay = r;
8      }
9      public void run() {
10         try {
11             for (int i = 0; i < 3; i++) {
12                 System.out.println(message);
13                 Thread.sleep(delay);
14             }
15         } catch (InterruptedException e) {
16             return;
17         }
18     }
19     public static void main(String args[]) {
20
21         PingPong1 t1 = new PingPong1("ping", 500);
22         PingPong1 t2 = new PingPong1("pong", 500);
23
24         t1.start();
25         t2.start();
26     }
27 }
```

图 4C-1　继承 Thread 类创建线程

【说明】在本例中创建了两个线程，所以在执行线程的时候，CPU 会交替执行程序。

实例 2，通过方式二中使用 Pingpong1 类来实现 Runnable 接口来创建线程。实现过程如图 4C-3 所示。

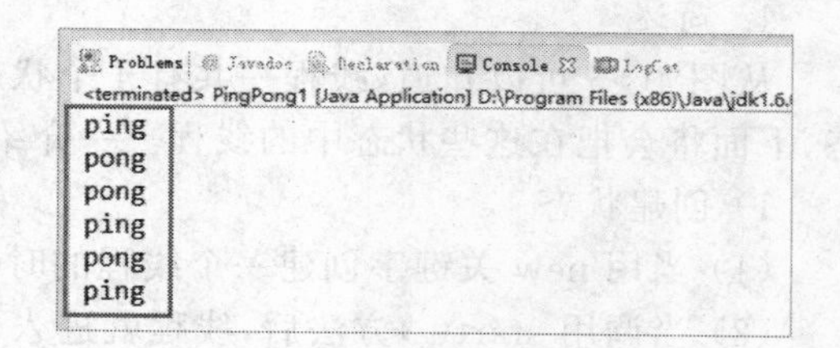

图 4C-2　实例 1 执行结果

```
PingPong1.java
1  public class PingPong1 implements Runnable {
2      private int delay;
3      private String message;
4
5      public PingPong1(String m, int r) {
6          message = m;
7          delay = r;
8      }
9      public void run() {
10         try {
11             for (int i = 0; i < 3; i++) {
12                 System.out.println(message);
13                 Thread.sleep(delay);
14             }
15         } catch (InterruptedException e) {
16             return;
17         }
18     }
19     public static void main(String args[]) {
20
21         PingPong1 pp1 = new PingPong1("ping", 500);
22         PingPong1 pp2 = new PingPong1("pong", 500);
23         Thread t1 = new Thread(pp1);
24         Thread t2 = new Thread(pp2);
25         t1.start();
26         t2.start();
27     }
28 }
```

图 4C-3　通过继承 Runnable 创建线程

执行结果,如图 4C-4 所示。

【说明】本例用 PingPong2 类来实现 Runnable 接口，并重写了 run()方法，与 Thread 类的创建线程不同的是这里不能直接创建目标类对象并运行它，而是将目标类作为参数创建 Thread 类的对象。

```
Problems  @ Javadoc  Declaration  Console  LogCat
<terminated> PingPong1 [Java Application] D:\Program Files (x86)\Java\jdk1.6.0_21\bin\javaw.
ping
pong
ping
pong
pong
ping
```

图 4C-4　案例二执行结果

例：

```
PingPong1 pp1 = new PingPong1("ping",500);
Thread t1 = new Thread(pp1);
```

然后使用 Thread 类的对象调用 start()方法启动线程,如上：t1. start()。

(3) 两种创建线程方法的比较

① 继承 Thread 类创建的线程的方法简单方便,可以直接使用线程,但不能再继承其他类。

② 使用 Runnable 借口方法可以将 CPU、代码和数据分开,形成清晰的模型,并且还可以继承其他类。

C. 2. 2　线程的生命周期

线程的生命周期,如图 4C-5 所示。

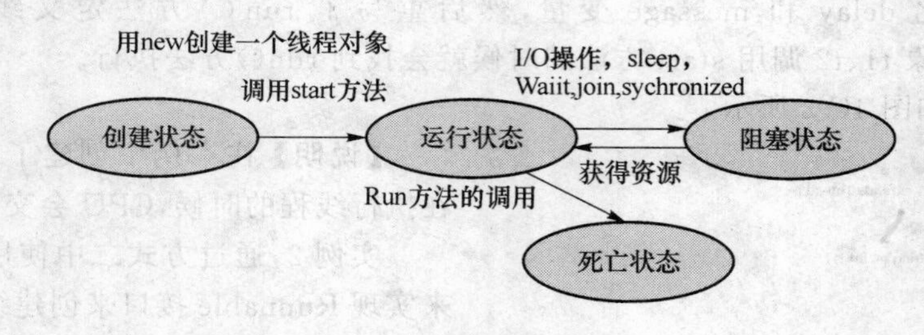

图 4C-5　线程的生命周期

1. 简述

从图 4C-5 可以知道,线程一共有 4 个状态,分别是创建状态、运行状态、阻塞状态、死亡状态,下面将会把在这些状态中的线程一一介绍。

1) 创建状态

(1) 当用 new 关键字创建一个线程的时候,该线程就处于新建状态,并已初始化。

(2) 当调用 start( )方法后,线程就进入了就绪状态。但不能立即进入运行状态,要等待 JVM 里线程调度器的调度。

2) 运行和阻塞状态

(1) 当就绪状态的线程得到了 CPU,进入运行状态,就开始执行 run( )方法。

(2) 当遇到下面几种情况,线程就会进入阻塞状态。

① 线程调用 sleep() 方法主动放弃所占用的处理器资源。

② 线程调用了阻塞式 IO 方法,在该方法返回之时,线程被阻塞。

③ 线程试图获得一个同步监控器,但该同步监控器被其他线程所有。

④ 线程等待某个通知(notify)。

⑤ 线程调用了线程的 suspend ( )方法将线程挂起。

(3) 要把线程恢复有下面几种方法

① 等待其休眠制定时间之后,自动脱离阻塞状态。

② 系统自己调用特定的指令使该线程恢复可运行状态。

③ 线程成功获取了试图取得的同步监视器。

④ 线程正在等待的某个通知时,其他线程发出了一个通知(signal)。

⑤ 挂起的线程调用了 resume()恢复方法。

3) 线程死亡状态

(1) run ( ) 或者 call ( )方法执行完毕,线程正常结束。

(2) 线程抛出一个未捕获的 Exception 或 Error。

(3) 直接调用线程的 stop()方法结束线程,不推荐使用。

【说明】检查线程是否死亡可以使用 isAlive ( ) 方法测试,该方法当线程处于就绪、运行、阻塞状态时,就返回 true;当线程处于新建、死亡状态时,返回 false。

2. 示例与解析

线程生命周期实例,如图 4C-6 所示。

执行结果,如图 4C-7 所示。

```java
ThreadStatuschange.java
1  public class ThreadStatuschange {
2      public static void main(String args[]) {
3          MyRunner r = new MyRunner();// 新建状态
4          Thread t = new Thread(r);
5          t.start();// 启动状态
6      }
7  }
8
9  class MyRunner implements Runnable {
10     public void run() {
11         for (int i = 0; i < 20; i++) {
12             if (i % 5 == 0 && i != 0) {
13                 try {
14                     Thread.sleep(3000);// 阻塞状态
15                 } catch (InterruptedException e) {
16                 }
17             }
18             System.out.println("No. " + i);// 运行状态
19         }
20     }
21 }
22
```

新建状态　启动状态　阻塞状态

图 4C-6　线程生命周期实例

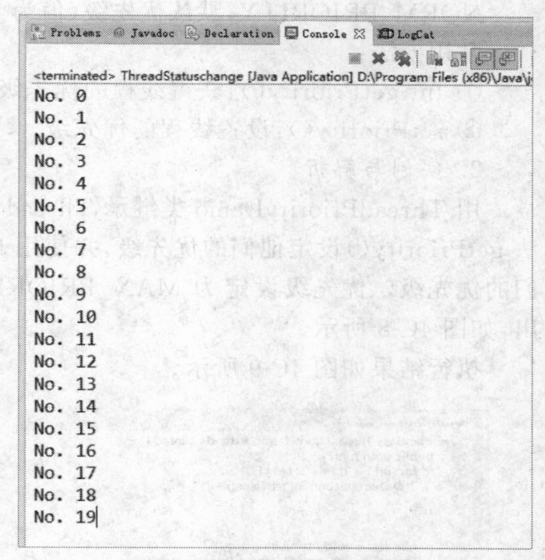

图 4C-7　线程生命周期实例输出结果

【说明】在本实例中新建状态是通过 new MyRunner()来新建线程,使用对象调用 start()方法后将启动线程,使线程进入运行状态,而遇到 Thread. sleep()睡眠方法时,线程将进入阻塞状态,当 run()方法运行结束时线程将进入死亡状态。

C. 2. 3　线程的类型

Java 中线程分为两种类型:用户线程和守护线程。通过 Thread. setDaemon(false)设置为用户线程；通过 Thread. setDaemon(true)设置为守护线程。如果不设置该属性，默认使用用户线程。下面就来讲解一下用户线程和守护线程的区别。

1. 用户类型

由用户创建，在前台执行：

(1) 当用户线程运行时，JVM 不会退出，JVM 就是 Java 的虚拟机。

(2) 所有用户线程都执行完毕时，JVM 将终止所有守护线程，然后退出。

2. 守护类型

(1) 为其他线程提供服务的线程，一般是一个独立的线程，它的 run()方法是一个无限循环。

(2) 该类型通常在后台运行，例如：定时器、垃圾回收器等。

(3) 某些用户的线程通过调用 setDaemon() 方法在后台运行。

3. 存活状态

当主线程结束后，用户线程还会继续运行，JVM 依然存活；而如果没有用户线程，即全部都是守护线程，那么当主线程结束后，所有守护线程以及 JVM 都会结束。

C. 2. 4 线程的优先级

1. 简述

Java 线程的优先级拥有优先级这个概念，并且可以用数字来表示优先级级数(1～10)，数字越大表示优先级越高，默认值为 5。且 Java 有三种静态常量：

MAX_PRIORITY，最大优先级(值为 10)。

MIN_PRIORITY，最小优先级(值为 1)。

NORM_PRIORITY，默认优先级(值为 5)。

常用方法：

① Int getPriority()：获得线程的优先级

② setPriority()：设置线程的优先级

2. 实例与解析

用 ThreadPriorityDemo 类继承 Thread 类，并创建两个线程，两个类对象为 t1、t2，并用方法 getPriority()设定他们的优先级，并使用 MIN_PRIORITY 和 MAX_PRIORITY 来设定他们的优先级。优先级设定为 MAX_PRIORITY 线输出，优先级为 MIN_PRIORITY 为后输出，如图 4C-8 所示。

执行结果如图 4C-9 所示。

```
ThreadPriorityDemo.java
1  public class ThreadPriorityDemo extends Thread {
2      public void run() {
3          for (int i = 1; i <= 5; i++) {
4              System.out.println(getName() + ": " + i);
5          }
6      }
7
8      public static void main(String args[]) {
9          ThreadPriorityDemo t1 = new ThreadPriorityDemo();
10         ThreadPriorityDemo t2 = new ThreadPriorityDemo();
11
12         t1.setPriority(Thread.MIN_PRIORITY);
13         t2.setPriority(Thread.MAX_PRIORITY);
14
15         t1.start();
16         t2.start();
17     }
18 }
```

图 4C-8 线程优先级示例实现

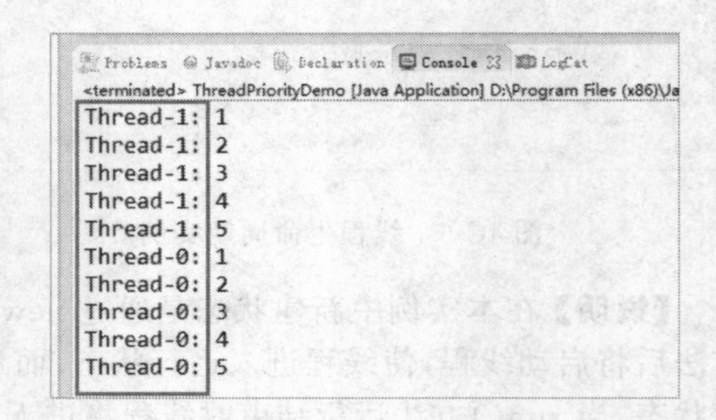

图 4C-9 线程优先级示例执行结果

从图 4C-9 中可以知道，使用了优先级的最大的值和最小值得两个线程，首先是优先级大的先输出，优先级小的后输出。若程序改为图 4C-10 所示。

结果如图 4C-11 所示。

结合图 4C-10 和图 4C-11 可知，优先级调换之后，结果发生了变化，可见线程优先级发挥的作用。

```
12    t2.setPriority(Thread.MIN_PRIORITY);
13    t1.setPriority(Thread.MAX_PRIORITY);
```

图 4C-10　对调线程优先级级数

```
Problems  @ Javadoc  Declaration  Console  LogCat
<terminated> ThreadPriorityDemo [Java Application] D:\Program Fi
Thread-0: 1
Thread-0: 2
Thread-0: 3
Thread-0: 4
Thread-0: 5
Thread-1: 1
Thread-1: 2
Thread-1: 3
Thread-1: 4
Thread-1: 5
```

图 4C-11　对调线程优先级级数输出结果

C.2.5　线程的基本控制

1. 简述

在使用线程的时候，有很多方法可以对县城进行操作、如让当前线程休眠、将当前线程占用的 CPU 让予其他线程等。下面讲解几个比较常用的线程操作方法。

sleep()：使一个线程在特定时间内休眠

① public static void sleep (longmillisec)；(毫秒)

② Public static void sleeo(long millisec , intnanosec)；(纳秒)

yield()：将 cpu 让予其他线程，将导致正在运行的线程暂时停止，让行予其他线程。

正在休眠或等待的线程通过 interruopt()方法中断，导致抛出一个异常 interruptedException 异常。通过 isInterrupted()方法，可以了解是否被中断。

2. 实例与解析

设计一个案例使得当前线程休眠 1 小时，代码如图 4C-12 所示。

案例输出结果如图 4C-13 所示。

【注意】如果程序中不使用 interrupt() 方法将线程唤醒，线程将等到由 sleep()方法设定的时间结束后线程才被唤醒，若使用 interrupt() 方法线程将被提前唤醒。

```
ThreadInterruptDemo.java
1  public class ThreadInterruptDemo extends Thread {
2      public void run() {
3          System.out.println("休息，勿扰！");
4          try {
5              sleep(3600000);
6          } catch (InterruptedException e) {
7              System.out.println("啊，谁叫醒我的？");
8          }
9      }
10
11     public static void main(String args[]) {
12         ThreadInterruptDemo t = new ThreadInterruptDemo();
13         t.start();
14         t.interrupt();// 唤醒线程
15     }
16
17 }
```

图 4C-12　使当前线程休眠 1 小时案例实现

```
Problems  @ Javadoc  Declaration  Console  LogCat
<terminated> ThreadInterruptDemo [Java Application] D:\Program Files (x86)\Java\jd
休息，勿扰！
啊，谁叫醒我的？
```

图 4C-13　使当前线程休眠 1 小时案例输出结果

C.2.6　线程同步

1. 简述

要处理线程同步，可以修改数据的方法，用关键字 synchronized 修饰，当一个方法使用 synchronized 修饰时，如果 A 线程要使用该方法，其他线程想使用该方法的线程必须等待线程 A 使用完才能使用。

而所谓的线程同步就是多个线程都需要使用同一个 synchronized 修饰的方法。使用 synchronized 修饰的方法需要注意几点：

(1) 当两个并发线程访问同一个对象 object 中的 synchronized(this)同步代码时，同一时间内只有一个线程得到执行，另一个必须等待当前的额线程使用完后才能执行。

(2) 当一个线程访问 object 的一个 synchronized(this)同步代码块时，另一个线程仍然可以访问该 object 中的非 synchronized(this)同步代码块。

(3) 当一个线程访问 object 的一个 synchronized(this)同步代码块时，其他线程对 object 中所有其他 synchronized(this)同步代码块的访问将被阻塞。

(4) 当一个线程访问 object 的一个 synchronized(this)同步代码块时，它就获得了这个 object 的对象锁，结果，其他线程对该 object 对象所有同步代码部分的访问都被暂时阻塞。

2. 同步方法

(1) wait()：使调用线程放弃它正在占用的监视程序并进入睡眠状态，直到某个其他线程进入同一个监视程序并用 notify()。

(2) 唤醒调用对象上的 wait() 方法的第一线程。

(3) notifyAll()：用于唤醒已调用对象上的 wait()方法的所有线程。

3. 项目心得

通过对多线程的学习，创建线程的两个方法和其区别，由继承 Thread 类创建线程的方法简单方便，可以直接操作线程，无需使用 Thread. currentThread()。但不能再继承其他类。使用 Runnable 接口方法可以将 CPU，代码和数据分开，形成清晰的模型，还可以从其他类继承。保持程序风格的一致性。还有线程的五个状态，新建、就绪、运行、阻塞和死亡，并通过实例知道了它们的使用方法。在 java 线程中使用优先级将有利于人们去调度多个线程的协调，避免多个线程争用有限的资源而导致系统死机或者崩溃。而线程同步实现了对共享资源的一致性维护。

4. 常见问题

分不清什么时候使用 Run()方法，什么时候直接使用 start()方法？

调用 start()方法就是一个线程的启动，使线程所代表的虚拟处理机处于可运行状态，这意味着它可以由 JVM(Java 虚拟机)调度并执行。run()方法可以产生必须退出的标志来停止一个线程，即进入死亡状态。在创建线程的时候都要重写 run()方法，而要启动线程时就用类的对象来调用 start()方法。

D　Android 基本功三——Java 异常处理

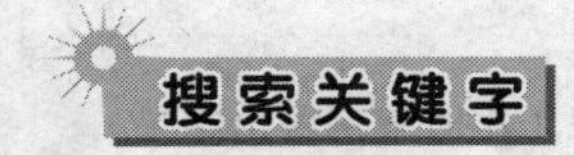

Exception；

Throw。

难点：

异常的判断。

D.1　项目简介

在程序运行中总是存在很多错误，这些错误往往会使得程序在运行的时候发生中断的情况，为了在程序执行过程中发生错误能正常运行，可以使用 Java 提供的异常处理的机制来捕获异常，对程序出现的异常进行处理并正常地执行程序。下面让我们更详细地了解异常。

1. 什么是异常？

异常指的是代码正确的情况下，程序运行出现的非正常情况，其中有很多的情况。如图 4D-1例子就是一个编程新手最容易犯的错误。

【案例说明】上面程序包含了一个除数为零的错误，在数学中，除数规定不能为零，所以程序在运行的时候将出现如下的运行结果，如图 4D-2 所示。

由图 4D-2 看出，程序在语法没有错误的情况下抛出了主线程异常的错误，如果在一个代码量巨大的程序中，这么一行的代码异常很是难被发现的，于是 Java 有了异常处理这个概念专门用于处理这类事情。

熟练学会使用异常处理往往能够在 Java、Android 开发的过程中事半功倍。

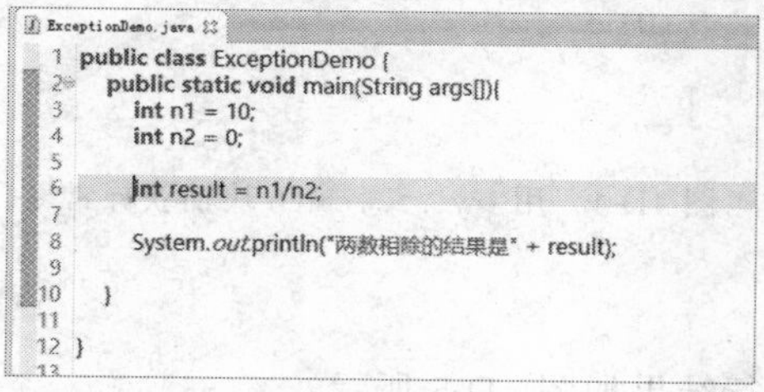

```
ExceptionDemo.java
1  public class ExceptionDemo {
2      public static void main(String args[]){
3          int n1 = 10;
4          int n2 = 0;
5
6          int result = n1/n2;
7
8          System.out.println("两数相除的结果是" + result);
9
10     }
11
12 }
```

图 4D-1　程序异常案例

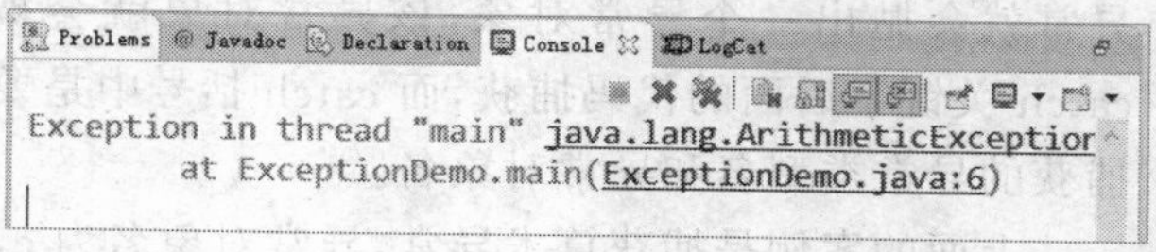

```
Problems  Javadoc  Declaration  Console  LogCat
Exception in thread "main" java.lang.ArithmeticExceptior
        at ExceptionDemo.main(ExceptionDemo.java:6)
```

图 4D-2　程序抛出异常

2. 异常的分类

(1) 错误：JVM 系统内部错误、资源耗尽等严重的情况。

(2) 异常：其他因编程错误或偶然的外在因素导致的一般性问题。

① 未检查的异常：程序员不必捕获和处理，如 Error、RunTimeException 类或者他们的子类。

② 已检查的异常：程序员应该捕获和处理的异常。

Java 中异常的类型，如图 4D-3 所示。

以上在 java 的 API 文档中有详细介绍。

在开发中经常会碰到的如：

① java. lang. arrayindexoutofboundsexception 异常指的是某排序索引(例如对数组、字符串或向量的排序)超出范围时抛出。

② java. lang. nullpointerexception 异常指的是程序遇到"空指针"，很多情况是调用了未初始化的对象或者不存在的对象。

③ java. lang. arithmeticexception 异常指的是像图 4D-1 中的情况——"数学运算符异常"。

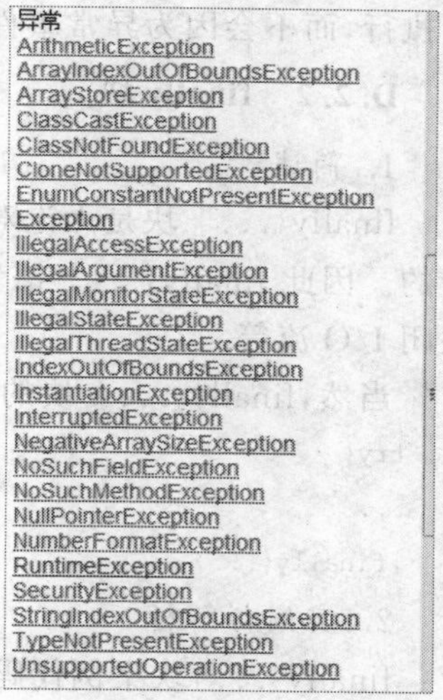

异常
ArithmeticException
ArrayIndexOutOfBoundsException
ArrayStoreException
ClassCastException
ClassNotFoundException
CloneNotSupportedException
EnumConstantNotPresentException
Exception
IllegalAccessException
IllegalArgumentException
IllegalMonitorStateException
IllegalStateException
IllegalThreadStateException
IndexOutOfBoundsException
InstantiationException
InterruptedException
NegativeArraySizeException
NoSuchFieldException
NoSuchMethodException
NullPointerException
NumberFormatException
RuntimeException
SecurityException
StringIndexOutOfBoundsException
TypeNotPresentException
UnsupportedOperationException

图 4D-3　Java 中异常的类型

3. Exception 类的构造方法及一般方法

(1) 构造方法

```
public Exception ( )
public Exception(String s)    //字符串是对该异常的描述
```

(2) 常用方法：

```
public String toString ( );        //返回当前异常对象信息的描述
public String getNessage ( );       //返回当前异常对象的详细描述
public void printStackTrace ( );      //跟踪异常事件发生执行的堆栈的内容
```

D.2　案例的设计与实现

异常处理机制仅通过五个关键字来进行：try，catch，finally，throw 和 throws。

D.2.1 try ... catch 块

1. 简述

在生活中,各种运用的设备都有可能发生异常的现象,程序也不意外。因此,我们可使用 Java 中提供给我们的 try{...}来对要监视的代码进行实时的监控,当发生异常的时候,程序会采取应急处理的机制,用 catch {...}对异常进行捕获,并进行处理,保证程序的正常运行。

2. 实例与解析

代码如图 4D-4 所示。

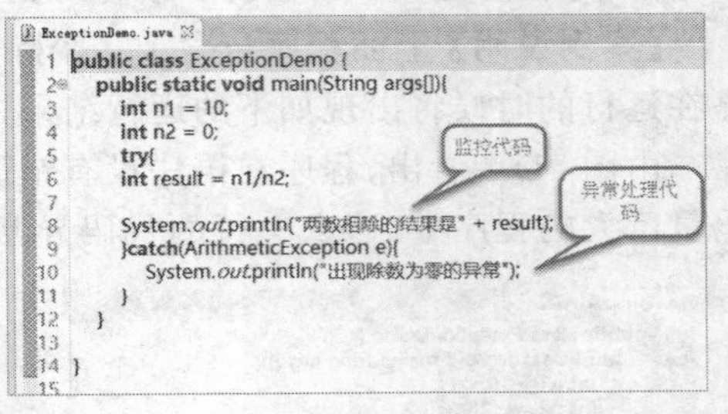

图 4D-4　用 try{...}catch 块捕获异常

【说明】如果在 try 大括号中的代码一旦遇到异常就会抛出一个异常对象,该异常对象就会被 catch 关键字后面的代码捕获,而 catch 括号中是要捕获的异常类型名和异常对象名。

上面的案例是捕获算术异常,异常对象名为 e,执行结果如图 4D-5 所示。

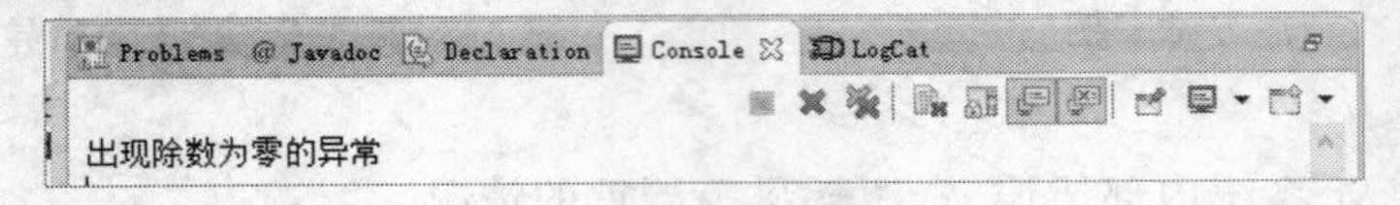

图 4D-5　程序捕获到异常并显示出来

【注意】try 和 catch 必须要一块用而不能单独使用,该异常捕获机制可以保证程序能顺利执行,而不会因为异常事件使得程序中途退出的情况。

D.2.2 finally 块

1. 简述

finally{...} 块是无论对需要捕获的代码块是否抛出异常都会执行的语句,而且是必须执行的。因此 finally{...} 语句块中经常用在程序中必须执行的代码。例如关闭数据库链接、关闭 I/O 流等。

当然,finally{...} 块的执行也要 try 的配合:

```
try{
...
}finally{...}。
```

2. 实例与解析

finally{...}块案例代码如图 4D-6 所示。

```
ExceptionDemo2.java
1  public class ExceptionDemo2 {
2      public static void main(String args[]) {
3          int n1 = 10;
4          int n2 = 0;
5          try {
6              int result = n1 / n2;
7              System.out.println("两数相除的结果是" + result);
8          } catch (ArithmeticException e) {
9              e.printStackTrace();
10         } finally {
11             System.out.println("这是finally板块中的代码，不管是否有异常，此句一定要执行");
12         }
13
14     }
15
16 }
```

图 4D-6　finally{...} 块异常处理案例实现

【注意】若使用 e. printStackTrace() 方法抛出异常则是会将所有的异常都输出，如果里面是异常处理的代码是 System. out. println("出现除数为零的异常")；

那结果应该是先输出：

出现除数为零的异常

这是 finally 板块中的代码，不管是否发生异常，此句一定执行。

执行结果，如图 4D-7 所示。

```
这是finally板块中的代码，不管是否有异常，此句一定要执行
java.lang.ArithmeticException: / by zero
	at ExceptionDemo2.main(ExceptionDemo2.java:6)
```

图 4D-7　finally{...} 块异常处理案例输出结果

D. 2. 3　多重 catch 块

1. 简述

一个程序可能有多个异常，这种情况下就可以使用多重 catch 来捕获每个异常，当 try 块中的代码出现第一个异常时，系统会异常检查每个 catch 块，第一与出现的异常类型匹配的 catch 被执行，而其他 catch 块将被忽略，当一个 catch 执行完后，程序的执行将从 try... catch 代码块后的代码继续执行。

2. 实例与解析

代码如图 4D-8 所示。

```java
import java.io.*;

public class try_catch {
    public static void main(String args[]) {
        RandomAccessFile file;
        try {
            file = new RandomAccessFile("abc.txt", "r");
            for (int i = 0; i < 20; i++)
                System.out.println((char) file.readByte());
            file.close();
        } catch (FileNotFoundException e1) {
            e1.printStackTrace();
        } catch (IOException e2) {
            e2.printStackTrace();
        }
        System.out.println("try ...catch 代码块后的代码可以执行");
    }

}
```

图 4D-8　多重 catch 块案例实现

执行结果，如图 4D-9 所示。

```
<terminated> try_catch [Java Application] D:\Program Files (x86)\Java\jdk1.6.0_21\bin\javaw.exe (2014-10-27 下午6:25:02)
try ...catch 代码块后的代码可以执行
java.io.FileNotFoundException: abc.txt (系统找不到指定的文件。)
	at java.io.RandomAccessFile.open(Native Method)
	at java.io.RandomAccessFile.<init>(RandomAccessFile.java:212)
	at java.io.RandomAccessFile.<init>(RandomAccessFile.java:98)
	at try_catch.main(try_catch.java:7)
```

图 4D-9　多重 catch 块案例输出结果

从结果可以看出，当第一个 catch 捕获到异常后，将异常输出，而后面的 IOException 异常

将被忽略，但 try ... catch 代码块后面的代码仍能执行。

【注意】当有多个 catch 子句，应该遵守首先捕获最具体的异常，然后捕获较一般的异常，直到捕获所有异常的顺序。若将它们的顺序颠倒，运行后抛出的异常将会出错。

D. 2. 4　throw 抛出异常

1. 简述

通常的情况下，程序发生错误时系统都会自动地抛出异常，而有时候系统程序不能自行地抛出异常，因此可以使用到 throw 语句来预先判断异常出错的地方。

语法：throw new 异常类([“异常信息”])

2. 实例与解析

代码如图 4D-10 所示。

```
ExceptionDemo3.java
1  public class ExceptionDemo3 {
2      static void throwException(int n1, int n2) {
3          try {
4              if (n2 == 0) {
5                  throw new ArithmeticException("除数为零");
6              }
7              System.out.println("两数相除的结果是" + n1 / n2);
8
9          } catch (ArithmeticException e) {
10             System.out.println(e.getMessage());
11         }
12     }
13
14     public static void main(String args[]) {
15         throwException(10, 0);
16     }
17
18 }
19
```

图 4D-10　用 throw 抛出异常案例实现

执行结果，如图 4D-11 所示。

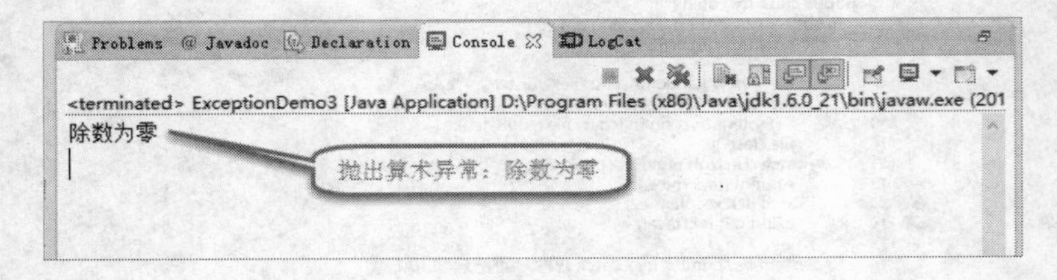

图 4D-11　用 throw 抛出异常案例输出结果

【说明】本例中程序对程序中的方法进行了异常处理，使用 throw 抛出算术异常 ArithmeticException(“除数为零”)，抛出异常后，将会正常结束程序的运行。因此，throw 抛出异常并不会使程序终止。

D. 2. 5　throws 回避异常

1. 简述

有的时候，如果程序在一个方法中出现了异常，但开发者又不想在该方法中来处理该异常，这时候便可以使用 throws 关键字来告诉方法的使用者有未处理的异常。即使用 throws 来声明异常，然后调用其他方法对异常进行处理。

【注意】如果要对多个异常进行声明处理，各个异常之间要使用分号进行隔离。

2. 实例与解析

本例中 ThrowsClass 类中的 ThrowsMethod 方法中可能引发一个 ArithmeticException

类异常，但是我们不想在方法的运行中进行捕获和处理，因此就在方法的参数列后面使用了 throws 关键字来声明本方法不对异常进行处理。

代码如图 4D-12 所示。

```java
class ThrowsDemo {
    public void throwsMethod(int n1, int n2) throws ArithmeticException {
        int result = n1 / n2;
    }
}

public class ExceptionDome {
    public static void main(String[] args) {
        ThrowsDemo td = new ThrowsDemo();
        try {
            td.throwsMethod(10, 0);
        } catch (ArithmeticException e) {
            System.out.println("算术异常：除数为零");
        }
    }
}
```

图 4D-12　使用 throws 声明异常案例实现

结果如图 4D-13 所示。

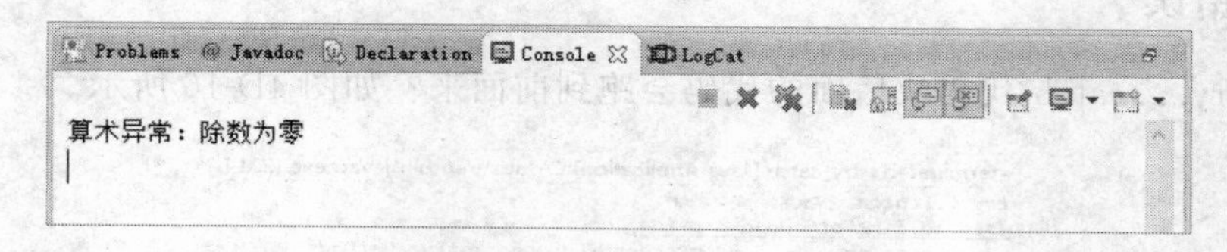

图 4D-13　使用 throws 声明异常案例输出结果

D.2.6　用户自定义异常

1. 简述

除了使用标准异常外，用户还可以根据需要，定义自己的异常类型。需要注意的是，用户自定义异常类应该是 Exception 类的子类或者是 Exception 子类的类。

2. 实例与解析

本例中定义了一个自定义的异常类 MyException()类，并且使用 catch 将异常进行捕获，最后处理了异常，输出“自定义的异常，不符合要求的除数”的结果。

代码如图 4D-14 所示。

```java
class MyException extends Exception {
    MyException() {
        super("自定义的异常，不符合要求的除数");
    }
}

public class ExceptionDemo5 {
    public static void main(String args[]) {
        int n1 = 10;
        int n2 = 0;
        try {                              // 抛出自定义异常
            if (n2 == 0 | n2 == 1) {
                throw new MyException();
            }
            int r = n1 / n2;
            System.out.println("两户相除的结果是" + r);
        } catch (MyException e) {
            System.out.println(e.getMessage());
        }
    }

}
```

图 4D-14　使用自定义异常类案例实现

结果如图 4D-15 所示。

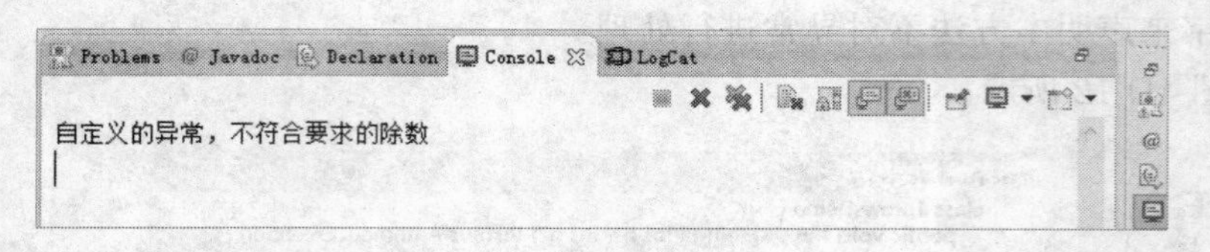

图 4D-15　使用自定义异常类案例输出结果

D.3　项目心得

通过对异常处理的学习，Java 程序员将了解到异常处理给程序带来了很大的好处，它不仅健壮了程序，还可以帮助程序员及时地发现或者避免不必要的错误，同时掌握了异常处理的五个关键字的用法，try ，catch ，finally，throw，throws。而且也从中悟出了一个道理：不仅要学会去处理身边会发生的种种事情，而且要学会未雨绸缪，防范于未然，避免不必要的错误的发生。

D.4　常见错误

为什么 try...catch 代码块后面的代码会跑到前面来？如图 4D-16 所示。

```
<terminated> try_catch [Java Application] C:\Java\jre6\bin\javaw.exe (2014-
try ...catch 代码块后的代码可以执行
java.io.FileNotFoundException: abc.txt (系统找不到指定的文件。)
	at java.io.RandomAccessFile.open(Native Method)
	at java.io.RandomAccessFile.<init>(Unknown Source)
	at java.io.RandomAccessFile.<init>(Unknown Source)
	at try_catch.main(try_catch.java:6)
```

图 4D-16　try...catch 代码块显示异常

答：因为如果 try..catch 代码块里面没有 System.out.println()；的代码，那么后面的代码将先输出到前面来，再显示异常的报告。

第二部分　基本组件

05　Activity 与 Intent

搜索关键字

Activity；
RadioButton；
Intent；
XML 布局；
startActivity；
startActivityForResult。

5.1　项 目 简 介

了解完 Android 所需要的基本语法之后，第二部分（05～13 章）主要内容是讲解 Android 特有的部分。本部分的讲解并没有以单个知识点为主线（即没有单独以 Activity 或者 Intent 而展开），因为 Android 中的组件多半需要配合一起使用，所以本部分以逻辑为单元，通常以一个实现一个功能为主线，同时讲解一个或者多个组件（其中也包括了生命周期和开发技巧）。

本次演示的案例是实现一道单项选择题的操作过程，并根据用户的选择答案并做出判断。

本例分为三个层次：首先需要掌握基本界面的布局，然后实现功能的实现，最后实现了不同 Activity 界面之间数据的传递，页面的跳转和返回，如图 5-1 ~ 图 5-4 所示。

图 5-1　启动页面

图 5-2　错误页面

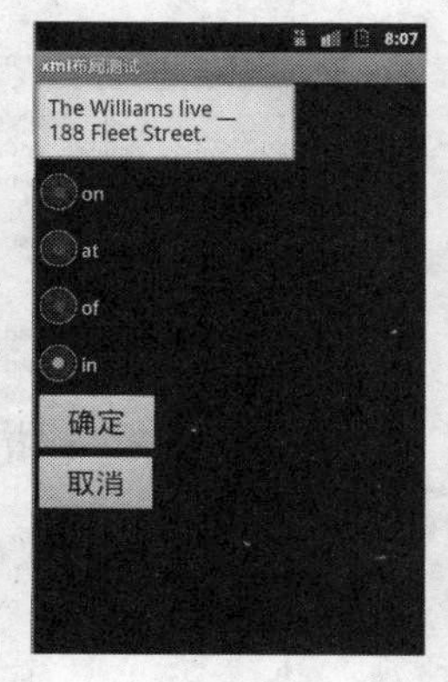

图 5-3　返回原启动选择页面

图 5-4　正确页面

5.2 案例设计与实现

5.2.1 页面的布局

本例中采用的是 LinearLayout，首先在界面中添加 4 个 RadioButton 和 2 个 Button，实现界面图如图 5-5 所示。

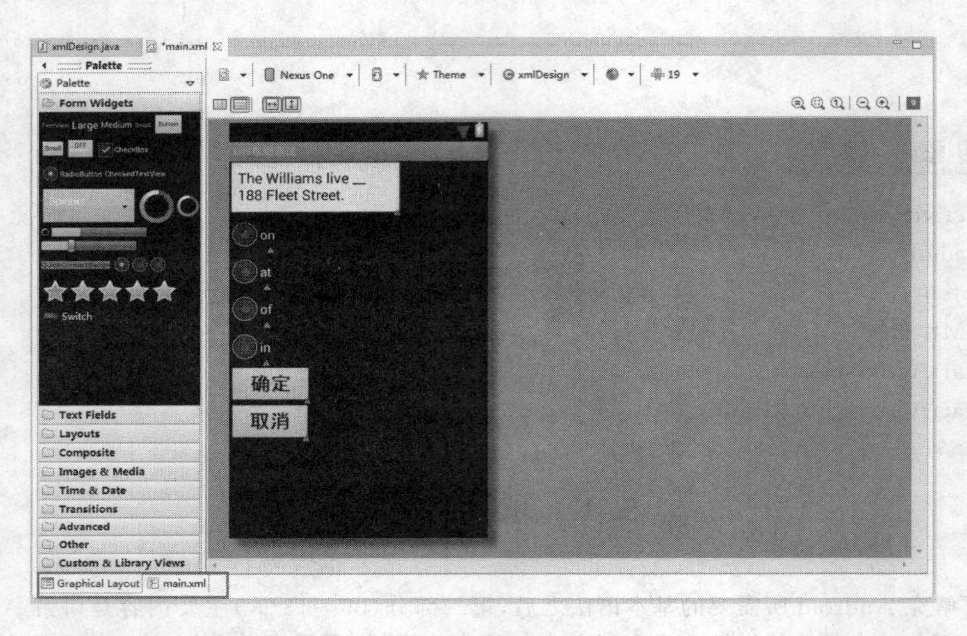

图 5-5 页面的布局的方法选择

【注意 1】读者可以根据自己喜好选择拖拉控件方式布局或者直接代码布局，见图中方框标注。

【注意 2】其中我们要注意红色框中的代码是实现按钮的获取，通过 findViewById 方法取得布局文件中声明的文件。如图 5-6～图 5-9 所示。

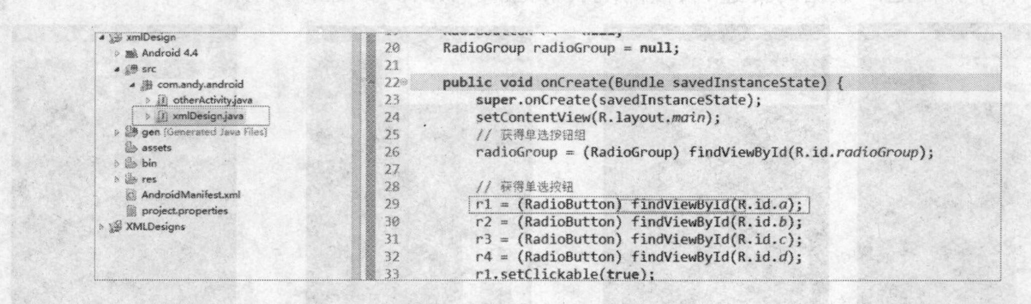

图 5-6 获取布局文件控件

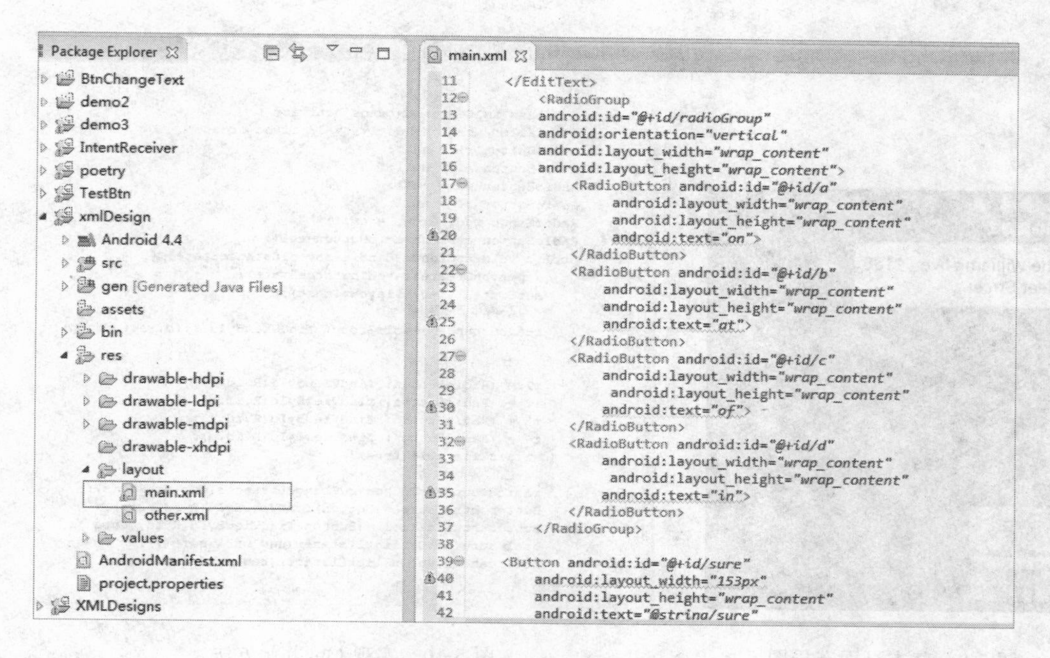

图 5-7 页面布局文件代码

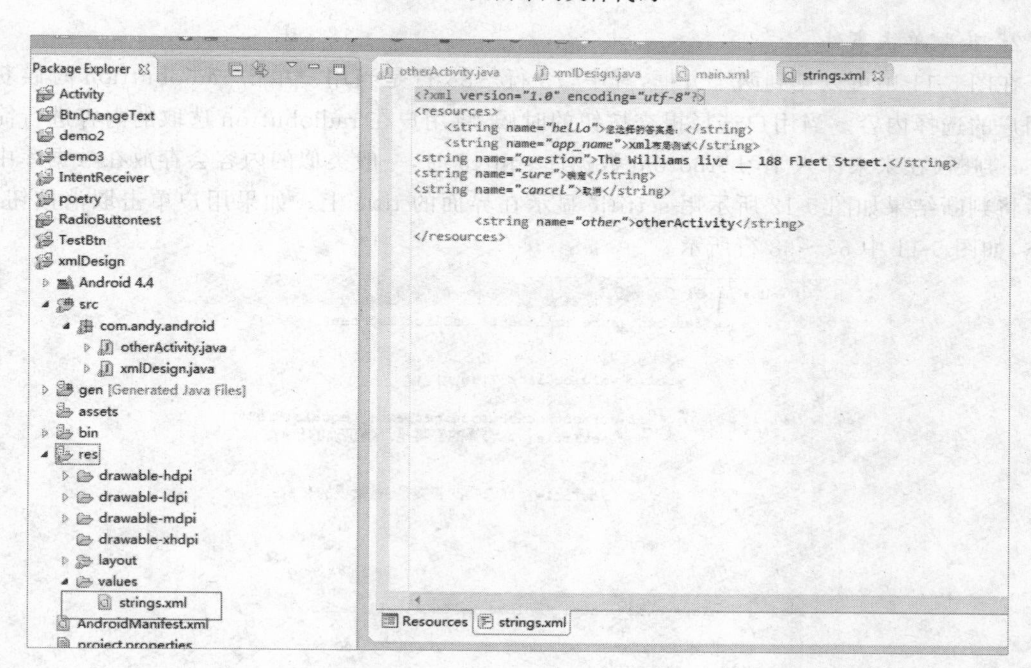

图 5-8 设置字符串的方法代码

5.2.2 单页面功能的实现

1. 单击按钮实现选择

实现单击按钮选择答案，判断结果的正确与否。通过事件监听机制，方框中的代码依次实现为 Button 设置监听事件；按钮事件监听器类，实现 OnClickListener 接口；实现 OnClickListener 接口中的 onClick 方法，如图 5-10 所示。

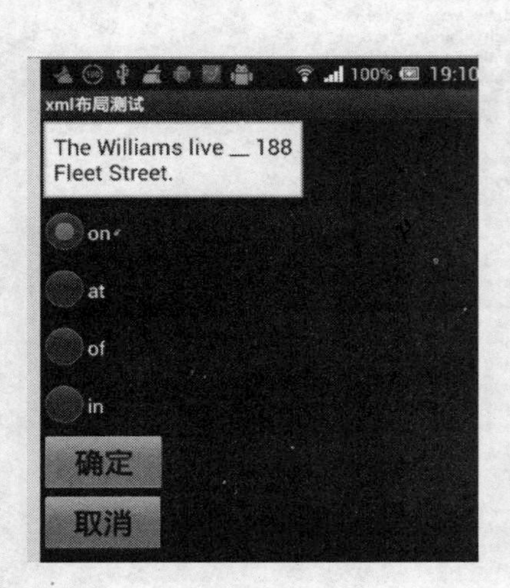

图 5-9　基本页面布局图

```
xmlDesign.java
12
13
14 public class xmlDesign extends Activity {
15     /** Called when the activity is first created. */
16     RadioButton r1 = null;
17     RadioButton r2 = null;
18     RadioButton r3 = null;
19     RadioButton r4 = null;
20     RadioGroup radioGroup = null;
21     RadioButton currentRadioButton=null;
22     public void onCreate(Bundle savedInstanceState) {
23         super.onCreate(savedInstanceState);
24         setContentView(R.layout.main);
25         // 获得单选按钮组
26         radioGroup = (RadioGroup) findViewById(R.id.radioGroup);
27
28         // 获得单选按钮
29         r1 = (RadioButton) findViewById(R.id.a);
30         r2 = (RadioButton) findViewById(R.id.b);
31         r3 = (RadioButton) findViewById(R.id.c);
32         r4 = (RadioButton) findViewById(R.id.d);
33         r1.setClickable(true);
34         // 监听单选按钮
35         radioGroup.setOnCheckedChangeListener(mChangeRadio);
36         Button btn1_sure =(Button)findViewById(R.id.sure);
37         Button btn2_cancel =(Button)findViewById(R.id.cancel);
38         btn1_sure.setOnClickListener(new btn1_sure());
39         btn2_cancel.setOnClickListener(new btn2_cancel());
40     }
41
```

图 5-10　实现 OnClick 方法

2. 获取单击事件

在图 5-11 中可以见到两个方框，其中，73 行～88 行是当用户单击 radiobuttion 时候获取的用户的选择内容。当用户选择提交按钮的时候，将用户在 radiobutton 选取的内容进行简单 if-else 判断(在未来深入学习 Android 数据库 sqlite3 时，一般类似的内容会存放在数据库中)，然后将判断结果如图 5-12 所示用 settitle 显示在界面的 title 上。如果用户单击取消按钮，则置空，如图 5-11 中 67～68 行所示。

```
xmlDesign.java
42     class btn1_sure implements OnClickListener{
43
44         @Override
45         public void onClick(View v) {
46
47             if(currentRadioButton.getText().equals("in")){
48                 setTitle("你选择的答案是：是正确的！");
49             }
50             else{
51                 setTitle("你选择的答案是:是错误的！");
52             }
53
54         }
55
56     }
57     class btn2_cancel implements OnClickListener{
58 /*
59  (API中查找. android.widget public class RadioGroup
60  void clearCheck()
61  Clears the selection.
62
63   */
64         @Override
65         public void onClick(View v) {
66             // TODO Auto-generated method stub
67             radioGroup.clearCheck() ;
68             setTitle("");
69         }
70
71     }
```

图 5-11

5.2.3 多页面功能跳转

1. 实现多 Acitivity 页面之间的跳转

（1）新建一个 otherActivity. java 和与之对应 other. xml，如图 5-13 所示。xml 布局文件中放置了一个 button 和 textview2 个控件。

（2）用 Intent 实现页面的跳转，在 xmlActivity. java 中添加主要代码如图 5-13 所示，主要代码用 putExtras()传递的所需数据；其中调用 Bundle 类放入要传递的数据。

（3）新建 Activity 的时候，需要在包中新建一个类文件，并且需要在超类中选择 android. app. Activity 类，这样才能进行页面跳转，如图 5-14 所示。

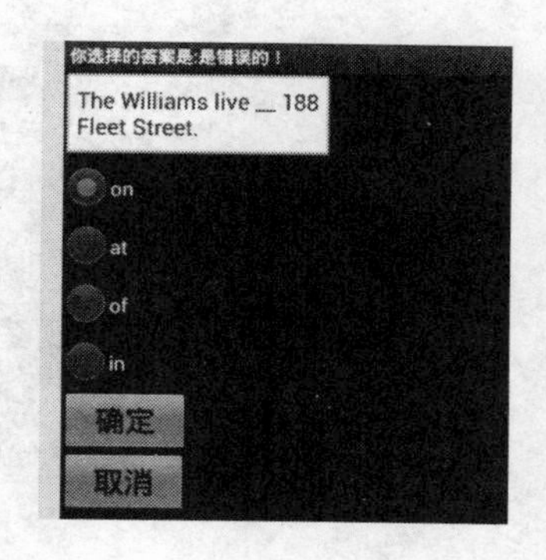

图 5-12　输入选择判断答案错误界面

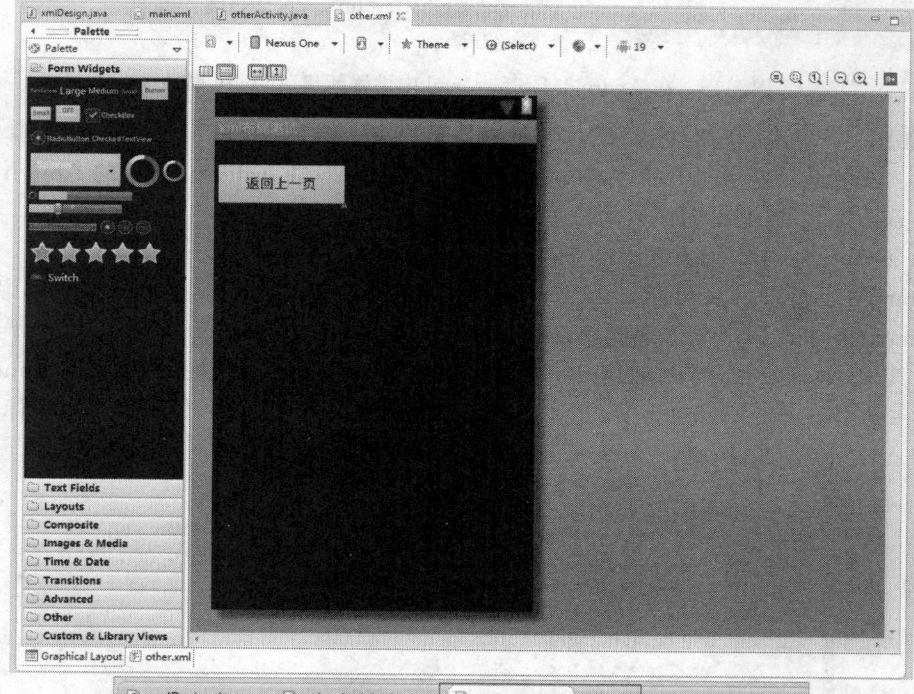

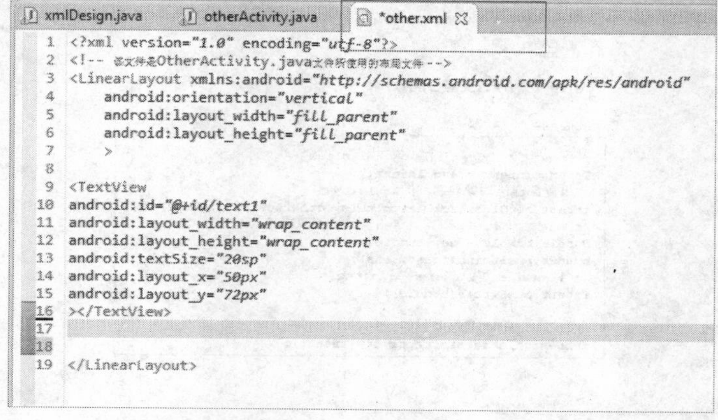

```
1  <?xml version="1.0" encoding="utf-8"?>
2  <!-- 该文件是OtherActivity.java文件所使用的布局文件 -->
3  <LinearLayout xmlns:android="http://schemas.android.com/apk/res/android"
4      android:orientation="vertical"
5      android:layout_width="fill_parent"
6      android:layout_height="fill_parent"
7      >
8
9  <TextView
10 android:id="@+id/text1"
11 android:layout_width="wrap_content"
12 android:layout_height="wrap_content"
13 android:textSize="20sp"
14 android:layout_x="50px"
15 android:layout_y="72px"
16 ></TextView>
17
18
19 </LinearLayout>
```

图 5-13　另一个 Activity 布局界面

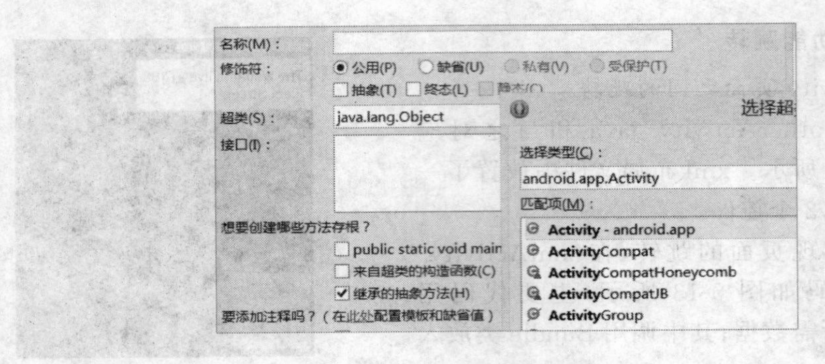

图 5-14　设置超类类型

【注意】新建的 Activity 需要在 AndroidManifest. xml 文件中注明新建的 Activity 属性(图 5-15)，不然程序会报错。

```
<activity android:name=".otherActivity" android:label="@string/other"/>
```

图 5-15　在 AndroidManifest. xml 中设置新建 Activity 属性

【注意】一个应用程序会有多个 Activity，但是只有一个 Activity 作为程序的入口，应用中的其他的 Activity 只能通过入口 Activity 来启动，或者由入口 Activity 启动的 Activity 启动。

这里需要用到的两个方法：

- startActivty(Intent intent)
- startActivtyForResult(Intent intent，int requestCode)：启动其他 Activity，从新启动的 Activity 中取回结果返回到启动新 Activity 的 Activity。

启动其他 Activity 需要用到 Intent 类，在 Activity 之间传递数据还需要用到 Bundle 类。此例中使用 startActivity(Intent)启动方法，跳转到另外一个 Activity，如图 5-16 框中标注。

```
*xmlDesign.java
41
42  class btn1_sure implements OnClickListener{ //按钮事件监听器类，实现OnClickListener接口
43
44      @Override
45      public void onClick(View v) {//实现OnClickListener接口中的onClick方法
46
47          String ans ="";
48          if(r1.isChecked()){
49              ans = "on";
50          }
51          else if (r2.isChecked()) {
52
53              ans = "at";
54          }
55           else if (r3.isChecked()) {
56
57              ans = "of";
58          }
59           else if (r4.isChecked()) {
60
61              ans = "in";
62          }
63          /* new 一个Intent 对象，并指定class */
64          Intent intent = new Intent();
65          //设置Intent对象要启动的Activity
66          intent.setClass(xmlDesign.this, otherActivity.class);
67          /* new 一个Bundle对象，并将要传递的数据传入 */
68          Bundle bundle = new Bundle();
69          bundle.putString("ans", ans);
70          /* 将Bundle 对象assign 给Intent */
71          intent.putExtras(bundle);
72
73          //通过Intent对象启动另外一个Activity
74          xmlDesign.this.startActivity(intent);
75      }
76
77  }
```

图 5-16　添加页面跳转的主要代码

在另外的 otherActivity.java 类中添加主要代码如图 5-17 所示，通过 getExtras()方法得到传递过来的数据，页面跳转效果如图 5-18 所示。

2. 测试

测试的效果满足需求的设计。

```
xmlDesign.java    main.xml    otherActivity.java
1  package com.andy.android;
2⊕ import android.app.Activity;▯
8
9
10 public class otherActivity extends Activity{
11     private Intent intent;
12     private Bundle bunde;
13⊖    @Override
14     protected void onCreate(Bundle savedInstanceState) {
15         // TODO Auto-generated method stub
16         super.onCreate(savedInstanceState);
17         setContentView(R.layout.other);
18         /* 取得Intent 中的Bundle 对象*/
19         Bundle bunde = this.getIntent().getExtras();
20         /* 取得Bundle 对象中的数据*/
21         String ans = bunde.getString("ans");
22         /* [illegible] */
23         String sexText = "";
24         if (ans.equals("in")) {
25             sexText = "正确";
26             } else {
27             sexText = "错误";
28             }
29         TextView tv1 = (TextView) findViewById(R.id.text1);
30         tv1.setText("您选择的答案是: " + sexText);
31
32         /* 以findViewById()取得Button 对象，并添加onClickListener */
33         Button b1 = (Button) findViewById(R.id.button_back);
34⊖        b1.setOnClickListener(new Button.OnClickListener() {
35⊖            @Override
36             public void onClick(View v) {
37             // TODO Auto-generated method stub
38             /* 返回result 回上一个activity */
39             otherActivity.this.setResult(RESULT_OK, intent);
40             /* 结束这个activity */
41         otherActivity.this.finish();
42             }
43             });
44     }
45
46 }
47
48
```

图 5-17　跳转页面代码

3. 返回主页面

为了提高用户体验，我们需要在显示结果中添加返回按钮，供用户反复测试。

（1）在 other.xml 添加代码如图 5-19 所示。

（2）在 otherActivity.java 添加代码，其中方框是返回刚刚接收的 Intent。如图 5-20，下划线标注的 RESULT_OK 为 setResult 方法所需要传出去的内容。

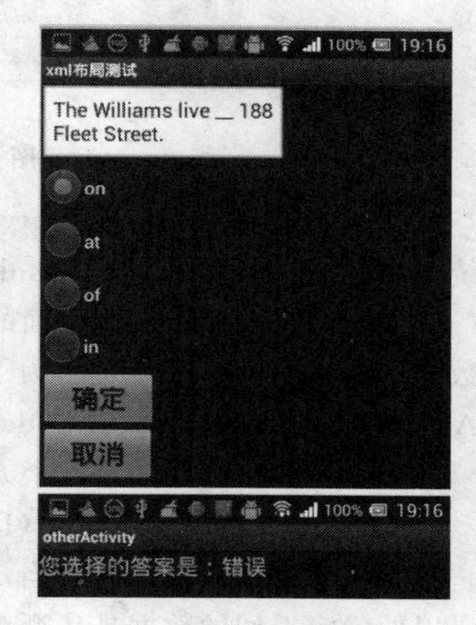

图 5-18　测试结果

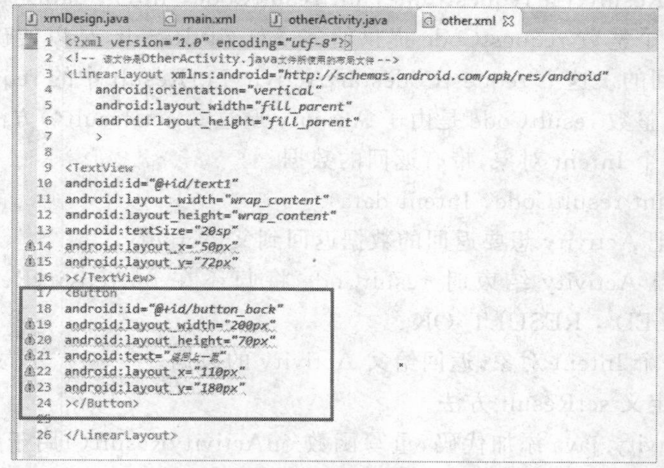

```
xmlDesign.java    main.xml    otherActivity.java    other.xml
1  <?xml version="1.0" encoding="utf-8"?>
2  <!-- 该文件是OtherActivity.java文件所使用的布局文件 -->
3  <LinearLayout xmlns:android="http://schemas.android.com/apk/res/android"
4      android:orientation="vertical"
5      android:layout_width="fill_parent"
6      android:layout_height="fill_parent"
7      >
8
9  <TextView
10 android:id="@+id/text1"
11 android:layout_width="wrap_content"
12 android:layout_height="wrap_content"
13 android:textSize="20sp"
14 android:layout_x="50px"
15 android:layout_y="72px"
16 ></TextView>
17 <Button
18 android:id="@+id/button_back"
19 android:layout_width="200px"
20 android:layout_height="70px"
21 android:text="返回上一页"
22 android:layout_x="110px"
23 android:layout_y="180px"
24 ></Button>
25
26 </LinearLayout>
```

图 5-19　返回按钮

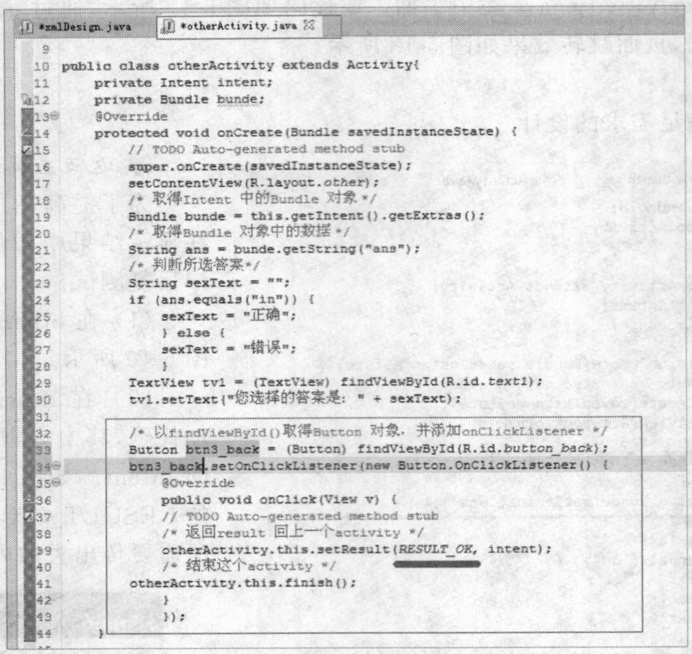

```
*xmlDesign.java    *otherActivity.java
 9
10 public class otherActivity extends Activity{
11     private Intent intent;
12     private Bundle bunde;
13     @Override
14     protected void onCreate(Bundle savedInstanceState) {
15         // TODO Auto-generated method stub
16         super.onCreate(savedInstanceState);
17         setContentView(R.layout.other);
18         /* 取得Intent 中的Bundle 对象 */
19         Bundle bunde = this.getIntent().getExtras();
20         /* 取得Bundle 对象中的数据 */
21         String ans = bunde.getString("ans");
22         /* 判断所选答案*/
23         String sexText = "";
24         if (ans.equals("in")) {
25             sexText = "正确";
26             } else {
27             sexText = "错误";
28             }
29         TextView tv1 = (TextView) findViewById(R.id.text1);
30         tv1.setText("您选择的答案是: " + sexText);
31
32         /* 以findViewById()取得Button 对象, 并添加onClickListener */
33         Button btn3_back = (Button) findViewById(R.id.button_back);
34         btn3_back.setOnClickListener(new Button.OnClickListener() {
35             @Override
36             public void onClick(View v) {
37             // TODO Auto-generated method stub
38             /* 返回result 回上一个activity */
39             otherActivity.this.setResult(RESULT_OK, intent);
40             /* 结束这个activity */
41         otherActivity.this.finish();
42             }
43             });
44     }
```

图 5-20　实现单击按钮返回主界面

【注意】如果想在(主 Activity)中得到新打开(子 Activity)关闭后返回的数据,需要使用系统提供的 startActivityForResult(Intent intent, int requestCode)方法打开新的 Activity,新的(子 Activity) 关闭后会向前面的(主 Activity)传回数据,或许还同时返回一些子模块完成的数据交给主 Activity 处理。为了得到传回的数据,必须在前面的 Activity 中重写回调函数 onActivityResult(int requestCode, int resultCode, Intent data)方法。

在这个过程中需要注意三个方法:

(1) startActivityForResult(Intent intent, int requestCode):第一个参数:一个 Intent 对象。第二个参数:如果>=0,当 Activity 结束时 requestCode 将归还在 onActivityResult() 中。以便确定返回的数据是从哪个 Activity 中返回。

(2) onActivityResult(int requestCode, int resultCode, Intent data):

第一个参数:这个整数 requestCode 提供给 onActivityResult,是以便确认返回的数据是从哪个 Activity 返回的。这个 requestCodestartActivityForResult 中的 requestCode 相对应。

第二个参数:这整数 resultCode 是由子 Activity 通过其 setResult()方法返回。

第三个参数:一个 Intent 对象,带有返回的数据。

(3) setResult(int resultCode, Intent data)

调用这个方法把 Activity 想要返回的数据返回到父 Activity。

第一个参数:当 Activity 结束时 resultCode 将归还在 onActivityResult()中,一般为 RESULT_CANCELED , RESULT_OK。

第二个参数:一个 Intent 对象,返回给父 Activity 的数据。

此类中是首先定义 setResult 方法。

(4) 在 xmlActivity.java 添加代码,重写函数 onActivityResult()用于处理返回值 Intent ,确定返回的数据是从哪个 Activity 中返回,如图 5-21 所示。

【注意】

requestCode 请求码，即调用 startActivityForResult()传递过去的值。

resultCode 结果码，结果码用于标识返回数据来自哪个新 Activity。

特别值得注意的是 otherActivity. java 中 setResult 的第一个参数(图 5-20)，应该对应上面(图 5-21)中 onActivityResult 第二个参数。

请勿把 onActivityResult 的第一个参数与第二个参数搞混淆了，一个是请求标记，一个是返回标记。

(5) 结果如图 5-22 所示。

```
otherActivity.java    *xmlDesign.java
 89             setTitle("");
 90         }
 91
 92     }
 93
 94
 95
 96 protected void onActivityResult(int requestCode, int resultCode,
 97 Intent data) {
 98 // TODO Auto-generated method stub
 99 super.onActivityResult(requestCode, resultCode, data);
100 switch (resultCode) {
101 case RESULT_OK:
102 /* 取得来自Activity2 的数据，并显示于画面上*/
103 Bundle bunde = data.getExtras();
104 String ans = bunde.getString("ans");
105
106 break;
107 default:
108 break;
109 }
110 }
111 }
```

图 5-21　重写 onActivityResult()方法

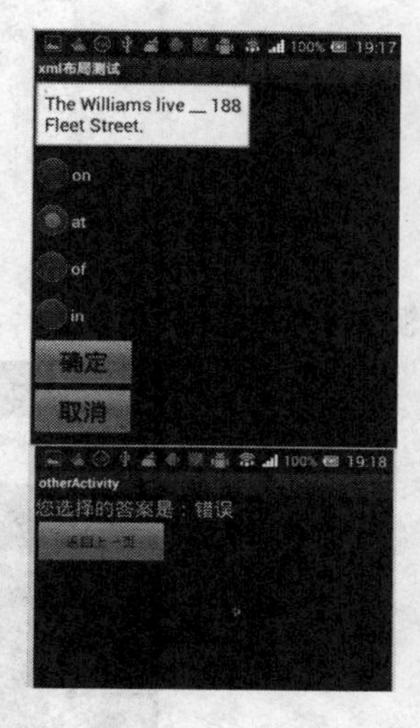

图 5-22

4. *startActivity( )改写为* startActivityForResult( )

在上文案例中我们谈到如果想在(主 Activity)中得到新打开(子 Activity)关闭后返回的数据，在这个过程中需要注意三个方法分别为

(1) startActivityForResult(Intent intent, int requestCode)

(2) onActivityResult(int requestCode, int resultCode, Intent data)

(3) setResult(int resultCode,Intent data)

细心的用户可能发现在代码中并没有使用 startActivityForResult 方法，上诉代码中依然使用 startActivity 启动 intent，其实 startActivityForResult 与 startActivity 都可以实现同样的效果，有关实现的区别在"项目心得"中有使用对比。现在我们演示具体的实现细节。

在 xmlDesign. java 修改添加代码实现 startActivityForResult( )来启动 activity 如图 5-23 所示，更改内容不多。

```
otherActivity.java    xmlDesign.java
63             /* new 一个Intent 对象，并指定class */
64             Intent intent = new Intent();
65             //设置Intent对象要启动的Activity
66             intent.setClass(xmlDesign.this, otherActivity.class);
67             /* new 一个Bundle对象，并将要传递的数据传入 */
68             Bundle bundle = new Bundle();
69             bundle.putString("ans", ans);
70             /* 将Bundle 对象assign 给Intent */
71             intent.putExtras(bundle);
72
73             //启动指定Activity并等待返回的结果，其中0是请求码，用于标识该请求
74                 startActivityForResult(intent , 0);
75         }
76
77     }
```

```
89        setTitle("");
90    }
91
92    }
93
94
95
96 protected void onActivityResult(int requestCode, int resultCode,
97 Intent data) {
98 // TODO Auto-generated method stub
99 super.onActivityResult(requestCode, resultCode, data);
100 //当requestCode、resultCode同时为0，也就是处理特定的结果
101 if (requestCode == 0
102 && resultCode == 0)
103 {
104
105 /* 取得来自Activity2 的数据，并显示于画面上 */
106 Bundle bunde = data.getExtras();
107 String ans = bunde.getString("ans");
108
109 }
110 }
111 }
```

图 5-23　StartActivityForResult( )来启动 activity

测试结果如图 5-24 所示，与之前使用 startActivity 实现效果并无区别。

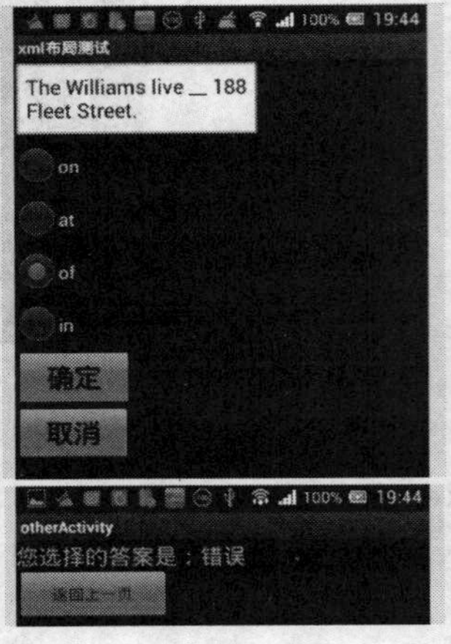

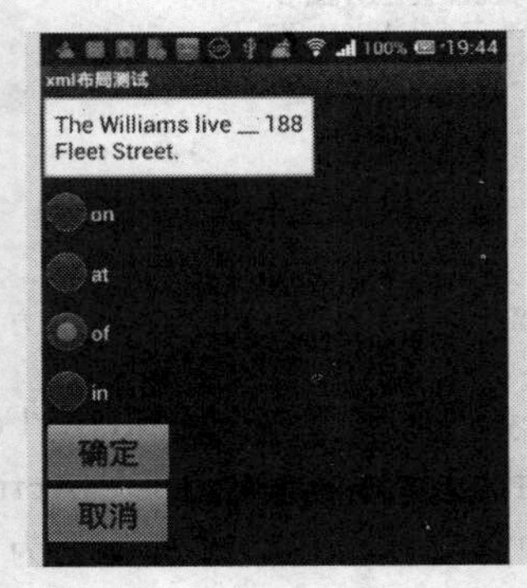

图 5-24

5.3　项 目 心 得

控件 RadioButton 单选框的使用，进一步可以使用复选框 checkbox，我们在一个界面实现题目的选择和答案的显示，我们用 Intent 实现了不同 Activity 之间数据的传递，并返回结果，从而实现了页面的跳转。

现在总结一下页面实现跳转实现方法。

第一类，单工跳转(有去无回)，如图 5-25 所示。

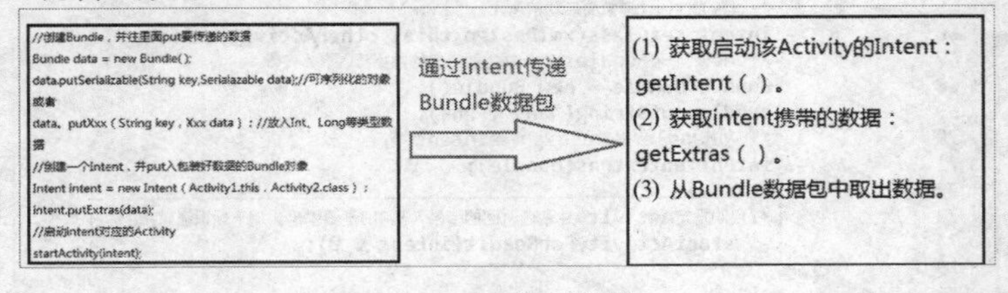

图 5-25　单工跳转

第二类，全双工跳转（startActivityForResult( )与 startActivity( )两种实现方法），如图 5-26 所示。

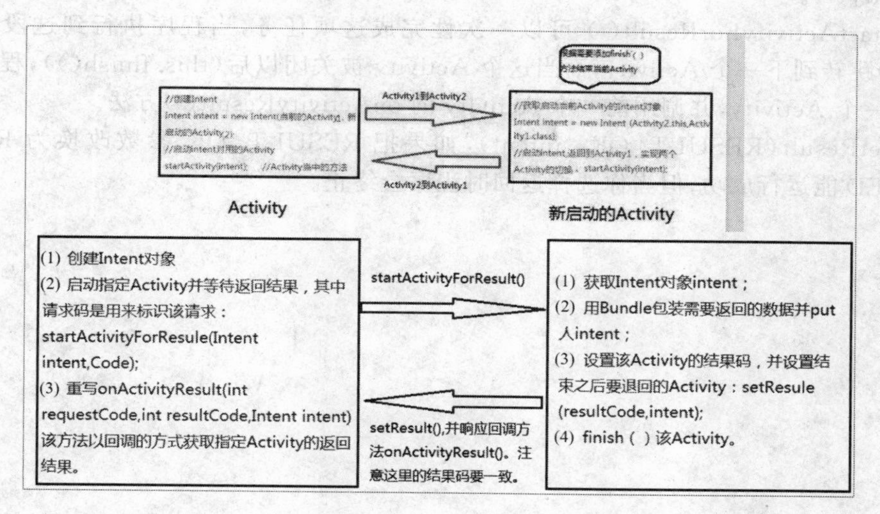

图 5-26　startActivity( )与 startActivityForResult( )方法实现比较图

【注意 1】 Activity1 跳转到 Activity2 但是还需要在 Activity2 再回到 Activity1，但是 startActivityForResult() 能够直接完成这项工作，startActivityForResult 在关闭子 Activity 后父 Activity 可以接受到子 Activity 返回值。

5.4　参考资料

(1) Button 的 onClickListener 的常用方法之 onClickListener 接口
http://www.cnblogs.com/bevin-h/archive/2012/05/09/2492198.html
(2) MapController：intent.putExtra()方法参数详解
http://www.eoeandroid.com/thread-204417-1-1.html
(3) Onactivityresult 执行方法：
http://www.2cto.com/kf/201205/133027.html
(4) Android 中 Activity 之间的传值、返回值(onActivityResult 的使用)
http://wlgwly.blog.163.com/blog/static/1408802412011113010408482/
(5) startActivity，startActivityForResult 区别
http://hi.baidu.com/jlh_jianglihua/item/7a44d3f1a80650c2a935a2a6
http://www.douban.com/note/167634633/
http://hi.baidu.com/jlh_jianglihua/item/7a44d3f1a80650c2a935a2a6

5.5　常见问题

startActivityForResult( )与 startActivity( )的不同之处？
startActivityForResult 与 startActivity 的不同之处在于：

(1) startActivity( ) 仅仅是跳转到目标页面，若是想跳回当前页面，则必须再使用一次 startActivity( )。

(2) startActivityForResult( ) 可以一次性完成这项任务，当程序执行到这段代码的时候，页面会跳转到下一个 Activity，而当这个 Activity 被关闭以后(this. finish())，程序会自动跳转会第一个 Activity，并调用前一个 Activity 的 onActivityResult( )方法。

(3) setResult(RESULT_OK, intent)，如果把 RESULT_OK 参数改换为 RESULT_CANCELED 能运行成功，但当你选择返回时程序会终止。

06　DDMS 调试与生命周期

DDMS；
Activity；
ActivityLifecycle。

6.1　DDMS 简介

DDMS 的全称是 Dalvik Debug Monitor Service，它为我们提供例如：为测试设备截屏，针对特定的进程查看正在运行的线程以及堆信息、Logcat、广播状态信息、模拟电话呼叫、接收 SMS、虚拟地理坐标等等。DDMS 为 IDE 和 emultor 及真正的 Android 设备架起来了一座桥梁。开发人员可以通过 DDMS 看到目标机器上运行的进程/现成状态，可以 Android 的屏幕到开发机上，可以看进程的 heap 信息，可以查看 logcat 信息，可以查看进程分配内存情况，可以像目标机发送短信以及打电话，可以像 Android 开发发送地理位置信息。可以像 GDB 一样 attach 某一个进程调试。DDMS 将程序在 Dalvik Runtime 运行时发生的错误以 logcat 回传给开发者。

6.1.1　DDMS 的启动

启动 Eclise 后单击右上角，弹出的窗口选择 DDMS，单击“ok”按钮进入。

如图 6-1 所示。

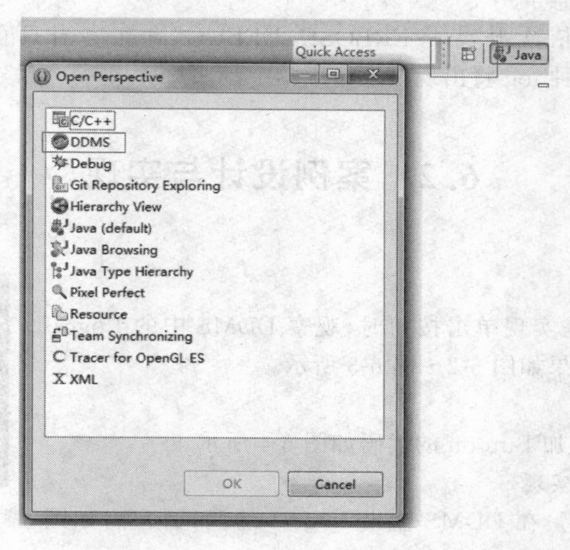

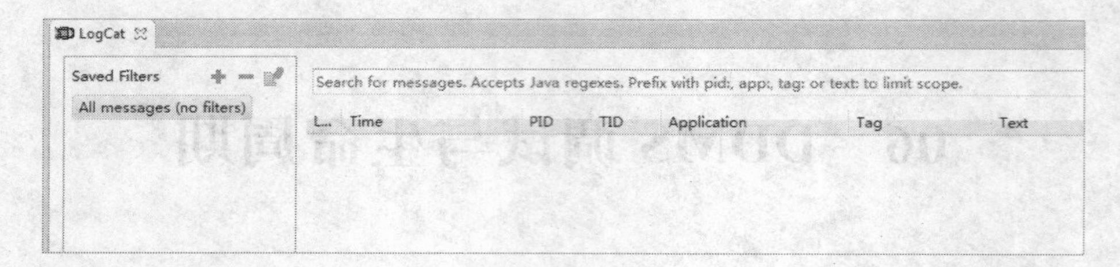

图 6-1 DDMS 界面

6.1.2 DDMS 的语法 LogCat

android.util.Log 常用的方法有以下 5 个:Log.v()、Log.d()、Log.i()、Log.w()、Log.e()。其中V Verbose

D Debug

I Info

W Warn

E Error

F Fatal

S Silent

Logcat 方法的解析

Log.v 的调试颜色为黑色的,任何消息都会输出,这里的 v 代表 verbose 冗长的意思,平时使用就是 Log.v("","");例如 log.v(TAG,"onStrat")。

Log.d 的输出颜色是蓝色的,仅输出 debug 调试的意思,但他会输出上层的信息,过滤起来可以通过 DDMS 的 Logcat 标签来选择。

Log.i 的输出为绿色,一般提示性的消息 information,它不会输出 Log.v 和 Log.d 的信息,但会显示 i、w 和 e 的信息。

Log.w 的意思为橙色,可以看作为 warning 警告,一般需要我们注意优化 Android 代码,同时选择它后还会输出 Log.e 的信息。

Log.e 为红色,可以想到 error 错误,这里仅显示红色的错误信息,这些错误就需要我们认真的分析,查看栈的信息了。

以上 log 的级别依次升高,VERBOSE、DEBUG 信息应当只存在于开发中,INFO,WARN,ERROR 这三种 log 将出现在发布版本中。

6.2 案例设计与实现

6.2.1 案例简介

本次演示的案例是实现单击按钮时,观察 DDMS 中的 Logcat 中输出的信息,实现效果如图 6-2～图 6-3 所示。

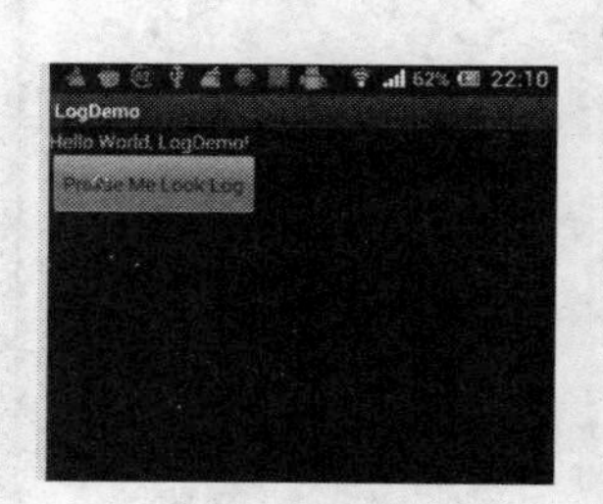

图 6-2 单击按钮

1. 创建用户界面

在 main.xml 中添加 Butoon 的代码如图 6-4 所示。

2. DDMS 的输出实现

使用 Log.v("","")在 DDMS 输出 Logcat 的调试信息,如图

6-5 在 LogDemo.java 中红线标注中的 ACTIVITY_TAG 是声明一个字符串常量 TAG，Logcat 可以根据它来区分不同的 log。

【注意 1】我们在 onclick()方法中父类的引用要与声明的字符串常量 ACTIVITY_TAG 一致，横线标注。

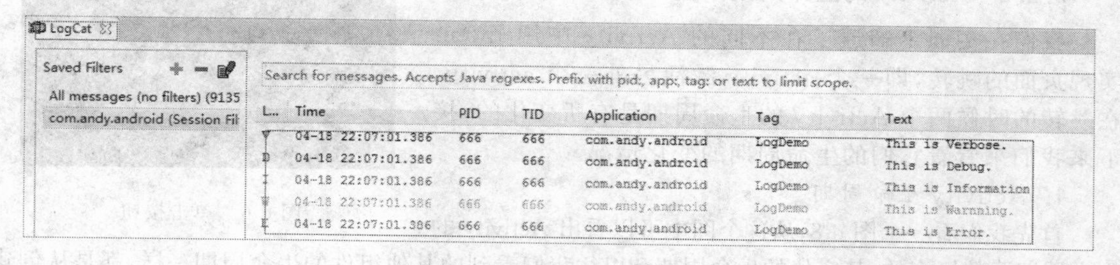

图 6-3　DDMS 的输出信息

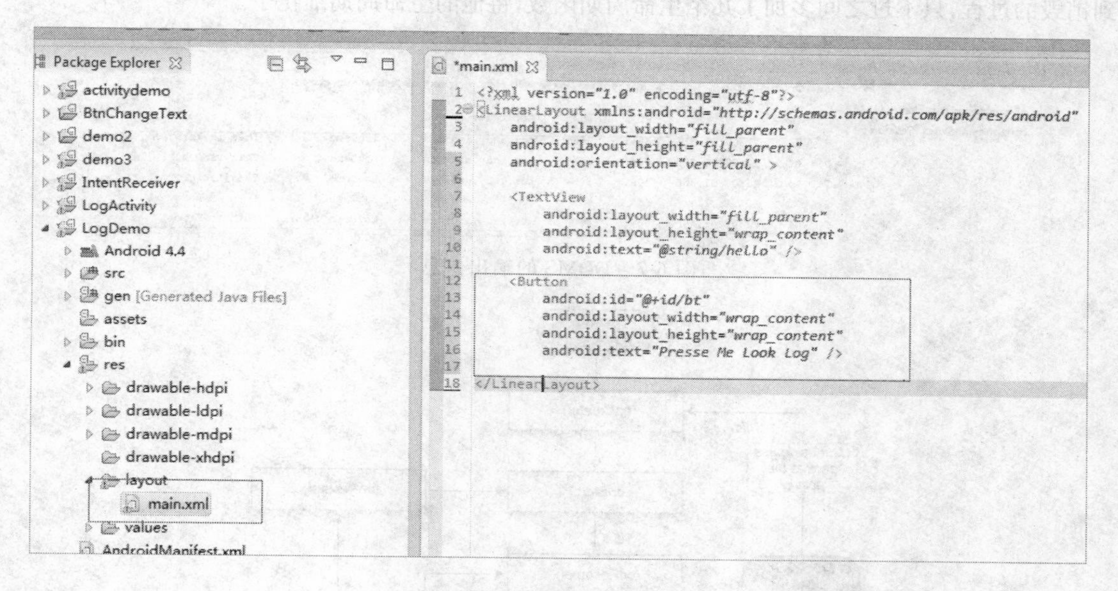

图 6-4　用户界面

```java
package com.andy.android;
import android.app.Activity;
public class LogDemo extends Activity {
 private static final String ACTIVITY_TAG="LogDemo";//声明一个字符串常量TAG，Logcat可以根据它来区
 private Button bt;
    public void onCreate(Bundle savedInstanceState) {
        super.onCreate(savedInstanceState);
        setContentView(R.layout.main);
        //通过findViewById找到Button资源
        bt = (Button)findViewById(R.id.bt);
        //增加事件响应
        bt.setOnClickListener(new Button.OnClickListener(){
    @Override
   public void onClick(View v) {
    Log.v(LogDemo.ACTIVITY_TAG, "This is Verbose.");
    Log.d(LogDemo.ACTIVITY_TAG, "This is Debug.");
    Log.i(LogDemo.ACTIVITY_TAG, "This is Information");
    Log.w(LogDemo.ACTIVITY_TAG, "This is Warnning.");
    Log.e(LogDemo.ACTIVITY_TAG, "This is Error.");
   }
        }); }
```

图 6-5　DDMS 中输出信息的代码

3. 测试

当单击按钮时打开 DDMS 的输出信息，如图 6-6～图 6-7所示。

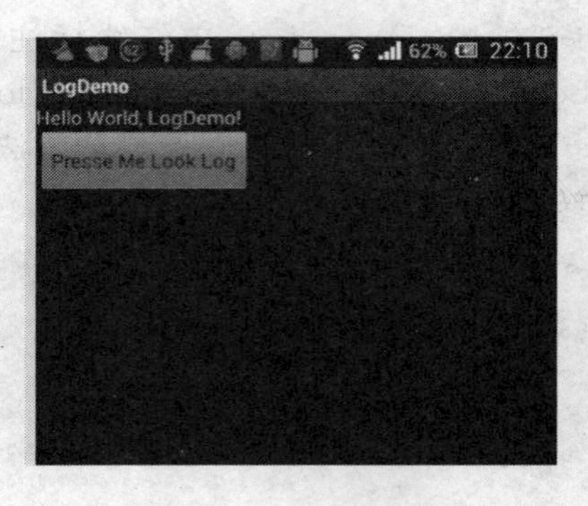

图 6-6　单击按钮

6.2.2　Activity 的生命周期案例

我们在实训 1 知道了在不同的 Activity 中用 Intent 实现页面的跳转，即一个 activity 激活另外一个 activity，在跳转的时候两个 Activity 的生命周期是有所变化的，接下来我们来看看它们的生命周期的变化情况。

1. Activity 生命周期

首先我们看一个图 6-8，从这个图中可以看出 Activity 的生命周期函数挺多的，其实他的生命周期和以往我们看到的其他组件的生命周期一样，都是从创建到销毁的过程，只不过之间多加了几个生命周期函数，将他的生命周期细化了。

LogCat

Saved Filters

All messages (no filters) (9135

com.andy.android (Session Fil

Search for messages. Accepts Java regexes. Prefix with pid:, app:, tag: or text: to limit scope.

L...	Time	PID	TID	Application	Tag	Text
V	04-18 22:07:01.386	666	666	com.andy.android	LogDemo	This is Verbose.
D	04-18 22:07:01.386	666	666	com.andy.android	LogDemo	This is Debug.
I	04-18 22:07:01.386	666	666	com.andy.android	LogDemo	This is Information
W	04-18 22:07:01.386	666	666	com.andy.android	LogDemo	This is Warnning.
E	04-18 22:07:01.386	666	666	com.andy.android	LogDemo	This is Error.

图 6-7　DDMS 的输出信息

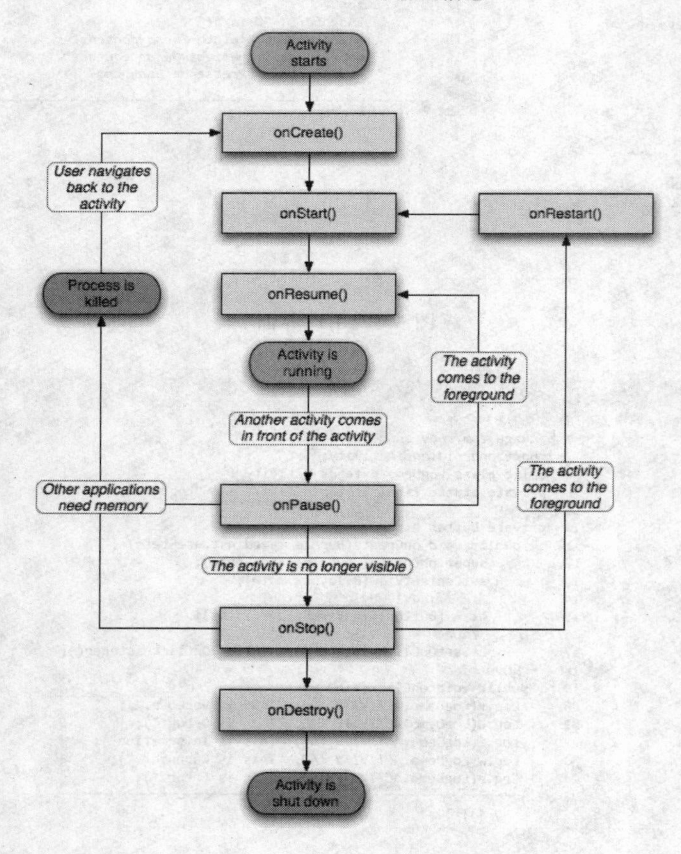

图 6-8　Activity 的生命周期图

2. 页面设计

我们在实训 1 中已经学习了用 Intent 实现页面的跳转，这里就不详细说明了，两个 Activity 页面布局如图 6-9、图 6-10 所示。

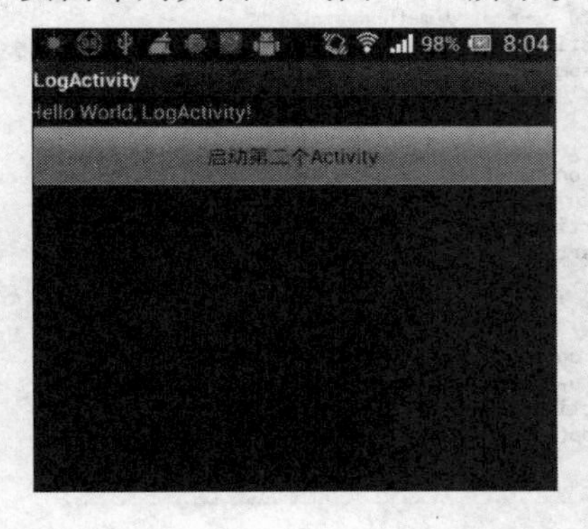

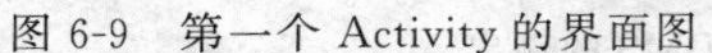

图 6-9　第一个 Activity 的界面图

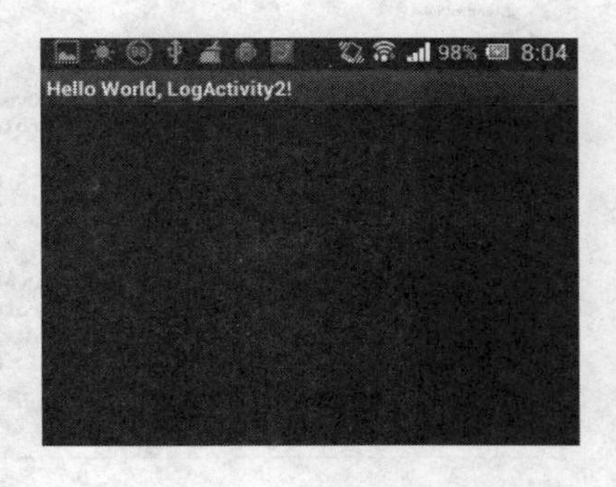

图 6-10　第二个 Activity 的界面图

3. 在 DDMS 显示 Logcat 的信息

在 DDMS 的实例中我们知道了在 DDMS 显示 Logcat 的信息使用 Log. v("","")实现，在 LogActivity. java 和 LogActivity2. java 中添加主要代码，如图 6-11，17 行～76 行是实现 Logcat 的七种方法的信息输出，图 6-12，10～57 行是第二个 Activity 七种方法的实现代码。

【注意】我们在每个方法中定义 Log. v("","")要与声明的字符常量 LIFT_TAG 一致，横线标注。

```
10
11 public class LogActivity extends Activity {
12     /** Called when the activity is first created. */
13     private Button myButtton;
14     static final String LIFT_TAG = "LogActivity";
15
16     @Override
17     public void onCreate(Bundle savedInstanceState) {
18         super.onCreate(savedInstanceState);
19         setContentView(R.layout.main);
20         Log.v(LogActivity.LIFT_TAG, "FirstAcvity ---> onCreate");
21         Button myButton = (Button) findViewById(R.id.myButton);
22         myButton.setText("启动第二个Activity");
23         myButton.setOnClickListener(new ButtonOnClickListener());
24     }
25
26     class ButtonOnClickListener implements OnClickListener {
27         @Override
28         public void onClick(View v) {
29             Intent intent = new Intent();
30             intent.setClass(LogActivity.this, LogActivity2.class);
31             LogActivity.this.startActivity(intent);
32         }
```

```
34
35     @Override
36     protected void onDestroy() {
37         // TODO Auto-generated method stub
38         Log.v(LogActivity.LIFT_TAG, "FirstAcvity --->onDestory");
39         super.onDestroy();
40     }
41
42     @Override
43     protected void onPause() {
44         // TODO Auto-generated method stub
45         Log.v(LogActivity.LIFT_TAG, "FirstAcvity --->onPause");
46         super.onPause();
47     }
48
49     @Override
50     protected void onRestart() {
51         // TODO Auto-generated method stub
52         Log.v(LogActivity.LIFT_TAG, "FirstAcvity --->onRestart");
53         super.onRestart();
54     }
```

```
54     }
55
56     @Override
57     protected void onResume() {
58         // TODO Auto-generated method stub
59         Log.v(LogActivity.LIFT_TAG, "FirstAcvity --->onResume");
60         super.onResume();
61     }
62
63     @Override
64     protected void onStart() {
65         // TODO Auto-generated method stub
66         Log.v(LogActivity.LIFT_TAG, "FirstAcvity --->onStart");
67         super.onStart();
68     }
69
70     @Override
71     protected void onStop() {
72         // TODO Auto-generated method stub
73         Log.v(LogActivity.LIFT_TAG, "FirstAcvity --->onStop");
74         super.onStop();
75     }
76 }
```

图 6-11　第一个 Activity DDMS 的输出

```
6
7 public class LogActivity2 extends Activity {
8     private static final String LIFT_TAG="LogActivity";
9     @Override
10    protected void onCreate(Bundle savedInstanceState) {
11        // TODO Auto-generated method stub
12        Log.v(LogActivity.LIFT_TAG,"SecondActivity--->onCreate");
13        super.onCreate(savedInstanceState);
14
15    }
16    @Override
17    protected void onDestroy() {
18        // TODO Auto-generated method stub
19        Log.v(LogActivity.LIFT_TAG,"SecondActivity --->onDestory");
20        super.onDestroy();
21    }
22
23    @Override
24    protected void onPause() {
25        // TODO Auto-generated method stub
26        Log.v(LogActivity.LIFT_TAG, "SecondActivity --->onPause");
27        super.onPause();
```

```
30    @Override
31    protected void onRestart() {
32        // TODO Auto-generated method stub
33        Log.v(LogActivity.LIFT_TAG, "SecondActivity --->onRestart")
34        super.onRestart();
35    }
36
37
38    @Override
39    protected void onStart() {
40        // TODO Auto-generated method stub
41        Log.v(LogActivity.LIFT_TAG, "SecondActivity --->onStart");
42        super.onStart();
43    }
44    @Override
45    protected void onResume() {
46        // TODO Auto-generated method stub
47        Log.v(LogActivity.LIFT_TAG, "SecondActivity --->onResume");
48        super.onResume();
49    }
```

```
51    @Override
52    protected void onStop() {
53        // TODO Auto-generated method stub
54        Log.v(LogActivity.LIFT_TAG, "SecondActivity --->onStop");
55        super.onStop();
56    }
57 }
```

图 6-12　第二个 Activity DDMS 的输出

4. 测试

(1) 当启动第一个 LogActivity 时，生命周期的变化如图 6-13 所示。

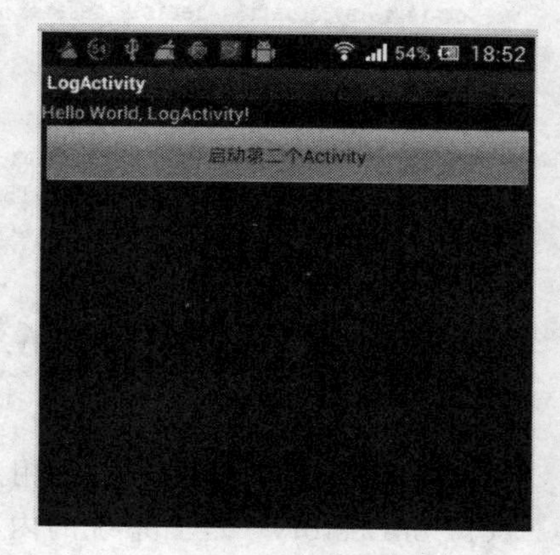

在创建 LogActivity 时调用 onCreate()方法；LogActivity 开始被执行时调用 onStart()方法，它紧随 onCreate()方法之后调用；当我们看到 LogActivity 的界面时，对该界面的按钮可单击时，即获得用户输入焦点时，调用 onResume()方法，LogActivity 开始真正的运行了。

(2) 当启动跳转到 LogActivity2 时，生命周期的变化如图 6-14 所示。

在 LogActivity 正在运行时用户激活了另一个 LogActivity2，这时将调用 LogActivity 的 onPause()方法，可以理解为 LogActivity 被暂停了，但没有被销毁，接下来和 LogActivity 被创建时一样调用 LogActivity2 的 onCreate()，onStart()，最后调用 onResume()方法，LogActivity2 也开始真正的运行了。

LogCat　Console

Saved Filters

All messages (no filters) (45)

com.andy.android (Session Fil

Search for messages. Accepts Java regexes. Prefix with pid:, app:, tag: or text: to limit scope.

L...	Time	PID	TID	Application	Tag	Text
V	04-19 18:54:21.106	15681	15681	com.andy.android	LogActivity	FirstAcvity ---> onCreate
V	04-19 18:54:21.106	15681	15681	com.andy.android	LogActivity	FirstAcvity --->onStart
V	04-19 18:54:21.106	15681	15681	com.andy.android	LogActivity	FirstAcvity --->onResume

图 6-13　LogActivity 的生命周期

【注意】因为启动的 LogActivity2 覆盖了第一个 LogActivity，会调用 LogActivity 的 onStop()方法被停止。

(3) 当单击返回第一个 LogActivity 时，生命周期的变化如图 6-15 所示。

单击返回按钮调用 LogActivity2 的 onPause()方法，LogActivity2 被停止运行，LogActivity 又获得用户输入焦点，就会调用 onRestart()方法，重新开始执行 LogActivity，接着调用 onStart()，onResume()方法。返回 LogActivity 覆盖了 LogActivity2，会调用 LogActivity2 的 onStop()方法被停止。最后调用 LogActivity2 的 onDestroy()方法销毁 LogActivity2。

V	04-19 18:56:41.223	15681	15681	com.andy.android	LogActivity	FirstAcvity --->onPause
V	04-19 18:56:41.253	15681	15681	com.andy.android	LogActivity	SecondActivity--->onCreate
V	04-19 18:56:41.253	15681	15681	com.andy.android	LogActivity	SecondActivity --->onStart
V	04-19 18:56:41.253	15681	15681	com.andy.android	LogActivity	SecondActivity --->onResume
V	04-19 18:56:41.533	15681	15681	com.andy.android	LogActivity	FirstAcvity --->onStop

图 6-14　LogActivity 的生命周期

V	04-19 18:57:30.451	15681	15681	com.andy.android	LogActivity	SecondActivity --->onPause
V	04-19 18:57:30.511	15681	15681	com.andy.android	LogActivity	FirstAcvity --->onRestart
V	04-19 18:57:30.511	15681	15681	com.andy.android	LogActivity	FirstAcvity --->onStart
V	04-19 18:57:30.511	15681	15681	com.andy.android	LogActivity	FirstAcvity --->onResume
V	04-19 18:57:30.791	15681	15681	com.andy.android	LogActivity	SecondActivity --->onStop
V	04-19 18:57:30.791	15681	15681	com.andy.android	LogActivity	SecondActivity --->onDestory

图 6-15　返回 LogActivity 的生命周期

6.3　项目心得

onDestory( )与 onStop( )的用法？

(1) onDestory( )：当系统的内存不够用或者 finsh()后会直接调用 onDestory( )，杀死进程。

(2) onStop( )：另一个 Activity 覆盖了第一个 Activity 时会调用第一个 Activity 的 onStop()方法。

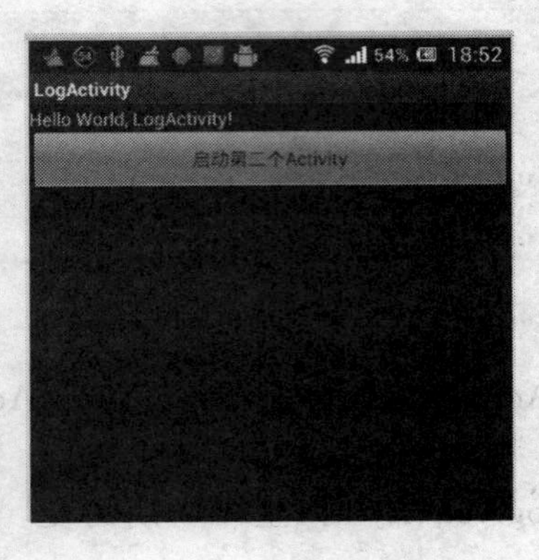

6.4　参考资料

Android 开发工具之 DDMS

http://www.cnblogs.com/jerrychoi/archive/2009/09/26/1574422.html

Activity 的生命周期

http://www.iteye.com/topic/1092061

6.5　常见问题

在对 Activity 每个生命周期方法中定义 Log.v("","")的第一个参数要与声明的字符常量要一致。

07 Android 菜单功能实现

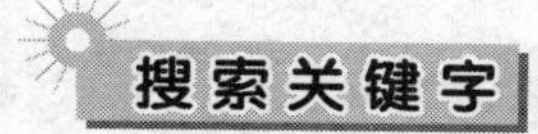

menu；
Options menu；
Content menu；
Submenu；
ActionBar。

7.1 项目简介

组成 Android 用户界面的除了 View(即 activity)之外，还有菜单和对话框在基础项目中的使用频率非常高，接下来将会通过两个章节分别学习菜单和对话框的使用。

菜单是用户界面中最常见的元素，在 Android 中，菜单被分为如下三种，选项菜单(OptionsMenu)、上下文菜单(ContextMenu)和子菜单(SubMenu)，下面分别举例说明。

7.2 案例设计与实现

7.2.1 三种 menu 案例分析

7.2.1.1 OptionsMenu

1. 案例简介

本次演示的案例是使用 OptionsMenu(选项菜单)，Android 手机上有个 Menu 按键，当 Menu 按下的时候，每个 Activity 都可以选择处理这一请求，在屏幕底部弹出一个菜单，这个菜单我们就叫他选项菜单 OptionsMenu，一般情况下，选项菜单最多显示 2 排每排 3 个菜单项，这些菜单项有文字有图标，也被称为 Icon Menus，如果多于 6 项，从第六项开始会被隐藏，在第六项会出现一个 More 里，单击 More 才出现第六项以及以后的菜单项，这些菜单项也被称为 Expanded Menus。

【注意】 icon menu 只支持文字(title) 以及 icon，可以设置快捷键，不支持 checkbox 以及 radio 控件，所以不能设置 checkable 选项。

Expanded Menus 它不支持 icon，其他的特性都和 icon menu 一样。

2. 功能实现

首先我们在 MenuOptions.java 中添加代码，如图 7-1 所示。第 17 行红色框标注是创建

Options Menu，这个函数只会在 Menu 第一次显示时调用；在这个函数中我们可以通过 Menu 对象的 add()方法添加菜单子项，如图 7-1 中 19 和 20 行的红线标注；当菜单项被选择时，我们可以通过覆盖 Activity 的 onOptionsItemSeleted()方法来响应事件，如图 7-1 中第 26 行，通过 item. getItemId()判断哪个菜单子项被选中。

```java
    /** Called when the activity is first created. */
    @Override
    public void onCreate(Bundle savedInstanceState) {
        super.onCreate(savedInstanceState);
        setContentView(R.layout.main);
    }

    @Override
    public boolean onCreateOptionsMenu(Menu menu) {
        // TODO Auto-generated method stubme
        menu.add(0, 1, 1, "保存");
        menu.add(0, 2, 2, R.string.exit);

        return super.onCreateOptionsMenu(menu);
    }

    @Override
    public boolean onOptionsItemSelected(MenuItem item) {
        // TODO Auto-generated method stub
        if (item.getItemId() == 2) {
            finish();
        }
        return super.onOptionsItemSelected(item);
```

图 7-1 MenuOptions 主要代码

【注意】Menu 对象的 add()方法共有四个参数，按顺序分别是：

(1) 组别，如果不分组的话就写 Menu. NONE。

(2) ID，这个很重要，Android 根据这个 Id 来确定不同的菜单。

(3) 顺序，哪个菜单现在在前面由这个参数的大小决定。

(4) 文本，菜单的显示文本。

例：menu. add(Menu. NONE，1，1，"删除")；这里就添加了一个无分组、id 为 1，显示在最前面的删除选项了。

【注意】菜单标题的引用通过 strings. xml 中添加。如图 7-2 所示的第 3 行，菜单项“exit”的引用也是通过 strings. xml 中添加，如图 7-2 所示的第 5 行。

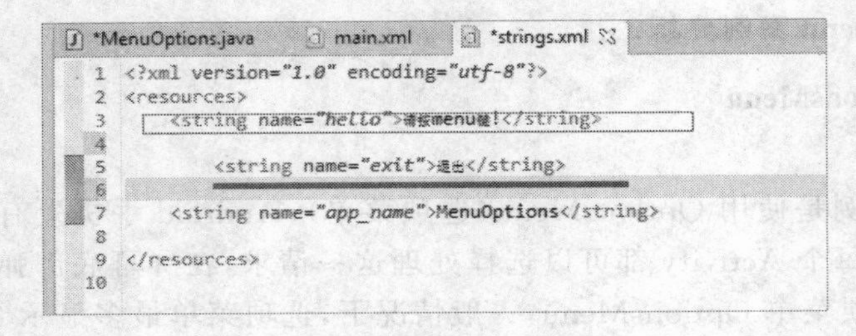

图 7-2 Strings. xml 的主要代码

3. 测试

当按 Menu 键时会弹出两个子菜单：保存和退出，如图 7-3、图 7-4 所示。

7.2.1.2 ContextMenu

1. 案例简介

ContextMenu 有时候我们也可以称为快键菜单。例如我们在电脑桌面右键所看到的菜单就是快捷菜单，也称上下文菜单。ContextMenu 要在相应的 view 上按几秒后才显示的，用于 view，跟某个具体的 view 绑定在一起。

图 7-3　MenuOptions 的主界面

图 7-4　弹出菜单项效果图

2. 功能实现

首先我们在 MenuContext. java 中添加实现功能的代码，如图 7-5 所示，第 20 行用 Textview 注册 Context Menu，一般在 Oncreate()方法中；第 25 行创建 Context Menu，和 Options Menu 不同，Context Meun 每次显示时都会调用这个函数，第 28 和 29 行通过 Menu 对象的 add()方法添加菜单子项；如图第 37 行至 42 行，通过开关语句中 item. getItemId()来判断哪个菜单子项被选中。

图 7-5　MenuContext. java 的主要实现代码

【注意】菜单标题的引用通过 strings. xml 中添加。如图 7-6 所示的第 3 行，菜单项“newf”和“open”的引用也是通过 strings. xml 中添加，如图 7-6 所示的第 5、6 行。

3. 测试

如图 7-7 所示，当我们长按 Textview“上下文菜单的载体”的时候，会弹出新建和打开的子菜单如图 7-8 所示。

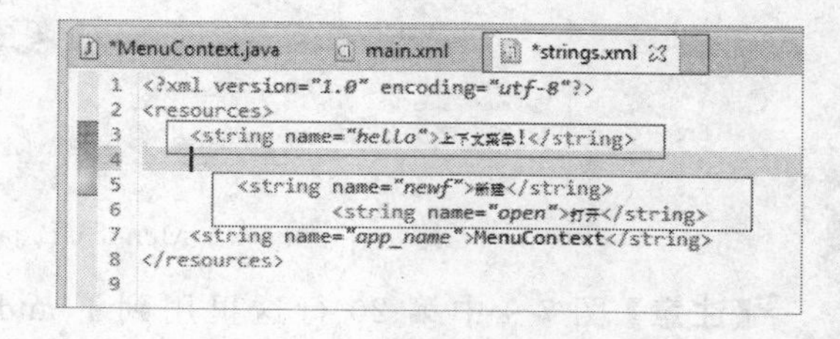

图 7-6　Strings. xml 的主要代码

图 7-7　MenuContext 的主界面

图 7-8　弹出菜单项效果图

7.2.1.3　SubMenu

1. 案例简介

SubMenu，Android 中单击子菜单将弹出悬浮窗口显示子菜单项。子菜单不支持嵌套，即子菜单中不能再包括其他子菜单。

2. 功能实现

首先我们在 MenuSUB.java 中添加实现功能的代码，如图 7-9 所示～第 17 行方框标注是创建 Options Menu，这个函数只会在 Menu 第一次显示时调用；在这个函数中我们可以通过调用 Menu 的 addSubMenu()方法来添加子菜单，如图 19 行的红线标注；调用 SubMenu 的 add()方法，添加子菜单如图 7-9 中第 21 和 22 行；第 20 行是添加搜索的图标。

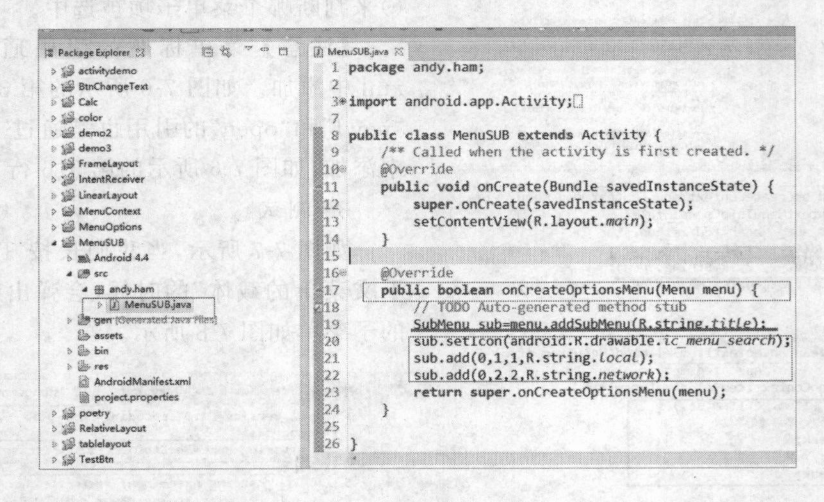

图 7-9　MenuSUB.java 的主要实现代码

【注意】图 7-9 中第 20 行这里用到了 android.R.drawable.ic_menu_search 资源，这是 android 自带的资源，一般以 android.R.xxx 作开头，而开发者放进去的是以 R.id.xxx 作开头。

【注意】菜单标题的引用通过 strings.xml 中添加。如图 7-10 所示的第 3 行，菜单项“ic_

menu_search”和“local”,”network”的引用也是通过 strings. xml 中添加,如图 7-10 所示的第5、6、7 行。

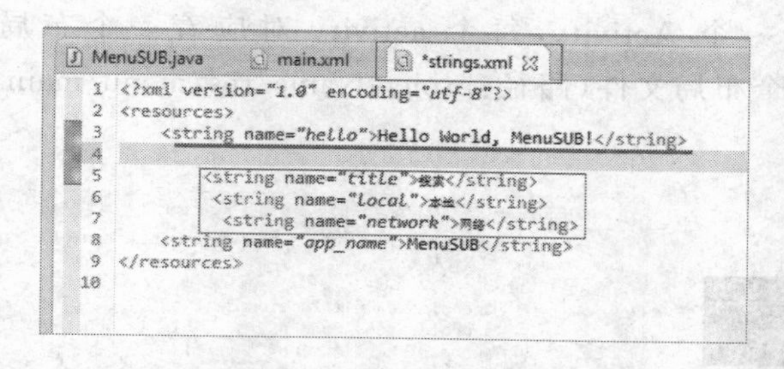

```
1  <?xml version="1.0" encoding="utf-8"?>
2  <resources>
3      <string name="hello">Hello World, MenuSUB!</string>
4
5      <string name="title">搜索</string>
6      <string name="local">本地</string>
7      <string name="network">网络</string>
8      <string name="app_name">MenuSUB</string>
9  </resources>
10
```

图 7-10　Strings. xml 的主要代码

3. 测试

当你按 Menu 健时弹出一个搜索键点击搜索键可以弹出子菜单,如图 7-11～图 7-13 所示。

图 7-11　MenuSUB 的主界面

图 7-12　单击 Menu 弹出搜索

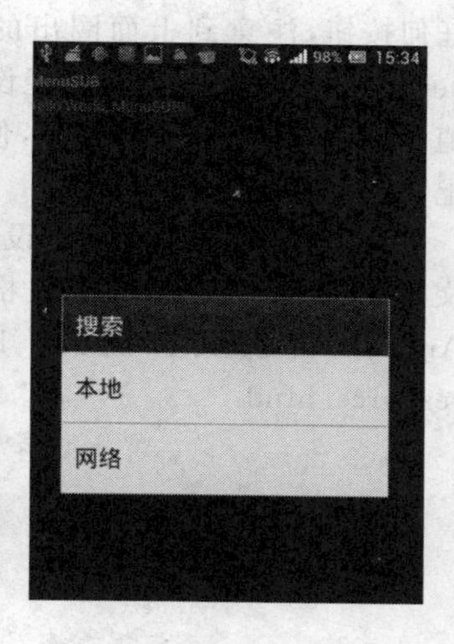

图 7-13　弹出子菜单效果图

7.2.1.4　ActionBar

1. 案例简介

ActionBar 和上面三种菜单的设计意义和表现形式(图 7-14)有些差别,作用是为了让用户更加直观的能够使用当前界面常用的功能。(使用 ActionBar 已经可以代替上面三种 Menu 所提供的功能)。

图 7-14 中 ActionBar 表现形式,其中一般包含三部分信息(1)程序图标;(2)两个常用功能 icon;(3)更多的操作。

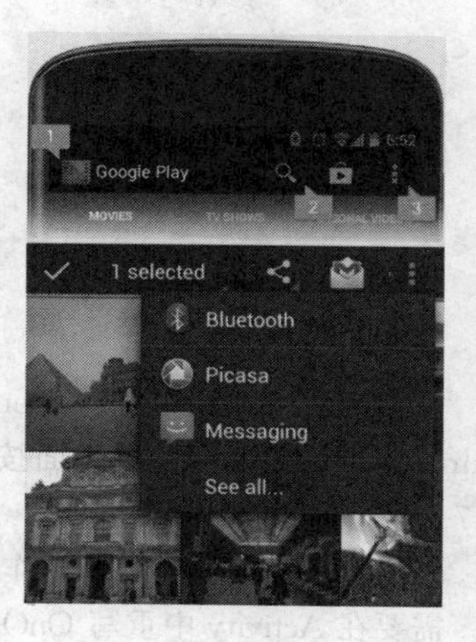

图 7-14　ActionBar 的界面图

2. 功能实现

【注意】在 api＞11 的应用程序中,新建项目的时候已经默认包含了 ActionBar 库(图 7-15),而我们要做的只是调整样式和添加动作。(api＜11 的应用程序如果要支持

ActionBar，需要依赖 appcompat v7 库，具体操作可以查看参考资料的帮助文档）

为 ActionBar 添加 Item：

每个界面对应着一个 Activity，每个 activity 对应着一个布局文件，相应的，每个 ActionBar 也对应着一个布局文件（路径：projectName/res/menu/main. xml）打开该文件，内容如图 7-16 所示。

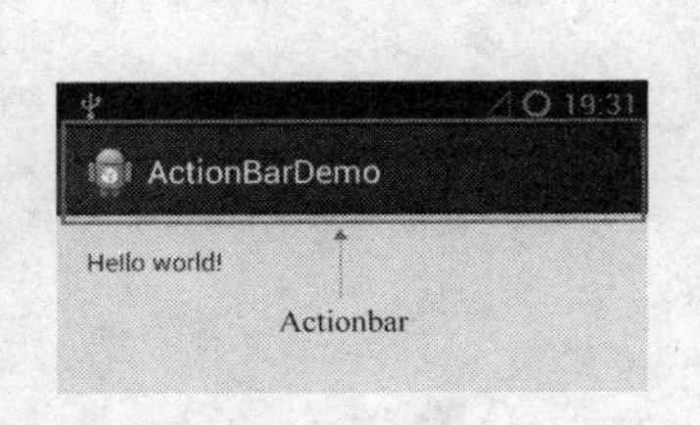

图 7-15　新建的 helloworld 程序

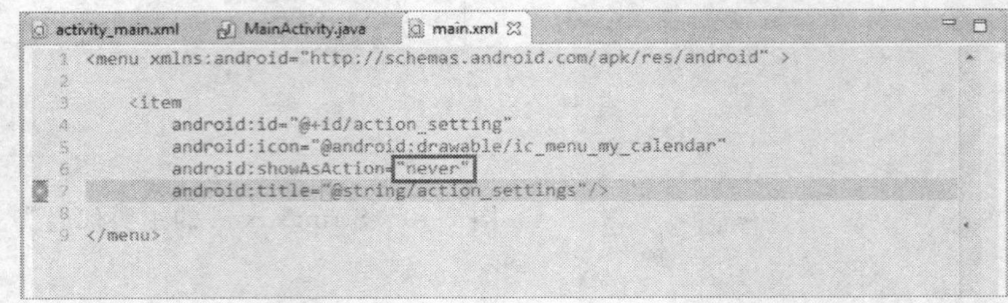

图 7-16　ActionBar 的一个布局文件

由布局文件可以知道，系统已经默认为我们添加了一个 item，但是从图 7-15 来看并没有任何按钮，注意到上面圈出的字段的值 showAsAction＝" never"不难得知，在这里已经设置其为隐藏了，只需要调整此值（在此我调整为 ifRoom），便可显示此 item 在 Actionbar 上，效果如图 7-17 所示。

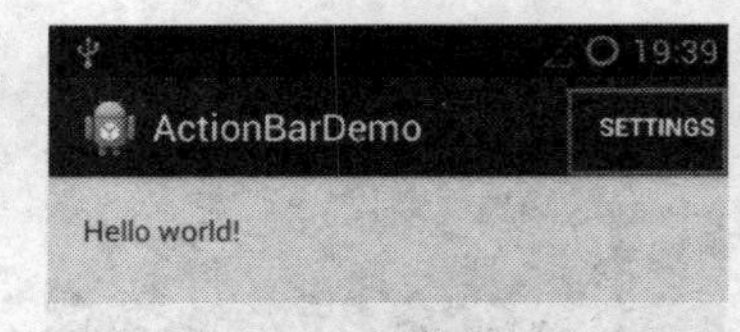

图 7-17　item 显示出来了

关于 showAsAction 的设置值及字段的含义摘取了官方文档的说明，如下表 7-1 表格，更加详细的内容可以进入 Android 开发文档查看。http://developer. android. com/guide/topics/resources/menu-resource. html

表 7-1　showAsAction 的设置值及字段的含义

Value	Description
ifRoom	Only place this item in the Action Bar if there is room for it.
withText	Also include the title text (defined by android:title) with the action item. You can include this value along with one of the others as a flag set, by separating them with a pipe |.
never	Never place this item in the Action Bar.
always	Always place this item in the Action Bar. Avoid using this unless it's critical that the item always appear in the action bar. Setting multiple items to always appear as action items can result in them overlapping with other UI in the action bar.
collapseActionView	The action view associated with this action item (as declared by android:actionLayout or android:actionViewClass) is collapsible. Introduced in API Level 14.

只有文字没有图标的 Item 略显单调，可以通过设置 android:icon 属性来设置里面按钮的图标。设置后的效果如图 7-18 所示。

图 7-18　添加 ico 后的 item

按钮美观后，才能谈处理作业，我们现在为其添加单击事件。需要在 Activity 中重写 OnOptionsItemSelected()方法，由于此处用到了打电话事件，故需要在 AndroidManifest. xml 中添加打电话权限，核心代码如图 7-19 所示。

```
@Override
protected void onCreate(Bundle savedInstanceState) {
    super.onCreate(savedInstanceState);
    setContentView(R.layout.activity_main);
    try {
        //屏蔽真机的Menu来显示右边overflow button按钮
        ViewConfiguration mconfig = ViewConfiguration.get(this);
        Field menuKeyField;
        menuKeyField = ViewConfiguration.class.getDeclaredField("sHasPermanentMenuKey");
        if(menuKeyField != null) {
            menuKeyField.setAccessible(true);
            menuKeyField.setBoolean(mconfig, false);
        }
    } catch (NoSuchFieldException e) {
        // TODO Auto-generated catch block
        e.printStackTrace();
    } catch (IllegalAccessException e) {
        // TODO Auto-generated catch block
        e.printStackTrace();
    } catch (IllegalArgumentException e) {
        // TODO Auto-generated catch block
        e.printStackTrace();
    }
}
@Override
public boolean onOptionsItemSelected(MenuItem item) {
    // TODO Auto-generated method stub
    switch (item.getItemId()) {
    // 弹出当前时间操作
    case R.id.action_calendar:
        SimpleDateFormat formatter = new SimpleDateFormat("yyyy年MM月dd日HH:mm:ss");
        Date curDate = new Date(System.currentTimeMillis());// 获取当前时间
        String str = formatter.format(curDate);
        Toast.makeText(this, str, Toast.LENGTH_SHORT).show();
        break;
    // 拨打电话给10086
    case R.id.action_call:
        Intent intent = new Intent(Intent.ACTION_CALL,
                Uri.parse("tel:10086"));
        startActivity(intent);
        break;
    case R.id.action_msm:
        //给10086发送内容为10086的信息
        SmsManager smsManager =SmsManager.getDefault();
        smsManager.sendTextMessage("10086",null, "10086", null, null);
    }
    return super.onOptionsItemSelected(item);
}
```

```
<?xml version="1.0" encoding="utf-8"?>
<manifest xmlns:android="http://schemas.android.com/apk/res/android"
    package="com.example.actionbardemo"
    android:versionCode="1"
    android:versionName="1.0" >

    <uses-sdk
        android:minSdkVersion="8"
        android:targetSdkVersion="18" />

    <application
        android:allowBackup="true"
        android:icon="@drawable/ic_launcher"
        android:label="@string/app_name"
        android:theme="@style/AppTheme" >
        <activity
            android:name="com.example.actionbardemo.MainActivity"
            android:label="@string/app_name" >
            <intent-filter>
                <action android:name="android.intent.action.MAIN" />

                <category android:name="android.intent.category.LAUNCHER" />
            </intent-filter>
        </activity>
    </application>

    <uses-permission android:name="android.permission.CALL_PHONE" />
    <uses-permission android:name="android.permission.SEND_SMS"/>

</manifest>
```

打电话和发信息权限

图 7-19　上：单击事件　下：打电话和发信息权限

【注意】 android 在调用 menu 布局文件的时候不需要像 Activity 一样用代码实现，只需要重写当前 Activity 的 OnOptionsItemSelected()就可以了。

当添加的按钮超过了 2 个的时候，在 Actionbar 将会显示 overflow 按钮，在这里我们添加多一个发送信息给 10086 的按钮(同样注意添加发信息权限)，效果如图 7-20 所示。

【注 意】 在具有实体 Menu 按钮的 Android 机上(包括触屏 Menu 按钮)，添加超过三个按钮的时候将不会显示 overflow 按钮，单击 Menu 键可以呼出如图 7-21 的样式。

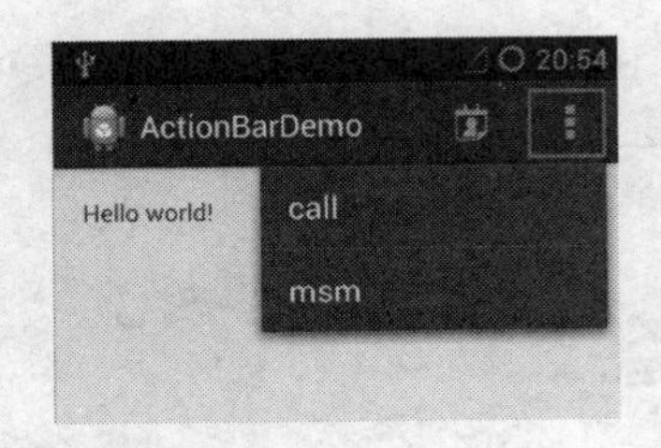

图 7-20　overflow 按钮

图 7-21　单击 Menu 后的效果

3. 测试

如图 7-22 所示测试效果图。

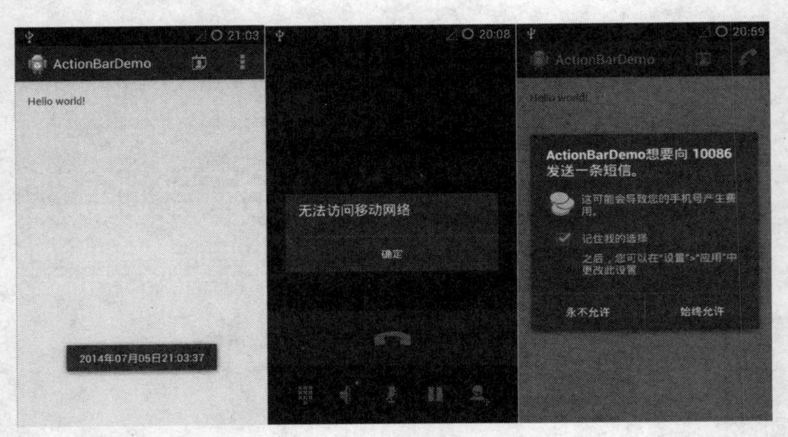

图 7-22　单击了 Actionbar 上三个相应按钮后响应的事件

7.3　项 目 心 得

通过对三种 Menu 的学习，可以在今后的设计中丰富用户界面，结合我们上一次布局的设计可以使我们的用户界面更完美。

7.4 参考资料

（1）Android之Menu选项菜单：

http://www.2cto.com/kf/201110/107739.html

（2）Android之ContexMenu上下文菜单：

http://www.2cto.com/kf/201110/107741.html

Android之SubMenu子菜单：

（3）http://www.2cto.com/kf/201110/107740.html

（4）Android官方帮助文档ActionBar：

http://developer.android.com/guide/topics/ui/actionbar.html

7.5 常见问题

总结对三种Menu的特点：

Options Menu：按Menu键就会显示，用于当前的Activity。

Context Menu：要在相应的View上按几秒后才显示的，用于View，跟某个具体的view绑定在一起。

Sub Menu：以上两种Menu都可以加入子菜单，但子菜单不能嵌套子菜单，这意味着在Android系统，菜单只有两层，设计时需要注意的。同时子菜单不支持Icon。

08　Android 对话框功能实现

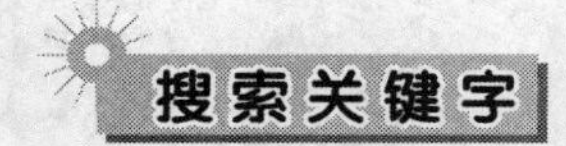

Dialog；
AlertDialog；
DatePickerDialog；
ProgressDialog。

8.1　项目简介

对话框也是一种显示于 Activity 主界面之上的用户界面元素，当需要临时显示一些信息或提供一些功能，而新建一个 Activity 开销太大时，对话框是一个不错的选择。

对话框式程序运行中弹出的窗口。Android 系统中有四种默认的对话框：警告对话框 AlertDialog、进度对话框 ProgressDialog、日期选择对话框 DatePickerDialog 以及时间选择对话框 TimePickerDialog。接下来我们来学习 Android 中的三个常用的对话框 AlertDialog、DatePickerDialog、ProgressDialog。

8.2　案例设计与实现

8.2.1　三种 Dialog 案例分析

8.2.1.1　AlertDialog

1. 案例简介

本次演示的案例是使用 AlertDialog（警告对话框 ），Android 系统中最常用的对话框是 AlertDialog，它是一个提示窗口，需要用户作出选择的。一般会有几个按钮、标题信息、提示信息等。

2. 功能实现

首先要加入 AlertDialog 的包，如图 8-2 所示，第 5 至 8 行；第 18 行至 20 行，分别表示：

setIcon：为对话框设置图标。

setTitle：为对话框设置标题。

setMessage：为对话框设置内容。

setPositiveButton：给对话框添加“肯定”按钮，为“肯定”按钮注册监听事件。

setNegativeButton：给对话框添加“否定”按钮，为“否定”按钮注册监听事件。

第 31 行和 32 行，分别是创建对话框和显示对话框。

【注意】AlertDialog 的构造方法全部是 Protected 的，第 14 行方框标注，所以不能直接通过 new 一个 AlertDialog 来创建出一个 AlertDialog，一般是通过 AlertDialog 的一个内部静态类 AlertDialog. Builder 来生成对象的，如图 8-1 中的第 17 行。

```
protected void onCreate(Bundle savedInstanceState) {
    super.onCreate(savedInstanceState);
    setContentView(R.layout.main);
    AlertDialog dialog = new AlertDialog(DialogAlert.this);
    dialog.setIcon(android.R.drawable.ic_dialog_info);
    dialog.setTitle("欢迎");// 可写在strings里面
    dialog.setMessage("欢迎使用本程序");
    dialog.setPositiveButton("肯定", new OnClickListener() {
        public void onClick(DialogInterface a0, int a1) {
            // 确定完成的事情
        }
```

图 8-1　使用 AlertDialog 构造函数会报错

AlertDialog 是 Dialog 的一个直接子类，AlertDialog 也是 Android 系统当中最常用的对话框之一。一个 AlertDialog 可以有两个 Button 或 3 个 Button，可以对一个 AlertDialog 设置 title 和 message。但不能直接通过 AlertDialog 的构造函数来生成一个 AlertDialog，如图 8-1 方框处。一般生成 AlertDialog 的时候都是通过它的一个内部静态类 AlertDialog. Builder 来构造的。

```
4  import android.os.Bundle;
5  import android.app.AlertDialog;
6  import android.app.AlertDialog.Builder;
7  import android.content.DialogInterface;
8  import android.content.DialogInterface.OnClickListener;
9
10 public class DialogAlert extends Activity {
11
12     /** Called when the activity is first created. */
13     @Override
14     protected void onCreate(Bundle savedInstanceState) {
15         super.onCreate(savedInstanceState);
16         setContentView(R.layout.main);
17         Builder dialog = new AlertDialog.Builder(DialogAlert.this);
18         dialog.setIcon(android.R.drawable.ic_dialog_info);
19         dialog.setTitle("欢迎");// 可写在strings里面
20         dialog.setMessage("欢迎使用本程序");
21         dialog.setPositiveButton("肯定", new OnClickListener() {
22             public void onClick(DialogInterface a0, int a1) {
23                 // 确定完成的事情
24             }
25         });
26         dialog.setNegativeButton("否定", new OnClickListener() {
27             public void onClick(DialogInterface a0, int a1) {
28                 // 确定否定的事情
29             }
30         });
31         dialog.create();
32         dialog.show();
33     }
34 }
```

图 8-2　DialogAlert. java 的核心代码

3. 测试

运行显示界面如图 8-3 所示。

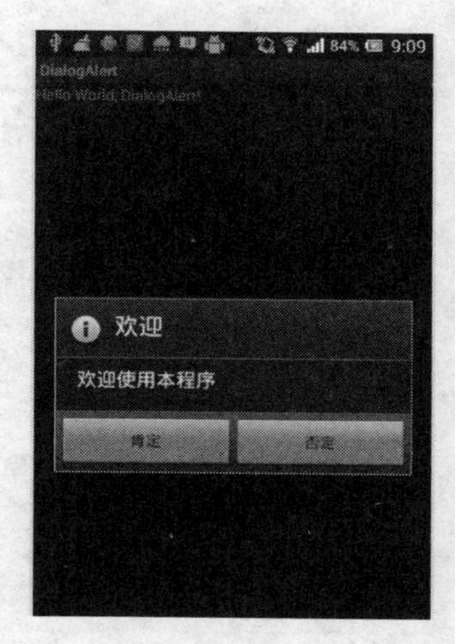

图 8-3　DialogAlert 显示界面

8. 2. 1. 2　DatePickerDialog

1. 案例简介

Android 应用中日期控件有 DatePicker 和 DatePickerDialog，两者作用基本一样。DatePickerDialog 的使用要稍微复杂一点，它是以弹出式对话框形式出现的，并需要实现 OnDateSetListener 接口（主要是 onDateSet 方法）。本案例是使用 DatePickerDialog 来显示日期。

2. 功能实现

同样要先加入 DatePickerDialog 的包，如图 8-4 所示，第 7 行～第 13 行，首先在 DatePickerDialogExample。Java 中添加主要代码，初始化 Calendar 日历对象，如图 8-4 中第 31 行，然后通过

OnDateSetListener 绑定监听器并重新设置日期，当日期被重置后，会执行 OnDateSetLintener 类中的方法 onDateSet()，如图 8-4 中第 53 行～70 行，最后创建 DatePickerDialog 对象，主要代码如图 8-4 中第 44 行～46 行，第 47 行显示的是 DatePickerDialog 组件。当修改日期时，对应的 textview 会随着改变，其实现代码主要是第 28 行通过调用 findViewById 寻找对应 id 对象，通过 showdate. setText()显示当前日期，如图 8-4 中第 35 行，修改日期后，当 DatePickerDialog 关闭时，更新日期显示，会在 updateDate()方法中通过 showdate. setText()显示日期。主要代码如图 8-4 中第 68～71 行。

```java
4  import android.app.Activity;
5  import android.widget.TextView;
6  import android.view.View;
7  import java.util.Calendar;
8  import java.util.Date;
9  import java.util.Locale;
10 import android.widget.Button;
11 import android.widget.DatePicker;
12 import android.view.View.OnClickListener;
13 import android.app.DatePickerDialog;
14
15 public class DatePickerDialogExample extends Activity {
16
17     private TextView showdate;
18     private Button setdate;
19     private int year;
20     private int month;
21     private int day;
22
23     @Override
24     public void onCreate(Bundle savedInstanceState) {
25         super.onCreate(savedInstanceState);
26         setContentView(R.layout.main);
```

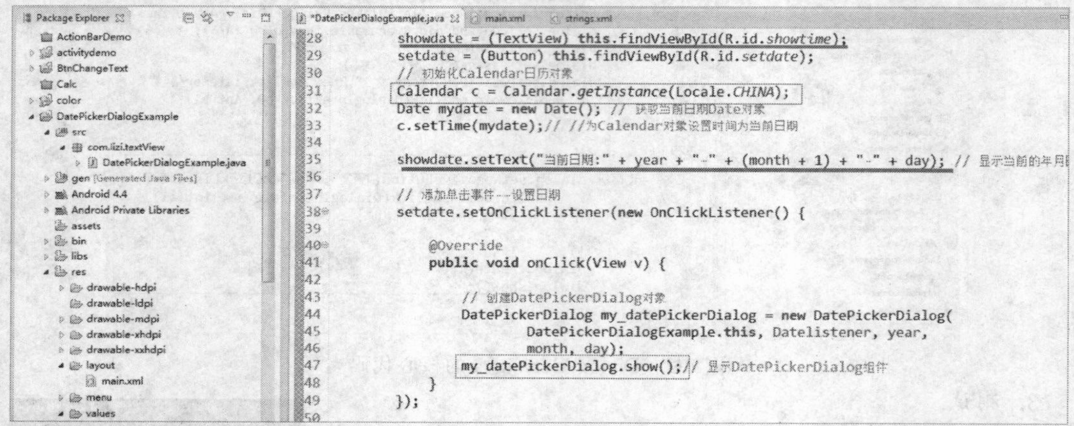


```java
51 }
52
53 private DatePickerDialog.OnDateSetListener Datelistener = new DatePickerDialog.OnDateS
54
55     @Override
56     public void onDateSet(DatePicker v, int y, int m, int d) {
57
58         // 修改year、month、day的变量值，以便以后单击按钮时，DatePickerDialog上显示上一次修改后的值
59         year = y;
60         month = m;
61         day = d;
62         // 更新日期
63         updateDate();
64
65     }
66
67     // 当DatePickerDialog关闭时，更新日期显示
68     private void updateDate() {
69         // 在TextView上显示日期
70         showdate.setText("当前日期：" + year + "-" + (month + 1) + "-" + day);
71     }
72 };
```

图 8-4　DatePickerDialogExample. java 的主要代码

【注意】Android 4.1 系统的 DatePickerDialog 需要注意问题：不管是否单击了控件上的完成/设置按钮，都会执行 OnDateSet（或许这个问题在后续的版本会优化）。

3. 测试

运行显示界面如图 8-5 所示，在 TextView 中显示当前日期，当单击修改日期按钮时，在日期对话框中修改日期时如图 8-6 所示，单击完成 TextView 中的日期也随着改变如图 8-7 所示。

图 8-5　显示主界面

图 8-6　单击修改日期按钮

图 8-7　单击按钮完成显示修改后的日期

8.2.1.3　ProgressDialog

1. 案例简介

ProgressBar 是一种可视化的操作进度条。告诉用户当前操作的执行进度。横条进度条可以有两种实现，一种深色的，另一种浅色的，进度可以分别控制。本次演示的案例是一个应用程序有 2 个 ProgressBar，让进度条显示进度。

2. 功能实现

同样首先要先加入 ProgressBar 的包，如图 8-8 中第 8 行；在 DialogProgress. java 中添加实现功能的代码，第 12～15 行是变量声明，第 20 行～22 行是通过 ID 获取控件的对象，第 23

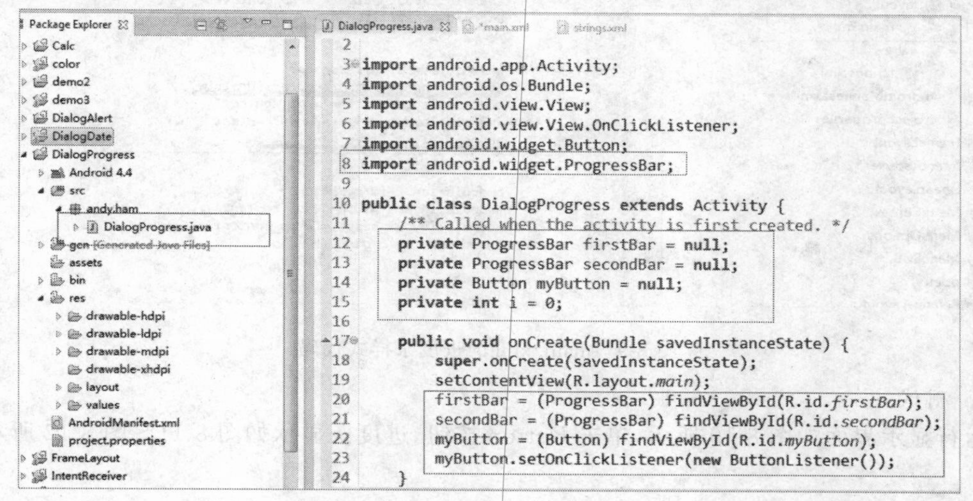
```
2
3 import android.app.Activity;
4 import android.os.Bundle;
5 import android.view.View;
6 import android.view.View.OnClickListener;
7 import android.widget.Button;
8 import android.widget.ProgressBar;
9
10 public class DialogProgress extends Activity {
11     /** Called when the activity is first created. */
12     private ProgressBar firstBar = null;
13     private ProgressBar secondBar = null;
14     private Button myButton = null;
15     private int i = 0;
16
17     public void onCreate(Bundle savedInstanceState) {
18         super.onCreate(savedInstanceState);
19         setContentView(R.layout.main);
20         firstBar = (ProgressBar) findViewById(R.id.firstBar);
21         secondBar = (ProgressBar) findViewById(R.id.secondBar);
22         myButton = (Button) findViewById(R.id.myButton);
23         myButton.setOnClickListener(new ButtonListener());
24     }
```

```
26  class ButtonListener implements OnClickListener {
27
28      @Override
29      public void onClick(View v) {
30          if (i == 0) {
31              // 设置进度条处于可见的状态
32              firstBar.setVisibility(View.VISIBLE);
33              secondBar.setVisibility(View.VISIBLE);
34              firstBar.setMax(150);
35          } else if (i < firstBar.getMax()) {
36              // 设置主进度条的当前值
37              firstBar.setProgress(i);
38              // 设置第二进度条的当前值
39              firstBar.setSecondaryProgress(i + 10);
40          } else {
41              // 设置进度条处于不可见状态
42              firstBar.setVisibility(View.GONE);
43              secondBar.setVisibility(View.GONE);
44          }
45          i = i + 10;
```

图 8-8　DialogProgress. java 的主要实现代码

行设置监听器，监听 Button 按钮，第 32～33 行显示进度条，相对应的第 42 行～43 行是隐藏进度条，第 34 行设置对话框里的进度条的最大值，不设置的话默认从 100 开始，第 37 行和 39 行分别是设置主进度条的当前值(深颜色的)，设置第二进度条的当前值，第二进度条是圆圈样式的，默认的进度条无法显示进行的状态，故我们可以不定义第二进度条的样式。

【注意】ProgressBar 有多种样式，我们在 main. xml 中定义 ProgressBar 的样式，如图 8-9 所示，第一个 ProgressBar 是条形进度条的定义，主要实现代码为第 14 行，第二个 ProgressBar 是圆形进度条的定义，主要实现代码为第 21 行，第 17 行和 24 行是设置进度条隐藏不显示。

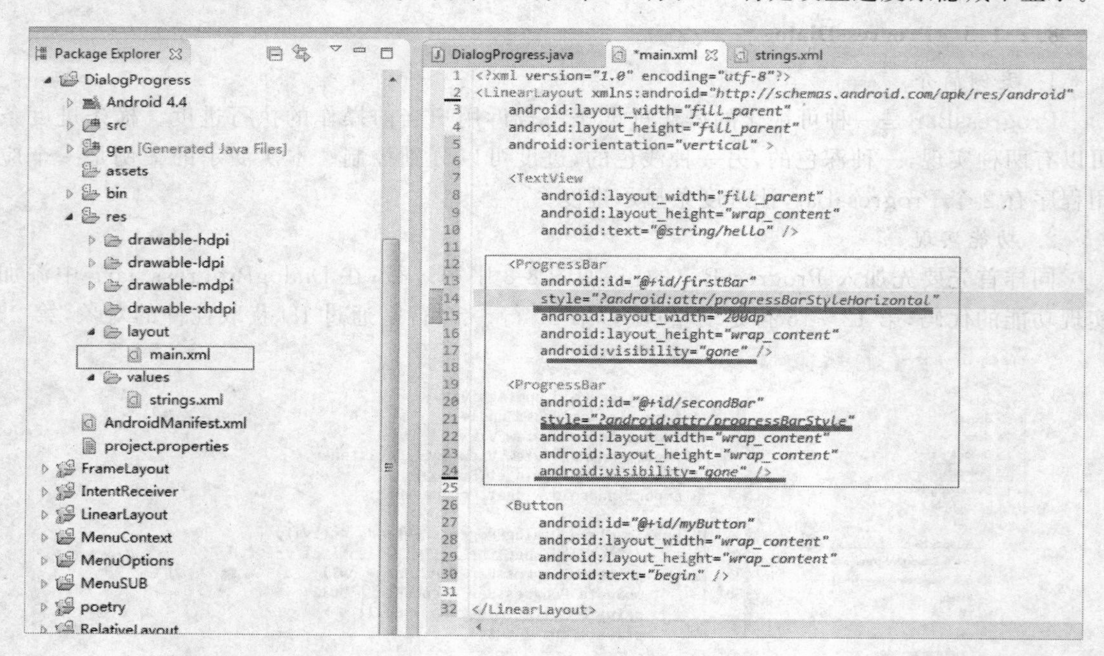

图 8-9　main. xml 的进度条样式代码

3. 测试

运行显示界面如图 8-10 所示，单击 Button 按钮，进度条显示如图 8-11～图 8-12 所示。

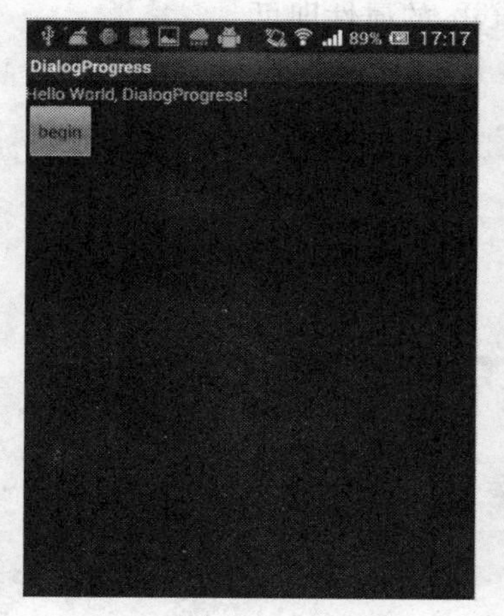

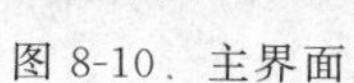
图 8-10 主界面

图 8-11 单击 begin 按钮显示进度条

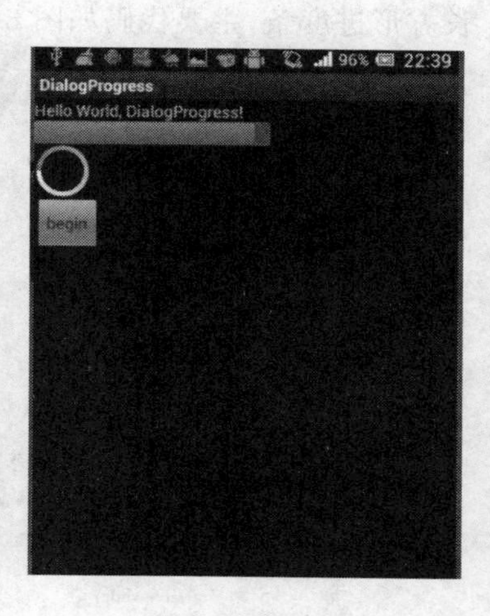

图 8-12 整个进度条走完的效果图

8.3 项目心得

在上述三种 Dialog 中，OnCreateDialog()和 showDialog()方法已经不适用了，通过 *. show()来显示对话框。因为默认日期是从 0 开始，为了我们人的习惯，在设置日历所对应的日期应该加 1。

8.4 参考资料

(1) Android ProgressBar ProgressDialog 进度条样式：
http://www.oschina.net/question/157182_37992
(2) Android 的 AlertDialog 的详解：
http://my.eoe.cn/wells/archive/5310.html
(3) 花样 ProgressBar 的介绍：
http://www.eoeandroid.com/thread-1081-1-1.html

8.5 常见问题

ProgressBar 的进度条样式是多样的，如果没有设置它的风格，那么它就是圆形的，一直会旋转的进度条。如图 8-13 所示。我们在布局文件中设置一个 style 风格属性后，该 ProgressBar 就有了一个风格。ProgressBar 的进度条样式有圆形，长方形。在 8.2.1.3 中 ProcessDialog 案例中我们就使用到了圆形和

图 8-13 ProgressBar 的普通圆形和长方形进度条

长方形进度条，主要代码如图 8-14 所示，第 14 行和 21 行，修改 style 的属性即可。

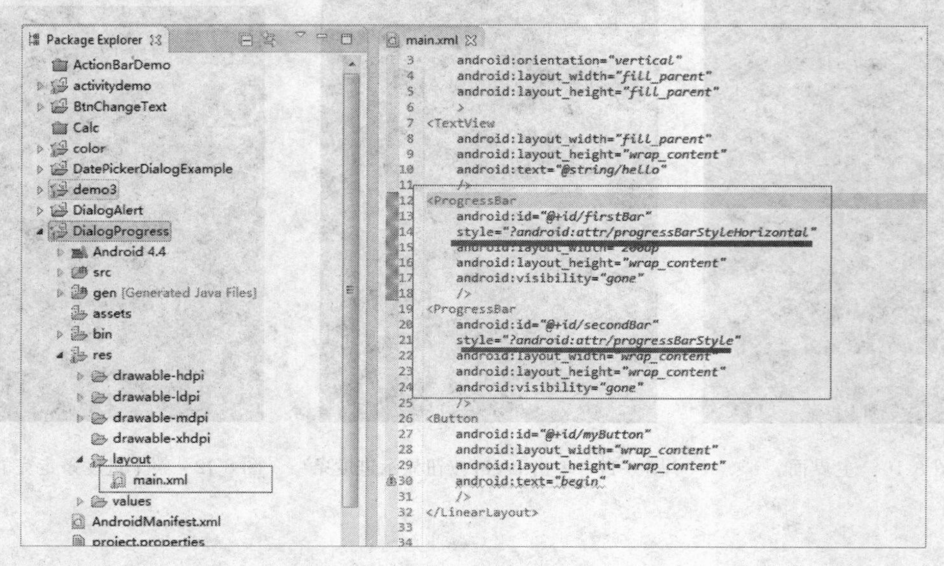

图 8-14 DialogProgress 中 main. xml 的代码

09 Android 组件系列学习

A 人机交互事件(ActionBar+Spinner)

搜索关键字

ActionBar(Toast 和 AlertDialog);
Spinner(Animation 和 ArrayList)。

本章难点

本章难度系数并不是很大。

因为 Android 系统提供了丰富的 widget 手机组件,如图 9A-1 所示,所以想成为一个合格的 Android 工程师,一开始的重点是强化记忆和反复训练控件的使用。

图 9A-1 部分 widget 组件

想深入学习 Android 就必须记忆 Android 所提供的全部手机组件,没有错,是全部! 一个合格的 Android 的工程师应该具备这样的能力:当看到一个精美的 Android 程序,在他的脑海里马上就能将整个程序拆开成单独的组件,并且清楚的知道每个组件的名字和它对应的方法、属性。

并且这些组件该怎么用到其他场合,用的时候注意些什么,组件之间起承转合了如指掌。总之一句话越熟悉组件,程序开发的周期就越短、开发成本就越低。

因为 widget 涉及比较多,本章就挑选使用频率最高具有代表性的几个 widget 详细讲解。本章没有涉及的、但又比较重要组件会在后面的实战项目中具体介绍。

【注意】很多资料和教材提到 widget,对应的中文就是 Android 当中"组件"的意思。

A.1 项目简介

本章主要学习 ActionBar 和 Spinner 这两大 widget 组件的用法。在 ActionBar 中穿插了 toast 和对话框的使用;而在下拉菜单 Spinner 中由浅入深的方式先学习 Spinner 一些属性和方法以及界面中 Animation 动画的使用,在介绍的过程中阐述 AndroidAPI 文档的使用。然后介绍了如何动态为 Spinner 添加数据,其中触类旁通的介绍了自定义现实方式和 ArrayList 的使用。

A.2 案例设计与实现

A.2.1 ActionBar

ActionBar 是一个标识应用程序和用户位置的窗口功能,并且给用户提供操作和导航模式。在大多数的情况下,当你需要突出展现用户行为或全局导航的 Activity 中使用 Actionbar,因为 Actionbar 能够使应用程序给用户提供一致的界面,并且系统能够很好根据不同的屏幕配置来适应操作栏的外观。你能够用 ActionBar 的对象的 API 来控制操作栏的行为和可见性,这些 API 被添加在 Android3.0(API 级别 11)中。

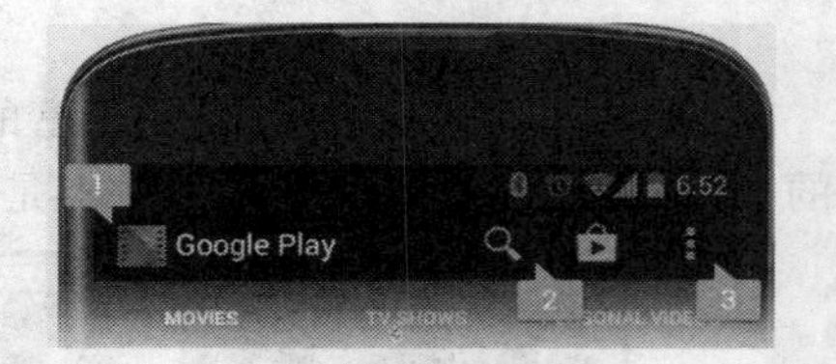

图 9A-2 ActionBar

如图 9A-2 所示。ActionBar 包括应用程序的 logo 和名称[1],操作可见项[2],其他操作不可见项[3],还有导航选项标签。

操作项就像菜单项似的。

1. 简单的 Actionbar

接下来我们来编写一个运行如图 9A-3、图 9A-4 的程序。

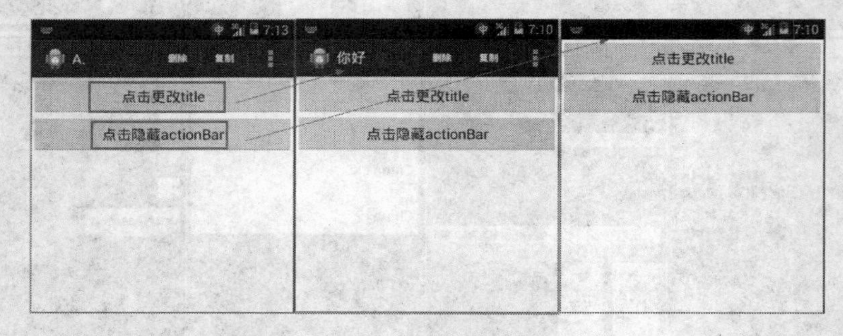

图 9A-3 更改 Title 和隐藏 ActionBar

(1) 需求分析

本例重点是在 Actionbar 中添加 5 个操作项,其中 3 个可见项,2 个不可见项,并且对其中一个可见项设置图标,通过在 xml 文件中对 item 进行设置来达到图中的效果。

然后添加 2 个按钮,一个更改 title,一个隐藏 ActionBar。

首先准备 1 个查找图标放在 res 的子文件夹 Drawable-hdpi 中，如图 9A-5 所示。

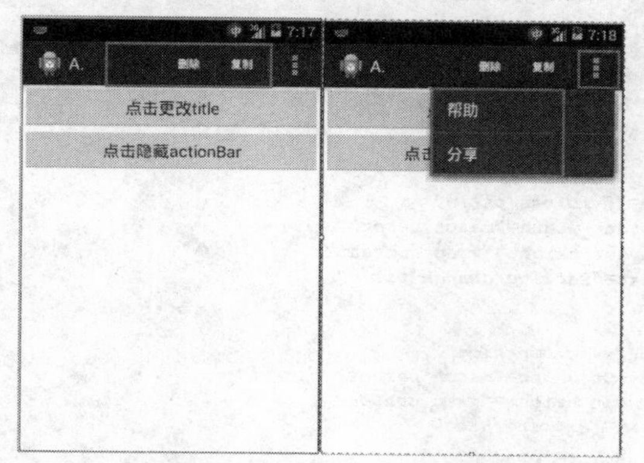

图 9A-4　3 个可见项和 2 个不可见项

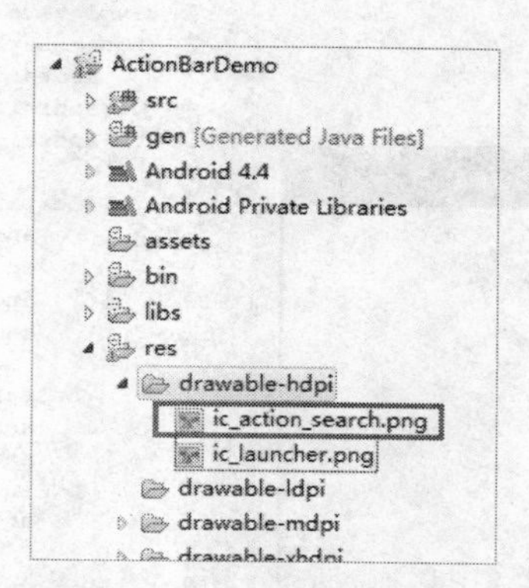

图 9A-5　图标

（2）创建项目

【知识点】Actionbar 的添加和删除

从 Android 3.0（API 级别 11）开始，ActionBar 被包含在所有的使用 Theme.Holo 主题的 Activity（或者是这些 Activity 的子类）中，当 targetSdkVersion 或 minSdkVersion 属性被设置为“11”或更大的数值时，这个主题是默认的主题。

所以我们创建完项目之后，Actionbar 就默认添加了。如果不要 Actionbar，则在 AndroidManifest 修改如图 9A-6 所示，或者使用 hide() 函数。

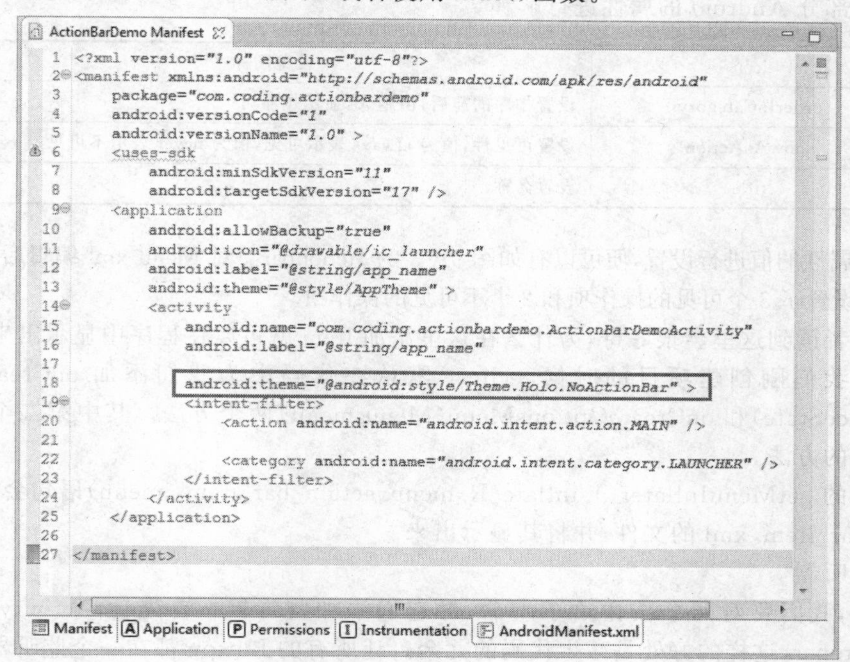


```
1  <?xml version="1.0" encoding="utf-8"?>
2  <manifest xmlns:android="http://schemas.android.com/apk/res/android"
3      package="com.coding.actionbardemo"
4      android:versionCode="1"
5      android:versionName="1.0" >
6      <uses-sdk
7          android:minSdkVersion="11"
8          android:targetSdkVersion="17" />
9      <application
10         android:allowBackup="true"
11         android:icon="@drawable/ic_launcher"
12         android:label="@string/app_name"
13         android:theme="@style/AppTheme" >
14         <activity
15             android:name="com.coding.actionbardemo.ActionBarDemoActivity"
16             android:label="@string/app_name"
17
18             android:theme="@android:style/Theme.Holo.NoActionBar" >
19             <intent-filter>
20                 <action android:name="android.intent.action.MAIN" />
21
22                 <category android:name="android.intent.category.LAUNCHER" />
23             </intent-filter>
24         </activity>
25     </application>
26
27 </manifest>
```

图 9A-6　theme

一个刚创建的项目运行后，会如图 9A-7 所示，顶部的红色框框部分就是 Actionbar。

（3）界面设计

界面布局只是在一个 LinearLayout 里放两个 button，如图 9A-8 所示。

```xml
<?xml version="1.0" encoding="utf-8"?>
<LinearLayout xmlns:android="http://schemas.android.com/apk/res/android"
    android:layout_width="fill_parent"
    android:layout_height="fill_parent"
    android:orientation="vertical" >

    <Button
        android:id="@+id/btn_title"
        android:layout_width="match_parent"
        android:layout_height="wrap_content"
        android:text="@string/change_title" />

    <Button
        android:id="@+id/btn_hide"
        android:layout_width="match_parent"
        android:layout_height="wrap_content"
        android:text="@string/hide" />

</LinearLayout>
```

图 9A-7 demo

图 9A-8 界面布局

（4）功能实现

添加操作项

使用 Menu xml 文件来添加操作项。打开 res 下的 Menu 里的文件进行编辑。

下面对部分 Android 的属性进行解释。

icon	设置图标
orderInCategory	设置排序的前后，值越大，显示越靠后
showAsAction	设置可见性，值为 always 表示可见，值为 never 表示不可见。
title	设置名称

对以上属性的值进行设置，便可以有如图 9A-3 的 Actionbar。对 Menu xml 编辑后，如图 9A-9 所示。图中设置了 3 个可见的操作项和 2 个不可见的操作项。

也许读者读到这里会很好奇，为什么在这里添加 item 就可以在程序中显示出来。

因为在我们刚创建项目的时候，eclipse 默认在代码中为我们添加 onCreate（Bundle savedInstanceState）和 onCreateOptionsMenu（Menu menu）两个方法。其中第二个方法就是创建操作项的方法。

代码中的 getMenuInflater(). inflate(R. menu. action_bar_item, menu)语句会解析 Menu 中 action_bar_item. xml 的文件，并将其显示出来。

添加监听器

接下来，我们要对两个按钮给予生命，对它们添加监听器。首先让 Activity 实现接口 OnClickListener，这样的好处是减少代码的冗余。让所有的 Button 都在一个监听器方法中添加所要实现的功能。

2. 操作项

本例将为上一个项目的操作项添加一定的功能，单击每个操作项程序都会给予一定的响应。其中"删除"操作项，其他都是显示"单击了＊＊"，如图 9A-11、如图 9A-12 所示。

```xml
<menu xmlns:android="http://schemas.android.com/apk/res/android" >

    <item
        android:id="@+id/menu_search"
        android:icon="@drawable/ic_action_search"
        android:orderInCategory="0"
        android:showAsAction="always"
        android:title="@string/search"/>
    <item
        android:id="@+id/menu_delete"
        android:orderInCategory="1"
        android:showAsAction="always"
        android:title="@string/delete"/>
    <item
        android:id="@+id/menu_copy"
        android:orderInCategory="2"
        android:showAsAction="always"
        android:title="@string/copy"/>
    <item
        android:id="@+id/menu_share"
        android:orderInCategory="2"
        android:showAsAction="never"
        android:title="@string/share"/>
    <item
        android:id="@+id/menu_help"
        android:orderInCategory="1"
        android:showAsAction="never"
        android:title="@string/help"/>

</menu>
```

图 9A-9　Menu

```java
public class ActionBarDemoActivity extends Activity implements OnClickListener
{
    private Button btn_hide;
    private Button btn_title;
    @Override
    protected void onCreate(Bundle savedInstanceState)
    {
        super.onCreate(savedInstanceState);
        setContentView(R.layout.activity_main);
        //实例化button并且设置监听器
        btn_title = (Button) findViewById(R.id.btn_title);
        btn_hide = (Button) findViewById(R.id.btn_hide);
        btn_title.setOnClickListener(this);
        btn_hide.setOnClickListener(this);

    }
    @Override
    public void onClick(View v)
    {
        // TODO Auto-generated method stub
        switch (v.getId())
        {
        case R.id.btn_title:
            //更换标题
            setTitle("你好");
            break;
        case R.id.btn_hide:
            // 获得actionbar
            ActionBar actionBar = getActionBar();
            // 隐藏actionbar
            actionBar.hide();
            break;
        }
    }
    @Override
```

图 9A-10　监听器

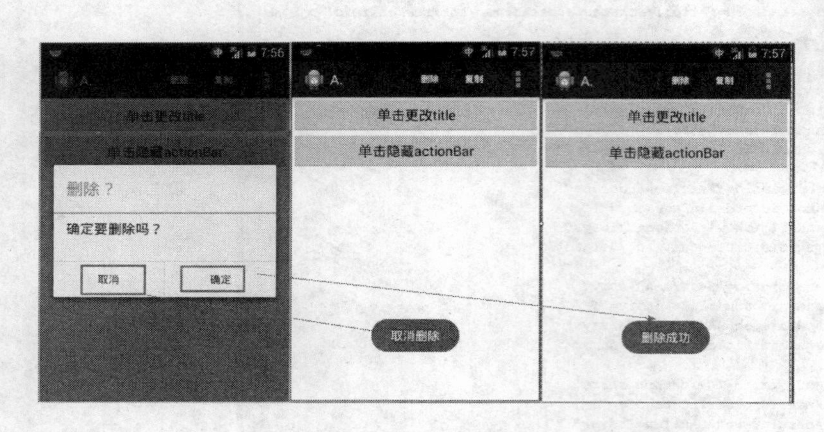

图 9A-11　单击删除的响应

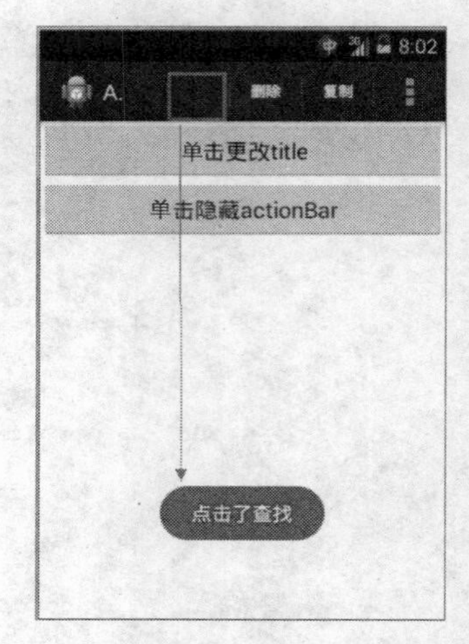

图 9A-12　单击查找

接下来我们一步步来完成这个项目。

去饭店吃饭，不可能有这个菜单项但却没有对应的食物。同理，在 Android 程序中添加了菜单项(操作项)，就应该给予相对应的食物(功能)。而制作食物的厨师便是菜单项(操作项)处理方法 onOptionItemSelected。

添加该方法的方式有很多，熟悉的程序员直接开始编写，初学者可以使用 Eclipse 所提供图形化的方式(如图 9A-13、图 9A-14 所示)来进行添加。

添加完成后，在该方法中添加相应的功能代码，如图 9A-15 所示。代码的意思是：除了“删除”操作项，其他的单击过后都有 toast 提醒，而单击了“删除”项，便会显示如图 9A-11 的 AlertDialog 的效果。

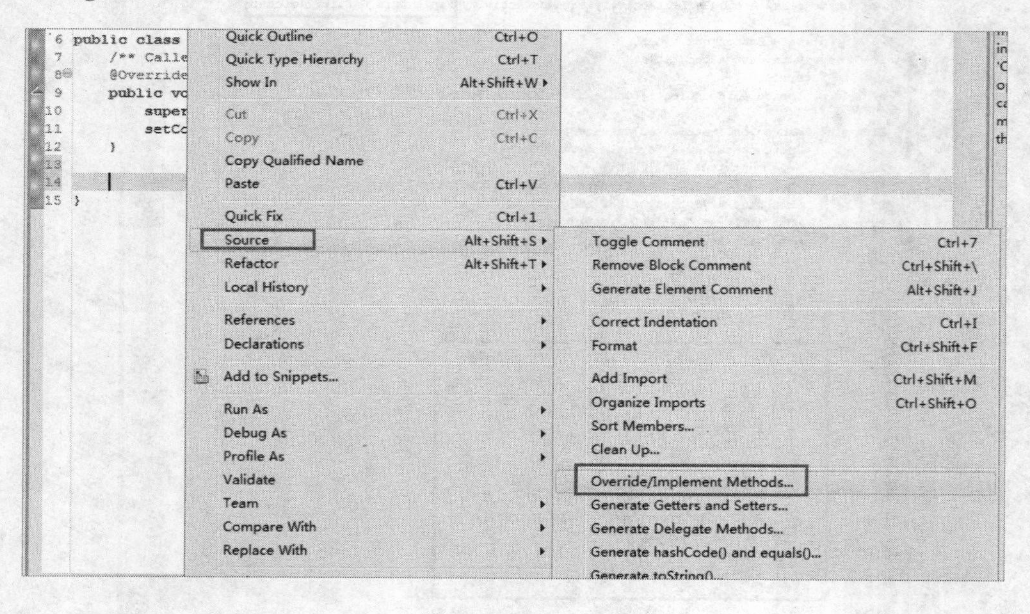

图 9A-13　source

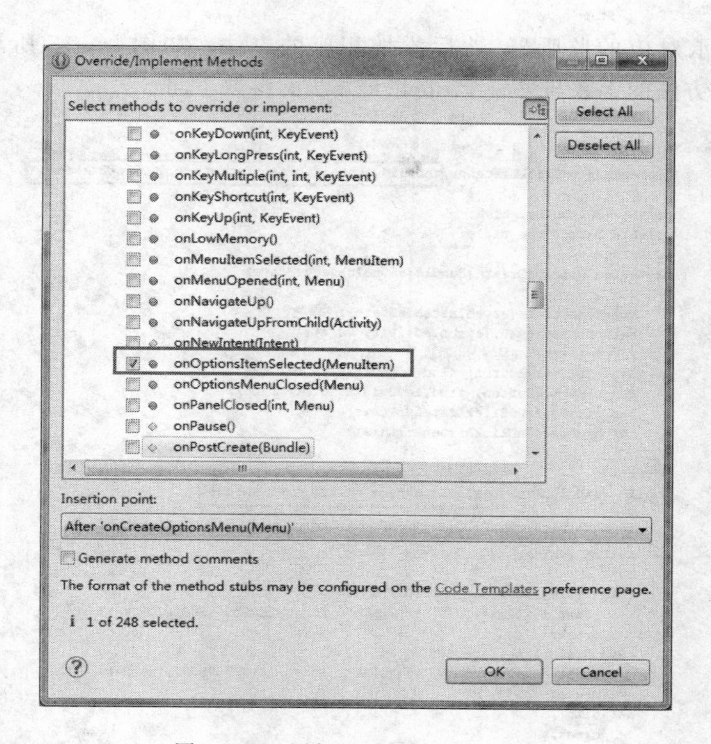

图 9A-14　添加 OptionItemSelected

```
*ActionBarItemActivity.java    action_bar_item.xml
75
76      @Override
77      public boolean onOptionsItemSelected(MenuItem item)
78      {
79          // TODO Auto-generated method stub
80          switch(item.getItemId()){
81          case R.id.menu_copy:
82              Toast.makeText(this, "点击了复制", Toast.LENGTH_SHORT).show();
83              break;
84          case R.id.menu_delete:
85              AlertDialog alertDialog = new AlertDialog.Builder(
86                      ActionBarItemActivity.this).create();
87              alertDialog.setTitle("删除？");
88              alertDialog.setMessage("确定要删除吗？");
89              alertDialog.setButton(DialogInterface.BUTTON_NEGATIVE, "取消", this);
90              alertDialog.setButton(DialogInterface.BUTTON_POSITIVE, "确定", this);
91              alertDialog.show();
92              break;
93          case R.id.menu_search:
94              Toast.makeText(this, "点击了查找", Toast.LENGTH_SHORT).show();
95              break;
96          case R.id.menu_help:
97              Toast.makeText(this, "点击了帮助", Toast.LENGTH_SHORT).show();
98              break;
99          case R.id.menu_share:
100             Toast.makeText(this, "点击了分享", Toast.LENGTH_SHORT).show();
101             break;
102         }
103         return super.onOptionsItemSelected(item);
104     }
105
106 }
107
```

图 9A-15　OptionItemSelected

或许认真的读者在编码中会发现，在写 OnClickListener 时会发现有两个。其中一个是用于界面中的按钮，另一个用于 AlertDialog 的按钮。其 AlertDialog 的按钮添加的监听器在这个项目中是先继承对应的监听器，然后添加相应的方法。如图 9A-16 所示。大家会发现 Dialog 的 onclick 方法的参数与另一个 onclick 方法的参数不同。

```
*ActionBarItemActivity.java    action_bar_item.xml
16      implements OnClickListener,android.content.DialogInterface.OnClickListener
17  {
18      private Button btn_hide;
19      private Button btn_title;
20      @Override
21      protected void onCreate(Bundle savedInstanceState)
22      {
23          super.onCreate(savedInstanceState);
24          setContentView(R.layout.activity_main);
25          //实例化button并且设置监听器
26          btn_title = (Button) findViewById(R.id.btn_title);
27          btn_hide = (Button) findViewById(R.id.btn_hide);
28          btn_title.setOnClickListener(this);
29          btn_hide.setOnClickListener(this);
30      }
31      @Override
32      public void onClick(DialogInterface dialog, int which)
33      {
34          // TODO Auto-generated method stub
35          switch (which)
36          {
37          case DialogInterface.BUTTON_NEGATIVE:
38              Toast.makeText(this, "取消删除", Toast.LENGTH_SHORT).show();
39              break;
40          case DialogInterface.BUTTON_POSITIVE:
41              Toast.makeText(this, "删除成功", Toast.LENGTH_SHORT).show();
42              break;
43          default:
44              break;
45          }
46      }
47      @Override
48      public void onClick(View v)
```

图 9A-16　AlertDialog-onclick

在程序中设计使用到的 Toast 和 AlertDialog 在交互式通信中使用的非常频繁。下面就系统的讲解一下 Toast 和 AlertDialog 的分类和使用。

(1) Toast

Toast 用于向用户显示一些帮助/提示。下面罗列了五种效果来展示 Toast 的功能，开发者可根据需要定义个性的 Toast，由于代码难度不大，就截取部分功能代码。

默认效果，如图 9A-17 所示。

代码：Toast.makeText(getApplicationContext(), "默认 Toast 样式", Toast.LENGTH_SHORT).show();

自定义显示位置效果，图 9A-18 所示。

图 9A-17　默认效果

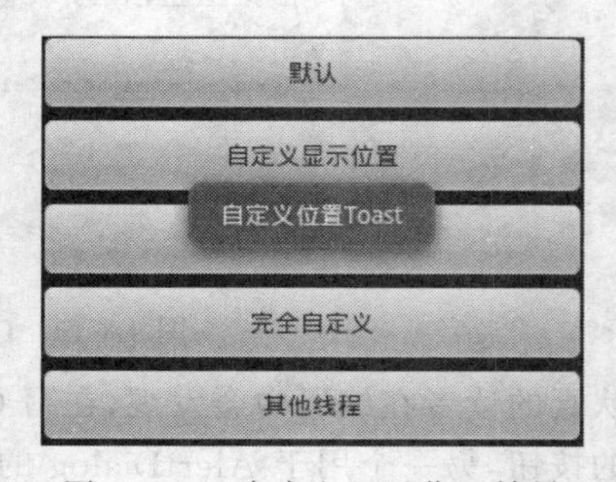

图 9A-18　自定义显示位置效果

代码

```
toast = Toast.makeText(getApplicationContext(),
    "自定义位置 Toast", Toast.LENGTH_LONG);
  toast.setGravity(Gravity.CENTER, 0, 0);
  toast.show();
```

带图片效果,图 9A-19 所示。

代码

```
toast = Toast.makeText(getApplicationContext(),
    "带图片的 Toast", Toast.LENGTH_LONG);
  toast.setGravity(Gravity.CENTER, 0, 0);
  LinearLayout toastView = (LinearLayout) toast.getView();
  ImageView imageCodeProject = new ImageView(getApplicationContext());
imageCodeProject.setImageResource(R.drawable.icon);
  toastView.addView(imageCodeProject, 0);
  toast.show();
```

完全自定义效果,图 9A-20 所示。

图 9A-19　图片 toast

图 9A-20　完全自定义

代码

```
LayoutInflater inflater = getLayoutInflater();
  View layout = inflater.inflate(R.layout.custom,
    (ViewGroup) findViewById(R.id.llToast));
  ImageView image = (ImageView) layout
    .findViewById(R.id.tvImageToast);
  image.setImageResource(R.drawable.icon);
  TextView title = (TextView) layout.findViewById(R.id.tvTitleToast);
  title.setText("Attention");
  TextView text = (TextView) layout.findViewById(R.id.tvTextToast);
  text.setText("完全自定义 Toast");
  toast = new Toast(getApplicationContext());
  toast.setGravity(Gravity.RIGHT | Gravity.TOP, 12, 40);
  toast.setDuration(Toast.LENGTH_LONG);
```

```
    toast.setView(layout);
    toast.show();
```

其他线程,图 9A-21 所示。

代码

```
new Thread(new Runnable() {
    public void run() {
     showToast();
    }
}).start();
```

(2) AlertDialog

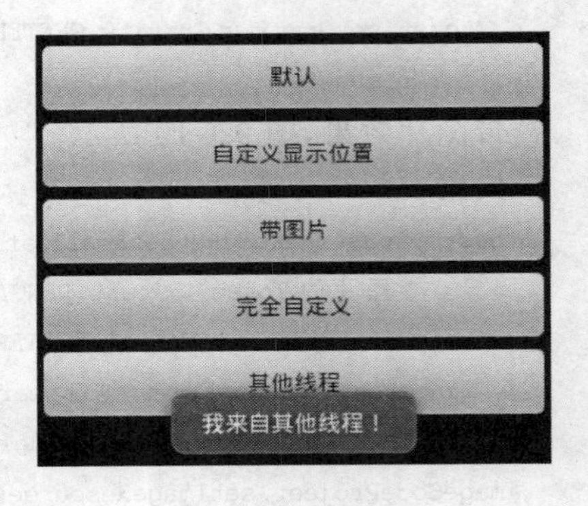

图 9A-21 线程

一个对话框一般是一个出现在当前 Activity 之上的一个小窗口. 处于下面的 Activity 失去焦点，对话框接受所有的用户交互. 对话框一般用于提示信息和与当前应用程序直接相关的小功能.

Android API 支持下列类型的对话框对象:

① 警告对话框 AlertDialog:一个可以有 0 到 3 个按钮，一个单选框或复选框的列表的对话框。警告对话框可以创建大多数的交互界面，是推荐的类型。

② 进度对话框 ProgressDialog:显示一个进度环或者一个进度条. 由于它是 AlertDialog 的扩展，所以它也支持按钮。

③ 日期选择对话框 DatePickerDialog:让用户选择一个日期。

④ 时间选择对话框 TimePickerDialog:让用户选择一个时间。

这里就不展开 B、C、D 对话框,因为在后面的具体的工程中,例如音乐播放器一定会涉及进度对话框 ProgressDialog 来管理音乐播放拖动,日程管理、闹钟管理会用到 DatePickerDialog、TimePickerDialog。

而一个警告对话框 AlertDialog 是对话框的一个扩展。它能够创建大多数对话框用户界面并且是推荐的对话框类型。对于需要下列任何特性的对话框,你都应该使用它:

① 一个标题:title。

② 一条文字消息:message。

③ 1～3 个按钮:PositiveButton PositiveButton NegativeButton。

【注意】:如果只有 1 个 button 就无所谓固定选择哪一个。

先看看比较简单的警告对话框的例子。其中 AlertDialog 定义不同的属性，使用 AlertDialog. Builder 类,如图 9A-22 所示。在 onCreateDialog()中返回最后的 Dialog 对象来获得图 9A-23 中对话框的效果。

而使用 AlertDialog 更多情况下需要涉及值传递的例子,将图 9A-24 中选择的选择项传道另外一个警告框中,广泛用于投票、选择和遥控器等类型的范畴。

通常做这样的例子,需要要创建一个 AlertDialog,使用 AlertDialog. Builder 子类. 使用 AlertDialog. Builder(Context)来得到一个 Builder，然后使用该类的公有方法来定义 AlertDialog 的属性(标题、消息等)。设定好以后，使用 create()方法来获得 AlertDialog 对象。

本程序最核心部分是图 9A-25 中 32～37 行。34 行将 stirngs 图 9A-26 中的选择项 items_dialog 传入到数组中。

```
05 public class AlertDialogDemo extends Activity {
06     /** Called when the activity is first created. */
07     final int DIALOG_WELCOME = 1;
08     private Button btn_alert;
09     @Override
10     public void onCreate(Bundle savedInstanceState) {
11         super.onCreate(savedInstanceState);
12         setContentView(R.layout.main);
13         btn_alert=(Button)findViewById(R.id.btn_dialog);
14         btn_alert.setOnClickListener(new View.OnClickListener() {
15             @Override
16             public void onClick(View v) {
17                 showDialog(DIALOG_WELCOME);//调用onCreateDialog
18             }
19         });
20     }
21 
22     @Override
23     protected Dialog onCreateDialog(int id, Bundle args) {
24         switch (id) {
25         case DIALOG_WELCOME:
26             return new AlertDialog.Builder(AlertDialogDemo.this)
27             .setTitle("欢迎").setMessage("欢迎使用本程序")
28             .setIcon(android.R.drawable.ic_dialog_info)
29             .setPositiveButton("确定", new OnClickListener() {
30                 @Override
31                 public void onClick(DialogInterface dialog, int which) {
32                     Toast.makeText(AlertDialogDemo.this,"点击\"确定\"按钮后", Toast.LENGTH_SHORT).show();
33                 }
34             }).create();
35         default:
36             return null;
37         }
```

图 9A-22　AlertDialog 简单例子代码

图 9A-23　AlertDialog 简单例子效果图

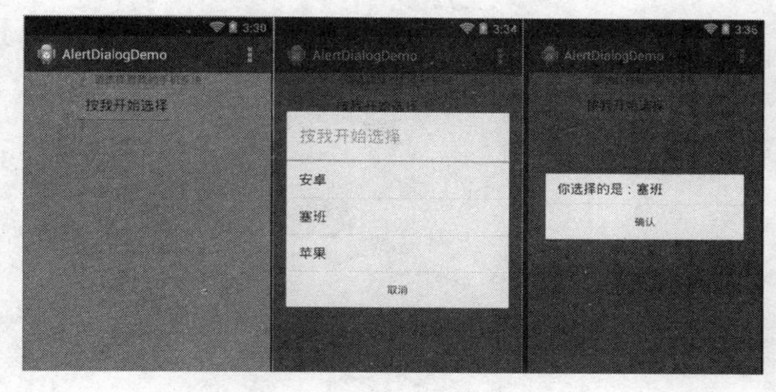

图 9A-24　AlertDialog. Builder

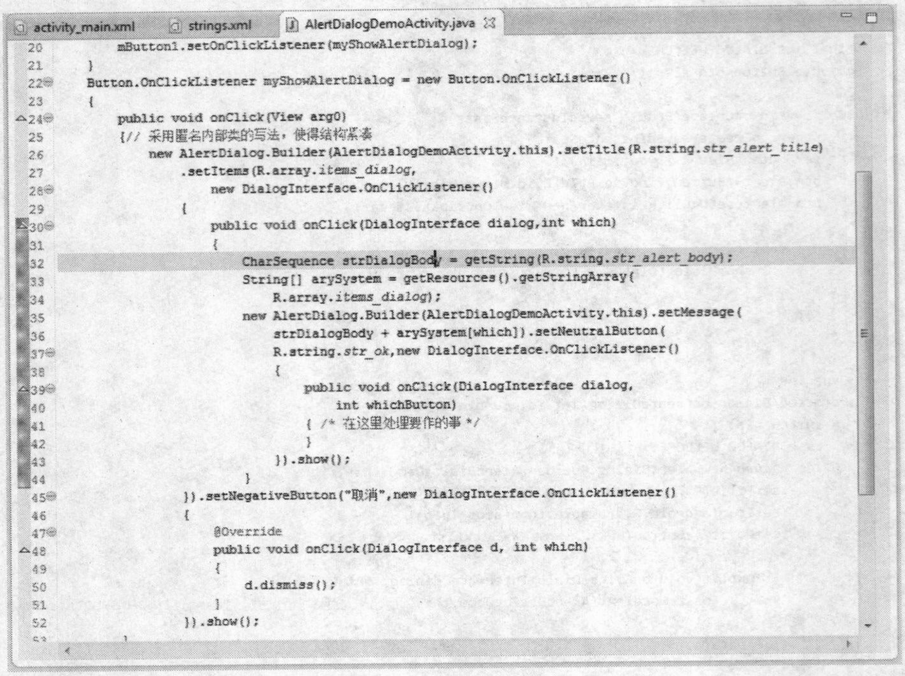

```
activity_main.xml    strings.xml    AlertDialogDemoActivity.java
20          mButton1.setOnClickListener(myShowAlertDialog);
21      }
22      Button.OnClickListener myShowAlertDialog = new Button.OnClickListener()
23      {
24          public void onClick(View arg0)
25          {// 采用匿名内部类的写法，使得结构紧凑
26              new AlertDialog.Builder(AlertDialogDemoActivity.this).setTitle(R.string.str_alert_title)
27                  .setItems(R.array.items_dialog,
28                      new DialogInterface.OnClickListener()
29                  {
30                      public void onClick(DialogInterface dialog,int which)
31                      {
32                          CharSequence strDialogBody = getString(R.string.str_alert_body);
33                          String[] arySystem = getResources().getStringArray(
34                              R.array.items_dialog);
35                          new AlertDialog.Builder(AlertDialogDemoActivity.this).setMessage(
36                              strDialogBody + arySystem[which]).setNeutralButton(
37                              R.string.str_ok,new DialogInterface.OnClickListener()
38                              {
39                                  public void onClick(DialogInterface dialog,
40                                      int whichButton)
41                                  { /* 在这里处理要作的事 */
42                                  }
43                              }).show();
44                      }
45                  }).setNegativeButton("取消",new DialogInterface.OnClickListener()
46                  {
47                      @Override
48                      public void onClick(DialogInterface d, int which)
49                      {
50                          d.dismiss();
51                      }
52                  }).show();
```

图 9A-25　AlertDialog. Builder 代码

相对于 26 行，35 行又新建了一个“AlertDialog. Builder”对话框，这个对话框中也可以包含对话框窗口，即层叠 AlertDialog。将刚刚选择的值传入到新建对话框的现实的消息中(36 行)，如图 9A-26 右所示。

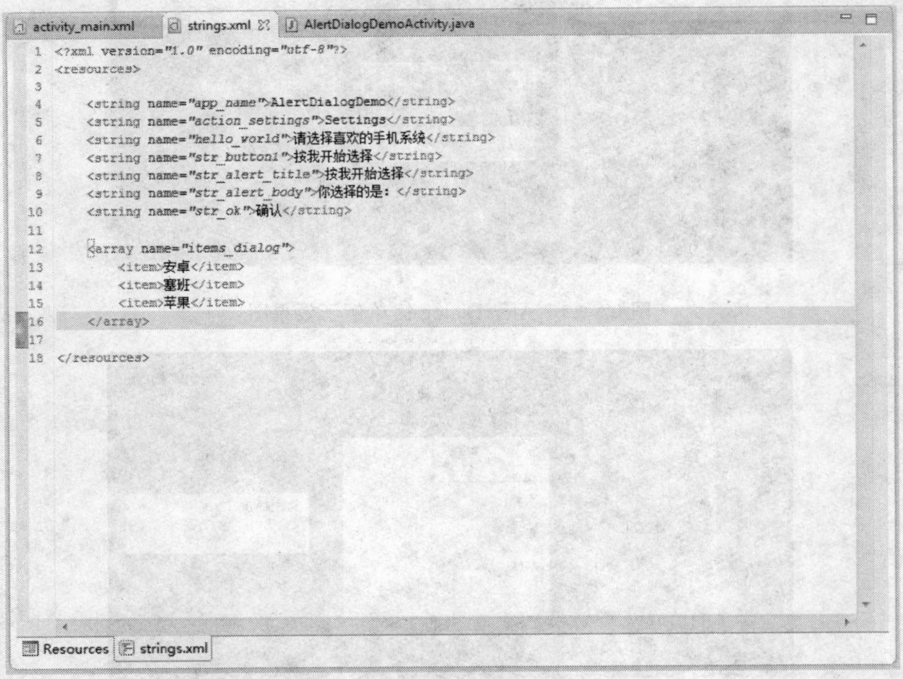

```
activity_main.xml    strings.xml    AlertDialogDemoActivity.java
1  <?xml version="1.0" encoding="utf-8"?>
2  <resources>
3
4      <string name="app_name">AlertDialogDemo</string>
5      <string name="action_settings">Settings</string>
6      <string name="hello_world">请选择喜欢的手机系统</string>
7      <string name="str_button1">按我开始选择</string>
8      <string name="str_alert_title">按我开始选择</string>
9      <string name="str_alert_body">你选择的是: </string>
10     <string name="str_ok">确认</string>
11
12     <array name="items_dialog">
13         <item>安卓</item>
14         <item>塞班</item>
15         <item>苹果</item>
16     </array>
17
18 </resources>

Resources  strings.xml
```

图 9A-26　strings

本例布局比较简单采用了绝对布局，放置了两个组件，分别是 TextView 和 Button，如图 9A-27 所示。

```xml
<?xml version="1.0" encoding="utf-8"?>
<AbsoluteLayout xmlns:android="http://schemas.android.com/apk/res/android"
    android:layout_width="fill_parent"
    android:layout_height="fill_parent"
    android:background="@drawable/pink"
    android:orientation="vertical" >

    <TextView
        android:id="@+id/myTextView1"
        android:layout_width="fill_parent"
        android:layout_height="wrap_content"
        android:gravity="center_vertical|center_horizontal"
        android:text="@string/hello_world" />

    <Button
        android:id="@+id/myButton1"
        android:layout_width="wrap_content"
        android:layout_height="wrap_content"
        android:layout_x="100px"
        android:layout_y="30px"
        android:text="@string/str_button1" />

</AbsoluteLayout>
```

图 9A-27　布局

程序在最后 48～51 行利用在 SetNegativeButton 按钮中使用. dismiss()设置取消选择。

A. 2. 2　Spinner

Spinner 就是下拉菜单，等于网页中的＜select＞，java swing 中的 combobox，如果说 Menu 是 Android 程序中使用频率最高的组件，那么 Spinner 就是使用率第二位的控件，因为在有限的屏幕范围内进行选择，下拉菜单是唯一、也是最好的选择。

本单元依然采用由浅入深的方法，先介绍最简单的 Spinner 使用，着重在下拉菜单里面的样式和属性操作。一般来说下拉菜单的选择项都不会写死到组件中，所以再介绍如何动态的在 Spinner 中插入、修改下拉菜单选择项。

在 Spinner 中会学习三个案例，分别是：

① 先让数据给显示出来，在显示数据的过程中穿插讲解如何查阅 API 文档和使用 Android 中的动画效果；

② 能够显示出数据效果之后，在实现如何添加和删除数据；

③ 最后尝试做一个和主题相关的转盘小游戏。

1. setDropDownViewResource

(1) 需求分析：

本例关键在于实现以下功能：

① 调用 Spinner 中的 setDropDownViewResource 方法；

② 以 XML 的方式定义下拉菜单现实的模样；

③ 并且用一段动画形式表现当用户以触控的方式单击这个自定义的 Spinner 时，会动画提示用户。如图 9A-28 所示。

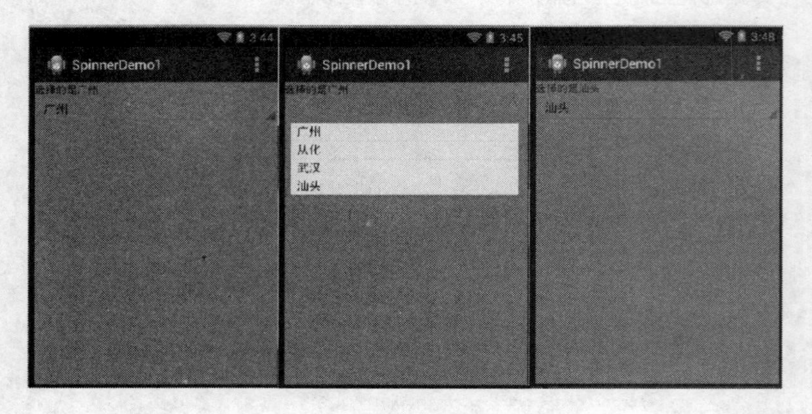

图 9A-28　SpinnerDemo1 效果图

（2）界面设计

准备好相应的文件目录结构，如图 9A-29 所示。

主界面布局相对简单，只放了一个 Spinner 组件，如图 9A-30 所示。

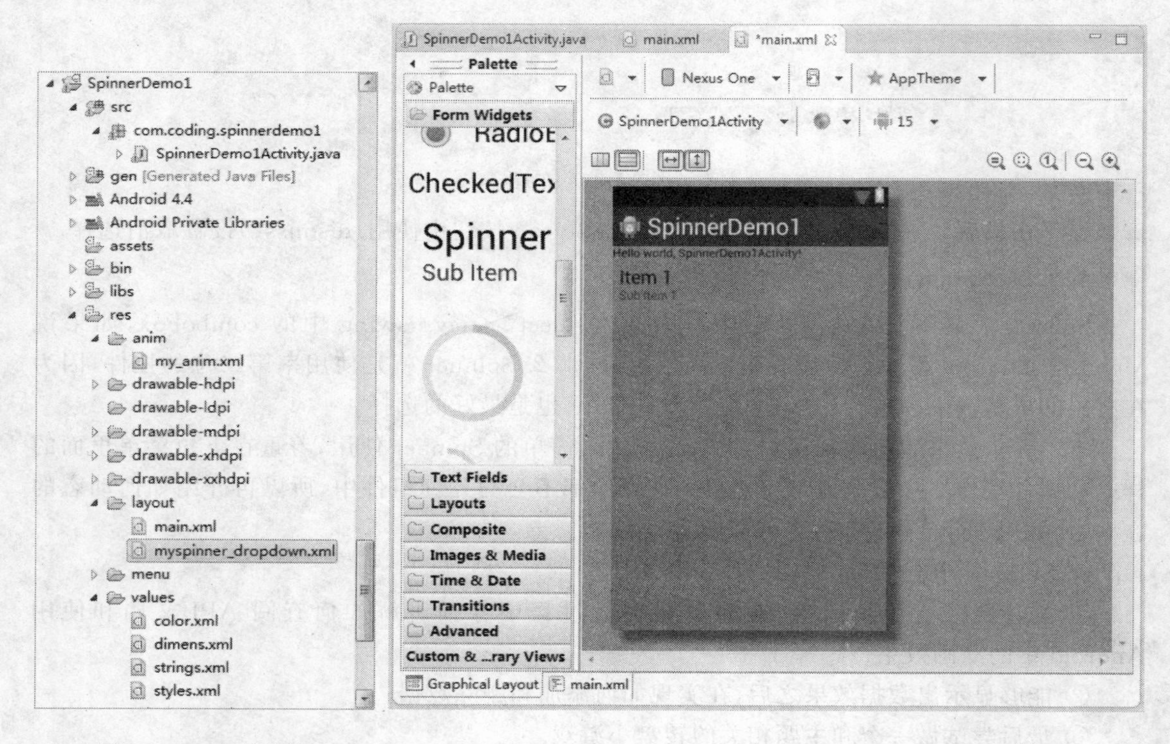

图 9A-29　文档结构　　　　　　　　　　　　　　图 9A-30　主界面

在还未开始系统讲解 Android 数据存储前，先将数据暂时用图 9A-31 的 17 行的形式存储在数组中。

```
*SpinnerDemo1Activity.java    main.xml
1  package com.coding.spinnerdemo1;
2
3  import android.os.Bundle;
14
15 public class SpinnerDemo1Activity extends Activity
16 {
17     private static final String[] countriesStr ={ "广州", "从化", "武汉", "汕头" };
18     private TextView myTextView;
19     private Spinner mySpinner;
20     private ArrayAdapter adapter;
21     Animation myAnimation;
22     public void onCreate(Bundle savedInstanceState)
23     {
24         super.onCreate(savedInstanceState);
25         setContentView(R.layout.main);
26         myTextView = (TextView) findViewById(R.id.myTextView);
27         mySpinner = (Spinner) findViewById(R.id.mySpinner);
28         adapter = new ArrayAdapter(this, android.R.layout.simple_spinner_item,
29                 countriesStr);
30         /* myspinner_dropdown为自定义下拉菜单样式定义在res/layout目录下 */
31         adapter.setDropDownViewResource(R.layout.myspinner_dropdown);
32         /* 将ArrayAdapter加入Spinner对象中 */mySpinner.setAdapter(adapter);
33
34     }
35
36     @Override
37     public boolean onCreateOptionsMenu(Menu menu)
38     {
39         // Inflate the menu; this adds items to the action bar if it is present.
40         getMenuInflater().inflate(R.menu.spinner_demo1, menu);
41         return true;
42     }
43 }
```

图 9A-31　准备工作

图 9A-31 中调用了如图 9A-32 中所示的 mySpinner_dropdown.xml 文件，其目的是：改变下拉菜单样子的 XML，里面所使用的组件为 TextView。

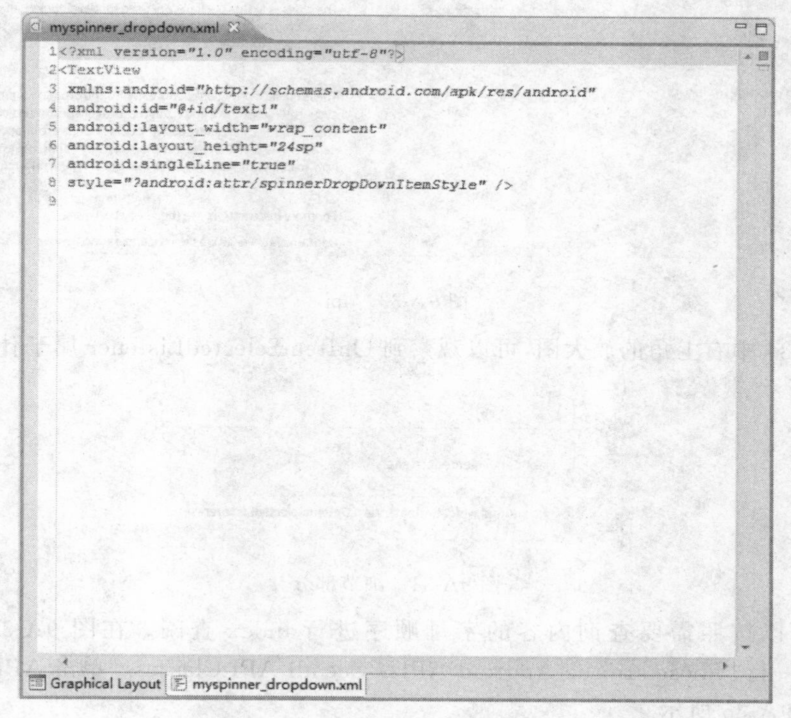

myspinner_dropdown.xml
1 <?xml version="1.0" encoding="utf-8"?>
2 <TextView
3 xmlns:android="http://schemas.android.com/apk/res/android"
4 android:id="@+id/text1"
5 android:layout_width="wrap_content"
6 android:layout_height="24sp"
7 android:singleLine="true"
8 style="?android:attr/spinnerDropDownItemStyle" />
9
Graphical Layout
myspinner_dropdown.xml

图 9A-32　自定义布局文件

setDropDownViewResource 主要是设置 User 单击 Spinner 后出现的下拉菜单样式，也可以使用 Android 提供两种基本的样式，更为简单方便(本例是为了演示如何自定义显示形式)。在下节例子中再讲解。

(3) 功能实现

想掌握好 Android 所有的包、类、对象、属性是很困难的事情，必要的时候需要查阅 Android 提供的开发文档中 API，其中会对细节有详细的描述，包括如何使用。

但是一个良好的 Android 工程师需要具备这样的能力：了解什么类下面对应有什么方法，而具体的实现可以查阅 API。这就好比想写一篇文章，除了会识字之外还必须对文章的提纲做到心中有数，而遇到一些生僻字可以查阅字典。

本例中演示：单击城市的名字最终改变 TextView 上面的文字(图 9A-28)，有编写过 JSE 的程序员一定会知道这是在 Spinner 中安装了监听器，当用户做出了选择操作，触发了监听器的事件，最终改变了界面上的文字。

那么在 Spinner 中一定有对应的监听器 OnItemSelectedListener，下面查阅 API 中关于该监听器的用法：

首先可以利用右上角的“search”按钮找到需要的内容，如图 9A-33 所示。

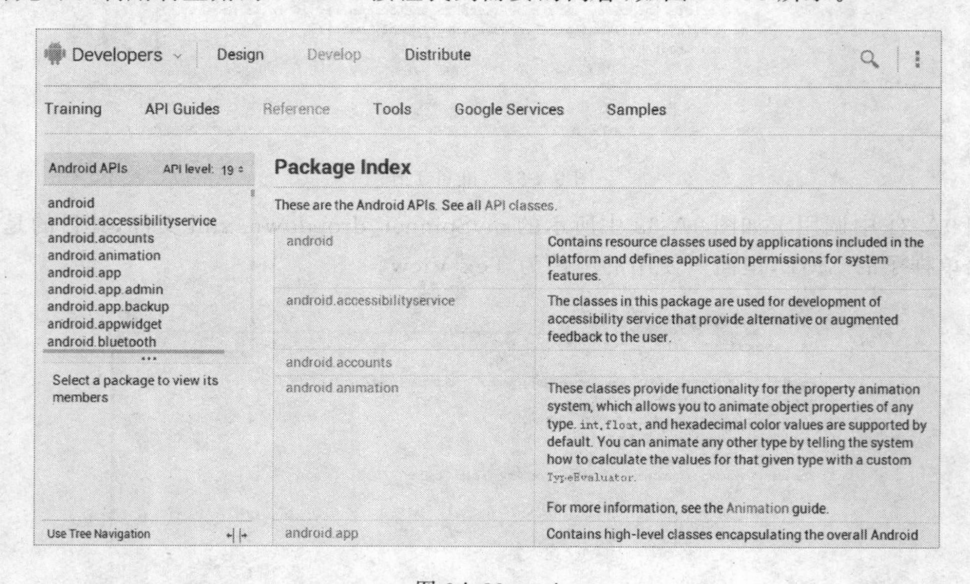

图 9A-33　api

将图 9A-34 中右上角的放大图，可以观察到 OnItemSelectedListener 属于什么包什么类，如图 9A-34 所示。

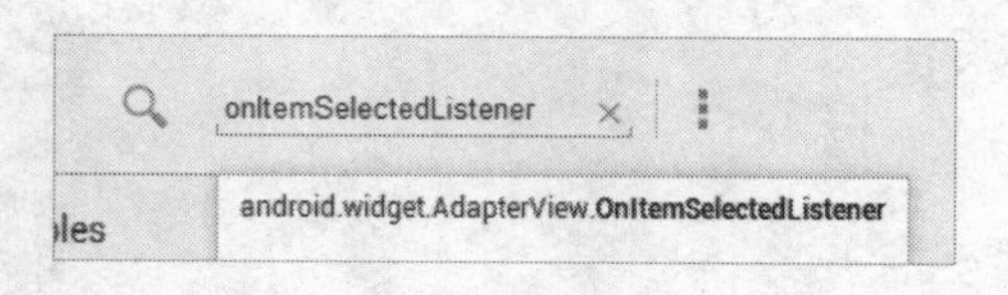

图 9A-34　细节部分

同时也可以按照需要查询内容的字母顺序进行 index 查阅。在图 9A-33 中，package index 下面有一行“These are the Android APIs. See all API Classes.”单击 API Classes 可进行查询，如图 9A-35 所示。

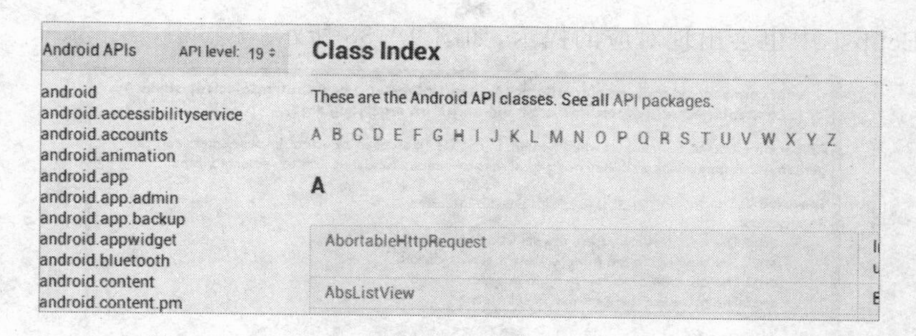

图 9A-35　index 查询

从图 9A-36、图 9A-37 中可以清晰看到选择监听器就只有两个公开方法。其中有元素被选择的处理方法，也有当不做任何选择时的方法(不做选择也是一种选择)。

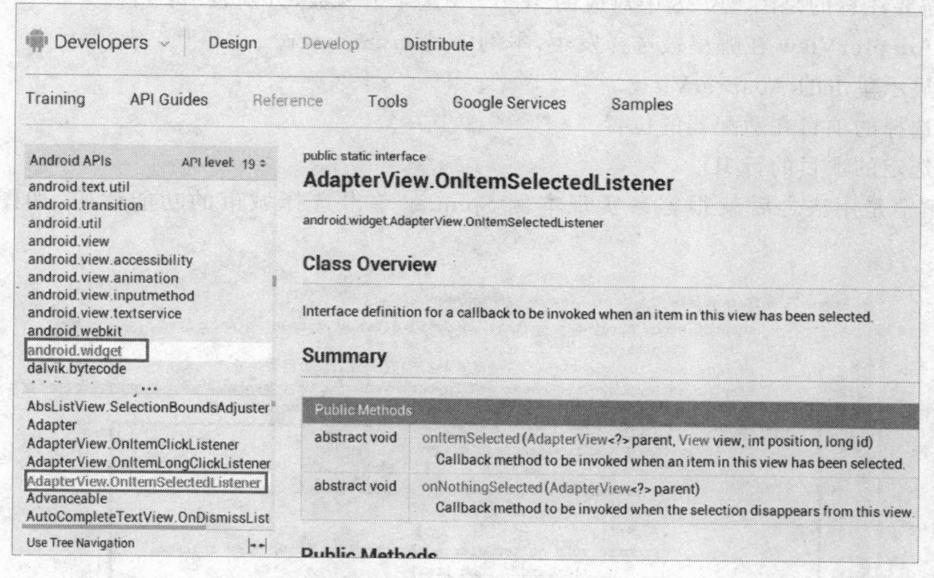

图 9A-36　OnItemSelectedListener 介绍

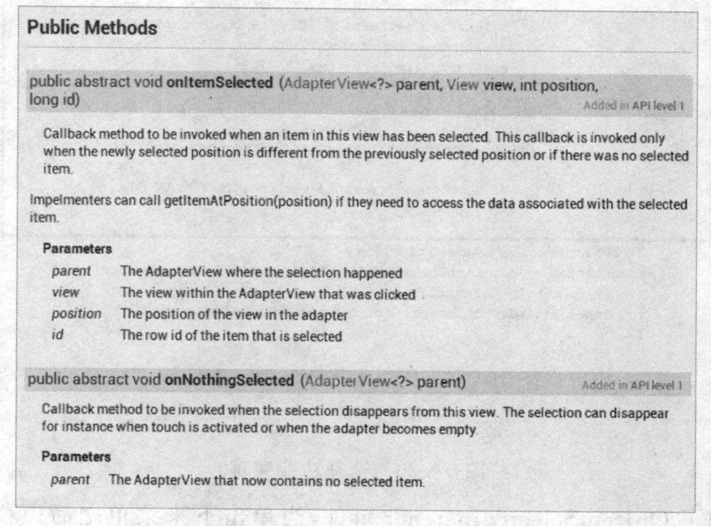

图 9A-37　OnItemSelectedListener 方法介绍

其实在 Eclipse 中也会出现对应的提示,如图 9A-38 所示。

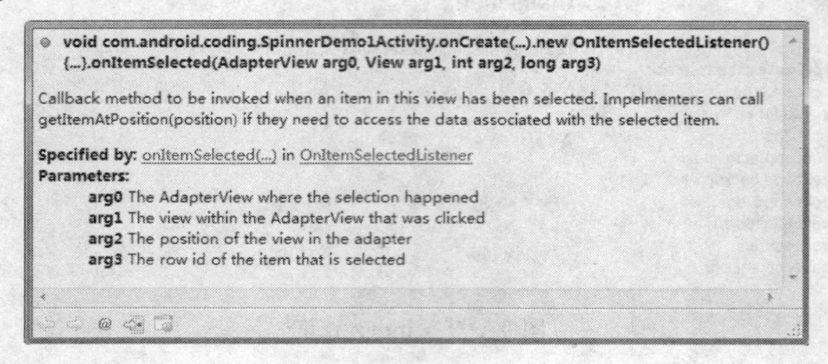

图 9A-38　Eclipse 中现实介绍

所需要注意的是图 9A-38 中对应的 arg0~3 这 4 个参数,分别表示:

① AdapterView 在哪里被选择发生,本例中是 mySpinner。

② 显示单击的 AdapterView。

③ 选择的项目在适配器的位置。

④ 选定的项目的行 ID。

了解清楚用法之后就很容易实现本例 Spinner 单击选择城市的功能代码,如图 9A-39 所示。

```
SpinnerDemo1Activity.java    main.xml    *main.xml
        adapter = new ArrayAdapter(this, android.R.layout.simple_spinner_item,
                countriesStr);
        /* myspinner_dropdown为自定义下拉菜单样式定义在res/layout目录下 */
        adapter.setDropDownViewResource(R.layout.myspinner_dropdown);
        /* 将ArrayAdapter加入Spinner对象中 */mySpinner.setAdapter(adapter);

        /* 将mySpinner加入OnItemSelectedListener */
        mySpinner
                .setOnItemSelectedListener(new Spinner.OnItemSelectedListener()
                {
                    @Override
                    public void onItemSelected(AdapterView arg0, View arg1,
                            int arg2, long arg3)
                    {
                        /* 将所选mySpinner的值带入myTextView中 */
                        myTextView.setText("选择的是" + countriesStr[arg2]);
                        /* 将mySpinner显示 */
                        arg0.setVisibility(View.VISIBLE);
                    }

                    @Override
                    public void onNothingSelected(AdapterView arg0)
                    {
                        // TODO Auto-generated method stub
                    }
                });
        /* 取得Animation定义在res/anim目录下 */
        myAnimation = AnimationUtils.loadAnimation(this, R.anim.my_anim);
        /* 将mySpinner加入OnTouchListener */
        mySpinner.setOnTouchListener(new Spinner.OnTouchListener()
        {
            @Override
            public boolean onTouch(View v, MotionEvent event)
```

图 9A-39　选择功能实现

Spinner 添加了 OnItemSelectedListener 事件,当单击下来菜单之后,就将值(图中 44 行[arg2])带到上方 TextView 中。

Animation 动画

在本例中，为了提高用户体验还加入了动画效果，当在 Spinner 中选定好内容，Spinner 会向左飞走，然后浮现出提供单击的选项。如图 9A-40 所示。（这部分内容属于扩展内容，没有这部分功能，并不影响案例整体效果）

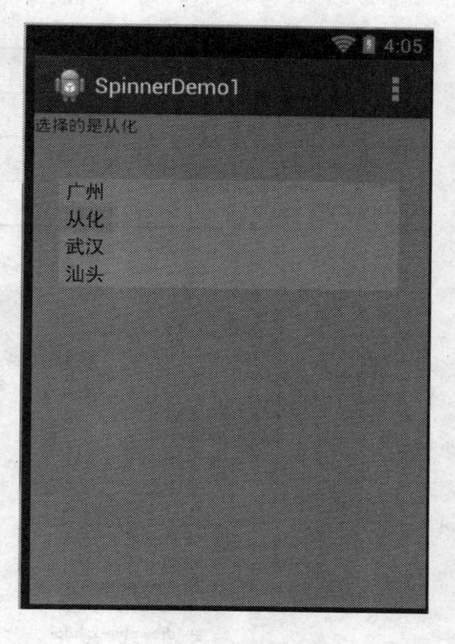

图 9A-40 动画功能

【知识点】 Animation 在英语中表示（指电影、录像、电脑游戏的）动画制作。同样也可以在 API 中查阅 Animation 的用法，如图 9A-41 所示。这里就不在详细的展开。

Animation 主要有两种动画模式，如表 9A-1 和表 9A-2 所示。

在渐变动画中，有 4 种基本转换方式，如表 9A-3 所示。

如何在 XML 文件中定义动画的顺序：

① 在 res 目录中新建 anim 文件夹，如图 9A-42 所示。

② 在 anim 目录中新建一个 myanim. xml（注意文件名小写）。

③ 加入 XML 的动画代码。

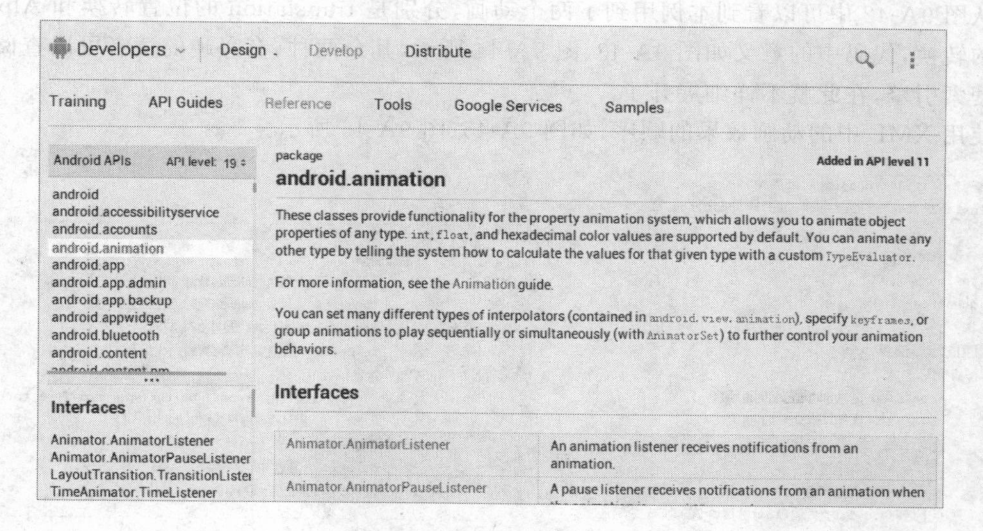

图 9A-41 动画的 api

表 9A-1 tweened animation（渐变动画）

XML 中	JavaCode
alpha	AlphaAnimation
scale	ScaleAnimation

表 9A-2 frame by frame（画面转换动画）

XML 中	JavaCode
translate	TranslateAnimation
rotate	RotateAnimation

表 9A-3　转换方式

alpha	渐变透明度动画效果
scale	渐变尺寸伸缩动画效果
translate	画面转换位置移动动画效果
rotate	画面转移旋转动画效果

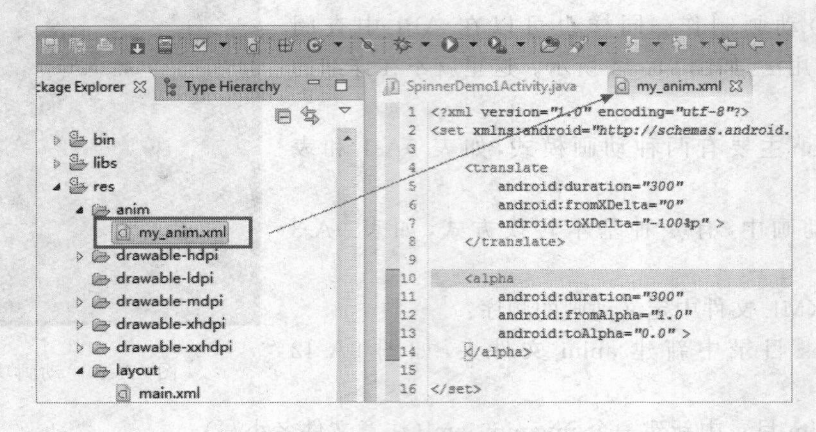

图 9A-42　新建 anim 文件夹

从图 9A-42 中可以看到本例用到了两个动画，分别是 translation 的位置转换和 Alpha 透明度的转换，代码中的意义如图 9A-43、图 9A-44 所示，其余两种，有兴趣的读者可以查阅 API 或者搜索引擎，在此就不详细展开了。

使用 XML 中的动画效果的顺序，如图 9A-45、图 9A-46 所示。

```
<?xml version="1.0" encoding="utf-8"?>
<set xmlns:android="http://schemas.android.com/apk/res/android" >
<alpha
android:fromAlpha="0.1"
android:toAlpha="1.0"
android:duration="3000"
/>
<!-- 透明度控制动画效果 alpha
    浮点型值:
        fromAlpha 属性为动画起始时透明度
        toAlpha   属性为动画结束时透明度
        说明:
            0.0表示完全透明
            1.0表示完全不透明
        以上值取0.0-1.0之间的float数据类型的数字

    长整型值:
        duration  属性为动画持续时间
        说明:
            时间以毫秒为单位
-->
</set>
```

图 9A-43　Alpha

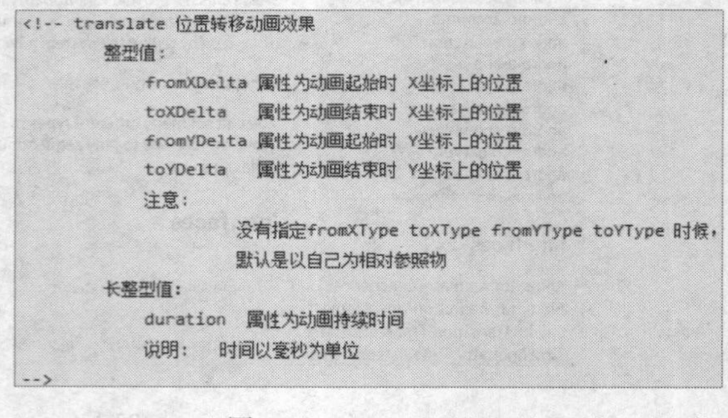

图 9A-44　translation

```
public static Animation loadAnimation (Context context, int id)
//第一个参数Context为程序的上下文
//第二个参数id为动画XML文件的引用
//例子:
myAnimation= AnimationUtils.loadAnimation(this,R.anim.my_action);
//使用AnimationUtils类的静态方法loadAnimation()来加载XML中的动画XML文件
```

图 9A-45　动画效果的顺序

具体实现请参考图 9A-46 中所示。

到这里就完成的 Spinner 的初步学习，下面尝试如何动态添加 Spinner 中的数据。

```
SpinnerDemo1Activity.java    my_anim.xml
            {
                // TODO Auto-generated method stub
            }
        });
        /* 取得Animation定义在res/anim目录下 */
        myAnimation = AnimationUtils.loadAnimation(this, R.anim.my_anim);
        /* 将mySpinner加入OnTouchListener */
        mySpinner.setOnTouchListener(new Spinner.OnTouchListener()
        {
            @Override
            public boolean onTouch(View v, MotionEvent event)
            {
                /* 将mySpinner执行Animation */
                v.startAnimation(myAnimation);
                /* 将mySpinner隐藏 */
                v.setVisibility(View.INVISIBLE);
                return false;
            }
        });
        mySpinner.setOnFocusChangeListener(new Spinner.OnFocusChangeListener()
        {
            @Override
            public void onFocusChange(View v, boolean hasFocus)
            {
                // TODO Auto-generated method stub
            }
        });

    }

    @Override
    public boolean onCreateOptionsMenu(Menu menu)
    {
```

图 9A-46　动画效果的顺序详细代码

2. ArrayList

前面的案例对交互事件有了大致的设计方法，但是若要动态增减 Spinner 下拉菜单的选项，就必须利用 ArrayList 的依赖性来完成。

【知识点】 ArrayList 就是传说中的动态数组，它提供了动态的增加和减少元素，灵活的设置数组的大小等好处。

(1) 需求分析

添加数据必须先设计一个 EditText 输入控件，然后当用户输入了新的文字，在单击“添加”按钮的同时，就会将输入的值添加到 Spinner 下拉菜单的最后一项，接着 Spinner 会停留在刚刚加好的选项上；当用户单击“删除”按钮，则删除选择的 Spinner 选项。这种应用在软件设置中随处可见。如图 9A-47 所示（原来的例子没有“中国”选项）。

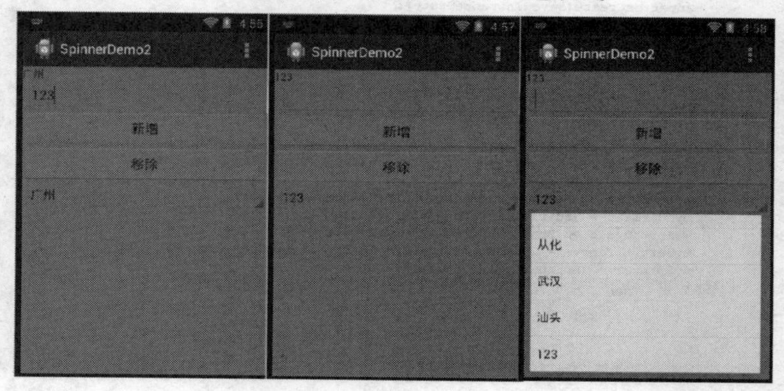

图 9A-47　SpinnerDemo2

(2) 界面设计

依然首先开始需要设计主界面，如图 9A-48 所示，在之前的布局基础之上添加了一个 EditText 和两个按钮。

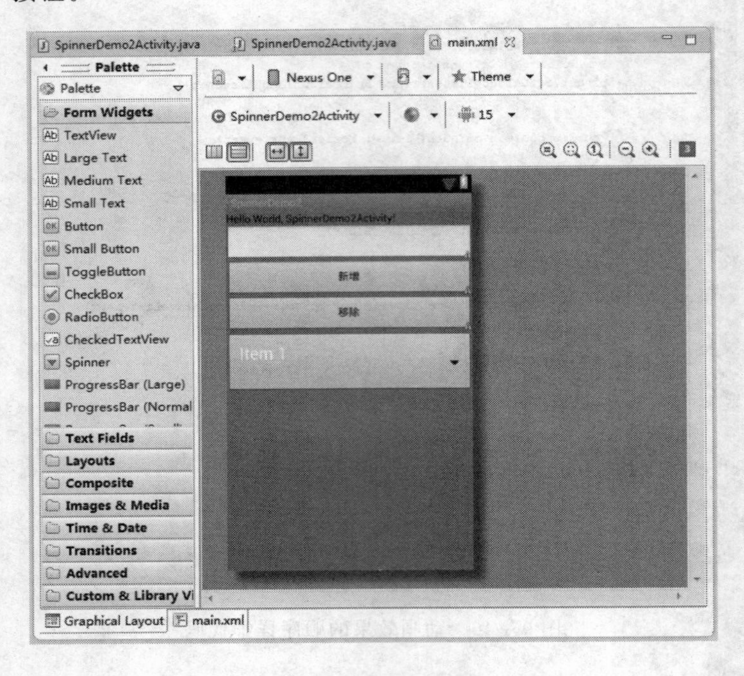

图 9A-48　主界面

在内存中分配地址空间，因为之前的例子已经详细解释过了这里就不详细阐述了，如图 9A-49 所示。

```
SpinnerDemo1Activity.java   *SpinnerDemo2Activity.java

 1 package com.android.coding;
 2 import android.app.Activity;
14
15 public class SpinnerDemo2Activity extends Activity {
16     private static final String[] countriesStr = { "广州", "从化", "武汉", "汕头" };
17       private TextView myTextView;
18       private EditText myEditText;
19       private Button myButton_add;
20       private Button myButton_remove;
21       private Spinner mySpinner;
22       private ArrayAdapter adapter;
23       private List allCountries;
24     public void onCreate(Bundle savedInstanceState) {
25         super.onCreate(savedInstanceState);
26         /* 载入main.xml Layout */
27         setContentView(R.layout.main); allCountries = new ArrayList();
28         for (int i = 0; i < countriesStr.length; i++)
29         {
30           allCountries.add(countriesStr[i]);
31           }
32         /* new ArrayAdapter物件并将allCountries传入 */
33         adapter = new ArrayAdapter(this, android.R.layout.simple_spinner_item, allCount
34         adapter .setDropDownViewResource(android.R.layout.simple_spinner_dropdown_item).
35         /* 以findViewById()取得对象 */
36         myTextView = (TextView) findViewById(R.id.myTextView);
37         myEditText = (EditText) findViewById(R.id.myEditText);
38         myButton_add = (Button) findViewById(R.id.myButton_add);
39         myButton_remove = (Button) findViewById(R.id.myButton_remove);
40         mySpinner = (Spinner) findViewById(R.id.mySpinner);
41
42
43     }
44 }
```

图 9A-49　准备工作

(3) 功能实现

上一个案例是在 new adapter 时传入了 String 数组，这次因为要添加以及删除 adapter，所以传入的是 ArrayList，否则，在添加删除时会出现错误。

1) 新增按钮

为“新增”按钮添加功能代码，如图 9A-50 所示。

```java
SpinnerDemo2Activity.java
41
42      /* 将ArrayAdapter加入Spinner对象中 */
43      mySpinner.setAdapter(adapter);
44      /* 将myButton_add加入OnClickListener */
45      myButton_add.setOnClickListener(new Button.OnClickListener()
46      {
47          @Override
48          public void onClick(View arg0)
49          {
50              String newCountry = myEditText.getText().toString();
51              /* 先比对新增的值是否已存在，不存在才可新增 */
52              for (int i = 0; i < adapter.getCount(); i++)
53              {
54                  if (newCountry.equals(adapter.getItem(i)))
55                  {
56                      return;
57                  }
58              }
59              if (!newCountry.equals(""))/* 如果不为空 */
60              {
61                  /* 将值新增至adapter */adapter.add(newCountry);
62                  /* 取得新增的值的位置 */
63                  int position = adapter.getPosition(newCountry);
64                  /* 将Spinner选取在新增的值的位置 */
65                  mySpinner.setSelection(position);
66                  /* 将myEditText清空，感觉从输入框的结果飞入spinner中 */
67                  myEditText.setText("");
68              }
69          }
70      });
```

图 9A-50 “新增”功能代码

2) 移除按钮

实现移除功能以及将 Spinner 选择后的结果赋值给 TextView。如图 9A-51、图 9A-52 所示。

```java
SpinnerDemo2Activity.java
70      });
71      /* 将myButton_remove加入OnClickListener */
72      myButton_remove.setOnClickListener(new Button.OnClickListener()
73      {
74          public void onClick(View arg0)
75          {
76              if (mySpinner.getSelectedItem() != null)
77              {
78                  /* 移除mySpinner的值 */
79                  adapter.remove(mySpinner.getSelectedItem().toString());
80                  /* 将myEditText清空 */
81                  myEditText.setText("");
82                  if (adapter.getCount() == 0)
83                  {
84                      /* 将myTextView清空 */
85                      myTextView.setText("");
86                  }
87              }
88          }
89      });
90      /* 将mySpinner加入OnItemSelectedListener */
91      mySpinner.setOnItemSelectedListener(new Spinner.OnItemSelectedListener()
92      {
93          public void onItemSelected(AdapterView arg0, View arg1,int arg2, long arg3)
94          {
95              /* 将所选mySpinner的值带入myTextView中 */
96              myTextView.setText(arg0.getSelectedItem().toString());
97          }
98          @Override
99          public void onNothingSelected(AdapterView arg0)
100         {
101         }
102     });
103 }
```

图 9A-51 移除功能

4:44
SpinnerDemo2
武汉
新增
移除
武汉

图 9A-52 赋值

3) Spinner 显示方式

【小提示】显示样式属于扩展学习范畴，有兴趣的读者可以了解一下。

回顾：setDropDownViewResource 主要设置用户单击 Spinner 后出现的下拉菜单样式，上个案例中使用了自定义的方式改变 TextView 内容，如图 9A-53 所示(非本例)。

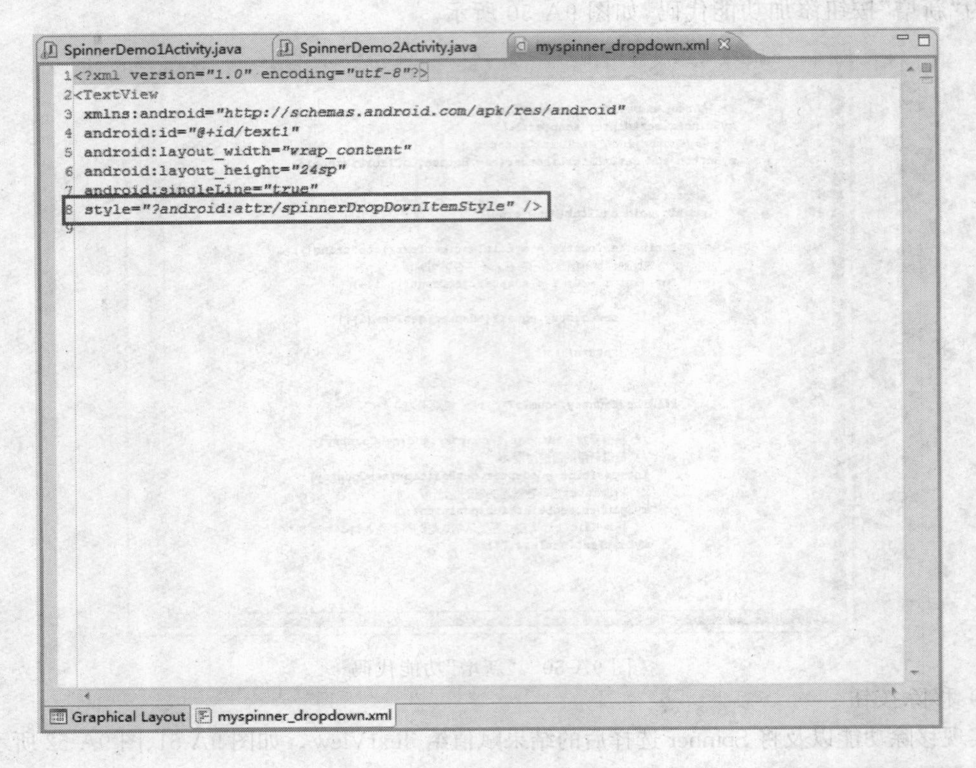

图 9A-53　回顾自定义改变

除了自定义显示效果以外，Android 本身也提供两种基本显示样式供开发者调用，读者可以根据自己的需要自由取舍：

① Android. R. layout. simple_Spinner_item：TextView 的下拉菜单。

② Android. R. layout. simple_Spinner_dropdown_item：右边带有 radio 的下拉菜单(本例)，如图 9A-54、图 9A-55 所示。

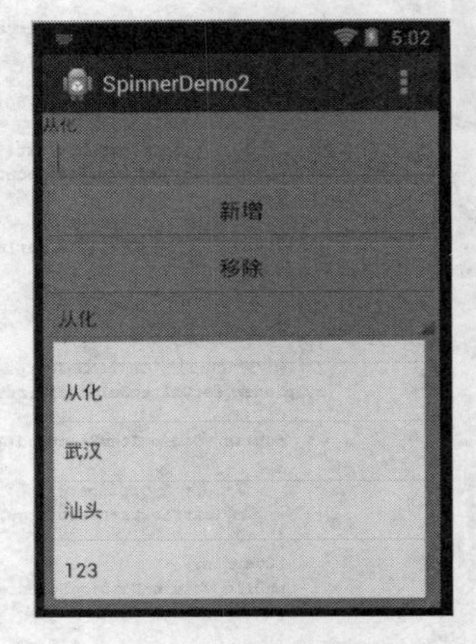

图 9A-54　带 radio 的下拉菜单

到时就程序启动之后，就会载入带有 radio 的下拉菜单。

3. Spinner Wheel

如何在 Android 手机里制作一款幸运大抽奖的组件呢？利用 ListView 搭配字符串，就能做出转动的神奇效果。

(1) 需求分析

需要实现的功能从图 9A-56 看出：

① 用手指拨动转盘，转盘可以转动。

② 转盘的下方则显示被选中的项目。

(2) 界面设计

整个界面其实是通过 ListView 搭配数字字符串做出的效果。为了看起来让转盘更真实，将 android:scrollbars(滚动条)的属性设置为"none"，如图 9A-57 所示。

(3) 功能实现

```
main.xml    SpinnerDemo2Activity.java
17      private TextView myTextView;
18      private EditText myEditText;
19      private Button myButton_add;
20      private Button myButton_remove;
21      private Spinner mySpinner;
22      private ArrayAdapter adapter;
23      private List allCountries;
24    public void onCreate(Bundle savedInstanceState) {
25        super.onCreate(savedInstanceState);
26        /* 载入main.xml Layout */
27        setContentView(R.layout.main); allCountries = new ArrayList();
28        for (int i = 0; i < countriesStr.length; i++)
29        {
30          allCountries.add(countriesStr[i]);
31          }
32        /* new ArrayAdapter物件并将allCountries传入 */
33        adapter = new ArrayAdapter(this, android.R.layout.simple_spinner_item, allCountries);
34        adapter .setDropDownViewResource(android.R.layout.simple_spinner_dropdown_item);
```

图 9A-55　实现 radio 的下拉菜单

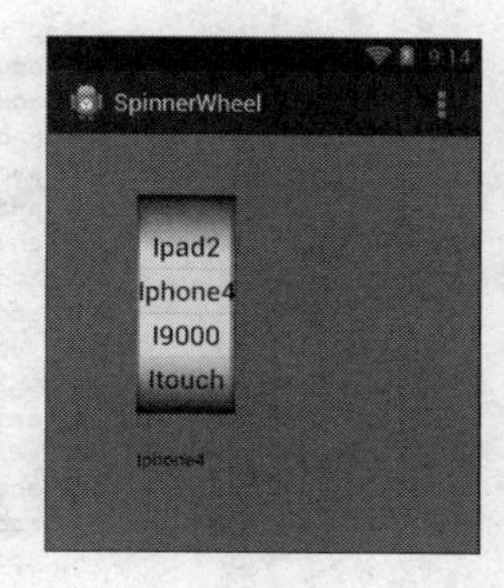

图 9A-56　Spinner wheel

1) 功能

为了让 ListView 滚动的更平滑，设置 setFastScrollEnabled 状态为 true，如图 9A-58 所示。

图 9A-58 中 37 行利用“滑动触屏”的方法 setOnScrollListener()，让 ListView 能够捕捉用户在其上的滑动事件，并且重写了 onScroll()，取得被选择的元素。因为由上而下每次转动有两个元素的位移，所以取得第一个显示的下面两个的值，例如图 9A-56 中显示的结果为 Iphone4 是从第一个结果(第一个结果为空)开始下面第二元素。

程序的代码清单如图 9A-58 和图 9A-59 所示。

2) 美化

其中为了让 ListView 中显示的结果更精美，可将字符串放入 ArrayAdapter 中定义其显示格式，这个格式定义在功能代码中不太适合，最好是将其放入 xml 文件，细心读者应该发现在图 9A-58 中第 28 行定义了一个 file_row. xml 文件，效果如图 9A-60 所示。

其中包含了对 ListView 中文字显示的约束，如图 9A-61 所示。

至此项轮盘功能就实现完毕，在图 9A-59 添加轮盘元素的时候，在开头和结尾分别添加了 2 个空的字符串“ "" ”。因为往上和往下都会转到顶，所以需要 2 个空格支撑。如果希望制作的轮盘是连续不间断的，读者可尝试使用循环语句并配合取模运算来实现。

A.3　项目心得

本章看似只学习到了 ActionBar 和 Spinner 这两大 widget 组件，但是其实覆盖的内容非常多，包括 toast 的用法、对话框的类型、AndroidAPI 文档的使用、自定义 xml 下拉列表、动态为 Spinner 添加数据以及 ArrayList 和 Animation 动画等内容。

activity_main.xml

```
1  <?xml version="1.0" encoding="utf-8"?>
2  <AbsoluteLayout xmlns:android="http://schemas.android.com/apk/res/android"
3      android:id="@+id/widget0"
4      android:layout_width="fill_parent"
5      android:layout_height="fill_parent"
6      android:background="#FF3366" >
7
8      <ListView
9          android:id="@+id/ListView01"
10         android:layout_width="90px"
11         android:layout_height="252px"
12         android:layout_x="100px"
13         android:layout_y="70px"
14         android:background="@drawable/bg1"
15         android:dividerHeight="1px"
16         android:scrollbars="none" />
17
18     <TextView
19         android:id="@+id/TextView01"
20         android:layout_width="fill_parent"
21         android:layout_height="wrap_content"
22         android:layout_x="100px"
23         android:layout_y="360px"
24         android:text="@string/hello"
25         android:textColor="@android:color/black" />
26
27 </AbsoluteLayout>
```

Graphical Layout | activity_main.xml

图 9A-57 布局界面

activity_main.xml | *SpinnerWheelActivity.java

```
1  package com.coding.spinnerwheel;
2  import android.os.Bundle;
11 public class SpinnerWheelActivity extends Activity
12 {
13     private ListView ListView01;
14     private TextView TextView01;
15     String[] s1 =
16     { "", "", "Ipad2", "Iphone4", "I9000", "Itouch", "NANO", "P1000",
17             "Android", "Nokia", "", "" };
18     /** Called when the activity is first created. */
19     @Override
20     public void onCreate(Bundle savedInstanceState)
21     {
22         super.onCreate(savedInstanceState);
23         setContentView(R.layout.activity_main);
24         ListView01 = (ListView) findViewById(R.id.ListView01);
25         TextView01 = (TextView) findViewById(R.id.TextView01);
26         /* 将字符串数据放至ArrayAdapter */
27         ArrayAdapter<String> list1 = new ArrayAdapter<String>(this,
28                 R.layout.file_row, s1);
29         /* 设定ListView的Adapter */
30         ListView01.setAdapter(list1);
31         /* 卷动时透明化 */
32         ListView01.setCacheColorHint(00000000);
33         ListView01.setFastScrollEnabled(true);
34         /* 雾化边缘 */
35         ListView01.setFadingEdgeLength(100);
36
37         ListView01.setOnScrollListener(new ListView.OnScrollListener()
38         {
39             public void onScroll(AbsListView view, int firstVisibleItem,
40                     int visibleItemCount, int totalItemCount){
41                 // TODO Auto-generated method stub
```

图 9A-58 功能代码 1

但是本次的内容(ActionBar 和 Spinner)只是万丈高楼的 2 条主梁,离一个功能丰富的 Android 程序还差点距离。需要读者不断通过自学的方式(搜索引擎、api)等方式丰富自己。

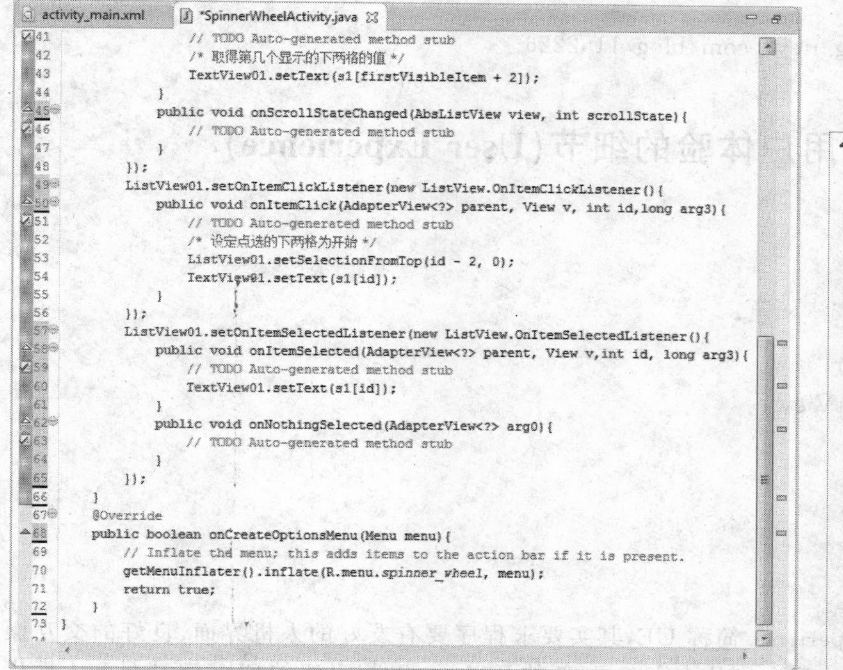

图 9A-59　功能代码 2

图 9A-60　添加显示文件

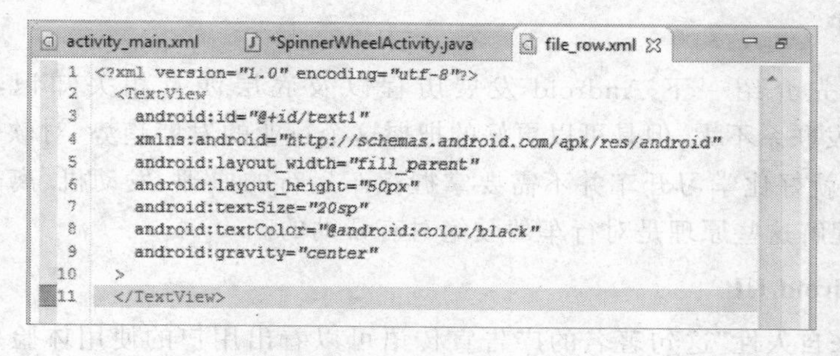

图 9A-61　约束 xml

A.4　参考资料

(1) Opinionmenu 介绍:

http://Android.yaohuiji.com/archives/636

(2) Toast 详细用法:

http://www.cnblogs.com/salam/archive/2010/11/10/1873654.html

(3) 颜色配置方案:

http://sl710227.blog.163.com/blog/static/5767806520089250572930 2/

(4) AlertDialog:

http://www.2cto.com/kf/201205/131876.html

(5) 动画：

http://www.htcplayer.com/thread-2852-1-1.html

(6) 滑动触屏：

http://shendixiong.iteye.com/blog/1152226

B　用户体验的细节(User Experience)

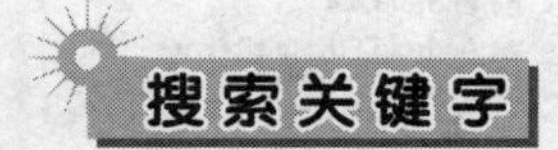

NotificationManger；
AutoCompleteTextView；
SlidingDrawer；
SearchManger。

本章难点

用户体验 User Experience 简称 UE,其实要求程序要有友好的人机界面、良好的交互操作使使用者乐在其中。本章分别从内容布局、新的 Widget 组件、升级的 SDK 新成员和人性化考虑几个方面进行讲解,希望达到一个抛砖引玉的作用。

B.1　项目简介

在学习之前先介绍一下 Android 发展历程以及底层涉及相关知识,虽然这部分和 Android 软件开发联系不大,但是可以更好的把握这个行业的发展趋势,对软件开发起到潜移默化的作用。这就好比学习开车并不需要掌握汽车运行的原理、发动机、离合器是如何配合的,但是如果能理解这些原理是对行车驾驶绝对有帮助的。

B.1.1　Android UI

"科技始终来自人性"这句著名的广告宣传语可以看出用户的使用体验对于科技发展的影响。

可以从图 9B-1、图 9B-2 明显看到官方每半年做一次系统升级,分别定在每年的夏天和年终。以 C D E F G H I 为首字母的甜点食品顺序排列。每个版本的发布都让用户感觉 Android 有不小的进步,逐渐缩小和其他手机系统所占用户比例的差距。

不光 Android 系统在讲究用户体验,连 Android 手机制造商也讲究用户体验。因为就是在相同的硬件条件下,不少消费者就是冲着厂商提供的与众不同的用户体验购买其产品,可见其重要性。

各大 Android 手机厂商都推出了属于自己的 SDK,在 Android 基础之上应用新技术进行二次开发,目的就是为了提高用户体验、深度定制和适度的 shell 修改创造出属于自己的个性 UI。例如最新的裸眼 3D 技术,让用户体验类似西洋镜(Zoetrope)的特效。

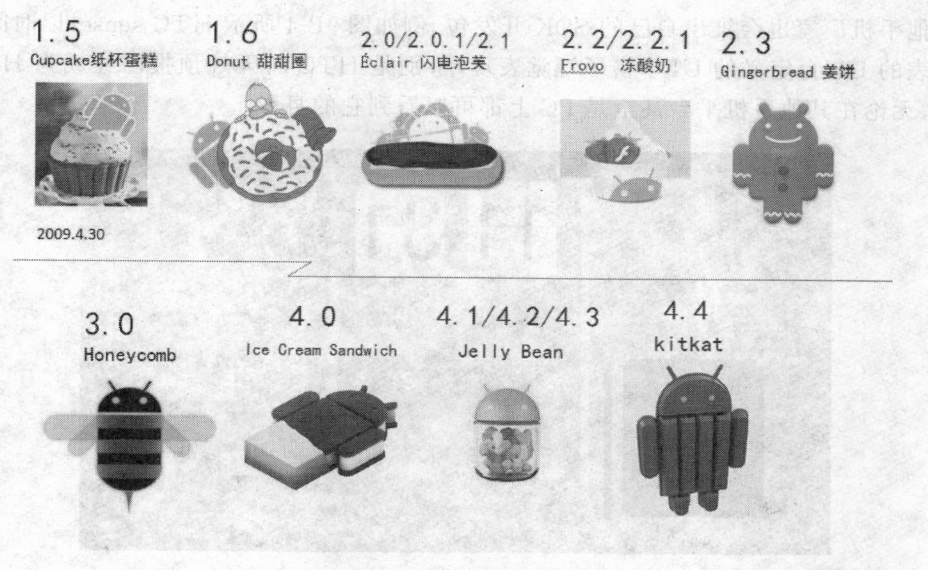

图 9B-1　Android 系统的名字

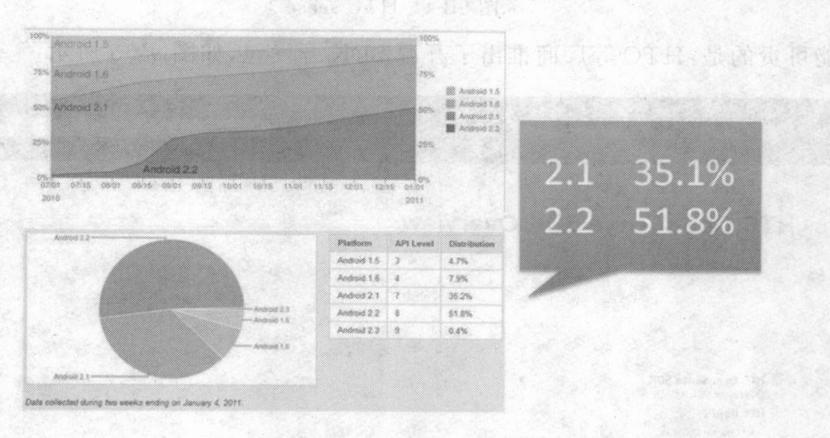

Platform	API Level	Distribution
Android 1.5	3	4.7%
Android 1.6	4	7.9%
Android 2.1	7	35.2%
Android 2.2	8	51.8%
Android 2.3	9	0.4%

图 9B-2　Android 升级时间

讲到深度订制就不能不提中国移动主导的 open mobile system 的 Ophone，如图 9B-3 所示。内核是基于 Android 的(并不完全是 Android)。在 menu，长按等特征中得以继承，有特色的地方再于：Title 右侧的返回按钮。

图 9B-3　ophone

其他手机厂家也会推出自己的SDK开发包，例如图9B-4所示HTC sense：以时间卡片为视觉代表的UI，自定义的UI丰富了视觉表现，特别是HTC的天气预报已经成为HTC的代表之作，无论在其他手机平台甚至是PC上都可以看到它的身影。

图9B-4　HTC sense

更难能可贵的是：HTC等厂商推出了开源SDK开发包，如图9B-5所示。

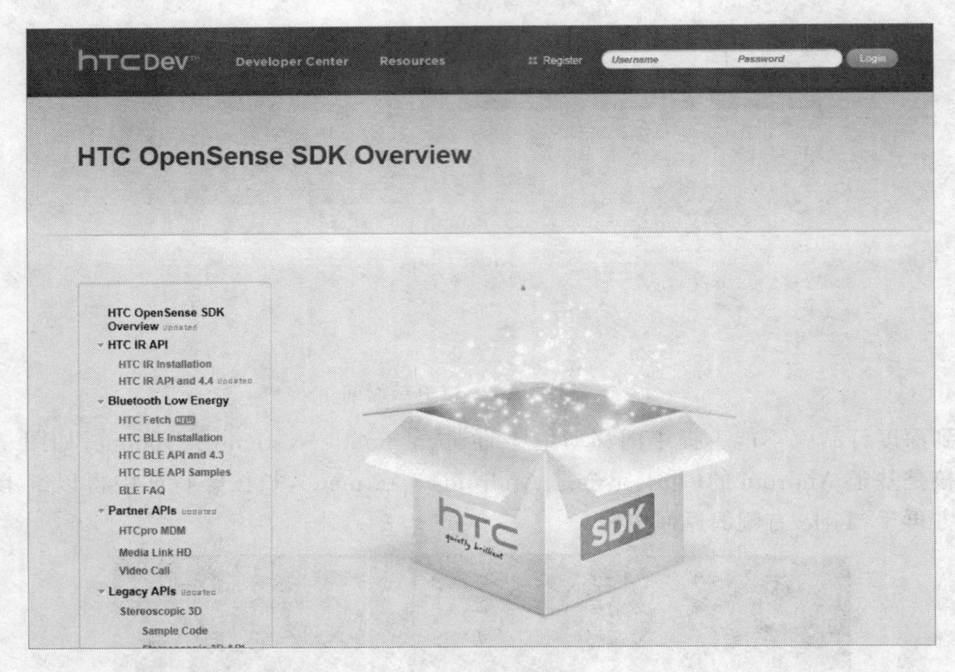

图9B-5　HTC OpenSense SDK

而图9B-6所示国内魅族M9：基于Android 2.2系统，在信息展示层面有深度修改优化，是一款比较适合国内用户使用的系统。与原生的Android不同的地方在于：

(1) Title和status bar的整合，以期节约空间。

(2) 框的统一设计，对话框警示框等。

(3) 吸取iphone的文件夹概念。

(4) 取消Android本来的桌面和应用抽屉概念，保证应用仅在桌面展示。

图 9B-6　魅族 M9

B.1.2　Android 底层开发平台

1. 手机开机顺序

在讲解底层平台前先了解一个手机的开机顺序，手机从打开电源到可以打电话状态，通常会经历以下三个步骤：

(1) 硬件(没有操作系统)加载

在没有操作系统的前提下首先需要一个交叉开发环境对手机硬件利用 MDK 进行编写驱动以及调试。

交叉开发是指在一台通用计算机上进行软件的编辑编译，然后下载到嵌入式设备中进行运行调试的开发方式。说的通俗一点，如果组装一辆汽车需要安装一台空调，但是空调不可能等装在汽车上面才开始调试，一定是先在其他的平台上调试好在安装到汽车上。

而 MDK(Microcontroller Development Kit)是用来开发基于 ARM 核的系列微控制器的嵌入式应用程序的开发工具。

这其中涉及的内容太多本篇不可能全部介绍完，有兴趣的读者可以按照关键字的顺序进行搜索：交叉编译、MDK 开发、时序、汇编语言、数字信号和模拟信号。

(2) 操作系统的加载(linux)

在 Android 手机上更新过新的 Android 系统(俗称刷机)的读者对引导程序 Bootloader 一定不会陌生，在嵌入式设备中，Bootloader 是在操作系统运行之前运行的一段小程序，有点类似 BIOS 的作用。通过这段小程序，初始化最基本的硬件设备并建立内存空间的映射图，从而将系统的软硬件环境带到一个合适的状态，以便为最终调用操作系统内核准备好正确的环境。

系统通上电后通过引导程序加载系统内核 kernel，然后在加载根文件系统(每个厂商可根据需要进行功能裁减，产生一个最基本的根文件系统，再根据自己的应用需要添加其他程序)。

(3) Android 图形化系统的启动

最后加载硬件驱动、图形化系统，手机就可以启动了。

2. Android 系统框架

前面反复讲到了 Android SDK 开发包，那么到底什么是 SDK 开发包呢？要讲清楚这个问题，必须先理解图 9B-7 所示的 Android 系统框架。

Android 系统从底向上一共分了 4 层，每一层都把底层实现封装，并暴露调用接口给上一层。如图 9B-7(官方版)，图 9B-8(翻译版)所示。

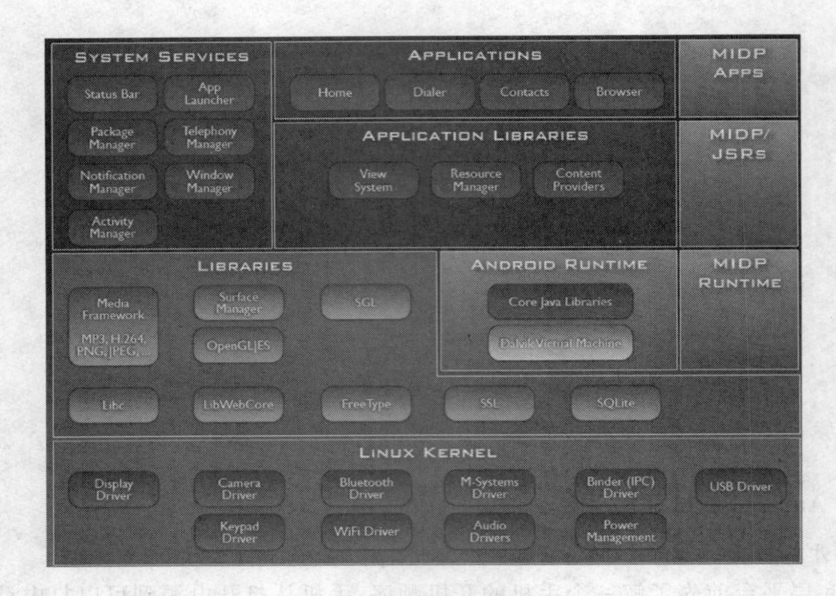

图 9B-7　Android 系统框架(官方版)

图 9B-8　中文版(翻译版)

【注意】因为很多参考资料引用的名称任然以英文为主，所以本章给出中英文对照的系统框架供读者参考。

(1) Linux 内核(Linux Kernel)

Android 也并非完全从头到尾由 Google 公司研发，其底层是一个基于 Linux kernel 2.6 (开源，并提供公开下载)之上开发的独立操作平台(但是把 linux 内受 GNU 协议约束的部分做了取代，这样在 Android 的程序可以用于商业目的)。

底层主要是添加了一个名为 Goldfish 的虚拟 CPU 以及 Android 运行所需的特定驱动代码。该层用来提供系统的底层服务，包括安全机制、内存管理、进程管理、网络堆栈及一系列的驱动模块。Linux 内核是硬件和软件层之间的抽象层。

【注意】linux kernel (Linux 内核)和平时安装的诸如红帽子、红旗、Ubuntu 等 Linux 发行版还是有区别的。

Linux 内核不仅仅是文件管理这么简单！内核建立了计算机软件与硬件之间通信的平台，内核提供系统服务，比如文件管理、虚拟内存、设备 I/O 等。可以把 linux 装在 U 盘或移动硬盘中(这一点是 Windows 做不到的)。

既然 Linux 只是一个内核。然而，一个完整的操作系统不仅仅是内核而已。所以，许多个人、组织和企业，开发了基于 GNU/Linux 的 Linux 发行版，例如上面：红帽子、红旗、Ubuntu 等，但还没有到 Android，因为 Android 还包括打电话发短信的功能，不仅仅是个操作系统这么简单。

【知识点】Linux 版本号分为三个部分：主版本号、次版本和修正号。

主版本号和次版本号标志着重要的功能变动；修正号表示较小的功能变动。以 2.6.12 版本为例，2 代表主版本号，6 代表次版本号，12 代表修正号。其中次版本号还有特定的意义：如果次版本号是偶数，那么该内核就是稳定版的；若是奇数，则是开发版的。例如：1.2.0 是发布版，而 1.3.0 则是开发版。头两个数字合在一齐可以描述内核系列。

(2) 中间件

中间件包括两部分：核心库和运行时(libraries & Android runtime)，目的是提供：Java 基本的运行环境和与标准 j2se 兼容的类库。

核心库包括，SurfaceManager 显示系统管理库，负责把 2D 或 3D 内容显示到屏幕；Media Framework 媒体库，负责支持图像，支持多种视频和音频的录制和回放；SQlite 数据库，一个功能强大的轻量级嵌入式关系数据库；WebKit 浏览器引擎等。

【小提示】WebKit 提供非常强大的网络功能，在后面的网络项目中会详细展开讲解。例如 WebKit 可以用 js 去调用一个 html 文件，然后把处理结果反馈到 Android 程序界面中。

Dalvik 虚拟机：区别于 Java 虚拟机的是，每一个 Android 应用程序都在它自己的进程中运行，都有一个属于自己的 Dalvik 虚拟机，这一点可以让系统在运行时具有运行效率高，代码密度小，节省资源的特点，程序间的影响大大降低。Dalvik 虚拟机并非运行 Java 字节码，而是运行自己的字节码。

【注意】Dalvik 虚拟机使用自定义的字节码格式(称为 DEX 文件，. dex)，不兼容现有 Java 字节码格式。Android 里的 dx 工具负责把 Java 字节码转换成 Dalvik 字节码。有关 dex 介绍请参考前面的反编译的内容。

(3) 应用程序框架(Application Framework)

开发者通过使用核心应用程序来调用 Android 框架提供的 API，这个应用程序结构被设计成方便复用的组件。任何的应用程序都可以公布它的功能，其他的应用程序可以使用这些功能(涉及系统安全问题的功能将会被框架禁止)。该应用程序重用机制使用户可以方便地替换程序组件。隐藏在每个应用后面的是一系列的服务和系统，其中包括：

丰富而又可扩展性的视图(Views)，可以用来构建应用程序，它包括列表(lists)，网格(grids)，文本框(text boxes)，按钮(buttons)，可嵌入的 Web 浏览器。

内容提供者(Content Providers)使得应用程序可以访问另一个应用程序的数据(如联系人数据库)，或者共享它们自己的数据。

资源管理器(Resource Manager)提供非代码资源的访问，如本地字符串，图形和布局文件(layoutfiles)。

通知管理器(Notification Manager) 使得应用程序可以在状态栏中显示自定义的提示信息。

活动管理器(Activity Manager) 用来管理应用程序生命周期并提供常用的导航回退功能。

【小提醒】目前做 Android 开发的分为两种：

Android 应用开发(SDK 开发)：基于 Android 提供的系统 API(第三层 Java Framework)进行应用层面的开发，亦即基于 Android SDK 开发。

Android 源代码开发：Linux 中相关设备的驱动程序开发，比如 LCD，触摸屏，键盘，音频，摄像头，蓝牙等；以及硬件抽象层的开发，硬件抽象层在用户空间，介于驱动和 Android 系统之间。相比而言源代码开发的工程师待遇更好一些，因为培养的起点高、成本大、周期比较长，所以这样的人才比较少。

【知识点】什么是 Android SDK?

原本笔者考虑将这一章放在开篇来讲，深思熟虑之后，觉得还是不太妥当。根据笔者自己的经验，一定安装过 Android 开发环境(其中包括了 SDK、ADT 的安装)、做过 HelloWorld、了解了 Android 提供的组件、最后编译 apk 文件再来看 Android 系统架构，才了解的更深刻。这就好像给从来没有踢过球的人讲技巧、讲战术，还不如先在球场上摸爬滚打一阵，再来讲有意义的多。前面的章节一直谈到了 SDK，那么从系统上理解 SDK 到底什么一个什么样的定义呢?

SDK(Software Development Kit)软件开发工具包。被软件开发工程师用于为特定的软件包、软件框架、硬件平台、操作系统等建立应用软件的开发工具的集合。因此，Android SDK 指的既是 Android 专属的软件开发工具包。

Android SDK 是由模块化的包组成的。在 Android 官网提供了包含 SDK、ADT 和 eclipse 的包的下载，也提供了 ADT 和 SDK tools 的下载，如图 9B-9 所示和图 9B-10 所示。下载解压包含 SDK、ADT 和 eclipse 包后如图 9B-11 所示，其中 SDK 包中包含了 Android 的文档、开发版本、开发工具、例子、等等。

图 9B-9　官网下载 SDK 页面

Developer Tools

Download

Setting Up the ADT Bundle

Setting Up an Existing IDE

Android Studio

Exploring the SDK

Download the NDK

Workflow

Support Library

Tools Help

Revisions

Samples

ADK

DOWNLOAD FOR OTHER PLATFORMS

ADT Bundle

Platform	Package	Size	MD5 Checksum
Windows 32-bit	adt-bundle-windows-x86-20131030.zip	503599460 bytes	cd490a531ec24667354f6473e999b988
Windows 64-bit	adt-bundle-windows-x86_64-20131030.zip	503735416 bytes	ddddbb1b9028015779d68dde01f96b14
Mac OS X 64-bit	adt-bundle-mac-x86_64-20131030.zip	470386961 bytes	3e80e7a92b549029d91bdcf2ae82657f
Linux 32-bit	adt-bundle-linux-x86-20131030.zip	496876498 bytes	d389139ad9f59a43bdd34c94bc850509
Linux 64-bit	adt-bundle-linux-x86_64-20131030.zip	497171697 bytes	99b51a4f0526434b083701a896550b72

SDK Tools Only

Platform	Package	Size	MD5 Checksum
Windows 32 & 64-bit	android-sdk_r22.3-windows.zip	108847452 bytes	9f0fe8c8884d6aee2b298fee203c62dc
	installer_r22.3-windows.exe (Recommended)	88845794 bytes	ad50c4dd9e23cee65a1ed740ff3345fa
Mac OS X 32 & 64-bit	android-sdk_r22.3-macosx.zip	74893875 bytes	ecde88ca1f05955826697848fcb4a9e7
Linux	android-sdk_r22.3-linux.tgz	100968558	6ae581a906d6420ad67176dff25a31cc

图 9B-10　官方 SDK 下载

【知识点】Android SDK 的作用

开发人员可以完全访问核心应用程序所使用的 API 框架，例如开发者用的最多的是 tools 中 emulator. exe，负责启动 Android 模拟器。

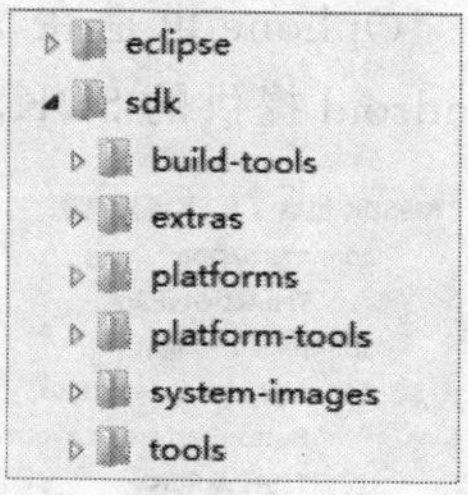

隐藏在每个应用后面的是一系列的服务和系统，其中包括：

(1) 丰富而又可扩展的视图(Views)，可以用来构建应用程序，它包括列表(lists)，网格(grids)，文本框(text boxes)，按钮(buttons)，甚至可嵌入的 Web 浏览器。

eclipse
sdk
build-tools
extras
platforms
platform-tools
system-images
tools

图 9B-11　SDK

(2) 内容提供器(Content Providers)使得应用程序可以访问另一个应用程序的数据(如联系人数据库)，或者共享它们自己的数据。

(3) 资源管理器(Resource Manager)提供非代码资源的访问，如本地字符串，图形和布局文件(layout files)。

(4) 通知管理器 (Notification Manager) 使得应用程序可以在状态栏中显示自定义的提示信息。

(5) 活动管理器(Activity Manager) 用来管理应用程序生命周期并提供常用的导航回退功能。

【知识点】其他 SDK

上述的系统和服务到底有什么作用，可能读者还没有一个直观的认识，举例来说 Windows Mobile 是将内核图形层绑定在一起。而图 9B-8 所显示 Android 底层 Linux 2.6 kernel 内核是没有任何图形化界面的，Android SDK 就需要在内核的基层上提供良好的用户界面、打电话的功能、发短信的功能、重力感应的功能。而作为开发者不要了解底层是如何操作只需要了解 SDK 中提供的服务。例如想将手机翻背面就调整为震动，工程师不需要了解寄存器的地址，只需要调用 Android SDK 提供 SensorManager 以及 AudioManager 的 API。

每个手机厂商基于市场效益也会推出自己的 SDK 开发包，不光只有 Android 系统。例如几年前风靡一时的魅族 M8 手机是在 WinCE(开放源代码但不开源，非免费)的基础上，独立开发了一整套的 UI、拨打电话的、SMS 等等属于自己的类库。由于用的是另外一套的 SDK，所以就连微软自己的开发工具 Microsoft Visual Studio 开发的软件是不能直接运行在魅族 M8 上，必须安装魅族提供的 M8 SDK 开发包，如图 9B-12 所示。

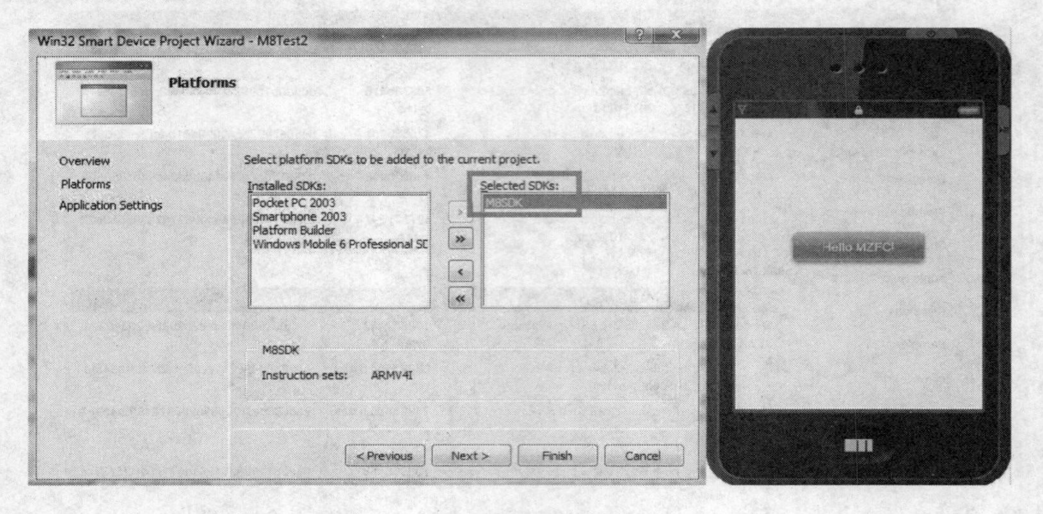

图 9B-12 安装魅族 M8 SDK 开发包

Ophone 也是在 Android 基础上包裹了一层外壳，导致一小部分函数名称、地址都与 Android 提供的 SDK 不一样，属于市场效益。

M9SDK 包含了如下自定制类:
com.meizu.app :
TabActivityPlus
com.meizu.widget :
AlphabetIndexerPlus
ButtonBarLinearLayout
TabHostPlus
TabWidgetPlus
TextInfoProgressBar

图 9B-13 魅族 M9

同样道理魅族 M9 也 Android SDK 的基础上加入一套自定制类，如图 9B-13 中提供魅族专门的 widget，用了 M9 专属的 widget 控件后，在其他品牌的 Android 手机上是不可以运行的。不过这次相比 M8 而言不用再订制打电话的功能，因为 Android 与 WinCE 相比，Android 本身就是手机操作系统，而 WinCE 只是操作系统。

【知识点】最近 HTC 推出的裸眼 3D 手机，搭配最新的 HTC SENSE UI 显得非常绚丽。其技术原理为采用了 Parallax Barrier（视差屏障技术），将两个不同角度的影像，分别做等距离的分割成垂直线条状，然后利用插排（interlace）的方式将左右影像交错地融合在一起，同时借助透光狭缝（Slit）与不透光遮障（Barrier）垂直相间的光栅条纹等处理，使人们双眼所看到的影像产生差异而有立体的感觉，除此之外也有其他厂商推出了 3D 技术，如图 9B-14 所示。

图 9B-14 3D 效果图

并且在 HTC 的官网开放了自己的 OpenSense SDK 的源代码，相比 Android 的 SDK，官网写的非常清楚（前图 9B-6 所示）：在原本 Android SDK 的基础公共 API 上加上了他独有的 3D 和手写板的 API。显而易见：使用 HTC 的 SDK 独有功能开发的程序，只能运行在 HTC“最新”的 3D 手机上（并非所有 HTC 的 Android 手机）。所以用户体验和用户市场是紧密结合在一起的。

(4) 应用程序 (Applications)

Android 架构的最上一层，Android 系统会内置一些应用程序包包括 E-mail 客户端、SMS

短消息程序、日历、浏览器、联系人管理程序等，因为毕竟是谷歌定制的系统所以默认内嵌了谷歌地图、谷歌搜索引擎的 App Widget。

B.2 案例设计与实现

叙述到这里基本上读者应该对 SDK 有了一定的认识，从 Android SDK 的版本发展、不同厂商越来越人性化的 SDK 的研发证明科技是以人为本的，科技的发展是带来越来越更丰富的生活(2D 到 3D 的转变)。

既然本章的题目是用户体验是第一位的，说明既然 SDK 都这么以人为本考虑，那么在软件即服务(SaaS)的今天，开发程序的过程中更是要讲究用户体验。比如要求程序要有友好的人机界面、良好的交互操作使使用者乐在其中。举个简单的例子，Android 本身就自带了闹钟，但是在 Android 市场还有很多优秀的闹钟程序，这些闹钟程序有很多丰富的功能，例如：偷菜提醒，设置多少分钟后去偷菜；银行还贷的提醒，每个月的前几天反复提醒；起床闹钟，例如算个算术才能停止闹钟的个性化设置。这些全部都是用户体验。

那么本章讲述这样几个案例：NotificationManger 提醒、动态布局、抽屉、新的组件。案例与案例之间并无联系，主要达到抛砖引玉的作用。

B.2.1 自动提醒

1. 需求分析

目前各大搜索引擎只要输入几个文字，就会出现相近的关键字候选，如图 9B-15 所示。试想，如果某个搜索引擎不提供这种功能，你会使用这个搜索引擎吗？这就用户体验带来的好处。

那么，这种效果在 Android 中利用 AutoCompleteTextView 并搭配 ArrayAdapter 就能设计出类似的效果，如图 9B-16 所示。

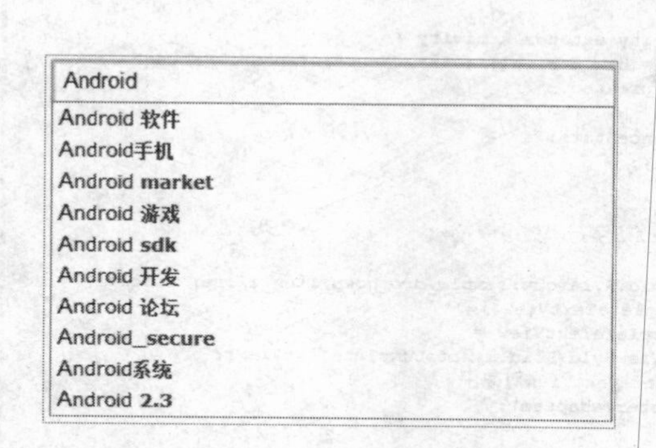

图 9B-15 自动提醒

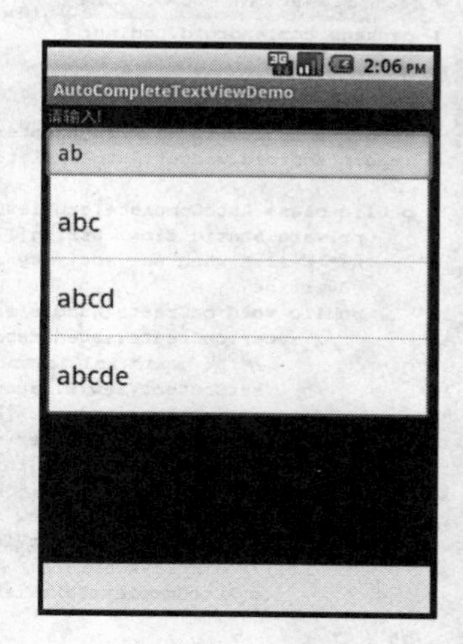

图 9B-16 andoid 自动提醒

2. 界面设计

首先来看布局，如图 9B-17 所示。只是添加了 AutoCompleteTextView 组件。

3. 功能实现

功能实现，如图 9B-18 所示，之前 Spinner 中使用的 ArrayAdapter 又再次用到了。

```xml
1<?xml version="1.0" encoding="utf-8"?>
2<LinearLayout xmlns:android="http://schemas.android.com/
3  android:orientation="vertical"
4  android:layout_width="fill_parent"
5  android:layout_height="fill_parent"
6
7  >
8  <TextView
9  android:layout_width="fill_parent"
10  android:layout_height="wrap_content"
11  android:text="@string/hello"
12
13  >
14  </TextView>
15  <AutoCompleteTextView
16  android:id="@+id/myAutoCompleteTextView"
17  android:layout_width="fill_parent"
18  android:layout_height="wrap_content"
19  >
20  </AutoCompleteTextView>
21
22</LinearLayout>
```

图 9B-17　布局

```java
1 package com.android.coding;
2
3 import android.app.Activity;
4 import android.os.Bundle;
5 import android.widget.ArrayAdapter;
6 import android.widget.AutoCompleteTextView;
7
8 public class AutoCompleteTextViewDemoActivity extends Activity {
9     private static final String[] autoStr = new String[] { "a", "abc", "abcd", "abcde" };
10     /** Called when the activity is first created. */
11     @Override
12     public void onCreate(Bundle savedInstanceState) {
13         super.onCreate(savedInstanceState);
14             /* 载入main.xml Layout */
15             setContentView(R.layout.main);
16             /* new ArrayAdapter对象并将autoStr字符串数组传入 */
17             ArrayAdapter adapter =
18               new ArrayAdapter(this, android.R.layout.simple_dropdown_item_1line, autoStr);
19             /* 以findViewById()取得AutoCompleteTextView对象 */
20             AutoCompleteTextView myAutoCompleteTextView =
21               (AutoCompleteTextView) findViewById(R.id.myAutoCompleteTextView);
22             /* 将ArrayAdapter加入AutoCompleteTextView对象中 */
23             myAutoCompleteTextView.setAdapter(adapter);
24     }
25 }
```

图 9B-18　AutoCompleteTextView 实现

【小技巧】凡是有下拉菜单的项目，都必须用到 ArrayAdapter 对象。

此外，23 行中，将 ArrayAdapter 添加到 AutoCompleteTextView 对象中，使用的方法为 setAdapter，当中传输唯一的参数类型即为字符串类型 ArrayAdapter。

【知识点】MultiAutoCompleteTextView

AutoCompleteTextView 是不具备类似在搜索引擎中多个关键字搜索的这个功能，而 Android 中 MultiAutoCompleteTextView 继承了 AutoCompleteTextView，可以在输入框一直增加新的选项值，如图 9B-19 所示。

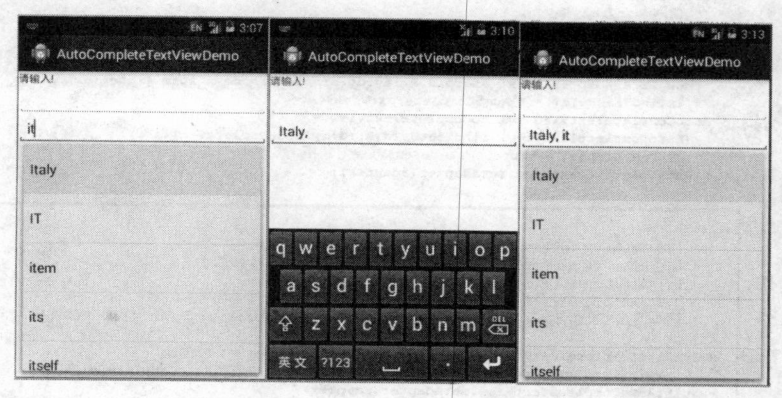

图 9B-19　MultiAutoCompleteTextView

将刚刚的界面修改一下，如图 9B-20 所示。

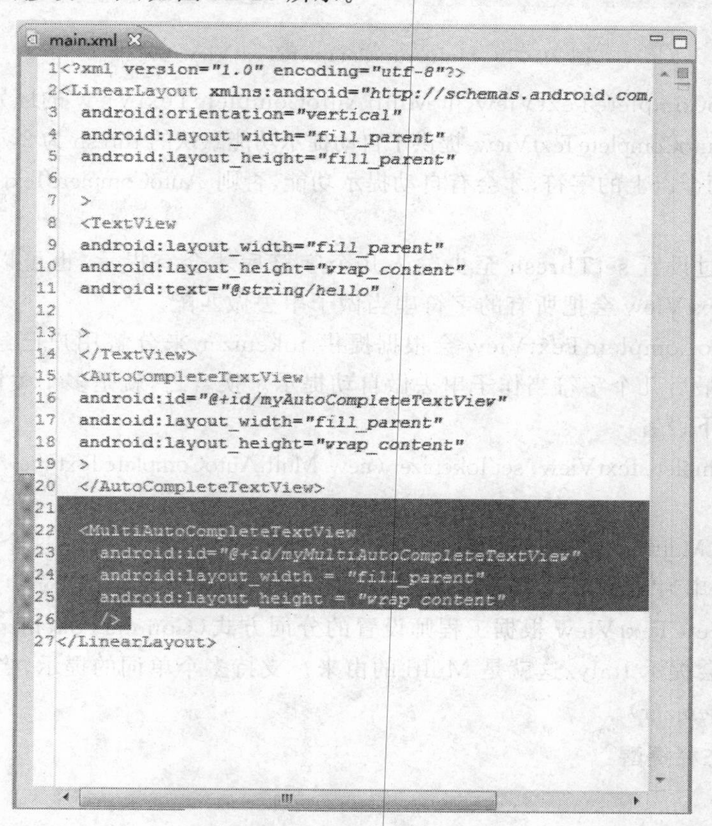

```
1<?xml version="1.0" encoding="utf-8"?>
2<LinearLayout xmlns:android="http://schemas.android.com,
3  android:orientation="vertical"
4  android:layout_width="fill_parent"
5  android:layout_height="fill_parent"
6
7  >
8  <TextView
9  android:layout_width="fill_parent"
10 android:layout_height="wrap_content"
11 android:text="@string/hello"
12
13 >
14 </TextView>
15 <AutoCompleteTextView
16 android:id="@+id/myAutoCompleteTextView"
17 android:layout_width="fill_parent"
18 android:layout_height="wrap_content"
19 >
20 </AutoCompleteTextView>
21
22 <MultiAutoCompleteTextView
23   android:id="@+id/myMultiAutoCompleteTextView"
24   android:layout_width = "fill_parent"
25   android:layout_height = "wrap_content"
26   />
27</LinearLayout>
```

图 9B-20　修改界面

代码实现部分，编写方式有点不同，一定要使用 setTokenizer(分词切分)，否则会出现错误，如图 9B-21 所示。

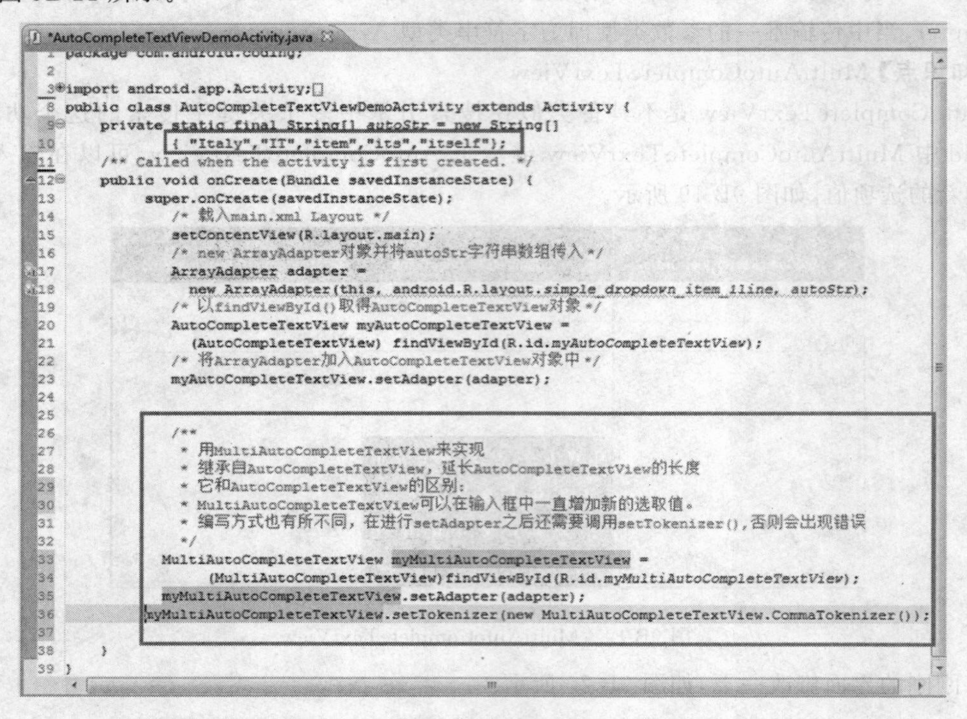

图 9B-21　MultiAutoCompleteTextView 实现

【注意】AutoCompleteTextView 和 MultiAutoCompleteTextView 的区别

Android 中 AutoCompleteTextView 提供了自动提示功能默认的 thresh 为 2，亦即默认情况下必须输入两个或者两个以上的字符，才会有自动提示功能，否则 AutoCompleteTextView 是不会有任何提示的。

当然可以通过设置 setThresh 至少输入几个字符后才会有提示，也可以在 xml 里设置。AutoCompleteTextView 会把所有的字符串当做子串去做匹配。

而 MultiAutoCompleteTextView 会根据提供 tokenizer 来分解用户已经输入的字符串，并对符合条件的最后几个字符当作子串去做自动提示。换言之，就是多个关键字的验证。

例如做了一下设置。

MultiAutoCompleteTextView. setTokenizer (new MultiAutoCompleteTextView. CommaTokenizer ());

输入"It" 时，MultiAutoCompleteTextView 会提示你 Italy，然后选择这个字符串。此时在 textview 中的字符串为"Italy"，紧接着再输入",It"，此时字符串为在 textview 中为 "Italy,It"，此时 MultiAutoCompleteTextView 根据工程师设置的分词方式(CommaTokenizer)，分解出 "It"，又匹配一次，又会提示 Italy. 这就是 Multi 的由来。支持多个单词的提示，当然必须设置正确的分词方式(Tokenizer)。

B. 2. 2　状态栏提醒

1. 需求分析

之前有讲解过 Toast 的用法，可是有时候希望能够在状态栏收到图片或者文字提醒，用手指按住状态栏往下拉，可以看到详细信息，本例模拟 MSN 状态切换的方式，讲解如何把信息放入状态栏，如图 9B-22 所示。

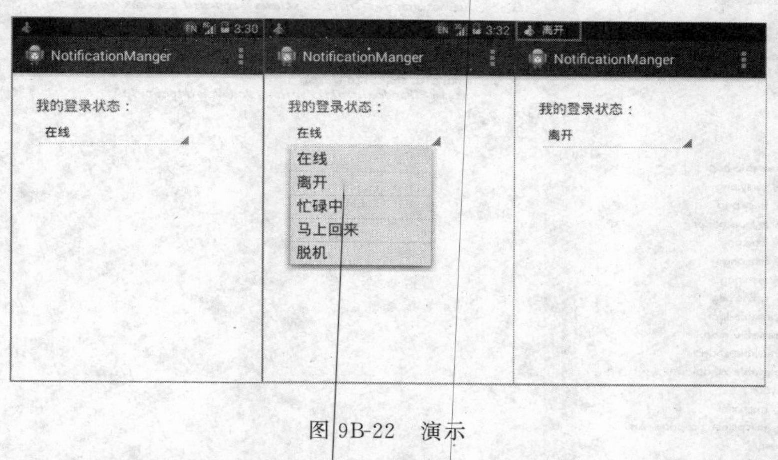

图 9B-22　演示

Android API 已经为了管理提示信息(Notification)，定义了 NotificationManger，只需要将 Notification 添加 NotificationManger，即可将信息显示在状态栏。

2. 界面设计

首先准备工作包括 Icon 材料和布局文件，如图 9B-23 所示。

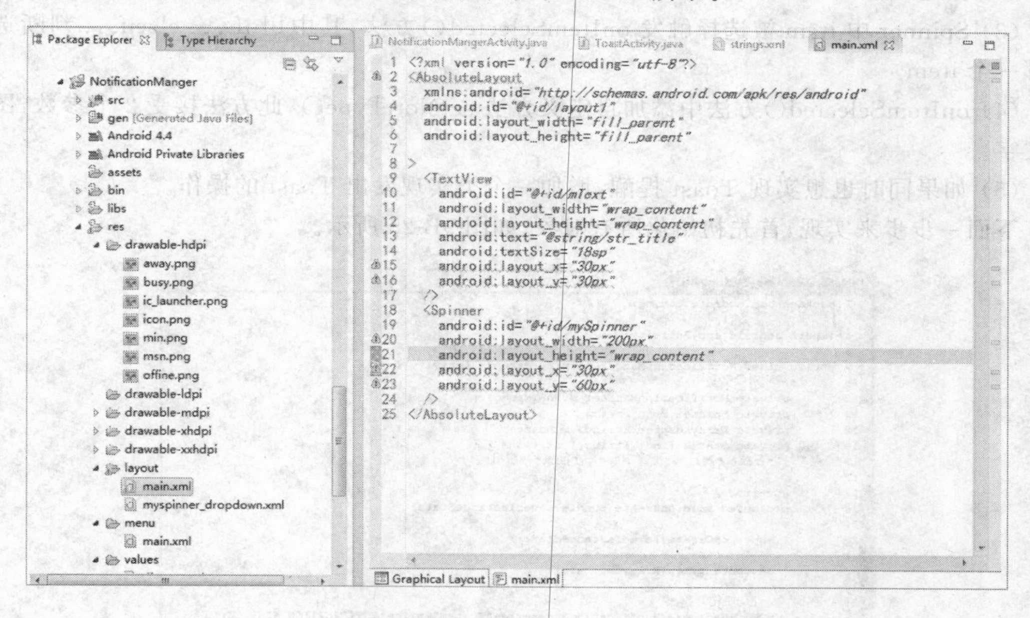

图 9B-23　准备工作 1

从图 9B-22 中可以看到使用了之前的 Spinner，所以定义其属性，如图 9B-24 所示。

3. 功能实现

准备工作完毕之后，开始实现功能代码。需要到达的目的是在 spinner 当中点击其中一种状态，对应的状态栏就出现该状体的图片和文字信息提示。这些功能，从代码实现来说顺序应该是这样分析：

(1) 登录状态(在线、离线、忙碌等)存储到一个一维数组。

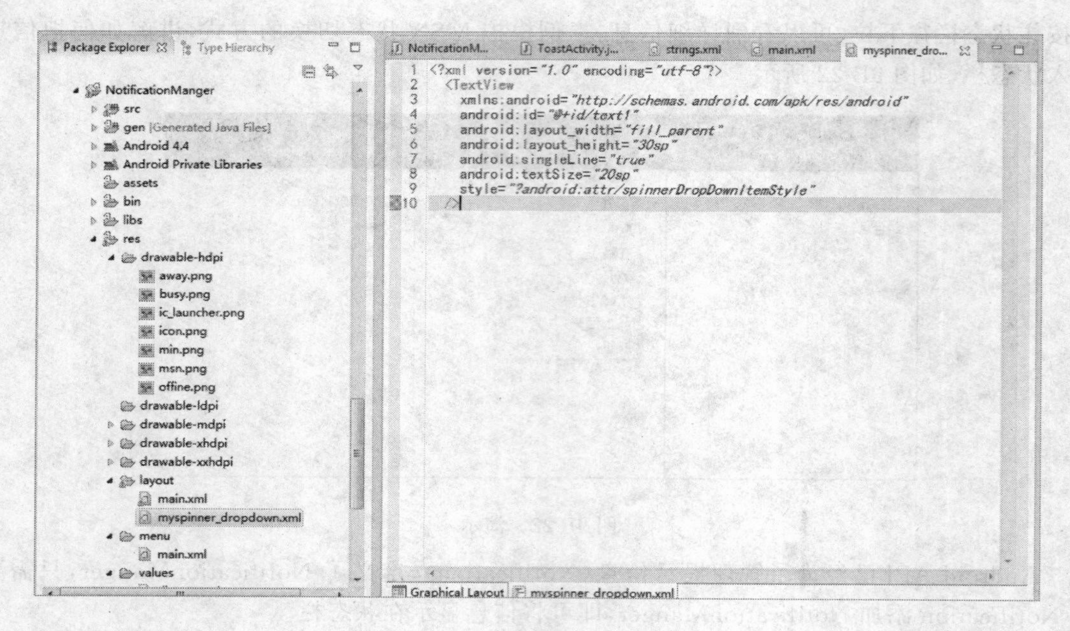

图 9B-24　准备工作 2

(2) 数组设置到 Spinner 中并定义其表达方式(共 2 种,有 radiobutton 和没有)。

(3) Spinner 中 item 被选择触发 onItemSelected()方法,其中用 if ... elseif... 判断选择是哪一个 item。

(4) onItemSelected()方法中添加自定义方法 setNotiType(),此方法接受 2 个参数:图片和文字。

(5) 如果同时也想实现 Toast 提醒,增加一个类实现发出 Toast 的操作。

下面一步步来实现,首先初始化所有对象,如图 9B-25 所示。

```
NotificationMangerActivity.java
 1 package com.android.coding;
 2
 3 import android.app.Activity;
 8
 9 public class NotificationMangerActivity extends Activity {
10     /*声明对象变量*/
11       private NotificationManager myNotiManager;
12       private Spinner mySpinner;
13       private ArrayAdapter<String> myAdapter;
14       private static final String[] status =
15       { "在线","离开","忙碌中","马上回来","脱机" };
16
17       @Override
18       protected void onCreate(Bundle savedInstanceState)
19       {
20         super.onCreate(savedInstanceState);
21         /* 载入main.xml Layout */
22         setContentView(R.layout.main);
23
24         /* 初始化对象 */
25         myNotiManager=(NotificationManager)getSystemService(NOTIFICATION_SERVICE);
26         mySpinner=(Spinner)findViewById(R.id.mySpinner);
27         myAdapter=new ArrayAdapter<String>(this,
28                     android.R.layout.simple_spinner_item,status);
29         /* 套用myspinner_dropdown自定义下拉菜单样式 */
30         myAdapter.setDropDownViewResource(R.layout.myspinner_dropdown);
31         /* 将ArrayAdapter加入Spinner对象中 */
32         mySpinner.setAdapter(myAdapter);
33       }
34 }
```

图 9B-25　初始化对象

紧接着实现 onItemSelected()方法，如图 9B-26 所示。其中出错地方为自定义方法，没有写实现方法，所以报错，先不用急。

```
*NotificationMangerActivity.java
37          /* 将mySpinner加入OnItemSelectedListener */
38          mySpinner
39                  .setOnItemSelectedListener(new Spinner.OnItemSelectedListener()
40                  {
41                      @Override
42                      public void onItemSelected(AdapterView<?> parent, View view,
43                              int position, long id)
44                      {
45                          /* 依照选择的item来判断要发哪一个notification */
46                          if (status[position].equals("在线"))
47                          {
48                              setNotiType(R.drawable.msn, "在线");
49                          } else if (status[position].equals("离开"))
50                          {
51                              setNotiType(R.drawable.away, "离开");
52                          } else if (status[position].equals("忙碌中"))
53                          {
54                              setNotiType(R.drawable.busy, "忙碌中");
55                          } else if (status[position].equals("马上回来"))
56                          {
57                              setNotiType(R.drawable.min, "马上回来");
58                          } else
59                          {
60                              setNotiType(R.drawable.offine, "脱机");
61                          }
62                      }
63
64                      @Override
65                      public void onNothingSelected(AdapterView<?> arg0)
66                      {
67                      }
68                  });
69      }
```

图 9B-26　onItemSelected()方法

其中留意上图中 41 行 onItemSelected()所包含的 4 个形参的意义，如表 9B-1 所示。

表 9B-1　onItemSelected()形参

parent	发生选中事件的 AbsListView
view	AbsListView 中被选中的视图
position	视图在一览中的位置(索引)
id	被单击条目的行 ID

紧接着，实现自定义 setNotiType()方法，方法接收 2 个形参分别为图片 ID 和文字，如图 9B-27 所示，如果想同时也有 Toast 提醒，可以用 intent 进行跳转，稍后再实现 Toast 的 ToastActivity 类。

单击 Notification 列表，实现发出 Toast 的功能代码，如图 9B-28、图 9B-29 所示。

最后凡是程序中有超过 1 个 activity，就必须在 manifest 中注明，否则程序是会报错的，如图 9B-30 所示。

B.2.3　浮动搜索框

1. 需求分析

提高用户体验，绝对不能不提搜索功能！

除非万不得已，所有的应用都要支持调出搜索界面。试想如果电脑中文件不能查找该是多么可怕的一件事情！同样，Android 应用和系统搜索服务必须联系起来。

SearchManager 为 SDK 到 1.6 以后才开始有的 API，Android 开发者就具备针对不同的

```java
*NotificationMangerActivity.java
            @Override
            public void onNothingSelected(AdapterView<?> arg0)
            {
            }
        });
    }
    /* 发出Notification的method */
    private void setNotiType(int iconId, String text)
    {
      /* 建立新的Intent，作为点选Notification留言条时，
       * 会执行的Activity */
      Intent notifyIntent=new Intent(this,ToastActivity.class);
      notifyIntent.setFlags( Intent.FLAG_ACTIVITY_NEW_TASK);
      /* 建立PendingIntent作为设定递延执行的Activity */
      PendingIntent appIntent=PendingIntent.getActivity
      (NotificationMangerActivity.this,0, notifyIntent,0);

      /* 建立Notication，并设定相关参数 */
      Notification myNoti=new Notification();
      /* 设定statusbar显示的icon */
      myNoti.icon=iconId;
      /* 设定statusbar显示的文字讯息 */
      myNoti.tickerText=text;
      /* 设定notification发生时同时发出预设声音 */
      myNoti.defaults=Notification.DEFAULT_SOUND;
      /* 设定Notification留言条的参数 */
      myNoti.setLatestEventInfo
      (NotificationMangerActivity.this,"MSN登入状态",text,appIntent);
      /* 送出Notification */
      myNotiManager.notify(0,myNoti);
    }
  }
```

图 9B-27　实现自定义方法

```java
NotificationMangerActivity.java    ToastActivity.java
package com.android.coding;

import android.app.Activity;
import android.os.Bundle;
import android.widget.Toast;
/* 当user点击Notification留言条时，会执行的Activity */
public class ToastActivity extends Activity
{
  @Override
  protected void onCreate(Bundle savedInstanceState)
  {
    super.onCreate(savedInstanceState);
    /* 发出Toast */
    Toast.makeText
    (ToastActivity.this, "这是模拟MSN切换登录状态的程序", Toast.LENGTH_SHORT ).show();
    finish();
    }
  }
```

图 9B-28　Toast 功能

用户设置搜索范围的能力，以便进行特定数据的搜索，例如：手机联系人、电话号码，存储卡的图片、网页关键词。

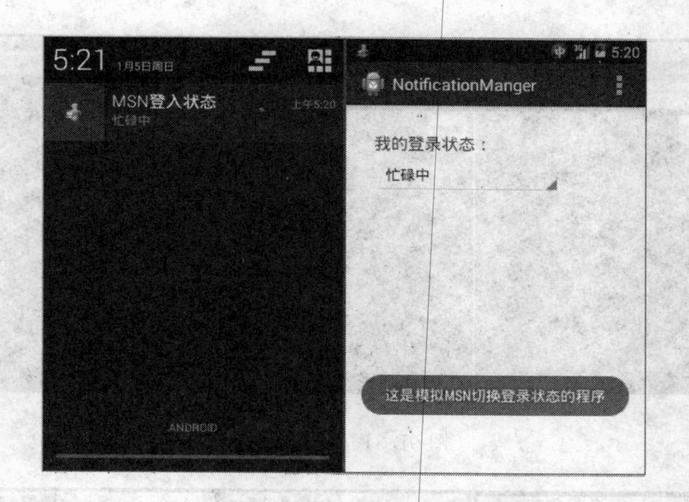

图 9B-29 Toast 效果图

```
NotificationManger Manifest
1  <?xml version="1.0" encoding="utf-8"?>
2  <manifest xmlns:android="http://schemas.android.com/apk/res/android"
3      package="com.coding.notificationmanger"
4      android:versionCode="1"
5      android:versionName="1.0" >
6
7      <uses-sdk
8          android:minSdkVersion="8"
9          android:targetSdkVersion="17" />
10
11     <application
12         android:allowBackup="true"
13         android:icon="@drawable/ic_launcher"
14         android:label="@string/app_name"
15         android:theme="@style/AppTheme" >
16         <activity
17             android:name="com.coding.notificationmanger.NotificationMangerActivity"
18             android:label="@string/app_name" >
19             <intent-filter>
20                 <action android:name="android.intent.action.MAIN" />
21
22                 <category android:name="android.intent.category.LAUNCHER" />
23             </intent-filter>
24         </activity>
25         <activity
26             android:name=".ToastActivity"
27             android:label="@string/app_name" >
28         </activity>
29     </application>
30
31 </manifest>

Manifest | Application | Permissions | Instrumentation | AndroidManifest.xml
```

图 9B-30 manifest 设置

今天设计的案例是这样的，先存储一些关键字：Android，如图 9B-31 所示。然后在输入类似的关键字：andy、and 等开头类似的关键字，如图 9B-32 所示。和之前自动提醒的例子不同的是，SearchManager 是提供搜索功能，单击搜索“search”按钮，就会弹出浮动搜索框，例如图 9B-32 中所示，最后呈现搜索结果。

SearchManager 的作用是提供对系统搜索服务的访问，并且搜索方法提供诸如：语音搜索等。这是和用 button 实现查找功能最大的区别。

要获取到对 Search Manager 的直接访问，只有通过 context.getSystemService(Context.SEARCH_SERVICE)，而试图通过初始化 SearchManager，则是行不通的。

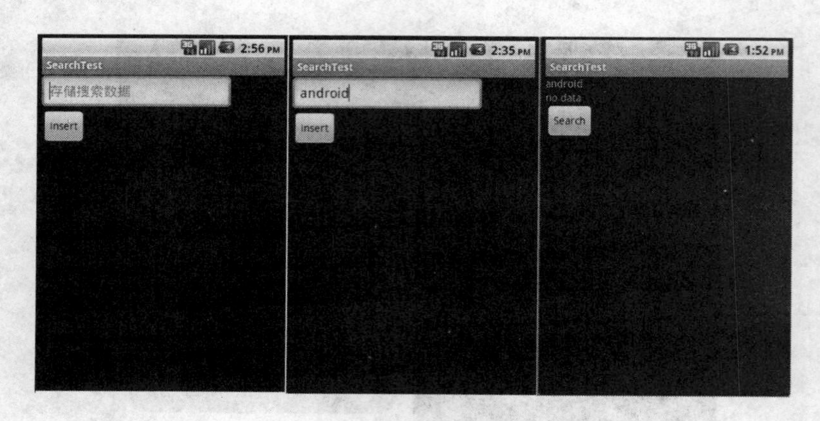

图 9B-31　插入数据

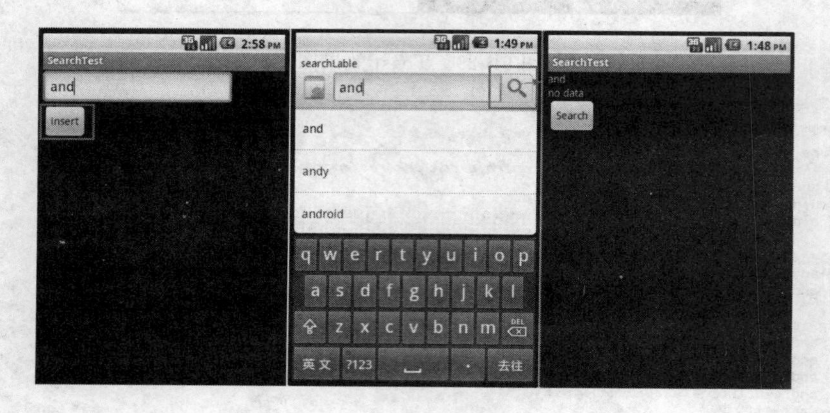

图 9B-32　搜索结果

从搜索的角度来看，应用可分为三类：unsearchable 类型应用、Query-Search 类型应用和 Filter-Search 类型应用。大部分应用是属于后两种。不过，即便是第一种类型，应用也仍旧支持对搜索的调用。后两种的区分就在于，Query-Search 类型应用执行 batch-mode 搜索，每一个查询字符串都被转化成结果列表；Filter-Search 类型应用则提供 filter-as-you-type 搜索。通常来讲，对基于网络的数据进行 Query Search，而对本地数据，则需要 Filter Search。

万一，应用属于第一种类型，你还是可以在 web search 模式下调出搜索界面。按下“搜索”以后，浏览器就会打开。这里需要注意，搜索界面是以浮动窗口(floating window)的形式出现，对 activity stack 是不会有任何改变的。

【小技巧】开发者应该考虑清楚采用什么样的方式来处理搜索请求，以下是四种建议：

(1) 自行捕获搜索命令，包括搜索按钮和菜单项，直接调用搜索界面。

(2) 提供 type-to-search，用户输入任何字符的同时自动启用搜索。

(3) 万一应用是 unsearchable，则允许通过搜索键(或者搜索菜单性)进行全局搜索。

(4) 彻底禁用搜索。

如果使用第一种建议，在定义菜单项的时候，Andriod 已经默认提供了一些资源，开发者可以使用 Android. R. drawable. ic_search_category_default 作为菜单项的 icon，同时使用 SearchManager. MENU_KEY 作为快捷键。然后调用 onSearchRequested()。

如果使用第二种建议，则需要在 Activity 里，调用 setDefaultKeyMode，如下所示：

```
// search within your activity
setDefaultKeyMode(DEFAULT_KEYS_SEARCH_LOCAL);
// search using platform global search
setDefaultKeyMode(DEFAULT_KEYS_SEARCH_GLOBAL);
```

如果使用第三种建议，也就是使用 Quick Search Box 进行对设备和网络的搜索，有两种方式可供选择。其一，在 application 或 activity 中定义"search"，也就是在 mainifest 中增加一个 meta-data；其二，通过默认实现 onSearchRequest() 触发全局搜索（也可以通过 startSearth(String, boolean, Bundle, boolean))

如果使用第四种建议，则要覆写 onSearchRequest() 方法，如下所示：

```
@Override
public boolean onSearchRequested() {
    return false;
}
```

当搜索界面出现，原来的 activity 就会失去输入焦点，当搜索结束时，会有三种可能的结果：首先，用户取消了搜索界面，原来的 activity 重新获得输入焦点。可以通过 setOnDismissListener (SearchManager. OnDismissListener) 和 setOnCancelListener(SearchManager. OnCancelListener) 来获取清除搜索界面的事件通知。

其次，如果用户执行了搜索，这就需要切换到另外一个 activity 来接收和处理 search Intent，原来的 activity 就可能进入 pause 或者 stop 状态。

最后，如果用户执行了搜索，并且当前的 activity 就是 search Intent 的接收者，则需要通过 onNewIntent 方法来接收消息。

2. 界面设计

程序只需要 2 个界面，如图 9B-33 所示。首先主界面 main. xml 如图 9B-33 左所示，当单击 insert 按钮，浮动搜索框出现，输入文字单击放大镜，即搜索按钮，出现结果界面 searchresult. xml。

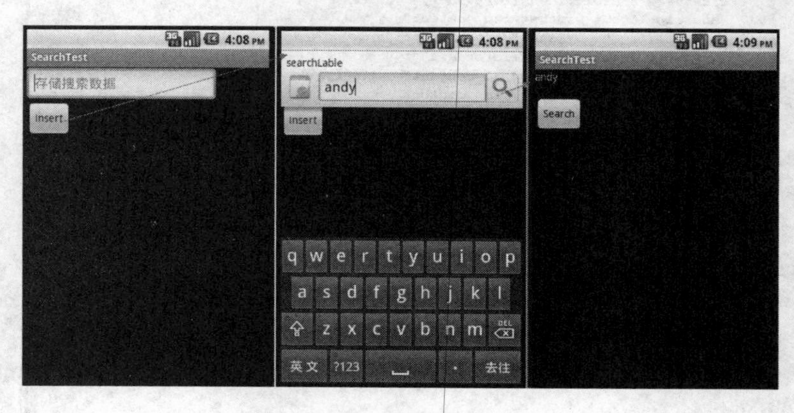

图 9B-33　共需界面

(1) 布局文件为：main. xml，如图 9B-34 所示。

(2) 显示结果布局文件为：searchresult. xml，如图 9B-35 所示。

3. 功能实现

浮动搜索框的使用其实并不难，而是在于它的配置非常之烦琐，对于它的使用主要是方便开发者对于程序中有搜索业务时，更好的设计 UI。SearchManager 具体使用步骤如下：

strings.xml | SearchResultActivity.java | main.xml

```xml
<?xml version="1.0" encoding="utf-8"?>
<LinearLayout xmlns:android="http://schemas.android.com/apk/res/android"
    android:orientation="vertical"
    android:layout_width="fill_parent"
    android:layout_height="fill_parent">
    <EditText android:id="@+id/etdata"
     android:layout_width="250dp"
     android:layout_height="wrap_content"
     android:hint="存储搜索数据"/>
    <Button android:text="insert"
     android:id="@+id/btncall"
     android:layout_width="wrap_content"
     android:layout_height="wrap_content"/>
</LinearLayout>
```

Graphical Layout | main.xml

图 9B-34　主界面

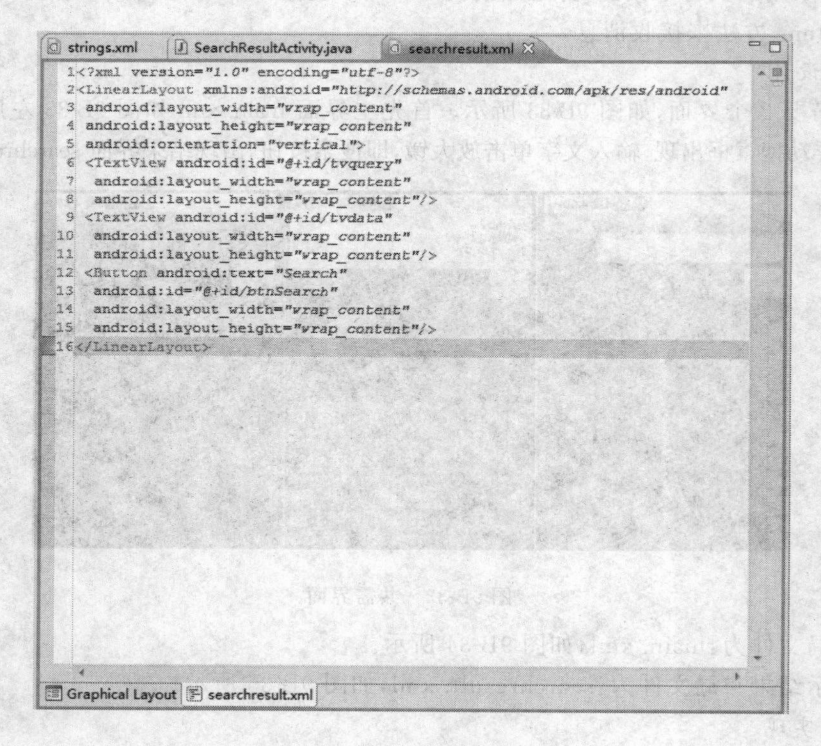

```xml
<?xml version="1.0" encoding="utf-8"?>
<LinearLayout xmlns:android="http://schemas.android.com/apk/res/android"
 android:layout_width="wrap_content"
 android:layout_height="wrap_content"
 android:orientation="vertical">
 <TextView android:id="@+id/tvquery"
  android:layout_width="wrap_content"
  android:layout_height="wrap_content"/>
 <TextView android:id="@+id/tvdata"
  android:layout_width="wrap_content"
  android:layout_height="wrap_content"/>
 <Button android:text="Search"
  android:id="@+id/btnSearch"
  android:layout_width="wrap_content"
  android:layout_height="wrap_content"/>
</LinearLayout>
```

图 9B-35　结果界面

（1）配置 search bar 的相关信息，新建一个位于 res/xml 下的一个 searchable. xml 的配置

文件，如默认值、是否有搜索建议或者语音搜索（本例没有），如图 9B-36 所示。

其最主要是读懂下面两句话，表示浮动搜索框的配置搜索建议。

```
Android:searchMode = "showSearchLabelAsBadge"
Android:searchSuggestAuthority = "com.Android.coding.SearchSuggestionSampleProvider"
```

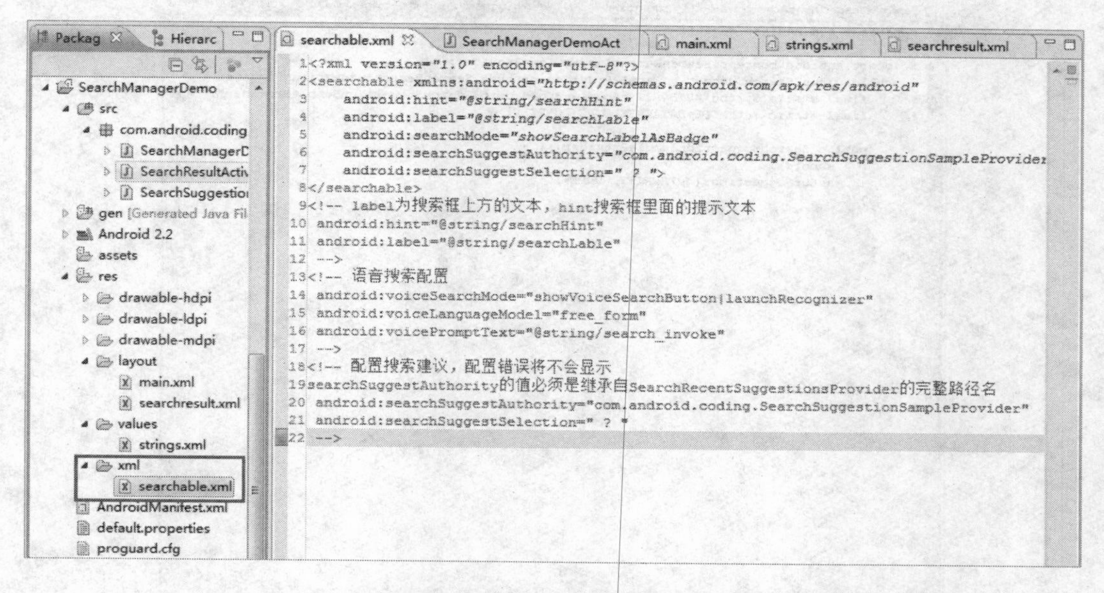

图 9B-36　search bar 的相关信息

（2）manifest. xml 配置，搜索结果处理的 Activity 将出现两种情况，一种是从其他 Activity 中的 search bar 打开一个 Activtiy 专门处理搜索结果，第二种是就在当前 Activity 就是处理结果的 Activity，现在是处理第一种情况，如图 9B-37 所示。

```
SearchManagerDemoActivity.java | strings.xml | SearchManagerDemo Manifest | searchable.xml
1 <?xml version="1.0" encoding="utf-8"?>
2 <manifest xmlns:android="http://schemas.android.com/apk/res/android"
3     package="com.android.coding" android:versionCode="1" android:versionName="1.0">
4     <uses-sdk android:minSdkVersion="8" />
5     <application android:icon="@drawable/icon" android:label="@string/app_name">
6         <activity android:name=".SearchManagerDemoActivity"
7             android:label="@string/app_name">
8             <intent-filter>
9                 <action android:name="android.intent.action.MAIN" />
10                <category android:name="android.intent.category.LAUNCHER" />
11            </intent-filter>
12        <!--为了使该Activity都能使用search bar,一定要将这个标签放到该Activity中,
13            里面的value指定的是处理搜索结果的Activity-->
14            <meta-data android:name="android.app.default_searchable"
15                android:value=".SearchResultActivity" />
16        </activity>
17        <!-- 处理搜索结果的Activity -->
18        <activity android:name="SearchResultActivity" android:launchMode="singleTop">
19            <intent-filter>
20                <action android:name="android.intent.action.SEARCH" />
21            </intent-filter>
22        <!-- 指定到/res/xml/searchable.xml文件 -->
23        <meta-data android:resource="@xml/searchable" android:name="android.app.searchable" />
24        </activity>
25    <!--searchable.xml中有一个searchSuggestAuthority的值,
26    其实和这里的authorities指向的都是name中所关联的SearchSuggestionSampleProvider,
27    它是一个SearchRecentSuggestionsProvider的子类-->
28        <provider android:name="SearchSuggestionSampleProvider"
29            android:authorities="com.android.coding.SearchSuggestionSampleProvider" />
30    </application>
31 </manifest>
```

图 9B-37　manifest. xml

(3) SearchSuggestionSampleProvider 类的实现：上面 authorities 指向的都是 name 中所关联的 SearchSuggestionSampleProvider，他是一个 SearchRecentSuggestionsProvider 的子类，如图 9B-38 所示。

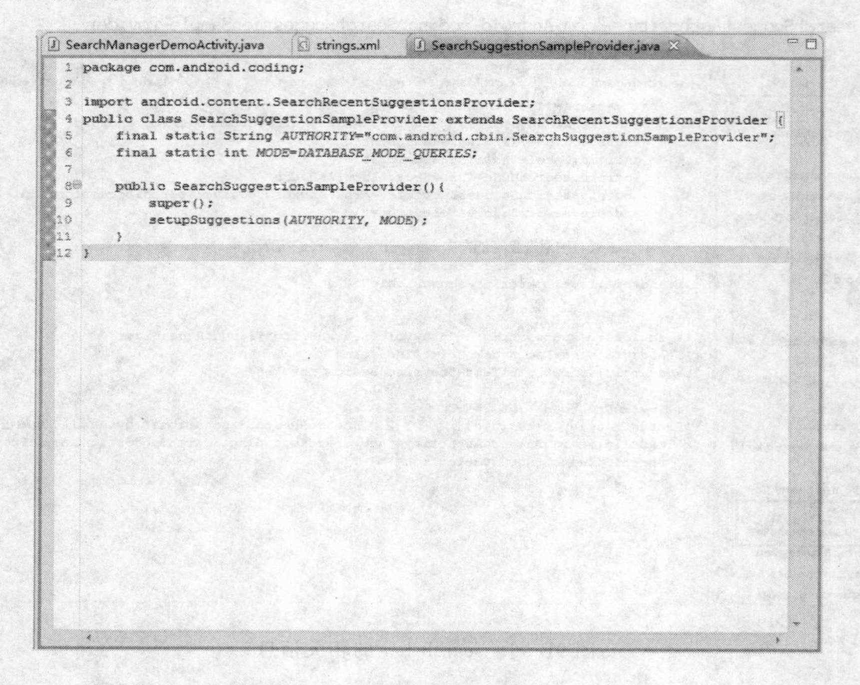

```
1  package com.android.coding;
2
3  import android.content.SearchRecentSuggestionsProvider;
4  public class SearchSuggestionSampleProvider extends SearchRecentSuggestionsProvider {
5      final static String AUTHORITY="com.android.cbin.SearchSuggestionSampleProvider";
6      final static int MODE=DATABASE_MODE_QUERIES;
7
8      public SearchSuggestionSampleProvider(){
9          super();
10         setupSuggestions(AUTHORITY, MODE);
11     }
12 }
```

图 9B-38　SearchSuggestionSampleProvider

(4) 应用启动的第一个 Activity：SearchManagerDemoActivity，如图 9B-39 所示。

```
SearchManagerDemoActivity.java    strings.xml
1  package com.android.coding;
2  import android.app.Activity;
8  public class SearchManagerDemoActivity extends Activity implements OnClickListener{
9   private EditText etdata;
10  private Button btnsearch;
11     @Override
12     public void onCreate(Bundle savedInstanceState) {
13         super.onCreate(savedInstanceState);
14         setContentView(R.layout.main);
15         etdata=(EditText)findViewById(R.id.etdata);
16         btnsearch=(Button)findViewById(R.id.btncall);
17         btnsearch.setOnClickListener(this);
18     }
19  @Override
20  public void onClick(View v) {
21   onSearchRequested();
22  }
23  /*
24   * 为了能够使用search bar,我们必须重写Activity的onSearchRequested的方法,
25   * search bar不会自动触发，必须通过一个按钮或者菜单的点击事件触发
26   * @see android.app.Activity#onSearchRequested()
27   */
28  public boolean onSearchRequested(){
29   String text=etdata.getText().toString();
30   Bundle bundle=new Bundle();
31   bundle.putString("data", text);
32   //打开浮动搜索框（第一个参数默认添加到搜索框的值）,bundle为传递的数据
33   startSearch("andy", false, bundle, false);
34   /*一定要返回true,
35    * 如果返回super.onSearchRequested()方法,则该搜索框默认值无法添加到搜索框中，bundle也无
36    */
37   return true;
38  }
39 }
```

图 9B-39　SearchManagerDemoActivity

(5) 处理搜索结果的 Activity 为:SearchResultActivity.java,如图 9B-40 所示。首先初始化控件以及接收 query 和 bundle、保存 query 值(即搜索建议的列表值)。

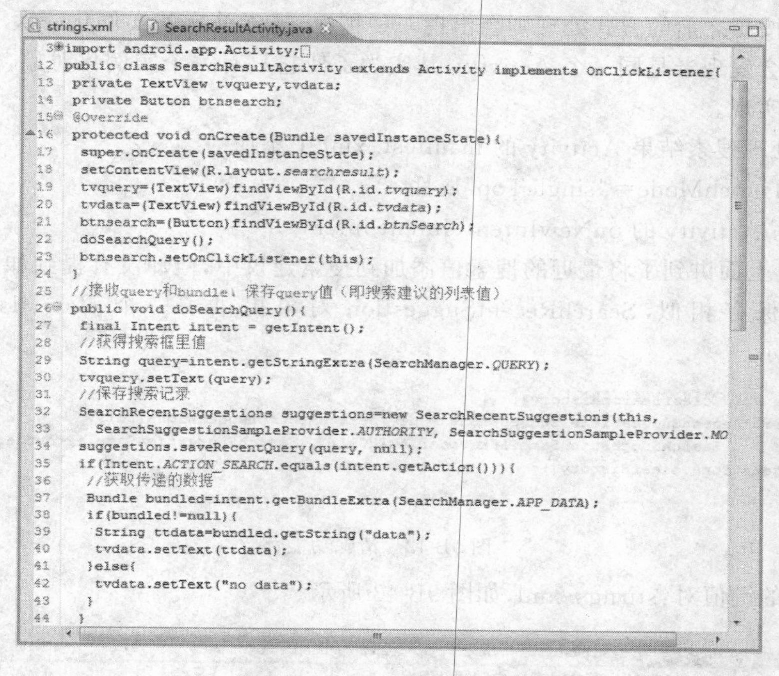

```
 3 import android.app.Activity;
12 public class SearchResultActivity extends Activity implements OnClickListener{
13  private TextView tvquery,tvdata;
14  private Button btnsearch;
15  @Override
16  protected void onCreate(Bundle savedInstanceState){
17   super.onCreate(savedInstanceState);
18   setContentView(R.layout.searchresult);
19   tvquery=(TextView)findViewById(R.id.tvquery);
20   tvdata=(TextView)findViewById(R.id.tvdata);
21   btnsearch=(Button)findViewById(R.id.btnSearch);
22   doSearchQuery();
23   btnsearch.setOnClickListener(this);
24  }
25  //接收query和bundle、保存query值(即搜索建议的列表值)
26  public void doSearchQuery(){
27   final Intent intent = getIntent();
28   //获得搜索框里值
29   String query=intent.getStringExtra(SearchManager.QUERY);
30   tvquery.setText(query);
31   //保存搜索记录
32   SearchRecentSuggestions suggestions=new SearchRecentSuggestions(this,
33     SearchSuggestionSampleProvider.AUTHORITY, SearchSuggestionSampleProvider.MO
34   suggestions.saveRecentQuery(query, null);
35   if(Intent.ACTION_SEARCH.equals(intent.getAction())){
36    //获取传递的数据
37    Bundle bundled=intent.getBundleExtra(SearchManager.APP_DATA);
38    if(bundled!=null){
39     String ttdata=bundled.getString("data");
40     tvdata.setText(ttdata);
41    }else{
42     tvdata.setText("no data");
43    }
44   }
```

图 9B-40　SearchResultActivity1

图 9B-41 中代码 47 行到 55:为了能够使用 search bar 必须重写 Activity 的 onSearchRequested 的方法,在界面上启动一个 search bar,但是这个动作不会自动触发,必须通过一个按钮或者菜单的单击事件触发。

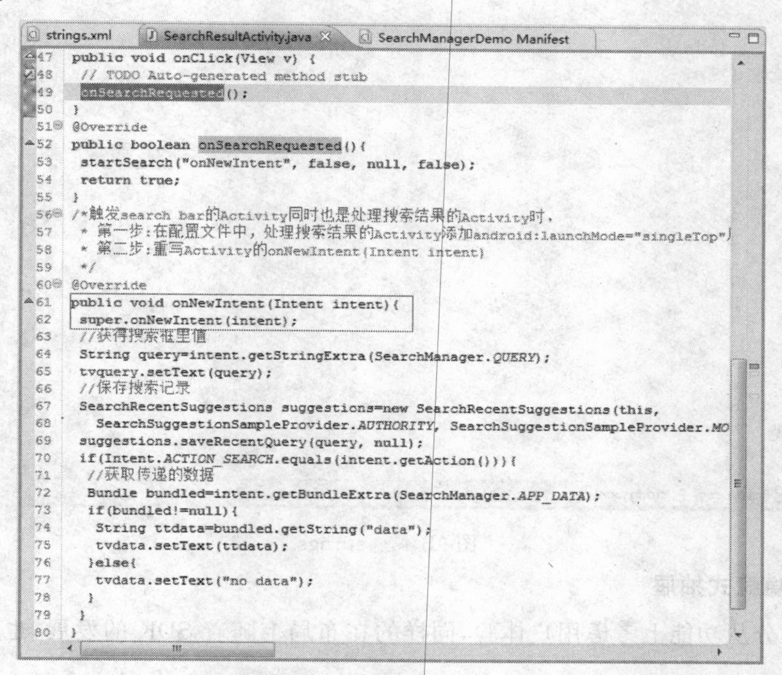

```
47 public void onClick(View v) {
48  // TODO Auto-generated method stub
49  onSearchRequested();
50 }
51 @Override
52 public boolean onSearchRequested(){
53  startSearch("onNewIntent", false, null, false);
54  return true;
55 }
56 /*触发search bar的Activity同时也是处理搜索结果的Activity时,
57  * 第一步:在配置文件中,处理搜索结果的Activity添加android:launchMode="singleTop"
58  * 第二步:重写Activity的onNewIntent(Intent intent)
59  */
60 @Override
61 public void onNewIntent(Intent intent){
62  super.onNewIntent(intent);
63  //获得搜索框里值
64  String query=intent.getStringExtra(SearchManager.QUERY);
65  tvquery.setText(query);
66  //保存搜索记录
67  SearchRecentSuggestions suggestions=new SearchRecentSuggestions(this,
68    SearchSuggestionSampleProvider.AUTHORITY, SearchSuggestionSampleProvider.MO
69  suggestions.saveRecentQuery(query, null);
70  if(Intent.ACTION_SEARCH.equals(intent.getAction())){
71   //获取传递的数据
72   Bundle bundled=intent.getBundleExtra(SearchManager.APP_DATA);
73   if(bundled!=null){
74    String ttdata=bundled.getString("data");
75    tvdata.setText(ttdata);
76   }else{
77    tvdata.setText("no data");
78   }
79  }
80 }
```

图 9B-41　SearchResultActivity2

图中代码 61 行到 79：之前说到了处理结果的 Activity 将可能出现的两种情况的两种，现在就处理第二种状况，就是假如 invoke search bar 的 Activity 同时也是处理搜索结果的 Activity，如果按照之前的方式处理则会出现一种情况，搜索一次就实例化一次 Activity，当按返回键的时候会发现老是同一个 Activity，其实为了使它只有一个实例化对象，只需简单的配置和代码就能实现。

第一：在处理搜索结果 Activity 的 manifest. xml 中添加

Android：launchMode＝"singleTop"属性

第二：重写 Activity 的 onNewIntent(Intent intent)；

【知识点】上面讲到了将最近的搜索值添加到搜索建议中，但却没有提到如果清理搜索建议中的值，与保存相似，SearchRecentSuggestion 对象提供了一个 clearHistory ( ) 方法，如图 9B-42 所示。

```
private void clearSearchHistory() {
    SearchRecentSuggestions suggestions = new SearchRecentSuggestions(this,
            SearchSuggestionSampleProvider.AUTHORITY, SearchSuggestionSampleProvider.MODE)
    suggestions.clearHistory();
}
```

图 9B-42　清除功能

(6) 最后的键值对：stirngs. xml，如图 9B-43 所示。

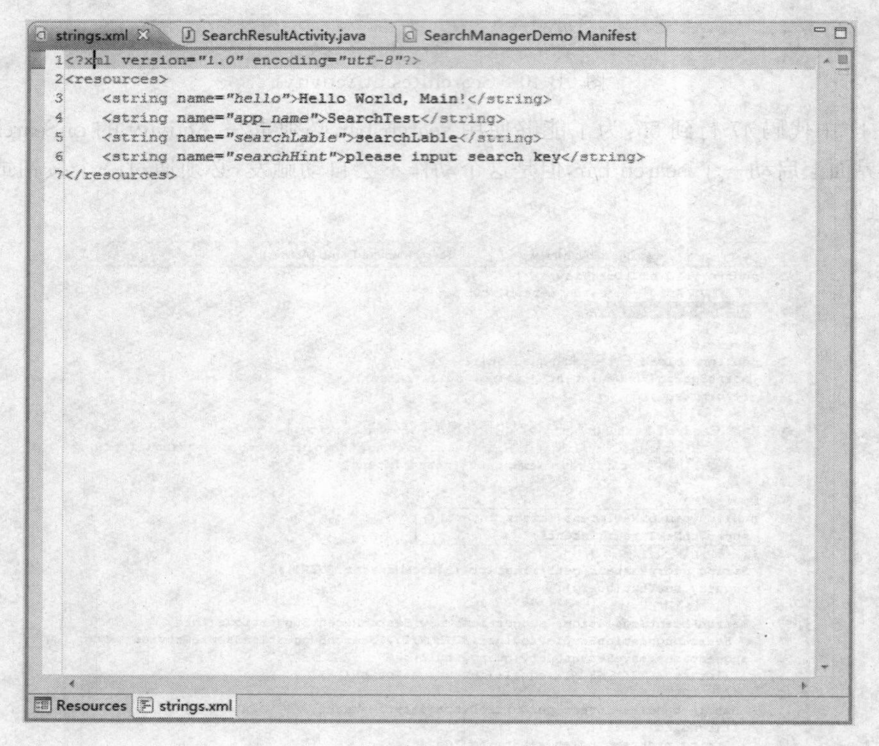

图 9B-43　stirngs

B. 2. 4　隐藏式抽屉

前面大部分从功能上考虑用户体验，同样的在布局上随着 SDK 的发展，也推出了人性化的布局方式。

在手机屏幕有限的 UI layout，可以使用 SlidingDrawer 在可视范围内容放置更多组件，在需要的时候才拉出“抽屉”里面的子功能图标，如图 9B-44 所示。SlidingDrawer 配置上采用水平和垂直展开两种方式，在 XML 里必须指定其使用的 Android：handle（委托要展开的图片，即 layout 配置）和 Android：content（展开的 Layout Content）。

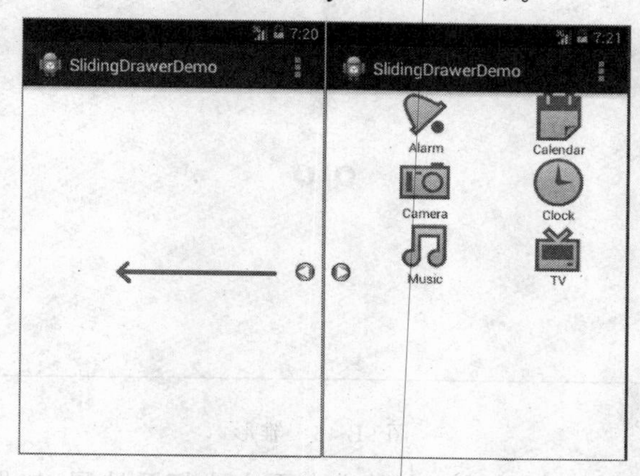

图 9B-44　抽屉

1. 需求分析

单击向左的圆形按钮，从抽屉拉开内含 GridView Layout 的布局

2. 界面设计

主程序（Android 是没有主程序的，很多资料指的“主程序”通常是指和 main. xml 所对应的类）没有编写相关的程序，依然可以正常运行，关键在于当中 Android：handle 指定要显示的 ImageView（小圆圈）作为开关，Android：contnet 则是要按下这个开关，展开抽屉显示的布局 Layout，图 9B-45 红色框所示。

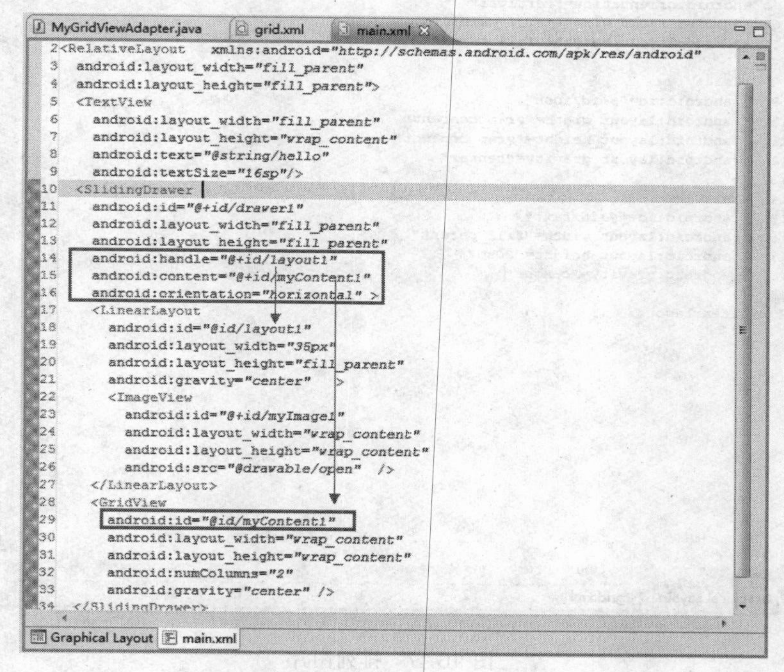

图 9B-45　主界面

可以从图 9B-46 中看到，程序目前只实现了 mail. xml，就已经可以拖拉开关了。

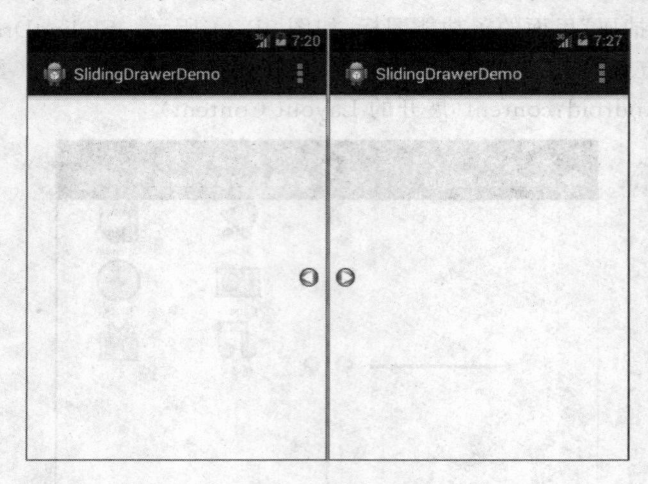

图 9B-46　雏形

【注意】请留意图 9B-44 中 16 行，表示为水平方式打开抽屉，如果改成 vertical，就能让 SlidingDrawer 以垂直的方式打开。

主界面中需要现实排列的图片需要用到 GridView，添加另外一个布局文件来管理排列的图片，每个元素对应一张图片和下面对应文字说明，共需要 2 个组件分别为 TextView 和 ImageView，如图 9B-47 所示。

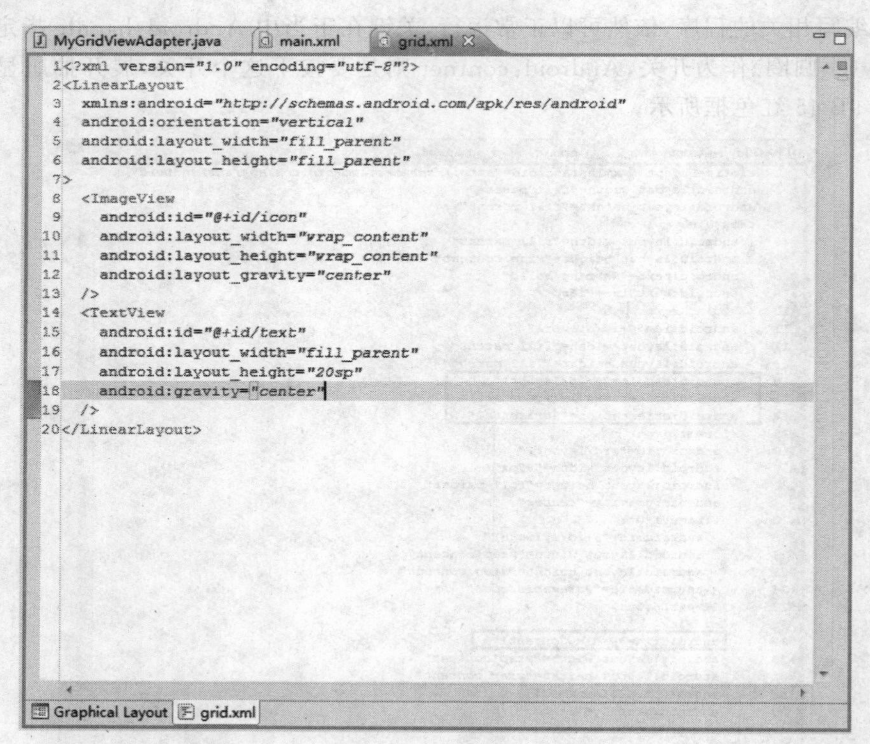

图 9B-47　排列图片

3. 功能实现

首先需要在主类中初始化控件，将资源图片先装入数组 icons 中，如图 9B-48 所示。

```
SlidingDrawerDemoActivity.java    MyGridViewAdapter.java
 1 package com.android.coding;
 2
 3 import android.app.Activity;
 8
 9 public class SlidingDrawerDemoActivity extends Activity {
10     private GridView gv;
11       private SlidingDrawer sd;
12       private ImageView im;
13       private int[] icons={R.drawable.alarm,R.drawable.calendar,
14                            R.drawable.camera,R.drawable.clock,
15                            R.drawable.music,R.drawable.tv};
16       private String[] items={"Alarm","Calendar","Camera","Clock","Music","TV"}
17     /** Called when the activity is first created. */
18     @Override
19     public void onCreate(Bundle savedInstanceState) {
20         super.onCreate(savedInstanceState);
21         setContentView(R.layout.main);
22     }
23 }
```

图 9B-48 初始化控件

控件中的图片文件需要显示出来就一定需要布局，使用 GridView 是最好的选择。所以定义一个类 MyGridViewAdapter 作为适配器，专门去访问、布局、现实、设定这些图片。如图 9B-49～图 9B-51 所示。

```
MyGridViewAdapter.java
 1 package com.android.coding;
 2 import android.content.Context;
 9 /* 自定义Adapter，继承BaseAdapter */
10 public class MyGridViewAdapter extends BaseAdapter
11 {
12
13     @Override
14     public int getCount() {
15         // TODO Auto-generated method stub
16         return 0;
17     }
18
19     @Override
20     public Object getItem(int position) {
21         // TODO Auto-generated method stub
22         return null;
23     }
24
25     @Override
26     public long getItemId(int position) {
27         // TODO Auto-generated method stub
28         return 0;
29     }
30
31     @Override
32     public View getView(int position, View convertView, ViewGroup parent) {
33         // TODO Auto-generated method stub
34         return null;
35     }
36
37 }
38
39
```

图 9B-49 继承 BaspAdapter

```
1 package com.android.coding;
2
3 import android.content.Context;
10 /* 自定义Adapter，继承BaseAdapter */
11 public class MyGridViewAdapter extends BaseAdapter
12 {
13   private Context _con;//扩展布局内容
14   private String[] _items;//图片编号
15   private int[] _icons;//图片文件
16   /* 构造符 */
17   public MyGridViewAdapter(Context con,String[] items,int[] icons)
18   {
19     _con=con;
20     _items=items;
21     _icons=icons;
22   }
23
24   @Override
25   public int getCount()
26   {
27     return _items.length;
28   }
29
30   @Override
31   public Object getItem(int arg0)
32   {
33     return _items[arg0];
34   }
35
36   @Override
37   public long getItemId(int position)
38   {
39     return position;
40   }
```

图 9B-50 MyGridViewAdapter1

```
25   public int getCount()
26   {
27     return _items.length;
28   }
29
30   @Override
31   public Object getItem(int arg0)
32   {
33     return _items[arg0];
34   }
35
36   @Override
37   public long getItemId(int position)
38   {
39     return position;
40   }
41
42   @Override
43   public View getView(int position, View convertView, ViewGroup parent)
44   {/*扩展布局*/
45     LayoutInflater factory = LayoutInflater.from(_con);
46     /* 使用grid.xml为每个item的布局*/
47     View v = (View) factory.inflate(R.layout.grid, null);
48     /* 取得View */
49     ImageView iv = (ImageView) v.findViewById(R.id.icon);
50     TextView tv = (TextView) v.findViewById(R.id.text);
51     /* 设定显示的Image与文字*/
52     iv.setImageResource(_icons[position]);
53     tv.setText(_items[position]);
54     return v;
55   }
56 }
57
58
```

图 9B-51 MyGridViewAdapter2

前面界面设计中，已经可以通过开关，可以打开关闭抽屉了，但是当时是没有图片文件、没有图片文件的布局。

那么现在有了内容，所以设置好适配器之后，主类中 SlidingDrawer 对象应该要添加监听适配器的“打开”(setOnDrawerOpenListener)和“关闭”(setOnDrawerCloseListener)这两个Listener，如图 9B-52 所示。

```
SlidingDrawerDemoActivity.java
20         super.onCreate(savedInstanceState);
21         setContentView(R.layout.main);
22 
23         gv = (GridView)findViewById(R.id.myContent1);
24         sd = (SlidingDrawer)findViewById(R.id.drawer1);
25         im=(ImageView)findViewById(R.id.myImage1);
26 
27         /* 使用告定义的MyGridViewAdapter设置GridView里面的item内容 */
28         MyGridViewAdapter adapter=new MyGridViewAdapter(this,items,icons);
29         gv.setAdapter(adapter);
30 
31         /* 设定SlidingDrawer被打开的事件处理 */
32         sd.setOnDrawerOpenListener(new SlidingDrawer.OnDrawerOpenListener()
33         {
34           @Override
35           public void onDrawerOpened()
36           {
37             im.setImageResource(R.drawable.close);
38           }
39         });
40         /* 设置SlidingDrawer被关闭的事件处理 */
41         sd.setOnDrawerCloseListener(new SlidingDrawer.OnDrawerCloseListener()
42         {
43           @Override
44           public void onDrawerClosed()
45           {
46             im.setImageResource(R.drawable.open);
47           }
48         });
49       }
50     }
51 
52 
53 
```

图 9B-52　添加监听器

B.3　项目心得

到此本章用户体验的案例就演示完毕了，但是用户体验绝对不仅仅只有上面演示的这几点，例如用户在等待登录的时候应该设置进度条提醒用户办理的进度、删除文件的时候需要提醒用户是否确定删除等等内容。这些都属于用户体验的范畴，所以平时学习和生活应该多留言优秀程序(不光只是 Android 平台，例如苹果甚至是 PC 平台的程序)人性化的部分，做到融会贯通。

B.4　参考资料

(1) HTC OpenSense SDK：

http://www.htcdev.com/devcenter/opensense-sdk/

(2) 认知 Android.app.SearchManager：

http://developer.Android.com/reference/Android/app/SearchManager.html

http://www.cnblogs.com/jico/archive/2011/01/14/1869814.html

http://hi.baidu.com/wentaokou/blog/item/1c6e78ee08ce150ffcfa3cfd.html

C　苹果能做我都能做(Gallery)

搜索关键字

ImageSwitcher;
Gallery;
AbsSpinner;
BaseAdapter;
setWallpaper。

本章难点

程序分为三个档次的难度:

(1) 能熟练利用 Gallery 和 ImageSwitcher 控件操作图片。

(2) 添加设置桌面的功能。

(3) 能够读取存储卡中的文件,并判断是否为图片文件再加载到 Gallery。

虽然本章涉及的控件只有 2 个,但是这是设计多媒体的第一步,当然触类旁通的会接触到很多诸如 BaseAdapter 和 ImageView 的使用技巧,这些是在将来设计复杂、精美的程序所必不可少的知识点。所以本章可谓麻雀虽小五脏俱全,请细心领会。

C.1　项目简介

iPhone、iPad 用手指在屏幕上面滑来滑去拖动图片的操作的广告,已经深入人心,同样的在 Android 也可以轻松的做到。程序运行起来,如图 9C-1 左所示,切换下面的预览图片,上面具体图片也会随之变化,如图 9C-1 右所示。当单击上面其中一张图片时,会提示是否设置为桌面的对话框,单击"确定"按钮时,可以从图 9C-2 中看到桌面已经被替换。当选择"取消"按钮时,系统弹出"已取消"的提示如图 9C-3 所示。

图 9C-1　系统运行

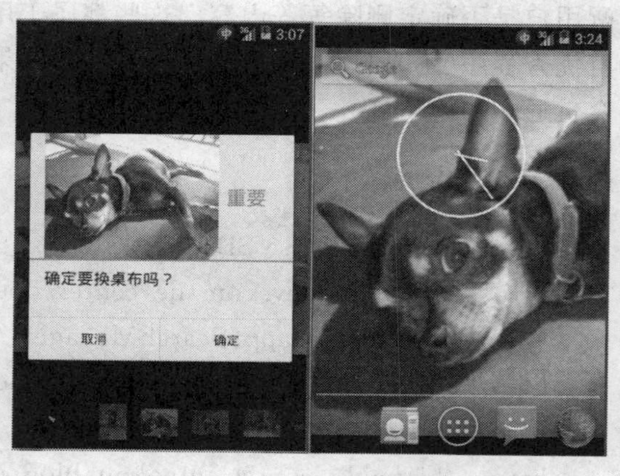

图 9C-2　单击"确定"按钮

C.2 案例设计与实现

别看程序小，好像比较简单，其实蕴含的内容真不少，所以将程序分解为三个部分：

(1) 首先学会使用 Gallery 画廊组件，拖动图片。

(2) 其实图 9C-1 的效果是集合了 Gallery(图片预览效果)和 ImageSwitcher(图片切换效果)2 个控件，所以在第一步完成的前提下加入 ImageSwitcher 控件。

(3) 最后添加设置桌面背景的功能。

C.2.1 Gallery 画廊

1. 需求分析

先让图片像跑马灯一样，先运行起来，如图 9C-4 所示。但是至少图片(图 9C-5 所示)已经放入到适配器当中，并可以实现手指拖动(模拟器通过鼠标拖动)。在接下来的案例在设置图片的正确显示。

图 9C-3 单击“取消”按钮

图 9C-4 Gallery

图 9C-5 准备的图片

2. 界面设计

可以从图 9C-4 总看得出，界面布局并不复杂。只是在原有的基础上在 xml 中添加了 Gallery 控件，如图 9C-6 所示 14 行所示。

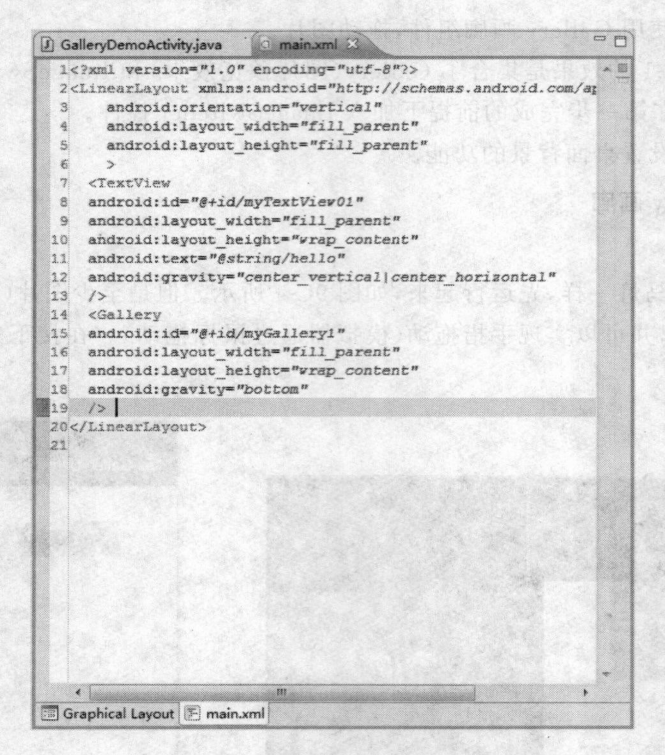

图 9C-6　布局

【小技巧】可在控件的属性中设置其重心，如图 9C-6 中 12 行所示居中显示，会让布局看起来更美观。

3. 功能实现

(1) setAdapter

首先分析一下：在程序启动之初（即 onCreate）除了初始化 Textview 和 Gallery 控件之外，一定是需要将图片要放入到 Gallery 控件当中，否则程序运行起来不会马上出现图 9C-4 画廊的效果。

那么怎么把图片放入 Gallery 当中呢？一个良好的 Android 工程师第一反应就是应该查阅 API，查找一下 Gallery 带了哪些方法，如图 9C-7 所示。

在 Gallery 所提供的方法当中，并没有我们需求分析中需要的功能，有兴趣的读者可以查阅 Gallery 的方法，可以为将来做更丰富的程序做好准备。

当子类 Gallery 中没有这个方法，那么是否在父类中已经有这个方法呢？在 Java 的学习中我们知道：子类是可以继承父类的方法。只不过只能重写父类中的 protected 和 public 方法，默认没有修饰词的是 friendly，同样可以重写，但是 private 方法就不能重写。

那么在 API 中查询一下：在图 9C-7 显示的 AbsSpinner 类所提供的方法是否有项目所需要的功能？

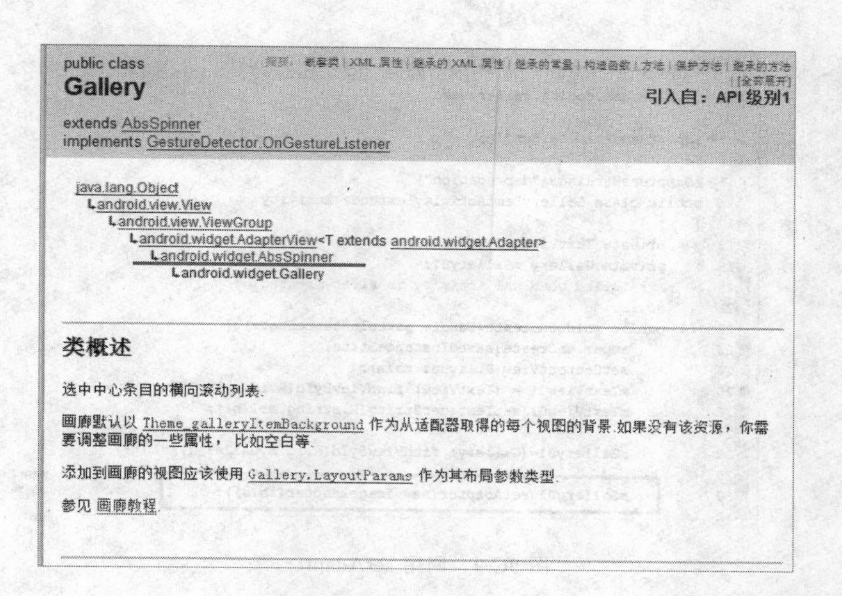

public class
Gallery

搜索： 嵌套类 | XML 属性 | 继承的 XML 属性 | 继承的常量 | 构造函数 | 方法 | 保护方法 | 继承的方法 | [全部展开]

引入自：API 级别1

extends AbsSpinner
implements GestureDetector.OnGestureListener

java.lang.Object
 ┗android.view.View
  ┗android.view.ViewGroup
   ┗android.widget.AdapterView<T extends android.widget.Adapter>
    ┗android.widget.AbsSpinner
     ┗android.widget.Gallery

类概述

选中中心条目的横向滚动列表.

画廊默认以 Theme_galleryItemBackground 作为从适配器取得的每个视图的背景.如果没有该资源，你需要调整画廊的一些属性，比如空白等.

添加到画廊的视图应该使用 Gallery.LayoutParams 作为其布局参数类型.

参见 画廊教程.

图 9C-7 API:Gallery

公有方法	
SpinnerAdapter	getAdapter() 返回当前与该小部件关联的适配器.
int	getCount()
View	getSelectedView()
void	onRestoreInstanceState(Parcelable state) 允许视图重新应用之前由 onSaveInstanceState() 保存的内部状态的回调函数.
Parcelable	onSaveInstanceState() 允许视图保存其内部状态的回调函数，以便于之后使用相同状态创建新实例.
int	pointToPosition(int x, int y) 将一个坐标点变换为列表的索引.
void	requestLayout() 重写以防止调整自身布局时出现的无用布局请求.
void	setAdapter(SpinnerAdapter adapter) 该适配器为 Spinner 提供后端数据.
void	setSelection(int position, boolean animate) 直接跳到数据适配器中指定条目.
void	setSelection(int position) 设置当前选择条目.为了支持无障碍功能，重写该方法的子类必须首先调用父类的该方法.

图 9C-8 AbsSpinner

从图 9C-8 可以得出，在 AbsSpinner 的公有方法中（请特别注意是公有的方法，所以才能继承）提供了 setAdapter 方法提供后端数据。那么实例化的 Gallery 控件可以调用此方法，如图 9C-9 所示。

(2) BaseAdapter

能够调用图片，那么如何将图片放入适配器是接下来需要考虑的问题。创建一个继承自 BaseAdapter 的 ImageAdapter 类，其目的为了暂存欲显示的图片，并新建一个对象之后，当成 Gallery 控件图片的源引用。

在开始动手之前，必须了解何谓 Context 已经 Widget 里的 BaseAdapter。

```
GalleryDemoActivity.java   GalleryDemo Manifest   *main.xml
 1 package com.coding.gallerydemo;
 2
 3 import android.os.Bundle;
14
15 @SuppressWarnings("deprecation")
16 public class GalleryDemoActivity extends Activity
17 {
18     private TextView mTextView01;
19     private Gallery mGallery01;
20     /** Called when the activity is first created. */
21     @Override
22     public void onCreate(Bundle savedInstanceState) {
23         super.onCreate(savedInstanceState);
24         setContentView(R.layout.main);
25         mTextView01 = (TextView) findViewById(R.id.myTextView01);
26         mTextView01.setText(getString(R.string.hello));
27
28         mGallery01=(Gallery) findViewById(R.id.myGallery1);
29
30         mGallery01.setAdapter(new ImageAdapter(this));
31
```

图 9C-9 调用 setAdapter

【知识点】 context 中有两种 context，一种是 application context 一种是 activity context，通常在各种类和方法间传递的是 activity context。在 Activity 当中 Context 如同张画布，随时等待着被重写。

很多方法需要通过 Context 才能识别调用者的实例：比如说 Toast 的第一个参数就是 Context，一般在 Activity 中我们直接用 this 代替，代表调用者的实例为 Activity，而到了一个 button 的 onClick(View view)等方法时，用 this 时就会报错，所以可能使用 ActivityName.this 来解决，主要原因是因为实现 Context 的类主要有 Android 特有的几个模型，Activity 以及 Service。

Context 提供了关于应用环境全局信息的接口。它是一个抽象类，它的执行被 Android 系统所提供。它允许获取以应用为特征的资源和类型。同时启动应用级的操作，如启动 Activity，broadcasting 和接收 intents。

【知识点】 BaseAdapter(基础适配器)的用法

适配器的作用主要是用来给诸如（Spinner，ListView，GridView）来填充数据的。而(Spinner，ListView，GridView，Gallery)都有自己的适配器(记起来麻烦)。但是 BaseAdapter 对他们来说却是通用的，为什么这么说呢，首先查询一下 API 文档，如图 9C-10 所示。

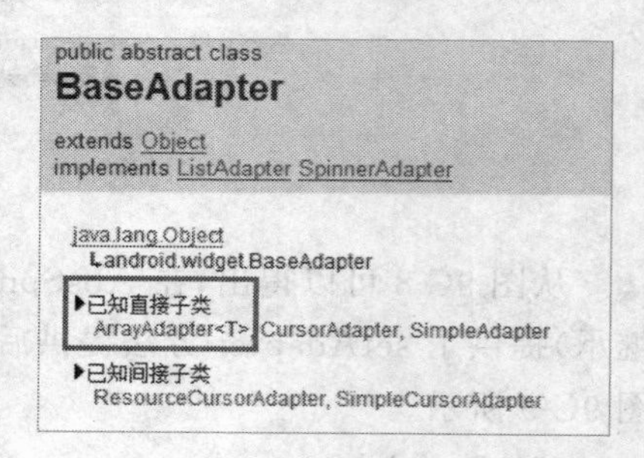

图 9C-10 BaseAdapter

因为 BaseAdapter 已经实现了 ListAdapter 和 SpinnerAdapter 的接口，而 GridView 的适配器是实现了 ListAdapter 接口，只不过是二维的。所以说 BaseAdapter 对他们三者来说是通用的。

BaseAdapter 的主要用法.就是我们定义一个类(如：ImageAdapter)而这个类继承 BaseAdapter.因为它是 implements 了 ListAdapter 和 SpinnerAdapter 的接口，所以要实现里面的方法(自动)：

```
public int getCount()
public Object getItem(int arg0)
public long getItemId(int position)
public View getView(int position, View convertView, ViewGroup parent)
```

有兴趣的读者可以查阅一下 ListAdapter 中包含的这些方法，如图 9C-11 所示(仅供参考，与本例无关)。

公有方法	
void	add(T object) Adds the specified object at the end of the array.
void	clear() Remove all elements from the list.
static ArrayAdapter<CharSequence>	createFromResource(Context context, int textArrayResId, int textViewResId) Creates a new ArrayAdapter from external resources.
Context	getContext() Returns the context associated with this array adapter.
int	getCount()
View	getDropDownView(int position, View convertView, ViewGroup parent) 获得一个用于在下列菜单中显示数据集中指定位置的数据的 View.
Filter	getFilter() 返回可以根据过滤模式限制数据的过滤器.
T	getItem(int position)
long	getItemId(int position)
int	getPosition(T item) Returns the position of the specified item in the array.
View	getView(int position, View convertView, ViewGroup parent)
void	insert(T object, int index) Inserts the specified object at the specified index in the array.
void	notifyDataSetChanged() 通知关联的视图，后台数据已经改变，视图需要刷新.
void	remove(T object) Removes the specified object from the array.

图 9C-11　参考

要有个这个概念:BaseAdapter 容器存放 Gallery 所需要的图片，图片通过数组存放在容器中，一定是通过 ID 进行调用，否则怎么知道现实哪一张图片呢？那边通过上述的讲解和 BaseAdapter(基础适配器)的用法实现如下图 9C-12 代码，难度不大。

GalleryDemoActivity.java　GalleryDemo Manifest　*main.xml

```
43    /* 建构子类只有一个参数，即要储存的Context */
44
45    public ImageAdapter(Context c)
46    {/* 引用成员变量myContext */
47      this.myContext = c;
48    }
49    /* 回传所有已定义的图片总数量 */
50    public int getCount()
51    {
52      return this.mThumbIds.length;
53    }
54    /* 利用getItem方法，取得目前容器中影像的数组ID */
55    public Object getItem(int position)
56    {
57      return position;
58    }
59
60    public long getItemId(int position)
61    {
62      return position;
63    }
64    /* 取得目前欲显示的影像View，传入数组ID值使之读取与成像 */
65
66    /*显示Gallery里的模式*/
67    public View getView(int position, View convertView,ViewGroup parent)
68    {
69      ImageView i = new ImageView(this.myContext);
70      i.setImageResource(mThumbIds[position]);
71      i.setAdjustViewBounds(true);
72      /* 设定这个ImageView对象的宽高 */
73      i.setLayoutParams(new Gallery.LayoutParams(
74            LayoutParams.WRAP_CONTENT, LayoutParams.WRAP_CONTENT));
75      i.setBackgroundResource(R.drawable.picture_frame);
76      return i;
77    }
```

图 9C-12　完成主要功能

在后面的案例会讲解引入外部存储卡图片来使用，本例为了把焦点放在 BaseAdapter 上，所以使用了 integer 数组存储图片。

【知识点】 Java 中 integer 和 int 的区别

int 是 Java 的一个基本类型，而 Integer 是 Java 的一个类，对应 int。因为在某些地方不可以用 int 而要用 Integer。而且基本类型运算的速度也要快。

int 是变量的基本类型

Integer 是 int 的外覆类型

“基本类型有所谓的‘外覆类(wrapper classes)’如果你想在 heap 内产生用以代表该基本类型的非原始对象(nonprimitive object)，那么外覆类型就可派上用场。”引自《Thinking in Java》

注意：

(1) int 和 Integer 都可以表示某一个数值；

(2) int 和 Integer 不能够互用，因为他们两种不同的数据类型。

最后可更改一下 xml 中的 Gallery 的布局代码如图 9C-13 所示，让其显示效果更为美观，如图 9C-14 所示。

GalleryDemoActivity.java | GalleryDemo Manifest | main.xml

```
1  <?xml version="1.0" encoding="utf-8"?>
2  <LinearLayout xmlns:android="http://schemas.android.com/apk/res/android"
3      android:layout_width="fill_parent"
4      android:layout_height="fill_parent"
5      android:orientation="vertical" >
6
7      <TextView
8          android:id="@+id/myTextView01"
9          android:layout_width="fill_parent"
10         android:layout_height="wrap_content"
11         android:gravity="center_vertical|center_horizontal"
12         android:text="@string/hello" />
13     <Gallery
14         android:id="@+id/myGallery1"
15         android:layout_width="fill_parent"
16
17         android:layout_height="60dp"
18         android:layout_alignParentBottom="true"
19         android:layout_alignParentLeft="true"
20         android:gravity="center_vertical"
21         android:spacing="16dp" />
22
23 </LinearLayout>
```

图 9C-13　优化的显示界面

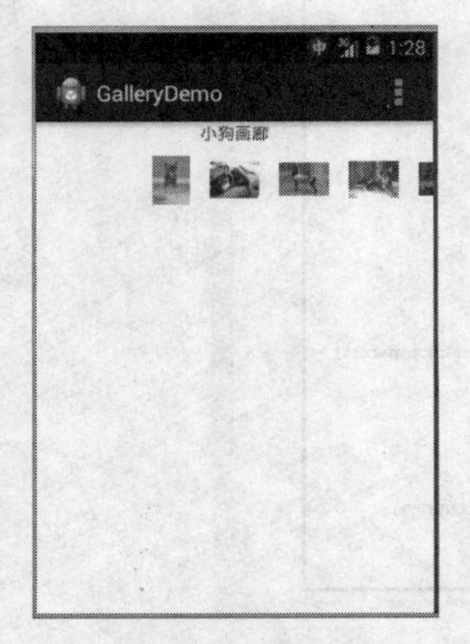

图 9C-14　优化的显示结果

图 9C-15　ImageSwitcher 效果图

C.2.2 ImageSwitcher

1. 需求分析

在 Android SDK 中，除了 Gallery 之外，还有另外一个也可以用来切换相片的 Widget 组件，就是 ImageSwitcher。ImageSwitcher 需要与 Gallery 交互搭配起来使用，并且要捕捉用户的与 Gallery 单击之后的事件处理才能让两个控件配合的像一个整体。

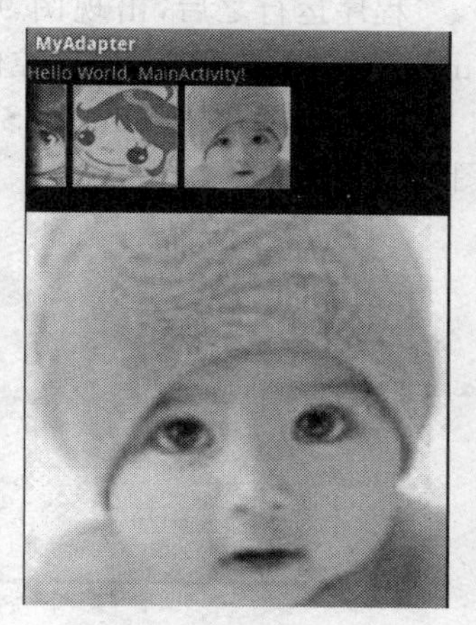

图 9C-16 ImageView

当然也可以用 Gallery 和 ImageView 结合起来使用，例如想完成如图 9C-16 的效果，即上面一行图片是 Gallery 画廊，每次单击一个 Gallery 图片时，会同时在下面以大图 ImageView 形式显示出来该图片，只需要对刚刚例子稍作修改：通过 gallery.setOnItemClickListener 将用户单击图片时，将该图片的 ResourceID 设到下面的 ImageView 中去即可。

但是利用 ImageSwitcher 既然被设计出来，利用黑格尔的一句话“存在的即是合理的”，那么它必定有它的道理，比如可以实现图片淡出淡入的效果，这些都是 ImageView 无法实现的。

2. 界面设计

从图 9C-15 可以看出，新界面在原有的基础上在 xml 中添加了 ImageSwitcher 控件。

【小技巧】可在控件的属性中设置其重心，如图 9C-17 中 12 行所示，会让布局看起来更美观。

```
ImageShowActivity.java   main.xml   activity_main.xml   ImageSwitcherActivity.java
1  <?xml version="1.0" encoding="utf-8"?>
2  <RelativeLayout xmlns:android="http://schemas.android.com/apk/res/android"
3      android:layout_width="fill_parent"
4      android:layout_height="fill_parent" >
5
6      <ImageSwitcher
7          android:id="@+id/switcher"
8          android:layout_width="fill_parent"
9          android:layout_height="fill_parent"
10         android:layout_alignParentLeft="true"
11         android:layout_alignParentTop="true" />
12
13     <Gallery
14         android:id="@+id/gallery"
15         android:layout_width="fill_parent"
16         android:layout_height="60dp"
17         android:layout_alignParentBottom="true"
18         android:layout_alignParentLeft="true"
19         android:background="#55000000"
20         android:gravity="center_vertical"
21         android:spacing="16dp" />
22
23 </RelativeLayout>
Graphical Layout   main.xml
```

图 9C-17 布局

3. 功能实现

将 Gallery 和 ImageSwitcher 结合起来需要解决 3 个问题，分别是：

(1) 图片的大图该怎么放入 ImageSwitcher(解决方法：setFactory)？

(2) 放入图片之后怎么和 Gallry 关联起来，点哪张图哪张图片就显示大图(解决方法：

setImageResource)？

（3）图片效果(views)该如何表现出来(解决方法：ViewFactory)？

1）setFactory

首先要判断功能代码写在哪里，这个和生命周期有非常大的关系。

程序运行之后，出现图 9C-15 的效果图，一定是在 onCreate 状态的时候将图片要放入 ImageSwitcher 和 Gallery 控件当中。

如何将图片放入 ImageSwitcher 中呢？API 中有关 ImageSwitcher 的参数，如图 9C-18 和图 9C-19 所示。

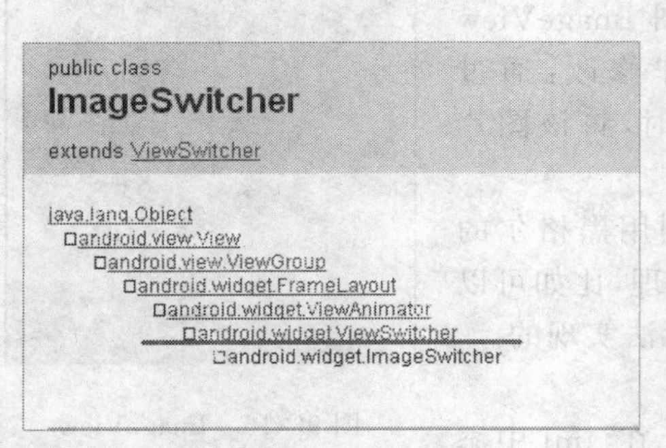

图 9C-18　ImageSwitcher

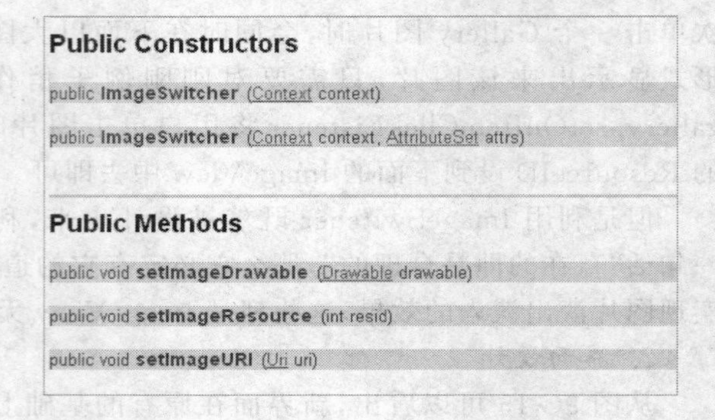

图 9C-19　ImageSwitcher 的参数

显然 ImageSwitcher 所提供的方法当中，并没有我们需求分析中第一个问题需要的功能，根据 Java 的学习经验：子类 ImageSwitcher 中没有这个方法，但是子类是可以继承父类的方法，ImageSwitcher 的父类 ViewSwitcher 提供了 setFactory 方法，满足需求的分析，如图 9C-20 所示。

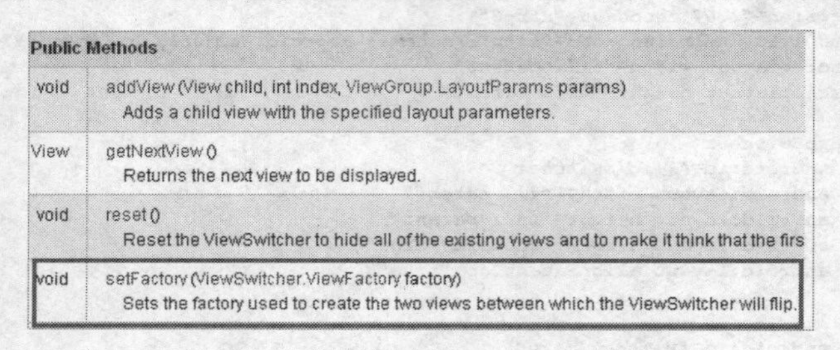

Public Methods	
void	addView (View child, int index, ViewGroup.LayoutParams params) Adds a child view with the specified layout parameters.
View	getNextView () Returns the next view to be displayed.
void	reset () Reset the ViewSwitcher to hide all of the existing views and to make it think that the firs
void	setFactory (ViewSwitcher.ViewFactory factory) Sets the factory used to create the two views between which the ViewSwitcher will flip.

图 9C-20　setFactory

从图 9C-20 可以得出，在 ImageSwitcher 的公有方法中(公有的方法)提供了 setFactory 方法提供后端数据。那么实例化的 ImageSwitcher 控件可以调用此方法，如图 9C-21 中 43 行所示。

2）setImageResource

【注意】 在使用一个 ImageSwitcher 之前，一定要调用前面的 setFactory 方法，否则 setImageResource 这个方法会报空指针异常。

每次单击一个 Gallery 图片时需要在 ImageSwitcher 显示大图效果，那么一定需要捕捉用户的与 Gallery 单击之后的事件处理 setOnItemSelectedListener()，如图 9C-21 中 57 行所示。

并且当在 Gallery 中选定一张图片是 ImageSwitcher 同步显示同一张，所以在之前案例中的 Gallery. setImageResource(或者观察图 9C-23 中的 95 行)和图 9C-21 中的 ImageSwitcher. setImageResource 通过[position](当前图像列表的位置)同步显示。

```
ImageSwitcherActivity.java
18 public class ImageSwitcherActivity extends Activity implements
19         AdapterView.OnItemSelectedListener, ViewSwitcher.ViewFactory
20 {
21     private ImageSwitcher mSwitcher;
22     /* 设定Gallery的图片 */
23     private Integer[] mThumbIds =
24     { R.drawable.sample_thumb_0, R.drawable.sample_thumb_1,
25             R.drawable.sample_thumb_2, R.drawable.sample_thumb_3,
26             R.drawable.sample_thumb_4, R.drawable.sample_thumb_5,
27             R.drawable.sample_thumb_6, R.drawable.sample_thumb_7 };
28
29     /* 设定在Switcher的图片 */
30     private Integer[] mImageIds =
31     { R.drawable.sample_0, R.drawable.sample_1, R.drawable.sample_2,
32             R.drawable.sample_3, R.drawable.sample_4, R.drawable.sample_5,
33             R.drawable.sample_6, R.drawable.sample_7 };
34
35     @Override
36     protected void onCreate(Bundle savedInstanceState)
37     {
38         super.onCreate(savedInstanceState);
39         setContentView(R.layout.activity_main);
40         setTitle("ImageSwitcher+Gallery");
41         /* 设定Switcher */
42         mSwitcher = (ImageSwitcher) findViewById(R.id.switcher);
43         mSwitcher.setFactory(this);
44         /* 设定载入Switcher的模式 */
45         mSwitcher.setInAnimation(AnimationUtils.loadAnimation(this,
46                 android.R.anim.slide_in_left));
47         /* 设定输出Switcher的模式 */
48         mSwitcher.setOutAnimation(AnimationUtils.loadAnimation(this,
49                 android.R.anim.slide_out_right));
50
51         Gallery g = (Gallery) findViewById(R.id.gallery);
52         g.setAdapter(new ImageAdapter(this));
53         /* 设定按下Gallery的图片事件 */
54         g.setOnItemSelectedListener(this);
55     }
56
```

图 9C-21　setFactory 实例化

3）ViewFactory

从图 9C-20 中 API 对 ImageSwitcher 父类 ViewFactory 的定义来看：ViewFactory 用于翻动图片的时候为 ImageSwitcher 对象创建两个 Views(可以理解为前后两张图片)的切换。

调用 setFactory，必须让 Actvitiy 继承 ViewSwitcher 的 ViewFactory 接口，从图 9C-21 中 19 行可以看到。

那么为什么要实现 ViewFactory 接口呢？先查阅一下 API 中的 ViewFactory 接口，如图 9C-22 所示。

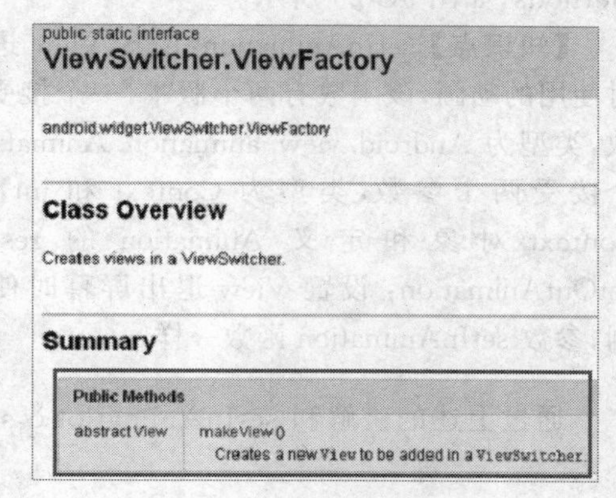

图 9C-22

添加 ViewSwitcher 这个组件(实现 ViewFactory 接口并复写 makeview 抽象方法，从而将显示的图片和父窗口区分开)的目的是为了创建一个 Views 的显示方式，如图 9C-23 所示。

简单来说：当一张图片由没有显示到显示的过程中，会调用 makeView 来显示图片。

【总结】ImageSwitcher 调用过程是这样的，首先要有一个 Factory 为它提供一个 View，然后 ImageSwitcher 就可以初始化各种资源了。

4）setInAnimation&setOutAnimation

能够显示图片通过 ImageView 都可以实现，使用 ImageSwitcher 的目的是因为它显示图片的功能比较丰富，比如实现图片实现淡入淡出的效果。

图 9C-24 包含了 ImageSwicher 中有个 ViewAnimator 的视图动画类。

```
ImageSwitcherActivity.java
65      }
66
67      /* 实现Switcher的模式 */
68      public View makeView()
69      {
70          ImageView i = new ImageView(this);
71          i.setBackgroundColor(0xFF000000);
72          i.setScaleType(ImageView.ScaleType.FIT_CENTER);
73          i.setLayoutParams(new ImageSwitcher.LayoutParams(
74                  LayoutParams.MATCH_PARENT, LayoutParams.MATCH_PARENT));
75          return i;
76      }
77
78      public class ImageAdapter extends BaseAdapter
79      {
80          public ImageAdapter(Context c)
81          {
82              mContext = c;
83          }
84
85          public int getCount()
86          {
87              return mThumbIds.length;
88          }
89
90          public Object getItem(int position)
91          {
92              return position;
93          }
94
95          public long getItemId(int position)
96          {
97              return position;
98          }
99
100         /* 显示Gallery里的模式 */
```

图 9C-23　makeView

阅读 ViewAnimator 的 API 中提供的的 public methods，如图 9C-25 所示。

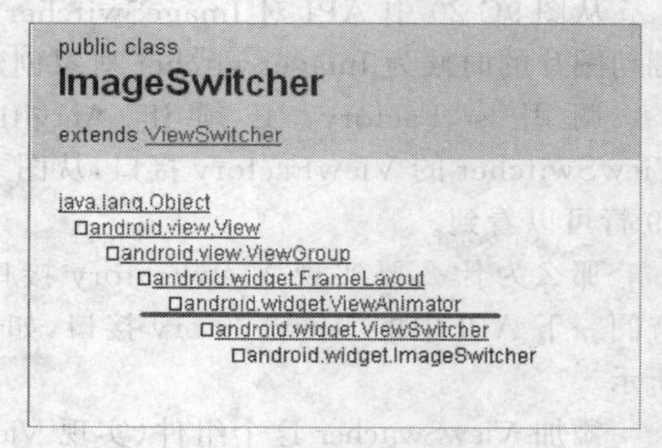

图 9C-24

【知识点】setInAnimation：设置 View 进入屏幕时使用的动画，该函数有两个版本，一个接受单个参数，类型为 Android.view.animation.Animation；另一个接受两个参数，类型为 Context 和 int，分别为 Context 对象和定义 Animation 的 resourceID。setOutAnimation：设置 View 退出屏幕时使用的动画，参数 setInAnimation 函数一样。

通过上述的讲解和 setInAnimation&setOutAnimation 的用法实现如图 9C-26 代码，难度不大。

程序到这里就完成了利用 ImageSwitcher 结合 Gallery 来进行图片的预览与浏览。

C.2.3　SD&setWallpaper

1. 需求分析

除了默认使用 import drawable 的方法加载图片之外，也可实现抓取存储卡的图片文件数据，然后再判断是否允许加载到 Gallery，最后由 ImageSwitcher 来现实。

为了提高用户体验，当用户单击 Gallery 中的图片时，实现设置桌面的功能，如图 9C-27 所示。

void	removeViewsInLayout (int start, int count) Removes a range of views during layout.
void	setAnimateFirstView (boolean animate) Indicates whether the current View should be animated the first time the ViewAnimation is displayed.
void	setDisplayedChild (int whichChild) Sets which child view will be displayed.
void	setInAnimation (Context context, int resourceID) Specifies the animation used to animate a View that enters the screen.
void	setInAnimation (Animation inAnimation) Specifies the animation used to animate a View that enters the screen.
void	setOutAnimation (Animation outAnimation) Specifies the animation used to animate a View that exit the screen.
void	setOutAnimation (Context context, int resourceID) Specifies the animation used to animate a View that exit the screen.
void	showNext () Manually shows the next child.
void	showPrevious () Manually shows the previous child.

图 9C-25　setInAnimation&setOutAnimation

```
45          mSwitcher = (ImageSwitcher) findViewById(R.id.switcher);
46          mSwitcher.setFactory(this);
47          /*设定载入Switcher的模式*/
48          mSwitcher.setInAnimation(AnimationUtils.loadAnimation(this,
49                  android.R.anim.slide_in_left));
50          /*设定输出Switcher的模式*/
51          mSwitcher.setOutAnimation(AnimationUtils.loadAnimation(this,
52                  android.R.anim.slide_out_right));
53
54          Gallery g = (Gallery) findViewById(R.id.gallery);
```

图 9C-26　淡出淡入

2. 界面设计

布局方面和 ImageSwitcher 结合 Gallery 的案例是一样的，无任何改变。

3. 功能实现

1）设置手机桌面 setWallpaper

在程序启动之后，单击 Gallery 控件中的图片就会弹出 AlertDialog，单击“确定”按钮后就会出现图 9C-2 的效果，单击取消就会出现图 9C-3 的效果。单击确定后更改了手机桌布，具体代码如图 9C-28 和图 9C-29 所示。

图 9C-27　设置桌面

【注意】必须为系统添加更换桌布的权限，即要在 Activitymanifest. xml 中加入图 9C-30 中 18 行所示语句。

2）读取存储卡图片 file

在设置存储卡功能的时候为了演示效果明显，项目中引入了 TabActivity 控件，如图 9C-31 所示。方便读者对比引入 drawable 的图片和存储卡的图片，系统结构图 9C-32 所示。

```java
56         myGallery.setOnItemSelectedListener(this);
57         /* 设定按下Gallery的图片事件 */
58         myGallery.setOnItemClickListener(new Gallery.OnItemClickListener()
59         {
60             @Override
61             public void onItemClick(AdapterView<?> parent, View v,
62                     final int position, long id)
63             {
64                 // TODO Auto-generated method stub
65                 ImageView i = (ImageView) new ImageAdapter(
66                         SDImageActivity.this, fileList).getView(position, v,
67                         parent);
68                 new AlertDialog.Builder(SDImageActivity.this)
69                         .setTitle(R.string.app_about)
70                         /* 设定弹出窗口的样式 */
71                         .setView(i)
72                         /* 设定弹出窗口的讯息 */
73                         .setMessage(R.string.app_about_msg)
74                         /* 确认窗口 */
75                         .setPositiveButton(R.string.str_ok,
76                                 new DialogInterface.OnClickListener()
77                                 {
78                                     public void onClick(
79                                             DialogInterface dialoginterface,
80                                             int i)
81                                     {
82                                         Bitmap bm = BitmapFactory
83                                                 .decodeFile(imageFileList[position
84                                         try
85                                         {
86                                             /* 更换桌布 */
87                                             setWallpaper(bm);
88                                             /* 用Toast来显示桌布?更换 */
89                                             Toast.makeText(
90                                                     SDImageActivity.this,
91                                                     getString(R.string.my_text_pre
```

图 9C-28　设置图片桌面 1

```java
84                                 try
85                                 {
86                                     /* 更换桌布 */
87                                     setWallpaper(bm);
88                                     /* 用Toast来显示桌布?更换 */
89                                     Toast.makeText(
90                                             SDImageActivity.this,
91                                             getString(R.string.my_text_pre),
92                                             Toast.LENGTH_SHORT).show();
93                                 } catch (Exception e)
94                                 {
95                                     e.printStackTrace();
96                                 }
97                                 ;
98                             }
99                         })
100                        /* 设定跳出窗口的返回事件 */
101                        .setNegativeButton(R.string.str_no,
102                                new DialogInterface.OnClickListener()
103                                {
104                                    public void onClick(
105                                            DialogInterface dialoginterface,
106                                            int i)
107                                    {
108                                        /* 用Toast来显示桌布取消 */
109                                        Toast.makeText(SDImageActivity.this,
110                                                getString(R.string.my_text_no),
111                                                Toast.LENGTH_SHORT).show();
112                                    }
113                                }).show();
114            }
115        });
116    }
117
118    @Override
119    public void onItemSelected(AdapterView<?> parent, View v, int position,
```

图 9C-29　设置图片桌面 2

*ImageShowActivity Manifest

```xml
<?xml version="1.0" encoding="utf-8"?>
<manifest xmlns:android="http://schemas.android.com/apk/res/android"
    package="com.coding.imageshowactivity"
    android:versionCode="1"
    android:versionName="1.0" >

    <uses-sdk
        android:minSdkVersion="8"
        android:targetSdkVersion="17" />

    <application
        android:allowBackup="true"
        android:icon="@drawable/ic_launcher"
        android:label="@string/app_name"
        android:theme="@style/AppTheme" >
        <activity
            android:name="com.coding.imageshowactivity.MainActivity"
            android:label="@string/app_name" >
            <intent-filter>
                <action android:name="android.intent.action.MAIN" />
                <category android:name="android.intent.category.LAUNCHER" />
            </intent-filter>
        </activity>
        <activity
            android:name="com.coding.imageshowactivity.ImageShowActivity"
            android:label="@string/app_name" />
        <activity
            android:name="com.coding.imageshowactivity.SDImageActivity"
            android:label="@string/app_name" />
    </application>

    <uses-permission android:name="android.permission.SET_WALLPAPER" />
</manifest>
```

Manifest | Application | Permissions | Instrumentation | AndroidManifest.xml

图 9C-30　权限

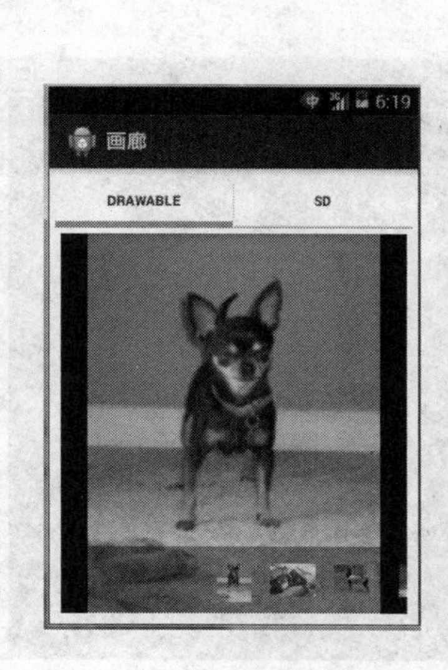

图 9C-31　SD 卡

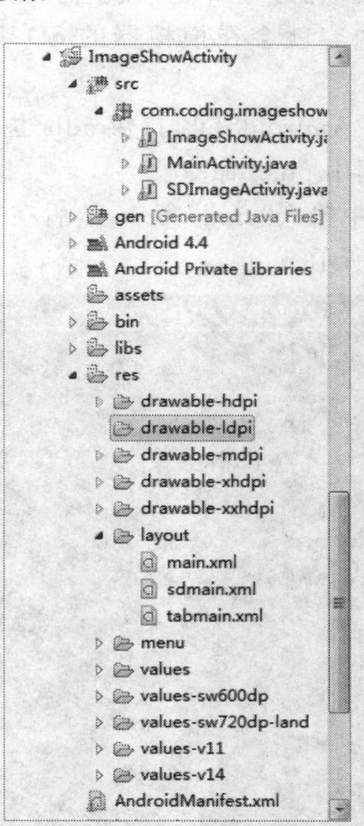

图 9C-32　TabActivity

将文件加入 Android 模拟器中

读者一定会有疑问:项目如何测试？模拟器当中并没有 SD 卡的硬件可供操作。怎么向 Android 模拟器的 SD 卡中加入文件呢？

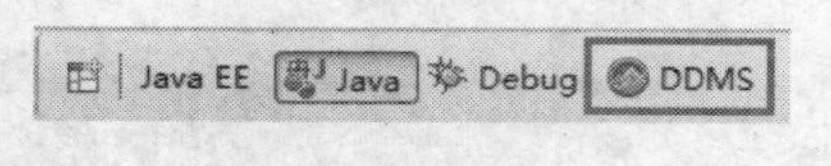

图 9C-33　DDMS

有两种方法可以向 Android 模拟器中加入文件。

方法 1:这个方法是最简单的,利用 DDMS！不要以为它只有调试的功能,还可以把文件加入 Android 模拟器中吧。步骤如下,首先选择右上角的 DDMS,如图 9C-33 所示。

打开 DDMS 后,单击 File Explorer 就会看到模拟器中所有文件了。单击需要存放文件的文件夹位置,右上角就会有两个按钮从不能单击状态变成激活状态。如图 9C-34 所示。

图 9C-34　存放文件

这两个按钮就是实训中需要用到的,左边按钮的功能是从模拟器中提出文件,右边就是把文件加入 Android 模拟器中。单击后就会弹出一个窗口,选择文件单击添加后,添加的内容就会在模拟器的 SD 卡中出现了,如图 9C-35 所示。

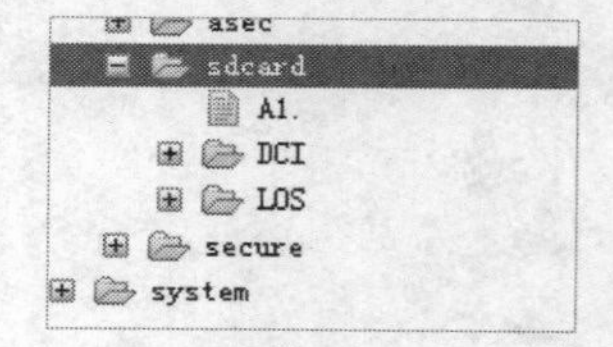

图 9C-35　添加内容

方法 2:使用 AndroidSDK 提供 adb 也可以向 Android 模拟器中加入文件了,调用 push 命令。

首先在运行中输入“cmd”命令,然后在控制台界面输入 adb 会出现如图 9C-36 所示。

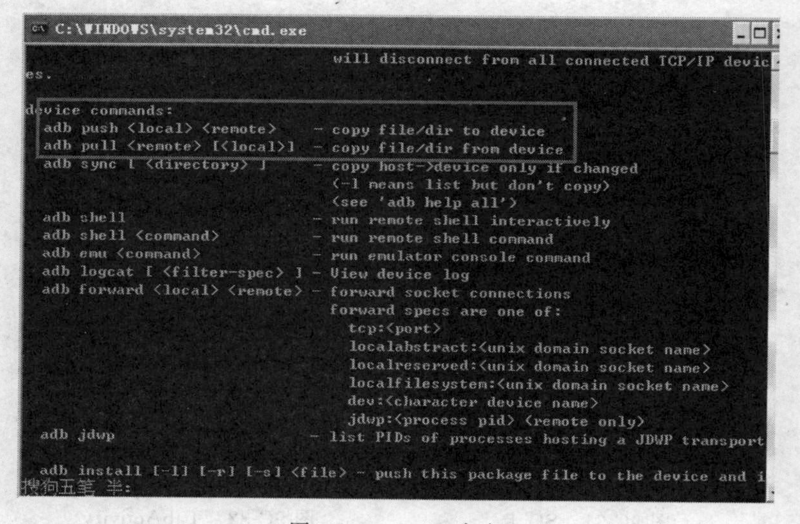

图 9C-36　push 命令

建议读者通过搜索引擎查阅 push 的用法，虽然内容比较多，但是很简单，限于篇幅关系就阐述具体用法了。将文件加入 Android 模拟器步骤如图 9C-37 所示，值得注意的是：先要进入文件目录所在地，否则会系统会显示没有这个文件！

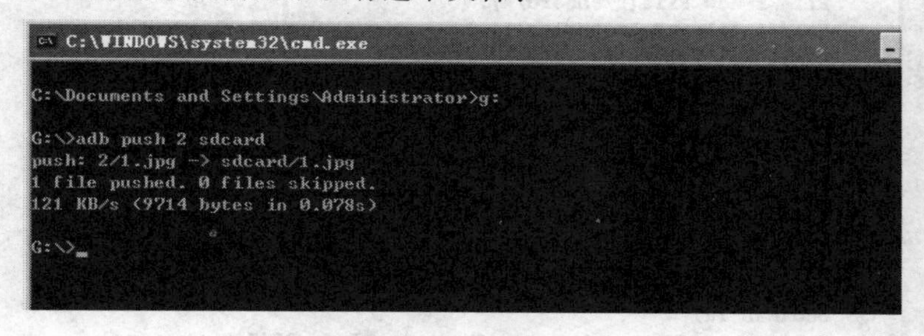

图 9C-37 添加

用这样的方法可以批量添加文件进入虚拟的 SD 卡。

【注意】如果没有开模拟器，使用 adb 时会显示没有这个设备，同时 DDMS 也要打开，模拟器才能见到文件。

file 类的用法如下：

万事俱备只欠东风，获取 SD 卡中的文件首先得介绍 File 类。

File 类是 java. io 中的一个类，它是 Object 的直接子类，其功能是以抽象方式表示文件和目录。这里自定义函数 accept()的传入参数为 file 对象。

在不同的操作系统，所表示文件和目录的格式有不同。而 Android 的内核是 Linux，无盘符概念，最顶端的是根目录(/)，分隔符也用正斜杠"/"表示。

File 类有三种构造方法，而这里只需用到 File(String pathname)这个方法，并通过 File[] listFiles()以 File 数组方式返回目录中的所有文件或目录，以及利用 boolean isDirectory()方法判断文件是否为目录来获得 SD 卡中所有的文件的路径。代码实现如图 9C-38 所示。

其中图 9C-38 自定义一个函数 getImageFile 来判断文件扩展名是否为.jpg、.png、.Bmp 或者.gif 的图片在加载文件。程序到这里就全部完成了。

C.3 项目心得

本实训例子虽然不复杂，只包含 Gallery 和 ImageSwitcher 两个组件，但是其实包含了许多内容，优秀的程序员应该善于发现问题、解决问题的能力。

总结一些本章包括了以下内容：

setAdapter，BaseAdapter，setFactory，setInAnimation，setOutAnimation，setWallpape 等用法和获取 SD 卡中文件等内容。

C.4 参考资料

(1) BaseAdapter 的用法：

http://blog.163.com/dmg_123456/blog/static/5670506320113223246795

http://www.cnblogs.com/mAndroid/archive/2011/04/05/2005525.html

(2) Android 中 Context 简介 ：

http://blog.csdn.net/zhangqijie001/article/details/5891682

Java 中 this：

http://wenku.baidu.com/view/5c7f19f4ba0d4a7302763a96.html

```java
161 private List<String> getSD(){
162     List<String> it=new ArrayList<String>();
163     File f=new File("/sdcard/");
164     File[] files=f.listFiles();
165     for(int i=0;i<files.length;i++)
166     {
167         File file=files[i];
168         if(getImageFile(file.getPath()))
169             it.add(file.getPath());
170     }
171     return it;
172     }
173 private boolean getImageFile(String fName)
174 {
175     boolean re;
176     String end=fName.substring(fName.lastIndexOf(".")+1,
177             fName.length()).toLowerCase();
178     if(end.equals("jpg")||end.equals("gif")||
179             end.equals("png")||end.equals("jpeg")||end.equals("bmp"))
180         {
181         re=true;
182         }
183     else
184         {
185         re=false;
186         }
187     return re;
188 }
189
190 @Override
191 public View makeView() {
192     // TODO Auto-generated method stub
193     ImageView i = new ImageView(this);
194     i.setBackgroundColor(0xFF000000);
195     i.setScaleType(ImageView.ScaleType.FIT_CENTER);
196     i.setLayoutParams(new ImageSwitcher.LayoutParams
197             (LayoutParams.FILL_PARENT,LayoutParams.FILL_PARENT));
198     return i;
199 }
200
201 }
```

图 9C-38　File 类

http://www.examda.com/Java/jichu/20100602/08413988.html

（3）Android 控件之 ImageSwitcher 图片切换器：

http://www.cnblogs.com/salam/archive/2010/10/06/1844660.html

http://www.easy518.com/bbs/? p=153

有关 position 的讨论：

http://topic.csdn.net/u/20110314/18/9988aa9d-f430-4886-b6e4-d58b56a8d7af.html

D　常用 widget 组件 1

Widget；

TextView；

EditText；

CheckBox；

RadioGroup and RadioButton。

D.1 项目简介

Widget 是一个具有特定功能的视图，一般被嵌入到主屏幕中，用户在不启动任何程序的前提下，就可以在主屏幕上直接浏览 Widget 所显示的信息。

Widget 在主屏幕上显示自定义的界面布局，在后台周期性的更新数据信息，并根据这些更新的数据修改主屏幕的显示内容，如图 9D-0 所示。

图 9D-0 widget 演示

Widget 可以有效的利用手机的屏幕，快捷、方便的浏览信息，为用户带来良好的交互体验。

本次讲解分为 2 个章节，先介绍几个常用的简单 Widget 组件。

D.2 案例设计与实现

D.2.1 TextView

1. 案例简介

本次演示的案例是实现 TextView 文本框显示一些信息，所输入的信息不能修改，只能初始设定或者在程序中修改。如图 9D-1 所示。

图 9D-1 文本框显示的信息

2. 功能实现

1）页面布局

本例中的页面布局并不复杂，只是添加了一个 TextView 控件，xml 中的代码如图 9D-2 所示。

```
1 <?xml version="1.0" encoding="utf-8"?>
2 <LinearLayout xmlns:android="http://schemas.android.com/apk/res/android"
3     android:orientation="vertical"
4     android:layout_width="fill_parent"
5     android:layout_height="fill_parent"
6     >
7 <TextView
8     android:id="@+id/TextView01"
9     android:layout_width="fill_parent"
10    android:layout_height="wrap_content"
11    android:text="@string/hello"
12    android:scrollbars="vertical"
13    android:singleLine="false"
14    android:maxLines="15"
15
16
17    />
18 </LinearLayout>
19
```

图 9D-2　main. xml

2）文本框（TextView）的实现

首先要先添加 TextView 的引用，如图 9D-3 第 5 行，如图第 16 行使用 setMovementMethod()方法实现文本可滚动效果如图 9D-4，同时添加引用如图第 6 行。如图 9D-2 第 12 至 14 行，设置

```
1 package com.andy.android;
2
3 import android.app.Activity;
4 import android.os.Bundle;
5 import android.text.method.ScrollingMovementMethod;
6 import android.widget.TextView;
7
8 public class HelloTextView extends Activity {
9     /** Called when the activity is first created. */
10    @Override
11    public void onCreate(Bundle savedInstanceState) {
12        super.onCreate(savedInstanceState);
13        setContentView(R.layout.main);
14        TextView tv=(TextView)findViewById(R.id.TextView01);
15        //设置tv的移动方法
16        tv.setMovementMethod(ScrollingMovementMethod.getInstance());
17    }
18 }
```

图 9D-3　HelloTextView. Java 的主要代码

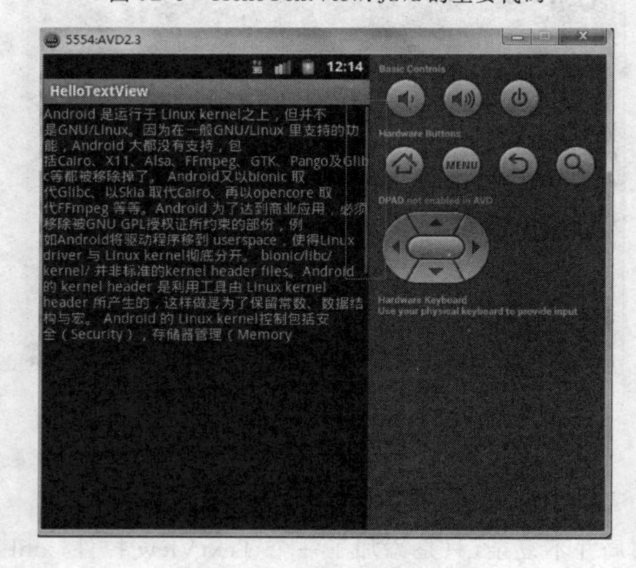

图 9D-4　实现滚动效果

文本框(TextView)的属性，分别是设置滚动条垂直滚动，多行显示信息，文本不超过 15 行。我们要输入需要显示的信息，在 strings. xml 中写入内容如图 9D-5 中的方框所示。

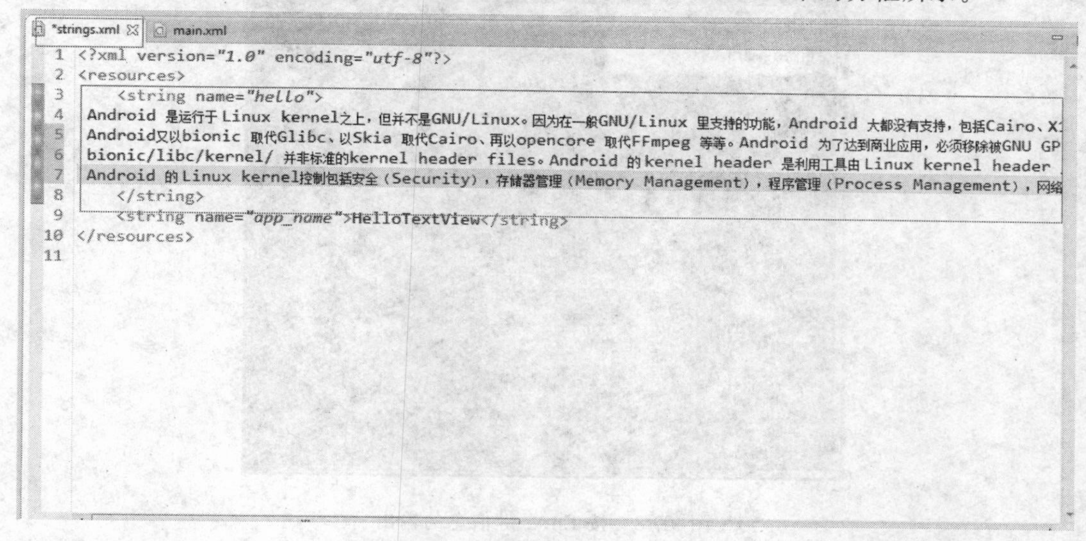

图 9D-5 strings. xml 的主要代码

D. 2. 2 EditText

1. 案例简介

本次案例实现的是在文本编辑框(EditText)中输入信息，显示在消息中。如图 9D-6～图 9D-8。

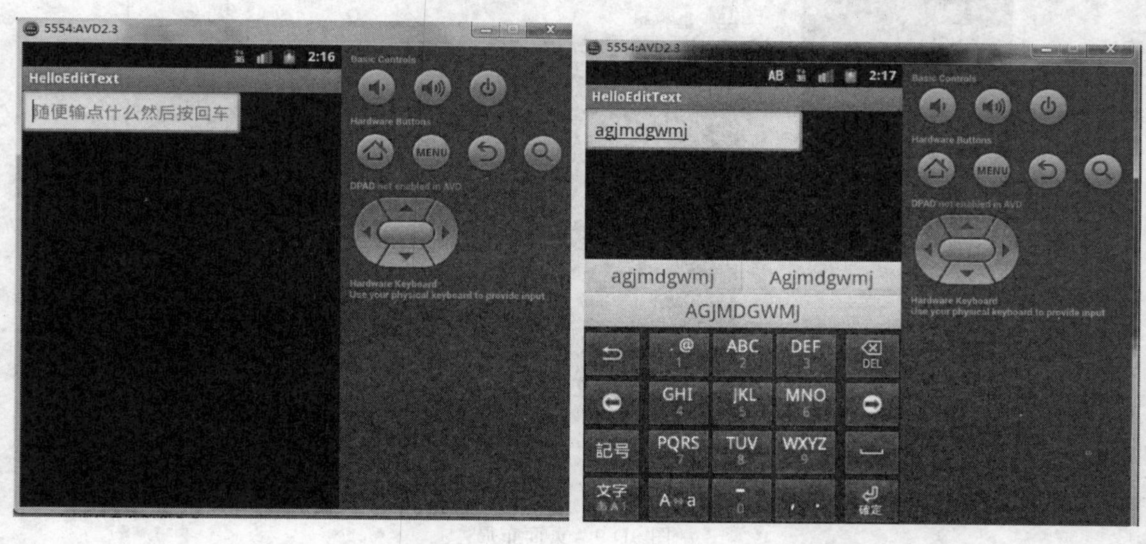

图 9D-6 主界面　　　　图 9D-7 输入信息

2. 功能实现

1) 页面布局

本例中采用的是 LinearLayout，在界面中添加 1 个 EditText，实现界面图如图 9D-9，在 xml 中代码如图 9D-10 所示。

2) 文本编辑框(EditText)的实现

首先要先添加 EditText 和 Toast 的引用，如图 9D-11 所示，第 7 行和 8 行，利用 EditText.

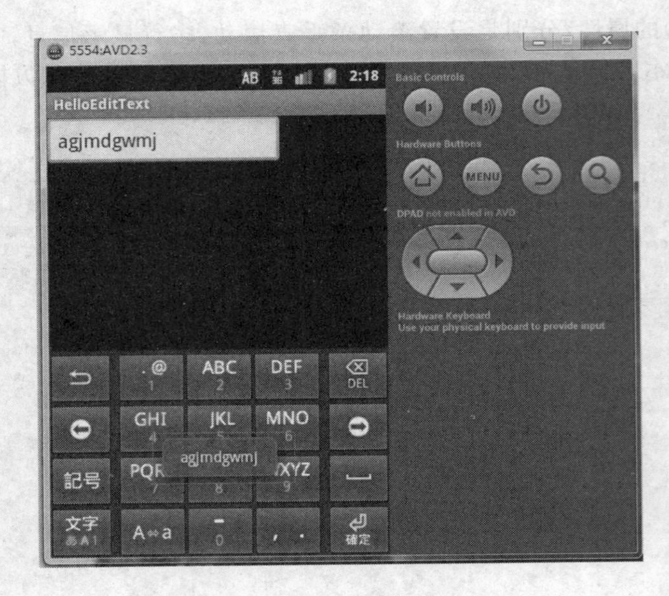

图 9D-8　按 Enter 键信息的输出

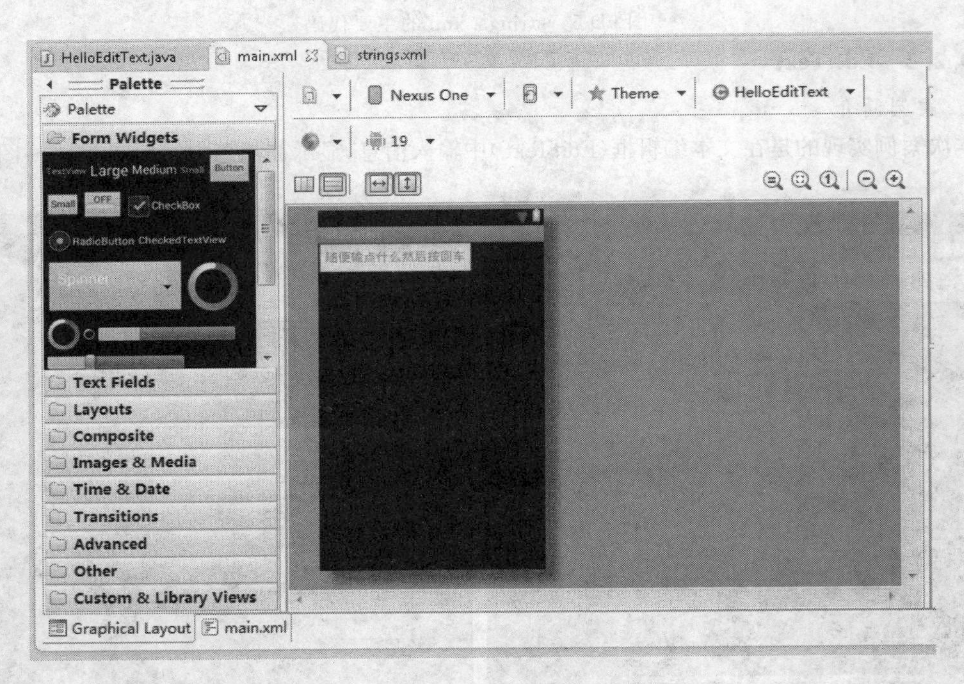

图 9D-9　页面布局

OnKeyListener 来拦截 EditText 的键盘输入事件，仅需要在其中重写 onKey()方法，在 onKey()方法中，将 EditText. getText()取出来的文字，显示出输入信息，主要实现代码如图 9D-11 第 17～27 行。

【注意 1】 我们是怎样实现在还没输入信息时，在文本框中的提示信息的显示，android: hint 是 EditText 的默认提示文字，一般用于提示用户输入。如图 9D-10 第 11 行和图 9D-13 的第 4 行。

```
HelloEditText.java   main.xml   strings.xml
1  <?xml version="1.0" encoding="utf-8"?>
2  <LinearLayout xmlns:android="http://schemas.android.com/apk/res/android"
3      android:layout_width="fill_parent"
4      android:layout_height="fill_parent"
5      android:orientation="vertical" >
6
7      <EditText
8          android:id="@+id/EditText01"
9          android:layout_width="wrap_content"
10         android:layout_height="wrap_content"
11         android:hint="@string/hello"
12         android:text="" >
13     </EditText>
14
15 </LinearLayout>
```

图 9D-10　main. xml 的代码

```
HelloEditText.java
7  import android.widget.EditText;
8  import android.widget.Toast;
9
10 public class HelloEditText extends Activity {
11     /** Called when the activity is first created. */
12     @Override
13     public void onCreate(Bundle savedInstanceState) {
14         super.onCreate(savedInstanceState);
15         setContentView(R.layout.main);
16         final EditText et = (EditText) findViewById(R.id.EditText01);
17         et.setOnKeyListener(new View.OnKeyListener() {
18             public boolean onKey(View v, int keyCode, KeyEvent event) {
19                 // 监视硬键盘按键
20                 if (event.getAction() == KeyEvent.ACTION_DOWN
21                         && keyCode == KeyEvent.KEYCODE_ENTER) {
22                     // 按住把EditView中的文版显示在消息中
23                     Toast.makeText(HelloEditText.this, et.getText(),
24                             Toast.LENGTH_SHORT).show();
25                     // 返回true说明你已经处理了这个事件并且它应该就此终止
26                     // 如果返回false就表示此事件还需要继续传递下去
27                     return true;
```

图 9D-11　HelloTextView. Java 的主要代码

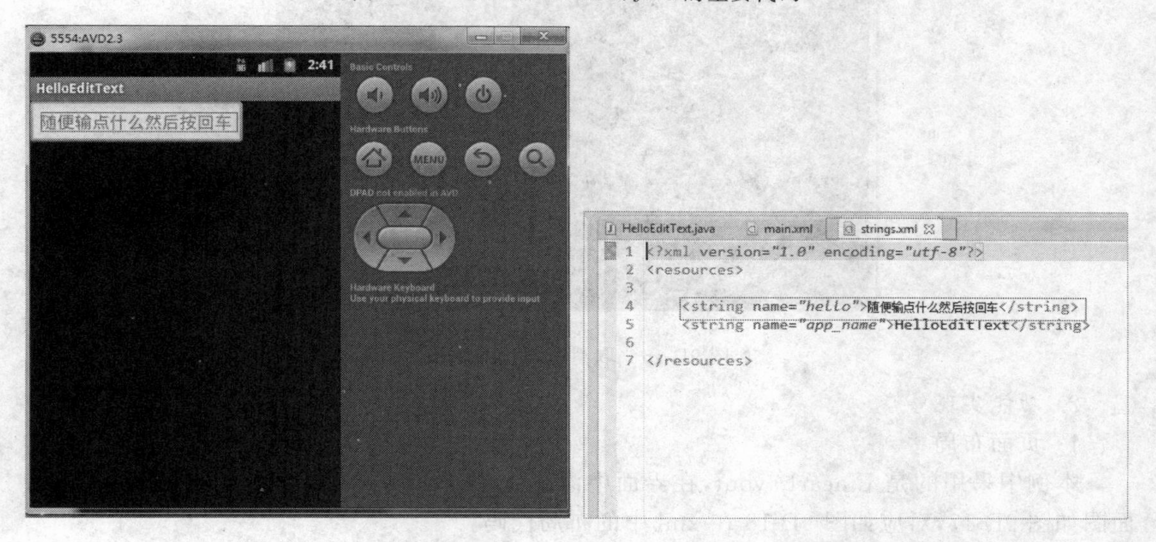

图 9D-12　文本框的提示信息　　　　图 9D-13　strings. xml 的主要代码

D. 2. 3　CheckBox

1. 案例简介

本次演示的案例实现的效果是在选中你所购买的水果的时候在屏幕上显示出来，取消选择的时候从屏幕上消失。如图 9D-14～图 9D-16 所示。

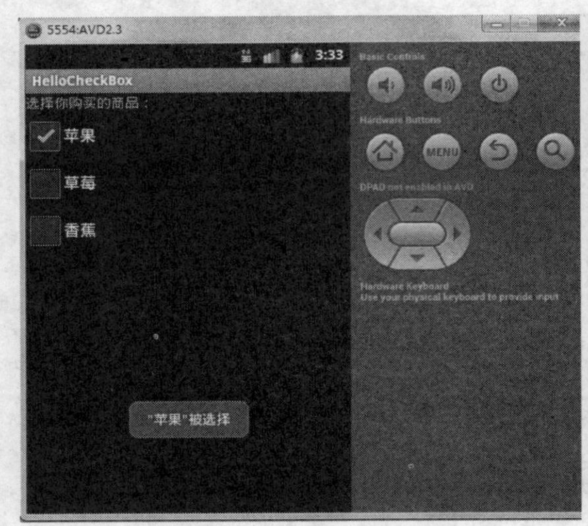

图 9D-14　勾选水果

图 9D-15　勾选两个水果

图 9D-16　取消所勾选的水果

2. 功能实现

1）页面布局

本例中采用的是 LinearLayout，在界面中添加 1 个 TextView 和 4 个 CheckBox，实现界面图如图 9D-17，对应如图 9D-18 在 xml 中的布局代码。

2）复选框(CheckBox)的实现

首先添加复选框中所用到的引用，如图 9D-19 第 8～11 行，第 20～22 行是声明 CheckBox 的三个对象，第 22 行和 30 行是声明监听器，第 40～45 行绑定监听器，第 25、26 行和 34、35 行用于输出信息状态。当被选中时调用 OncheckChangeListenr( ) 方法第 31 行，而取消选中就 OnClickListner()中 if(！((CheckBox) v).isChecked())；第 23 行和 24 行。

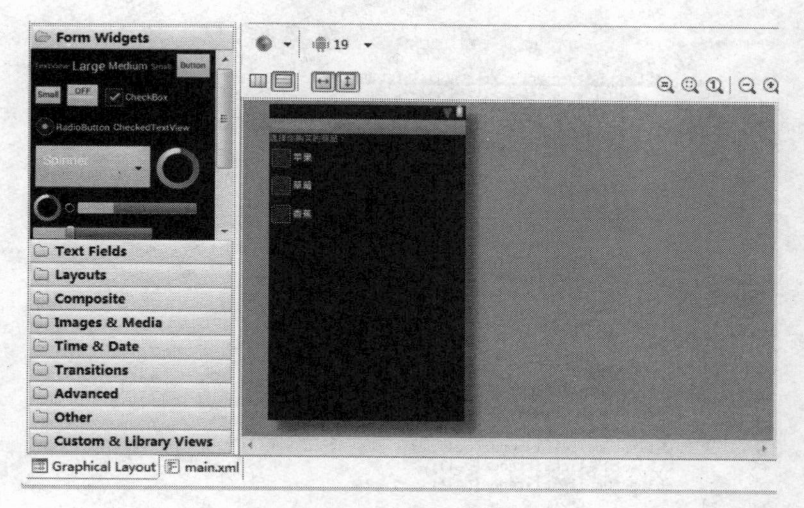

图 9D-17　页面布局

```
main.xml  strings.xml
 1 <?xml version="1.0" encoding="utf-8"?>
 2 <LinearLayout xmlns:android="http://schemas.android.com/apk/res/android"
 3     android:layout_width="fill_parent"
 4     android:layout_height="fill_parent"
 5     android:orientation="vertical" >
 6
 7     <TextView
 8         android:layout_width="fill_parent"
 9         android:layout_height="wrap_content"
10         android:text="@string/hello" />
11
12     <CheckBox
13         android:id="@+id/CheckBox01"
14         android:layout_width="wrap_content"
15         android:layout_height="wrap_content"
16         android:text="@string/good1" >
17     </CheckBox>
18
19     <CheckBox
20         android:id="@+id/CheckBox02"
21         android:layout_width="wrap_content"
22         android:layout_height="wrap_content"
23         android:text="@string/good2" >
```

图 9D-18　main. xml 的代码

【注意 2】如果要判断复选框是否选中，则要检测 ischecked 的值，如果复选框被选中，则 ischecked 为 true 否则就是 false。

```
HelloCheckBox.java
 1 package com.andy.android;
 2 import android.app.Activity;
 3 import android.os.Bundle;
 4 import android.view.View;
 5 import android.view.View.OnClickListener;
 6 import android.widget.Button;
 7 import android.widget.CheckBox;
 8 import android.widget.CompoundButton;
 9 import android.widget.CompoundButton.OnCheckedChangeListener;
10 import android.widget.Toast;
11 public class HelloCheckBox extends Activity {
12     /** Called when the activity is first created. */
13     @Override
14     public void onCreate(Bundle savedInstanceState) {
15         super.onCreate(savedInstanceState);
16         setContentView(R.layout.main);
17        //声明对象
18         final CheckBox cb1=(CheckBox)findViewById(R.id.CheckBox01);
19         final CheckBox cb2=(CheckBox)findViewById(R.id.CheckBox02);
20         final CheckBox cb3=(CheckBox)findViewById(R.id.CheckBox03);
```

```
HelloCheckBox.java
21          //声明监听器
22          OnClickListener ocl = new OnClickListener(){
23              public void onClick(View v){
24                  if(!((CheckBox)v).isChecked()){
25                      Toast.makeText(HelloCheckBox.this, "\""+((Button)v).getText()+"\"被取消
26                              Toast.LENGTH_SHORT).show();
27                  }
28              }
29          };
30          OnCheckedChangeListener occl = new OnCheckedChangeListener() {
31              public void onCheckedChanged(CompoundButton buttonView,
32                      boolean isChecked) {
33                  if(isChecked){
34                      Toast.makeText(HelloCheckBox.this, "\""+buttonView.getText()+"\"被选择"
35                              Toast.LENGTH_SHORT).show();
36                  }
37              }
38          };
```

```
43          // 绑定监听器
44          cb1.setOnCheckedChangeListener(occl);
45          cb2.setOnCheckedChangeListener(occl);
46          cb3.setOnCheckedChangeListener(occl);
47          cb1.setOnClickListener(ocl);
48          cb2.setOnClickListener(ocl);
49          cb3.setOnClickListener(ocl);
50      }
51  }
```

图 9D-19　HelloCheckBox. Java 的主要代码

D. 2. 4　RadioGroup and RadioButton

1. 案例简介

在上一个案例中有一个复选框的控件 CheckBox，接下来我们将介绍另一种相关控件，单选框控件 RadioButton，与 CheckBox 不同的是单选框在选择的时候只能选择一个。如图 9D-20 和图 9D-21 所示。

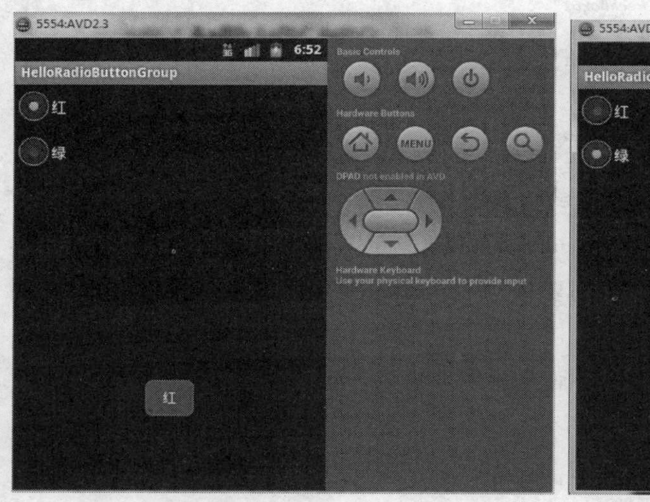

图 9D-20　选择红色单选框

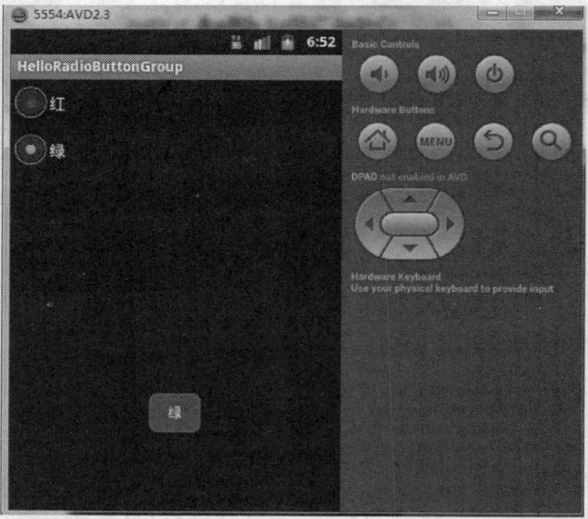

图 9D-21　选择绿色单选框

2. 功能实现

1）页面布局

本例中采用的是 LinearLayout，在界面中添加 3 个 CheckBox，实现界面图如图 9D-22，对应如图 9D-23 在 xml 中的布局代码。

2）单选框(RadioButton 和 RadioGroup)的实现

首先添加 RadioButton 引用，如图 9D-24 第 5～8 行，第 16～17 行是声明 RadioButton 的

三个对象,第 18 行是声明监听器,第 22、23 行用于输出信息状态,第 26~27 行绑定监听器。

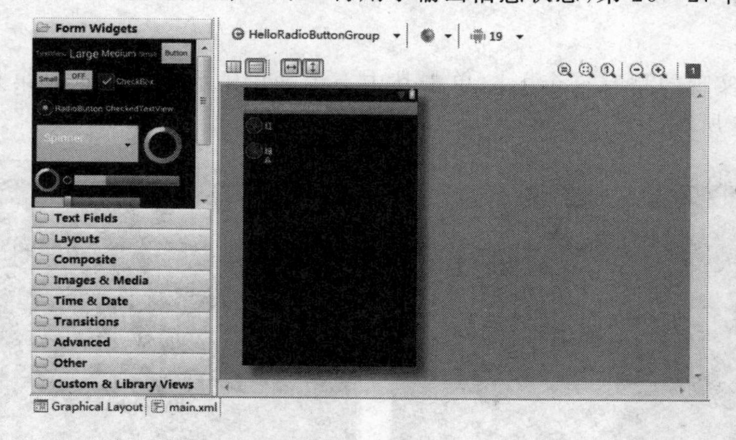

图 9D-22　页面布局

```
HelloRadioButtonGroup.java    main.xml
 1 <?xml version="1.0" encoding="utf-8"?>
 2 <LinearLayout xmlns:android="http://schemas.android.com/apk/res/android"
 3     android:layout_width="fill_parent"
 4     android:layout_height="fill_parent"
 5     android:orientation="vertical" >
 6
 7     <RadioGroup
 8         android:id="@+id/RG"
 9         android:layout_width="wrap_content"
10         android:layout_height="wrap_content" >
11
12         <RadioButton
13             android:id="@+id/RadioButton01"
14             android:layout_width="wrap_content"
15             android:layout_height="wrap_content"
16             android:text="@string/color1" >
17         </RadioButton>
18
19         <RadioButton
20             android:id="@+id/RadioButton02"
21             android:layout_width="wrap_content"
22             android:layout_height="wrap_content"
```

图 9D-23　main. xml 的代码

```
HelloRadioButtonGroup.java
 5 import android.widget.RadioButton;
 6 import android.widget.Toast;
 7 import android.view.View;
 8 import android.view.View.OnClickListener;
 9
10 public class HelloRadioButtonGroup extends Activity {
11     /** Called when the activity is first created. */
12     @Override
13     public void onCreate(Bundle savedInstanceState) {
14         super.onCreate(savedInstanceState);
15         setContentView(R.layout.main);
16         final RadioButton redBtn = (RadioButton) findViewById(R.id.RadioButton01);
17         final RadioButton greenBtn = (RadioButton) findViewById(R.id.RadioButton02);
18         OnClickListener ocl = new OnClickListener() {
19
20             @Override
21             public void onClick(View v) {
22                 Toast.makeText(HelloRadioButtonGroup.this,
23                         ((RadioButton) v).getText(), Toast.LENGTH_SHORT).show();
24             }
25         };
25         };
26         redBtn.setOnClickListener(ocl);
27         greenBtn.setOnClickListener(ocl);
28     }
29 }
```

图 9D-24　HelloRadioButton. Java 的主要代码

D.2.5 Tab

1. 案例简介

本次案例中实现的是有三个 tab,单击其中一个 tab 显示提示信息时第几个 tab。如图 9D-25～图 9D-26 所示。

图 9D-25 选择 tab1

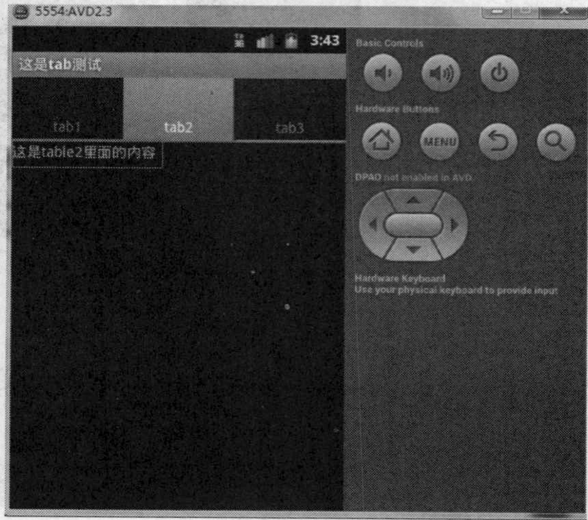

图 9D-26 选择 tab2

2. 功能实现

1) 页面布局

本例中采用的是 FrameLayout,在界面中添加 TextView,实现界面图如图 9D-27 所示。对应如图 9D-28 在 xml 中的布局代码。

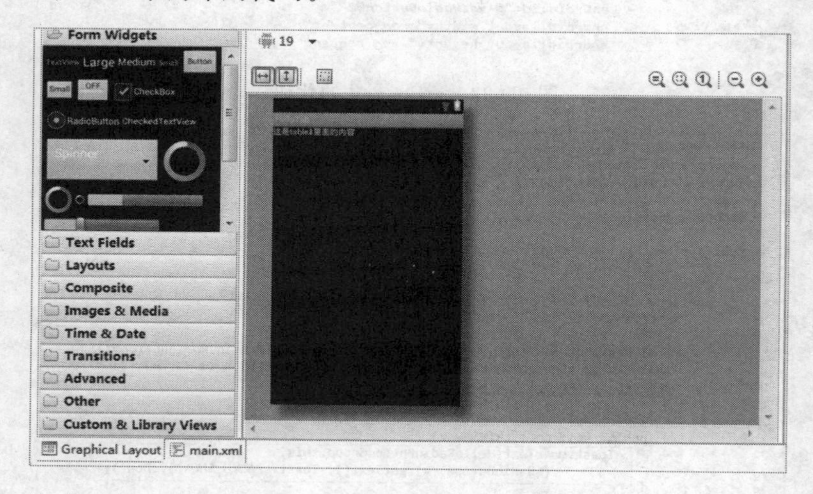

图 9D-27 页面布局

2) Tab 的实现

Tab 的结构,最外层是一个 Tabhost,Tabhost 里装了些选项卡(TabSpec),每个选项卡有自己的指示符(Indicator,就是顶部可点的那个区块)和内容(Content,下半部分展示内容的区块)。首先添加引用,如图 9D-29 的第 3～6 行,Android 为我们提供了 TabActivity,第 8 行我们只要继承它，就创建了 Tabhost，第 15 行是获取 Tabhost，第 16 行和 17 行把 Tab 要用到的布局与 Tabhost 绑定起来，第 18～23 行第一个 tab1 相当于是选项卡的名字，第二个 tab1 设置选项卡头部的信息，最后通过 th. addTab()把 TabSpec 添加到 Tabhost 中。

```
HelloTab.java    main.xml
1  <FrameLayout xmlns:android="http://schemas.android.com/apk/res/android"
2      android:layout_width="fill_parent"
3      android:layout_height="fill_parent" >
4
5      <TextView
6          android:id="@+id/view1"
7          android:layout_width="fill_parent"
8          android:layout_height="wrap_content"
9          android:text="@string/hello1" />
10
11     <TextView
12         android:id="@+id/view2"
13         android:layout_width="fill_parent"
14         android:layout_height="wrap_content"
15         android:text="@string/hello2" />
16
17     <TextView
18         android:id="@+id/view3"
19         android:layout_width="fill_parent"
20         android:layout_height="wrap_content"
21         android:text="@string/hello3" />
22
23 </FrameLayout>
```

图 9D-28　main. xml 的代码

```
HelloTab.java    main.xml
2
3  import android.app.TabActivity;
4  import android.os.Bundle;
5  import android.view.LayoutInflater;
6  import android.widget.TabHost;
7
8  public class HelloTab extends TabActivity {
9      /** Called when the activity is first created. */
10     @Override
11     public void onCreate(Bundle savedInstanceState) {
12         super.onCreate(savedInstanceState);
13         // setContentView(R.layout.main);
14         setTitle("这是tab测试");
15         TabHost th = getTabHost();
16         LayoutInflater.from(this).inflate(R.layout.main,
17                 th.getTabContentView(), true);
18         th.addTab(th.newTabSpec("tab1").setIndicator("tab1")
19                 .setContent(R.id.view1));
20         th.addTab(th.newTabSpec("tab2").setIndicator("tab2")
21                 .setContent(R.id.view2));
22         th.addTab(th.newTabSpec("tab3").setIndicator("tab3")
23                 .setContent(R.id.view3));
24
25     }
26
27 }
```

图 9D-29　HelloTab. Java 的主要代码

D.3　项目心得

Widget 的应用很广，可以应用到 Web、桌面和手机端。例如操作系统上的时钟、天气、资讯的小插件都属于 Widget，Widget 展示在手机主屏的一种快速浏览的一个插件。

D.4　参考资料

(1) Android 创建 Tab

http://blog.sina.com.cn/s/blog_46c97a9d0100vf49.html

(2) Android 中 EditText 与 TextView 共舞

http://blog.csdn.net/zeng622peng/article/details/6012048

D.5 常见问题

在 widget 组件中使用 Toast 类来管理信息的提示：

Toast.makeText(NewDialer.this, R.string.notify_incorrect_phonenum, Toast.LENGTH_LONG).show();

makeText()是 Toast 的一个方法,用来显示信息,其中分别有三个参数。

第一个参数:NewDialer.this,是上下文参数,指当前页面 NewDialer 显示。

第二个参数:R.string.notify_incorrect_phonenum 是你想要显示的内容。

第三个参数:Toast.LENGTH_LONG,是你指你提示消息,显示的时间。

最后,show()表示显示这个 Toast 消息提醒,当程序运行到这里的时候,就会显示出来,如果不调用 show()方法,即使这个 Toast 对象存在,并不会显示。

E 常用 widget 组件 2

Widget;
ListView;
Spinner;
GridView;
AutoCompleteTextView。

E.1 项目简介

丰富的 Widget(并可以嵌套使用)可以有效的利用手机的屏幕,快捷、方便的浏览信息,为用户带来良好的交互体验。

下面介绍其他常用的 Widget 组件。

E.2 案例设计与实现

E.2.1 ListView

1. 案例简介

本次演示的案例我们要实现这样一个功能,就是选择 List 中的一个 Item 之后标题栏显示选中的那一项。如图 9E-1、图 9E-2 所示。

2. 功能实现

1) 页面布局

本例中的页面布局并不复杂,只是添加了一个 TextView 控件用于添加每一个 Item,xml 中的代码如图 9E-3 所示。

【注意 1】在 TextView 中设置了几个属性，第 5 行是设置 TextView 里面的内容 Item 项目垂直居中显示，第 6 行设置最小高度，第 7 行内容离左边框 6dip，第 8 行设置布局里面设置文字的外观，系统自带的一个外观。

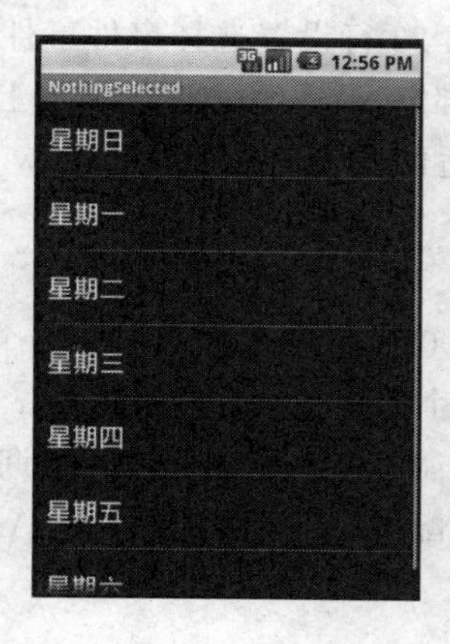

图 9E-1　主界面信息

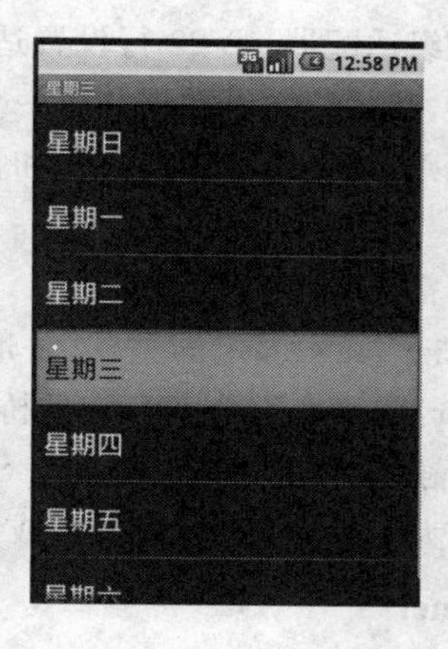

图 9E-2　单击一个 Item

```
1 <?xml version="1.0" encoding="utf-8"?>
2 <TextView xmlns:android="http://schemas.android.com/apk/res/android"
3     android:layout_width="fill_parent"
4     android:layout_height="wrap_content"
5     android:gravity="center_vertical"
6     android:minHeight="?android:attr/listPreferredItemHeight"
7     android:paddingLeft="6dip"
8     android:textAppearance="?android:attr/textAppearanceLarge" />
9
```

图 9E-3　main. xml 的代码

2）列表视图(ListView)的实现

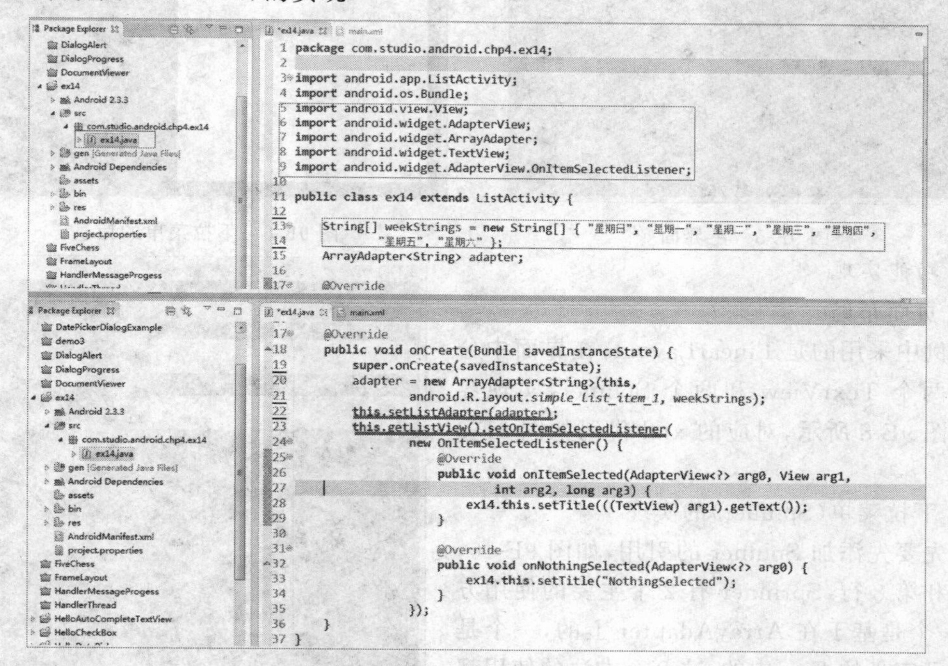
```
1 package com.studio.android.chp4.ex14;
2
3 import android.app.ListActivity;
4 import android.os.Bundle;
5 import android.view.View;
6 import android.widget.AdapterView;
7 import android.widget.ArrayAdapter;
8 import android.widget.TextView;
9 import android.widget.AdapterView.OnItemSelectedListener;
10
11 public class ex14 extends ListActivity {
12
13     String[] weekStrings = new String[] { "星期日", "星期一", "星期二", "星期三", "星期四",
14             "星期五", "星期六" };
15     ArrayAdapter<String> adapter;
16
17     @Override
18     public void onCreate(Bundle savedInstanceState) {
19         super.onCreate(savedInstanceState);
20         adapter = new ArrayAdapter<String>(this,
21                 android.R.layout.simple_list_item_1, weekStrings);
22         this.setListAdapter(adapter);
23         this.getListView().setOnItemSelectedListener(
24                 new OnItemSelectedListener() {
25                     @Override
26                     public void onItemSelected(AdapterView<?> arg0, View arg1,
27                             int arg2, long arg3) {
28                         ex14.this.setTitle(((TextView) arg1).getText());
29                     }
30
31                     @Override
32                     public void onNothingSelected(AdapterView<?> arg0) {
33                         ex14.this.setTitle("NothingSelected");
34                     }
35                 });
36     }
37 }
```

图 9E-4　ex14. Java 的主要代码

先添加 ListtView 的引用，如图 9E-4 第 5 行～第 9 行。第一步，写一个 XML 布局文件，定义每一个 Item 的样式，显然 Item 是一个个 TextView，于是，定义一个布局文件，如图 9E-3。第二步。定义 Activity 继承自 ListAvtivity，如图 9E-4 第 13 行，我们用一个数组来模拟 List 中的数据，第 15 行创建数组适配器，第 22 行设置适配器，第 23 行设置选择事件事件监听，总的是先定义一个数组适配器，然后将数组数据与每一个 Item 绑定，最后给 ListView 加上监听方法。

【注意 2】 ListAdapter 是 ListView 和数据的适配器，让一个 ListView 显示出来，需要 3 个基本条件：

① ListView(需要被显示的列表)。

② Data：和 ListView 绑定的数据，一般是一个 Cusor 或者本例中的一个字符串数组。

③ ListAdapter：是 data 和 ListView 的桥梁，起一个适配作用。ListAdapter 有 3 个子类。分别为 SimpleAdapter：静态类型的适配器。SimpleCursorAdapter：数据库查询结果的适配器。ArrayAdapter 数据为任意类型对象的数组或链表的适配器。本例中的子类是 ArrayAdapter。

E.2.2 Spinner

1. 案例简介

Android 下的下拉菜单 Spinner，由于手机画面有限，要在有限的范围选择项目，下拉菜单是比较好的选择，如图 9E-5～图 9E-7 所示。

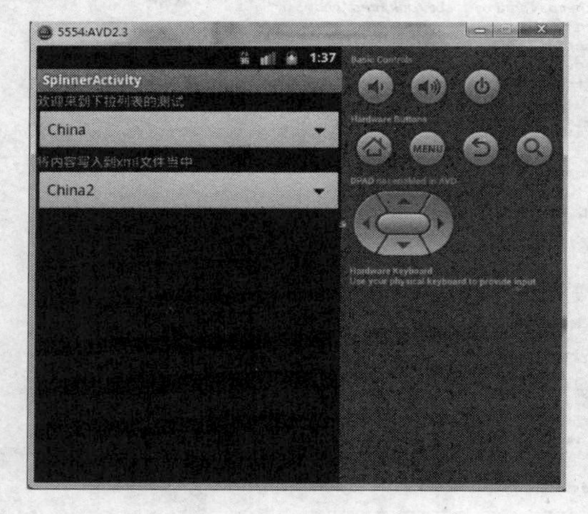

图 9E-5　主界面

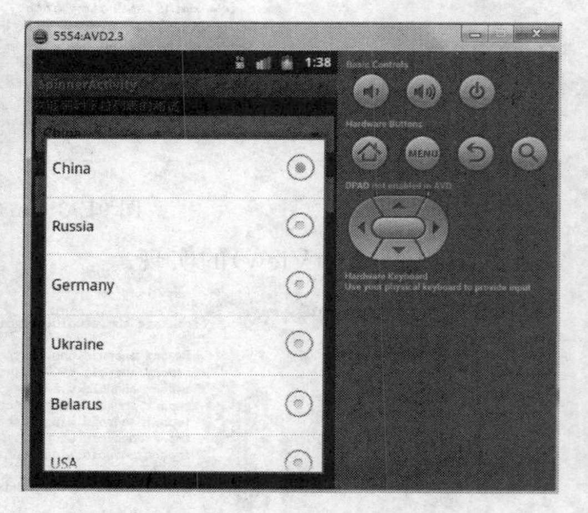

图 9E-6　下拉菜单的信息

2. 功能实现

1) 页面布局

本例中采用的是 LinearLayout，在界面中分别添加两个 TextView 和两个 Spinner，实现界面图如图 9E-8 所示，对应的 xml 代码如图 9E-9 所示。

2) 下拉菜单(Spinner)的实现

首先要先添加 Spinner 的引用，如图 9E-10，第 7 行和第 8 行，Sprinner 有 2 个主要的使用方法，第一个是基于在 ArrayAdapter 上的，一个是基于自己定义的 List 中的，这 2 个方法的使用都会产生一个下拉表单，但是用户单击后效果不

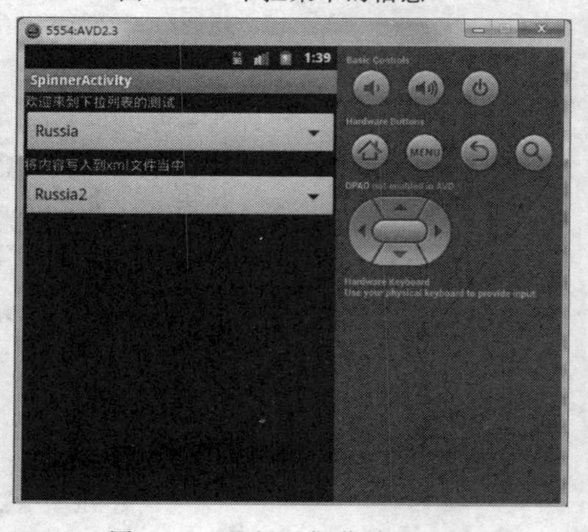

图 9E-7　选择下拉菜单的项目

同，前者是 Android 自带的，后者是开发者自己定义的！如图 9E-10 第 23 和 26 行，先创建两个 Spinner 对象，第 27 和 32 行，创建一个 ArrayList 和 ArrayAdapter 对象分给两个方法使用，第 13 至 16 行分别表示继承 Activity 的父类的方法，为 Activity 传递一个主布局文件，为 2 个方法的使用创建的一个内部方法，为手机头标题命名。第 20 行为下拉菜单传递值得数组。第一个方法的实现第 25～30 行分别表示调用方法，为 Spinner 对象找到存储对象，声明 ArrayList，为传递下拉菜单值的循环赋值。第 32～37 行分别表示系统内置的的方法，为 Adapter 设置布局值，为 Spinner 设置 Adapter，第一个方法结束。

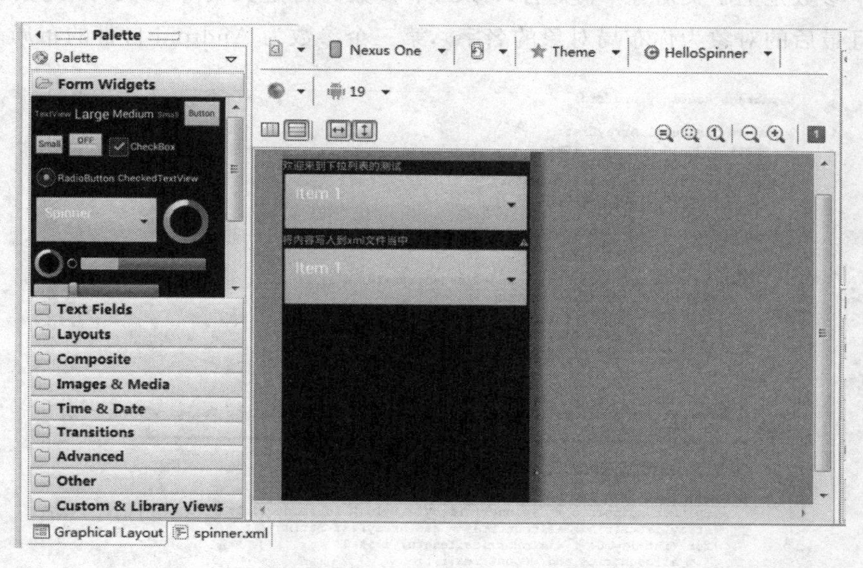

图 9E-8　页面布局

```
HelloSpinner.java    main.xml    spinner.xml
1  <?xml version="1.0" encoding="UTF-8"?>
2  <LinearLayout xmlns:android="http://schemas.android.com/apk/res/android"
3      android:layout_width="fill_parent"
4      android:layout_height="fill_parent"
5      android:orientation="vertical" >
6
7      <TextView
8          android:layout_width="fill_parent"
9          android:layout_height="wrap_content"
10         android:text="@string/spinnerHi" />
11
12     <Spinner
13         android:id="@+id/spinnerId"
14         android:layout_width="fill_parent"
15         android:layout_height="wrap_content"
16         android:drawSelectorOnTop="false" />
17
18     <TextView
19         android:layout_width="fill_parent"
20         android:layout_height="wrap_content"
21         android:text="将内容写入到xml文件当中" />
22
23     <Spinner
24         android:id="@+id/spinner_2"
25         android:layout_width="fill_parent"
26         android:layout_height="wrap_content"
27         android:drawSelectorOnTop="false" />
28
```

图 9E-9　spinner. xml 的布局代码

【**注意 3**】ArrayAdapter＜String＞ aspnCountries＝new ArrayAdapter＜String＞(this, android. R. layout. simple_spinner_item, allcountries)；

第一个参数(this)代表上下文(指本类)，第二个参数代表下拉单独布局格式(为 Android 自带)，第三个参数代表你传入的数组名。

ArrayAdapter＜CharSequence＞ adapter＝ArrayAdapter. createFromResource(this, R. array. countries, android. R. layout. simple_spinner_item)；

第一个参数是上下文对象(本类名)，第二个参数为自定义的布局文件(此文件在 values 中定义而且最后的对象为你布局对象的名字)，第三个参数为 Android 自带的布局。

```
1 package com.andy.android;
2
3 import java.util.ArrayList;
4 import android.app.Activity;
5 import android.os.Bundle;
6 import android.widget.ArrayAdapter;
7 import android.widget.Spinner;
8
9 public class HelloSpinner extends Activity {
10     /** Called when the activity is first created. */
11     @Override
12     public void onCreate(Bundle savedInstanceState) {
13         super.onCreate(savedInstanceState);
14         setContentView(R.layout.spinner);
15         find_and_modify_view();
16         setTitle("SpinnerActivity");
17     }
18
19     // 方法1
20     private static final String[] mCountries = { "China", "Russia", "Germany",
21             "Ukraine", "Belarus", "USA" };
22
23     private Spinner spinner_2;
24
25     private void find_and_modify_view() {
26         Spinner spinner_c = (Spinner) findViewById(R.id.spinnerId);
27         ArrayList<String> allcountries = new ArrayList<String>();
28         for (int i = 0; i < mCountries.length; i++) {
29             allcountries.add(mCountries[i]);
30         }
31         // 使用范型
32         ArrayAdapter<String> aspnCountries = new ArrayAdapter<String>(this,
33                 android.R.layout.simple_spinner_item, allcountries);
34
35         aspnCountries
36                 .setDropDownViewResource(android.R.layout.simple_spinner_dropdown_item);
37         spinner_c.setAdapter(aspnCountries);
38
39         spinner_2 = (Spinner) findViewById(R.id.spinner_2);
40         ArrayAdapter<CharSequence> adapter = ArrayAdapter.createFromResource(
41                 this, R.array.countries, android.R.layout.simple_spinner_item);
42         adapter.setDropDownViewResource(android.R.layout.simple_spinner_dropdown_item);
43         spinner_2.setAdapter(adapter);
44
45     }
46 }
47
```

图 9E-10　HelloSpinner. Java 的主要代码

E. 2. 3　GridView

1. 案例简介

Android 的 GridView 控件用于把一系列的空间组织成一个二维的网格显示出来，应用的比较多的就是组合图片显示，下面详细讲一个例子。效果如图 9E-11 所示。

2. 功能实现

1）页面布局

本例中实现界面如图 9E-12 所示，在 xml 中添加了 GridView 控件，用于装载 Item，如图第 6～11 行 GridView 的属性分别表示每列的宽度，也就是 Item 的宽度；设置 GridView 里的图片居中；设置图片两列之间的边距 ；GridView 的列数设置为自动；设置图片的缩放与列宽大小同步；设置图片两行之间的边距。

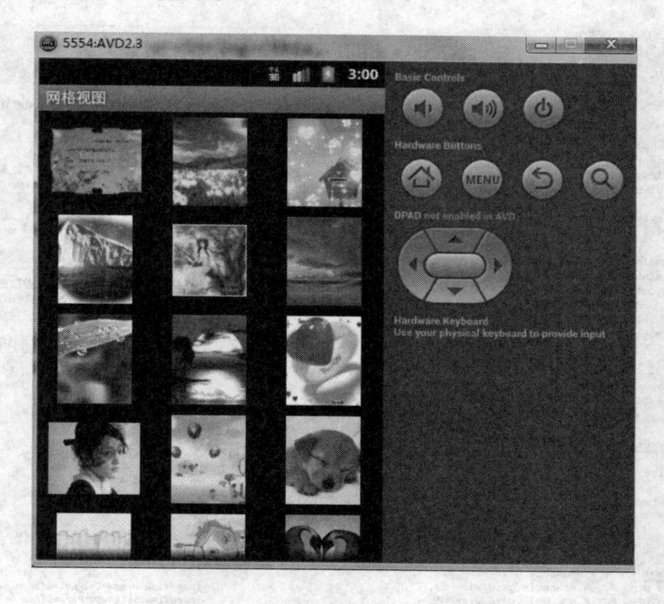

图 9E-11　GridView 网格的显示

HelloGridView.java　main.xml　strings.xml

```
1  <?xml version="1.0" encoding="utf-8"?>
2  <GridView xmlns:android="http://schemas.android.com/apk/res/android"
3      android:id="@+id/grid_view"
4      android:layout_width="fill_parent"
5      android:layout_height="fill_parent"
6      android:columnWidth="90dp"
7      android:gravity="center"
8      android:horizontalSpacing="10dp"
9      android:numColumns="auto_fit"
10     android:stretchMode="columnWidth"
11     android:verticalSpacing="10dp" />
12
```

图 9E-12　main. xml 页面布局代码

2）（GridView）组合图片的实现

首先添加所用到的引用，如图 9E-13 第 8～10 行，GridView 的 Item 是来自 ListAdapter 的，所以一般在 Activity 的 onCreate 使用 GridView 的代码如图第 19 行和 20 行。首先写一个类继承 BaseAdapter 而 ImageAdapter 一般是 extends BaseAdapter 如图第 24 行，如图第 26 行定义 Context，第 33 行～43 行定义整型数组，图片的引用。Adapter 接口里面的方法第 46 行是获取图片的个数，第 51 行获取图片在库中的位置，第 58 行获取图片 ID。如图红线框第 64 至 77 行的内容 getView，和 ImageView 是重点，影响图片的显示效果，首先第 68 行针对每一个数据（即每一个图片 ID）创建一个 ImageView 实例，针对外面传递过来的 mContext 变量，第 69 行设置 ImageView 中每一个图片的大小为 85 * 85，第 70 行设置显示比例类型。

【注意 4】① 留意 getView 里面的代码如图第 66 行，要判断 convertView 是否为 null，以便重用，减少对象的创建，减少内存占用。

② 在布局中如图 9E-12 可以看到在 xml 中只添加了 GridView 控件，其他布局是在 java 中写的，如图 9E-13 的第 69～71 行是在 java 代码中定义布局的。

```
HelloGridView.java
1  package com.andy.android;
2
3  import android.app.Activity;
4  import android.content.Context;
5  import android.os.Bundle;
6  import android.view.View;
7  import android.view.ViewGroup;
8  import android.widget.BaseAdapter;
9  import android.widget.GridView;
10 import android.widget.ImageView;
11
12 public class HelloGridView extends Activity {
13     /** Called when the activity is first created. */
14     @Override
15     public void onCreate(Bundle savedInstanceState) {
16         super.onCreate(savedInstanceState);
17         setContentView(R.layout.main);
18         setTitle("网格视图");
19         GridView gv = (GridView) findViewById(R.id.grid_view);
20         gv.setAdapter(new ImageAdapter(this));
21
22     }
```

```
HelloGridView.java
44
45         // 获取图片的个数
46         public int getCount() {
47             return mThumbIds.length;
48         }
49
50         // 获取图片在库中的位置
51         public Object getItem(int arg0) {
52             // TODO Auto-generated method stub
53             return null;
54         }
55
56         // 获取图片ID
57         @Override
58         public long getItemId(int arg0) {
59             // TODO Auto-generated method stub
60             return 0;
61         }
62
```

```
HelloGridView.java
23
24 public class ImageAdapter extends BaseAdapter {
25     // 定义Context
26     private Context mContext;
27
28     public ImageAdapter(Context c) {
29         mContext = c;
30     }
31
32     // 图片的引用 定义整型数组 即图片源
33     private Integer[] mThumbIds = { R.drawable.grid_view_01,
34             R.drawable.grid_view_02, R.drawable.grid_view_03,
35             R.drawable.grid_view_04, R.drawable.grid_view_05,
36             R.drawable.grid_view_06, R.drawable.grid_view_07,
37             R.drawable.grid_view_08, R.drawable.grid_view_09,
38             R.drawable.grid_view_10, R.drawable.grid_view_11,
39             R.drawable.grid_view_12, R.drawable.grid_view_13,
40             R.drawable.grid_view_14, R.drawable.grid_view_15,
41             R.drawable.sample_1, R.drawable.sample_2, R.drawable.sample_3,
42             R.drawable.sample_4, R.drawable.sample_5, R.drawable.sample_6,
43             R.drawable.sample_7 };
```

```
HelloGridView.java
56     // 获取图片ID
57     @Override
58     public long getItemId(int arg0) {
59         // TODO Auto-generated method stub
60         return 0;
61     }
62
63     @Override
64     public View getView(int position, View convertView, ViewGroup parent) {
65         ImageView imageView;
66         if (convertView == null) { // if it's not recycled, initialize some
67                                     // attributes
68             imageView = new ImageView(mContext);
69             imageView.setLayoutParams(new GridView.LayoutParams(85, 85));
70             imageView.setScaleType(ImageView.ScaleType.CENTER_CROP);
71             imageView.setPadding(8, 8, 8, 8);
72         } else {
73             imageView = (ImageView) convertView;
74         }
75
76         imageView.setImageResource(mThumbIds[position]);
77         return imageView;
78     }
```

图 9E-13　HelloCheckBox. Java 的主要代码

E. 2. 4　AutoCompleteTextView

1. 案例简介

本次案例中使用 AutoCompleteTextView 实现动态匹配输入的内容。如 google 搜索引擎当输入文本时可以根据内容显示匹配的热门信息。如图 9E-14～图 9E-16 所示。

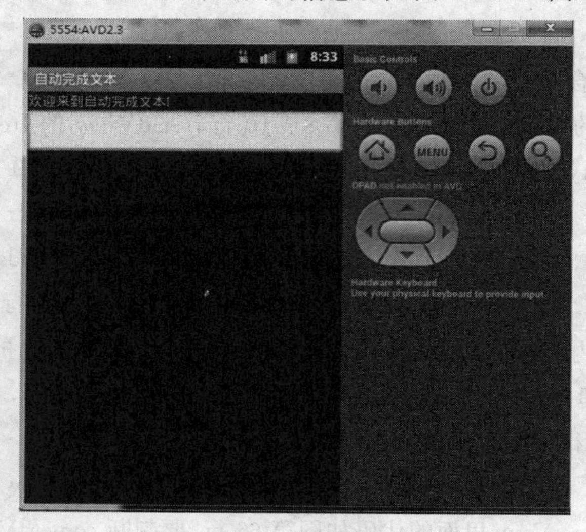

图 9E-14　选择 Tab1

图 9E-15　选择 Tab2(一)

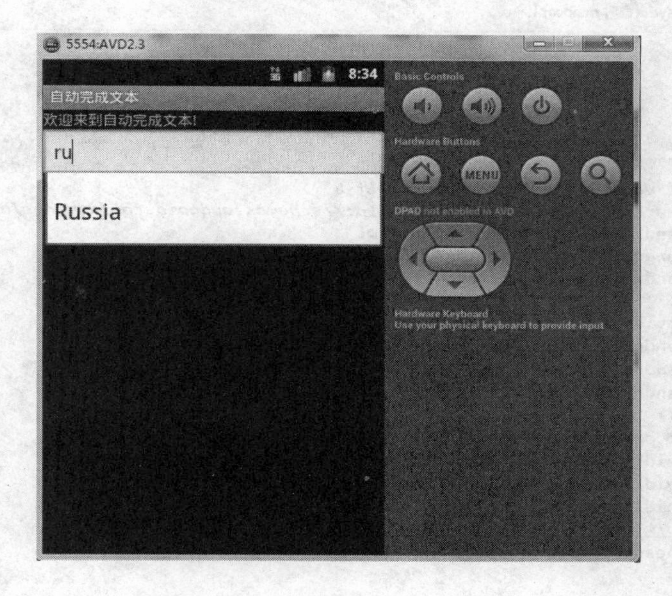

图 9E-16　选择 Tab2(二)

2. 功能实现

1）页面布局

本例中采用的是 LinearLayout，在界面中添加 TextView，实现界面图如图 9E-17 所示，对应的 xml 代码如图 9E-18 所示，添加了 AutoCompleteTextView 控件。

2）AutoCompleteTextView 的实现

虽然 AutoCompleteTextView 不是 Android 的常用控件，但是它的实用性还是很强的。首先添加所用到的引用，如图 9E-19 第 5 和 6 行，第 9～11 行创建字符串数组来当数据匹配源，第 19 行定义匹配源的适配器，第 21 行定义 AutoCompleteTextView 控件，第 22 行设置匹配源的 adapter 到 AutoCompleteTextView 控件。

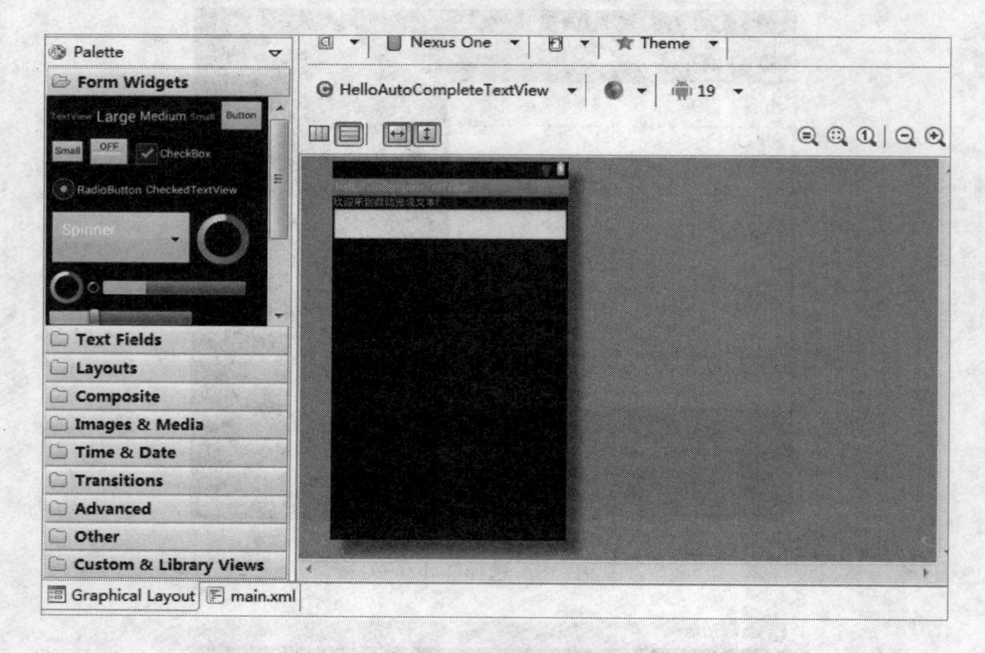

图 9E-17　页面布局

HelloAutoCompleteTextView.java　main.xml

```
 1 <?xml version="1.0" encoding="utf-8"?>
 2 <LinearLayout xmlns:android="http://schemas.android.com/apk/res/android"
 3     android:orientation="vertical"
 4     android:layout_width="fill_parent"
 5     android:layout_height="fill_parent"
 6     >
 7 <TextView
 8     android:layout_width="fill_parent"
 9     android:layout_height="wrap_content"
10     android:text="@string/hello"
11     />
12 <AutoCompleteTextView
13 android:id="@+id/auto_complete"
14 android:layout_width="fill_parent"
15 android:layout_height="wrap_content"
16 />
17 </LinearLayout>
18
```

图 9E-18　main. xml 的代码

```java
HelloAutoCompleteTextView.java
 1 package com.andy.android;
 2 
 3 import android.app.Activity;
 4 import android.os.Bundle;
 5 import android.widget.ArrayAdapter;
 6 import android.widget.AutoCompleteTextView;
 7 
 8 public class HelloAutoCompleteTextView extends Activity {
 9     private static final String[] COUNTRIES = new String[] { "China", "Russia",
10             "Germany", "Ukraine", "USA", "Belarus", "China2", "China1",
11             "China3" };
12 
13     /** Called when the activity is first created. */
14     @Override
15     public void onCreate(Bundle savedInstanceState) {
16         super.onCreate(savedInstanceState);
17         setContentView(R.layout.main);
18         setTitle("自动完成文本");
19         ArrayAdapter<String> adapter = new ArrayAdapter<String>(this,
20                 android.R.layout.simple_dropdown_item_1line, COUNTRIES);
21         AutoCompleteTextView textView = (AutoCompleteTextView) findViewById(R.id.auto_comp
22         textView.setAdapter(adapter);
23     }
24 
25 }
```

图 9E-19　HelloAutoCompleteTextView. Java 的主要代码

E.3　项目心得

在 widget 组件中 GridView 中的 getView 方法中 imageView. setScaleType(ImageView. ScaleType. CENTER_CROP)；是控制图片如何 resized/moved 来匹对 ImageView 的 size。

CENTER_CROP / centerCrop 按比例扩大图片的 size 居中显示，使得图片长(宽)等于或大于 View 的长(宽)。

CENTER /center 按图片的原来 size 居中显示，当图片长/宽超过 View 的长/宽，则截取图片的居中部分显示。

CENTER_INSIDE / centerInside 将图片的内容完整居中显示，通过按比例缩小或原来的 size 使得图片长/宽等于或小于 View 的长/宽。

FIT_END / fitEnd　把图片按比例扩大/缩小到 View 的宽度，显示在 View 的下部分位置。

FIT_START / fitStart 把图片按比例扩大/缩小到 View 的宽度，显示在 View 的上部分位置。

FIT_XY / fitXY 把图片不按比例扩大/缩小到 View 的大小显示。

MATRIX / matrix 用矩阵来绘制。

E.4　参考资料

(1) Android 基础教程之自定义下拉菜单模式——Spinner

http://weizhulin. blog. 51cto. com/1556324/311476

(2) Android UI 学习 - GridView 和 ImageView 的使用

http://android. blog. 51cto. com/268543/316255

E.5　常见问题

在 widget 组件中我们在应用图片时，在 Drawable 文件夹里面的存放图片，图片的命名要是小写，不能大写。如图 9E-20 所示。

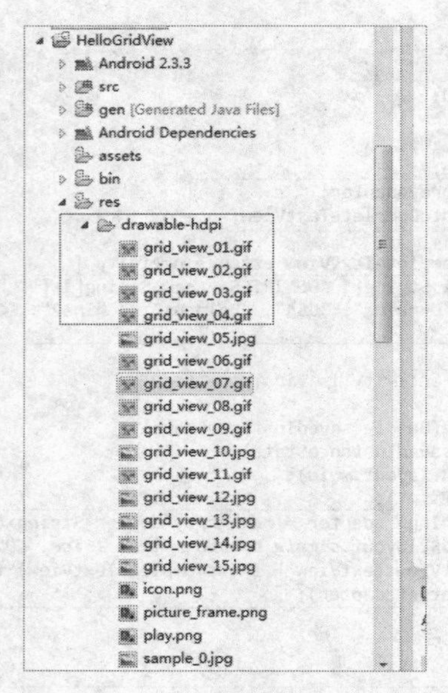

图 9E-20　HelloGridView. Java 的 drawable 文件

F　与时俱进的 Fragment

Fragment；

Activity。

F. 1　项目简介

Android 在 3. 0 中引入了 Fragment 的概念，主要目的是用在大屏幕设备上——例如平板电脑上，支持更加动态和灵活的 UI 设计。平板电脑的屏幕要比手机的大得多，有更多的空间来放更多的 UI 组件，并且这些组件之间会产生更多的交互。Fragment 允许这样的一种设计，而不需要你亲自来管理 view hierarchy 的复杂变化。通过将 activity 的布局分散到 fragment 中，你可以在运行时修改 activity 的外观，并在由 activity 管理的后退栈中保存那些变化。

F. 2　案例设计与实现

F. 2. 1　Fragment 的生命周期

1. Fragment 生命周期

首先我们看图 9F-1，从这个图中可以看到 fragment 的生命周期函数，同样类似于 activity，你可以把 fragment 的状态保存在一个 Bundle 中，在 activity 被 recreated 时就需用到这个东西。你可以在 onSaveInstanceState()方法中保存状态并在 onCreate()或 onCreateView()或 onActivityCreated()中恢复。看图 9F-2 是 Fragment 与 Activity 的生命周期的对比，Fragment 比 activity 还要多出几个生命周期回调方法，这些额外的方法是为了与 activity 的交互而设立，如下：

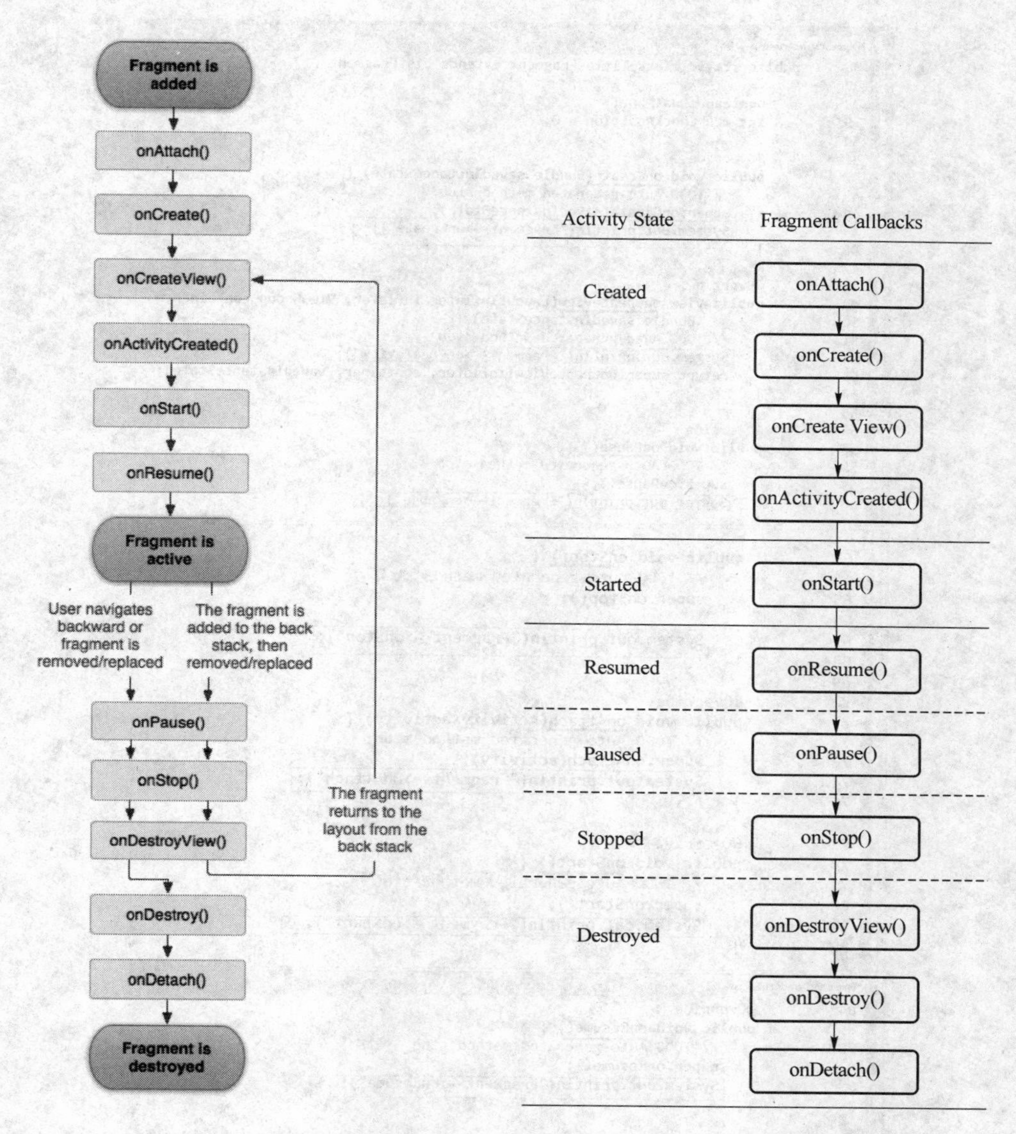

图 9F-1　fragment 的生命周期图　　　　图 9F-2　与 Activity 生命周期的对比图

onAttach():当 fragment 被加入到 activity 时调用(在这个方法中可以获得所在的 activity)。

onCreateView():当 activity 要得到 fragment 的 layout 时,调用此方法,fragment 在其中创建自己的 layout(界面)。

onActivityCreated():当 activity 的 onCreated()方法返回后调用此方法。

onDestroyView():当 fragment 的 layout 被销毁时被调用。

onDetach():当 fragment 被从 activity 中删掉时被调用。

2. Fragment 生命周期在 DDMS 显示 Logcat 的信息

在本次案例中在 DDMS 中显示 Logcat 的信息使用 System.out("")实现,在 FragmentDemo.java 中添加主要代码如图 9F-3,第 42、49、57、63、71、78、85、92、99 是 Fragment 生命周期函数在 Logcat 中的信息输出。

```
FragmentDemoActivity.java  main.xml
36    public static class TitlesFragment extends ListFragment {
37
38        boolean mDualPane;
39        int mCurCheckPosition = 0;
40
41        @Override
42        public void onCreate(Bundle savedInstanceState) {
43            // TODO Auto-generated method stub
44            super.onCreate(savedInstanceState);
45            System.out.println("Fragment-->onCreate");
46        }
47
48        @Override
49        public View onCreateView(LayoutInflater inflater, ViewGroup container,
50                Bundle savedInstanceState) {
51            // TODO Auto-generated method stub
52            System.out.println("Fragment-->onCreateView");
53            return super.onCreateView(inflater, container, savedInstanceState);
54        }
55
56        @Override
57        public void onPause() {
58            // TODO Auto-generated method stub
59            super.onPause();
60            System.out.println("Fragment-->onPause");
61        }
62        @Override
63        public void onStop() {
64            // TODO Auto-generated method stub
65            super.onStop();
66
67            System.out.println("Fragment-->onStop");
68        }
69
70        @Override
71        public void onAttach(Activity activity) {
72            // TODO Auto-generated method stub
73            super.onAttach(activity);
74            System.out.println("Fragment-->onAttach");
75        }
76
77        @Override
78        public void onStart() {
79            // TODO Auto-generated method stub
80            super.onStart();
81            System.out.println("Fragment-->onStart");
82        }
83
*FragmentDemoActivity.java  main.xml
84        @Override
85        public void onResume() {
86            // TODO Auto-generated method stub
87            super.onResume();
88            System.out.println("Fragment-->onResume");
89        }
90
91        @Override
92        public void onDestroy() {
93            // TODO Auto-generated method stub
94            super.onDestroy();
95            System.out.println("Fragment-->onDestroy");
96        }
97
98        @Override
99        public void onActivityCreated(Bundle savedInstanceState) {
100           // TODO Auto-generated method stub
101           super.onActivityCreated(savedInstanceState);
102           System.out.println("Fragment-->onActivityCreted");
103           setListAdapter(new ArrayAdapter<String>(getActivity(),
104                   android.R.layout.simple_list_item_1, array));
105
106           View detailsFrame = getActivity().findViewById(R.id.details);
107
```

图 9F-3　framegae 生命周期函数的输出代码

3. 测试

(1) 当启动 fragment 时，生命周期的变化如图 9F-4 所示。

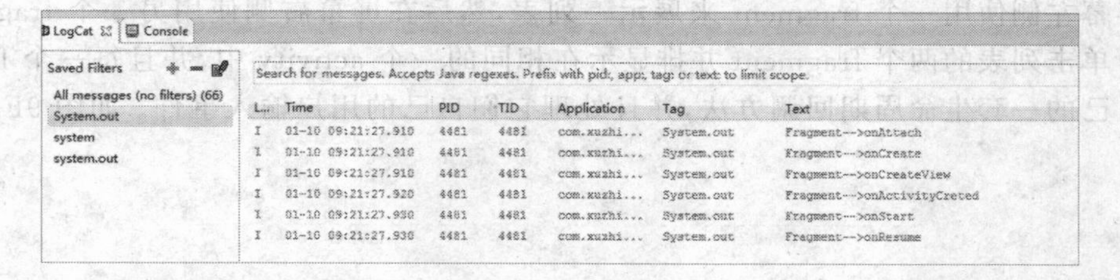

L...	Time	PID	TID	Application	Tag	Text
I	01-10 09:21:27.910	4481	4481	com.xuzhi...	System.out	Fragment-->onAttach
I	01-10 09:21:27.910	4481	4481	com.xuzhi...	System.out	Fragment-->onCreate
I	01-10 09:21:27.910	4481	4481	com.xuzhi...	System.out	Fragment-->onCreateView
I	01-10 09:21:27.920	4481	4481	com.xuzhi...	System.out	Fragment-->onActivityCreted
I	01-10 09:21:27.930	4481	4481	com.xuzhi...	System.out	Fragment-->onStart
I	01-10 09:21:27.930	4481	4481	com.xuzhi...	System.out	Fragment-->onResume

图 9F-4 启动 fragment

(2) 当启动的 fragment 主界面屏幕灭掉时，生命周期的变化如图 9F-5 所示。

I	01-10 09:21:53.905	4481	4481	com.xuzhi...	System.out	Fragment-->onPause
I	01-10 09:21:53.945	4481	4481	com.xuzhi...	System.out	Fragment-->onStop

图 9F-5 启动的 fragment 主界面屏幕灭掉

(3) 当屏幕解锁回到 fragment 应用主界面时，生命周期的变化如图 9F-6 所示。

I	01-10 09:22:27.558	4481	4481	com.xuzhi...	System.out	Fragment-->onStart
I	01-10 09:22:27.568	4481	4481	com.xuzhi...	System.out	Fragment-->onResume

图 9F-6 屏幕解锁回到 fragment 应用主界面

(4) 当退出 fragment 应用主界面时回到桌面时，生命周期的变化如图 9F-7 所示。

I	01-10 09:23:14.414	4481	4481	com.xuzhi...	System.out	Fragment-->onPause
I	01-10 09:23:14.454	4481	4481	com.xuzhi...	System.out	Fragment-->onStop
I	01-10 09:23:15.755	4481	4481	com.xuzhi...	System.out	Fragment-->onStart
I	01-10 09:23:15.775	4481	4481	com.xuzhi...	System.out	Fragment-->onResume
I	01-10 09:23:32.582	4481	4481	com.xuzhi...	System.out	Fragment-->onPause
I	01-10 09:23:32.842	4481	4481	com.xuzhi...	System.out	Fragment-->onStop
I	01-10 09:23:32.842	4481	4481	com.xuzhi...	System.out	Fragment-->onDestroy

图 9F-7 退出 fragment 应用主界面时回到桌面

F.2.2 Fragment

1. 案例简介

本次案例设计是在左边单击时，右边的字符会与左边选中的项的字符相同。如图 9F-8～图 9F-9 所示。

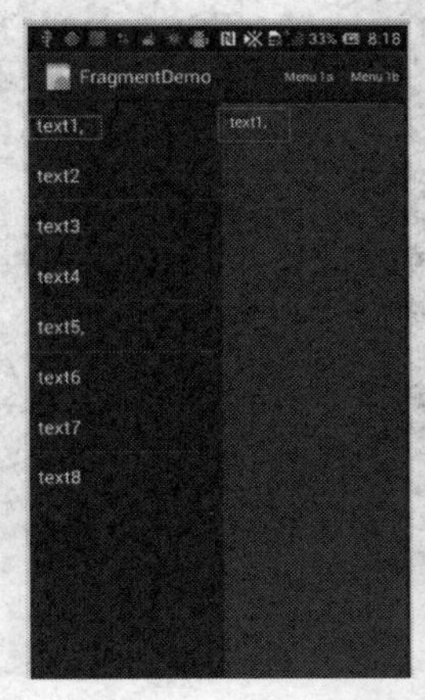

图 9F-8 单击第一个列表

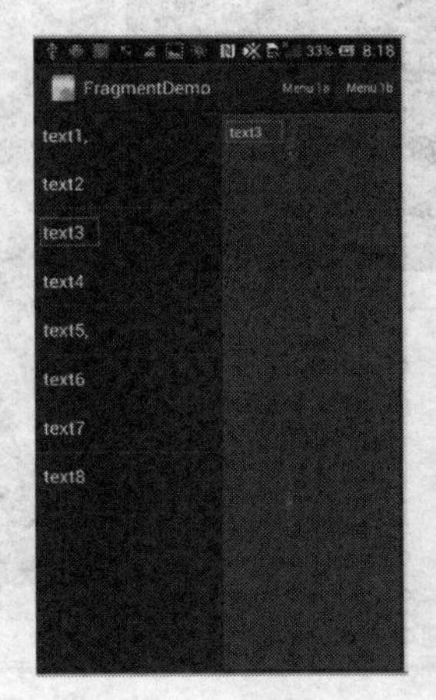

图 9F-9 选择下拉菜单的项目

在屏幕左侧使用一个 fragment 来展示一列表，然后在屏幕右侧使用另一个 fragment 来展示你所单击列表的两个 fragment 并排显示在相同的一个 activity 中，并且每一个 fragment 拥有它自己的一套生命周期回调方法，并且处理它们自己的用户输入事件。如图 9F-10 所示对比图。

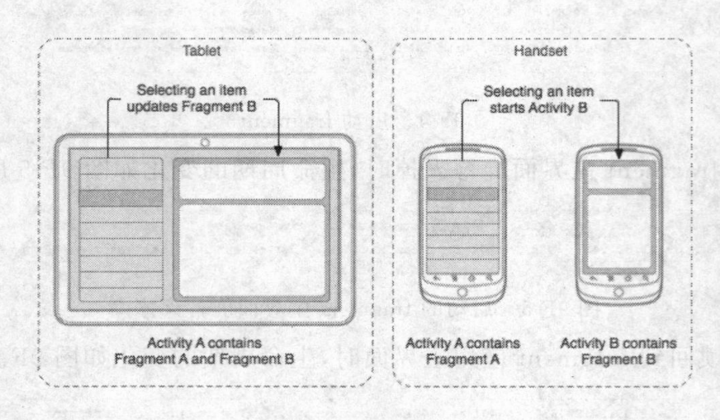

图 9F-10　对比图

2. 功能实现

1）页面布局

本例中采用的是 LinearLayout，在 XML 中添加 fragment 控件和 FrameLayout 控件，其对应的 xml 代码如图 9F-11，第 12 行系统在 activity 加载此 layout 时初始化 TitlesFragment（用于显示标题列表），TitlesFragment 的右边是一个 FrameLayout，用于存放显示摘要的 fragment，但是现在它还是空的，fragment 只有当用户选择了一项标题后，摘要 fragment 才会被放到 FrameLayout 中。

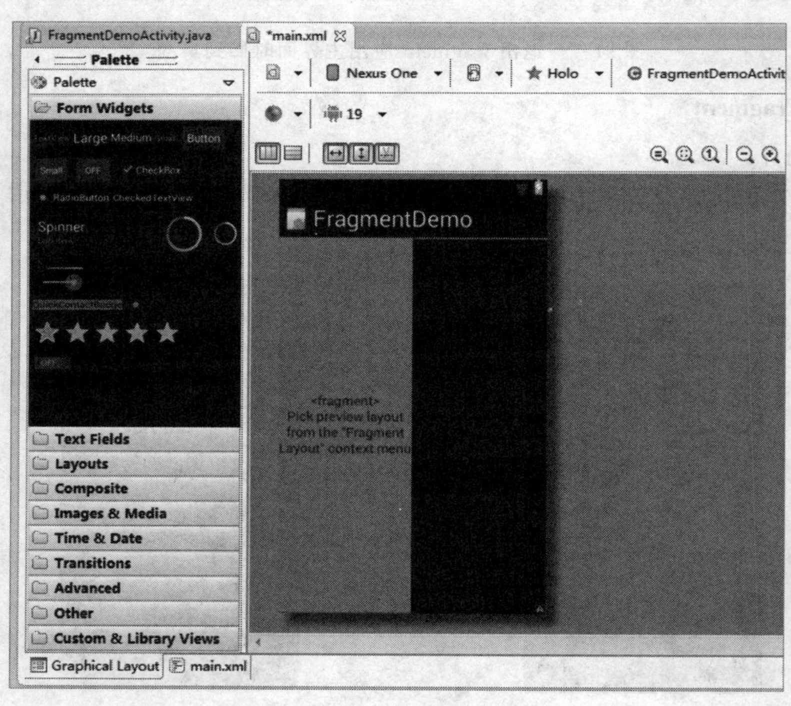

图 9F-11　页面布局

【注意 1】当我们要设置控件在屏幕中按比例显示时,android:layout_weight 在这里就显的很重要了,在 fragment 控件和 FrameLayout 控件中设置 android:layout_weight="1" 在屏幕中是同等分配的。

【注意 2】每一个 fragment 都需要一个唯一的标识,如果 activity 重启,系统可以用来恢复 fragment(并且你也可以用来捕获 fragment 来处理事务,例如移除它),如图 9F-12 的第 8 行提供一个唯一的 ID 来为 fragment 提供一个标识。

有 3 种方法来为一个 fragment 提供一个标识:

① 为 android:id 属性提供一个唯一 ID。

② 为 android:tag 属性提供一个唯一字符串。

③ 如果以上 2 个你都没有提供,系统使用容器 view 的 ID。

```
FragmentDemoActivity.java    *main.xml
1  <?xml version="1.0" encoding="utf-8"?>
2  <LinearLayout xmlns:android="http://schemas.android.com/apk/res/android"
3      android:layout_width="match_parent"
4      android:layout_height="match_parent"
5      android:orientation="horizontal" >
6
7      <fragment
8          android:id="@+id/titles"
9          android:layout_width="0px"
10         android:layout_height="match_parent"
11         android:layout_weight="1"
12         class="com.xuzhi.fragment.FragmentDemoActivity$TitlesFragment" />
13
14     <FrameLayout
15         android:id="@+id/details"
16         android:layout_width="0px"
17         android:layout_height="match_parent"
18         android:layout_weight="1"
19         android:background="?android:attr/detailsElementBackground" >
20     </FrameLayout>
21
22 </LinearLayout>
```

图 9F-12　main. xml 的布局代码

2) Fragment 的实现

在 layout 中只包含 TitlesFragment。这表示当使用竖屏时,只显示标题列表。当用户选中一项时,程序会启动一个新的 activity 去显示摘要,而不是加载第二个 fragment。

接下来是 Fragment 类的实现,第一个是 TitlesFragment 如图 9F-13 的第 35 行,它从 ListFragment 派生,大部分列表的功能由 ListFragment 提供,当用户选择一个 Title 时,代码需要做出两种行为,一种是在同一个 activity 中显示创建并显示摘要 fragment,另一种是启动一个新的 activity。其中第 103 行首先使用静态数组填充列表,第 106～109 行判断是否嵌入 detailsfragment ,第 111～119 行判断是否有点击列表,若有取出数据,第 124～128 行是为了在 Activity 被销毁之前被调用来保存每个实例的状态,这样就可以保证该状态能够从 onCreate(Bundle) 或者 onRestoreInstanceState(Bundle)恢复过来,第 132 和 138 行重写 onListItemClick 方法,showDetails 方法展示 ListView item 的详情,第 145 行获取详情 Fragment 的实例,第 147 行获取 FragmentTransaction 实例,第 150 行将得到的 fragment 替换当前的 viewGroup 内容,第 151 行设置动画效果,第 152 行提交内容。总的是 TitlesFragment 继承自 Fragment 的子类 ListFragment,使用了一个静态数组填充列表,重写了 onListItemClick 方法，showDetails 方法展示 ListView item 的详情。

然后是加载 fragment，作为界面的一部分，为 fragment 提供一个 layout。如图第 169 行 DetailsFragment 类，如图第 179～182 行首先创建一个新实例 DetailsFragment，提供 index 作为输入参数。DetailsFragment 中使用 newInstance(int index)方法产生 DetailsFragment 实例并接受整型参数，重载了 onCreateView 方法创建 view，第 191 行。

如果你想在 Fragment 里面创建 menu，第 211 行 fragment 可以通过实现 onCreateOptionMenu() 提供菜单项给 activity 的选项菜单。为了使这个方法接收调用，无论如何，你必须在 onCreate() 期间调用 setHasOptionsMenu()第 175 行来指出 fragment 愿意添加 item 到选项菜单（否则，fragment 将接收不到对 onCreateOptionsMenu() 的调用）。随后从 fragment 添加到 Option 菜单的任何项，都会被追加到现有菜单项的后面第 214～216 行. 当一个菜单项被选择，fragment 也会接收到对 onOptionsItemSelected() 的回调第 221 行，就是说 fragment 中的菜单项包含了活动中定义的菜单。

```
*FragmentDemoActivity.java   *main.xml
27      /** Called when the activity is first created. */
28      @Override
29      public void onCreate(Bundle savedInstanceState) {
30          super.onCreate(savedInstanceState);
31          setContentView(R.layout.main);
32
33      }
34
35      public static class TitlesFragment extends ListFragment {
36
37          boolean mDualPane;
38          int mCurCheckPosition = 0;
39
40          @Override
41          public void onCreate(Bundle savedInstanceState) {
42              // TODO Auto-generated method stub
43              super.onCreate(savedInstanceState);
44              System.out.println("Fragment-->onCreate");
45          }
46
47          @Override
48          public View onCreateView(LayoutInflater inflater, ViewGroup container,
49                  Bundle savedInstanceState) {
50              // TODO Auto-generated method stub
51              System.out.println("Fragment-->onCreateView");
```

```
*FragmentDemoActivity.java   *main.xml
96          }
97
98          @Override
99          public void onActivityCreated(Bundle savedInstanceState) {
100             // TODO Auto-generated method stub
101             super.onActivityCreated(savedInstanceState);
102             System.out.println("Fragment-->onActivityCreted");
103             setListAdapter(new ArrayAdapter<String>(getActivity(),
104                     android.R.layout.simple_list_item_1, array));
105
106             View detailsFrame = getActivity().findViewById(R.id.details);
107
108             mDualPane = detailsFrame != null
109                     && detailsFrame.getVisibility() == View.VISIBLE;
110
111             if (savedInstanceState != null) {
112                 // 从保存的状态中取出数据
113                 mCurCheckPosition = savedInstanceState.getInt("curChoice", 0);
114             }
115
116             if (mDualPane) {
117                 getListView().setChoiceMode(ListView.CHOICE_MODE_SINGLE);
118
119                 showDetails(mCurCheckPosition);
120             }
```

*FragmentDemoActivity.java   *main.xml

```
123    @Override
124    public void onSaveInstanceState(Bundle outState) {
125        // TODO Auto-generated method stub
126        super.onSaveInstanceState(outState);
127        // 保存当前的下标
128        outState.putInt("curChoice", mCurCheckPosition);
129    }
130
131    @Override
132    public void onListItemClick(ListView l, View v, int position, long id) {
133        // TODO Auto-generated method stub
134        super.onListItemClick(l, v, position, id);
135        showDetails(position);
136    }
137
138    void showDetails(int index) {
139        mCurCheckPosition = index;
140        if (mDualPane) {
141            getListView().setItemChecked(index, true);
142            DetailsFragment details = (DetailsFragment) getFragmentManager()
143                    .findFragmentById(R.id.details);
144            if (details == null || details.getShownIndex() != index) {
145                details = DetailsFragment.newInstance(mCurCheckPosition);
```

*FragmentDemoActivity.java   *main.xml

```
146
147                FragmentTransaction ft = getFragmentManager()
148                        .beginTransaction();
149
150                ft.replace(R.id.details, details);
151                ft.setTransition(FragmentTransaction.TRANSIT_FRAGMENT_FADE);// 设
152                ft.commit();// 提交
153            }
154        } else {
155            new AlertDialog.Builder(getActivity())
156                    .setTitle(android.R.string.dialog_alert_title)
157                    .setMessage(array[index])
158                    .setPositiveButton(android.R.string.ok, null).show();
159        }
160    }
161 }
162
163 /**
164  * 作为界面的一部分，为fragment 提供一个layout
165  *
166  * @author terry
167  *
168  */
169 public static class DetailsFragment extends Fragment {
170
```

*FragmentDemoActivity.java   *main.xml

```
170
171    @Override
172    public void onCreate(Bundle savedInstanceState) {
173        // TODO Auto-generated method stub
174        super.onCreate(savedInstanceState);
175        setHasOptionsMenu(true);
176    }
177
178    public static DetailsFragment newInstance(int index) {
179        DetailsFragment details = new DetailsFragment();
180        Bundle args = new Bundle();
181        args.putInt("index", index);
182        details.setArguments(args);
183        return details;
184    }
185
186    public int getShownIndex() {
187        return getArguments().getInt("index", 0);
188    }
189
190    @Override
191    public View onCreateView(LayoutInflater inflater, ViewGroup container,
192            Bundle savedInstanceState) {
193        // TODO Auto-generated method stub
194        if (container == null)
195            return null;
```

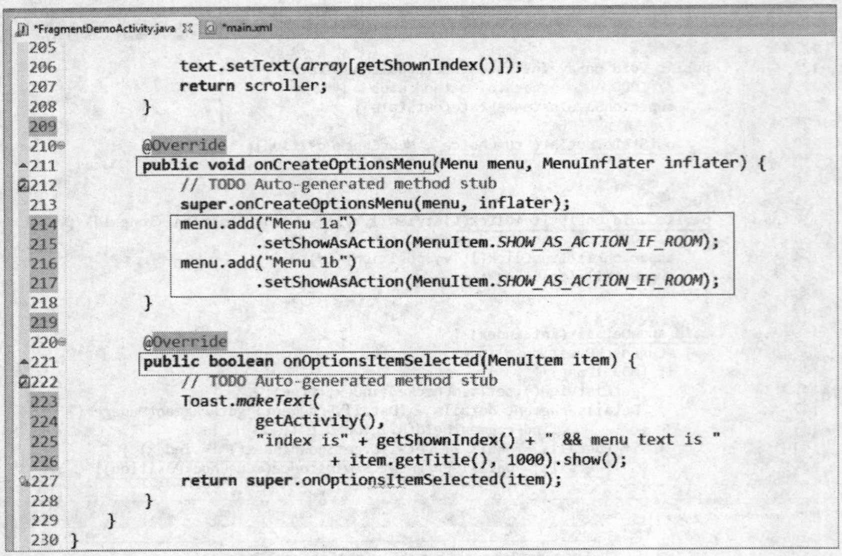

```
205
206             text.setText(array[getShownIndex()]);
207             return scroller;
208         }
209
210         @Override
211         public void onCreateOptionsMenu(Menu menu, MenuInflater inflater) {
212             // TODO Auto-generated method stub
213             super.onCreateOptionsMenu(menu, inflater);
214             menu.add("Menu 1a")
215                     .setShowAsAction(MenuItem.SHOW_AS_ACTION_IF_ROOM);
216             menu.add("Menu 1b")
217                     .setShowAsAction(MenuItem.SHOW_AS_ACTION_IF_ROOM);
218         }
219
220         @Override
221         public boolean onOptionsItemSelected(MenuItem item) {
222             // TODO Auto-generated method stub
223             Toast.makeText(
224                     getActivity(),
225                     "index is" + getShownIndex() + " && menu text is "
226                             + item.getTitle(), 1000).show();
227             return super.onOptionsItemSelected(item);
228         }
229     }
230 }
```

图 9F-13 FragmentDemoActivity.java 的主要代码

F.3 项目心得

大多数程序使用 Fragments 必须实现三个回调方法分别为：

onCreate 系统创建 Fragments 时调用，可做执行初始化工作或者当程序被暂停或停止时用来恢复状态，跟 Activity 中的 onCreate 相当。

onCreateView 用于首次绘制用户界面的回调方法，必须返回要创建的 Fragments 视图 UI。假如你不希望提供 Fragments 用户界面则可以返回 NULL。

onPause 当用户离开这个 Fragments 的时候调用，这时你要提交任何应该持久的变化，因为用户可能不会回来。

F.4 参考资料

(1) Fragment 生命周期的和 Activity 生命周期的对比：

http://blog.csdn.net/forever_crying/article/details/8238863/

(2) Fragment 的生命周期及使用方法详解：

http://www.yidin.net/? p=9679

(3) 如何使用 Android Fragment：

http://www.jizhuomi.com/android/course/321.html

F.5 常见问题

fragment 通常是宿主 Activity UI 的一部分，被作为 activity 整个 view hierarchy 的一部分被嵌入。添加 fragmet 到 activity Layout 有两种方法。如下所述。

(1) 在 Activity 的 Layout 文件中声明 fragment 你可以像为 View 一样，为 fragment 指定 layout 属性，如图 9F-14 所示。

(2) 使用 FragmentManager 将 fragment 添加到一个已存在的 ViewGroup，当 activity 运

行的任何时候，都可以将 fragment 添加到 activity layout。只需简单的指定一个需要放置 fragment 的 ViewGroup。

*FragmentDemoActivity.java　*main.xml

```
1  <?xml version="1.0" encoding="utf-8"?>
2  <LinearLayout xmlns:android="http://schemas.android.com/apk/res/android"
3      android:layout_width="match_parent"
4      android:layout_height="match_parent"
5      android:orientation="horizontal" >
6
7      <fragment
8          android:id="@+id/titles"
9          android:layout_width="0px"
10         android:layout_height="match_parent"
11         android:layout_weight="1"
12         class="com.xuzhi.fragment.FragmentDemoActivity$TitlesFragment" />
13
14     <FrameLayout
15         android:id="@+id/details"
16         android:layout_width="0px"
17         android:layout_height="match_parent"
18         android:layout_weight="1"
19         android:background="?android:attr/detailsElementBackground" >
20     </FrameLayout>
21
22 </LinearLayout>
```

图 9F-14　布局代码

10 Intent 和 broacast 组合 1:Intent 的过滤器使用

搜索关键字

Intent;
显式 intent;
隐式 intent;
intentfilter。

10.1 项目简介

Intent 提供了一种通用的消息系统,它允许在你的应用程序与其他的应用程序间传递 Intent 来执行动作和产生事件。使用 Intent 可以激活 Android 应用的三个核心组件:Activity、Service 和 BroadCast。我们在实训 1 中使用 Intent 实现了不同 Activity 之间数据的传递,并返回结果,从而实现了页面的跳转,此时 Intent 启动的是一个指明的 Activity。接下来我们继续学习 Intent 来启动一个未指明的 Activity,让系统去寻找和匹配最适合的 activity 来启动。分为显式 intent 和隐式 intent。

首先我们先了解 intent 所包含的内容:

(1) Componnent name:启动哪一个 activity。

(2) Action:启动的 activity 做哪些动作,所触发动作的名字字符串,对于 BroadcastIntent 来说,Action 指被广播出去的动作。

(3) data:描述 intent 要操作的数据 URI 和数据类型。比方 ACTION_CALL 数据类型必须为一个 tel://格式的电话 URI。

(4) category 是对被请求组件的额外描述信息。

(5) extra 在 intent 中附件额外信息,以便将数据传递给另外一个 Activity。

(6) Flags:标志位。

10.2 案例设计与实现

10.2.1 显式 intent

1. 案例简介

本次演示的案例是实现显式 intent,用 Intent 激活电话拨号程序。运行显示界面如图 10-1 所示,单击拨号按钮显示“114”拨打电话,如图 10-2 所示,此时在真机测试可以拨打到“114”

服务台。如图 10-3 所示。

【注意 1】 显示 intent 是指明确 intent 中组成部分的"组件名称"称之为显示 Intent。显式 Intent（直接 Intent）用在应用程序内部传递消息。比如在某程序内，一个 Activity 启动一个 Service。

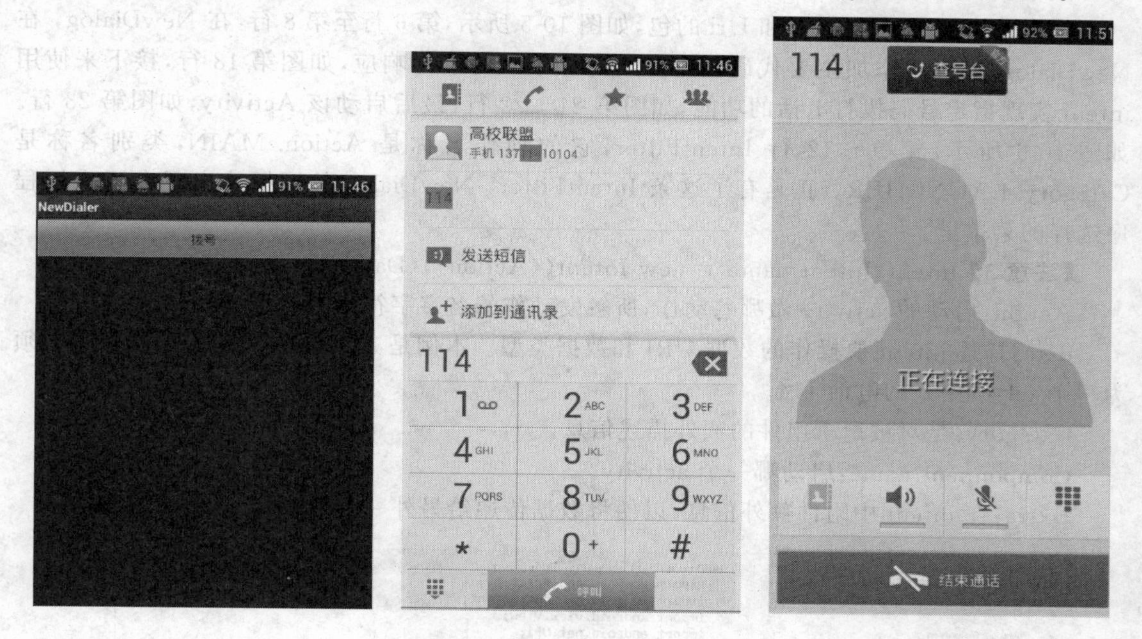

图 10-1　显示主界面　　图 10-2　单击拨号按钮　　图 10-3　单击呼叫链接

2. 功能实现

1）页面布局

本例中采用的是 LinearLayout，在界面中添加 1 个 Button，实现界面如图 10-4 所示。

图 10-4　页面布局的方法选择

【注意 2】读者可以根据自己喜好选择拖拉控件的方式布局或者直接用代码布局，见图中方框标注。

2）显式 intent 激活电话拨号程序

首先先加入 Button 的包和 Uri 的包，如图 10-5 所示，第 6 行至第 8 行，在 NewDialog，在 NewDialog. Java 中添加主要代码，首先添加 Button 的事件响应，如图第 18 行，接下来使用 intent 实现指定号码拨打电话的功能，如图第 21～22 行，最后启动该 Activity，如图第 23 行。如图 10-6 所示，第 9～12 行 IntentFilter，它的动作名称是 Action. MAIN，类别名称是 Category. LAUNCHER。正是有了这条 IntentFilter，NewDialog 的图标才出现在了应用程序选择的菜单里。

【注意 3】Intent〈Intent name〉＝new Intent(〈Action〉,〈Data〉)，

Action：启动的 activity 做哪些动作，所触发动作的名字字符串。

data：描述 intent 要操作的数据 URI 和数据类型。本例是 ACTION_DIAL 数据类型必须为一个 tel：//格式的电话 114。

Category：是对被请求组件的额外描述信息。

Componnent name：启动哪一个 activity。

Extra：在 intent 中附件额外信息，以便将数据传递给另外一个 Activity。

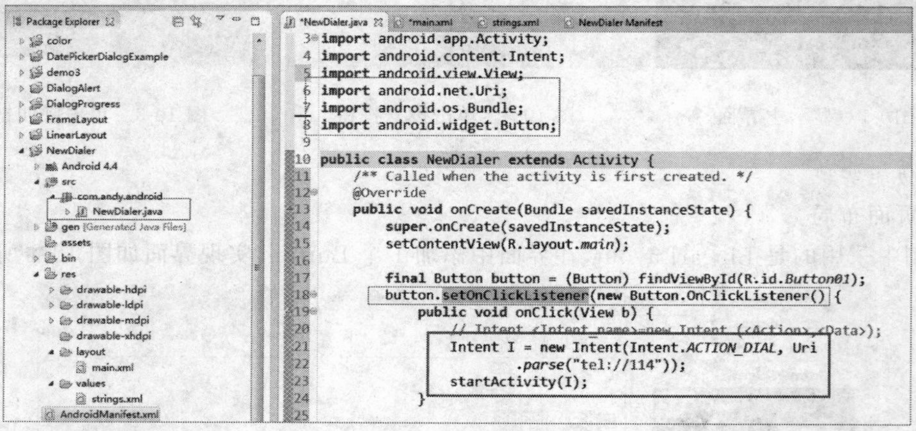

```
3  import android.app.Activity;
4  import android.content.Intent;
5  import android.view.View;
6  import android.net.Uri;
7  import android.os.Bundle;
8  import android.widget.Button;
9
10 public class NewDialer extends Activity {
11     /** Called when the activity is first created. */
12     @Override
13     public void onCreate(Bundle savedInstanceState) {
14         super.onCreate(savedInstanceState);
15         setContentView(R.layout.main);
16
17         final Button button = (Button) findViewById(R.id.Button01);
18         button.setOnClickListener(new Button.OnClickListener() {
19             public void onClick(View b) {
20                 // Intent <Intent name>=new Intent (<Action>,<Data>);
21                 Intent I = new Intent(Intent.ACTION_DIAL, Uri
22                         .parse("tel://114"));
23                 startActivity(I);
24             }
```

图 10-5　NewDialog. Java 的主要代码

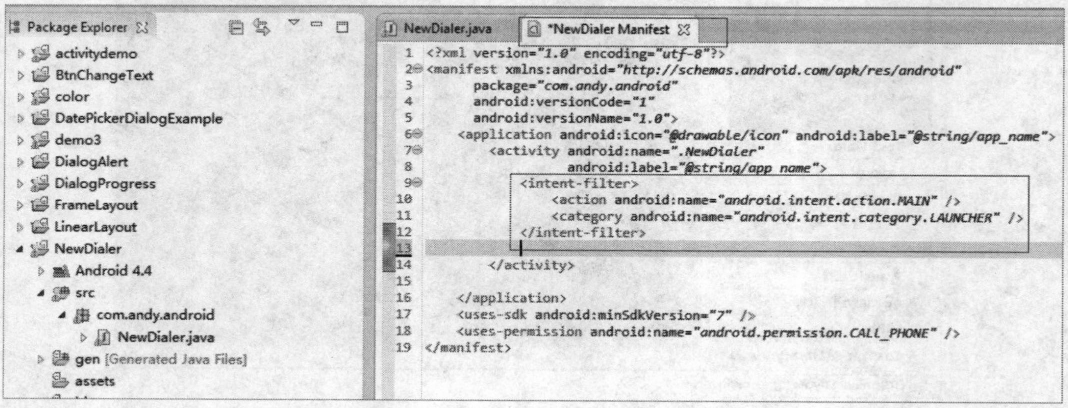

```
1  <?xml version="1.0" encoding="utf-8"?>
2  <manifest xmlns:android="http://schemas.android.com/apk/res/android"
3        package="com.andy.android"
4        android:versionCode="1"
5        android:versionName="1.0">
6      <application android:icon="@drawable/icon" android:label="@string/app_name">
7          <activity android:name=".NewDialer"
8                    android:label="@string/app_name">
9              <intent-filter>
10                 <action android:name="android.intent.action.MAIN" />
11                 <category android:name="android.intent.category.LAUNCHER" />
12             </intent-filter>
13
14         </activity>
15
16     </application>
17     <uses-sdk android:minSdkVersion="7" />
18     <uses-permission android:name="android.permission.CALL_PHONE" />
19 </manifest>
```

图 10-6　NewDialogManifest. xml 的主要代码

10.2.2 隐式 intent

1. 案例简介

隐式 Intent 更广泛用于在不同应用程序之间传递消息，但是要求 Intent 包含足够的信息。

在 10.2.1 节中我们学习了使用显式 intent，不可自由输入电话号码的拨打电话功能，为了提高用户体验，我们接下来学习使用隐式 intent，是实现可自由输入电话号码的拨电话的功能。如图运行显示界面如图 10-7 所示，当单击 EditText 控件时弹出拨号画面，如图 10-8 所示，如果你输入的是字符串，单击拨号按钮会显示“您输入的号码不正确，请重新输”信息，如图 10-9 所示；如图 10-10～图 10-11 输入“13800138000”单击拨号按钮进入该服务台。

指定了一个 intent-filter，Intent Filter(过滤器)是用来匹配隐式 Intent 的。

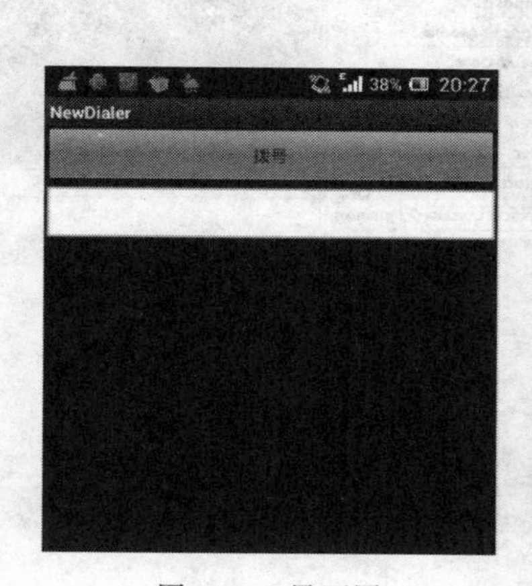

图 10-7 界面图

图 10-8 单击 EditText 控件时弹出拨号画面

图 10-9 单击拨号按钮弹出错误信息

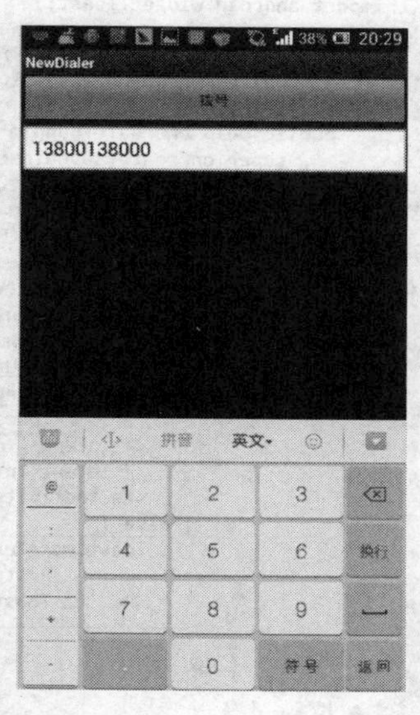

图 10-10 输入电话

图 10-11 单击拨号按钮呼叫链接

2. 功能实现

1）页面布局

本例中采用的是 LinearLayout，在界面中添加 1 个 Button 和 1 个 EditText，实现界面图如图 10-12 所示。

2）隐式 intent 激活电话拨号程序

首先要先加入的 EditText、PhoneNumberUtils 和 Toast 的包，如图 10-13 所示，9～11 行，第 19 行和 20 行通过 findViewById()方法获得 EditText 和 Button 对象的引用；第 24 行通过.getText().toString()方法来获取输入的字符串，然后进行验证一个 EditText 里输入的是不是纯数字；输入的电话号码应为数字，但当在 EditText 里面输入的电话号码不是数字时，此时输入错误信息时应出现相应的提示信息。这时判断电话号码的有效性可通过使用 android.telephony.PhoneNumberUtils 包中的 isGlobalPhoneNumber()方法，如图第 25 行。当输入错误信息时，如图 32～34 行，使用 Toast 类来管理信息的提示。如图第 26～27 行，使用 intent 实现拨打电话的功能，注意跟显式 intent 实现拨打电话功能的区别。

图 10-12 页面布局

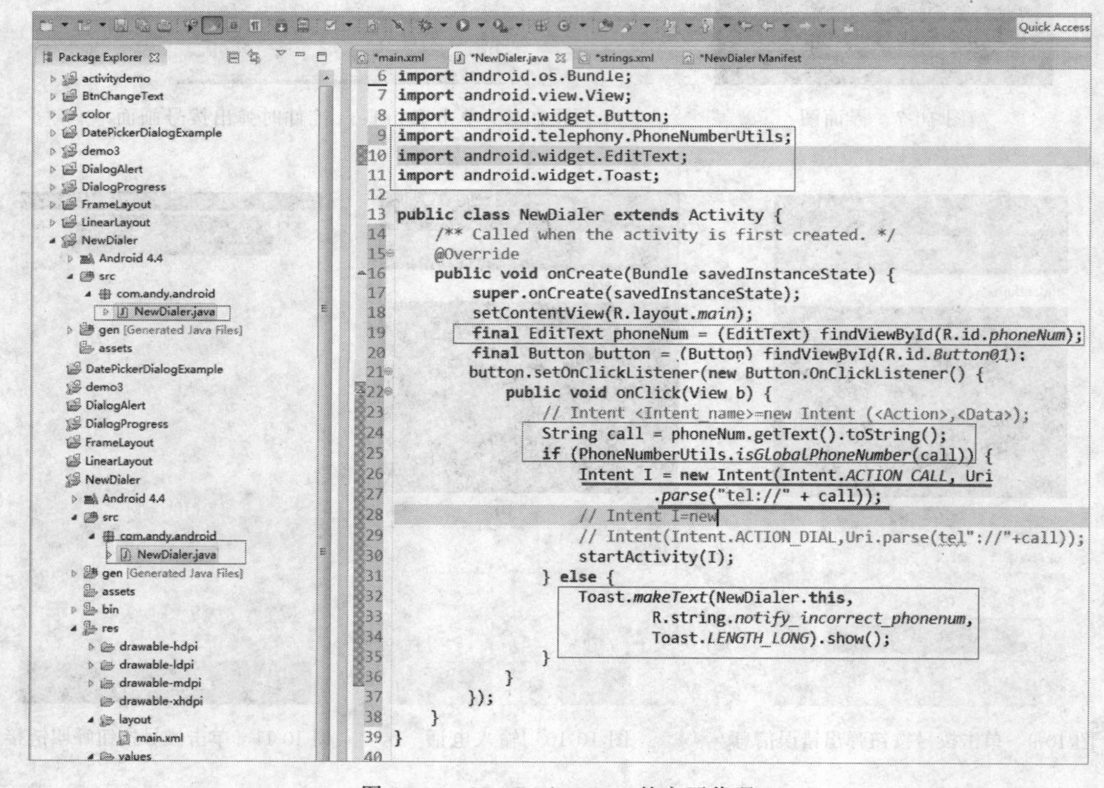

图 10-13 NewDialog.java 的主要代码

【注意 4】当我们使用 android. telephony. PhoneNumberUtils 包中的 isGlobalPhoneNumber()方法时，在 res/values/string. xml 里加入如图 10-14 所示，第 6 行，以此来显示提示信息的内容。

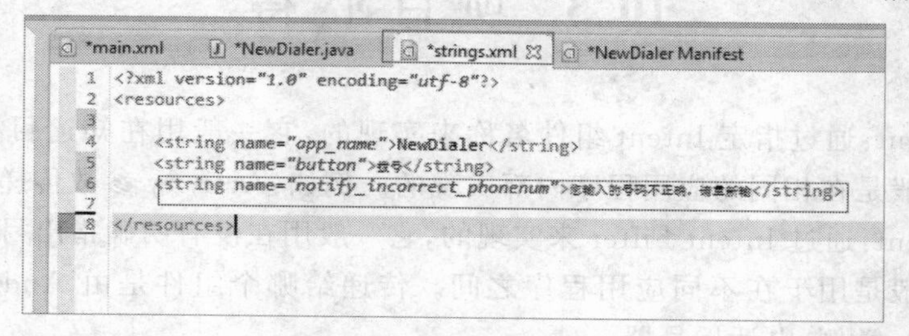

图 10-14 strings. xml 的代码

【注意 5】隐式 Intent 不会用组件名称定义需要激活的目标组件，故需要使用新的 IntentFilter，可加入用拨号键启动 NewDialer 的功能，在 AndroidManifest. xml 文件中加入一条新的 IntentFilter。完整的 xml 文件如图 10-15 所示，第一个 IntentFilter，使 NewDialog 的图标出现在了应用程序选择的菜单里，第二个是 IntentFilter，当单击拨号键时，会弹出窗口提醒用户，选择启动 NewDialog 还是 Android 自带的拨号程序，运行效果如图 10-16 所示。

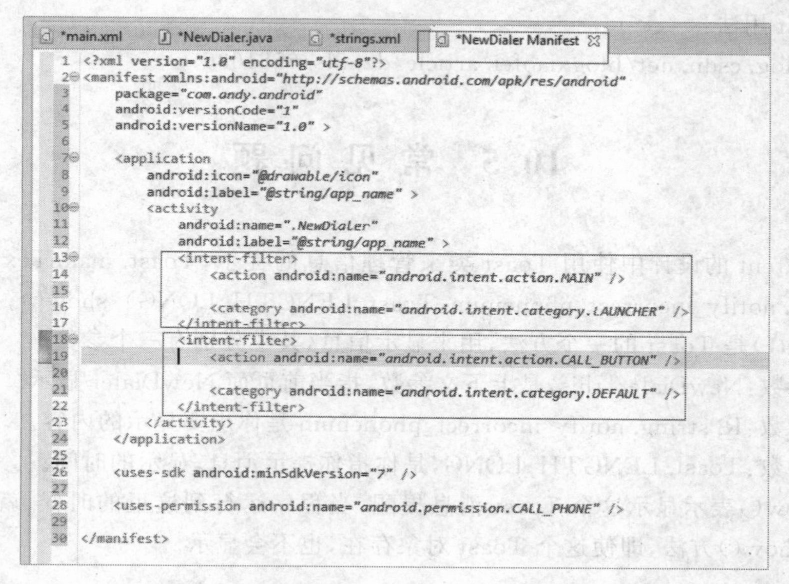

图 10-15 AndroidManifest. xml 的主要代码

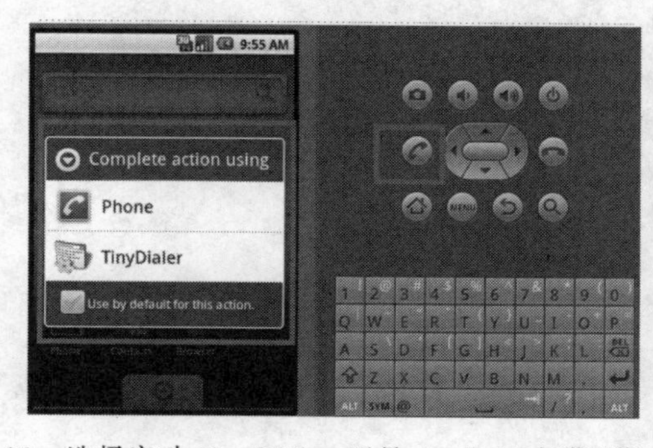

图 10-16 选择启动 NewDialog 还是 Android 自带的拨号程序

10.3 项目心得

- 显式 Intent：通过指定 Intent 组件名称来实现的，它一般用在知道目标组件名称的前提下，一般是在相同的应用程序内部实现的。例如：Activity 参数传递
- 隐式 Intent：通过 Intent Filter 来实现的，它一般用在没有明确指出目标组件名称的前提下，一般是用于在不同应用程序之间。传递给哪个组件是由 Android 平台来决定的。例如：举例，电话播号器。

10.4 参考资料

(1) Android Intent 调用大全：

http://blog.sina.com.cn/s/blog_957d483a01017s7j.html

(2) Intent 用法：

http://blog.csdn.net/blogxiaofei/article/details/6581636

10.5 常见问题

在隐式 intent 的设计中使用 Toast 类来管理信息的提示，Toast.makeText(NewDialer.this，R.string.notify_incorrect_phonenum，Toast.LENGTH_LONG).show()；

makeText()是 Toast 的一个方法，用来显示信息，其中分别有三个参数。

第一个参数：NewDialer.this，是上下文参数，指当前页面 NewDialer 显示。

第二个参数：R.string.notify_incorrect_phonenum 是你想要显示的内容。

第三个参数：Toast.LENGTH_LONG，是你指你提示消息，显示的时间。

最后，show()表示显示这个 Toast 消息提醒，当程序运行到这里的时候，就会显示出来，如果不调用 show()方法，即使这个 Toast 对象存在，也不会显示。

11 Intent 和 broacast 组合 2:广播与短信服务

搜索关键字

Intent;

Broadcast。

11.1 项目简介

前面学习到 Intent 可以启动一个新的 activity,但是 Intent 作用远不止这些,还可以作为不同进程间传递数据和事件的媒介。通过使用 Intent 来广播事件,你让你和第三方开发者响应事件而不需要修改你的原始程序。在你的应用程序里,你可以监听广播的 Intent 来替换或增强本地的(或第三方的)应用程序,或者对系统变化和应用程序事件作出响应。例如电池发生变化、网络信号变化、来电、来短信 Android 都会将相关 Intent 进行广播,只要针对这些事件 Broadcast Receiver,就可以监听和响应这些广播的 Intent,为了激活一个 Broadcast Receiver,需要在代码或在程序 manifest 中注册。接下来我们学习分别在代码和程序 manifest 中注册。

11.2 案例设计与实现

11.2.1 BroadCast in xml

1. 案例简介

本次演示的案例是单击一个按钮将按钮的信息广播出去,并定义接受的要求,然后等待接受的文件给接受了,并显示出广播信息,显示广播信息在 DDMS 中查看广播信息。

本例中分为两个层次,首先基本界面的布局,然后实现功能的实现,如图 11-1、图 11-2 所示。

图 11-1 基本页面

2. 功能实现

1) 页面布局

本例中采用的是 LinearLayout,在界面中添加 1 个 Button,实现界面如图 11-3 所示。

2) 主动广播 intent

广播 Intent 在你的程序组件里,构建你要广播的 Intent,使用 sendBroadcast 方法发送出去。设定 Intent 的动作,Intent 动

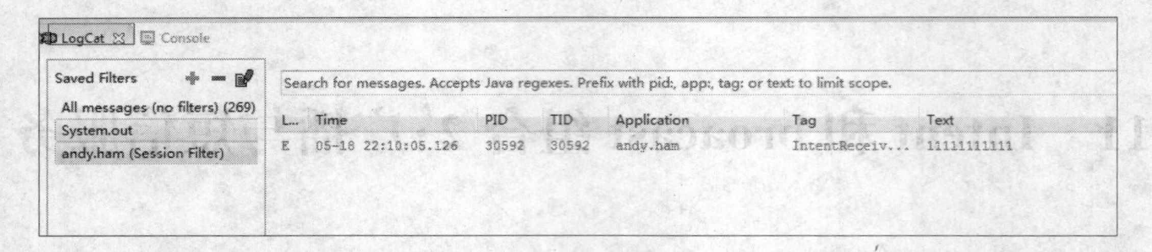

图 11-2　DDMS 输出广播信息

图 11-3　页面布局

作字符串用来标识要广播的事件，因此，Intent 里定义的字符串必须是独一无二的标识事件的字符串。如图 11-4 代码第 13 行。当我们发送内容时，利用 extras 来增加额外的本地类型值，如图第 30 行。最后使用 sendBroadcast 方法发送 intent 包含的信息，如图第 31 行。箭头“nobody”是发出去的名字。

3）接收广播

接收 broadcast 需要注册一个 BroadcastReceiver，并且要注册一个 Intent Filter 来制定 BroadcaseReceiver 是对哪些 Intent 进行监听。

创建一个新的 Broadcast Receiver，需要扩展 Broadcast Receiver 类，并重写 onReceive 事件处理函数，将包含消息的 Intent 对象传给它，如图 11-5 第 7 行和 10 行，onReceive 方法中，第 12 行代码是从 Intent 当中根据 key 取得 value 值，第 13 行是在 DDMS 中显示广播的信息。

```
 9
10 public class IntentReceiver extends Activity {
11     /** Called when the activity is first created. */
12     private Button myButton = null;
13     private final String nobody = "Who.care.the.name";
14
15     @Override
16     public void onCreate(Bundle savedInstanceState) {
17         super.onCreate(savedInstanceState);
18         setContentView(R.layout.main);
19         myButton = (Button) findViewById(R.id.myButton);
20         // 为按钮对象设置监听器对象
21         myButton.setOnClickListener(new MyButtonListener());
22     }
23
24     class MyButtonListener implements OnClickListener {
25         @Override
26         public void onClick(View v) {
27             // 生成一个Intent对象
28             Intent intent = new Intent(nobody);
29             // 在Intent对象当中添加一个键值对
30             intent.putExtra("testIntent", "11111111111");
31             sendBroadcast(intent);
```

图 11-4　IntentReceiver. Java 的主要代码

【注意 1】 onReceive 中代码的执行时间不要超过 10s，否则 android 会弹出超时 dialog。

为了在程序的 manifest 中包含一个 Broadcast Receiver，通过在 application 结点增加一个 receiver 标签，并指定要注册的 Broadcast Receiver 的类名。receiver 结点需要包含一个 intent-filter 标签来指定要监听的动作字符串，如图 11-6 第 20 至 24 行。

```java
package andy.ham;
import android.content.Context;
import android.content.Intent;
import android.util.Log;
import android.content.BroadcastReceiver;

public class OtherActivity extends BroadcastReceiver {

    @Override
    public void onReceive(Context context, Intent intent) {
        //从Intent当中根据key取得value
        String value = intent.getStringExtra("testIntent");
        Log.e("IntentReceiver-->Test", value);
    }

}
```

图 11-5　OtherActivity.java 的主要代码

```xml
<?xml version="1.0" encoding="utf-8"?>
<manifest xmlns:android="http://schemas.android.com/apk/res/android"
    package="andy.ham"
    android:versionCode="1"
    android:versionName="1.0" >

    <application
        android:icon="@drawable/icon"
        android:label="@string/app_name" >
        <activity
            android:name=".IntentReceiver"
            android:label="@string/app_name" >
            <intent-filter>
                <action android:name="android.intent.action.MAIN" />

                <category android:name="android.intent.category.LAUNCHER" />
            </intent-filter>
        </activity>

        <receiver android:name="OtherActivity" >
            <intent-filter>
                <action android:name="Who.care.the.name" />
            </intent-filter>
        </receiver>
    </application>

    <uses-sdk android:minSdkVersion="7" />

</manifest>
```

图 11-6　IntentReceiveManifest.xml 的主要代码

11.2.2　BroadCast in java

1. 案例简介

本次案例是在代码中注册广播，实现监听短信接收。如图 11-7～图 11-10 所示。

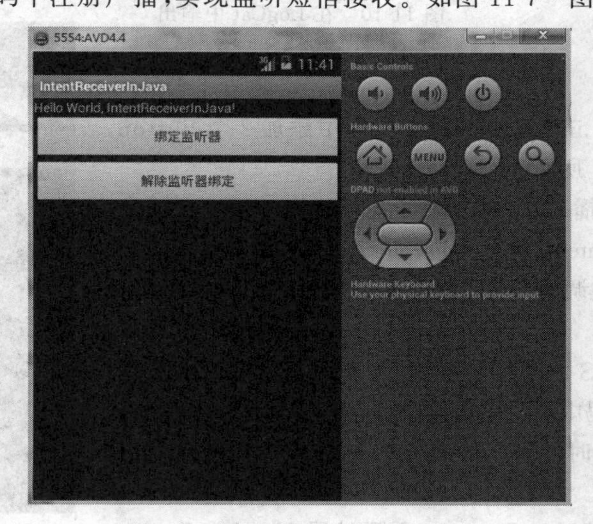

图 11-7　运行主界面单击绑定监听器按钮

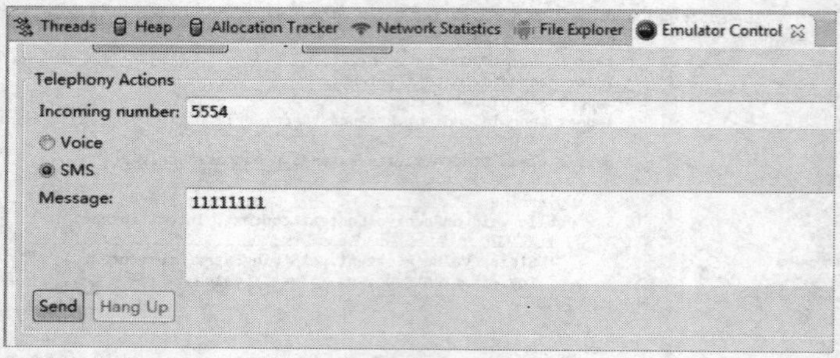

图 11-8 在模拟器中发送短信点击 send 按钮

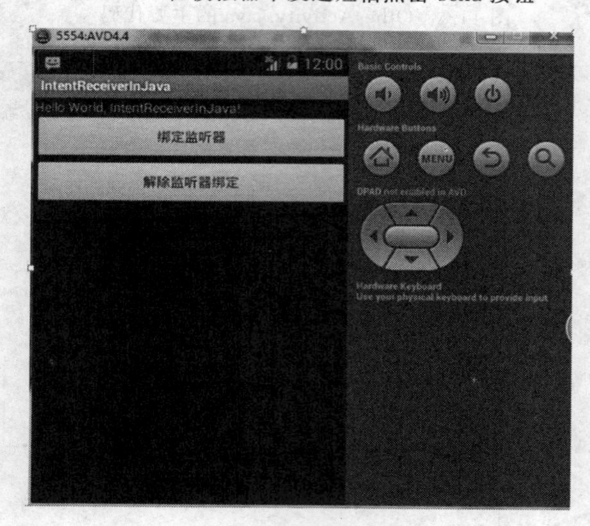

图 11-9 监听短信

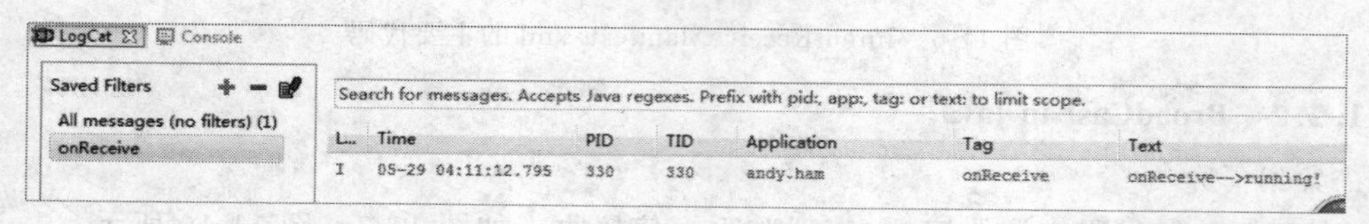

图 11-10 在 LogCat 中输出

2. 功能实现

1）页面布局

本例中采用的是 LinearLayout，在界面中添加 2 个 Button，实现界面图如图 11-11 所示。

2）代码中注册广播

首先要先加入的 IntentFilter 的包，如图 11-12 第 7 行，第 22～25 行是为两个按钮通过调用 findViewById 寻找对应 id 对象和为按钮对象设置监听器对象。第 16 行声明静态字符串，并使用 android.provider.Telephony.SMS_RECEIVED 作为 Action 为短信的依据。如图 35～39 行是在代码中注册广播接收器，第 49 行是注销注册广播，这样实现了更新 UI 时，在启动 Activity 注册，在 Activity 不可见时取消注册。

创建一个新的 Broadcast Receiver，需要扩展 BroadcastReceiver

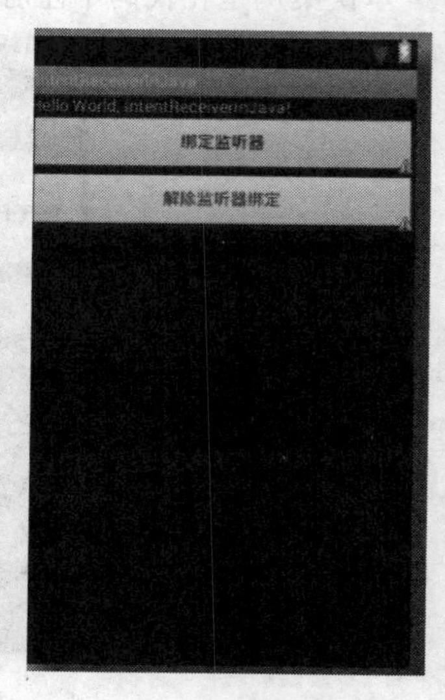

图 11-11 页面布局

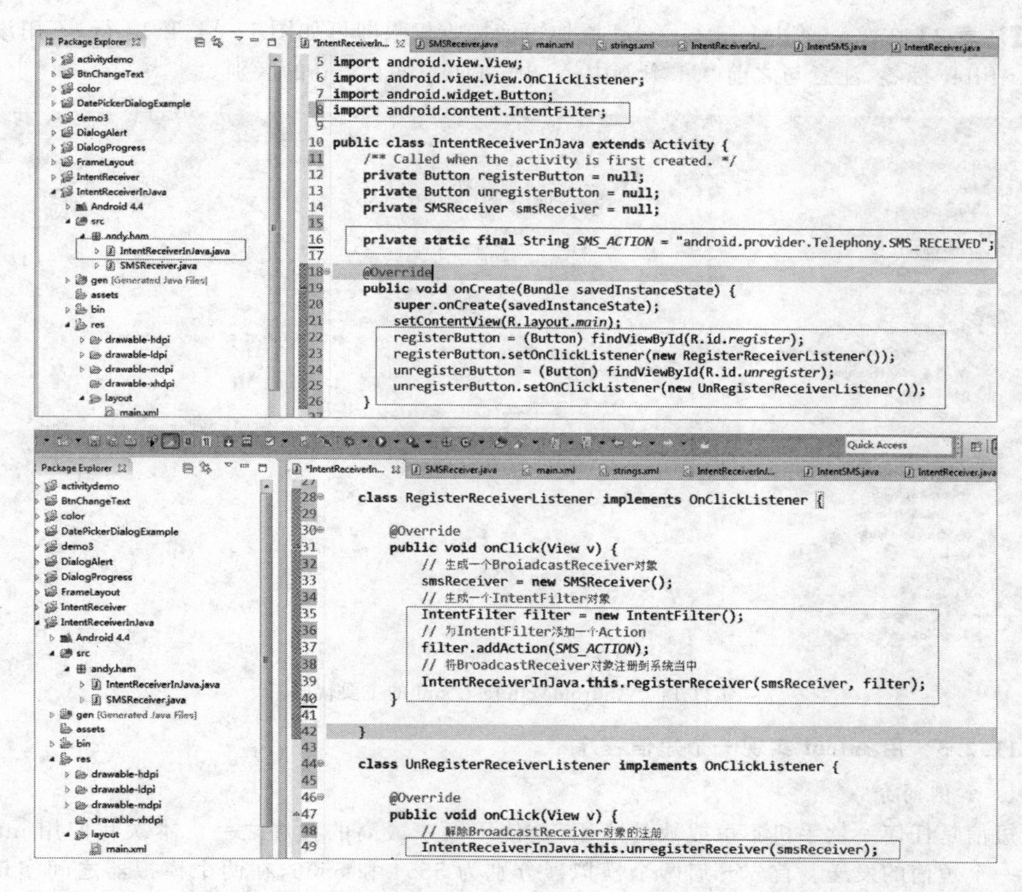

图 11-12　IntentReceiverInJava.java 的主要代码

类,并重写 onReceive 事件处理函数,将包含消息的 Intent 对象传给它,如图 11-13 第 9 行和 12 行,onReceive 方法中,第 17 行接收由 Intent 传来的数据,第 19 行 pdus 为 android 内建短信参数,identifier 透过 bundle.get("")并传一个包含 pdus 的对象,第 21～25 行为构建短信对象 array,并依据收到的对象长度来建立 array 的大小,第 27 行调用 SmsMessage 对象的 getDisppalyMessageBody()方法,可以得到消息的内容。

```
6  import android.os.Bundle;
7  import android.telephony.SmsMessage;
8
9  public class SMSReceiver extends BroadcastReceiver {
10
11     @Override
12     public void onReceive(Context context, Intent intent) {
13         // TODO Auto-generated method stub
14         System.out.println("receive message");
15
16         // 接受Intent对象当中的数据
17         Bundle bundle = intent.getExtras();
18         // 在Bundle对象当中有一个属性名为pdus，这个属性的值是一个Object数组
19         Object[] myOBJpdus = (Object[]) bundle.get("pdus");
20         // 创建一个SmsMessage类型的数组
21         SmsMessage[] messages = new SmsMessage[myOBJpdus.length];
22         System.out.println(messages.length);
23         for (int i = 0; i < myOBJpdus.length; i++) {
24             // 使用Object数组当中的对象创建SmsMessage对象
25             messages[i] = SmsMessage.createFromPdu((byte[]) myOBJpdus[i]);
26             // 调用SmsMessage对象的getDisppalyMessageBody()方法，就可以得到消息的内容
27             System.out.println(messages[i].getDisplayMessageBody());
28         }
```

图 11-13　SMSReceiver.java 的代码

【注意 2】在 AndroidManifest. xml 添加短信接收权限即可如图 11-14 第 17 行，不用添加 intent-filter 标签，注意与之前 2. 1 案例中 AndroidManifest. xml 的区别。

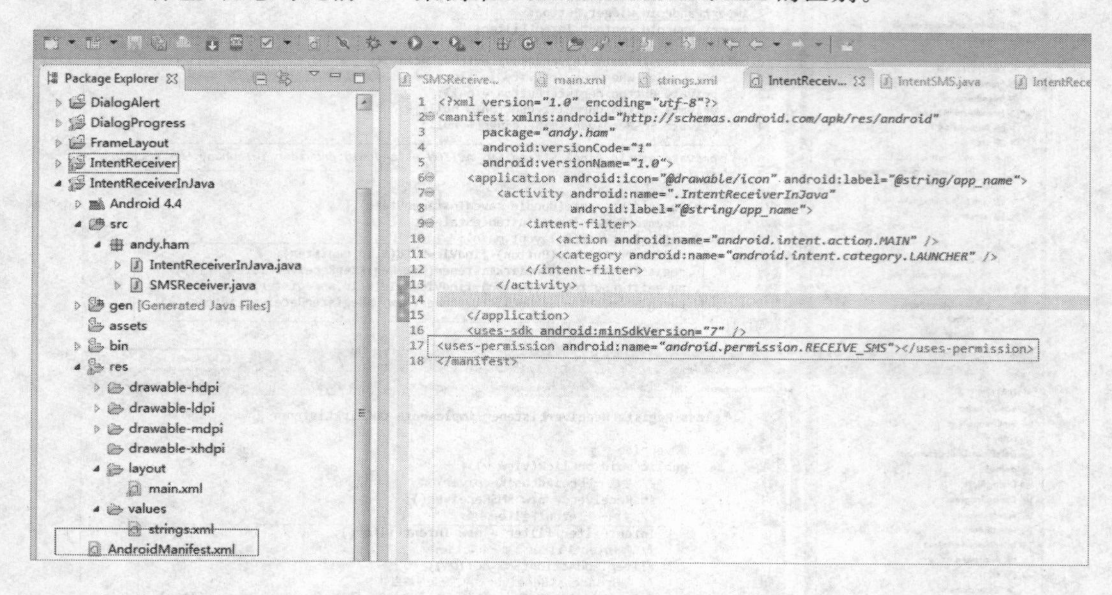

图 11-14　AndroidManifest. xml 的主要代码

11. 2. 3　用 Intent 实现一个短信程序

1. 案例简介

短信是任何一款手机不可或缺的应用，是使用频率最高的程序之一。本次我们用 intent 实现一个短信的发送。首先开启两个模拟器分别为 5554 和 5556，在两个模拟器之间实现发短信的功能，如图 11-15～11-17 所示。

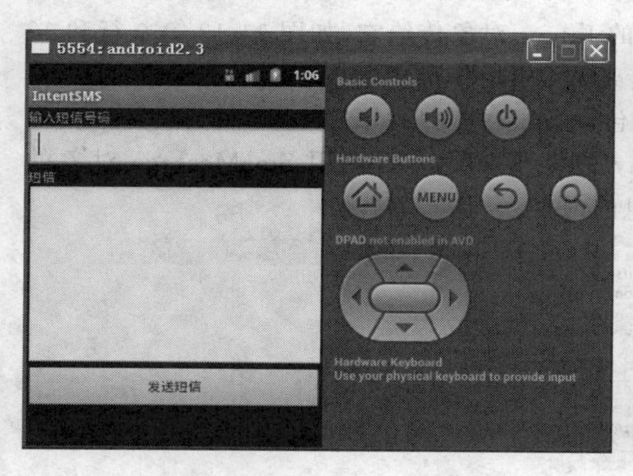

图 11-15　5554 模拟器界面图

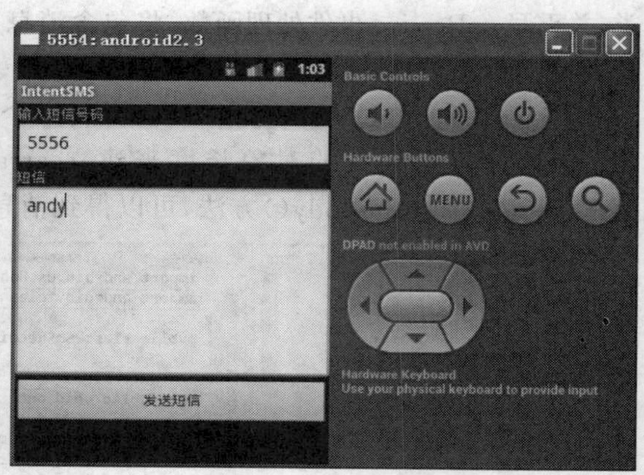

图 11-16　5554 模拟器发送短信内容

2. 功能实现

1) 页面布局

本例中采用的是 LinearLayout，在界面中添加 1 个 Button 和两个 Textview 两个 EditText，实现界面图如图 11-18 所示。

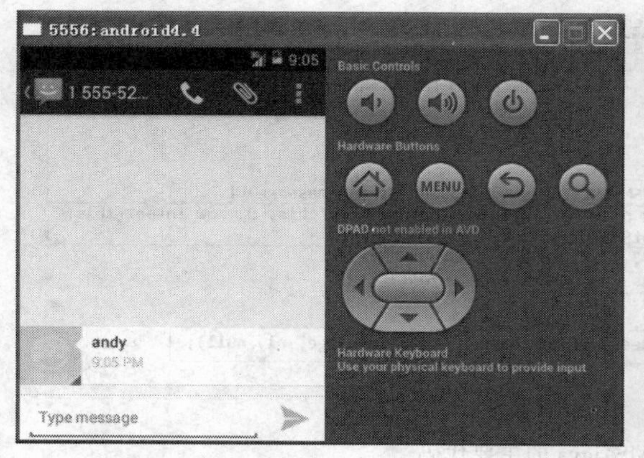

图 11-17　5556 模拟器接收到短信

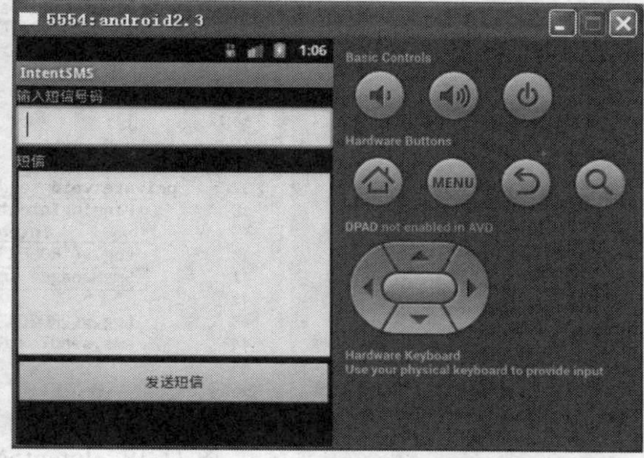

图 11-18　主界面图

2）发送短信的实现

在发送短信按钮的单击事件处理的回调方法 Onclick 中实现发送短信的功能，首先导入必要的包如图 11-19，9～12 行，第 20 行至 22 行通过 findViewById()方法获得 Button 和 EditText 对象的引用，第 25 行和 26 行通过.getText().toString()方法来获取输入的字符串，然后进行验证输入的是不是符合要求的字符串；输入的电话号码应为纯数字，但当在 EditText 里面输入的电话号码不是数字时，此时输入错误信息时应出现相应的提示信息。此时用 Toast 类来管理信息的提示，如图第 31 至 32 行。

【注意 3】IntentSMS 并不是使用 Intent 激活 Android 自带的短信程序，而是直接使用了一个称为 sendSMS 的方法，如图 11-19 的第 29 行. 在 sendSMS 的方法体中，SmsManager 是 android.telephony.SmsManager 中定义的用户管理短信应用的类，不用直接实例化 SmsManage 类，而只需要调用静态方法 getDefault()获得 SmsManager 对象如图第 41 行，方法 sendTextMessage()用于发送短信到指定号码如图第 44 行，如图 38～39 行使用了一个 PendingIntent 的对象，该对想指向 IntentSMS，因此当用户按下“发送短信”键之后，用户界面会重新回到 IntentSMS 的初始界面。

```
6  import android.os.Bundle;
7  import android.view.View;
8  import android.widget.Button;
9  import android.widget.EditText;
10 import android.widget.Toast;
11 import android.telephony.SmsManager;
12 import android.util.Log;
13
14 public class IntentSMS extends Activity {
15     /** Called when the activity is first created. */
16     @Override
17     public void onCreate(Bundle savedInstanceState) {
18         super.onCreate(savedInstanceState);
19         setContentView(R.layout.main);
20         final Button btnSendSMS = (Button) findViewById(R.id.btnSendSMS);
21         final EditText txtPhoneNo = (EditText) findViewById(R.id.txtPhoneNo);
22         final EditText txtMessage = (EditText) findViewById(R.id.txtMessage);
23         btnSendSMS.setOnClickListener(new View.OnClickListener() {
24             public void onClick(View v) {
25                 String phoneNo = txtPhoneNo.getText().toString();
26                 String message = txtMessage.getText().toString();
27                 if (phoneNo.length() > 0 && message.length() > 0) {
28                     Log.v("ROGER", "will begin sendSMS");
```

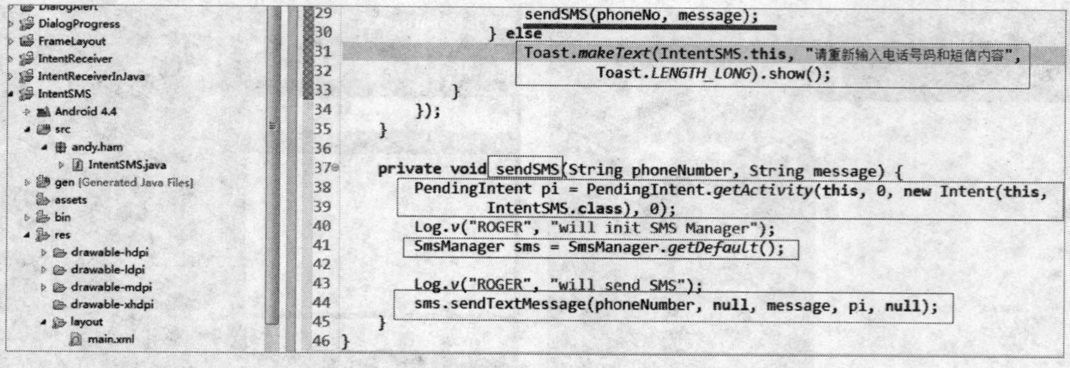

```
29                 sendSMS(phoneNo, message);
30             } else
31                 Toast.makeText(IntentSMS.this, "请重新输入电话号码和短信内容",
32                         Toast.LENGTH_LONG).show();
33             }
34         });
35     }
36 
37     private void sendSMS(String phoneNumber, String message) {
38         PendingIntent pi = PendingIntent.getActivity(this, 0, new Intent(this,
39                 IntentSMS.class), 0);
40         Log.v("ROGER", "will init SMS Manager");
41         SmsManager sms = SmsManager.getDefault();
42 
43         Log.v("ROGER", "will send SMS");
44         sms.sendTextMessage(phoneNumber, null, message, pi, null);
45     }
46 }
```

图 11-19　IntentSMS. java 的主要代码

3）设置权限

由于我们的程序需要使用发送短信功能，我们需要在该文件中声明程序的权限。如图 11-20 的第 17 行。

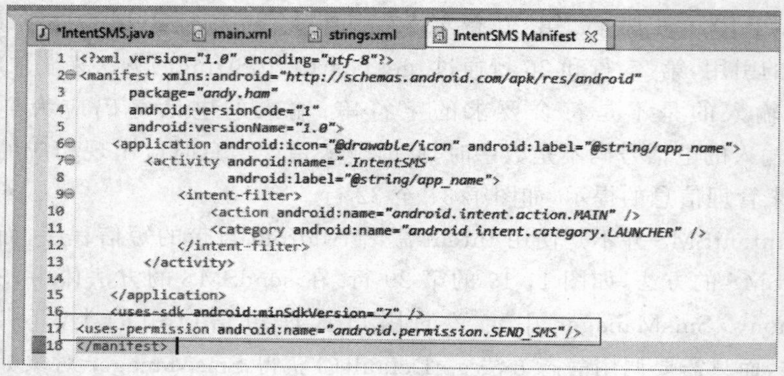

```
1  <?xml version="1.0" encoding="utf-8"?>
2  <manifest xmlns:android="http://schemas.android.com/apk/res/android"
3        package="andy.ham"
4        android:versionCode="1"
5        android:versionName="1.0">
6      <application android:icon="@drawable/icon" android:label="@string/app_name">
7          <activity android:name=".IntentSMS"
8                    android:label="@string/app_name">
9              <intent-filter>
10                 <action android:name="android.intent.action.MAIN" />
11                 <category android:name="android.intent.category.LAUNCHER" />
12             </intent-filter>
13         </activity>
14 
15     </application>
16     <uses-sdk android:minSdkVersion="7" />
17 <uses-permission android:name="android.permission.SEND_SMS"/>
18 </manifest>
```

图 11-20　IntentSMSMainfest. xml 的实现代码

11.3　项目心得

BroadCast in xml 与 BroadCast in java 的区别：

用 manifest 方法进行注册之后，无论应用程序没有启动，或者已经被关闭，这个 BroadcastReceiver 依然会继续运行(都处于活动状态)，这样的运行机制都可以接受到广播。

在代码中进行注册和反注册时，在启动 Activity 注册，在 Activity 不可见时取消注册。这样可以节省 cpu 电源和运行时间。

11.4　参考资料

(1) Intent 广播事件

http://www.cnblogs.com/xirihanlin/archive/2009/08/03/1537402.html

(2) Intent 用法

http://blog.csdn.net/blogxiaofei/article/details/6581636

11.5 常见问题

当你用 1.5 开发的时候 android.telephony.gsm.SmsManager，这个 API 是支持的，当用 2.1 的时候由于这个 API 已经没有了，API 是支持不了的，在代码中会对该方法画一条横线，表示 Android SDK 2.1 中 Android.telephony.gsm.SmsMessage 这个包已被官方放弃，所以应该用 Android.telephony.SmsManager 这个包导入，如图 11-21 所示。

```
IntentReceiverInJava.java    *SMSReceiver.java
7  import android.telephony.gsm.SmsMessage;
8
9  public class SMSReceiver extends BroadcastReceiver {
10
11     @Override
12     public void onReceive(Context context, Intent intent) {
13         // TODO Auto-generated method stub
14         System.out.println("receive message");
15
16         // 接受Intent对象当中的数据
17         Bundle bundle = intent.getExtras();
18         // 在Bundle对象当中有一个属性名为pdus，这个属性的值是一个Object数组
19         Object[] myOBJpdus = (Object[]) bundle.get("pdus");
20         // 创建一个SmsMessage类型的数组
21         SmsMessage[] messages = new SmsMessage[myOBJpdus.length];
22         System.out.println(messages.length);
23         for (int i = 0; i < myOBJpdus.length; i++) {
24             // 使用Object数组当中的对象创建SmsMessage对象
25             messages[i] = SmsMessage.createFromPdu((byte[]) myOBJpdus[i]);
26             // 调用SmsMessage对象的getDisppalyMessageBody()方法，就可以得到消息的内容
27             System.out.println(messages[i].getDisplayMessageBody());
28         }
29     }
```

图 11-21 Android.telephony.gsm.SmsManage 错误包的导入

12 Android Service 后台服务

搜索关键字

Service;
显式 intent;
隐式 intent;
intentfilter。

12.1 项目简介

Service 是 Android 平台应用程序开发的一个重要的类，它是一个应用程序组件，它不像 Activity 是一个可见的东西，Service 没有图形用户界面，而是在后台运行的一个类。Service 通常处理耗时比较长的操作(下载、播放)，用 Service 更新 UI、ContentProvider，向其他组件发送 intent、启动系统服务或者通知。Service 可以是系统自带 service，也可以是自定义 local service。接下来我们实现定时提醒和音乐播放的功能两个案例。

特别值得注意的是，后续我们会深入学习播放器案例开发，如添加网络歌词下载，循环播放，定时关闭等。但本次学习是这些功能中最重要的。

12.2 案例设计与实现

12.2.1 定时提醒

1. 案例简介

本次演示的案例调用系统的 Service，实现定时提醒。当单击第一个按钮时等待 5 秒弹出提醒内容，如图 12-1～图 12-3 所示。

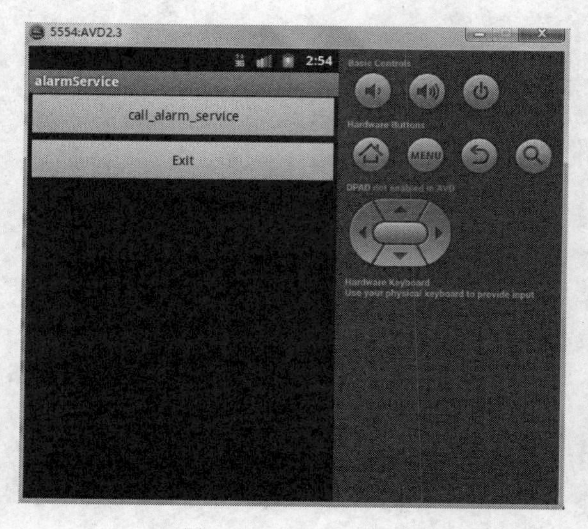

图 12-1 显示主界面

2. 功能实现

1) 页面布局

本例中采用的是 LinearLayout，在界面中添加两个 Button，实现界面图如图 12-4 所示。

【注意 1】读者可以根据自己喜好选择

拖拉控件的方式布局或者直接用代码布局，见图中方框标注。

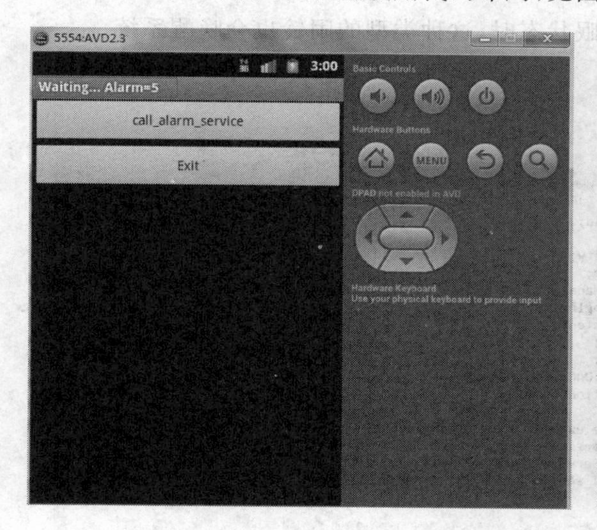

图 12-2　单击第一个按钮等 5 秒

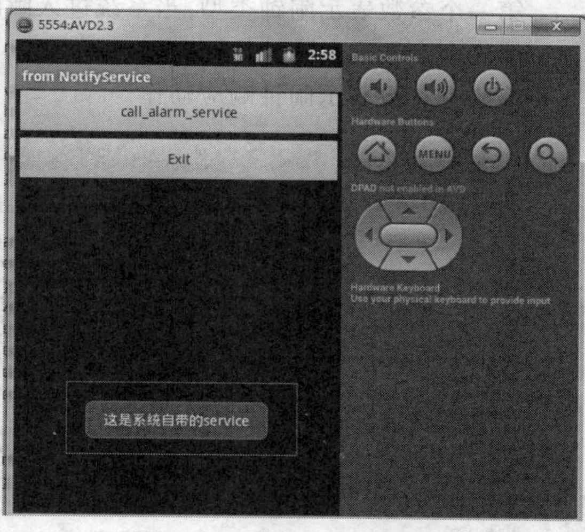

图 12-3　5 秒过后显示内容

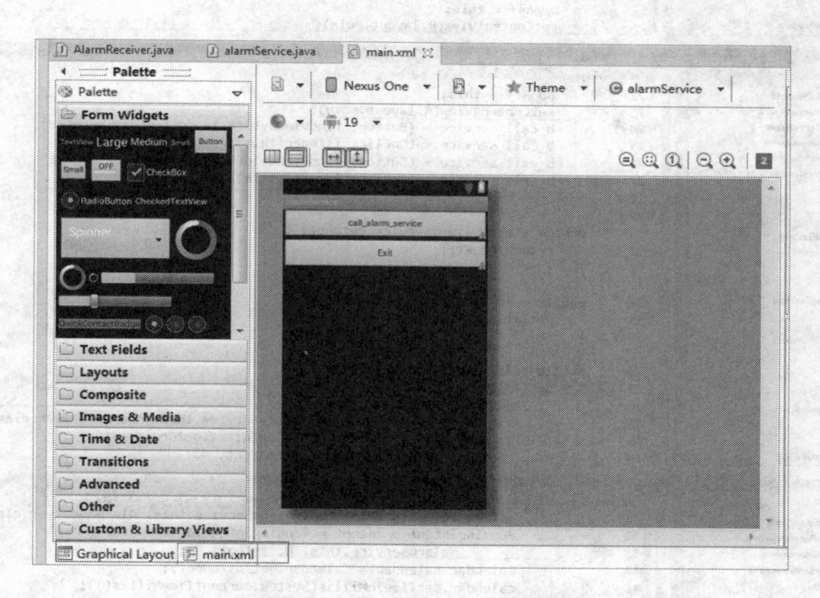

图 12-4　页面布局的方法选择

2）实现定时提醒功能

此案例有 3 个文件分别是 activity，BroadcastReceiver，service。

(1) 首先创建 activity 的 alarmService. java，先加入所用到的包，如图 12-5 所示，第 4 行～第 6 行；第 41 行 new 一个 Intent 对象并指定要启动的 Activity；第 42 行 PendingIntent. getBroadcast()通过广播来实现闹钟提示，PendingIntent 可以说是 Intent 的进一步封装，它既包含了 Intent 的描述又是 Intent 行为的执行；第 44～46 行设置按钮等待的时间；第 48～49 行表示使用 AlarmManager 在规定的时间间隔到了后实现提醒服务，使用的是系统自带的 service；第 53 行是退出按钮，单击退出按钮，广播收到会执行第 58 和 59 行退出。

【注意 2】AlarmManager 的方法中 am. set(AlarmManager. RTC_WAKEUP, calendar.

getTimeInMillis(),p_intent);

第一个参数表示闹钟类型:当系统进入睡眠状态时,这种类型的闹铃也会唤醒系统。

第二个参数表示闹钟执行时间。

第三个参数表示闹钟响应动作。

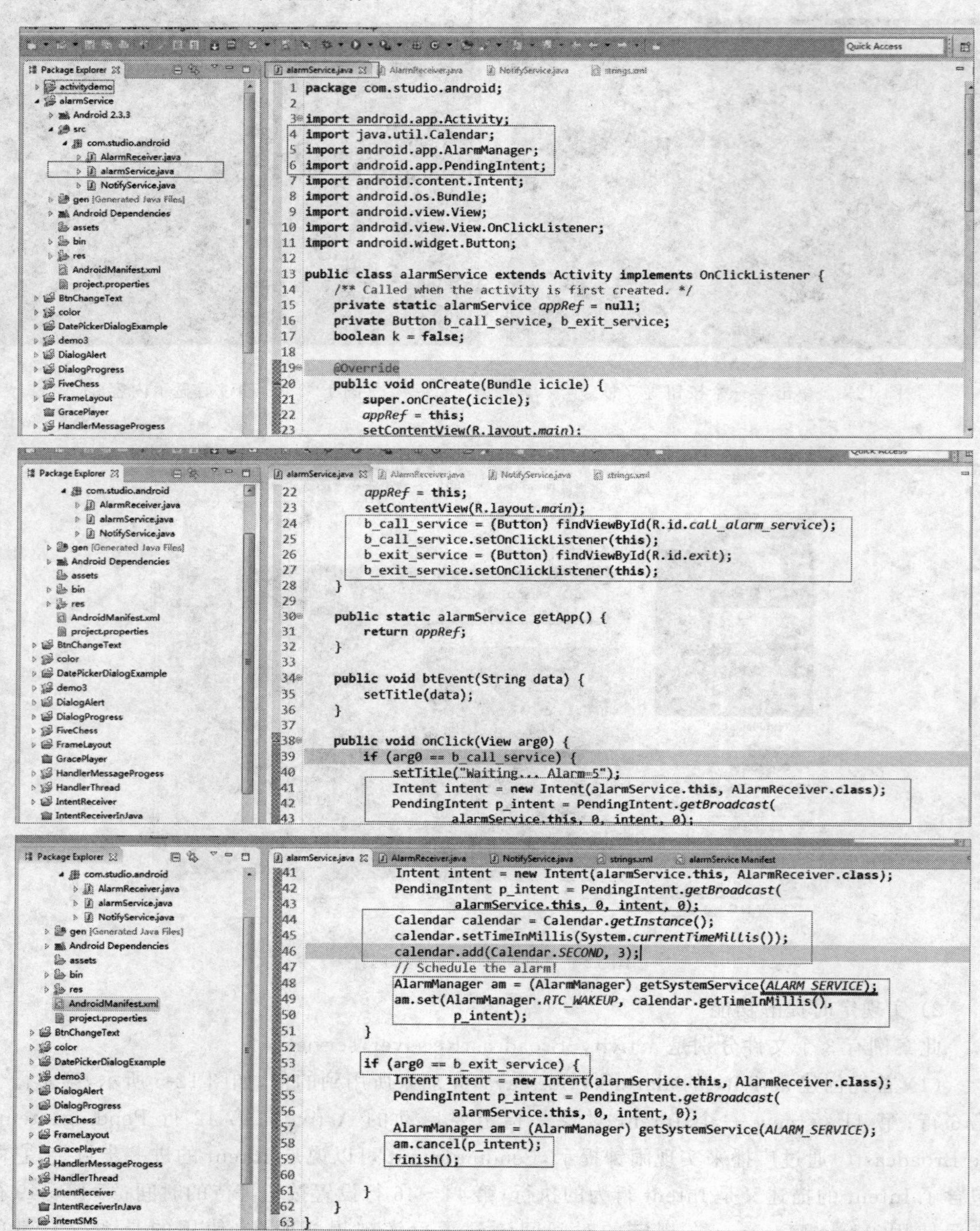

图 12-5　alarmService.java 的主要代码

(2) 创建 BroadcastReceiver 的 AlarmRecevier. java 用来接受发生的 intent，如图 12-6 所示，第 12 行当收到 intent 时候就使用 context. startService()方法启动 NotifyService。

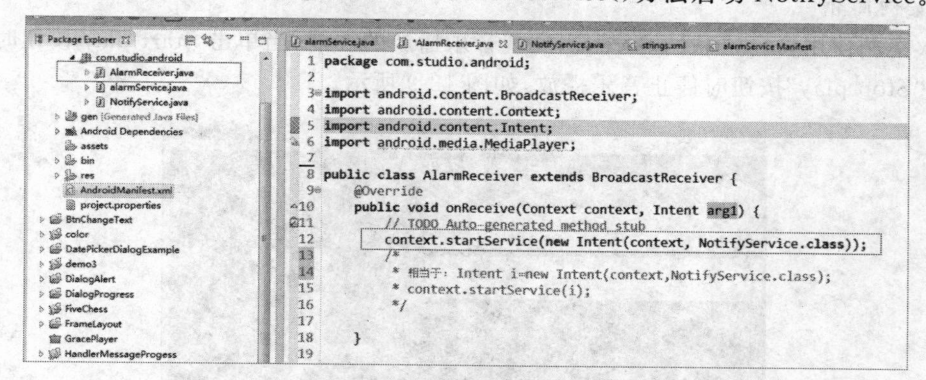

图 12-6　AlarmRecevier. java 的主要代码

(3) 创建 service 的 NotifyService. java，首先加入所用到的包，如图 12-7 的第 3～6 行，如图第 11 行实现 onBind() 方法且返回一个 IBinder 对象，实现其他组件可以通过这个 IBinder 对象与该 service 进行通信；第 16～19 行使用 btEvent 改变标题。

```
package com.studio.android;

import android.app.Service;
import android.content.Intent;
import android.os.IBinder;
import android.widget.Toast;

public class NotifyService extends Service {

    @Override
    public IBinder onBind(Intent arg0) {
        // TODO Auto-generated method stub
        return null;
    }

    public void onCreate() {
        alarmService app = alarmService.getApp();
        app.btEvent("from NotifyService");
        Toast.makeText(this, "这是系统自带的service", Toast.LENGTH_LONG).show();

    }
```

图 12-7　NotifyService. java 的主要代码

(4) 最后要在 alarmServiceManifest 添加刚刚创建的 AlarmRecevier 和 NotifyServicer 如图 12-8 所示，第 20 行～24 行。

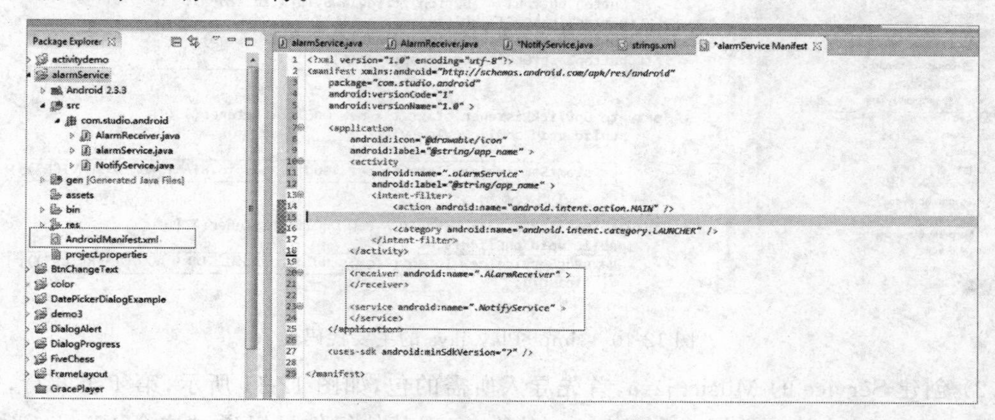

图 12-8　alarmServiceManifest 的代码

12.2.2 音乐播放功能

1. 案例简介

本次案例使用自己定制的 Service，实现音乐播放的功能，当单击 Start play 按钮时播放音乐，单击“Stop play”按钮时停止音乐播放，如图 12-9 所示。

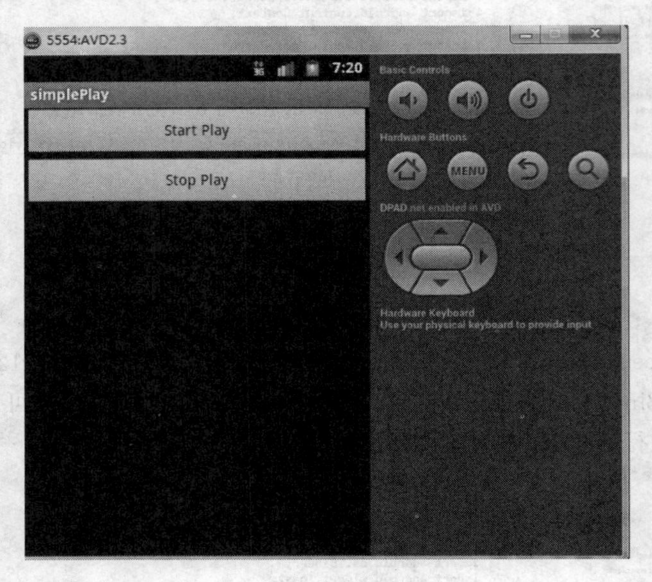

图 12-9 界面图

2. 功能实现

1）音乐播放功能实现

(1) 首先创建 Activity 的 simplePlay. java，如图 12-10 所示，第 16～19 行根据控件的 ID 得到代表控件的对象，并为这两个按钮设置相应的监听器；第 25 行和 30 行启动指定名字的服务。

```
music_player02
MyAppWeixin
MyBrowser
myFileTest
NewDialer
poetry
ProgressBar
RelativeLayout
simplePlay
  Android 2.3.3
  src
    com.studio.android
      Music.java
      simplePlay.java
  gen [Generated Java Files]
  assets
  bin
  res
    drawable-hdpi
    drawable-ldpi
    drawable-mdpi
    drawable-xhdpi
    layout
      main.xml
    values
```

```java
 9
10 public class simplePlay extends Activity {
11     /** Called when the activity is first created. */
12     @Override
13     public void onCreate(Bundle savedInstanceState) {
14         super.onCreate(savedInstanceState);
15         setContentView(R.layout.main);
16         Button button1 = (Button) findViewById(R.id.start);
17         button1.setOnClickListener(startIt);
18         Button button2 = (Button) findViewById(R.id.stop);
19         button2.setOnClickListener(stopIt);
20     }
21
22     private OnClickListener startIt = new OnClickListener() {
23         public void onClick(View v) {
24
25             startService(new Intent("com.studio.android.START_AUDIO_SERVICE"));
26         }
27     };
28     private OnClickListener stopIt = new OnClickListener() {
29         public void onClick(View v) {
30             stopService(new Intent("com.studio.android.START_AUDIO_SERVICE"));
31             finish();
```

图 12-10 simplePlay. java 的主要代码

(2) 创建 Service 的 Music. java，首先导入所需的包，如图 12-11 所示，第 4 至 6 行，第 12 行实现 onBind() 方法且返回一个 IBinder 对象，实现其他组件可以通过这个 IBinder 对象与该 Service 进行通信；第 9 行声明一个 MediaPlayer 对象 player；第 19 行在 Onstart 方法中播放指定的 MP3 文件。

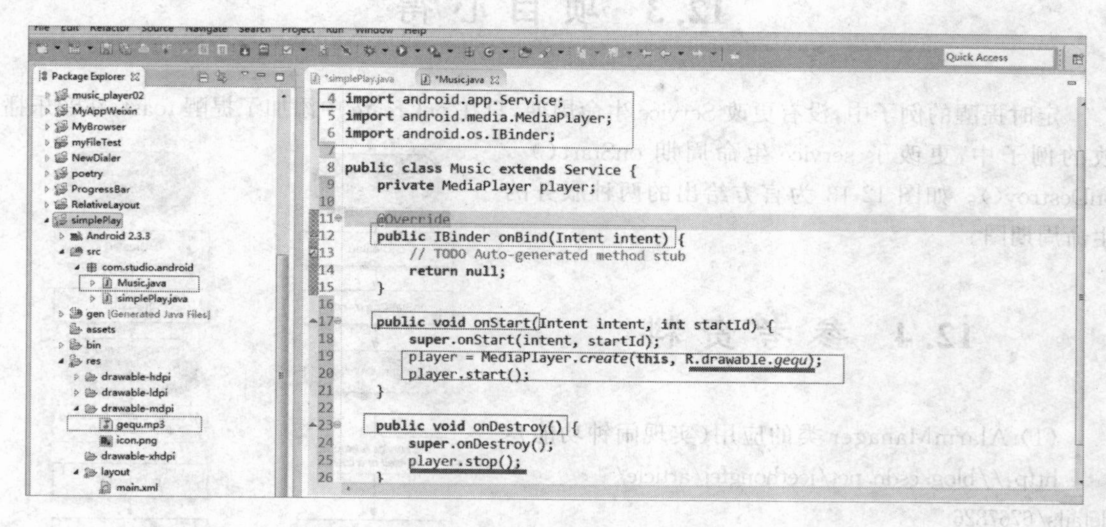

图 12-11 Music. java 主要的代码

(3) 最后在 AndroidManifest. xml 中添加一个 service(music)对应的 action 如图 12-12 的第 17 行，第 18 行每一个通过 startActivity()方法发出的隐式 Intent 都至少有一个 category，所以要想接收一个隐式 Intent 的 Activity 要包括“Android. intent. category. default”不然将导致 Intent 匹配失败。

【注意 3】一个 Intent 可以有多个 category，但至少会有一个，也是默认的一个。

只有 Intent 的所有 category 都匹配上，Activity 才会接收这个 Intent。

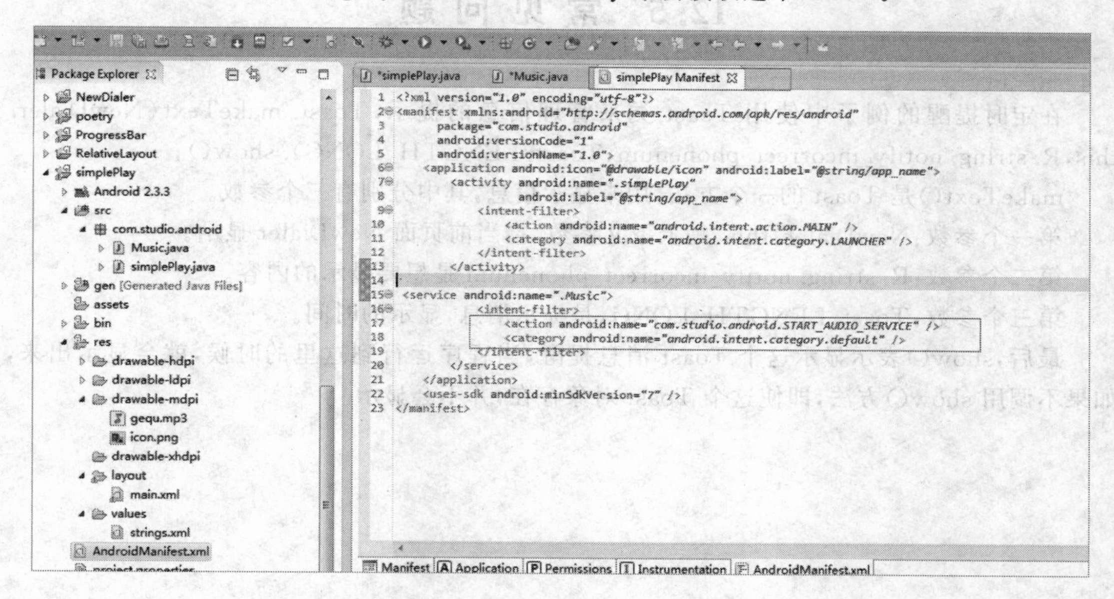

图 12-12 AndroidManifest. xml 的主要代码

12.3 项目心得

定时提醒的例子中，没有更改 Service 生命周期，只在 onCreate 中添加了提醒 toast，在音乐播放的例子中，更改了 service 生命周期 onStart()，onDestroy()。如图 12-13 为官方给出的两种服务的生命周期图。

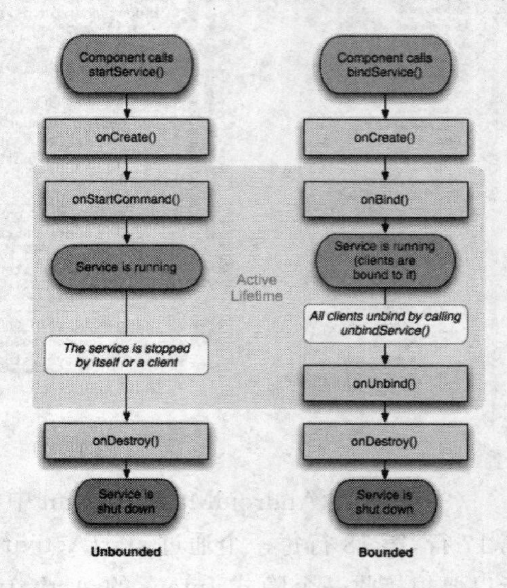

图 12-13 Service 的生命周期图

12.4 参考资料

(1) AlarmManager 类的应用(实现闹钟功能)：

http://blog.csdn.net/jeethongfei/article/details/6767826

(2) PendingInent 与 AlarmManager：

http://www.apkbus.com/blog-81467-39543.html

(3) Service 生命周期及使用：

http://blog.csdn.net/wangkuifeng0118/article/details/7016201

12.5 常见问题

在定时提醒的例子中使用 Toast 类来管理信息的提示，Toast.makeText(NewDialer.this,R.string.notify_incorrect_phonenum,Toast.LENGTH_LONG).show()；

makeText()是 Toast 的一个方法，用来显示信息，其中分别有三个参数。

第一个参数：NewDialer.this，是上下文参数，指当前页面 NewDialer 显示。

第二个参数：R.string.notify_incorrect_phonenum 是想要显示的内容。

第三个参数：Toast.LENGTH_LONG，是提示消息，显示的时间。

最后，show()表示显示这个 Toast 消息提醒，当程序运行到这里的时候，就会显示出来，如果不调用 show()方法，即使这个 Toast 对象存在，并不会显示。

13　Android Handler 多线程

搜索关键字

Handler；
HandlerThread；
Message；
progress。

13.1　项目简介

之前的学习内容都是单线程的。但如果有时候需要设计一个费时比较长的功能（例如：下载处理大量的数据处理），如果将下载功能设计在 Activity 里面，例如 onCreate、onStart 方法中。如果下载界面没有反应，会造成比较差的用户体验。并且长时间没有下载下来，Activity 也会报错。

而且有的工作是不能通过直接调用来同步处理的，也不能通过 Activity 中内嵌的消息分发和接口设定来做到。

Java 程序内置了对多线程的支持，在 Android 平台中多线程应用很广泛，在 UI 更新、游戏开发和耗时处理（网络通信等）等方面都需要多线程。Java 程序有一个默认的主程序 main()，但是在 android 之中没有主程序，并且在 Android 中不允许用多线程控制 UI，必须用 android 自带的 handler 控制多线程。

所以在 Android 当中，把定时触法，异步的循环事件、处理下载、数据处理等高耗时功能放在一个单独的线程 handler 当中。

13.2　案例设计与实现

13.2.1　Handler＋Runnable 模式

1. 案例简介

本次演示的案例是在 Handler＋Runnable 模式下，当单击“start”按钮时在 Log. cat 中观察在线程中输出信息的情况。如图 13-1 为主界面，当单击“start”按钮时每隔 2 秒输出信息，效果如图 13-2 所示，当单击“end”按钮时停止输出信，如图 13-3 所示。

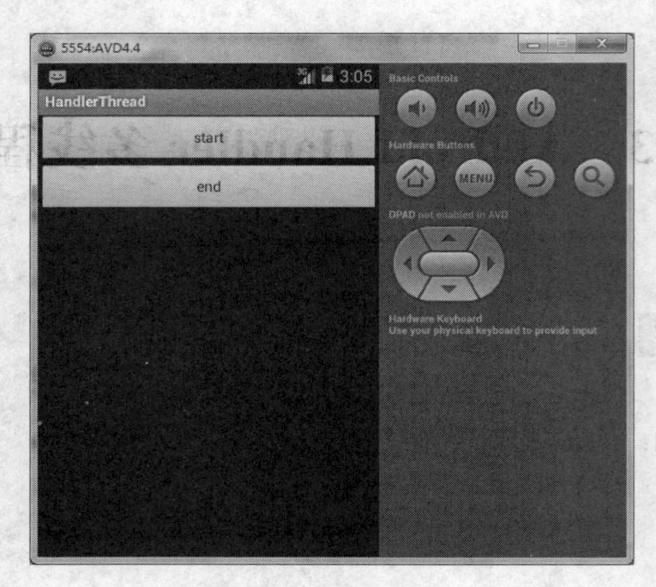

图 13-1　显示主界面

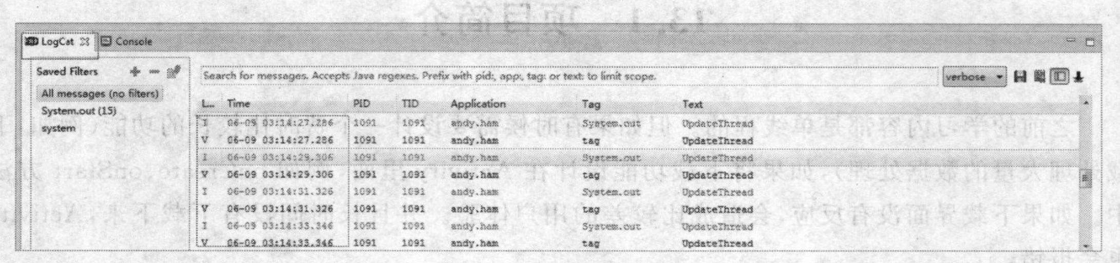

图 13-2　单击“start”按钮

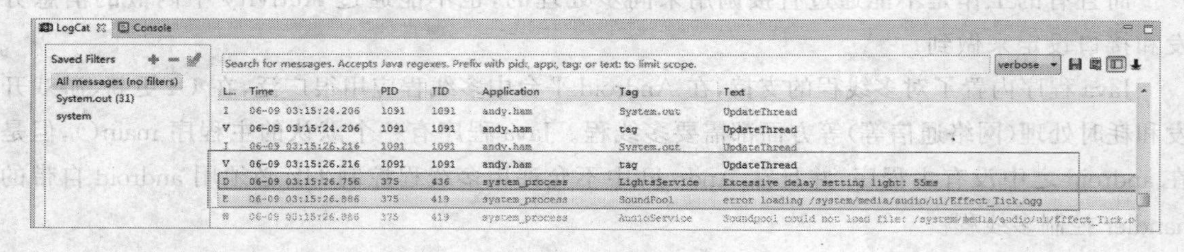

图 13-3　单击“end”按钮

2. 功能实现

1）页面布局

本例中采用的是 LinearLayout，在界面中添加 2 个 Button，分别为“start”按钮，“end”按钮，实现界面图如图 13-4 所示。

2）主程序实现线程加载

首先定义两个按钮的变量，如图 13-5 所示，第 12 行和 13 行；第 20 至 23 行根据控件的 ID 得到代表控件的对象，并为这两个按钮设置相应的监听器；第 27 行创建一个 Handler 对象；第 31 和 33 行当单击“start”按钮时，调用 onClick 方法，在该方法体中调用 Handler 的 post 方法，将要执行的线程对象添加到队列当中；紧接着调用线程中的 run()方法，执行方法体，立即输出信息第 46～50 行，调用 postDelayed()方法，2 秒后再输出信息，每隔两秒循环一直输出方法体中的信息，第 41 行当单击“end”按钮时调用 removeCallbacks 方法将停止输出信息。

图 13-4　页面布局

【注意 1】创建线程的两种方法：implements Runnable 或 extends Thread，创建线程，最重要的是实现其中的 run()，run()决定了线程所做的工作，又称为线程体。Thread 类和 Runnable 接口都在 java. lang 包中，是默认导入的，不必使用 import 语句。

```
public class 线程类名 extends Thread {
    ……
    public void run(){
        …… //编写线程的代码
    }
}
public class 目标类名 implements Runnable {
    ……
    public void run(){
        …… //编写线程的代码
    }
}
```

```
10
11 public class HandlerThread extends Activity {
12     private Button startButton = null;
13     private Button endButton = null;
14
15     /** Called when the activity is first created. */
16     @Override
17     public void onCreate(Bundle savedInstanceState) {
18         super.onCreate(savedInstanceState);
19         setContentView(R.layout.main);
20         startButton = (Button) findViewById(R.id.startButton);
21         startButton.setOnClickListener(new StartButtonListener());
22         endButton = (Button) findViewById(R.id.endButton);
23         endButton.setOnClickListener(new EndButtonListener());
24     }
25
26     // 1、创建一个Handler对象
27     Handler handler = new Handler();
28
29     class StartButtonListener implements OnClickListener {
30         @Override
31         public void onClick(View v) {
```

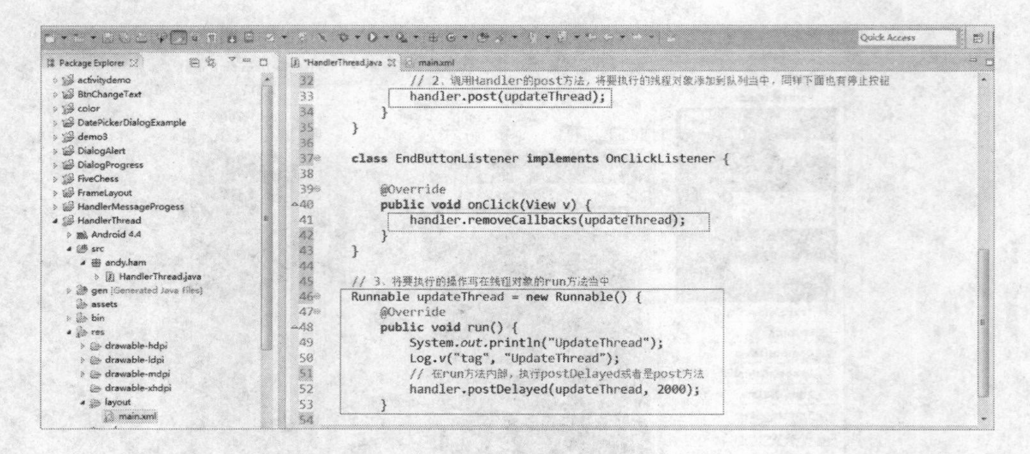

图 13-5　HandlerThread. Java 的主要代码

13.2.2　Handler＋Thread＋Message 模式

1. 案例简介

本次演示的案例是在 Handler＋Thread＋Message 模式当单击“start”按钮时显示进度条的下载进程。如图 13-6 主界面图，单击“start”按钮时，会显示进度条的下载程度如图 13-7～图 13-8 所示。

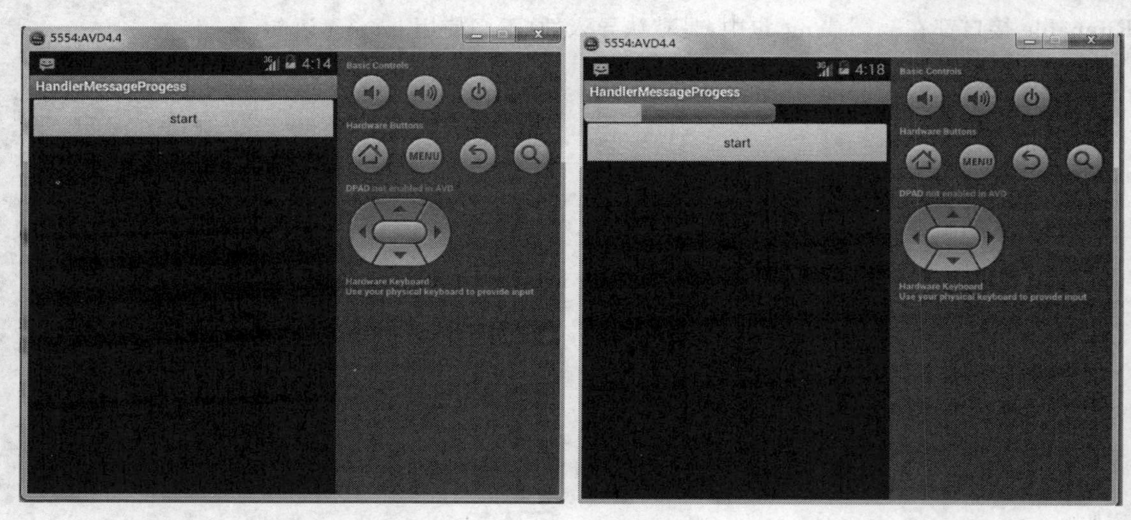

图 13-6　主界面图　　　　图 13-7　单击“start”按钮时显示进度条

2. 功能实现

1）页面布局

本例中采用的是 LinearLayout，在界面中添加 1 个 Button 和一个长形进度条此进度条设置为隐藏，主要设置代码如图 13-9 所示，实现界面图如图 13-10 所示。

2）实现多线程

首先定义两个按钮的变量，如图 13-11 所示，第 13 行和 14 行；第 21～23 行根据控件的 ID 得到代表控件的对象，并为这两个按钮设置相应的监听器；第 46 行创建一个线程类，该类使用匿名内部类的方式进行声明；第 54 行在 run()方法中创建 message 类对象，用 updateBarHandler 中的 obtainMessage()方法得到消息对象 msg；第 56 行将 msg 对象的 arg1 参数的值设置为 i，设置 i 的

初始值为 $i+10$；第 57 至 63 行在 try，catch 中设置当前线程睡眠 1 秒；然后将 msg 对象加入到消息队列当中第 65 行调用 sendMessage()方法；第 37～41 行使用匿名内部类来复写 Handler 当中的 handleMessage 方法来接收 message 的对象 msg，其中第 40 行设置进度条的当前值；第 27 至 33 行当单击“start”按钮时，调用 onClick 方法，在该方法体中调用 post 方法，将要执行的线程对象添加到队列当中，第 31 行是设置进度条为不可见状态；第 66～68 行当 $i=100$ 时调用 updateBarHandler 中的 removeCallbacks 方法将线程对象从 handler 当中移除。

图 13-8　进度条下载完成

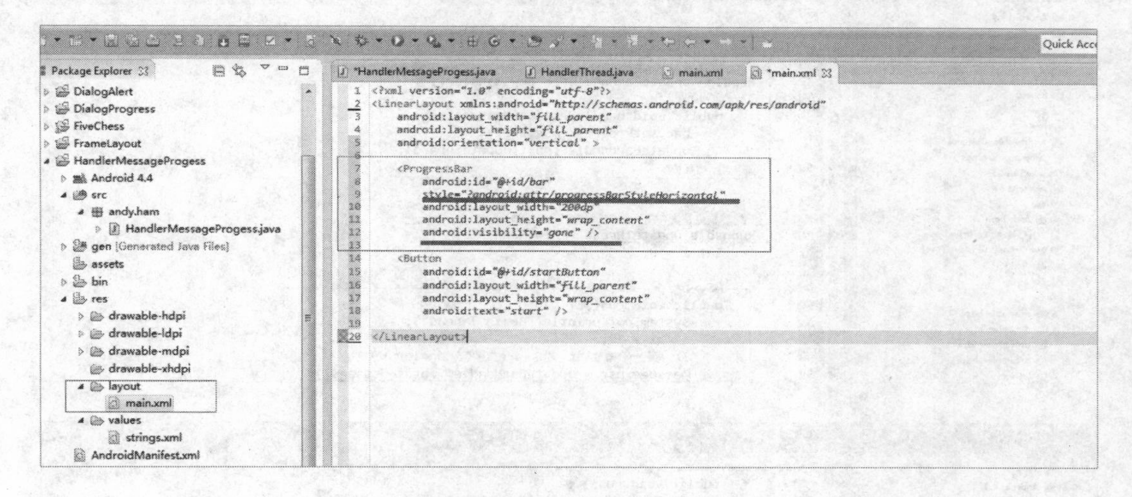

图 13-9　进度条的代码设置

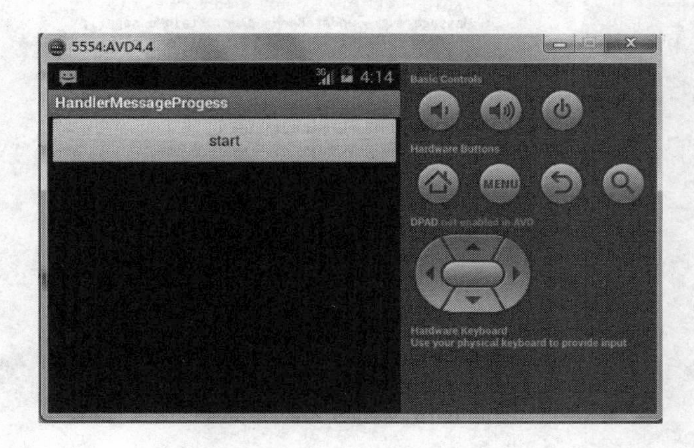

图 13-10　页面布局

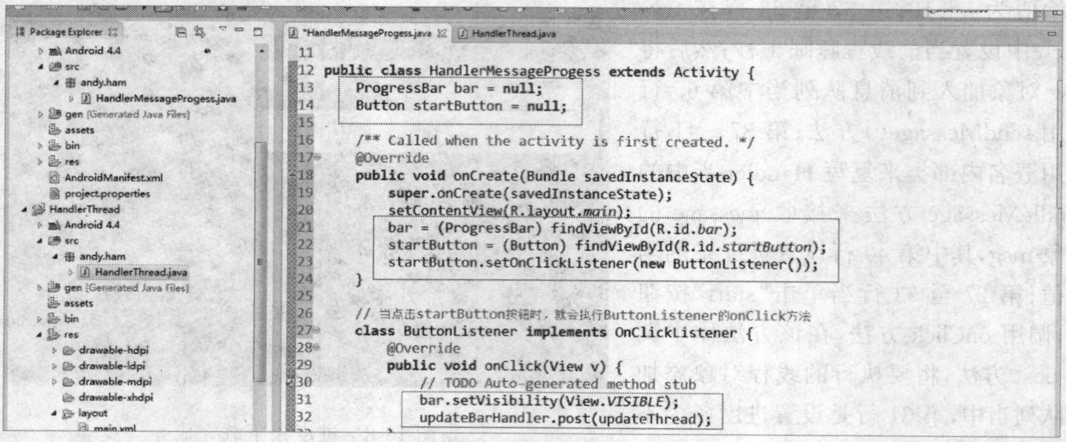
Package Explorer
*HandlerMessageProgess.java
HandlerThread.java
public class HandlerMessageProgess extends Activity {
ProgressBar bar = null;
Button startButton = null;
/** Called when the activity is first created. */
@Override
public void onCreate(Bundle savedInstanceState) {
super.onCreate(savedInstanceState);
setContentView(R.layout.main);
bar = (ProgressBar) findViewById(R.id.bar);
startButton = (Button) findViewById(R.id.startButton);
startButton.setOnClickListener(new ButtonListener());
}
// 当点击startButton按钮时，就会执行ButtonListener的onClick方法
class ButtonListener implements OnClickListener {
@Override
public void onClick(View v) {
// TODO Auto-generated method stub
bar.setVisibility(View.VISIBLE);
updateBarHandler.post(updateThread);

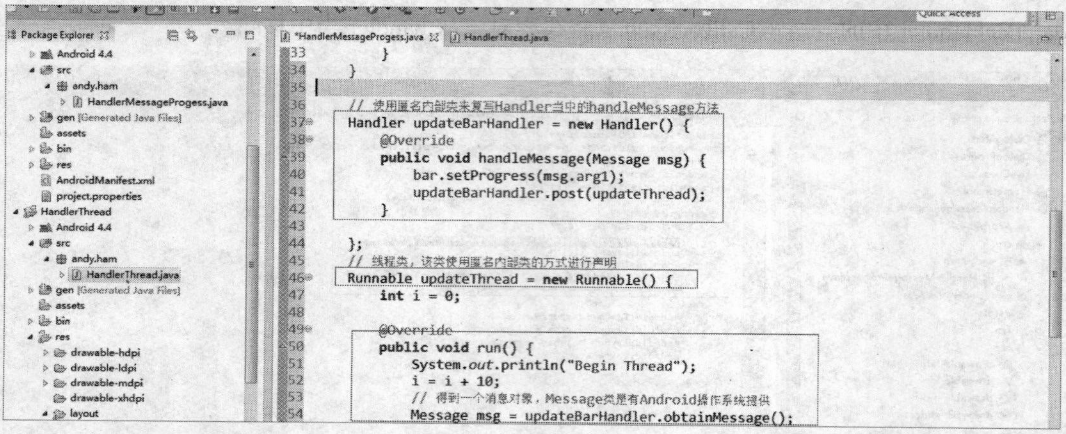
Package Explorer
*HandlerMessageProgess.java
HandlerThread.java
}
}
// 使用匿名内部类来复写Handler当中的handleMessage方法
Handler updateBarHandler = new Handler() {
@Override
public void handleMessage(Message msg) {
bar.setProgress(msg.arg1);
updateBarHandler.post(updateThread);
}
};
// 线程类，该类使用匿名内部类的方式进行声明
Runnable updateThread = new Runnable() {
int i = 0;
@Override
public void run() {
System.out.println("Begin Thread");
i = i + 10;
// 得到一个消息对象，Message类是有Android操作系统提供
Message msg = updateBarHandler.obtainMessage();

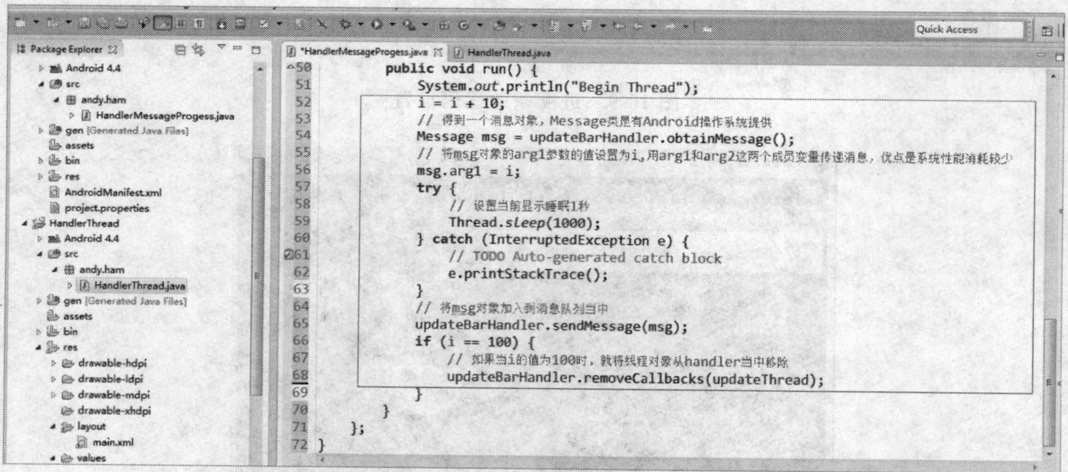
Package Explorer
Quick Access
*HandlerMessageProgess.java
HandlerThread.java
public void run() {
System.out.println("Begin Thread");
i = i + 10;
// 得到一个消息对象，Message类是有Android操作系统提供
Message msg = updateBarHandler.obtainMessage();
// 将msg对象的arg1参数的值设置为i，用arg1和arg2这两个成员变量传递消息，优点是系统性能消耗较少
msg.arg1 = i;
try {
// 设置当前显示睡眠1秒
Thread.sleep(1000);
} catch (InterruptedException e) {
// TODO Auto-generated catch block
e.printStackTrace();
}
// 将msg对象加入到消息队列当中
updateBarHandler.sendMessage(msg);
if (i == 100) {
// 如果当i的值为100时，就将线程对象从handler当中移除
updateBarHandler.removeCallbacks(updateThread);
}
}
};
}

图 13-11 HandlerMessageProgess.java 的主要代码

13.3 项目心得

在创建线程的两种方法：implements Runnable 或 extends Thread 中，由继承 Thread 类创建线程的方法简单方便，可以直接操作线程，无须使用 Thread. currentThread()。但不能再继承其他类；

使用 Runnable 接口方法可以将 CPU，代码和数据分开，形成清晰的模型；还可以从其他类继承；保持程序风格的一致性。

13.4 参考资料

(1) Android 多线程及异步处理问题：

http://myqdroid. blog. 51cto. com/2057579/392157

(2) Android 多线程讲解：

http://www. eoeandroid. com/thread-210116-1-1. html

13.5 常见问题

ProgressBar 的进度条样式是多样的，如果没有设置它的风格，那么它就是圆形的，一直会旋转的进度条。如图 13-12 第 9 行我们在布局文件中设置一个 style 风格属性后，该 ProgressBar 就有了一个风格。我们可以在第 8 章中回顾 ProgressBar 的进度条样式从而进一步学习。

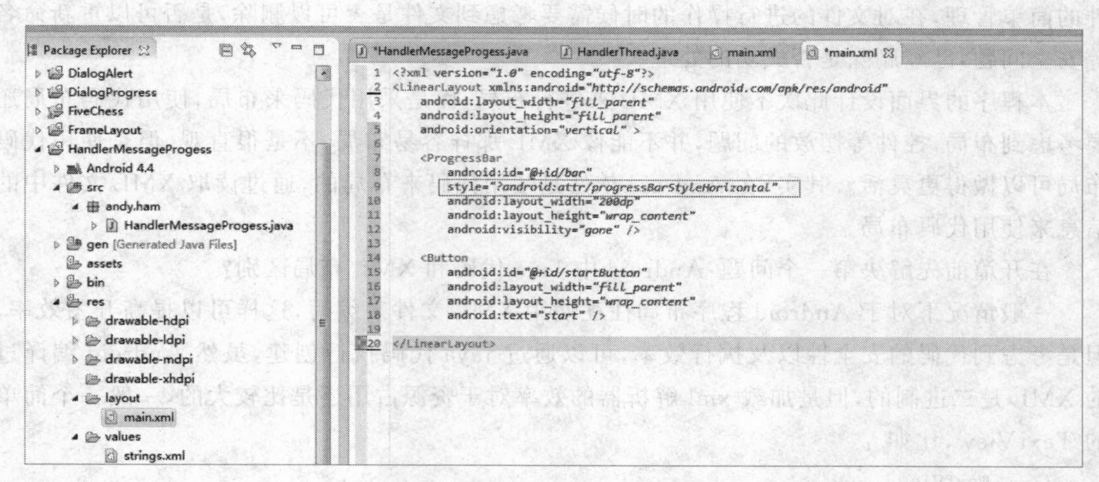

图 13-12　在 main. xml 设置 style

第三部分　简单案例

14　Android 简单文件管理器

A　Java 代码布局

BaseAdapter;

LinearLayout;

File。

本章难点

本程序是一个关于文件的相关操作，需要采用 java 本身提供的 IO 相关的功能来实现文件的简单管理，在对文件的进行操作的时候需要考虑到文件是否可以删除，是否可以重新命名等安全问题，已经删除是否成功的处理。

本程序的界面设计此次不使用 XML 来进行布局，而是采用代码来布局，使用代码布局还要考虑到布局，控件等摆放的问题，并不能像 XML 那样容易布局，不是很直观，但是使用代码布局可以做得更灵活。其实，在 Android 依然是使用代码来布局的，通过读取 XML 文件中的信息来使用代码布局。

在开篇前先解决第一个问题：Android 中 Java 代码和 XML 布局区别？

一般情况下对于 Android 程序布局往往使用 XML 文件来编写，这样可以提高开发效率，但是考虑到代码的安全性以及执行效率，可以通过 Java 代码执行创建，虽然 Android 编译过的 XML 是二进制的，但是加载 xml 解析器的效率对于资源占用还是比较大的，一般一个简单的 TextView，比如：

```
<TextView
        android:id = "@ + id/textControl "
        android:layout_width = "100px"
        android:layout_height = "wrap_content" />
```

可以等价于下面的 Java 代码：

```
LinearLayout.LayoutParams textControl = new LinearLayout.LayoutParams(100,LayoutParams.WRAP_
CONTENT);
```

Java 处理效率比 XML 快得多,但是对于一个复杂界面的编写,可能需要一些套嵌考虑,如果程序员思维灵活,完全可以使用 Java 代码来布局 Android 应用程序,体会青出于蓝而胜于蓝。接下来,在文档中有详细的比较:Java 布局优于 XML 布局的地方。

A.1 项目简介

文件管理器就是能够浏览和管理我们手机中的文件、文件夹和存储卡的工具和 Windows 系统提供的资源管理工具类似,我们可以用它查看手机的所有资源,文件体系结构,以便更清楚、直观地查看和操作手机的文件和文件夹。当然,可以包括重命名、删除、新建、复制、粘贴等简单的文件操作。

本次实训是制作一个简单的文件管理器,试验分为两个部分,第一个部分为界面设计的部分:主要是巩固复杂界面布局技巧,第二部分是功能部分:主要是关于 IO 相关的操作。

本部分主要练习的是界面设计,此次界面设计不再使用 XML 布局,尝试一下使用代码来布局是怎么样的,了解代码布局是如何布局,它与 XML 相比较而言,哪一种好。

先看一下程序运行结果,如图 14A-1 所示,该运行结果界面是程序启动时首次看到的界面,不同手机可能运行结果不一样,因为不同手机存储卡里面存储的文件都不尽相同。

图 14A-2 所示的是菜单项选择的界面,共有新建目录,删除目录,粘贴文件,返回根目录,返回上一级 5 个功能。

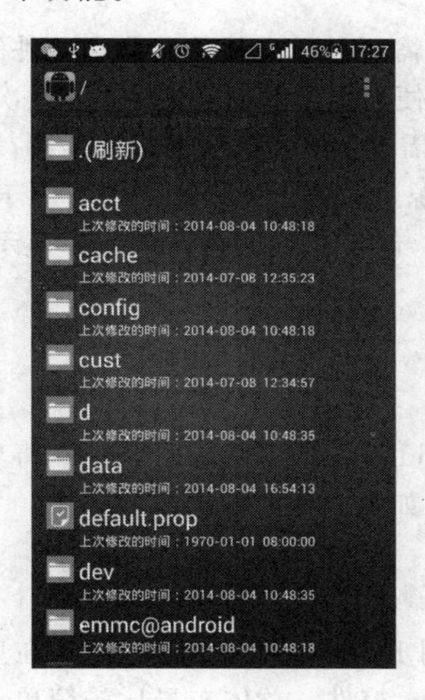

图 14A-1　运行初始界面

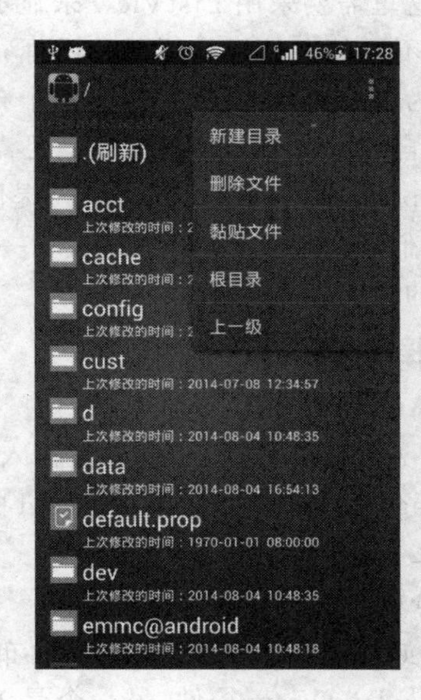

图 14A-2　选择菜单

如图 14A-3 所示,为菜单选项中,单击新建目录菜单项后弹出的对话框,输入文件夹的名称。图 14A-4 所示,为长按一个文件的时候弹出的上下文菜单的选项。

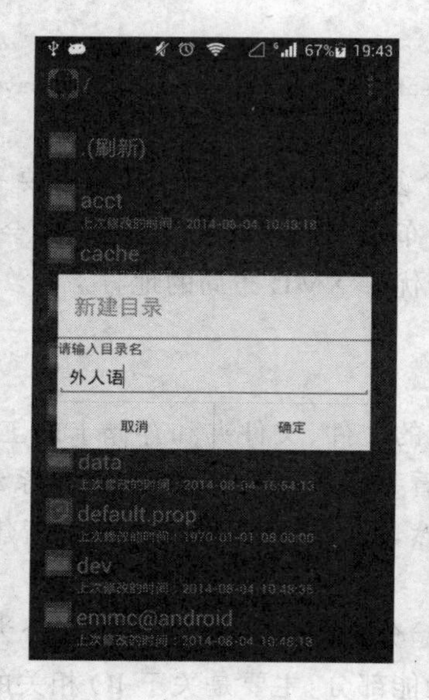

图 14A-3　新建目录

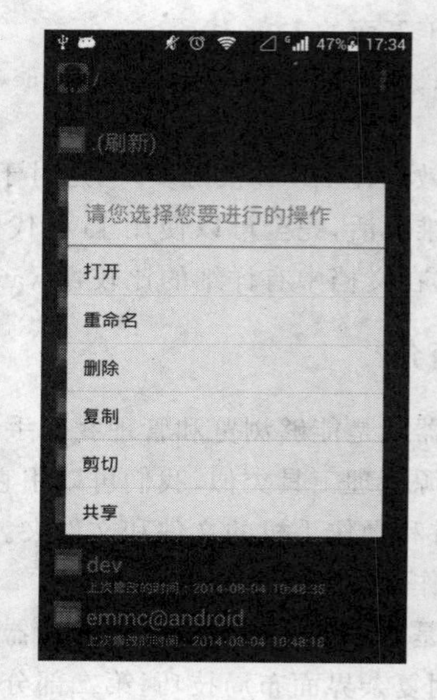

图 14A-4　选择操作

A.2　案例设计与实现

A.2.1　需求分析

(1) 由于需要浏览大量的文件(文件夹),那么只需要一个列表来显示这一些文件或者是文件夹,所以这里需要采用 ListView 来显示。

(2) 由于不同的文件显示不同的图标,并且还需要显示文件的名称和文件的上次修改的时间,则需要为 ListView 每一项定义一个布局,以便显示出图以及文件名和上次修改的时间。

(3) 由于自带的数据容器不能够满足需求,则需要定义一个新的数据容器,该数据日期继承于 BaseAdapter,来为列表(ListView)提供数据源。而对于列表每一项对应于一个文件,而文件的信息我们还需要创建一个类,表示一个文件,包含了文件的基本信息(显示的图标,文件名,上次修改的时间)。

A.2.2　程序实现

1. 新建 Android 项目

新建一个 Android 程序项目,并且输入 Android 项目的名称;在本文中,将项目设置的名称为 FileManagerLayout,并选择 Android 的版本,如图 14A-5 所示。

2. 程序主布局对比

1) 布局分析

总体布局如右图 14A-6 所示,主界面布局采用 LinearLayout 线性布局,在里面包含了两个控件,一个是 TextView 控件,另一个是 ListView 控件。总体布局比较简单。观察一下这个布局,试想一下,如果使用 XML 来编写,是如何编写的。

如果是 XML 布局代码应该如图 14A-7 所示。

2) 代码编写

以图 14A-7 的 XML 代码便是图 14A-6 的布局实现代码。但本程序并没有使用这种方式,接下来,根据这个 XML 的信息,来通过代码设置布局信息。

New Android Application

New Android Application

A project with that name already exists in the workspace

Application Name: FileManagerLayout

Project Name: FileManagerLayout

Package Name: com.example.filemanagerlayout

Minimum Required SDK: API 8: Android 2.2 (Froyo)

Target SDK: API 17: Android 4.2 (Jelly Bean)

Compile With: API 19: Android 4.4.2 (KitKat)

Theme: Holo Light with Dark Action Bar

The application name is shown in the Play Store, as well as in the Manage Application list in Settings.

图 14A-5　新建 Android 项目，输入项目的名称

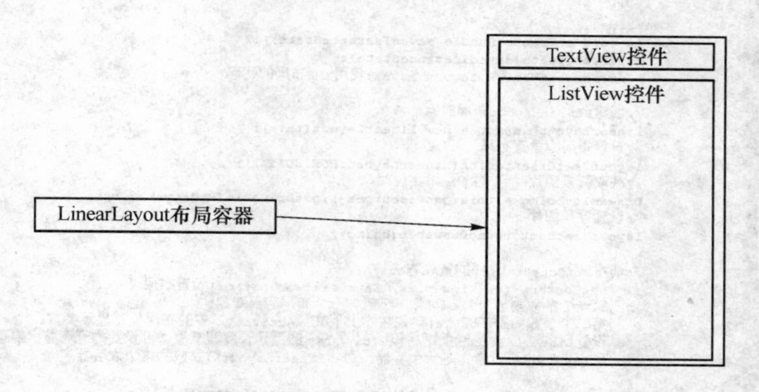

图 14A-6　布局示意图

FileInoShowLayout.java　main.xml

```
1  <LinearLayout xmlns:android="http://schemas.android.com/apk/res/android
2      xmlns:tools="http://schemas.android.com/tools"
3      android:layout_width="match_parent"
4      android:layout_height="match_parent"
5      android:orientation="vertical"
6      android:background="@drawable/bg" >
7  <!-- TextView 显示信息-->
8      <TextView
9          android:layout_width="fill_parent"
10         android:layout_height="wrap_content"
11         android:text="@string/filestr"
12         android:textSize="25px"
13         />
14
15     <!-- ListView 显示文件列表 -->
16     <ListView
17         android:id="@+id/file_list"
18         android:layout_width="fill_parent"
19         android:layout_height="fill_parent"
20         android:cacheColorHint="#00000000"
21         ></ListView>
22 </LinearLayout>
```

图 14A-7　xml 布局代码

当设置 XML 代码布局的时候，是在 Activity 类的 onCreate 方法中，调用 setContentView 方法，如 setContentView(R. layout. main)；当使用代码布局的时候，也是需要使用 setContentView 方法。

使用代码布局的时候，可以将布局代码写在 onCreate 方法中，那么现在在主类中通过 Java 语言开始来编写布局代码。

【小技巧】编程思路：如果是通过 XML 布局，可知需要三个控件：一个是 TextView，另一个是 ListView，第三个是 LinearLayout 布局控件。其中，TextView 和 ListView 是使用 LinearLayout 布局的，而 LinearLayout 可以看作是一个容器，而这个容器定义了其子控件的显示格式。所以在代码中需要创建三个对象，一个是 TextView 对象，另一个是 ListView 对象，同时需要再创建一个 LinearLayout 对象，再通过 LinearLayout 的方法 TextView 对象和 ListView 对象加入到 LinearLayout 容器中。同时根据 XML 元素属性的信息，调用三个对象的方法，设置相应的属性信息，如颜色，文本大小等。

利用 Java 实现布局的思路其实和 XML 布局思路是类似的。首先创建一个布局对象，设置其背景图，然后先运行一次。

具体的代码如图 14A-8 所示。

```
12  /**
13   * 当此Activity第一次被创建的时候所调用的方法
14   * */
15  @Override
16  public void onCreate(Bundle savedInstanceState) {
17      super.onCreate(savedInstanceState);
18      //setContentView(R.layout.main);使用XML布局的代码
19
20      //创建LinearLayout布局对象
21      LinearLayout layout = new LinearLayout(this);
22      //设置布局为垂直布局
23      layout.setOrientation(LinearLayout.HORIZONTAL);
24      //获取背景图片bg代表的Drawable对象
25      Drawable bgImg = this.getResources().getDrawable(R.drawable.bg);
26      //设置背景图片
27      layout.setBackgroundDrawable(bgImg);
28
29      /*调用setContentView的重载方法
30          setContentView(View view, LayoutParams params)设置布局。
31          第一个参数为一个View对象，一般为一个布局容器对象
32          第二个参数为添加的View对象在本上下文（Activity）中的布局长宽显示参数。
33          设置LinearLayout对象，在该Activity中的显示长度和宽度，都设置为充满整个屏幕
34          Activity也可以看作是一个容器，而将LinearLayout对象放到这个大容器中。
35      */
36      setContentView(layout,new LinearLayout.LayoutParams(
37              LayoutParams.FILL_PARENT, LayoutParams.FILL_PARENT));
38  }
39 }
```

图 14A-8　布局代码

其中实现布局设置是通过重载 36 行 setContentView(View view,LayoutParams params)方法来实现的。需要注意的是：LayoutParams 布局参数在 XML 中，直接在控件元素上指明布局参数，如图 14A-9 所示。

```
2 <LinearLayout
3   xmlns:android="http://schemas.android.com/apk/res/android
4   android:layout_width="fill_parent"
5   android:layout_height="fill_parent"
6   android:orientation="vertical"
7   android:background="@drawable/bg">
8
```

图 14A-9

而在使用代码布局的时候，在设置子控件的布局参数的时候，可以在将指定控件添加到容器的时候，由上一级容器的在添加控件的时候，在方法中添加 LayoutParams 布局参数来设置的。当然也可以通过设置子控件的 setLayoutParams 方法或者通过 setWidth 与 setHeight 设置大小。

程序运行结果如图 14A-10 所示。

图 14A-9 便是运行后的结果，在图 14A-10 的布局中并没有添加任何控件，但是设置了一个背景图，说明图 14-9 的运行结果是正确的，使用代码布局成功，接下来补充完剩下的代码，如图 14A-11 所示。

具体代码如下：

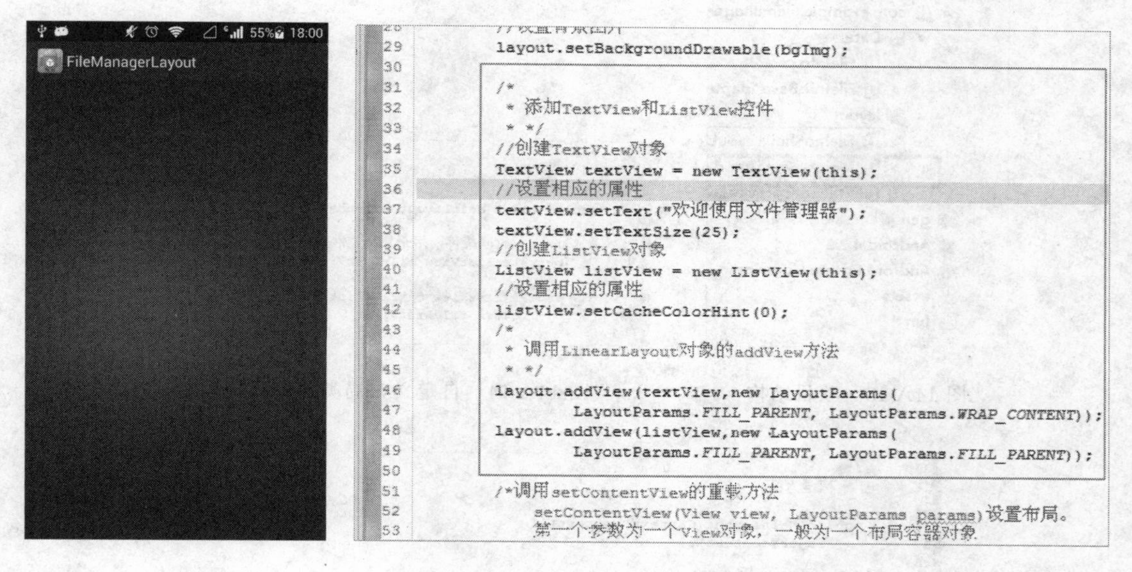

图 14A-10　运行结果　　　　图 14A-11　补充的代码

代码已经补充完整，那么看一下此时的运行结果，如图 14A-12 所示。

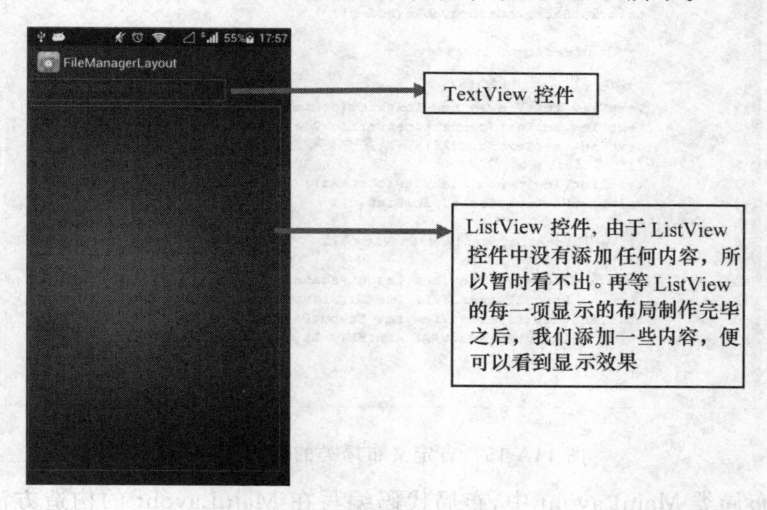

图 14A-12　运行结果

3）代码改进

主界面的布局，已经搭建好了。但是将所有的代码填写在 onCreate 方法中，这样不利于后期维护。

【小技巧】可以将布局代码编写在另外一个类中，只需要这个类继承一个布局类（如 LinearLayout 类），并且在它的构造方法中创建主要的控件，并且设置位置大小等。

那么本例中创建一个自定义的布局类，继承于 LinearLayout 类。创建的自定义布局类名为 MainLayout，如图 14A-13 所示。

MainLayout 代码如图 14A-14、图 14A-15 所示。

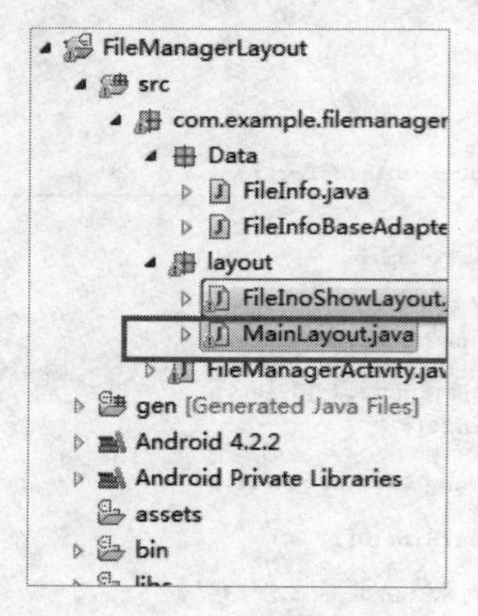

图 14A-13　项目结构

```
11 /**
12  * 自定义布局类
13  * */
14 public class MainLayout extends LinearLayout {
15
16     //ListView控件，用于显示文件的列表
17     private ListView fileListView;
18
19     public ListView getFileListView() {
20         return fileListView;
21     }
```

图 14A-14　自定义布局类的代码片段 1

```
23     /**
24      * 构造方法
25      * */
26     public MainLayout(Context context) {
27         super(context);
28
29         //设置布局为垂直布局
30         this.setOrientation(LinearLayout.VERTICAL);
31         //获取背景图片bg代表的Drawable对象
32         Drawable bgImg = this.getResources().getDrawable(R.drawable.bg);
33         //设置背景图片
34         this.setBackgroundDrawable(bgImg);
35         /*
36          * 添加TextView和ListView控件
37          * */
38         //创建TextView对象
39         TextView textView = new TextView(context);
40         textView.setText(context.getString(R.string.filestr));//设置显示的文本
41         textView.setTextSize(25);//设置字体大小
42         //创建ListView对象
43         fileListView = new ListView(context);
44         fileListView.setCacheColorHint(0);
45         /*
46          * 调用LinearLayout对象的addView方法
47          * */
48         this.addView(textView,new LayoutParams(
49                 LayoutParams.FILL_PARENT, LayoutParams.WRAP_CONTENT));
50         this.addView(fileListView,new LayoutParams(
51                 LayoutParams.WRAP_CONTENT, LayoutParams.WRAP_CONTENT));
52
53     }
54 }
```

图 14A-15　自定义布局类的代码片段 2

在自定义布局类 MainLayout 中，布局代码编写在 MainLayout 的构造方法，其中构造方法需要提供一个上下文 Context 类，一般使用的时候，都是指使用这个布局的 Activity 类对象。在该类中定义了布局及其相关的控件，其中 ListView 需要在 Activity 中使用到，所以需要在 MainLayout 提供一个 ListView 类的变量，并且提供 Getter 方法，可以通过在外部这个方法获取当前布局中的 ListView 对象。至于 TextView 由于在后续中不需要使用到，则不需要提供一个类变量及其 Getter 方法。

和之前的案例一样，在代码中设置 TextView 的值时，字符串值是保存在 XML 文件中的，字符串值的 XML 文件代码如图 14A-16 所示。

```
1 <?xml version="1.0" encoding="utf-8"?>
2 <resources>
3
4     <string name="app_name">FileManagerLayout</string>
5     <string name="action_settings">Settings</string>
6     <string name="filestr">Wellcome to use this FileManager</string>
7
8 </resources>
9
```

图 14A-16　自定义布局类的代码片段 3

但需要在代码中获取对应的字符串值的时候，如果在 Activity 的时候，可以通过 this. getString (R. xxx. xxx)去获取，如果在自定义布局中，通过 context 对象的 getString 方法去获取。如果是获取图的资源的话，可以通过 this. getResources(). getDrawable(R. drawable. xxx)或 context. getResources(). getDrawable(R. drawable. xxx)去获取，返回对象为 Drawable 对象。

当创建了自定义布局类之后，需要改写 Activity 类的 onCreated 方法的代码，只需要创建 MainLayout 实例，通过 setContentView 这个方法类设置布局便可。代码如图 14A-17 所示。

```
public class FileManagerActivity extends Activity {
    private ListView fileListView=null;
    @Override
    protected void onCreate(Bundle savedInstanceState) {
        super.onCreate(savedInstanceState);
        //setContentView(R.layout.main); 由于使用了Java代码布局，这里就不再使用了
        //创建布局对象
        MainLayout mainLayout=new MainLayout(this);
        //通过设置对象的属性，添加布局参数
        mainLayout.setLayoutParams(new LinearLayout.LayoutParams(LayoutParams.MATCH_PARENT,
                LayoutParams.WRAP_CONTENT));
        //调用setcontenview重载方法设置于布局
        setContentView(mainLayout);
        //获取ListView
        fileListView =mainLayout.getfileListView();
```

图 14A-17　改写 FileManagerMainActivity 的 onCreate 方法

【注意】这次在代码中使用了另一种设置布局参数的方法，就是直接设置控件对象的属性，通过 setLayoutParams 方法，而不是在将控件加入到父级容器的时候再设置，这也可以设置控件在布局中的位置。onCreated 方法中，布局 MainLayout 作为一个控件，FileManagerMainActivity 作为 MainLayout 的父级容器。此时，再运行一次程序，结果一样，运行结果如图 14A-18 所示。

3. ListView 的布局

1）布局分析

程序的主布局已经搭建好了，接下来就是需要为 ListView 搭建布局了。在使用 ListView 的时候，需要使用到数据容器，或称为适配器控件(AdapterView)，在 Android 已经提供了几种常用的适配器，如：ArrayAdapter，SimpleAdapter，SimpleCursorAdapter 等。在本程序中，由于使用到了 ListView 来显示文件列表数据，那么就需要使用到数据适配器。

由于本例的 ListView 的布局也采用代码方式来布局，加上需要自定义其显示，则已有的数据适配器不能满足要求，则需要自定义一个新的数据适配器，该适配器继承于 BaseAdapter，并且需要重写几个方法，包括 getCount()，getItem(int position)，getItemId(int position)，getView(int position, View convertView，ViewGroup parent)等方法。

由于采用代码布局，因此需要实现一个 ListView 数据项界面的类。在布局之前，由于文件信息中除了文件名和文件上传修改信息之外，还需要为不同的文件设置不同的文件图标，而本身 File 类并没有文件图的相关属性，则需要设计一个类，来代表 ListView 中每一项的文件

数据，那么该类至少包含一个图标对象和两个字符串对象，图标对象使用 Drawable 类，在 Android 中它代表一个图像资源。

为了实现 ListView 的布局和后期的显示，那么接下来需要设计三个类，一个类代表文件的信息，一个类代表布局的信息，另一个类作为数据适配器。

2）代码编写

首先，先来设计第一个类，该类代表了文件的信息。在该类中需要至少提供三个私有变量，分别代表文件的图标，文件的名称，文件上次修改的时间，在这里还需要添加一个变量，代表这个文件是否被选中了，这个变量主要为后面文件操作时候而使用的。除了定义以上四个私有变量，还需要定义其 Setter 和 Getter 方法。

定义一个代表文件信息的类 FileInfo，如图 14A-19 所示。

图 14A-18　运行结果

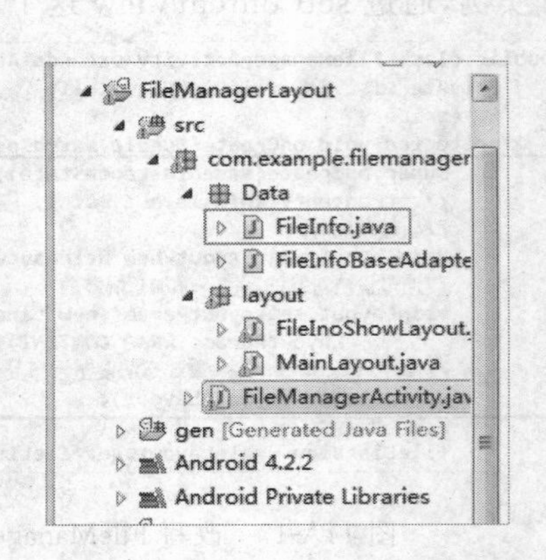

图 14A-19　项目结构图

FileInfo 类的详细代码如图 14A-20 所示，定义字段和实现构造方法：

相关字段的 Setter 和 Getter 方法，如图 14A-21 所示。

```
5  /**
6   * 代表一个文件夹或文件的信息，实现Comparable接口，用于比较文件的名称
7   * */
8  public class FileInfo implements Comparable<FileInfo> {
9
10     //文件名称
11     private String fileName = "";
12     //文件上次修改的时间
13     private String fileLastUpdateTime   = "";
14     //文件的图标
15     private Drawable fileICon = null;
16     //是否能选中
17     private boolean Selectable  = true;
18
19     //默认构造方法
20     public FileInfo(){
21
22     }
23
24     //构造方法
25     public FileInfo(String fileName, String fileLastUpdateTime,
26             Drawable fileICon) {
27         super();
28         this.fileName = fileName;
29         this.fileLastUpdateTime = fileLastUpdateTime;
30         this.fileICon = fileICon;
31     }
```

图 14A-20　FileInfo 类代码片段 1

```
33     //获得文件名称
34     public String getFileName() {
35         return fileName;
36     }
37     //设置文件的名称
38     public void setFileName(String fileName) {
39         this.fileName = fileName;
40     }
41     //获得文件上次修改的时间
42     public String getFileLastUpdateTime() {
43         return fileLastUpdateTime;
44     }
45     //设置文件上次修改的时间
46     public void setFileLastUpdateTime(String fileLastUpdateTime) {
47         this.fileLastUpdateTime = fileLastUpdateTime;
48     }
49     //获得文件的图标
50     public Drawable getFileICon() {
51         return fileICon;
52     }
53     //设置文件的图标
54     public void setFileICon(Drawable fileICon) {
55         this.fileICon = fileICon;
56     }
57     //是否可以选中
58     public boolean isSelectable() {
59         return Selectable;
60     }
61     //设置是否可以选中
62     public void setSelectable(boolean selectable) {
63         Selectable = selectable;
64     }
```

图 14A-21　FileInfo 类代码片段 2

实现 compareTo 方法，如图 14A-22 所示。

```java
65
66  @Override
67  public int compareTo(FileInfo anotherfile) {
68      //如果当前文件的名称不为空并且比较的文件不为空
69      if (this.fileName != null && anotherfile!=null)
70          //比较文件名称
71          return this.fileName.compareTo(anotherfile.getFileName());
72      else
73          //如果文件名不存在，抛出异常
74          throw new IllegalArgumentException("文件不存在");
75  }
76
77 }
78
```

图 14A-22　FileInfo 类代码片段 3

有了代表文件信息的数据类，那么接下来就需要实现一个界面布局的类，该类中使用 TextView 来显示文件名和文件上次修改的时间，使用 ImageView 来显示文件的图，则需要两个 TextView 和一个 ImageView，而该类需要继承一个布局类，如 LinearLayout，TableLayout，RelativeLayout 等，继承不同的布局需要实现的代码都不一样。首先先分析一下 ListView 每一项中，需要显示的布局格式是怎么样的；其布局的格式如图 14A-23 所示。

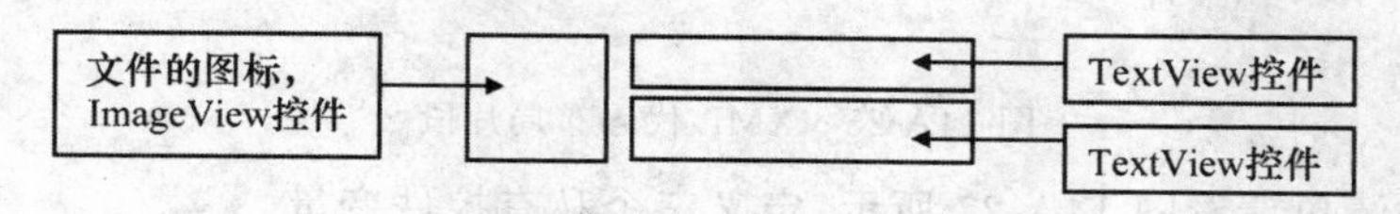

图 14A-23　布局格式

从上图 14A-23 可以看出，布局中左边是一个图标，而右边是两个垂直排列的 TextView 控件，上面一个用于显示文件的名称，下面一个用于显示文件上次修改的时间，那么使用 LinearLayout 或者 RelativeLayout，在这里使用 RelativeLayout 布局，如果使用 LinearLayout 进行布局的话，需要嵌套布局，但是使用代码进行嵌套布局的时候，在使用 ListView 的时候会出现问题，这个在后面的时候将会讨论，在这里选择使用继承于 RelativeLayout 类。

【小技巧】使用相对布局的话，在这个布局中，可以首先添加 ImageView 控件，设置其在左上角的，再添加一个 TextView 的控件，这个控件位于 ImageView 控件的右边，再设置其字体大小等属性，最后在添加最后一个 TextView 控件，将该控件也设置位于 ImageView 控件的右边，同时设置其为上一个 TextView 的下面，再设置其字体大小。根据图标本身设定的大小，两个 TextView 可能需要对字体进行不同的设置，同样为了保持控件之间的一些间距，也需要设置其相应的属性，如 padding 或者是 margin 等相关属性，使其布局效果看起来舒适。

使用代码进行这个布局，有一定的难度，需要思维比较灵活，能够在头脑中想象得出来，由于在为 ListView 设置布局的时候，比较难边编程边查看运行结果，那么我们可以通过另外一种方法，先编写相应的 XML 表示文件，然后再将其转换为 java 代码，当然也还可以创建另外一个测试的 Android 项目，将该布局代码转移到 onCreate 方法中，测试其运行效果是否符合。

可以先来看看如果是 XML 布局，是怎么样的。布局 XML 代码如图 14A-24 所示。

```xml
1  <?xml version="1.0" encoding="utf-8"?>
2  <RelativeLayout xmlns:android="http://schemas.android.com/apk/res/android"
3      android:paddingLeft="5px"
4      android:paddingTop="5px"
5      android:layout_width="fill_parent"
6      android:layout_height="fill_parent"
7      >
8      <ImageView
9          android:id="@+id/imageView1"
10         android:layout_width="wrap_content"
11         android:layout_height="wrap_content"
12         android:src="@drawable/audio"
13         android:layout_marginTop="5px"
14         android:layout_alignParentTop="true"
15         android:layout_alignParentLeft="true"
16     />
```

图 14A-24　XML 代码布局片段 1

XML 的布局代码如图 14A-25 所示，则现在需要将其转换为对应的 java 代码，那么接下来先定义一个类，类名为 FileInfoShowLayout，继承 RelativeLayout 类，用于完成布局。

```
16      />
17      <TextView
18          android:id="@+id/TextView1"
19          android:layout_width="fill_parent"
20          android:layout_height="wrap_content"
21          android:layout_toRightOf="@id/imageView1"
22          android:layout_marginLeft="10px"
23          android:text="aaaaaaaaaaa"
24          android:textSize="22px"
25      />
26      <TextView
27          android:layout_width="fill_parent"
28          android:layout_height="wrap_content"
29          android:layout_below="@id/TextView1"
30          android:layout_alignLeft="@id/TextView1"
31          android:text="bbbbbbbbbbbbbbb"
32          android:textSize="13px"
33      />
34  </RelativeLayout>
35
```

图 14A-25 XML 代码布局片段 2

类详细代码清单请看图 14A-27 所示，定义三个私有控件变量。

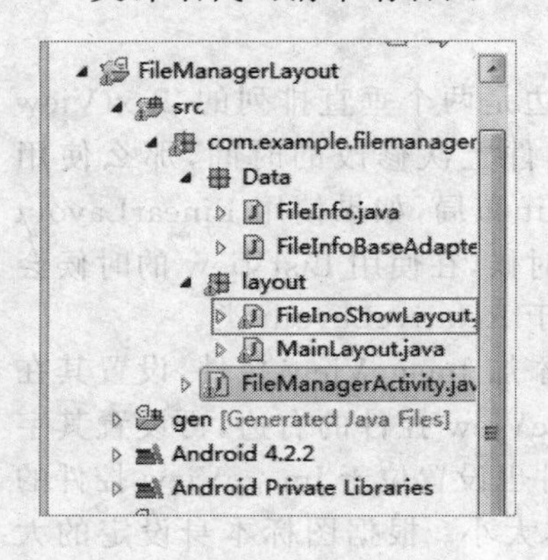

图 14A-26 项目结构图

```
11  /**
12   * ListView数据项的布局，用于显示文件的相关信息
13   */
14  public class FileInfoShowLayout extends RelativeLayout {
15
16      //显示文件的名称
17      private  TextView fileNameTextView  = null;
18      //显示文件上次修改时间
19      private  TextView fileLastUpdateTimeTextView = null;
20      //显示文件图标
21      private  ImageView fileIconImageView = null;
22
```

图 14A-27 FileInfoShowLayout 代码片段 1

紧接着创建控件对象以及设置布局类的属性，如图 14A-28 所示。

```
23
24  /**
25   * 构造方法,创建控件及为其布局
26   * @param context 上下文对象
27   * @param fileInfo 文件的信息
28   * */
29  public FileInfoShowLayout(Context context,FileInfo fileInfo) {
30      super(context);
31
32      //创建TextView, 用于显示文件的名称
33      fileNameTextView = new TextView(context);
34      //创建TextView, 用于显示文件的上次修改时间
35      fileLastUpdateTimeTextView = new TextView(context);
36      //创建ImageView,用于显示文件的图标
37      fileIconImageView = new ImageView(context);
38
39      // 设置间距,上和左分别为30个像素,10个像素
40      this.setPadding(30, 10, 0, 0);
41
```

图 14A-28 FileInfoShowLayout 代码片段 2

在接下来有三个代码片段，分别为三个控件在使用 java 代码布局并且使用相对布局的时

候的java代码，在使用java进行相对布局的时候，会比使用LinearLayout布局难一些，设置控件的相对位置等属性，需要通过LayoutParams对象来进行设置，最后与相应的控件关联起来，达到想要的效果。

以下的代码片段为ImageView控件的布局设置，设置显示图标的ImageView的布局，如图14A-29所示。通过创建一个LayoutParams对象，设置高和宽的布局信息之后，通过addRule方法，添加布局规则。addRule方法，第一个参数为需要设置的属性，通过RelativeLayout的常量对应，第二个参数是参数的值，比如在XML中设置ImageView中有一行是android:layout_alignParentTop="true"，

对应到代码中为：

```
layoutParamsOne.addRule(RelativeLayout.ALIGN_PARENT_TOP,RelativeLayout.TRUE);
```

```
42
43          /**
44           * 先设置ImageView的属性，并且先添加到布局中
45           * */
46          //设置一个唯一标识的ID,设置为100001
47          fileIconImageView.setId(100001);
48          //设置图标
49          fileIconImageView.setImageDrawable(fileInfo.getFileICon());
50          //创建布局参数LayoutParams对象
51          LayoutParams layoutParamsOne = new LayoutParams(
52                  LayoutParams.WRAP_CONTENT, LayoutParams.WRAP_CONTENT);
53          //添加规则,与父级容器的上边界和左边界对齐
54          layoutParamsOne.addRule(RelativeLayout.ALIGN_PARENT_TOP,RelativeLayout.TRUE);
55          layoutParamsOne.addRule(RelativeLayout.ALIGN_PARENT_LEFT,RelativeLayout.TRUE);
56          //设置图标的布局参数
57          fileIconImageView.setLayoutParams(layoutParamsOne);
58          //添加到布局中
59          this.addView(fileIconImageView);
```

图14A-29　FileInfoShowLayout代码片段3

接下来的是关于显示文件名称的TextView的控件的布局，该控件位于ImageView控件的右边。则在使用LayoutParams对象的addRule方法添加布局规则的时候，设置第一个参数的值为RelativeLayout.RIGHT_OF，其值对应的是作为参照物的控件的唯一标识(Id)，参照物便就是ImageView，其Id需要自定义设置，在上一个代码片段中已经设置了其id值为100001，接下请看详细的代码清单，如图14A-30所示。

```
60
61          /**
62           * 先设置用于显示文件名称的TextView的属性，并且添加到布局中
63           * */
64          //设置一个唯一标识的ID,设置为100002
65          fileNameTextView.setId(100002);
66          //创建布局参数LayoutParams对象
67          LayoutParams layoutParamsTwo = new LayoutParams(
68                  LayoutParams.FILL_PARENT, LayoutParams.WRAP_CONTENT);
69          //设置左外边距为10像素
70          layoutParamsTwo.leftMargin=20;
71          //添加规则,设置TextView在图标的右边
72          layoutParamsTwo.addRule(RelativeLayout.RIGHT_OF,fileIconImageView.getId());
73          //设置布局参数
74          fileNameTextView.setLayoutParams(layoutParamsTwo);
75          //设置显示的文本
76          fileNameTextView.setText(fileInfo.getFileName());
77          //设置字体大小为22
78          fileNameTextView.setTextSize(22);
79          //设置字体的颜色
80          fileNameTextView.setTextColor(ColorStateList.valueOf(0xFFFFFFFF));
81          //添加到布局中
82          this.addView(fileNameTextView);
83
```

图14A-30　FileInfoShowLayout代码片段4

接下来便是最后一个控件的布局代码，该控件用于显示文件上次修改的时间，具体如

图 14A-31 所示。

```
84
85      /**
86       * 先设置用于显示文件上次修改的TextView的属性，并且添加到布局中
87       * */
88      //设置一个唯一标识的ID,设置为100003
89      fileLastUpdateTimeTextView.setId(100003);
90      //创建布局参数LayoutParams对象
91      LayoutParams layoutParamsThree = new LayoutParams(
92              LayoutParams.FILL_PARENT, LayoutParams.WRAP_CONTENT);
93      //添加两个规则,设置TextView在上一个TextView的下面, 同时两个TextView的左边界对齐
94      layoutParamsThree.addRule(RelativeLayout.BELOW,fileNameTextView.getId());
95      layoutParamsThree.addRule(RelativeLayout.ALIGN_LEFT,fileNameTextView.getId());
96      //设置显示的文本
97      fileLastUpdateTimeTextView.setText("上次修改的时间"+fileInfo.getFileLastUpdateTime());
98      //设置字体的大小为13
99      fileLastUpdateTimeTextView.setTextSize(13);
100     //设置字体的颜色
101     fileLastUpdateTimeTextView.setTextColor(ColorStateList.valueOf(0xFFFFFFFF));
102     //设置布局参数
103     fileLastUpdateTimeTextView.setLayoutParams(layoutParamsThree);
104     this.addView(fileLastUpdateTimeTextView);
105
106   }
```

图 14A-31 FileInfoShowLayout 代码片段 5

最后还需要创建三个方法，方便用于设置文件图标，文件名称，文件上次修改时间的信息，具体的代码如图 14A-32 所示，设置文件信息到对应的控件：

```
107
108   /**
109    * 设置文件的名字
110    * @param filename 文件的名称
111    */
112   public void setFileName(String filename){
113       this.fileNameTextView.setText(filename);
114   }
115
116   /**
117    * 设置文件的上次修改时间
118    * @param updatetime  文件的上次修改时间的字符串值
119    */
120   public void setFileLastUpdateTime(String updatetime){
121       this.fileLastUpdateTimeTextView.setText("上次修改的时间: "+updatetime);
122   }
123
124   /**
125    * 设置文件的图标
126    * @param icon 图标对象
127    */
128   public void setFileIcon(Drawable icon){
129       this.fileIconImageView.setImageDrawable(icon);
130   }
131
132 }
```

图 14A-32 创建三个公共方法

布局代码类，文件信息类已经创建完毕。那么接下来需要创建最后一个类，该类需要继承于 BaseAdapter 这个抽象类。这个类主要是为 ListView 存储数据，同时为 ListView 中的每一项创建布局。

接下来，定义一个类 FileInfoBaseAdapter，继承 BaseAdapter，如图 14A-33 所示。

具体代码清单请看图 14A-34 和图 14A-35 所示。

接下来的代码片段是关于继承 BaseAdapter 而需要实现的四个方法的具体定义，分别为 getCount()，getIem(int position)，getItemId(int position)和 getView (int position，View convertView，ViewGroup parent) 四个方法，其中最主要的方法是 getView 的方法，ListView 的布局创建需要在该方法中进行。接下来再看其他代码片段，重写父类方法，如图 14A-36 到图 14A-37 所示。

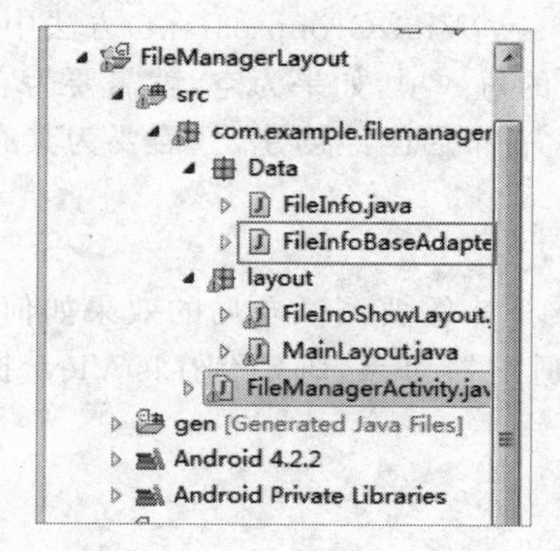

图 14A-33　项目结构

```
11 /**
12  * 数据容器，用于存储在ListView中的各行数据，
13  * 使用自定义的数据容器，则需要继承BaseAdapter
14  */
15 public class FileInfoBaseAdapter extends BaseAdapter {
16
17     //上下文，表示是由那个Active使用的
18     public Context context;
19
20     //创建列表List，用于显示在ListView的各个文件信息
21     //列表中的数据只能是FileInfo，每一个FileInfo代表一个文件的信息
22     List<FileInfo> fileList=new ArrayList<FileInfo>();
23
24     //构造方法
25     public FileInfoBaseAdapter(Context context){
26         this.context=context;
27     }
28
```

图 14A-34　FileInfoBaseAdapter 类代码片段 1

```
28
29     //添加一个文件项
30     public void addFileItem(FileInfo fileitem){
31         fileList.add(fileitem);
32     }
33
34     //判断能否全选
35     public boolean isAllFileItemCanSelect(){
36         return false;//不能全选
37     }
38
39     //判断文件是否选中了
40     public boolean isSelsctable(int posiston){
41         return fileList.get(posiston).isSelectable();
42     }
43
44     //设置文件的列表
45     public void setFileList(List<FileInfo> fileList){
46         this.fileList=fileList;
47     }
48
```

图 14A-35　FileInfoBaseAdapter 类代码片段 2

```
48
49     /**
50      * 获取FileInfo的数量
51      * */
52     @Override
53     public int getCount() {
54         return fileList.size();
55     }
56
57     /**
58      * 根据当前位置获取指定的文件信息（FileInfo对象）
59      * */
60     @Override
61     public Object getItem(int postion) {
62         return fileList.get(postion);
63     }
64
65     /**
66      * 根据当前位置返回当前数据项在List中的行ID
67      * */
68     @Override
69     public long getItemId(int position) {
70         return position;
71     }
```

图 14A-36　FileInfoBaseAdapter 类代码片段 3

```
72
73     /**
74      * 根据当前数据项的位置返回一个显示在适配器控件上的View。但可以重用以前的View的时候，
75      * convertView不为空，此时仅仅需要改变convertView内容再直接返回convertView，否则
76      * 需要重新创建一个View，用于显示。parent为使用了当前适配器的适配器控件
77      * */
78     @Override
79     public View getView(int position, View convertView, ViewGroup parent) {
80         FileInfoShowLayout fileview;
81         if(convertView==null){
82             /*
83              * 如果convertView为空，则按照位置postion获取相应的FileInfo对象
84              * 创建FileInfoShowLayout对象
85             */
86             fileview=new FileInfoShowLayout(context,fileList.get(position));
87         }else{
88             /*
89              * 如果convertView不为空，则将convertView强制转换为FileInfoShowLayout对象
90              * 设置文件的信息
91             */
92             fileview=(FileInfoShowLayout)convertView;
93             fileview.setFileName(fileList.get(position).getFileName());
94             fileview.setFileLastUpdateTime(fileList.get(position).getFileLastUpdateTime());
95             fileview.setFileIcon(fileList.get(position).getFileICon());
96         }
97         return fileview;
98     }
99 }
```

图 14A-37　FileInfoBaseAdapter 类代码片段 4

在代码中 79 行的 getView (int position, View convertView, ViewGroup parent)方法中，需要判断 convertView 是否为空，该参数代表了 ListView 上的每一项，如果为空，就需要为它创建布局，使用自定义的布局。如果 convertView 不为空，代表布局已经创建，只需要为其布局中的各个控件设置值就可以了。

3) 布局测试

关于 ListView 的三个相关类的代码已经编写完毕，则接下来需要测试布局的效果如何，则在 OnCreate 方法中，添加三个测试数据，创建自定义的适配器对象，绑定到 ListView 控件上。

测试代码如下图 14A-38 所示。

```
        //获取ListView
        fileListView =mainLayout.getfileListView();

        //创建适配器对象
        FileInfoBaseAdapter adapter= new FileInfoBaseAdapter(this);
        //创建FileInfo列表对象
        List<FileInfo> fileList = new ArrayList<FileInfo>();

        //添加数据1
        FileInfo file1=new FileInfo("视频文件1","2014年7月27日00:55:56",
                this.getResources().getDrawable(R.drawable.video));
        fileList.add(file1);
        //添加数据1
        FileInfo file2=new FileInfo("音乐文件2","2014年7月27日00:55:44",
                    this.getResources().getDrawable(R.drawable.audio));
        fileList.add(file2);

        //添加数据1
        FileInfo file3=new FileInfo("图片文件3","2014年7月27日00:56:02",
                    this.getResources().getDrawable(R.drawable.image));
        fileList.add(file3);

        adapter.setFileList(fileList);
        //为Listview添加适配器
        fileListView.setAdapter(adapter);
    }
```

图 14A-38　测试代码

最后运行项目进行测试，如图 14A-39 所示。

A.2.3　项目总结

本章节主要讲解的是文件管理器的界面布局，通过 java 代码来布局，而不是通过 XML 文件来进行布局。在使用 java 代码布局的时候，需要逻辑思维比较灵活。跟使用 XML 文件来布局相比，使用 java 代码布局的开发效率可能比使用 XML 效率开发低，但是从运行效率上来看，使用 java 代码进行布局的时候，效率会比较高，因为使用 XML 布局，程序是通过读取 XML 配置文件，然后根据配配置的内容，最后转换为 java 代码布局，如果我们使用 java 代码布局，可以省去一个环节，就是读取 XML 并且转换为相应的 java 代码. 如果思维敏捷的话，可以使用 java 代码布局。本章提供一个抛砖引玉的方法。

本次代码布局已经完成，接下来下一篇将是是关于文件的具体操作。

A.2.4　常见问题

1. 奇偶布局

一般在 ListView 中每一项的布局情况都是一样，现在尝试一下使得 ListView 中的每一项的布局都不尽相同，现在要求 ListView 中，偶数项为一种布局，奇数项为另外一种布局，如图 14A-40 所示。

图 14A-39　完成结果

图 14A-40　奇偶布局

思路：实现该效果只需要再创建另外一个新的布局，而确定 ListView 的布局是在数据适配器的 getView 方法中实现的。在方法中，根据位置判断是偶数项还是奇数项，当为偶数项的时候，创建一个布局，设置控件的值后，返回该布局对象；而为奇数项的时候，需要创建另外一个布局对象，设置控件的值后，返回该布局对象。

2. 显示不同步

在进行 ListView 布局的时候，曾经说过如果使用 LinearLayout 进行布局的时候会出现问题，所以需要使用相对布局（RelativeLayout）。在使用 LinearLayout 布局的时候，需要用到嵌套布局，但是如果使用嵌套布局，最后运行的时候，看到的效果是只显示嵌套布局之外的内容，嵌套布局之内的内容却看不到，但是如果将 ListView 上下拉动的之后，嵌套布局的内容便显示得出来。

在使用 LinearLayout 进行代码布局的时候，布局中是一个 ImageView 和一个嵌套布局，嵌套布局中是两个 TextView 垂直排列。

具体效果可以看图 14A-41 和图 14A-42 所示。

图 14A-41　项目运行后

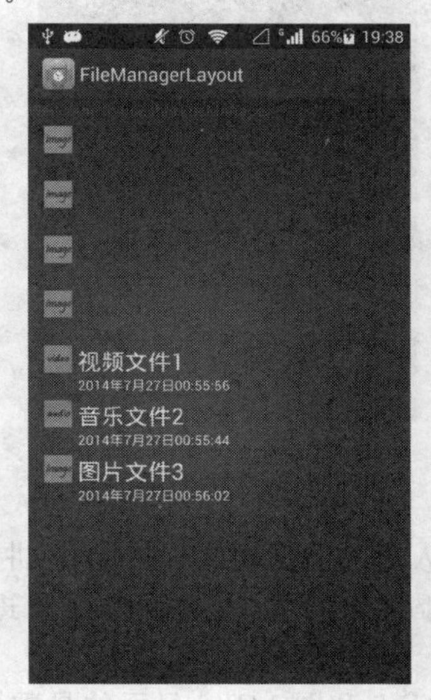

图 14A-42　拖动 ListView

B　逻辑功能实现

Java IO；

Stream；

Root 权限。

本章难点

本程序是一个关于文件的相关操作，需要采用 Java 本身提供的 IO 相关的功能来实现文件的简单管理，在对文件的进行操作的时候需要考虑到文件是否可以删除，是否可以重新命名等安全问题，已经删除是否成功的处理。

在本篇章中，将利用 Java 中的 File 等类来完成对文件的基本操作，主要回顾和熟悉一下 File 类的一些使用，对文件的上传、重命名、删除、创建等操作。

B.1　项目简介

第一次实训已经完成了 UI 设计的部分，接下来本章主要就是关于 IO 相关的操作。先回顾一下文件管理器的功能操作，首先是载入界面，如图 14B-1 所示。本次需要完成的重命名、删除、新建、复制、粘贴五种的文件操作，如图 14B-2 所示。

图 14B-1　运行初始界面

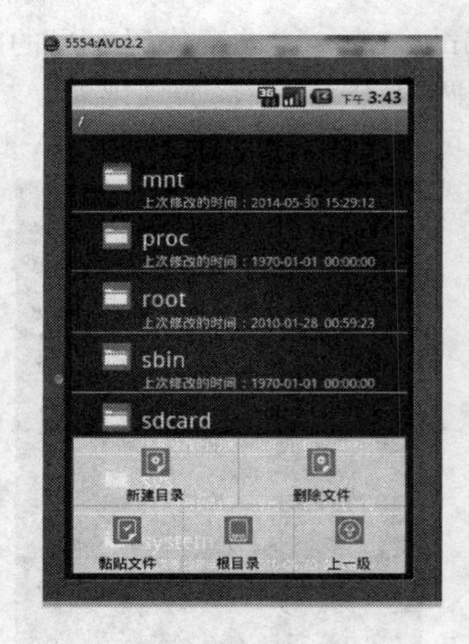

图 14B-2　菜单

在之前“人机交互事件”中详细讲解的警告对话框 AlertDialog 和上下文菜单 ContentMenu 提供输入文件夹的名称和进行操作选择的两个功能，如图 14B-3、图 14B-4 所示。

最后，图 14B-5 和图 14B-6 显示的是重命名和粘贴操作时候弹出的对话框。

图 14B-3　新建文件夹

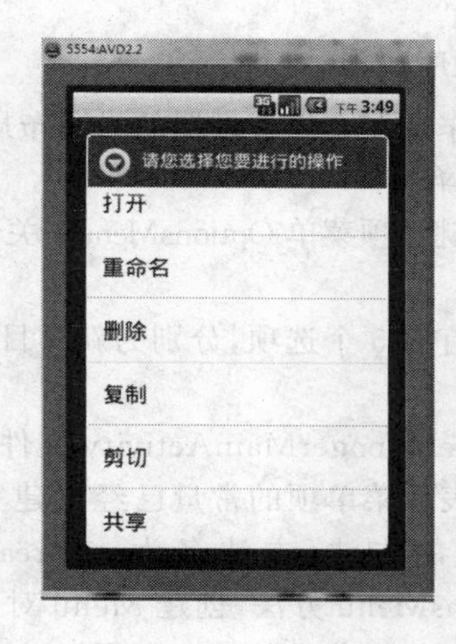

图 14B-4　上下文菜单

图 14B-5　重命名

图 14B-6　粘贴

B.2　程序设计与实现

B.2.1　需求分析

动手之前，先分析一下程序的逻辑操作：

(1) 需要提供对文件的基本操作，包括新建文件夹，删除文件、复制、粘贴、剪切、重命名、共享的操作。

(2) 单击菜单显示的时候，需要显示 5 个菜单，分别为新建目录、删除目录、粘贴文件、返回根目录、返回上一级文件夹。

(3) 单击文件夹的时候，进入对应的子目录，单击文件的时候，显示出上下文菜单，显示对文件可以进行的操作，如打开、重命名、删除、粘贴、剪切、共享。

(4) 但进行重命名，新建目录等操作的时候需要弹出对话框，在进行删除，需要进行对话框进行确认，当粘贴的时候，遇到名称相同的时候，提示是否要覆盖。

(5) 在 ListView 中，在前面加入一个项，代表刷新。如果在子目录，需要添加一个是返回上一级目录的操作。

因为本次涉及的类比较多，所以图 14B-7 罗列出程序逻辑结构图。

B.2.2 程序实现

下面的操作是在文件管理器的界面布局基础之上,完成文件操作功能和事件处理的功能。

1. 创建菜单项

首先,先创建选项菜单 OptionsMenu。关于 OptionsMenu 的细节介绍,请参考之前的章节《人机交互事件》。

菜单中拥有有 5 个选项,分别为新建目录,删除目录,粘贴文件,返回根目录,返回上一级文件夹。

那么在 FileManagerMainActivity 文件中,定义五个常量,代表这个 5 个菜单选项。

图 14B-8 表示菜单项的常量已经创建完毕,然后需要为菜单创建 5 个菜单项,即 items。需要重写父类的方法,方法名为 onCreateOptionsMenu,在方法使用 super 调用父类的 onCreateOptionsMenu 方法,创建 Menu 对象,随后只需要调用该 Menu 对象,然后去添加 5 个菜单选项即可指定菜单的标识和图标。

重写父类的 onCreateOptionsMenu 方法,具体代码清单如下图 14B-9 所示。

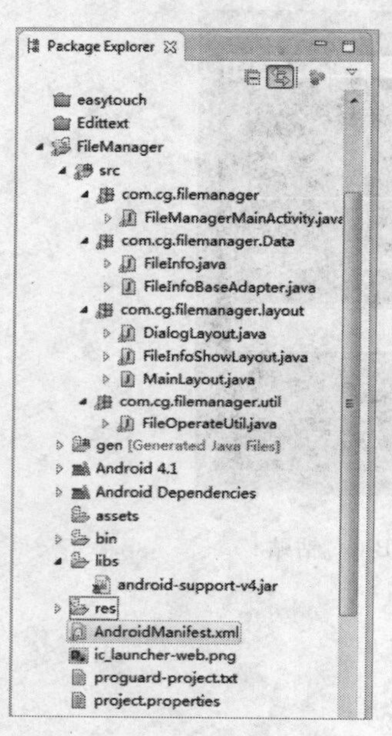

图 14B-7 逻辑结构

```
 9  import java.util.ArrayList;[]
13
14  public class FileManagerMainActivity extends Activity {
15
16      //表示当前用于显示文件列表的ListView对象
17      private ListView fileListView = null;
18
19      //菜单按钮标识
20      private final int MENU_NEW=0;     //代表新建目录
21      private final int MENU_DELETE=1;  //代表删除目录
22      private final int MENU_PASTE=2;   //代表粘贴文件
23      private final int MENU_ROOT=3;    //代表返回根目录
24      private final int MENU_UPLEVEL=4;//代表刷新当前列表
25
```

图 14B-8 创建五个变量,作为菜单的标识

```
72  /**
73   * 重写父类onCreateOptionsMenu方法
74   * 创建菜单
75   * */
76  @Override
77  public boolean onCreateOptionsMenu(Menu menu)
78  {
79      //调用父类的方法, 创建菜单
80      super.onCreateOptionsMenu(menu);
81      //向菜单中, 添加五个菜单项, 指点菜单对应的图片, 设置菜单项的标识
82      menu.add(0, MENU_NEW, 0, "新建目录").setIcon(R.drawable.addfolderr);
83      menu.add(0, MENU_DELETE, 0, "删除目录").setIcon(R.drawable.delete);
84      menu.add(0, MENU_PASTE, 0, "粘贴文件").setIcon(R.drawable.paste);
85      menu.add(0, MENU_ROOT, 0, "根目录").setIcon(R.drawable.goroot);
86      menu.add(0, MENU_UPLEVEL, 0, "上一级").setIcon(R.drawable.uponelevel);
87      return true;
88  }
89
```

图 14B-9 创建 5 个菜单选项

运行项目测试,运行结果如图 14B-10 所示。

2. 显示文件列表

菜单项已经创建完毕,剩下的就是菜单的事件处理。但先将菜单的事件处理暂时先发下。接下来必须先完成的是:让 ListView 显示手机中文件信息列表。

首先需要创建代表根目录 File 文件夹,通过它获取其相关的子目录文件信息。

【小技巧】动手之前最好能够分析程序的执行过程,建议动手画一下程序的流程图。

思路:由于后面的单击文件夹操作,也需要获取其子目录信息,

图 14B-10 菜单显示

因此定义一个方法用来将子目录文件信息填充到 ListView 中。在该方法中，遍历每一个子目录或者子文件的信息，创建对应的 FileInfo 对象。

由于需要显示不同的图片信息，因此还需要创建一个方法，用于判断文件是否是指定的格式，如果是设置相应的图片，如果不是设置一个默认的图片。

根据以上描述，需要定义四个方法，一个为 browseTheRootAllFile ()方法，用于访问根目录下的文件信息，访问根目录，其实也是打开根目录文件夹，因此可以定义另外一个方法，openOrBrowseTheFile(File file)用于打开文件或者是文件夹，如果打开的是文件夹，获取其子文件，将其子文件信息填充到 ListView 中显示出来。

将文件列表信息填充到 ListView 中显示，则需要再定义一个方法，fillListView(File[] files)方法，由于在 fill 方法中可能多出需要判断文件的类型，获取相应的图片，为了避免 fill 方法臃肿以及使得代码重用，因此定义一个方法，checkFileType(String fileName, String[] extendNames)，通过文件名判断是什么类型的文件，fileEndings 是某一类型的文件扩展名集合。

总结而来四个方法，其调用层次为

(1) browseTheRootAllFile()调用 openOrBrowseTheFile 方法；

(2) 而 openOrBrowseTheFile()中又调用到了 fill 方法；

(3) 在 fill 方法中又需要调用到 checkFileType()；

(4) 那么先应该进行编写的方法为 checkFileType()。

1) checkFileType 方法编写

checkFileType 方法带有两个参数：fileName 和 extendNames。其中：

(1) fileName 代表的是文件名称(包括扩展名称)

(2) extendNames 代表一个扩展名称的集合数组，功能为判断指定文件的扩展名是否在指定的 extendNames 数组中存在。

为何要用数组呢？例如音乐文件的扩展名有很多种：.mp3，.ape，.wma 等，这些都是代表音乐文件，所以需要数组存储。

具体代码如图 14B-11 所示。

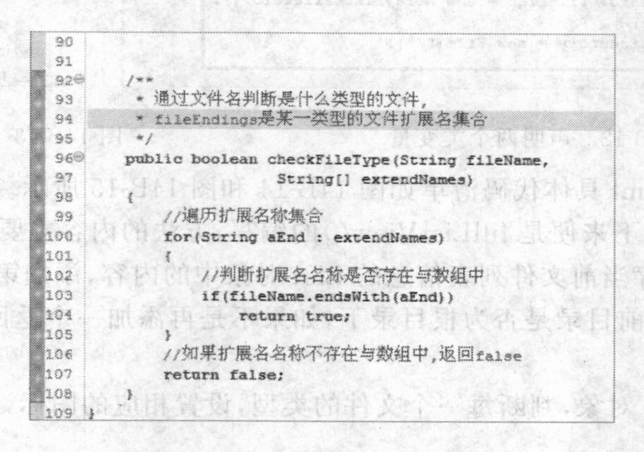

图 14B-11　checkFileType 方法代码

2) fillListView 方法编写

checkFileType 方法编写完毕之后，接下来的方法 fillListView 方法，填充文件列表信息到 ListView 使其显示。

【小技巧】在设计前，一定要经历考虑需要注意的一些问题：

在填充的时候，除了将文件信息填充进入到ListView之外，还需要添加多两个项功能：一个是刷新，一个是返回上一级文件，如果当前显示的是根目录下的文件夹信息的时候，就只有刷新的功能，而没有返回上一级的文件的项，因此需要记录当前所处的目录。解决的方法：只需要定义一个类变量即可保存。

ListView的数据主要存储在数据适配器中，这个适配器便是上一篇章中写的FileInfoBaseAdapter类，在适配器中保存数据的是一个List列表。因此可以在Activity中声明一个List变量，用于保存列表的信息，避免每次更换ListView显示的时候都需要去创建一个List对象。在每次调用fill方法时候，都需要创建一个数据适配器对象，因为假如只是更换适配器中List列表对象中的数据，ListView的界面是不会做出改变的，需要重新创建一个适配器对象，并绑定到ListView中。

因此先声明两个变量，具体如图14B-12所示。

在fillListView中需要用到checkFileType方法，其中第二个参数的值是扩展名称集合，那么这些数据在哪里定义呢？

在fillListView方法中？

在Activity类中？

都不正确，因为在代码中定义对于以后的维护不大方便，最好的方法是定义在xml中。定义file_extensions.xml，如图14B-13所示。

file_extensions.xml创建在values文件夹中，在程序代码中可以通过R类去进行访问。将后缀名集合写在xml文件中，以后进行修改的时候，只需要修改xml文件夹，而不需要去修改Java代码，修改xml文件会比修改Java代码简单。

```
16 public class FileManagerMainActivity extends Activity {
17
18     //表示当前用于显示文件列表的ListView对象
19     private ListView fileListView = null;
20
21     //文件列表，存放当前目录下的全部文件
22     private List<FileInfo> fileList = new ArrayList<FileInfo>();
23     //当前目录，默认根目录
24     private File  nowDirectory = new File("/");
25
26
```

图14B-12　声明两个类变量

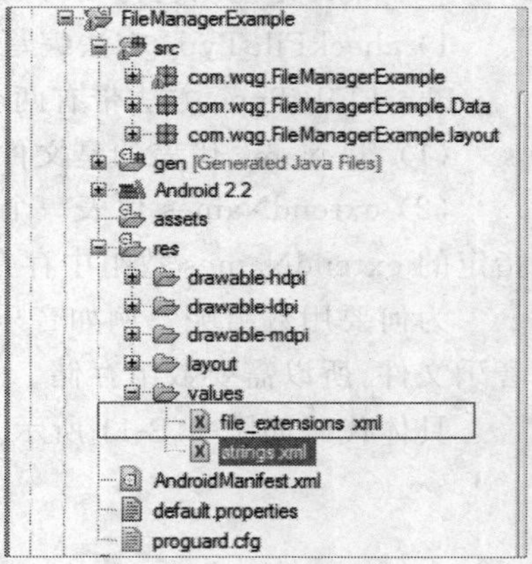

```
FileManagerExample
  src
    com.wqg.FileManagerExample
    com.wqg.FileManagerExample.Data
    com.wqg.FileManagerExample.layout
  gen [Generated Java Files]
  Android 2.2
  assets
  res
    drawable-hdpi
    drawable-ldpi
    drawable-mdpi
    layout
    values
      file_extensions.xml
      strings.xml
  AndroidManifest.xml
  default.properties
  proguard.cfg
```

图14B-13　创建file_extension..xml

file_extensions.xml具体代码清单如图14B-14和图14B-15所示。

准备工作做完，接下来便是fillListView()的编写，方法的内容主要是：

(1) 首先清空保存当前文件列表信息的List对象中的内容，添加第一个选项，为刷新。

(2) 然后，判断当前目录是否为根目录下，如果不是再添加一个返回上一级的选项。接下来遍历文件数组。

(3) 创建FileInfo对象，判断每一个文件的类型，设置相应的图标，添加到保存FileInfo对象的List列表对象中。

(4) 遍历完毕之后，创建适配器对象，设置数据（保存FileInfo对象的List列表对象），然后绑定到ListView控件上。

代码中需要用到的字符串信息（如刷新，返回上一级文件），定义在string.xml中，详细代码如图14B-16所示。

```
1 <?xml version="1.0" encoding="utf-8"?>
2 <resources>
3 <!--图片的扩展名   -->
4 <array name="fileEndingImage">
5         <item>.png</item>
6         <item>.gif</item>
7         <item>.jpg</item>
8         <item>.jpeg</item>
9         <item>.bmp</item>
10    </array>
11 <!--音乐的扩展名   -->
12 <array name="fileEndingAudio">
13         <item>.mp3</item>
14         <item>.wav</item>
15         <item>.ogg</item>
16         <item>.midi</item>
17         <item>.wma</item>
18     </array>
19 <!-- 压缩包的扩展名   -->
20 <array name="fileEndingPackage">
21         <item>.jar</item>
22         <item>.zip</item>
23         <item>.rar</item>
24         <item>.gz</item>
25     </array>
```

图 14B-14　file_extensions. xml 代码片段 1

```
26 <!-- 网页文件的扩展名     -->
27 <array name="fileEndingWebText">
28         <item>.htm</item>
29         <item>.html</item>
30         <item>.php</item>
31     </array>
32 <!-- 视频文件的扩展名     -->
33 <array name="fileEndingVideo">
34         <item>.mp4</item>
35         <item>.rmvb</item>
36         <item>.rm</item>
37         <item>.mpg</item>
38         <item>.avi</item>
39         <item>.mpeg</item>
40     </array>
41 </resources>
42
```

图 14B-15　file_extensions. xml 代码片段 2

```
1 <?xml version="1.0" encoding="utf-8"?>
2 <resources>
3     <string name="app_name">《简单文件管理器》</string>
4     <string name="filestr"> 欢迎使用文件管理器</string>
5     <string name="up_one_level">..(返回上一级目录)</string>
6     <string name="refurbish">.(刷新)</string>
7 </resources>
8
```

图 14B-16　string. xml 代码

fillListView 方法的代码比较长,具体代码清单如图 14B-17～图 14B-21 所示。

```
103     /**
104      * 将指定的子文件全部放入列表ListView中
105      * @param files 子文件数组
106      */
107     private void fillListView(File[] files){
108         //清空列表信息
109         this.fileList.clear();
110
111         // 添加刷新选项                                         刷新
112         fileList.add(new FileInfo(this.getString(R.string.refurbish), "",
113                 this.getResources().getDrawable(R.drawable.folder)));
114
115         //判断是否存在父级目录, 如果不存在说明当前目录为根目录
116         if(this.nowDirectory.getParent() != null){
117             // 添加返回上一级的选项                           返回上一级目录
118             fileList.add(new FileInfo(this.getString(R.string.up_one_level), "",
119                     this.getResources().getDrawable(R.drawable.uponelevel)));
120         }
121
```

图 14B-17　fillListView 方法代码片段 1

```
123         //当前图标,显示在ListView
124         Drawable currentIcon = null;
125         //创建SimpleDateFormat对象,用于格式化时间
126         SimpleDateFormat dateformat= new SimpleDateFormat("yyyy-MM-dd HH:mm:ss");
127         //遍历文件数组
128         for(File file : files){
129
130             //取得文件名
131             String fileName = file.getName();
132
133             //判断是一个文件夹还是一个文件
134             if (file.isDirectory())
135             {
136                 //如果是一个文件夹, 则设置图片为文件夹图片
137                 currentIcon = getResources().getDrawable(R.drawable.folder);
138             }
```

图 14B-18　fillListView 方法代码片段 2

```
163             //判断文件是否为音乐文件
164             else if (checkFileType(fileName, getResources().getStringArray(R.array.fileEndingAudio)))
165             {
166                 //设置音乐的图标
167                 currentIcon = getResources().getDrawable(R.drawable.audio);
168             }
169             //判断文件是否为视频文件
170             else if (checkFileType(fileName, getResources().getStringArray(R.array.fileEndingVideo)))
171             {
172                 //设置视频的图标
173                 currentIcon = getResources().getDrawable(R.drawable.video);
174             }
175             //如果为其他文件
176             else
177             {
178                 //默认图标
179                 currentIcon = getResources().getDrawable(R.drawable.text);
180             }
181 
182         }
183 
184         //获取上次修改时间
185         Date date = new Date(file.lastModified());
186         //格式化数据显示
187         String updateTime =dateformat.format(date);
188         //添加FileInfo对象
189         this.fileList.add(new FileInfo(fileName,updateTime, currentIcon));
190     }  <———— for循环结束
```

图 14B-19　fillListView 方法代码片段 3

```
139         //如果是文件
140         else
141         {
142             /*
143              * 根据文件名来判断文件类型，设置不同的图标
144              */
145             //判断文件是否为图片文件
146             if (checkFileType(fileName, getResources().getStringArray(R.array.fileEndingImage)))
147             {
148                 //设置图片的图标
149                 currentIcon = getResources().getDrawable(R.drawable.image);
150             }
151             //判断文件是否为网页文件
152             else if (checkFileType(fileName, getResources().getStringArray(R.array.fileEndingWebText)))
153             {
154                 //设置网页的图标
155                 currentIcon = getResources().getDrawable(R.drawable.webtext);
156             }
157             //判断文件是否为压缩包文件
158             else if (checkFileType(fileName, getResources().getStringArray(R.array.fileEndingPackage)))
159             {
160                 //设置压缩包的图标
161                 currentIcon = getResources().getDrawable(R.drawable.packed);
162             }
```

图 14B-20　fillListView 方法代码片段 4

```
190         }
191 
192         //排序,按文件的字母排序
193         Collections.sort(this.fileList);
194         FileInfoBaseAdapter adapter = new FileInfoBaseAdapter(this);
195         //将列表fileList设置到ListAdapter中，当做ListView的数据源
196         adapter.setFileList(this.fileList);
197         //为ListView添加适配器
198         fileListView.setAdapter(adapter);
199     }  <———— 方法结束
```

图 14B-21　fillListView 方法代码片段 5

到这里丰富的 fillListView()的功能代码就完成了，那么接下来需要编写的就openOrBrowseTheFile()了。

3）openOrBrowseTheFile 方法编写

openOrBrowseTheFile()，用于打开一个文件或者浏览一个文件夹，那么就需要判断 File

对象是文件夹还是文件，如果是文件夹，获取其子目录信息，调用 fillListView 方法，如果是文件的话，就调用另外一个方法，在这里这个方法暂时先不管它，先置空。（这里需要说明一下，由于有些文件的打开权限是要更高的 root 权限，所以在这里打开的时候，需要对文件、文件夹进行判断，已知如果没有获取 root 权限的话，所获取的 file. listFiles()是空的，所以我们可以利用这一点进行判断）。

具体的代码如图 14B-22 所示。

```
public void openOrBrowseTheFile(File file)
{
    //判断是否可以获取file对象
    if (file.listFiles()!=null)
    {
        //判断是否为文件夹
    if(file.isDirectory())
    {   //检测文件是否能被打开
        try
        {
            if (!file.exists())
            {
                return;
            }
        } catch (Exception e)
        {
            return ;
        }
        //将当前目录更新成指定要浏览的文件夹
        this.nowDirectoryFile=file;
            //将标题的设置为当前的
            this.setTitle(file.getAbsolutePath());
            fileListView(file.listFiles());
    }
    }else{}  这里次代码先空着
}
```

图 14B-22　openOrBrowseTheFile 方法代码

4）browseTheRootAllFile 方法编写

最后的一个方法，browseTheRootAllFile()。这个方法的实现很简单，只需要调用 openOrBrowseTheFile 便可以了。

具体的代码清单看看如图 14B-23 所示。

```
100
101     /*
102      * 浏览根目录所有文件
103      */
104     public void browseTheRootAllFile(){
105         //传入File对象，/代表根
106         openOrBrowseTheFile(new File("/"));
107     }
108
```

图 14B-23　browseTheRootAllFile 方法代码

5）修改 OnCreate 方法

四个方法已经定义完毕，接下来修改 OnCreate 方法，使程序运行的时候，读取根目录下的文件，显示在 ListView 中。

先将之前添加的测试数据给删除掉，现在只需要调用 browseTheRootAllFile()就可以了。具体的代码清单如图 14B-24 所示。

```
39      /**
40       * 当此Activity第一次被创建的时候所调用的方法
41       * */
42      @Override
43      public void onCreate(Bundle savedInstanceState) {
44          super.onCreate(savedInstanceState);
45          //setContentView(R.layout.main);使用XML布局的代码
46
47          //创建布局对象
48          MainLayout mainLayout = new MainLayout(this);
49          //通过设置对象的属性，添加布局参数
50          mainLayout.setLayoutParams(new LinearLayout.LayoutParams(
51                  LayoutParams.FILL_PARENT, LayoutParams.FILL_PARENT));
52          //调用setContentView重载方法设置布局
53          setContentView(mainLayout);
54          //获取ListView
55          fileListView = mainLayout.getFileListView();
56
57          //初始化先浏览根目录
58          browseTheRootAllFile();      ← 去掉其他测试数据的代码，换成调用
59                                         browseTheRootAllFile 方法
60
61      }
62
```

图 14B-24　browseTheRootAllFile 方法代码

测试运行结果如图 14B-25 所示。

6）Debug

【小技巧】下面笔者针对程序中出现的一个错误，讲解调试过程。有时候调试程序用的时间远比设计程序的时间更多，不过为了程序的健壮性调试是非常有必要的。

① 存在的问题：

通过运行结果，可以看到读取文件列表信息已经成功，但是出现了一个问题，如图 14B-26 所示。

图 14B-25　运行结果

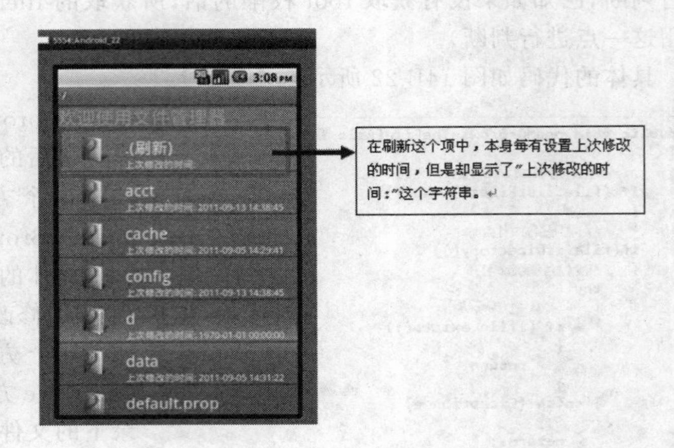

图 14B-26　存在的问题

以上的问题是，在没有设置上传修改时间的时候，不是整句不显示，而是显示了"上次修改的时间"这个字符串，按照正常逻辑上来说，对于刷新这个选项，当然还有一个是返回上级目录这个选项，不过暂时没有显示，对于这两项来说，上次修改时间是不需要的。那么这个"上次修改的时间"这个字符串是在那里来的？

在 fillListView() 并没有存在，而能够设置 FileInfo 对象中成员的值，有可能的为 FileInfoBaseAdapter 类中方法，还有 FileInfo 本身提供设置值的方法，还有就是 FileInfoShowLayout 这个类中的方法。

在 FileInfoBaseAdapter 类中，可以通过查找"上次修改的时间"这个字符串，来确定哪个位置进行设置，但是在该类中却找不到，在 FileInfo 类中也是查找不到。最后，查找 FileInfoShowLayout 该类的代码，发现了两处地方出现这个字符串，分别如下：

FileInfoShowLayout 构造方法中，如图 14B-27 所示。

```
 96        //设置显示的文本
 97        fileLastUpdateTimeTextView.setText("上次修改的时间: "+fileInfo.getFileLastUpdateTime());
 98        //设置字体的大小为13
 99        fileLastUpdateTimeTextView.setTextSize(13);
100        //设置字体的颜色
101        fileLastUpdateTimeTextView.setTextColor(ColorStateList.valueOf(0xFFFFFFFF));
102        //设置布局参数
103        fileLastUpdateTimeTextView.setLayoutParams(layoutParamsThree);
104        this.addView(fileLastUpdateTimeTextView);
105
```

图 14B-27　FileInfoShowLayout 构造方法方法中的代码判断

还有一处便在 setFileLastUpdateTime 方法中，如图 14B-28 所示。

```
116    /**
117     * 设置文件的上次修改时间
118     * @param updatetime  文件的上次修改时间的字符串值
119     */
120    public void setFileLastUpdateTime(String updatetime){
121        this.fileLastUpdateTimeTextView.setText("上次修改的时间: "+updatetime);
122    }
123
```

图 14B-28　setFileLastUpdateTime 方法代码

② 修正代码：

找到问题的根源，错误就好处理了。在 FileInfoShowLayout 不应该出现这种字符串，因为对于这个 FileInfoShowLayout 类，可以作为以后一些其他程序重用，但是不一定是文件管理，而是一个需要类似与这样显示的一个程序，因此现在需要修正这些代码。

修正构造方法，将"上次修改的时间"这个字符串去掉，如图 14B-29 所示。

```
93   //添加两个规则，设置TextView在上一个TextView的下面，同时两个TextView的左边界对齐
94   layoutParamsThree.addRule(RelativeLayout.BELOW,fileNameTextView.getId());
95   layoutParamsThree.addRule(RelativeLayout.ALIGN_LEFT,fileNameTextView.getId());
96   //设置显示的文本
97   fileLastUpdateTimeTextView.setText(fileInfo.getFileLastUpdateTime());
98   //设置字体的大小为13
99   fileLastUpdateTimeTextView.setTextSize(13);
100  //设置字体的颜色
101  fileLastUpdateTimeTextView.setTextColor(ColorStateList.valueOf(0xFFFFFFFF));
102  //设置布局参数
103  fileLastUpdateTimeTextView.setLayoutParams(layoutParamsThree);
104  this.addView(fileLastUpdateTimeTextView);
```

图 14B-29　修正 FileInfoShowLayout 构造方法代码

修正 setFileLastUpdateTime 方法，将"上次修改的时间"这个字符串去掉，如图 14B-30 所示。

```
115
116    /**
117     * 设置文件的上次修改时间
118     * @param updatetime  文件的上次修改时间的字符串值
119     */
120    public void setFileLastUpdateTime(String updatetime){
121        this.fileLastUpdateTimeTextView.setText(updatetime);
122    }
123
```

图 14B-30　修正 setFileLastUpdateTime 方法代码

两处已经修正完毕后，还有一个地方也得改，既然要让其显示这个字符串，那么只能在 Activity 中的方法写了，不过这个字符串的信息我们还可以保存到 string. xml 中，因为加入以后想将其变成英文版，或者是日文版等版本的时候，不需要再改动程序代码，而只需要修改 XML 文件便可以。

具体的 string. xml 代码如图 14B-31 所示。

```
1  <?xml version="1.0" encoding="utf-8"?>
2  <resources>
3      <string name="app_name">《简单文件管理器》</string>
4      <string name="filestr"> 欢迎使用文件管理器</string>
5      <string name="up_one_level">..(返回上一级目录)</string>
6      <string name="refurbish">.(刷新)</string>
7      <string name="lastUpdateTime">上次修改的时间:</string>
8  </resources>
9
```

图 14B-31　string. xml 代码

对 fillListView()中对上次修改时间进行设值的地方进行修改。具体如图 14B-32 所示。

```
183
184          //获取上次修改时间
185          Date date = new Date(file.lastModified());
186          //格式化数据显示
187          String updateTime =dateformat.format(date);  需要修改的地方
188          //添加FileInfo对象
189          this.fileList.add(new FileInfo(fileName,updateTime, currentIcon));
190     }          for循环结束
```

图 14B-32　fillListView 的方法未修改前

修改后的代码如图 14B-33 所示。

```
184        //获取上次修改时间
185        Date date = new Date(file.lastModified());
186        //格式化数据显示
187        String updateTime ="上次修改的时间:"+dateformat.format(date);
188        //添加FileInfo对象
189        this.fileList.add(new FileInfo(fileName,updateTime, currentIcon));
190    }  ← for循环结束
```

图 14B-33 fillListView 的方法修改之后

再次运行测试一下，如图 14B-34 所示。

由图中可以看得出来，刷新这项中，bug 已经不再显示了。

3. 列表事件

文件列表的显示已经完成了，接下来需要为 ListView 添加相应的事件处理，当按到 ListView 每一项的时候，都应该触发事件处理，比如按到文件夹的时候，浏览文件夹里面的内容，而按到文件的时候，就弹出一个菜单供选择。

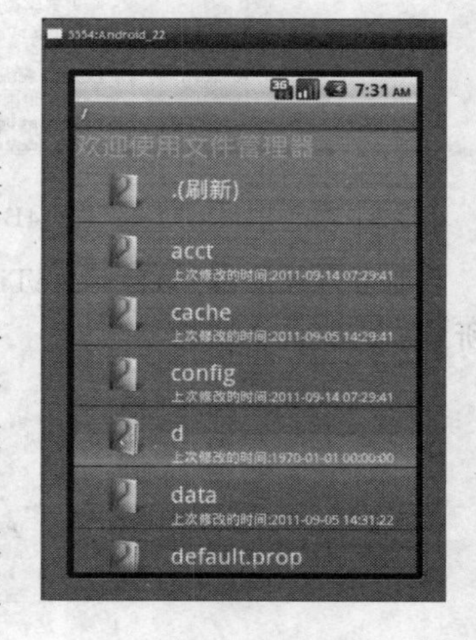

图 14B-34 运行结果

【小技巧】提供菜单进行选择，可以给 ListView 设置一个单击事件处理，但是单击事件处理不大好，因为有时候可能不小心随意点错，因此比较好的做法是设置长按事件，当长按住 ListView 的任意一项的时候，再触发相应的事件处理。

先来分析一下事件处理过程，在 ListView 显示中，除了文件的信息，还有两个显示的非文件信息，一个是刷新，一个是返回上一级，因此在事件处理方法中，需要判断当前选中的项是否是刷新，或者是返回上一级，或者是文件，或者是文件夹。

当选择的项代表的是刷新的时候，需要做的是调用 openOrBrowseTheFile (nowDirectory)方法便可以，nowDirectory 方法代表当前的目录。如果当选择的项代表返回上一级的时候，需要获取当前目录的父目录，然后再调用 openOrBrowseTheFile 方法便可以，但是考虑到在菜单中也有一个返回上一级的功能。因此，在这里应该将该功能定义为一个方法，可以称为 upOneLevel。如果当选中的是文件或者是文件夹的时候，此时同样需要调用 openOrBrowseTheFile 方法，这个方法上面我们已经编写过了，当遇到的是文件夹的时候，获取子目录信息，填充到 ListView 中，但是当遇到的是文件的时候，我们还没有写相应的代码，if-else 中 else 判断还置空呢，那么当长按文件的时候，根据需求是需要弹出一个菜单，这个菜单中有五个选项，分别为“打开”,“重命名”,“删除”,“复制”,“剪切”。

接下来先把 ListView 的事件处理做好，把刷新，返回上一级，单击文件夹浏览子目录的功能做好，至于长按到文件的时候，暂时只弹出一个菜单选项，先搭建好一个“框架”。

1) upOneLevel 方法

在事件处理代码中，需要使用到返回上一级的方法，因此先定义 upOneLevel 方法，具体的代码清单如图 14B-35 所示。

```
89      /**
90       * 返回上一级目录
91       * */
92      public void upOneLevel(){
93          //如果父目录不为空
94          if(this.nowDirectory.getParent() != null)
95              //浏览父目录
96              this.openOrBrowseTheFile(this.nowDirectory.getParentFile());
97      }
```

图 14B-35 upOneLevel 方法代码

2）openFileOperateMenu 方法

该方法是用于当选中的是一个文件的时候，弹出一个菜单，显示可以使用的功能列表。该方法的具体功能如图 14B-36 所示。

3）修改 openOrBrowseTheFile 方法

接下来是修改 openOrBrowseTheFile 方法。在之前编写该方法的时候，曾经有一处代码是没有编写的。当时在进行对 File 对象进行判断的时候，当判断到为文件夹的时候做了相应的处理，但是如果 File 代表的是一个文件，相应的代码处理还没有编写，接下来需要添加一段代码，就是在 else 判断语言下，添加调用 openFileOperateMenu 的方法代码，具体修改如图 14B-37 所示。

```
234     /**
235      * 显示处理文件的菜单，包括打开，重命名等
236      */
237     private void openFileOperateMenu(File file)
238     {
239         String[] menu={"打开","重命名","删除","复制","剪切"};
240         new AlertDialog.Builder(FileManagerMainActivity.this)
241             .setTitle("请您选择你要进行的操作")
242             .setItems(menu, null)      ← 暂时不做事件处理
243             .show();
244     }
245 }
```

图 14B-36 openFileOperateMenu 方法代码

```
//打开文件，或者浏览文件
public void openOrBrowseTheFile(File file)
{
    //判断是否可以获取file对象
    if (file.listFiles()!=null)
    {
        //判断是否为文件夹
    if(file.isDirectory())
    { //检测文件是否能被打开
        try
        {
            if (!file.exists())
            {
                return;
            }
        } catch (Exception e)
        {
            return ;
        }
        //将当前目录更新成指定要浏览的文件夹
        this.nowDirectoryFile=file;
            //将标题的设置为当前的
            this.setTitle(file.getAbsolutePath());
            fileListView(file.listFiles());
    }
    }else
        //打开显示可以执行的操作的菜单
        openFileOperateMent(file);
}
```

图 14B-37 修改 openOrBrowseTheFile 方法代码

4）添加 ListView 事件处理

最后添加的代码是 ListView 的事件处理，该事件处理程序在 onCreate 方法中编写，在该方法为中为 ListView 方法注册监听事件处理。ListView 需要触发的是单击事件，那么需要定义一个实现了 OnItemClickListener 接口的类，因此可以定义一个内部类，实现该接口，但是由于事件处理代码并不长，大多数代码已经封装为多个方法了，而且只需要该类的一个实例，则在这里便直接使用匿名内部类，这也是在事件处理方面经常用到的一种方式。

具体新添加的代码清单如图 14B-38 和图 14B-39 所示。

```
/*注册按事件*/
private OnItemClickListener listener =new OnItemClickListener()
{

    public  void onItemClick(AdapterView<?> parent, View view, int position, long id)
    {
        //取得一项文件名称
        // TODO Auto-generated method stub
        String selectedFileString=fileList.get(position).getFlieName();
        //如果选中的是刷新选项
        if (selectedFileString.equals(getString(R.string.refurbish)))
        {
            openOrBrowseTheFile(nowDirectoryFile);//重新获得该目录下的文件列表

        }else if (selectedFileString.equals(getString(R.string.up_one_level))) {

            upOneLevel();//如果选中的是返回上一级的选项，则返回上一层目录

        }else {
            //如果是文件/文件夹的信息
            File clickedFile=null;

            String currentDirectory=nowDirectoryFile.getAbsolutePath();

            if (!currentDirectory.equals("/"))
```

图 14B-38 在 onCreate 方法中添加 ListView 的长按事件，代码片段 1

```
            if (!currentDirectory.equals("/"))
            {
                //如果是非根目录的话，文件夹表示为/xxx
                //后面添加文件名之前需要加上/，最后表示为/xxx/yy.zzz
                //如果是根目录则不需要
                currentDirectory+="/";

            }
            //根据当前目录绝对路径和文件名创建相应的File对象
            clickedFile=new File(currentDirectory
                    +fileList.get(position).getFlieName());
            if (clickedFile!=null)
            {
                //打开点击的文件或者文件夹
                openOrBrowseTheFile(clickedFile);
            }
        }

    }
};
```

图 14B-39　在 onCreate 方法中添加 ListView 的长按事件，代码片段 2

5）运行测试

代码基本完成，接下来便是再一次进行运行测试一下。

具体的运行结果如图 14B-40～图 14B-43 所示。

图 14B-40　根目录下

图 14B-41　/sdcard 目录下

4. 对文件的操作

ListView 列表的相关事件已经基本完成，剩下的就是其他菜单选项的事件处理。而这些事件处理都是与文件操作相关，我们先完成对文件的操作，而对文件的操作有一些操作不仅局限于当前的程序，因此我们可以将一些通用而且比较复杂的操作定义在一个类中，类中提供静态方法以供调用，该类也可以作为以后其他程序所用。

定义一个类，类名为 FileOperateUtil，如图 14B-44 所示。

图 14B-42 /sdcard/DCIM/Camera 目录下

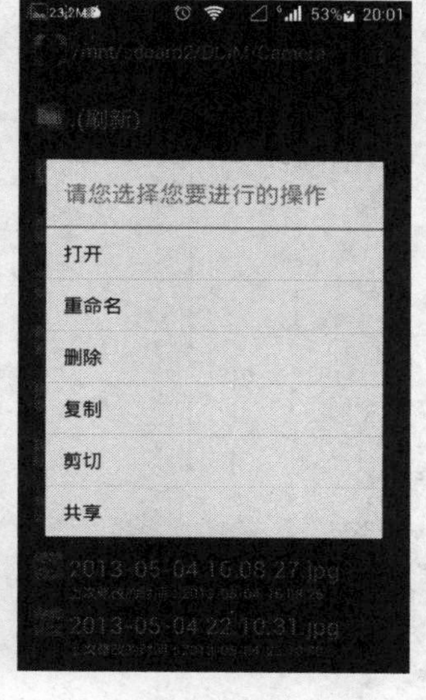

图 14B-43 单击一个文件

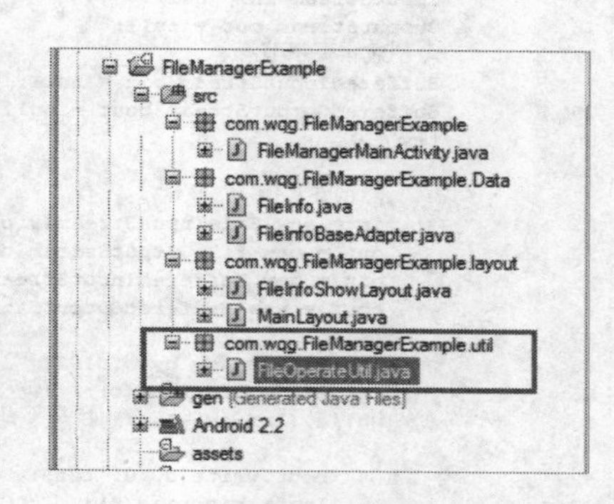

图 14B-44 项目结构图 FileOperateUtil

FileOperateUtil 类已经定义好了，接下来需要定义一些对文件的操作。根据项目需求而言，需要对文件的操作有如：删除、复制、粘贴、剪切、重命名、打开、新建目录。

【小技巧】主要的操作可以这么思考：删除、粘贴、剪切分别可以作为一个通用的方法，而复制功能本身只是记录一下需要复制的文件，而暂时不对文件进行操作；打开需要原来的 Android 系统本身提供的 api；新建目录只需要通过 File 的一个方法就可以实现。

接下来就来编写这个类的方法，具体的代码清单如图 14B-45～图 14B-48 所示。

```
13 /**
14  * 文件操作类
15  * */
16 public class FileOperateUtil {
17
18     /**
19      * 递归删除文件
20      * @param file 要删除的文件或者文件夹
21      * @throws IOException 文件找不到或者删除错误的时候抛出
22      * */
23     public static void deleteAll(File file) throws IOException {
24         //文件夹不存在不存在
25         if(!file.exists()){
26             throw new IOException("指定目录不存在:"+file.getName());
27         }
28         boolean rslt=true;//保存中间结果
29         if(!(rslt=file.delete())){//先尝试直接删除
30             //若文件夹非空。枚举、递归删除里面内容
31             File subs[] = file.listFiles();
32             for (int i = 0; i <= subs.length - 1; i++) {
33                 if (subs[i].isDirectory())
34                     deleteAll(subs[i]);//递归删除子文件夹内容
35                 rslt = subs[i].delete();//删除子文件夹本身
36             }
37             rslt = file.delete();//删除此文件夹本身
38         }
39         if(!rslt){
40             throw new IOException("无法删除:"+file.getName());
41         }
42         return;
43     }
44
```

图 14B-45 FileOperateUtil 方法代码片段 1

```
44
45
46     /**
47      * 移动文件
48      * @param source   需要移动的文件的路径
49      * @param destination   目标路径
50      */
51     public static void moveFile(String source, String destination)
52     {
53         new File(source).renameTo(new File(destination));
54     }
55
56     /**
57      * 移动文件
58      * @param source 需要移动的文件
59      * @param destination   目标文件
60      */
61     public static void moveFile(File source, File destination)
62     {
63         source.renameTo(destination);
64     }
65
66
```

图 14B-46 FileOperateUtil 方法代码片段 2

对文件的操作类已经编写完了，其中主要有四个方法，一个是删除方法 deleteAll，该方法对文件或者文件夹都可以删除，对文件夹是递归删除的。另外有两个重载的方法，为 moveFile，主要用于移动(剪切)文件。最后一个方法为 copyFile，复制文件到指定的位置，实际上为粘贴。

```
66
67    /***
68     * 复制文件
69     * @param src  需要复制的文件
70     * @param target  目标文件
71     */
72    public static void copyFile(File src, File target)
73    {
74        //创建输入输出流
75        InputStream in = null;
76        OutputStream out = null;
77        //创建缓存字节流
78        BufferedInputStream bin = null;
79        BufferedOutputStream bout = null;
80        try
81        {
82            //创建实例
83            in = new FileInputStream(src);
84            out = new FileOutputStream(target);
85            bin = new BufferedInputStream(in);
86            bout = new BufferedOutputStream(out);
87
88            byte[] b = new byte[8192];//用于缓存的字节数组
89            int len = bin.read(b);//获取读取到的长度
90            while (len != -1)//判断是不是读取到尾部了
91            {
92                bout.write(b, 0, len);
93                len = bin.read(b);
94            }
95        }
```

图 14B-47 FileOperateUtil 方法代码片段 3

```
96        catch (FileNotFoundException e)
97        {
98            e.printStackTrace();
99        }
100       catch (IOException e)
101       {
102           e.printStackTrace();
103       }
104       finally
105       {
106           //关闭所有输入输出流
107           try
108           {
109               if (bin != null)
110                   bin.close();//关闭输入流
111               if (bout != null)
112                   bout.close();//关闭输出流
113           }
114           catch (IOException e)
115           {
116               e.printStackTrace();
117           }
118       }
119   }
120 }
```

图 14B-48 FileOperateUtil 方法代码片段 4

5. 菜单事件

最后剩下的就是两个菜单的事件处理了，一个是单击 menu 时候出现的五个菜单，一个是当选择了文件的时候，弹出来的菜单选项，是本章的难点。

接下来编写这些相应的事件处理程序，需要完成的菜单功能有以下几个：新建目录、删除目录、粘贴文件、根目录、返回上一级、重命名、打开、删除、复制、剪切。

其中对于根目录，返回上一级这两个功能比较简单，对于复制功能，主要记录一下需要复制的文件是哪一个；剪切功能也是需要记录需要剪切的文件，同时需要一个标记，等到进行粘贴操作的时候，能够知道上一步是执行了剪切还是复制。

对于两种菜单，进行事件处理的位置都不一样，点击 Menu 按钮时候出现的菜单事件处理，需要重写 onOptionsItemSelected(MenuItem item)方法。而对于长按文件的时候，弹出来的菜单的事件处理，需要另外一个实现 DialogInterface. OnClickListener 接口的类来实现。

现在首先对长按文件所弹出的菜单编写事件处理程序代码。由于在本程序中，需要用到很多的对话框：

(1) 需要输入的；

(2) 确认的；

(3) 提示信息。

在代码中需要多出使用到对话框，为了避免重复代码多次出现，因此抽象出三个方法：

(1) 提示信息的；

(2) 用于显示确认对话框并且做出相应的处理；

(3) 用于需要自定义界面的对话框。

接下来先完成这三个方法。

1) showMessageDialog

showMessageDialog 方法的作用主要是弹出一个提示的对话框。该方法有两个参数，一个是对话框的标题信息，一个是对话框显示的内容。在需要弹出信息对话框的代码中只需要调用这一句代码便可以了，而不必要在是手写代码生成一个 Builder 对象等操作。

具体代码清单如图 14B-49 所示。

```
293	/**
294	 * 创建并显示提示信息的对话框
295	 *
296	 * @param title  标题
297	 * @param message  显示的内容
298	 */
299	private void showMessageDialog(String title, String message) {
300	    Builder builder = new Builder(FileManagerMainActivity.this);
301	    builder.setTitle(title);// 标题
302	    builder.setMessage(message);// 显示的内容
303	    builder.setPositiveButton(android.R.string.ok,// 确定按钮的监听时间
304	            new AlertDialog.OnClickListener() {
305	                public void onClick(DialogInterface dialog, int which) {
306	                    dialog.cancel();
307	                }
308	            });
309	    builder.setCancelable(false);// 取消按钮不能用
310	    builder.create();// 创建
311	    builder.show();// 显示
312	}
```

图 14B-49　showMessageDialog 方法代码

2）confirmDialog

confirmDialog 方法，是用于弹出确认对话框的，单击“确定”按钮或者是否定按钮的时候，出发不同的事件。该方法提供四个参数，一个是对话框的标题信息，一个是显示的信息，一个是单击“确定”按钮后需要进行的处理，也就是一个监听器的实例，另外一个是单击“否定按钮”后进行的处理，也是，同样也是一个监听器的实例。对于后面两个参数，可以通过匿名内部类来提供。

接下来为具体的代码清单如图 14B-50 所示。

```
314	/***
315	 * 弹出确认对话框
316	 * @param title 标题
317	 * @param message 显示的内容
318	 * @param positiveButtonEventHandle 点击确定按钮后需要做的事件处理类
319	 * @param negativeButtonEventHandle 点击否定按钮后需要做的事件处理类
320	 */
321	private void confirmDialog(String title, String message,
322	        DialogInterface.OnClickListener positiveButtonEventHandle,
323	        DialogInterface.OnClickListener negativeButtonEventHandle) {
324	    Builder builder = new Builder(FileManagerMainActivity.this);
325	    builder.setTitle(title);// 标题
326	    builder.setMessage(message);// 显示的内容
327	    // 确定按钮的监听事件
328	    builder.setPositiveButton(android.R.string.ok,
329	            positiveButtonEventHandle);
330	    // 取消按钮的事件监听
331	    builder.setNegativeButton(android.R.string.cancel,
332	            negativeButtonEventHandle);
333	    builder.setCancelable(false);
334	    builder.create();
335	    builder.show();
336	}
```

图 14B-50　confirmDialog 方法代码

3）showCustomDialog

showCustomDialog 主要弹出一个自定义的对话框，主要显示的内容布局，事件处理都是自定义的；对于这个方法中，共有 5 个参数，一个是对话框的标题，另一个是主要显示的内容，这个内容不只是显示一个字符串，显示的内容是一个 View，可以认为是一个布局对象。剩下三个参数，都确定、否定、取消对应的事件处理，也就是监听器对象。

在使用 showCustomDialog 方法中，需要自定义一个布局对象，这个布局对象可以通过 XML 来配置，也可以跟上一篇章一样，通过代码来布局。

接下来先将这个方法实现，具体的代码清单如图 14B-51 所示。

```
339     /**
340      * 弹出自定义的对话框
341      * @param title 标题
342      * @param dialogview  显示的布局
343      * @param positiveButtonEventHandle 单击"确定"按钮后需要做的事件处理类
344      * @param negativeButtonEventHandle 单击"否定"按钮后需要做的事件处理类
345      * @param cancelButtonEventHandle   单击"取消"按钮后需要做的事件处理类
346      */
347     private void showCustomDialog(String title,View dialogview,
348             DialogInterface.OnClickListener positiveButtonEventHandle,
349             DialogInterface.OnClickListener negativeButtonEventHandle,
350             DialogInterface.OnCancelListener cancelButtonEventHandle){
351         Builder builder = new Builder(FileManagerMainActivity.this);
352         builder.setTitle(title);
353         builder.setView(dialogview);
354         builder.setPositiveButton(android.R.string.ok,positiveButtonEventHandle);
355         builder.setPositiveButton(android.R.string.cancel,negativeButtonEventHandle);
356         builder.setOnCancelListener(cancelButtonEventHandle);
357     }
```

图 14B-51　showCustomDialog 方法代码

4）打开文件事件处理

接下来逐步编写事件处理。对于文件打开的事件处理方法：每一个不同的文件，打开的方法不同，不如音乐文件由播放器打开，网页文件由浏览器打开等等，因此，打开文件我们需要判断不同的文件类型，调用不同的程序打开，主要使用 Intent 类。定义一个方法 openFile，实现该操作；具体代码清单如图 14B-52 所示。

```
131     /**
132      * 打开指定文件
133      * @param openFileName 需要打开的文件
134      */
135     protected void openFile(File openFileName)
136     {
137         Intent intent = new Intent();
138         intent.setAction(android.content.Intent.ACTION_VIEW);
139         File file = new File(openFileName.getAbsolutePath());
140         // 取得文件名
141         String fileName = file.getName();
142         // 根据不同的文件类型来打开文件
143         //判断是否为图片文件
144         if (checkFileType(fileName, getResources().getStringArray(R.array.fileEndingImage)))
145         {
146             intent.setDataAndType(Uri.fromFile(file), "image/*");//图片类型
147         }
148         //判断是否为音乐文件
149         else if (checkFileType(fileName, getResources().getStringArray(R.array.fileEndingAudio)))
150         {
151             intent.setDataAndType(Uri.fromFile(file), "audio/*");//音乐类型
152         }
153         //判断是否为视频文件
154         else if (checkFileType(fileName, getResources().getStringArray(R.array.fileEndingVideo)))
155         {
156             intent.setDataAndType(Uri.fromFile(file), "video/*");//视频类型
157         }
158         startActivity(intent);//发送intent，启动另外一个程序
159     }
```

图 14B-52　openFile 方法代码

5）重命名事件处理

重命名的操作，首先需要的是弹出一个输入框，输入新的文件名，然后判断文件名是否重复了，如果不重复，则确定重新命名，同时刷新当前目录。

再次需要为该输入框设置一下界面，界面布局简单，显示一个提示的文字和一个输入框便可以，在这里还是采用了一个代码布局。

创建一个类 DialogLayout，如图 14B-53 所示。

DialogLayout 类的代码清单如图 14B-54～图 14B-56 所示。

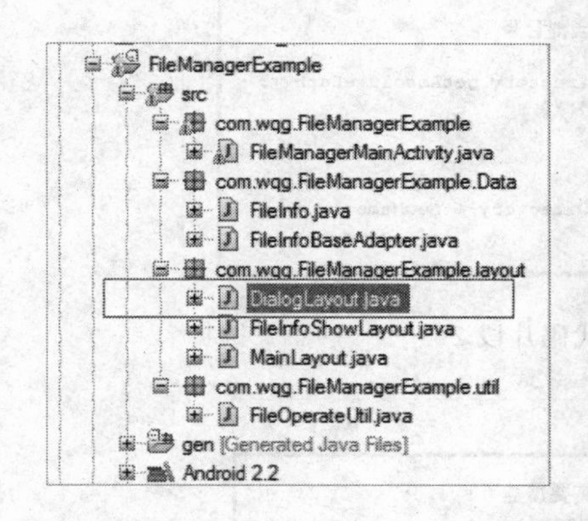

图 14B-53　项目结构图 DialogLayout

```
package com.wqg.FileManagerExample.layout;

import android.content.Context;

/**
 * 对话框的布局
 */
public class DialogLayout extends LinearLayout {

    //用于显示的TextView
    private TextView messageTextView;

    //用于输入的EditText
    private EditText inputEditText;

    /**
     * 构造方法
     */
    public DialogLayout(Context context) {
        super(context);

        // 设置布局为垂直布局
        this.setOrientation(LinearLayout.VERTICAL);
        // 设置对齐方式
        this.setGravity(Gravity.CENTER_HORIZONTAL);
```

图 14B-54　DialogLayout 代码片段 1

```

        // 创建一个TextView，用于显示提示信息
        messageTextView = new TextView(context);

        // 创建一个EditText,用于输入
        inputEditText = new EditText(context);
        inputEditText.setSelectAllOnFocus(true);

        // 添加TextView
        this.addView(messageTextView, new LinearLayout.LayoutParams(
                LayoutParams.FILL_PARENT, LayoutParams.WRAP_CONTENT));
        // 添加EditView
        this.addView(inputEditText, new LinearLayout.LayoutParams(
                LayoutParams.FILL_PARENT, LayoutParams.WRAP_CONTENT));

    }
```

图 14B-55　DialogLayout 代码片段 2

```

    //获取TextView对象
    public TextView getMessageTextView() {
        return messageTextView;
    }

    //获取EditText对象
    public EditText getInputEditText() {
        return inputEditText;
    }

}
```

图 14B-56　DialogLayout 代码片段 3

接下来编写的方法主要用于处理重新命名的相关操作，该方法实现的是：

(1) 弹出一个输入对话框，提供相应的事件处理机制。当需要重新命名的时候，获取到新名字的时候，判断是否已经存在相同的名字了。

(2) 如果是则弹出对话框确认是否覆盖已有的文件。

(3) 如果确定则进行重命名操作。

(4) 如果不是则取消操作。

(5) 如果不存在命名冲突的情况下，则直接更改文件名。

(6) 如果更改成功则刷新当前目录。

(7) 如果更改失败则弹出对话框提示失败。

方法名为 renameByFile，主要的代码清单如图 14B-57～图 14B-61 所示。

```
    /**
     * 重命名操作
     * @param file  需要重新命名的文件
     */
    private void renameByFile(final File file){
        //创建布局对象
        final DialogLayout layout = new DialogLayout(this);
        //设置初始化的值
        layout.getMessageTextView().setText("请输入新的文件名: ");
        layout.getInputEditText().setText(file.getName());
        this.showCustomDialog("重命名", layout,
```

图 14B-57　renameByFile 方法代码片段 1

```
337     this.showCustomDialog("重命名", layout,
338         //单击确定时
339         new DialogInterface.OnClickListener() {
340             public void onClick(DialogInterface dialog, int which) {
341                 //获取新设置的名称
342                 String newName = layout.getInputEditText().getText().toString();
343                 //判断新名称是否与就名称一样,
344                 //如果不一样判断新名词是否已经存在于当前目录了
345                 if(!newName.equals(file.getName())){
346                     String currentDirectory = nowDirectory.getAbsolutePath();
347                     if(!currentDirectory.equals("/")){
348                         currentDirectory+="/";
349                     }
350                     //获取全名
351                     final String allName = currentDirectory + newName;
352                     //判断是否重名了
353                     if(new File(allName).exists()){
```

图 14B-58 renameByFile 方法代码片段 2

```
352 //判断是否重名了
353 if(new File(allName).exists()){
354     //弹出对话框判断是否覆盖
355     confirmDialog("重命名","文件名重复，是否需要覆盖？",
356             new DialogInterface.OnClickListener(){
357                 public void onClick(DialogInterface dialog,int which) {
358                     //重命名操作
359                     boolean flag = file.renameTo(new File(allName));
360                     if(flag==true){
361                         //重新命名之后，刷新
362                         openOrBrowseTheFile(nowDirectory);
363                     }else{
364                         //提示失败
365                         showMessageDialog("重命名","重新命名失败!!");
366                     }
367                 }},
368             new DialogInterface.OnClickListener(){
369                 public void onClick(DialogInterface dialog,int which) {
370                     dialog.cancel();
371                 }}
372     );
373 }else{
```

图 14B-59 renameByFile 方法代码片段 3

```
373             }else{
374                 boolean flag = file.renameTo(new File(allName));
375                 if(flag==true){
376                     //重新命名之后，刷新
377                     openOrBrowseTheFile(nowDirectory);
378                 }else{
379                     //提示失败
380                     showMessageDialog("重命名","重新命名失败!!");
381                 }
382             }
383         }
384     }
385 },
```

图 14B-60 renameByFile 方法代码片段 4

```
384             }
385         },
386         //点击否定按钮时
387         new DialogInterface.OnClickListener() {
388             public void onClick(DialogInterface dialog, int which) {
389                 dialog.cancel();
390             }
391         },
392         //点击取消时
393         new DialogInterface.OnCancelListener() {
394             public void onCancel(DialogInterface dialog) {
395                 dialog.cancel();
396             }
397         });
398 }
```

图 14B-61 renameByFile 方法代码片段 5

【小技巧】renameByFile 方法的代码有些长，其中对于事件监听器对象参数，采用了匿名内部类，使用匿名内部类可以访问到 renameByFile 定义的局部变量，这样比较方便，不过对于在匿名内部类中如果要用创建匿名内部类的方法中的变量，变量需要定义为 final 的。

6）删除文件事件处理

接下来是删除事件的处理，在之前我们已经写了删除文件的代码，这里还需要做另外一番操作，就是选择了删除事件之后，需要进一步确认是否需要删除，因为不排除一些误按。删除成功刷新当前目录，删除失败则弹出对话框进行提示。

方法为 deleteFile，具体代码如图 14B-62 所示。

```
408    /**
409     * 删除文件
410     * @param file 需要删除的文件
411     */
412    private void deleteFile(final File file){
413        this.confirmDialog("删除文件","确定要删除该文件吗？",
414                new DialogInterface.OnClickListener(){
415                    public void onClick(DialogInterface dialog, int which) {
416                        //确定删除
417                        try {
418                            //删除文件
419                            FileOperateUtil.deleteAll(file);
420                            //删除成功，弹出提示信息
421                            showMessageDialog("删除文件","删除"+file.getName()+"文件成功");
422                            //删除成功，则刷新当前目录
423                            openOrBrowseTheFile(nowDirectory);
424                        } catch (IOException e) {
425                            e.printStackTrace();
426                            //删除失败，则弹出删除失败的对话框
427                            showMessageDialog("删除文件","删除"+file.getName()+"文件失败");
428                        }
429                    }
430                },
431                new DialogInterface.OnClickListener(){
432                    public void onClick(DialogInterface dialog, int which) {
433                        dialog.cancel();
434                    }
435                });
436    }
```

图 14B-62　deleteFile 方法代码

7）定义 FileClickListener 类

FileClickListener 是实现了 DialogInterface. OnClickListener 接口的类，该类主要作为菜单的事件监听器，在长按文件项的时候，弹出了一个菜单，该菜单是事件处理，由这个类中的 onClick 方法来实现。

在实现这个类之前，还需要定义两个类变量：

(1) 保存复制的文件。

(2) 标识操作是复制还是剪切。

定义的变量如图 14B-63 所示。

```
38     //当前目录，默认根目录
39     private File  nowDirectory = new File("/");
40
41     //临时文件，用于粘贴，复制时候用的
42     private File  myTmpFile = null;
43     //判断是否是粘贴，不是则是复制
44     private boolean isCut = false;
45
46     //菜单按钮标识
```

图 14B-63　两个变量

接下来便是 FileClickListener 内部类的定义,如图 14B-64 所示。

```
class FileClickListener implements DialogInterface.OnClickListener
{
    File file;
    public FileClickListener(File choosefile)
    {
        file=choosefile;
    }
    public void onClick(DialogInterface dialog, int which)
    {
        //判断操作的类型
        if(which==0)
            openFile(file);//打开文件
        else if(which==1){
            renameByFile(file);//重命名
        }else if (which==2) {
            deleteFile(file);//删除
        }else if (which==3) {
            myTmpFile=file;//复制
            isCut=false;
        }else if (which==4) {
            myTmpFile=file;//剪切
            isCut=true;
        }else if (which==5)
        {
            ShareFile(file);
        }
    }
} ←—— 内部类结束
```

图 14B-64 FileClickListener 类定义代码片段 1

8）共享文件事件处理

对于文件的共享,这里主要用到的是 Intent 类,使用了 ACTION 的一些方法,然后就对手机内所安装的有关于文件发送的 APP,提供用户去选择发送的方式。这里的文件共享,关键是对文件所在的路径进行操作,先去获取文件的路径,再通过一些发送文件的 APP 去共享给别人。

实现共享的功能代码如图 14B-65 所示。

```
/*
 *
 * 共享文件
 */
private void ShareFile(File sharefile)
{

    File file=new File(sharefile.getAbsolutePath());//取得文件名路径
    Intent intent = new Intent(Intent.ACTION_SEND);
    Uri uri=Uri.fromFile(file); //获取文件路径
    intent.putExtra(Intent.EXTRA_SUBJECT,"The email");
    intent.putExtra(Intent.EXTRA_STREAM,uri);
    intent.setDataAndType (uri,"text/plain");
    //跳转选择共享的软件
    this.startActivity( Intent.createChooser(intent, "请选择发送的方式"));

}
```

图 14B-65 共享文件实现代码

9）修改 openFileOperateMenu 方法

内部类代码定义完毕之后,修改 openFileOperateMenu 方法,在之前设置监听器的时候设置为 null,在现在需要设置为 FileClickListener 类的实例,如图 14B-66 所示。

具体的修改如下：

```
//显示处理文件的菜单，包括打开，重新命名

public void openFileOperateMent(File file)
{
    String[] menu={"打开","重命名","删除","复制","剪切","共享"};
    new AlertDialog.Builder(FileManagerMainActivity.this)
    .setTitle("请您选择您要进行的操作")
    .setItems(menu,new FileClickListener(file)).show();
}
/*
```

图 14B-66　修改 openFileOperateMenu 代码

10）重写 onKeyDown 方法

在定义完列表的点击事件以后，我们应该注意到，我们进入下一个文件目录，仅仅是刷新了列表，而没有使用 Intent 跳转到另一个 Activity 去，所以我们单击“返回”按钮的时候就会直接的退出现有的 Activity，所以我们还要提高一下用户的体验，来重写一下这个返回键的事件，来返回上一层的目录，具体的代码如图 14B-67 所示。

具体的代码如下：

```
/*
 * 按返回键时做出的反应
 */
public boolean onKeyDown(int keyCode, KeyEvent event)
{
    if(keyCode==KeyEvent.KEYCODE_BACK)
    {
        //判断是否为父级目录
        if (this.nowDirectoryFile.getParent()!=null)
        {
            //浏览父目录，返回上一层目录
            this.openOrBrowseTheFile(this.nowDirectoryFile.getParentFile());
        }else {
            //结束程序
            finish();
        }
    }

    return false;
}
```

图 14B-67　重写返回按钮事件代码

11）授予权限

接下来需要运行测试一下，由于操作文件，还需要一些权限的操作，否则无法删除，重命名等操作，具体的权限写在 AndroidManifest. xml 中，需要添加四个权限，具体四个权限的详细代码请看图 14B-68 所示。

12）运行测试

在进行运行之前，可以先添加些测试的文件在 SD 卡内，可以通过 UltraISO 这个软件进行修改。

在 SD 卡中创建一个 tt 文件夹，然后放入几个文件，如图 14B-69 所示。

接下来运行一下效果是否正确，如图 14B-70～图 14B-81 所示。

复制和剪切两个方法在等后面其他菜单按钮事件处理完毕之后，再做运行测试。

13）新建目录的事件处理

新建目录的方法为 CreateNewFile，通过对话框，输入文件目录的名称，判断是否有重复

的名称，如果没有则创建该文件夹。

```xml
<?xml version="1.0" encoding="utf-8"?>
<manifest xmlns:android="http://schemas.android.com/apk/res/android"
      package="com.wqg.FileManagerExample"
      android:versionCode="1"
      android:versionName="1.0">
    <application android:icon="@drawable/icon" android:label="@string/app_name">
        <activity android:name=".FileManagerMainActivity"
                  android:label="@string/app_name">
            <intent-filter>
                <action android:name="android.intent.action.MAIN" />
                <category android:name="android.intent.category.LAUNCHER" />
            </intent-filter>
        </activity>

    </application>
    <uses-permission android:name="android.permission.CLEAR_APP_CACHE"/>
    <uses-permission android:name="android.permission.RESTART_PACKAGES" />
    <uses-permission android:name="android.permission.MOUNT_UNMOUNT_FILESYSTEMS" />
    <uses-permission android:name="android.permission.WRITE_EXTERNAL_STORAGE"></uses-permission>
    <uses-sdk android:minSdkVersion="8" />

</manifest>
```

图 14B-68　AndroidManifest. xml 代码

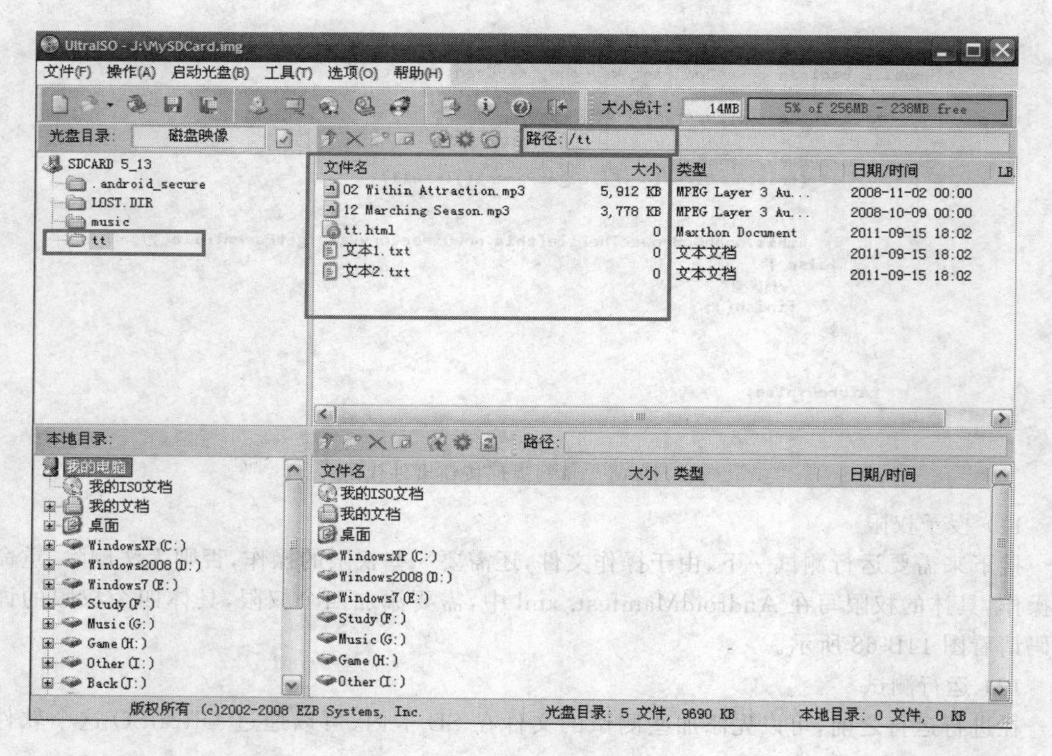

图 14B-69　UltraISO

图 14B-70　选择一个文件

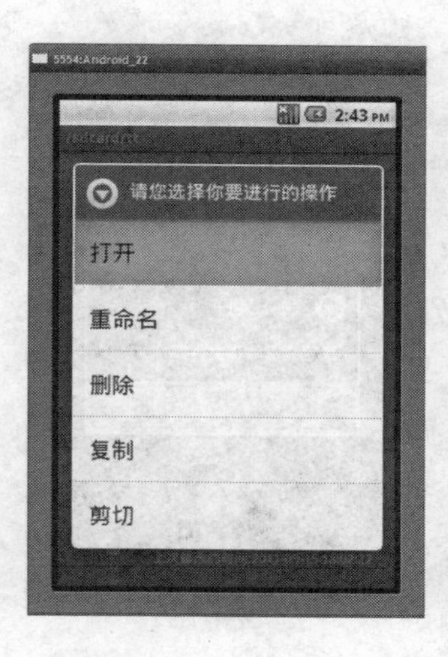

图 14B-71　打开文件

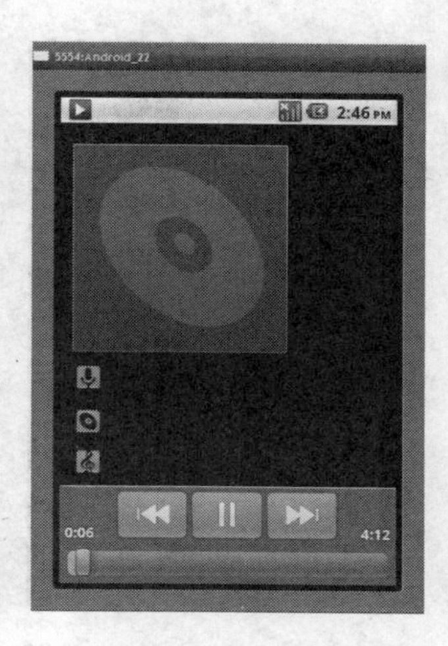

图 14B-72　播放文件

图 14B-73　选择一个文件

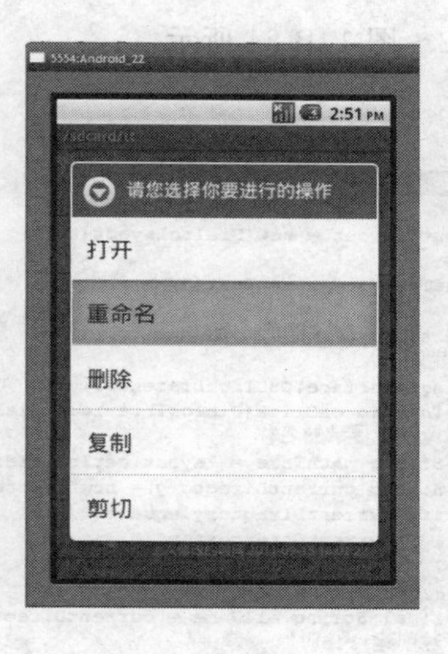

图 14B-74　重命名

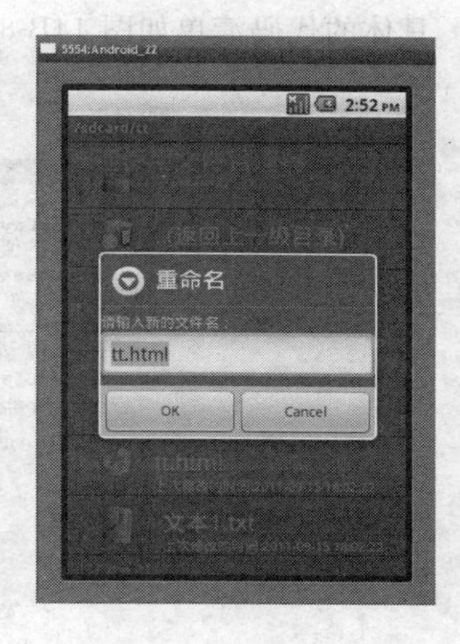

图 14B-75　重命名对话框

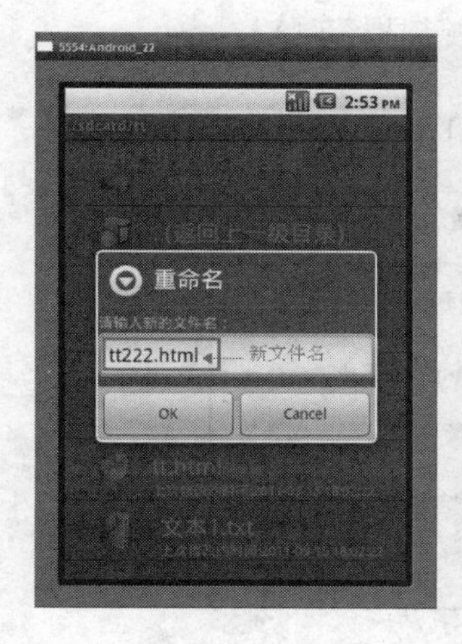

图 14B-76　输入新文件名

图 14B-77　更改后

图 14B-78　选择一个文件

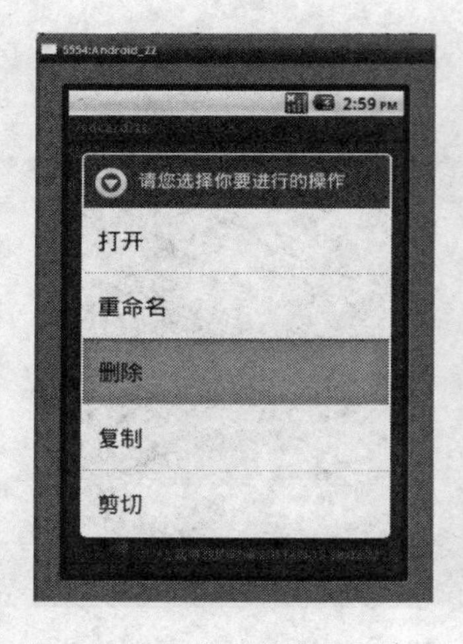

图 14B-79　删除

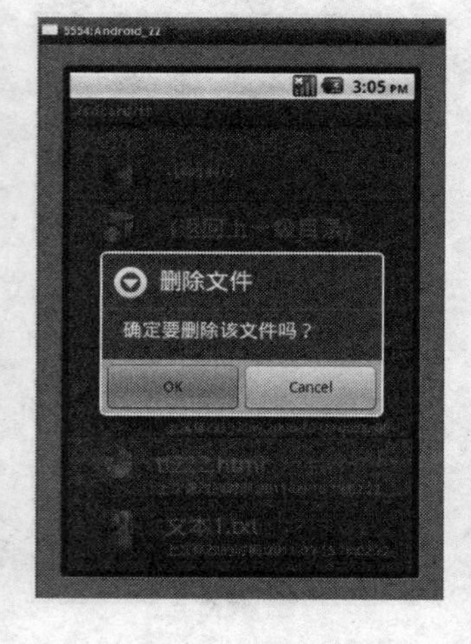

图 14B-80　删除前确认

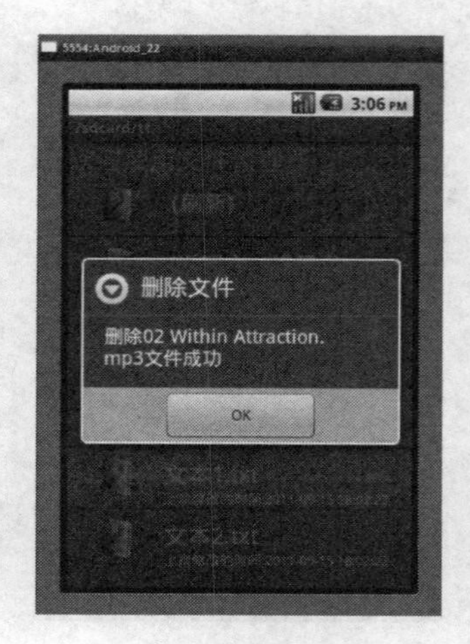

图 14B-81　删除成功

具体的代码清单如图 14B-82～图 14B-84 所示。

```
364     /**
365      * 新建文件夹
366      */
367     private void CreateNewFile(){
368         //创建布局对象
369         final DialogLayout layout = new DialogLayout(this);
370         //设置初始化的值
371         layout.getMessageTextView().setText("请输入目录名: ");
372 
373         this.showCustomDialog("新建目录", layout,
374                 //单击确定时
375                 new DialogInterface.OnClickListener() {
376                     public void onClick(DialogInterface dialog, int which) {
377                         //获取目录的名称
378                         String pathName = layout.getInputEditText().getText().toString();
379                         String currentDirectory = nowDirectory.getAbsolutePath();
380                         if(!currentDirectory.equals("/")){
381                             currentDirectory+="/";
382                         }
383                         //获取全名
384                         final String allName = currentDirectory + pathName;
385                         //创建File对象
386                         final File file = new File(allName);
387                         //判断是否重名了
388                         if(file.exists()){
389                             showMessageDialog("新建目录","目录名称已经存在了！！");
390                         }else{
```

图 14B-82　CreateNewFile 代码片段 1

```
388                         if(file.exists()){
389                             showMessageDialog("新建目录","目录名称已经存在了！！");
390                         }else{
391                             boolean creadok = file.mkdirs();//创建目录
392                             if (creadok)//如果创建成功，刷新当前的目录
393                             {
394                                 //创建成功
395                                 showMessageDialog("新建目录","创建目录成功！");
396                                 //刷新当前目录
397                                 openOrBrowseTheFile(nowDirectory);
398                             }else{
399                                 //创建失败
400                                 showMessageDialog("新建目录","创建目录失败！");
401                             }
402                         }
403                     }
404                 }
```

图 14B-83　CreateNewFile 代码片段 2

```
402                    }
403                }
404            }
405            ,//单击否定按钮时
406            new DialogInterface.OnClickListener() {
407                public void onClick(DialogInterface dialog, int which) {
408                    dialog.cancel();
409                }
410            },
411            //点击取消时
412            new DialogInterface.OnCancelListener() {
413                public void onCancel(DialogInterface dialog) {
414                    dialog.cancel();
415                }
416            }
417        );
418    }
419
```

图 14B-84　CreateNewFile 代码片段 3

14）删除目录的事件处理

删除目录的方法为 DeleteFile，该方法主要的是删除当前的目录，会通过对话框确认是否删除，如图 14B-85 所示。具体的代码清单如下：

```
420    /**
421     * 删除目录
422     */
423    private void DeleteFile(){
424        //取得当前目录
425        final File currentDirectory=new File(this.nowDirectory.getAbsolutePath());
426        if(currentDirectory.getName().equals("/")){
427            //提示删除失败
428            this.showMessageDialog("删除目录", "根目录不能删除失败");
429            return;
430        }
431        final File upFile = currentDirectory.getParentFile();
432        //判断是否确定删除当前文件
433        this.confirmDialog("删除目录", "确定要删除当前的目录吗？",
434                new DialogInterface.OnClickListener(){
435                    public void onClick(DialogInterface dialog, int which) {
436                        try {
437                            FileOperateUtil.deleteAll(currentDirectory);//删除目录
438                            showMessageDialog("删除目录", "删除目录成功");//删除成功
439                            nowDirectory = upFile;//修改当前目录为上一级目录
440                            openOrBrowseTheFile(nowDirectory);//刷新
441                        } catch (IOException e) {
442                            e.printStackTrace();
443                            showMessageDialog("删除目录", "删除目录失败");//删除失败
444                        }
445                    }
446                },
447                new DialogInterface.OnClickListener(){
448                    public void onClick(DialogInterface dialog, int which) {
449                        dialog.cancel();
450                    }
451                });
452    }
```

图 14B-85　DeleteFile 代码

15）粘贴文件的事件处理

粘贴文件的方法是 PasteFile，主要完成文件的粘贴操作。方法中需要判断是否执行过复制或者剪切，如果有则再判断是复制还是剪切，对于复制或者是剪切，不同是剪切完后原文件不见了，而复制操作后，原文件还存在。

具体的代码清单如图 14B-86～图 14B-89 所示。

```
455    /**
456     * 粘贴文件
457     */
458    private void PasteFile(){
459        if ( myTmpFile == null )
460        {
461            this.showMessageDialog("提示", "没有复制或剪切操作");
462        }else
463        {
464            String currentDirectory = nowDirectory.getAbsolutePath();
465            if(!currentDirectory.equals("/")){
466                currentDirectory+="/";
467            }
468            //获取全名
469            final String allName = currentDirectory + myTmpFile.getName();
470            final File targetFile =  new File(allName);
471            //判断是复制还是剪切
```

图 14B-86　PasteFile 方法代码片段 1

```
471            //判断是复制还是剪切
472            //复制操作
473            if ( !isCut )
474            {
475                //如果当前文件夹已经存在该文件
476                if(targetFile.exists()){
477                    //判断是否需要覆盖
478                    confirmDialog("粘贴","该目录有相同的文件，是否需要覆盖？",
479                            new DialogInterface.OnClickListener(){
480                                public void onClick(DialogInterface dialog,
481                                        int which) {
482                                    FileOperateUtil.copyFile(myTmpFile, targetFile);
483                                    //复制成功
484                                    showMessageDialog("粘贴","复制文件成功!!");
485                                    //复制成功,刷新当前目录
486                                    openOrBrowseTheFile(nowDirectory);
487                                }
488                            },
489                            new DialogInterface.OnClickListener() {
490                                public void onClick(DialogInterface dialog,
491                                        int which) {
492                                    dialog.cancel();
493                                }
494                            }
495                    );
496                }else{
```

图 14B-87　PasteFile 方法代码片段 2

```
495                    );
496                }else{
497                    FileOperateUtil.copyFile(myTmpFile, targetFile);
498                    //复制成功
499                    showMessageDialog("粘贴","复制文件成功!!");
500                    //复制成功,刷新当前目录
501                    openOrBrowseTheFile(nowDirectory);
502                }
503            }
504            //剪切
505            else{
506                //如果当前文件夹已经存在该文件
507                if(targetFile.exists()){
508                    //判断是否需要覆盖
509                    confirmDialog("粘贴","该目录有相同的文件，是否需要覆盖？",
510                            new DialogInterface.OnClickListener(){
511                                public void onClick(DialogInterface dialog,
512                                        int which) {
513                                    FileOperateUtil.moveFile(myTmpFile, targetFile);
514                                    //剪切成功
515                                    showMessageDialog("粘贴","剪切文件成功!!");
516                                    //剪切成功,刷新当前目录
517                                    openOrBrowseTheFile(nowDirectory);
518                                    myTmpFile=null;//设置为空
519                                }
520                            },
```

图 14B-88　PasteFile 方法代码片段 3

```
519                            }
520                        },
521                        new DialogInterface.OnClickListener() {
522                            public void onClick(DialogInterface dialog,
523                                    int which) {
524                                dialog.cancel();
525                            }
526                        }
527                );
528            }else{
529                FileOperateUtil.moveFile(myTmpFile, targetFile);
530                //剪切成功
531                showMessageDialog("粘贴","剪切文件成功!!");
532                //剪切成功,刷新当前目录
533                openOrBrowseTheFile(nowDirectory);
534                myTmpFile=null;//设置为空
535            }
536        }
537    }
538 }  ←—— 方法结束
539
```

图 14B-89　PasteFile 方法代码片段 4

16）重写 onOptionsItemSelected 方法

最后需要编写的代码就是 onOptionsItemSelected 方法的代码了，这个方法是父类提供的，主要用于处理菜单事件。在该方法中，需要判断当前单击的菜单项是哪一个，调用不同的方法，进行处理。

具体的代码清单如图 14B-90 所示。

```
335    /**
336     * 单击菜单选项触发的事件
337     */
338    public boolean onOptionsItemSelected(MenuItem item)
339    {
340        super.onOptionsItemSelected(item);
341        switch (item.getItemId())
342        {
343            case MENU_NEW:
344                CreateNewFile();//新建
345                break;
346            case MENU_DELETE:
347                //删除当前目录
348                DeleteFile();
349                break;
350            case MENU_PASTE:
351                PasteFile();//粘贴
352                break;
353            case MENU_ROOT://返回根目录
354                this.browseTheRootAllFile();//返回根目录
355                break;
356            case MENU_UPLEVEL:
357                this.upOneLevel();//返回上一级
358                break;
359        }
360        return false;
361    }
```

图 14B-90　onOptionsItemSelected 方法代码

17）最后运行测试

现在基本上所有的代码已经完成了，所有的事件处理也完成了。接下来就进行对刚刚完成的功能进行测试了。

具体运行效果看图 14B-91～图 14B-103 所示。

18）课后改进与拓展

整个项目就基本上已经完成了，实现了对文件操作的基本功能。但是该项目中其实还存在一些不足，比如有些是否为空的判断没有做，一些异常处理没有做，这一些留给读者后面进行改

善。同时有兴趣的读者也可对功能进行拓展，比如显示一个具体文件的信息，如文件大小等等。

图 14B-91　选择一个文件

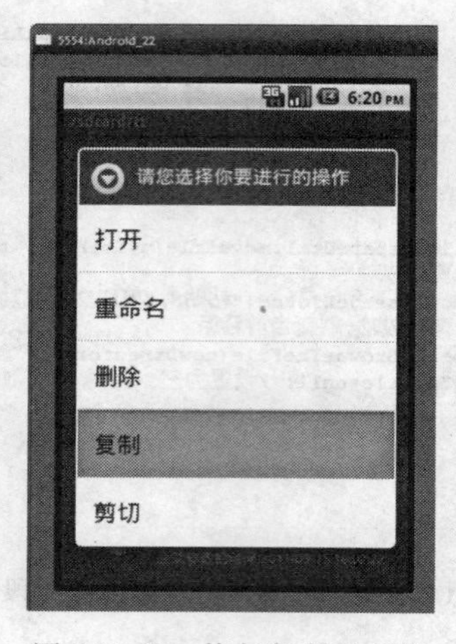

图 14B-92　执行复制的功能

图 14B-93　执行粘贴

图 14B-94　粘贴成功

图 14B-95　新建目录

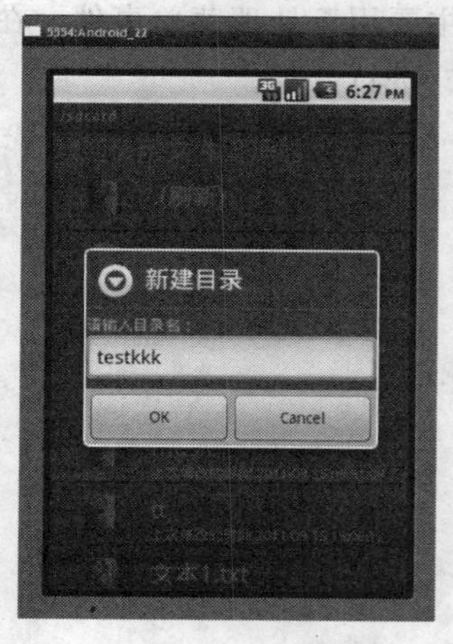

图 14B-96　输入新目录名称

图 14B-97　新建目录成功

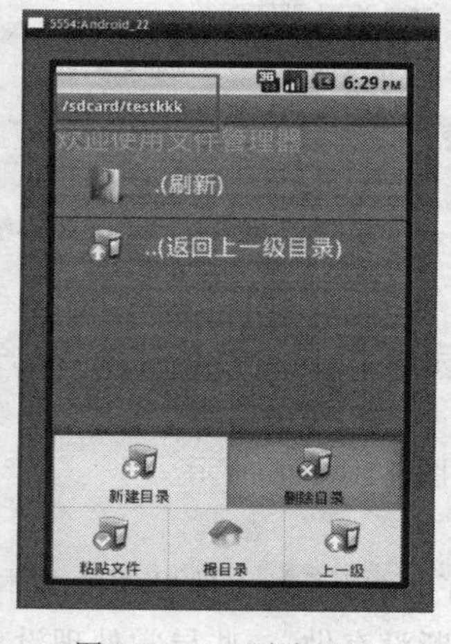

图 14B-98　删除目录

图 14B-99　确认是否删除

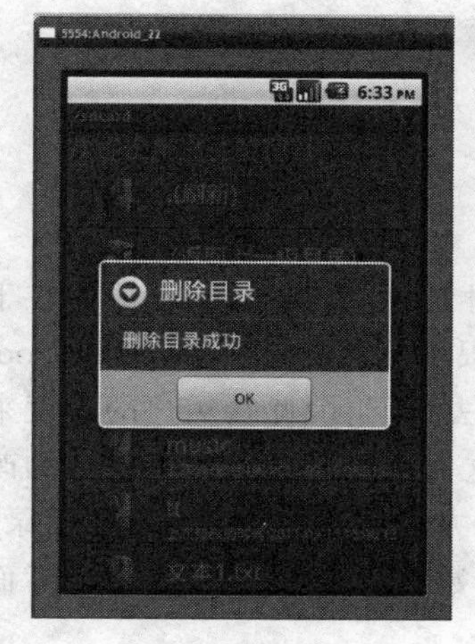

图 14B-100　删除成功

图 14B-101　返回根目录

图 14B-102　返回到了根目录

B.3　项目总结

本章节主要讲解的是文件管理器的后续操作，包含了对文件的基本操作。在对文件的操作的时候，结合了对话框的方式进行提示，同时还使用了上一篇章讲的代码布局来为对话框的显示进行自定义的布局。在 Android 对文件的操作还需要通过相应的权限，如果没有权限一般没有修改的能力，同时在对文件进行修改，删除等危险操作的时候，都应该需要进行二次确认，方可执行相应的代码。

图 14B-103　共享文件

通过本篇章主要学习了 Java 的 IO 实现与文件操作，同时也结合了 Android 的对话框来配合功能的实现。在本篇章中，虽然基本上功能已经完成了，但是还很多地方可以进行改善，比如抽取出共同点，形成一个通用的方法，也可以方便以后对代码的采用。

B.4　参考资料

（1）如图想了解一下 root 权限，使程序可以访问得到一些受保护的文件或文件，以下是一些参考信息的网址：

http://www.j2megame.com/html/xwzx/ty/1479.html

http://huangbo-2020.iteye.com/blog/1004488

http://topi.csdn.net/u/20110707/11/b90dde74-bfe6-4a68-a6c9-de7fe407f319.html?14517

（2）Android 获取路径目录方法以及判断目录是否存在，创建目录：

http://blog.csdn.net/chengyingzhilian/article/details/7833967

(3) Android 的 Intent 的 Action 大全：

http://blog.sina.com.cn/s/blog_908e1e4a0100vfzh.html

(4) 重写 onKeyDown 类：

http://www.2cto.com/kf/201208/151519.html

B.5 参见问题

在本项目中，有一个地方关于访问根目录下某些文件夹的时候，会出现错误，其原因在于程序没有 root 的权限，而这个权限不是在 xml 中去配置的。在根目录下有一个文件夹为 root 文件夹，这个文件夹如果单击打开则会发生错误，因为没有权限去访问，因此从用户的角度来看，如果没有权限访问应该进行提示，而不是整个程序奔溃了，这一点可以作为大家课后的改进。主要出错的代码是在获取子目录信息的时候，File 类有一个方法是 listFiles，获取子目录。而获取 root 文件夹目录的时候，返回的是一个 null，而不是一个数组对象，这里便造成了后面的错误。

15 网络 API 的使用

A 二维码和字典

搜索关键字

(1) Google Chart(Baidu) API;

(2) Apache HttpClient;

(3) Baidu translate api;

(4) HttpPost;

(5) Android. view. post(Runnable)或者 Handler;

(6) Json 数据。

本章难点

Google 提供了很多网络服务,本次实训将在其中选取 3 个例子,主要针对 android 动态图表、在线翻译以及在在线翻译的基础上添加发音功能几个要点。3 个例子各有各的难点:

1) 动态图表的实现并不难,再此之前需要先了解 Google Chart API 提供了哪些类型的图表,每种类型图表有哪些属性,在用的时候做到心中有数;

2) 使用网络数据必定涉及到链接服务器,那么需要对 HttpClient 对象如何使用应该了如指掌,因为该对象分别涉及到从网页获取文件、网页、发送请求、发送 xml 数据,因为涉及的方法比较多,所以难以掌握。

3) 本章举了一个调用 Google API 生成二维码的例子,重点和难点是如何在 Android 中利用 HttpPost 来发送请求并显示返回请求结果,因为对现在的应用来说,没有网络访问功能就肯定是一个不完整的应用,所以掌握网络访问对 Android 开发是很有必要的。

4) 虽然 Android 市场上已经有各种功能齐全,界面精美的翻译软件,但是本章还是举了一个使用 API 来进行翻译的例子,在这里我们通过使用国内比较热门的 Baidu API 实现翻译功能,其重点在于如何利用通过 HttpPost 发送请求后得到的 Json 数据进行解析并显示出来,而 Json 数据是网络比较常见的数据交换的文本格式。

5) 通过 Google API 在翻译基础上增加了扩展功能——在线发音。其目的并不是做一个翻译软件,重点和难点是学会如何在 Android 程序中利用 HTML 文件里的 JavaScript。众所周知,JavaScript 在网页中越来越强大,已经取代了 Java 中原本的 Applet,所以学会在

Android 应用中加上 JavaScript 等于让应用如虎添翼。

A.1 项目简介

可以夸张点形容如果手机的应用程序不涉及网络方面的编程，很难算上档次。开发带有网络功能的 Android 项目其实有很多种方法，例如：Android SDK 中集成了 HTTPClient 的模块来实现 HTTP 的请求与应答，有了这个模块，写出利用 HTTP 协议得到互联网上的数据就不是难事；又或者利用 XML 中的 DOM 和 SAX 解析网络上的数据；再者利用网站已经提供好的 API 调用网络数据。

Google 除了凭借搜索引擎之外，还通过创意和不断的研发推出了许多影响力的网络服务，例如 Google Map、Youtube、Google Earth、Gmail、Google 日历、Picasa 网络相册等等众多的服务，而且这些众多的服务与 Android 系统一起，还可以相互组合成很多有意思的功能，例如将 Android 手机上的联系和 gmail 账号同步，就再也不怕联系人丢失了，只要利用任何一台具备上网功能的 Android 手机都可以找到自己上传的联系人资料；又或者在 Google Map 上可以看到互相添加好友的地理位置。作为一名 Android 工程师是否已经摩拳擦掌准备把手中的 Android 手机跟日常用的 Google 服务进行结合呢？

本章将演示三个案例分别是二维码的生成、文本翻译和发音字典。

A.2 案例设计与实现

A.2.1 Google Chart API

1. 需求分析

如果想在手机程序中动态生成图表，例如手机电池 WiFi 用了多少电量、接听电话用了多少电量，达到如图 15A-1 所示的效果，如果从来未接触过 Google Chart API 之前，是不是不知道该如何是好呢？

Google 提供的网络服务器 API 中，最吸引人的莫过于图表 API，只要通过它，Android 工程师不需要太费功夫，也不需要具备 GD Library 的知识，就可以动态生成漂亮的图表、专业的分析报表。

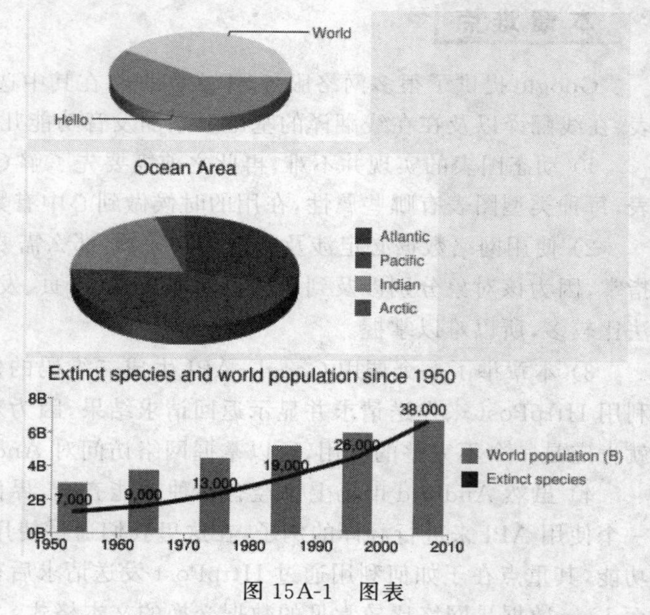

图 15A-1 图表

想查看图表 API 的运行情况，请打开浏览器，并将以下网址复制到其中：

https://developers.google.com/chart/?hl=zh-TW&csw=1 按下 Enter 键，即刻就会看到以下效果图 15A-1 所示。

Google Chart API 其实提供了很多类型的图表，如图 15A-2 所示，分别有：

(1) Line charts;

(2) Bar charts;

(3) Pie charts;

(4) Venn diagrams;

(5) Scatter plots;

(6) Rader charts;

(7) Maps;

(8) Google-o-meters;

(9) QR codes。

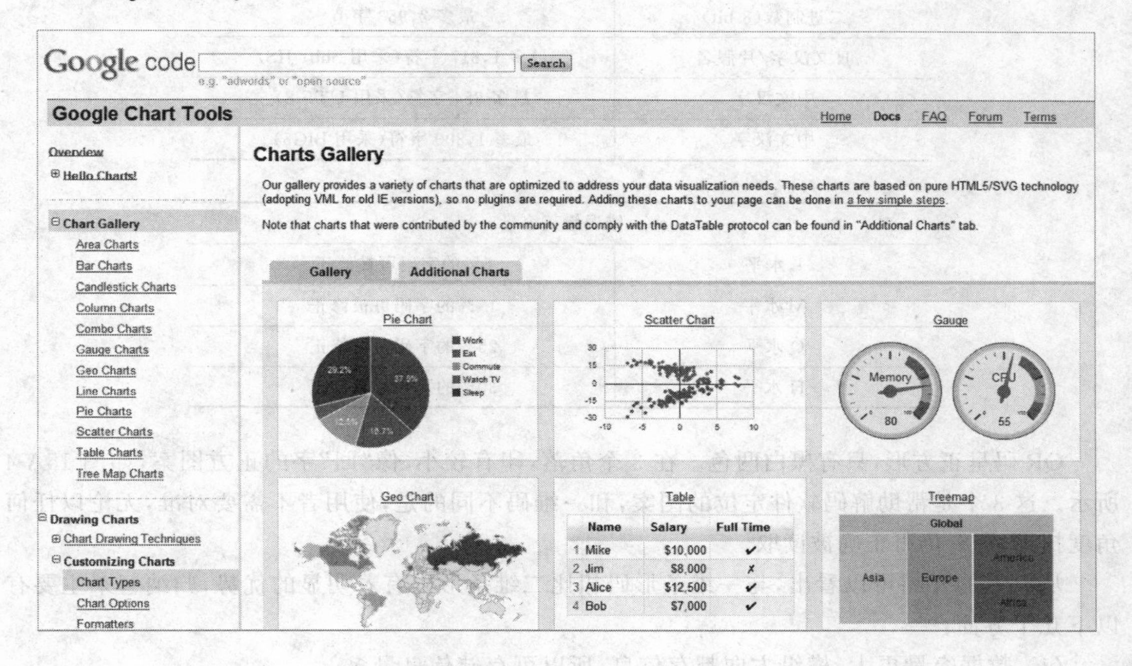

图 15A-2　Charts Gallery

为了展现 Android 网络连接效率，以及在 Android 中使用 Google Chart，本程序以 QR Code 二维条形码作为示范，在手机与 Google 网络连接的情况下，动态产生二维条形码，如图 15A-3 所示。

图 15A-3　运行效果

也许很多读者不一定了解二维码是什么？又或者并不了解与日常超市中商品的一维码有什么区别？

【知识点】什么是二维码

QR 码是二维条码的一种，1994 年由日本 Denso-Wave 公司发明。QR 来自英文"Quick Response"的缩写，即快速反应的意思，源自发明者希望

QR码可让其内容快速被解码。QR码最常见于日本,并为目前日本最流行的二维空间条码。QR码比普通条码可储存更多资料,亦无须像普通条码般在扫描时需直线对准扫描器,如表15A-1所示。

表 15A-1

QR码资料容量	
数字	最多7,089字符
字母	最多4,296字符
二进制数(8 bit)	最多2,953字节
日文汉字/片假名	最多1,817字符(采用Shift JIS)
中文汉字	最多984字符(采用UTF-8)
中文汉字	最多1,800字符(采用BIG5)

错误修正容量	
L水平	7%的字码可被修正
M水平	15%的字码可被修正
Q水平	25%的字码可被修正
H水平	30%的字码可被修正

QR码呈正方形,只有黑白两色。在3个角落,印有较小,像"回"字的正方图案,如图15A-4所示。这3个是帮助解码软件定位的图案,和一维码不同的是,使用者不需要对准,无论以任何角度扫描,资料仍可正确被读取。

从以上的介绍可以看出,与一维条形码相比二维条形码有着明显的优势,归纳起来主要有以下几个方面:

(1) 数据容量更大:横纵方向都存信息,所以可存储信息量多。

(2) 超越了字母数字的限制,可以有效的表示中国汉字。

(3) 条形码相对尺寸小。

(4) 具有抗损毁能力。

(5) 发送方便,例如二维码电子票,省去了门票印刷环节,直接通过彩信的形式发送给顾客。

2. 界面设计

本例的界面布局并不难,采用LinearLayout布局,分别添加EditView和WebView以及Button三个组件,如图15A-5所示。

布局的代码如图15A-6所示。细心留意,与以往不同的是,在main.xml中第四行添加了背景颜色的设置。

如果想对字体、背景的颜色进行设置,可以在Android项目中values文件夹下定义一个xml文件对颜色进行定义,如图15A-7所示的color.xml。

值得一提的是在图15A-5中未见到WebView控件,而在布局界面图15A-6和效果图15A-3中二维码图片是显示在WebView中,那么到底什么是WebView呢?这个控件用法非常灵活、对Javascript的支持也很强,所以它能实现的功能也非常丰富,例如在WebView加载的页面中就可以直接通过 javascript 访问到绑定的 java 对象，然后可以通过 html 进行调用。

图 15A-4　二维码

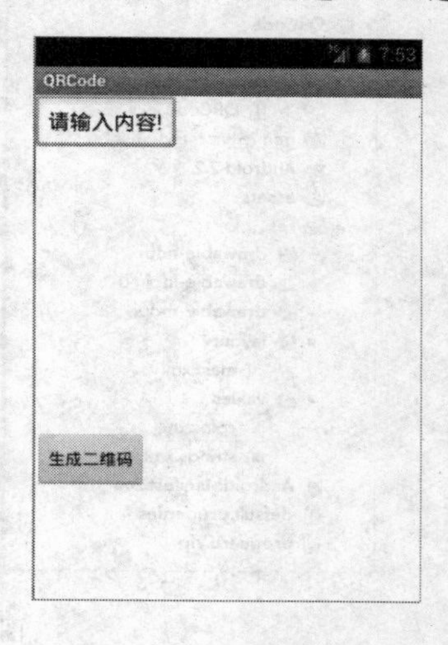

图 15A-5　布局显示

```
QRCode.java    main.xml

1  <?xml version="1.0" encoding="utf-8"?>
2  <LinearLayout
3   xmlns:android="http://schemas.android.com/apk/res/android"
4     android:background="@drawable/white"
5   android:orientation="vertical"
6   android:layout_width="fill_parent"
7   android:layout_height="fill_parent"
8   >
9
10  <!-- 建立一个EditView -->
11  <EditText
12  android:id="@+id/myEditText1"
13  android:layout_width="wrap_content"
14  android:layout_height="wrap_content"
15  android:text=""
16  />
17  <!-- 建立一个WebView -->
18  <WebView
19  android:id="@+id/myWebView1"
20  android:background="@drawable/white"
21  android:layout_height="wrap_content"
22  android:layout_width="fill_parent"
23  />
24  <!-- 建立一个Button -->
25  <Button
26  android:id="@+id/myButton1"
27  android:layout_width="wrap_content"
28  android:layout_height="wrap_content"
29  android:text="@string/str_button1"
30  />
31 </LinearLayout>

Graphical Layout    main.xml
```

图 15A-6　布局代码

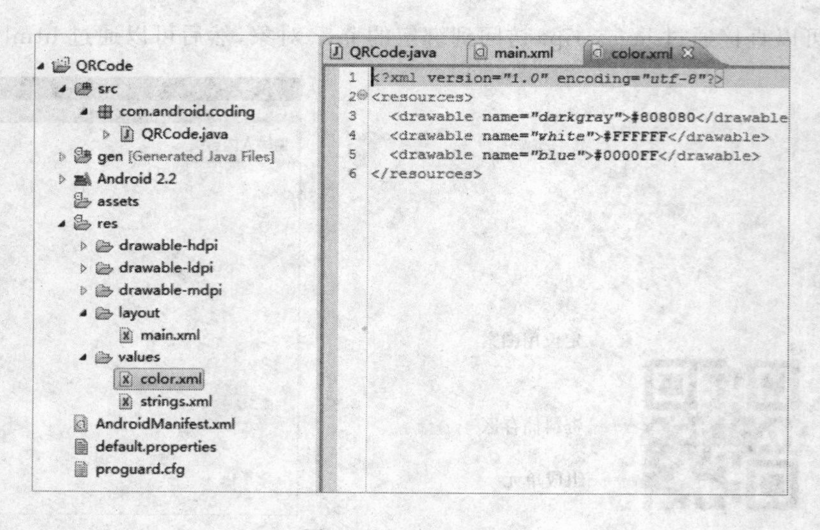

图 15A-7　color. xml

【**知识点**】什么是 WebView?

在 Android 手机中内置了一款高性能 WebKit 内核浏览器,在 SDK 中封装为一个称为 WebView 组件。

WebKit 是 Mac OS X v10.3 及以上版本所包含的软件框架。同时,WebKit 也是 Mac OS X 的 Safari 网页浏览器的基础。WebKit 是一个开源项目,主要由 KDE 的 KHTML 修改而来并且包含了一些来自苹果公司的一些组件。

在开发过程中应该注意几点:

(1) 因为本应用需要使用到访问网络权限,所以在 AndroidManifest. xml 中必须使用许可"android. permission. INTERNET",否则会出 Web page not available 错误,如图 15A-8 所示。

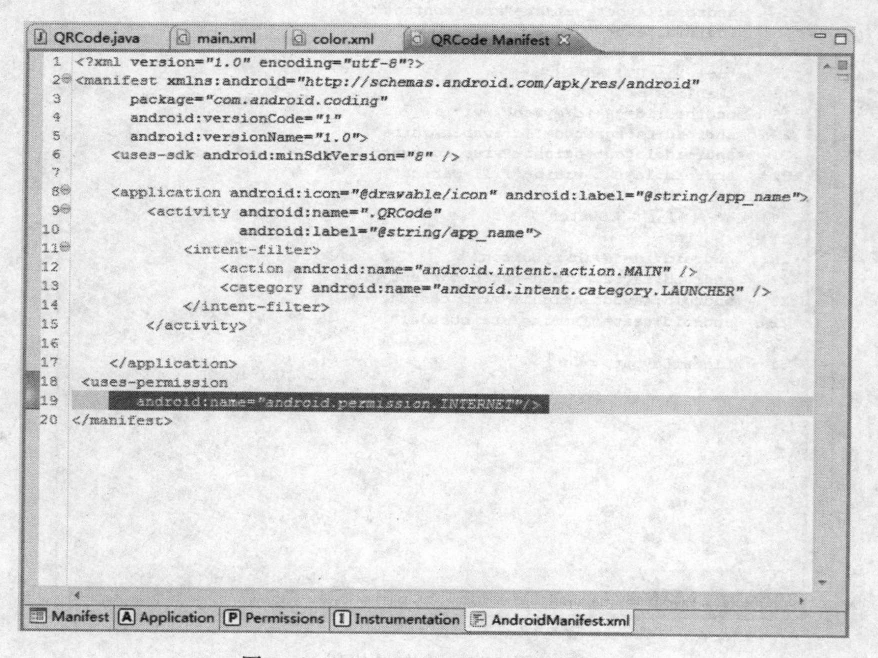

图 15A-8　AndroidManifest 添加权限

(2) 如果访问的页面中有 Javascript，则 webview 必须设置支持 Javascript。则可以使用 webview 对象函数：

webview. getSettings(). setJavaScriptEnabled(true);

(3) 如果页面中存在链接，如果希望单击链接后继续在当前 browser(浏览器)中响应，而不是新开 Android 的系统 browser 中响应该链接，必须覆盖 webview 的 WebViewClient 对象。

(4) 如果不做任何处理，浏览网页，单击系统"Back"键，整个 Browser 会调用 finish()而结束自身，如果希望浏览的网页回退而不是推出浏览器，需要在当前 Activity 中处理并消费掉该 Back 事件。

【注意】本例中的核心原理是将用户提交的内容传给 Google Chart API，Google 产生的二维码图片其实是一个 HTML 页面，所以在 Android 中想显示这个图片，就需要利用 WebView 来显示 HTML 里的内容。那么在功能实现的逻辑流程应该是：获取到用户的提交信息——判断是否连接网络——将信息组合成一个正常的网页内容提交——反馈结果显示在 WebView 中，也就是 main. xml 里。同时注意中文编码的转换。

3. 功能实现

手机的网络程序会遇到这样的问题，是否漫游状态信号不稳定、是否没有 WiFi 连接信息，所以在生命周期运行之初可以通过自定义函数 checkInternetConnection()判断手机是否能够与 Google Chart API 连接，如图 15A-9 所示。

```
*QRCode.java
1  package com.android.coding;
2  import java.net.HttpURLConnection;
13 public class QRCode extends Activity {
14        private Button mButton01;
15        private EditText mEditText01;
16        private WebView mWebView01;
17        private boolean bInternetConnectivity=false;
18     /** Called when the activity is first created. */
19     @Override
20     public void onCreate(Bundle savedInstanceState) {
21         super.onCreate(savedInstanceState);
22         setContentView(R.layout.main);
23         /* 测试手机是否具有联机Google API的联机能力 */
24         if(checkInternetConnection
25           ("http://code.google.com/intl/zh-CN/apis/chart/","utf-8")
26           )
27         {
28           bInternetConnectivity = true;
29         }
30         mWebView01 = (WebView)findViewById(R.id.myWebView1);
31         mButton01 = (Button)findViewById(R.id.myButton1);
32         mEditText01 = (EditText)findViewById(R.id.myEditText1);
33         mEditText01.setText(R.string.str_text);
34         mButton01.setOnClickListener(new Button.OnClickListener()
35         {
36           @Override
37           public void onClick(View v)
38           {
39             // TODO Auto-generated method stub
40             if(mEditText01.getText().toString()!="" &&bInternetConnectivity==true)
41             {
42              mWebView01.loadData
43              (  /* 调用自定义云端生成QR Code函数 */
44                genGoogleQRChart
45                (
46                  mEditText01.getText().toString(),120
47                ),"text/html", "utf-8"
48              );
49             }
50           }
51         });
52     }
```

图 15A-9　判断连接状态

同时在 Button. setOnClickListener()将用户输入的内容进行编码，调用转化为二维码的方法。

1) QR Code

接下来就需要实现将用户在 EditText 中输入的内容转化为二维码，其中调用了自定义函数，在讲解自定义函数之前，先看链接的例子，理解为什么在浏览器中提交给 Google 服务器中链接要这么写，Google 是如何将用户输入的内容进行转换的。

https://chart.googleapis.com/chart? cht=qr&chs=200x200&choe=UTF-8&chld=L|4&chl=test

分析一下这个链接中的参数：

https://chart.googleapis.com/chart? 这是 Google Chart API 的地址，这是必须引用的。

&cht=qr 这是说图表类型为 qr 也就是二维码。

&chs=200x200 这是说生成图片尺寸为 200×200，是宽×高。在本例中分别有对应的 strWidth。

&choe=UTF-8 这是说内容的编码格式为 UTF-8，此值默认为 UTF-8. 其他的编码格式请参考 Google API 文档。

&chld=L|4 L 代表默认纠错水平；4 代表二维码边界空白大小，可自行调节。具体参数请参考 Google API 文档。

&chl=XXXX 这是 QR 内容，也就是解码后看到的信息，上面用的文本信息：test。包含中文时请使用 UTF-8 编码汉字，否则将出现问题。

【注意】上述的例子中不一定每个参数都是必须的。

回到本例，自定义函数 genGoogleQRChart()的工作是：组成要显示的远程图像网址 URL，再以<img src=" ">的方式来组成 HTML TAG，成像的关键就是利用之前所诉的 WebView 来显示 HTML 里的内容，如图 15A-10 所示。

```
        {  /* 调用自定义云端生成QR Code函数 */
          genGoogleQRChart
          (
            mEditText01.getText().toString(),120
          ),"text/html", "utf-8"
        );
      }
    }
  });
}

public String genGoogleQRChart(String strToQRCode, int strWidth)
{
  String strReturn="";
  try
  {
    strReturn = new String(strToQRCode.getBytes("utf-8"));

    //拼接html代码
    //https://chart.googleapis.com/chart?cht=qr&chs=200x200&choe=UTF-8&chld=L|4&chl=test
    strReturn =
          "<html>"+
                  "<body>"+
                  "<img src=https://chart.googleapis.com/chart?cht=qr&chs="
                  +strWidth+"x"+strWidth
                  +"&choe=UTF-8&chld=L|4&chl="
                  +URLEncoder.encode(strReturn, "utf-8")+ "/>"+
                  "</body>"+
          "</html>";

  }
  catch (Exception e)
  {
    e.printStackTrace();
  }
  return strReturn;
}

/* 检查网络联机是否正常 */
public boolean checkInternetConnection
```

图 15A-10　生产 QR 函数

2) httpClient

下面就要实现自定义方法 checkInternetConnection 去连接服务器，其中使用到了 httpClient 对象，这是非常重要的一个环节，很多网络案例会用到这个对象。所以是本章的重点和难点，以下详细展开讲述。

项目中最常用的 http 请求无非是 get 和 post，get 请求可以获取静态页面，也可以把参数放在 URL 字串后面，传递出去，post 与 get 的不同之处在于 post 的参数不是放在 URL 字串里面，而是放在 http 请求的正文内。在 Java 中可以使用 HttpClient 发起这两种请求，了解此类，对于了解 soap，和编写 Android 网络项目都有很大的帮助，在 Android API 中有对 HttpClient 的定义，如图 15A-11 所示。

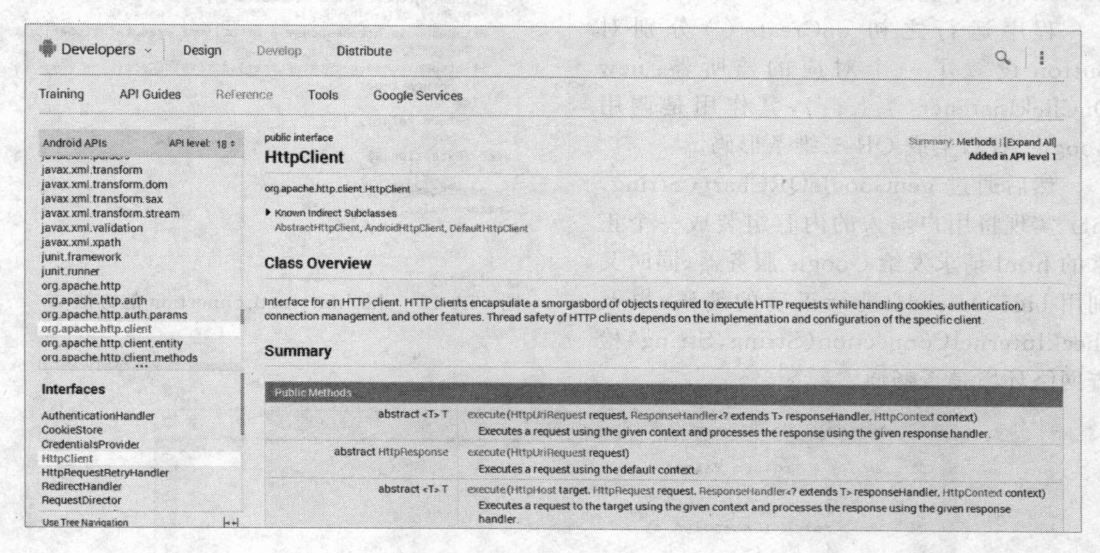

图 15A-11　HttpClient 对象

HttpClient 对象应用范围非常广，从 Internet 中获取文件、网页、发送请求、发送 xml 数据。本例是将用户的写入的信息转换为二维码，属于向 Internet 中发送请求，下面来了解一下关于 get 方法发送请求的示例，这个需要重点掌握。（也可以使用 UrlConnection 对象来处理网络请求，有兴趣读者可自行上网查找相关资料）

验证网址是否可达的步骤：

（1）创建一个 URI 对象：URI uri=new URL(http://www.baidu.com)；

（2）声明请求数据的方法，这里采用 httpGet 的方法，在翻译机的例子里面会使用 httpPost 的方法 `httpGet httpGet = new httpGet(url);`

（3）使用 httpClient 执行请求并返回数据至 httpResponse

```
httpResponse httpResponse = httpClient.execute(httpGet);
```

（4）分析返回的状态码是否等于 200，若等于 200 则表示此网站连通

```
httpResonpse.getStatusLine().getStatusCode() = = 200
```

（5）根据状态码返回 true 或者 false。

【注意】这里是 URI 对象，而不是 URL 对象。这是很多新手会犯的错误。

返回的响应码 200，是成功。

checkInternetConnection 的方法如图 15A-12 所示。

最后 QR Code 二维条形码对汉字的编码是采用 UTF-8，所以主程序中需要编写自定义函数 big52unicode 和 unicode2big5 来转换，如果手机的编码是 BIG5，可以通过此函数转换为 UTF-8 的中文编码，如图 15A-13 所示。

因为本例涉及的知识点比较多，在此总结一下。点击 Eclipse 中的 Outline。它是 Eclipse

框架提供的一个内建视图，能够将编辑器(Editor)中的内容以结构化大纲或者缩略图的方式展示给用户，如图 15A-14 所示。

程序一开始初始化了一些基本控件，例如输入文字的 EditText、单击操作的 Button 和用于显示结果的 WebView。

程序运行之初 onCreate() 分别对 Button 设置了一个对应的监听器：new OnClickListener(){...}，其作用是调用 Google API，生成 QR 二维条形码。

然后通过 genGoogleQRChart(String, int) 实现将用户输入的内容组装成一个正常的 html 请求发给 Google 服务器，同时又利用 big52unicode 进行正确的编码，以及 checkInternetConnection(String, String) 检查网络环境是否畅通。

```
/* 检查网络联机是否正常 */
public boolean checkInternetConnection
(String strURL, String strEncoding)
{
  try
  {
    /*创建一个URL对象:*/
    URI uri = new URI(strURL);
    /*实例化httpClient对象*/
    HttpClient httpClient = new DefaultHttpClient();
    /*声明请求数据的方法*/
    HttpGet httpGet = new HttpGet(uri);
    /*使用httpClient执行请求并返回数据至HttpResponse*/
    HttpResponse httpResponse = httpClient.execute(httpGet);
    /*判断状态*/
    if(httpResponse.getStatusLine().getStatusCode() >= 200)
      return true;
    else
      return false;
  }
  catch (Exception e)
  {
    e.printStackTrace();
    return false;
  }
}
```

图 15A-12　checkInternetConnection 的方法

```
*QRCode.java
104        {
105          return false;
106        }
107      }
108      catch (Exception e)
109      {
110        e.printStackTrace();
111        return false;
112      }
113    }
114
115    /* 自定义BIG5转UTF-8 */
116    public String big52unicode(String strBIG5)
117    {
118      String strReturn="";
119      try
120      {
121        strReturn = new String(strBIG5.getBytes("big5"), "UTF-8");
122      }
123      catch (Exception e)
124      {
125        e.printStackTrace();
126      }
127      return strReturn;
128    }
129
130    /* 自定义UTF-8转BIG5 */
131    public String unicode2big5(String strUTF8)
132    {
133      String strReturn="";
134      try
135      {
136        strReturn = new String(strUTF8.getBytes("UTF-8"), "big5");
137      }
138      catch (Exception e)
139      {
140        e.printStackTrace();
141      }
142      return strReturn;
143    }
144
145  }
```

图 15A-13　big52unicode

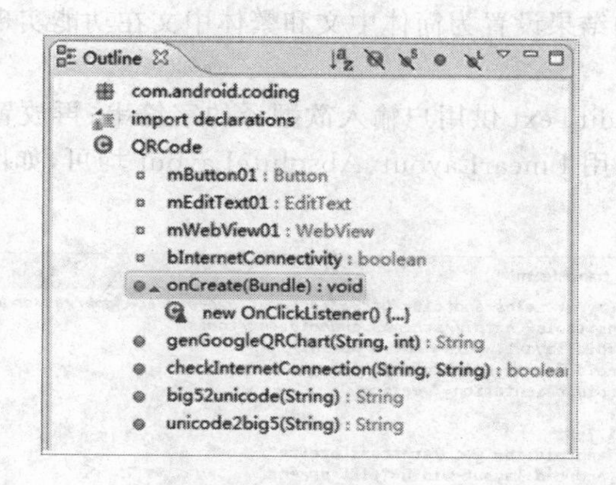

图 15A-14　Outline

A.2.2　Baidu　Translate

1. 需求分析

Baidu 作为一个强大的搜索引擎，除了提供搜索功能之外，还提供了强大的在线翻译的功能，如图 15A-15 所示。而 Android 手机没有自带翻译字典的功能，但可以利用 Baidu 提供现成的网络翻译 API，制作一款翻译软件，如图 15A-16 所示。

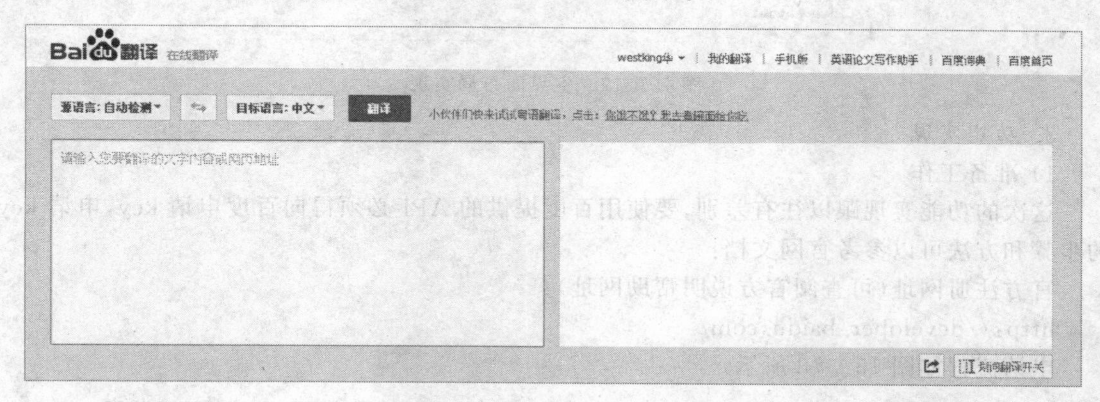

图 15A-15　Baidu 翻译

图 15A-16　本例翻译

【注意 1】有关翻译的结果设置为简体中文和繁体中文在功能实现部分有具体的讲解。

2. 界面设计

在主界面放置 1 个 EditText 供用户输入欲翻译的字符串；再放置一个 TextView 供显示界面，由于控件并不多，采用 LinearLayout、AbsoluteLayout 均可，如图 15A-17 所示则使用了 LinearLayout 布局。

```
activity_main_translate.xml
1  <LinearLayout xmlns:android="http://schemas.android.com/apk/res/android"
2      xmlns:tools="http://schemas.android.com/tools"
3      android:layout_width="match_parent"
4      android:layout_height="match_parent"
5      android:orientation="vertical">
6
7      <EditText
8          android:id="@+id/et_translateStr"
9          android:layout_width="fill_parent"
10         android:layout_height="wrap_content"
11         />
12     <TextView
13         android:id="@+id/tv_showResult"
14         android:layout_width="fill_parent"
15         android:layout_height="wrap_content"
16         android:textSize="10pt"
17         />
18     <Button
19         android:id="@+id/btn_translate"
20         android:layout_width="fill_parent"
21         android:layout_height="wrap_content"
22         android:text="翻译"
23         />
24 </LinearLayout>
25
```

图 15A-17 主界面布局实现

3. 功能实现

1）准备工作

这次的功能实现跟以往有差别，要使用百度提供的 API 必须得向百度申请 key，申请 key 的步骤和方法可以参考官网文档：

官方注册网址(可查阅官方说明帮助网址)：

http://developer.baidu.com/

申请流程如图 15A-18 所示。

为了更好的满足您的需求，请协助完成百度开放云认知调查。请勾选您最想使用或最感兴趣的服务（可多选）：

开放云服务

- [x] 应用引擎(BAE)
- [x] 云存储
- [x] 云数据库
- [x] 云消息
- [x] 云推送
- [x] 媒体云
- [x] LBS云

API服务

- [x] 个人云存储
- [ ] 社会化组件
- [x] 地图
- [ ] 账号连接
- [ ] 输入法SDK(iOS)
- [x] 翻译
- [ ] 终端适配

其他

- [ ] SiteApp
- [ ] 移动测试中心(MTC)
- [ ] 云众测

提交

图 15A-18　百度申请 key 的过程

成功申请 key 后的界面，记住这个 key，在程序里我们会使用到，如图 15A-19 所示。其实比 google 的好的地方在于 baidu 账号可以统一管理地图、翻译、云存储等所有服务，而 google 每个服务是单独成一个体系。

baiduApiTranslate Manifest　MainTranslateActivity.java

```
1  package com.android.baiduapitranslate;
2
3+ import java.io.BufferedReader;
33
34 public class MainTranslateActivity extends Activity {
35
36     /* [illegible] */
37     EditText etTranslateStr;
38     TextView tvShowResult;
39     Button btnTranslate;
40     /*baiduapi key*/
41     private final String KEY = "MiO3sB7rtGuWnxBew7b5hwo7";
42     /* [illegible] */
43     private HttpClient myHttpClient = new DefaultHttpClient();
44     /*Post请求*/
45     private HttpPost myHttpPost;
46     private final String REQUESRURL = "http://openapi.baidu.com/public/2.0/bmt/translate";
47     private final String TAG = "MainTranslateActivity";
48
```

图 15A-19　使用百度 key

2）功能实现

程序的逻辑比较简单，分为三步，分别如下：

(1) 单击翻译按钮后读取 EditTex 内容 str。

(2) 将 str 内容和一些参数封装成 post 请求发送到 baidu 服务器。

(3) 解析百度服务器返回的 json 数据。

这里可能有两个疑问。

第一个疑问是所谓的 str 和一些参数是怎么进行封装的呢？第二个疑问是如何解析 json 数据？

对于第一个问题，我们可以参考官方百度翻译的 API，如图 15A-20 所示。

所谓的封装数据，就是要告诉百度的服务器我需要翻译的源语言语种和目标语言语种是什么，还有待翻译的内容，然后通过 url 以 post 的方法传递给服务器，在 chrome 中我们可以安装一个 postman 插件来更加详细的观察结果，如图 15A-21 所示。

在上面输入 url，输入请求参数，单击 send 后便可得到返回的 json 数据，比较粗体的深红

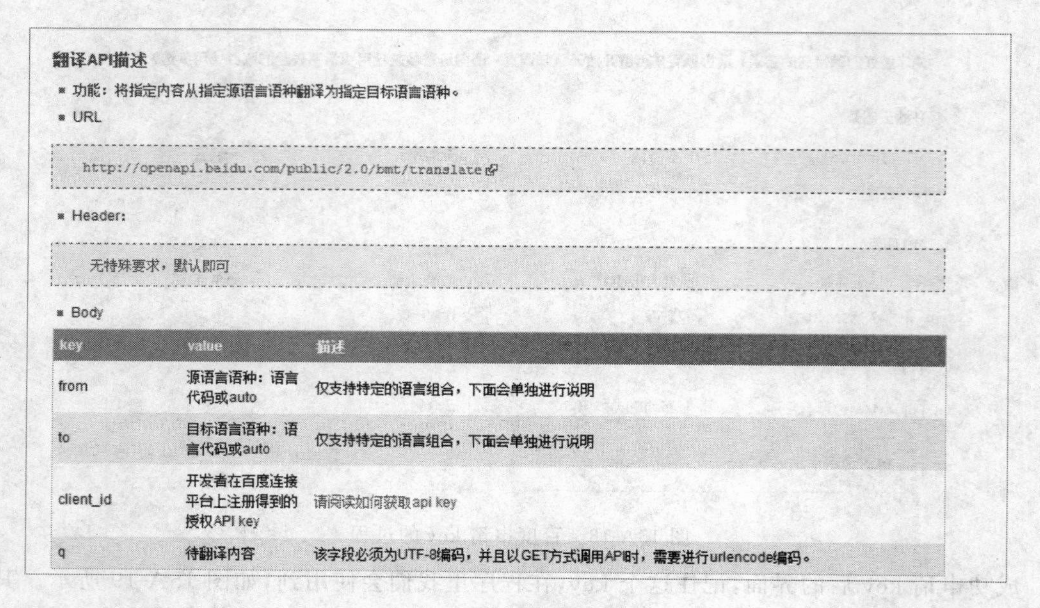

翻译API描述

- 功能：将指定内容从指定源语言语种翻译为指定目标语言语种。
- URL

```
http://openapi.baidu.com/public/2.0/bmt/translate
```

- Header:

无特殊要求，默认即可

- Body

key	value	描述
from	源语言语种：语言代码或auto	仅支持特定的语言组合，下面会单独进行说明
to	目标语言语种：语言代码或auto	仅支持特定的语言组合，下面会单独进行说明
client_id	开发者在百度连接平台上注册得到的授权API key	请阅读如何获取api key
q	待翻译内容	该字段必须为UTF-8编码，并且以GET方式调用API时，需要进行urlencode编码。

图 15A-20　百度翻译原理

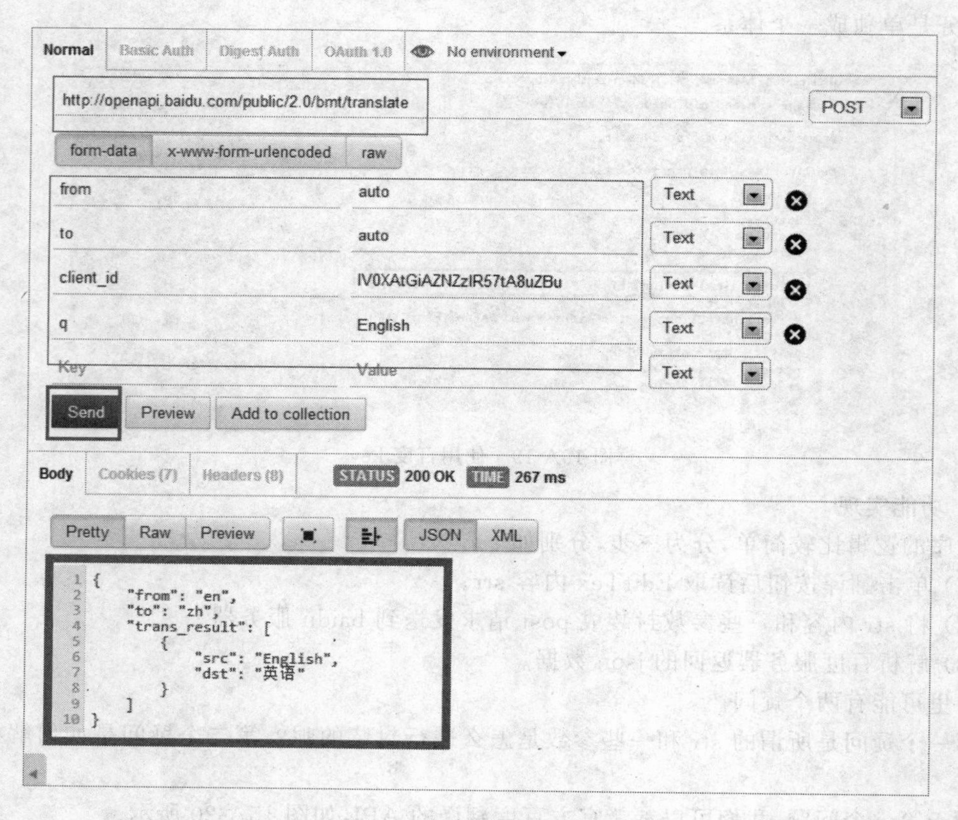

图 15A-21　利用插件检测

色框所示的数据。

第二个疑问是解析 json 数据的问题，观察 json 数据我们可知，我们需要的内容为 dst 所示的内容。故需要对返回的 json 数据进行解析，在 Android 中封装了对 json 数据解析的对象，我们可以直接拿来用，但是在进行解析之前得对 json 数据的格式有一个比较清楚的认识，下面是官方的中文说明文档的网址：http://www.json.org/json-zh.html。

下面来看看代码的实现

程序开始依旧是在 onCreate()方法里面对控件进行初始化并为翻译按钮添加监听事件，如图 15A-22 所示。

```java
@Override
protected void onCreate(Bundle savedInstanceState) {
    super.onCreate(savedInstanceState);

    setContentView(R.layout.activity_main_translate);
    etTranslateStr = (EditText)findViewById(R.id.et_translateStr);
    tvShowResult = (TextView)findViewById(R.id.tv_showResult);
    btnTranslate = (Button)findViewById(R.id.btn_translate);

    btnTranslate.setOnClickListener(new OnClickListener() {

        @Override
        public void onClick(View arg0) {
            // TODO Auto-generated method stub
            /*得到editText里面的内容，发送至百度服务器解析者返回数据*/
            final String str = etTranslateStr.getText().toString();
            if(str.equals("")){
                Toast.makeText(MainTranslateActivity.this, "输入的内容不能为空", Toast.LENGTH_LONG).show();
                /*返回，不做处理*/
                return ;
            }
```

图 15A-22　初始化监听

单击按钮后便读取 EditText 的内容封装成 post 请求发送到百度服务器上。代码如图 15A-23所示。

```java
new Thread(){
    public void run() {
        /*声明post请求*/
        myHttpPost = new HttpPost(REQUESRURL);
        /*创建请求参数并赋值*/
        List<NameValuePair> params = new ArrayList<NameValuePair>();
        /*源语言语种*/
        params.add(new BasicNameValuePair("from","auto"));
        /*目标语言语种*/
        params.add(new BasicNameValuePair("to","auto"));
        /*开发者在百度连接平台上注册得到的授权API key*/
        params.add(new BasicNameValuePair("client_id",KEY));
        /*待翻译内容*/
        params.add(new BasicNameValuePair("q",str));
        try {
            myHttpPost.setEntity(new UrlEncodedFormEntity(params,HTTP.UTF_8));
            HttpResponse httpResponse = myHttpClient.execute(myHttpPost);/*发送post请求至百度服务器*/
            String content = responseToString(httpResponse);/*将返回的内容转换成字符串（json数据）*/
            /*看看json数据是否转换成了字符串*/
            Log.i(TAG, content);
            final String translateResult = stringToResult(content);/*解析json数据并得到里面翻译的结果*/
            tvShowResult.post(new Runnable() {
                public void run() {
                    tvShowResult.setText(translateResult);
                }
            });
        } catch (ClientProtocolException e) {
            e.printStackTrace();
        } catch (IOException e) {
            e.printStackTrace();
        }
    };
}.start();
```

图 15A-23　发请求给百度

要注意图 15A-23 中四个框：

首先第一个框是要注意的是在 Android 中访问网络的代码不能够放在主线程，必须新开一条线程，因为在 Android 中主线程是有超时时间限制的，要是网络不通畅的情况下会使主线程阻塞，导致界面无响应。

第二和第三个框中的 responseToString(content)是将返回的数据转换成字符串的功能方法,而 stringToResult()则是提取 json 数据里面需要的内容。在下面会进行解释。

而最后一个框便是将翻译得到的结果在 UI 里面进行显示,Android 不允许在子线程中进行更新 UI,故这里使用了 android. view. post(Runnable r)方法对 UI 进行更新,若需要更加详细的内容,可以自行百度,当然使用 Handler 进行 UI 的更新也可以。

responseToString(content)的代码如图 15A-24 所示。

```
/*将响应转换成字符串*/
public String responseToString(HttpResponse httpResponse){
    try{
    BufferedReader br = new BufferedReader(
            new InputStreamReader(httpResponse.getEntity().getContent()));
    StringBuffer sb = new StringBuffer();
    String line = null;
    while ((line = br.readLine()) != null) {
        sb.append(line);
    }
    return sb.toString();
    }catch(IOException e){
        e.printStackTrace();
    }
    return null;
}
```

图 15A-24 转换相应字符串

stringToResult(String originStr)的方法如图 15A-25 所示。

实现效果如图 15A-26 所示。

```
    public String stringToResult(String originStr){
        if(originStr == null)
            return new String();
        try {
            JSONObject obj = new JSONObject(originStr);
            JSONArray array = obj.getJSONArray("trans_result");
            StringBuffer sb = new StringBuffer();
            for(int i = 0; i < array.length(); i ++){
                String result = array.getJSONObject(i).getString("dst");
                sb.append(result + " ");
            }
            Log.i(TAG, sb.toString() + "NoNoNoNo");
            return sb.toString();
        } catch (JSONException e) {
            // TODO Auto-generated catch block
            e.printStackTrace();
        }
        return new String();
    }
}
```

图 15A-25 stringToResult 方法

图 15A-26 baiduApiTranslate 实现效果

至此,翻译功能就实现了。

A. 2. 3 TTS Translate

1. 需求分析

如果一个词典不能发音感觉好像欠缺一些功能,所以本例是在上一个例子的基础之上加入了发音功能,如图 15A-27 所示,单击发音按钮会使用本例扬声器发音。并且将之前的英翻汉,改为汉翻英。

2. 界面设计

本次采用了 2 个 LinearLayout 进行嵌套,如图 15A-28 所示。其中用户在 EditText

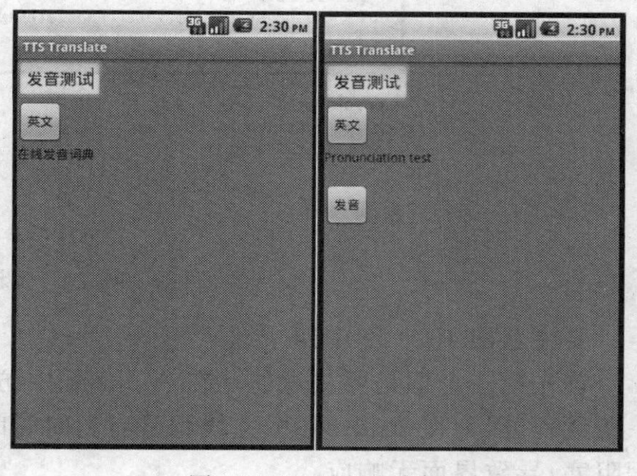

图 15A-27 TTS 翻译

中输入欲翻译的中文，当按下“英文”按钮时，则调用 Google Translate API 进行翻译，与之前类似。不同是，本例将传回的结果显示在 TextView 上，显示完翻译结果并多出一个“发音”按钮，当单击此按钮便会调用 TTS 发音了。整个界面同样的结果同样也可以显示在 OutLine 中，如图 15A-29所示。

```
main.xml
1  <?xml version="1.0" encoding="utf-8"?>
2  <LinearLayout xmlns:android="http://schemas.android.com/apk/res/android"
3    android:orientation="vertical"
4    android:layout_width="fill_parent"
5    android:layout_height="fill_parent"
6    android:background="#808080" >
7    <EditText
8      android:id="@+id/EditText01"
9      android:layout_width="wrap_content"
10     android:layout_height="wrap_content" />
11
12   <LinearLayout
13     android:orientation="horizontal"
14     android:layout_width="wrap_content"
15     android:layout_height="wrap_content" >
16     <Button
17       android:id="@+id/Button01"
18       android:layout_width="wrap_content"
19       android:layout_height="wrap_content"
20       android:text="@string/str_button1" />
21   </LinearLayout>
22
23   <TextView
24     android:id="@+id/TextView01"
25     android:text="@string/hello"
26     android:layout_width="wrap_content"
27     android:layout_height="40px"
28     android:textColor="@android:color/black"/>
29   <WebView
30     android:id="@+id/myWebView1"
31     android:visibility="gone"
32     android:layout_height="wrap_content"
33     android:layout_width="fill_parent"
34     android:focusable="false"/>
35   <Button
36     android:id="@+id/myButton2"
37     android:layout_width="wrap_content"
38     android:layout_height="wrap_content"
39     android:text="@string/str_button2" />
40 </LinearLayout>

Graphical Layout | main.xml
```

图 15A-28　LinearLayout 嵌套

【知识点】什么是 TTS?

TextToSpeech 简称 TTS，是 Android 1.6 版本中比较重要的新功能。将所指定的文本转成不同语言音频输出。它可以方便的嵌入到游戏或者应用程序中，增强用户体验。

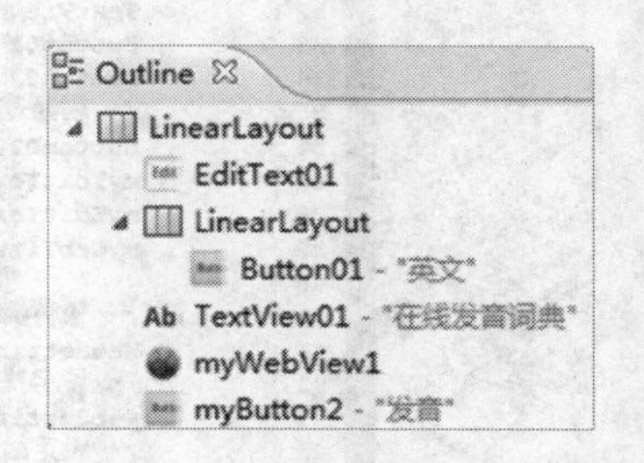

图 15A-29　OutLine 界面结构

TTS engine 依托于当前 Android Platform 所支持的几种主要的语言：English、French、German、Italian 和 Spanish 五大语言（官方暂时没有中文，但是有第三方的发音引擎，课后参考资料有提供下载链接）TTS 可以将文本随意的转换成以上任意五种语言的语音输出。与此同时，对于个别的语言版本将取决于不同的时区，例如：对于 English，在 TTS 中可以分别输出美式和英式两种不同的版本。

3. 功能实现

本例设计的逻辑结构和流程是在程序一开始（onCreate）设置 2 个 button 的监听器，其中一个是翻译按钮的监听器，其目的是让 WebView 调用 html 里的 JavaScript，达到翻译输入内容的功能；其次另外一个发音按钮的监听器，其目的是传入要说的字符串。

然后分别实现 WebView 中调用 JavaScript 和实现 TTS 所对应的 2 个接口。下面详细讲解每个功能的实现。

首先初始化控件，在之前案例已有的控件上添加了 Button 和 TextViw，如图 15A-31 所示。

给“翻译”按钮和“发音”按钮分别添加监听器，并实现其对应的功能，如图 15A-32 所示。

可以从图 15A-32 中观察到，Button01(翻译按钮)使得 WebView 载入了 Google 翻译的地址，在初始化的时候 WebView 利用 addJavascriptInterface 增加了一个 interface 让 HTML 调用 runJavaScript()方法，如图 15A-33 中 47 行所示。现在实现 runJavaScript ( ) 方法，启动多线程，如图 15A-33所示。

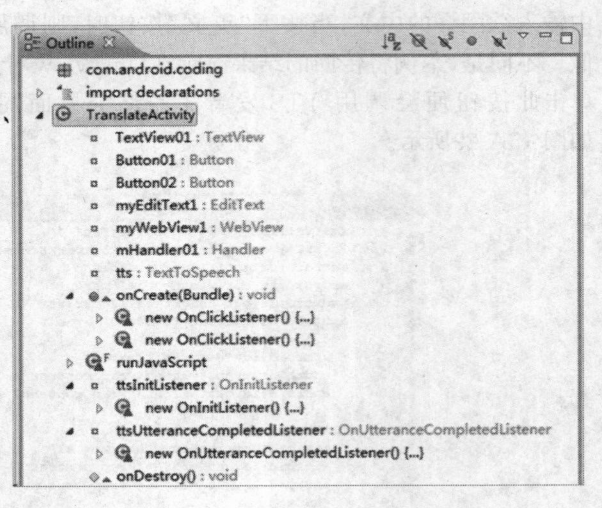

图 15A-30　OutLine 逻辑结构

```
main.xml    TranslateActivity.java
1  package com.android.coding;
2
3  import java.util.Locale;
15 public class TranslateActivity extends Activity {
16       private TextView TextView01;
17       private Button Button01, Button02;
18
19       private EditText myEditText1;
20       private WebView myWebView1;
21
22       private Handler mHandler01 = new Handler();
23       private TextToSpeech tts;
24
25       /** Called when the activity is first created. */
26       @Override
27       public void onCreate(Bundle savedInstanceState)
28       {
29         super.onCreate(savedInstanceState);
30         setContentView(R.layout.main);
31
32         TextView01 = (TextView) this.findViewById(R.id.TextView01);
33         Button01 = (Button) this.findViewById(R.id.Button01);
34         Button02 = (Button) this.findViewById(R.id.myButton2);
35         /* 因隐藏发音按钮 */
36         Button02.setVisibility(View.INVISIBLE);
37         myEditText1 = (EditText) this.findViewById(R.id.EditText01);
38         myEditText1.setText("发音测试");
39         myWebView1 = (WebView) this.findViewById(R.id.myWebView1);
40
41         /* 取得WebSettings */
42         WebSettings webSettings = myWebView1.getSettings();
43         /* 设定执行JavaScript */
44         webSettings.setJavaScriptEnabled(true);
45         /* 设定给html调用的对象及名称 */
46         /* 设定给html调用的对象及名称 */
47         myWebView1.addJavascriptInterface(new runJavaScript(), "TranslateAc
48         /* 将assets/google_translate.html载入 */
49         String url = "file:///android_asset/google_translate.html";
50         myWebView1.loadUrl(url);
51         /* 传入context及OnInitListener */
52         tts = new TextToSpeech(this, ttsInitListener);
```

图 15A-31　初始化控件

main.xml | *TranslateActivity.java

```java
48      /* 将assets/google_translate.html载入 */
49      String url = "file:///android_asset/google_translate.html";
50      myWebView1.loadUrl(url);
51      /* 传入context及OnInitListener */
52      tts = new TextToSpeech(this, ttsInitListener);
53
54      Button01.setOnClickListener(new Button.OnClickListener()
55      {
56        @Override
57        public void onClick(View v)
58        {
59          // TODO Auto-generated method stub
60          TextView01.setText("");
61          Button02.setVisibility(View.INVISIBLE);
62          if (myEditText1.getText().toString().length() > 0)
63          {
64            /* 调用google_translate.html里的javascript */
65            myWebView1.loadUrl
66            ("javascript:google_translate('"+ myEditText1.getText().toString() + "')");
67          }
68        }
69      });
70
71      Button02.setOnClickListener(new Button.OnClickListener()
72      {
73        @Override
74        public void onClick(View v)
75        {
76          // TODO Auto-generated method stub
77          if (TextView01.getText().toString().length() > 0)
78          {
79            /* 传入要说的字符串 */
80            tts.speak(TextView01.getText().toString(), TextToSpeech.QUEUE_FLUSH,
81              null);
82          } else
83          {
84            tts.speak("Nothing to say", TextToSpeech.QUEUE_FLUSH, null);
85          }
86        }
87      });
88    }
89
```

图 15A-32　绑定监听器

main.xml | *TranslateActivity.java | google_translate.html

```java
80            tts.speak(TextView01.getText().toString(), TextToSpeech.QUEUE_FLUSH,
81              null);
82          } else
83          {
84            tts.speak("Nothing to say", TextToSpeech.QUEUE_FLUSH, null);
85          }
86        }
87      });
88    }
89
90
91    final class runJavaScript
92    {
93      public void runOnAndroidJavaScript(final String strRet)
94      {
95        mHandler01.post(new Runnable()
96        {
97          public void run()
98          {
99            if (!strRet.equals(""))
100           {
101             TextView01.setText(strRet);
102             /* 显示发音按钮 */
103             Button02.setVisibility(View.VISIBLE);
104           } else
105           {
106             TextView01.setText("找不到请重按英文按钮");
107           }
108         }
109       });
110     }
111   }
112
113
114   private TextToSpeech.OnInitListener ttsInitListener
115   = new TextToSpeech.OnInitListener()
116   {
117     @Override
118     public void onInit(int status)
119     {
120       // TODO Auto-generated method stub
```

图 15A-33　runJavaScript()方法

相对应的在 assets 目录下建立对应的 html 文件 google_translate. html，与上一个案例所不同的是，这里是汉译英，如图 15A-34 方框所示。

```
<html>
<head>
  <meta
  http-equiv="Content-Type"
  content="text/html; charset=big5" />
</head>
<script type="text/javascript" src="http://www.google.com/jsapi"></script>
<script type="text/javascript">
    google.load("language", "1");
    function google_translate(strInput)
    {
      try
      {
        google.language.translate
        (strInput, "", "en", function(result)
        {
          if (!result.error)
          {
            window.TranslateActivity.runOnAndroidJavaScript(result.translation);
          }
          else
          {
            window.TranslateActivity.runOnAndroidJavaScript("");
          }
        });
      }
      catch(e)
      {
        alert("google_translate Error:"+e);
      }
    }
  </script>
  <body>
  </body>
 </html>
```

图 15A-34　JavaScript 代码

最后实现在线发音的功能，通过查阅 API 可以发现实现发音功能需要实现 TextToSpeech . OnInitListener 和 TextToSpeech . OnUtteranceCompletedListener 这样 2 个接口，如图 15A-35 所示，这 2 个接口分别对于的公有方法如图 15A-36 所示。

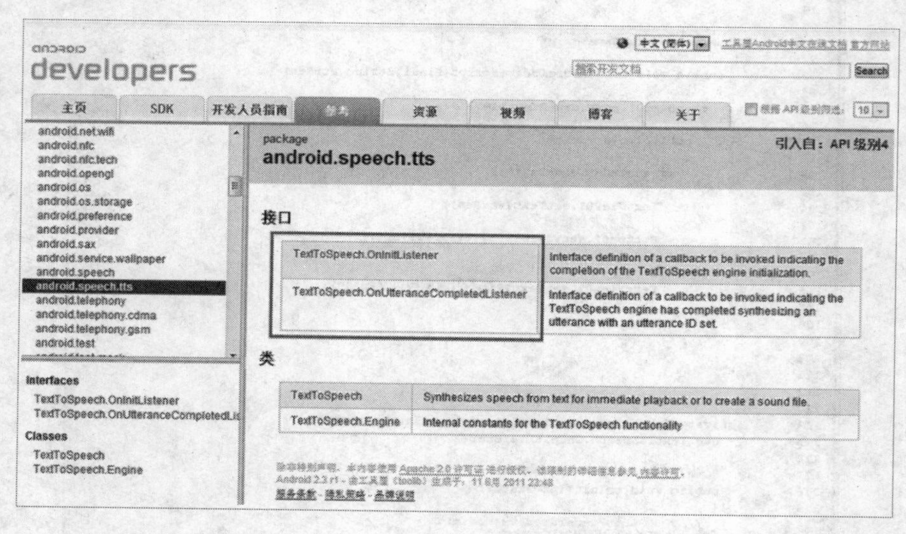

图 15A-35　TTS 接口

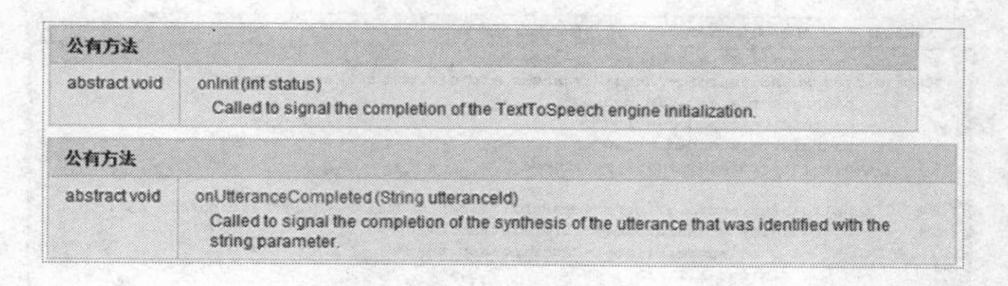

公有方法	
abstract void	onInit (int status) Called to signal the completion of the TextToSpeech engine initialization.

公有方法	
abstract void	onUtteranceCompleted (String utteranceId) Called to signal the completion of the synthesis of the utterance that was identified with the string parameter.

图 15A-36　公有方法

在程序中分别实现这 2 个接口所对应的方法，正如前面介绍 TTS，需要在初始化 TTS 的时候设置美国时区达到使用美式发音引擎的目的。

```
private TextToSpeech.OnInitListener ttsInitListener
= new TextToSpeech.OnInitListener()
{
  @Override
  public void onInit(int status)
  {
    // TODO Auto-generated method stub
    /* 使用美国时区目前不支持中文 */
    Locale loc = new Locale("us", "", "");
    /* 检查是否支持输入的时区 */
    if (tts.isLanguageAvailable(loc) == TextToSpeech.LANG_AVAILABLE)
    {
      /* 设定语言 */
      tts.setLanguage(loc);
    }
    tts.setOnUtteranceCompletedListener(ttsUtteranceCompletedListener);
  }
};
private TextToSpeech.OnUtteranceCompletedListener
ttsUtteranceCompletedListener = new TextToSpeech.OnUtteranceCompletedListener()
{
  @Override
  public void onUtteranceCompleted(String utteranceId)
  {
    // TODO Auto-generated method stub
  }
};

@Override
protected void onDestroy()
{
  // TODO Auto-generated method stub
  /* 释放TextToSpeech的资源 */
  tts.shutdown();
  super.onDestroy();
}
}
```

图 15A-37　实现接口

最后切记在 manifest 中添加访问 internet 的权限，以防程序出错，如图 15A-38 中的方框所示。

A.3　项目心得

本章讲解了 2 个案例，分别使用了 Google 所提供的 API 和百度提供的 api 功能，例子看似比较简单，其实每个例子都可以达到千变万化的作用，例如在实现二维条形码的功能时主要讲解了 HttpClient 对象，此对象涉及的范围比较广，例如将来需要设计从 Internet 获取网页、文件，向 Internet 发送请求、xml 数据都可以参考该例，因为互联网说的狭义一些，涉及的内容无非就是“发送”和“请求”。

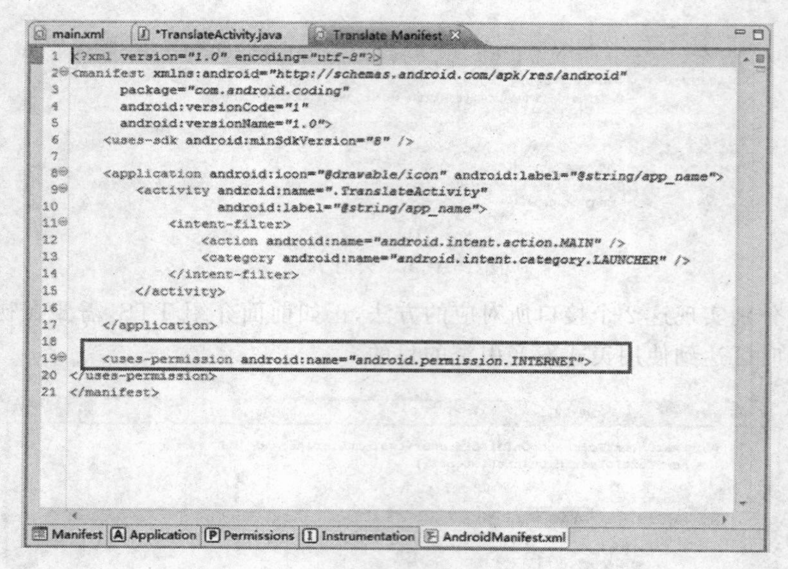

图 15A-38　manifest 添加网络访问权限

A.4　参考资料

（1）Google chart API 中文版：

http://wenku.baidu.com/view/0256771a10a6f524ccbf85bb.html

（2）Webkit：

http://developer.android.com/reference/android/webkit/WebView.html

（3）Charts Gallery：

http://code.google.com/intl/zh-CN/apis/chart/interactive/docs/gallery.htm

（4）Android 用 HttpURLConnection 的 Get 与 Post 应用比较：

http://greatwqs.iteye.com/blog/1024402

（5）Android 中使用 WebView，WebChromeClient 和 WebViewClient 加载网页：

http://blog.csdn.net/zshshuai/article/details/6652783

（6）TTS 中文第三方的引擎：

http://es.androlib.com/android.application.com-shoushuo-android-tts-zpDij.aspx

A.5　常见问题

为什么模拟器中单击生成二维码没有反应。

有的读者在代码无误的情况下发现单击生产二维码没有反应，即调用不了 Google 的 API。这个时候可以检查一下模拟器中是否能够访问网络，单击浏览器如果出现如图 15A-39 的界面，则表示模拟器不能正常访问网络，在排查了本地网络设置正常的情况下，请检查是否在环境变量的设置当中添加了 SDK 下 tools 的引用。

图 15A-39　访问网络

B 天气预报

搜索关键字

SAX；

DOM。

本章难点

XML 中两种解析的区别。

B.1 项目简介

本例的重点并不是如何调用 Google 的 API 去实现一个天气预报的例子，而重点是如何采用比较“合理”的方式使用 Internet 的数据。之所以“合理”打上引号是因为 Internet 数据库来源比较多，不同的数据类型、不同的数据量决定了采集数据的方式也不一样。

例如可以通过 URL 获取网络资源，首先本章所有的例子都需要加入访问 Internet 的权限，如图 15B-1 所示。

```
HttpGet.java    HttpGet Manifest
1  <?xml version="1.0" encoding="utf-8"?>
2  <manifest xmlns:android="http://schemas.android.com/apk/res/android"
3        package="com.studio.android"
4        android:versionCode="1"
5        android:versionName="1.0.0">
6      <application android:icon="@dravable/icon" android:label="@string/app_nam
7          <activity android:name="com.studio.android.HttpGet"
8                  android:label="@string/app_name">
9              <intent-filter>
10                 <action android:name="android.intent.action.MAIN" />
11                 <category android:name="android.intent.category.LAUNCHER" />
12             </intent-filter>
13         </activity>
14     </application>
15     <uses-permission android:name="android.permission.INTERNET" />
16 </manifest>
```

图 15B-1 添加访问 Internet 权限

然后程序的目的是访问网站上面的一个 txt 文本(图 15B-2 中选择部分)，然后将其读入，最后将字节流转换字符串显示在 Android 手机屏幕上，如图 15B-3 所示。

上述的例子只是简单介绍了如何获取网页文本的资源，对于获取网页上的图片、音频、视频等其他资源，方法较为类似，可自行查阅搜索引擎。

有了初步了解获取网络资源的方法之后，本章最终目标是实现天气预报的案例，如图 15B-4 所示。

图 15B-4 中看似简单的天气预报却蕴含着丰富的知识。要实现本案例必须掌握 XML 中的 SAX 解析。夸张一点的形容，XML 又是拥有着强大的功能，例如平时 RSS 的订阅新闻组、网站中的 CSS、异步数据采集、网络安全都会使用到 XML，所以小程序包含着大智慧。

```
HttpGet.java    HttpGet Manifest
 1 package com.studio.android;
 2 import java.io.BufferedInputStream;
13 public class HttpGet extends Activity {
14     @Override
15     public void onCreate(Bundle savedInstanceState) {
16         super.onCreate(savedInstanceState);
17         TextView tv = new TextView(this);
18         String myString = null;
19         try {
20             /* 定义获取文件内容的URL */
21             URL myURL = new URL("http://172.16.42.25/1.txt");
22
23             /* 打开URL链接 */
24             URLConnection ucon = myURL.openConnection();
25
26             /* 使用InputStreams，从URLConnection读取数据*/
27             InputStream is = ucon.getInputStream();
28             BufferedInputStream bis = new BufferedInputStream(is);
29
30             /* 用ByteArrayBuffer做缓存 */
31             ByteArrayBuffer baf = new ByteArrayBuffer(50);
32             int current = 0;
33             while((current = bis.read()) != -1){
34                 baf.append((byte)current);
35             }
36             /* 将缓存的内容转化为String，用UTF-8编码 */
37             myString = EncodingUtils.getString(baf.toByteArray(), "UTF-8");
38             //myString = new String(baf.toByteArray());
39
40         } catch (Exception e) {
41             myString = e.getMessage();
42         }
43         /* 设置屏幕显示 */
44         tv.setText(myString);
45         this.setContentView(tv);
46     }
47 }
```

图 15B-2　读入 txt 字节流

图 15B-3　字节流转换字符串显示手机上

图 15B-4　天气预报

本章的设计思路是先简单了解什么是 XML，然后特别针对 SAX 和 DOM 解析进行讲解。再通过一个简单的 SAX 解析案例之后，学习如何调用 Google 天气预报的 API 制作出此款天气预报的软件。

【注意】Google 提供的天气预报信息量非常多，图 15B-4 只是选取了其中一部分信息显示出来。

B.2 案例设计与实现

B.2.1 XML 入门

想要系统化的学好 XML 绝对不是靠几个例子就能学好的，市面上有很多专门介绍 XML 的书籍，也有专门 XML 的课程。所以本章也没有奢望能够系统的介绍 XML 知识点。

短时间内学好 XML 绝非易事，但是短时间内学会 XML 还是有可能的。其实编程语言类的课程，只要掌握了技巧和方法，短时间内学会一门语言的语法，做一些简单的例子绝对是有可能的。就像武侠小说中打通了“任督”二脉，学习任何武功都突飞猛进的道理是一样的。

那么这里就不以之前系统化的方式讲解 XML，而是采用问答的形式，并且试验用到什么功能就讲什么功能，这样效率又高，速度又快。有时候用到什么马上学什么，利用互联网强大的搜索功能，也是自学的一种方式。

1. XML 是什么

1）什么是 XML？

XML 指可扩展标记语言(EXtensible Markup Language)。

XML 是一种标记语言，很类似 HTML。

XML 的设计宗旨是传输数据，而非显示数据。

XML 标签没有被预定义，在 HTML 中使用的标签(以及 HTML 的结构)是预定义的。HTML 文档只使用在 HTML 标准中定义过的标签(比如 <p> 、<h1> 等等)。XML 允许创作者定义自己的标签和自己的文档结构，需要自行定义标签。

XML 仅仅是纯文本，XML 没什么特别的。有能力处理纯文本的软件都可以处理 XML。不过，能够读懂 XML 的应用程序可以有针对性地处理 XML 的标签。标签的功能性意义依赖于应用程序的特性。

XML 被设计为具有自我描述性。

XML 是 W3C 的推荐标准

2）XML 与 HTML 有什么区别？

XML 不是 HTML 的替代，XML 是对 HTML 的补充。

XML 和 HTML 为不同的目的而设计：在大多数 web 应用程序中，XML 被设计为传输和存储数据，其焦点是数据的内容。HTML 被设计用来显示数据，其焦点是数据的外观。说的简单一些，HTML 旨在显示信息，而 XML 旨在传输信息。

所以，对 XML 最好的描述是：XML 是独立于软件和硬件的信息传输工具。

3）XML 如何把数据从 HTML 分离？

【注意】下面的讲解非常重要，如果有一些网站开发的经验理解起来会更加深刻。

如果你需要在 HTML 文档中显示动态数据，那么每当数据改变时将花费大量的时间来编辑 HTML。

通过 XML，数据能够存储在独立的 XML 文件中。这样你就可以专注于使用 HTML 进行布局和显示，并确保修改底层数据不再需要对 HTML 进行任何的改变。

特别是，通过使用几行 JavaScript，你就可以读取一个外部 XML 文件，然后更新 HTML 中的数据内容。

4）XML 树结构

XML 文档是一种树结构，它从“根部”开始，然后扩展到“枝叶”，如图 15B-5 所示。

```
<?xml version="1.0" encoding="ISO-8859-1"?>
<note>
<to>George</to>
<from>John</from>
<heading>Reminder</heading>
<body>Don't forget the meeting!</body>
</note>
```

图 15B-5　XML 树结构案例

第一行是 XML 声明。它定义 XML 的版本（1.0）和所使用的编码。

第二行描述文档的根元素：＜note＞，该元素是所有其他元素的父元素。（像在说：“本文档是一个便签”）

接下来 4 行描述根的 4 个子元素（to，from，heading 以及 body）：

＜to＞George＜/to＞

＜from＞John＜/from＞

＜heading＞Reminder＜/heading＞

＜body＞Don't forget the meeting! ＜/body＞

最后一行定义根元素的结尾：＜/note＞

XML 文档树从根部开始，并扩展到树的最底端。所有元素均可拥有子元素，如图 15B-6 所示。

```
<root>
  <child>
    <subchild>.....</subchild>
  </child>
</root>
```

图 15B-6　树结构

父、子以及同胞等术语用于描述元素之间的关系。父元素拥有子元素。相同层级上的子元素成为同胞（兄弟或姐妹）。

所有元素均可拥有文本内容和属性，如图 15B-7 所示（类似 HTML 中）。

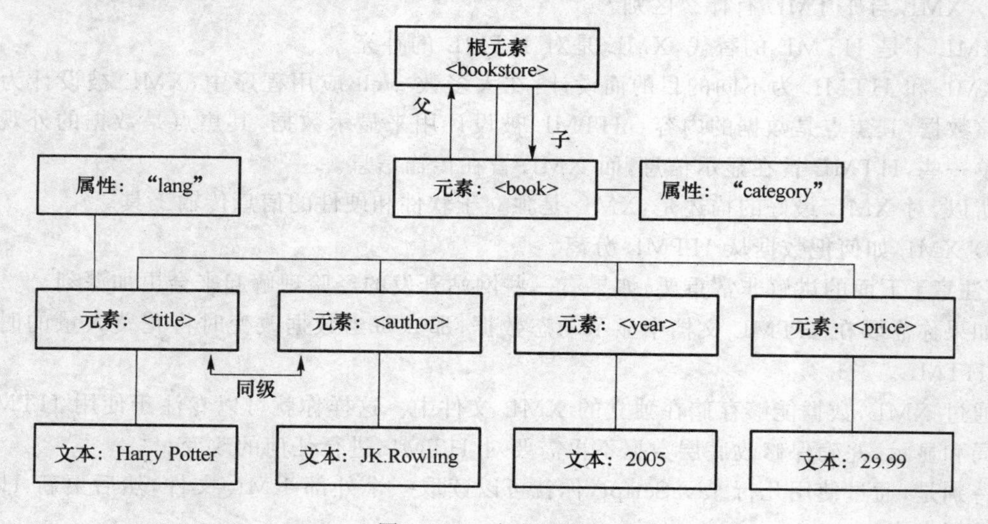

图 15B-7　内容和属性

上图 15B-7 的形式，表示下面图 15B-8 利用 XML 语言所形容的一本书。

```
<bookstore>
<book category="COOKING">
  <title lang="en">Everyday Italian</title>
  <author>Giada De Laurentiis</author>
  <year>2005</year>
  <price>30.00</price>
</book>
<book category="CHILDREN">
  <title lang="en">Harry Potter</title>
  <author>J K. Rowling</author>
  <year>2005</year>
  <price>29.99</price>
</book>
<book category="WEB">
  <title lang="en">Learning XML</title>
  <author>Erik T. Ray</author>
  <year>2003</year>
  <price>39.95</price>
</book>
</bookstore>
```

图 15B-8　案例结构

例子中的根元素是＜bookstore＞。文档中的所有＜book＞元素都被包含在＜bookstore＞中。＜book＞元素有 4 个子元素，分别是：＜title＞、＜ author＞、＜year＞、＜price＞。

5）语法

XML 的语法规则很简单，且很有逻辑，但是也很严谨。这些规则很容易学习，也很容易使用。

（1）所有 XML 元素都必须有关闭标签

在 HTML，经常会看到没有关闭标签的元素：

```
＜p＞This is a paragraph
＜p＞This is another paragraph
```

在 XML 中，省略关闭标签是非法的。所有元素都必须有关闭标签：

```
＜p＞This is a paragraph＜/p＞
＜p＞This is another paragraph＜/p＞
```

【注意】：也许已经注意到 XML 声明没有关闭标签。这不是错误。声明不属于 XML 本身的组成部分。它不是 XML 元素，也不需要关闭标签。

（2）XML 标签对大小写敏感

XML 元素使用 XML 标签进行定义。

XML 标签对大小写敏感。在 XML 中，标签 ＜Letter＞ 与标签 ＜letter＞ 是不同的。

必须使用相同的大小写来编写打开标签和关闭标签：

```
＜Message＞这是错误的。＜/message＞
＜message＞这是正确的。＜/message＞
```

（3）XML 必须正确地嵌套

在 HTML 中，常会看到没有正确嵌套的元素：

```
＜b＞＜i＞This text is bold and italic＜/b＞＜/i＞
```

在 XML 中，所有元素都必须彼此正确地嵌套：

```
＜b＞＜i＞This text is bold and italic＜/i＞＜/b＞
```

在上例中，正确嵌套的意思是：由于 ＜i＞ 元素是在 ＜b＞ 元素内打开的，那么它必须在 ＜b＞ 元素内关闭。

（4）XML 文档必须有根元素

XML 文档必须有一个元素是所有其他元素的父元素。该元素称为根元素。

```
<root>
  <child>
    <subchild>.....</subchild>
  </child>
</root>
```

(5) XML 的属性值必须加引号

与 HTML 类似，XML 也可拥有属性（名称/值的对）。

在 XML 中，XML 的属性值须加引号。请研究下面的两个 XML 文档。第一个是错误的，第二个是正确的：

```
<note date = 08/08/2012>
<to>George</to>
<from>John</from>
</note>
<note date = "08/08/2012">
<to>George</to>
<from>John</from>
</note>
```

其中，在第一个文档中的错误是：note 元素中的 date 属性没有加引号。

(6) XML 中的注释

在 XML 中编写注释的语法与 HTML 的语法很相似：

```
<! -- This is a comment -->
```

(7) 在 XML 中，空格会被保留

HTML 会把多个连续的空格字符裁减（合并）为一个：

```
HTML:Hello            my name is David.
```

输出：Hello my name is David.

在 XML 中，文档中的空格不会被删除。

(8) XML 命名规则

XML 元素必须遵循以下命名规则：

① 名称可以含字母、数字以及其他的字符。

② 名称不能以数字或者标点符号开始。

③ 名称不能以字符“xml”（或者 XML、Xml）开始。

④ 名称不能包含空格。

⑤ 可使用任何名称，没有保留的字词。

(9) XML 属性

① 属性名规则和元素名规则一样。

② 属性名区分大小写。

③ 属性值必须使用单、双引号。

④ 如果属性值中要使用<、>必须使用字符引用。

XML 示例：

理解下面的三个 XML 文档的例子，就明白了属性和元素之间的关系。这三个例子包含完全相同的信息：

第一个例子中使用了 date 属性：

```
<note date = "08/08/2012">
<to>George</to>
<from>John</from>
<heading>Reminder</heading>
<body>Don't forget the meeting! </body>
</note>
```

第二个例子中使用了 date 元素：

```
<note>
<date>08/08/2012</date>
<to>George</to>
<from>John</from>
<heading>Reminder</heading>
<body>Don't forget the meeting! </body>
</note>
```

第三个例子中使用了扩展的 date 元素(推荐)：

```
<note>
<date>
  <day>08</day>
  <month>08</month>
  <year>2012</year>
</date>
<to>George</to>
<from>John</from>
<heading>Reminder</heading>
<body>Don't forget the meeting! </body>
</note>
```

6) DTD

DTD 是什么？Document Type Definition 文档类型定义是为了 XML 文档提供正规语法的一组规则约束,使用 DTD 可以对 XML 文档进行有效性验证。

例如为了出版一部书,出版商会要求作者遵循一定的格式。作者可能不管是否与前面的小标题列出的关键点相符合,而只管往下写。如果作者用 XML 写作,那么出版商就很容易检查出作者是否遵循了 DTD 做出的预定格式,甚至找出作者在哪里以及怎么样偏离了格式。这比期望编辑们单纯从形式上通读文档而找出所有偏离格式的地方要容易得多。

DTD 使人们能脱离实际数据而看到文档结构,意味着可以将许多有趣的样式和格式家在基本结构上,而对基本结构毫无损害。犹如涂饰房子而不用改变其结构。

DTD 示例:DTD 可被成行地声明于 XML 文档中,也可作为一个外部引用。例如图 15B-9 所示。

```
<?xml version="1.0"?>
<!DOCTYPE note [
  <!ELEMENT note (to,from,heading,body)>
  <!ELEMENT to      (#PCDATA)>
  <!ELEMENT from    (#PCDATA)>
  <!ELEMENT heading (#PCDATA)>
  <!ELEMENT body    (#PCDATA)>
]>
<note>
  <to>George</to>
  <from>John</from>
  <heading>Reminder</heading>
  <body>Don't forget the meeting!</body>
</note>
```

图 15B-9　DTD

以上 DTD 解释如下：

！DOCTYPE note（第二行）定义此文档是 note 类型的文档。

！ELEMENT note（第三行）定义 note 元素有四个元素："to、from、heading、body"

！ELEMENT to（第四行）定义 to 元素为 "＃PCDATA" 类型

！ELEMENT from（第五行）定义 frome 元素为 "＃PCDATA" 类型

！ELEMENT heading（第六行）定义 heading 元素为 "＃PCDATA" 类型

！ELEMENT body（第七行）定义 body 元素为 "＃PCDATA" 类型

假如 DTD 位于 XML 源文件的外部，那么它应通过下面的语法被封装在一个 DOCTYPE 定义中，原理是一样的。这里就不在举例说明了。

有关 DTD 中的如何构建模块、元素、属性、实体，这里就不举例了，和本章内容联系不大，有兴趣的读者可以自行查阅。

7）XML schema

DTD 本身不是一个良好的 XML 文档，而 XML Schema 能够有效的解决上述问题。最重要的是 XML schema 本身就是一个 XML 文档，可以自由地对它进行处理。

DTD 和 XML schema 相同点：

XML schema 作用和 DTD 差不多，判断实例是否符合模式中描述的所有约束：

① 验证数据显示格式是否正确或者超出范围。

② 验证所有必须信息是否存在。

③ 确保不同使用者对文档理解方式相同。

DTD 和 XML schema 不同点：

schema 支持丰富的数据类型、支持丰富命名空间机制、对整个 XML 文档或者文档局部进行效验，完全遵循 XML 规范，而 DTD 有自己的语法，比较难学习。XML Schema 比 DTD 更强大，通过对数据类型的支持：

① 可更容易地描述允许的文档内容。

② 可更容易地验证数据的正确性。

③ 可更容易地与来自数据库的数据一并工作。

④ 可更容易地定义数据约束(data facets)。

⑤ 可更容易地定义数据模型(或称数据格式)。

⑥ 可更容易地在不同的数据类型间转换数据。

XMLshcema 语言两种类型：

XMLshcema 包含了：微软的 XML schema 和 W3C 的 XML shcema 两种类型，其中 W3C 的简称 xsd，用的比较广泛。

① 微软：

<Schema name = "schema-name" xmlns = "namespace">

元素声明部分或属性声明部分。

</Schema>

② xsd：

<xsd:schema xmlns:xsd = "namespace">

元素声明部分或属性声明部分。

</xsd:schema>

XML Schema 示例：

在介绍例子之前，先介绍一款事半功倍的 XML 编辑软件 XMLSpy。

XMLSpy 是 XML 编辑器，会让 XML 代码的处理更容易，支持 Well-formed 和 Validated 两种类型的 XML 文档，支持 NewsML 等多种标准 XML 文档的所见即所得的编辑，同时提供了强有力的样式表设计。根据笔者的经验在众多 XML 编辑软件当中，XMLSpy 无疑是功能最强大的。

XMLspy 强大的地方在于它可以用拖控件的形式形成 schema，比如需要设计一个员工信息表，我们希望对数据的约束如黄色部分显示：

```
<? xml version = "1.0" encoding = "UTF-8" ? >
<! -- edited with XMLSpy v2009 (http://www.altova.com) by andy (EMBRACE)
  -->
<xs:schema xmlns:xs = "http://www.w3.org/2001/XMLSchema"  elementFormDefault = "qualified"
attributeFormDefault = "unqualified">
<xs:element name = "员工" type = "员工 Type">
<xs:annotation>
<xs:documentation>Comment describing your root element</xs:documentation>
</xs:annotation>
</xs:element>
<xs:complexType name = "员工 Type">
<xs:sequence>
<xs:element name = "姓名" />
<xs:element name = "性别" />
<xs:element name = "出生日期" />
  </xs:sequence>
</xs:complexType>
</xs:schema>
```

在 XMLspy 只需要按逻辑关键，通过拖动的方式添加元素就可以生成，如图 15B-10 所示的效果。

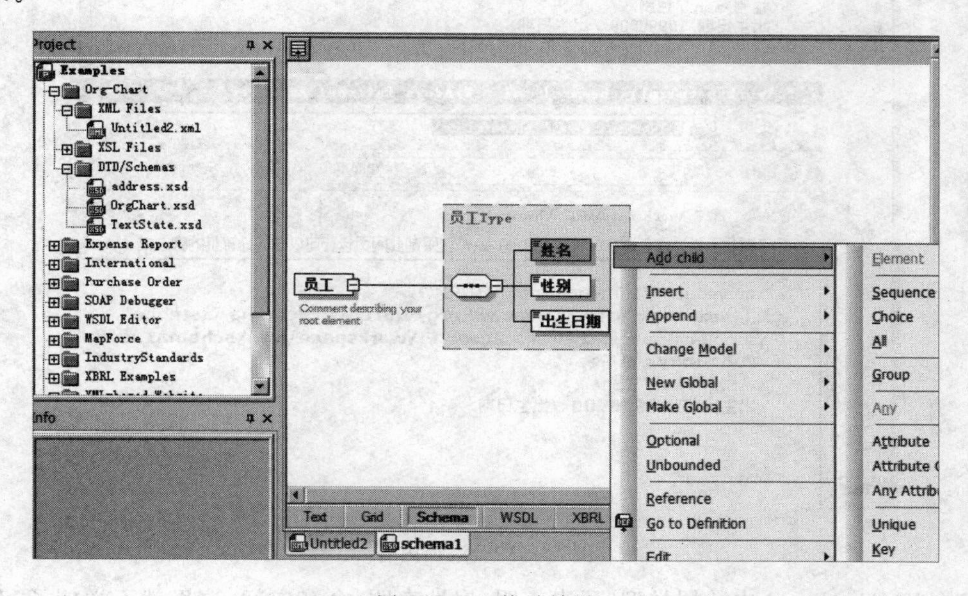

图 15B-10　拖动效果

然后新建一个 XML 文档，便可以调用刚刚生成的 schema 文件，如图 15B-11 中被选择的部分。

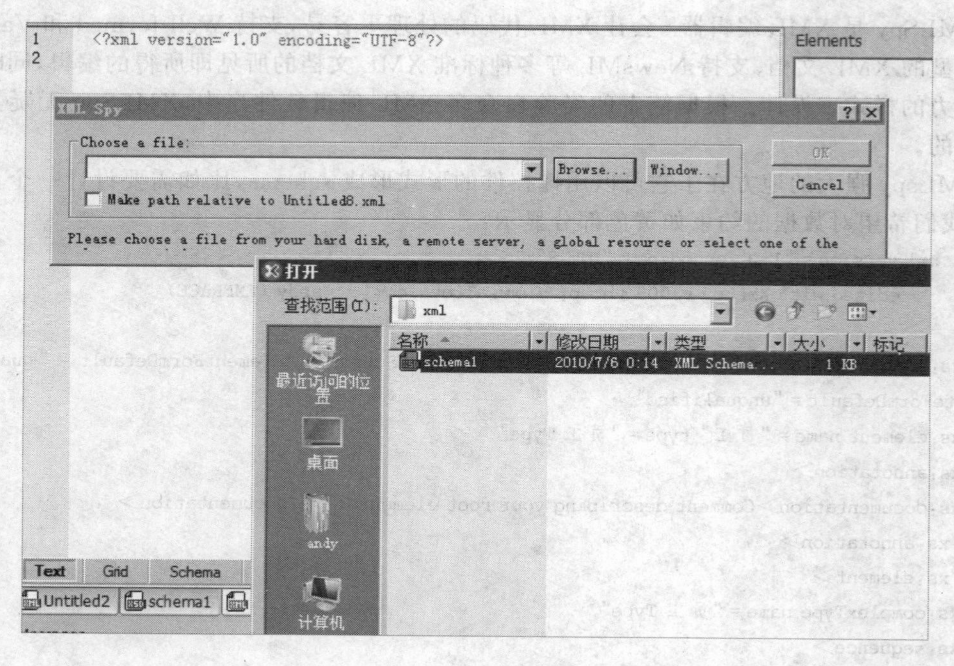

图 15B-11　调用 schema 文件

那么文档就会自动按照之前 schema 文定义的约束关系生产文档，用户只需要填写必要信息内容即可，如图 15B-12 所示。举个装修的例子：XMLspy 好比定义好每个房间的户型，而用户在固定好的户型约束下可自行装饰（即添加数据内容）。

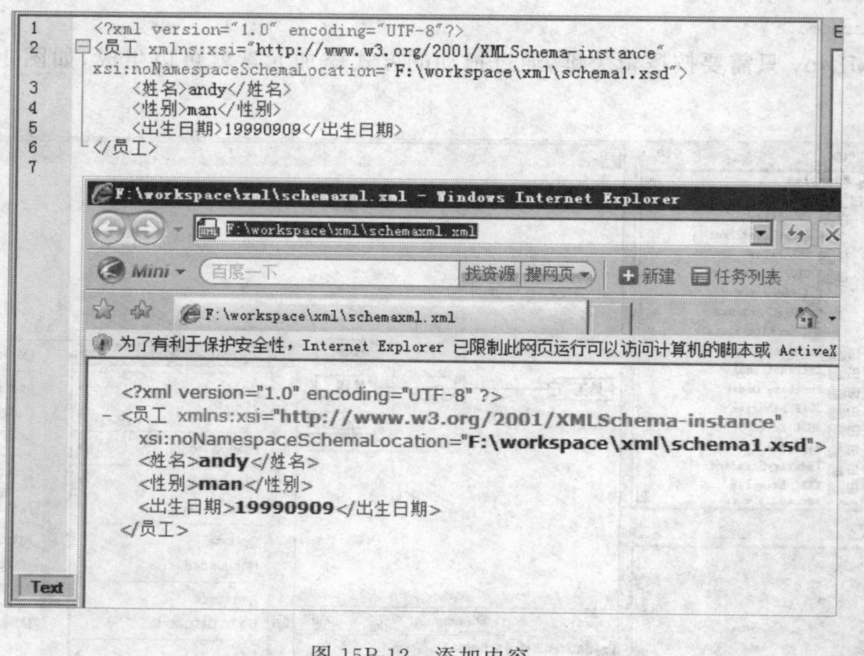

图 15B-12　添加内容

有关 XML schema 中数据类型、元素声明、属性声明、命名空间，这里就不举例了，和本章内容联系不大，有兴趣的读者可以自行查阅。

2．DOM 解析

接下来介绍的内容就十分重要了，和制作天气预报的程序有非常大的关联。

DOM 是 XML 文档的编程接口，它定义了如何在程序中访问和操作 XML 文档，XML DOM 定义了所有 XML 元素的对象和属性，以及访问它们的方法（接口）。

换句话说：XML DOM 是用于获取、更改、添加或删除 XML 元素的标准。

1）DOM 概述

DOM 的核心是树模型，要解析 XML 文档，首先利用 DOM 解析器加载到内容，在内存中为 XML 文件建立形式树。从本质说，DOM 就是 XML 文件在内存的一个结构化的图。一个结点集合。

2）DOM 基本接口

接口是一组方法声明的集合，但没有具体的实现。这些方法具有共同的特征，即共同作用 XML 文档中的某一个对象的一类方法，如图 15B-13 所示。

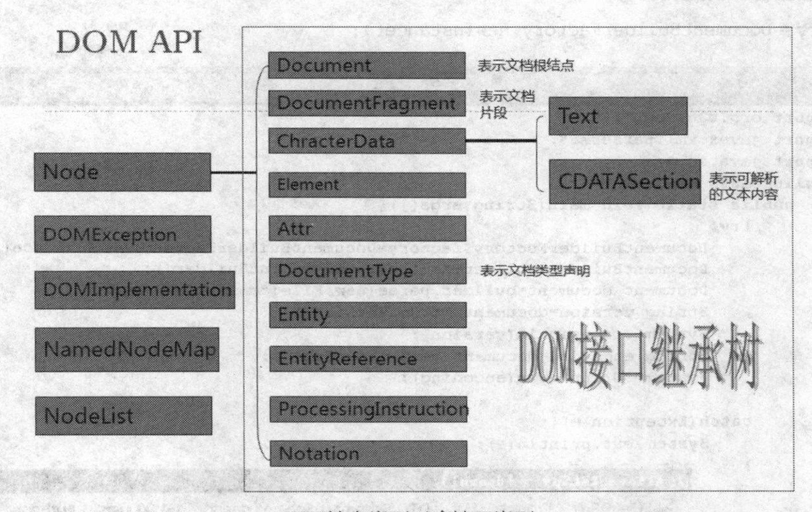

图 15B-13　DOM 基本接口

Node

Node 接口是整个 DOM 的主要数据类型，它表示该文档树的单个结点。

Nodelist

Nodelist 接口提供对结点的有序集合的抽象，没有定义或约束如何实现此集合。DOM 中的 Nodelist 对象是活动的。Nodelist 用于表示有顺序关系的一组结点，比如某个结点的子结点序列，另外也出现在一些方法的返回值当中。

NameNodeMap

NameNodeMap 接口的对象中包含可以通过名字来访问的一组结点的集合，其表示一组结点和其唯一名字的一一对应关系，整个接口主要用在属性结点的表示上。

3）DOM 对文档的操作示例

图 15B-11 和图 15B-12 是讲解了如何获得 XML 文档中的数据，如何对不同类型的结点进行访问。在本例，图 15B-14 中主要介绍对现有的 XML 文档进行添加、删除操作。

遍历

① 创建 DOM 对象

例举 JavaScript 和 Java 两种创建的方法：

JavaScript 创建方法：

```
var xmlDoc = new ActiveXObject("Microsoft.XMLDOM");
xmlDoc.load("order.xml");
JAVA
DocumentBuilderFactory factory = DocumentBuilderFactory.newInstance();
DocumentBuilder builder = factory.newDocumentBuilder();
Document document = builder.pares(new File(" * .xml"));
```

还有其他语言，不过都是创建一个对象，然后通过该对象作为入口，对 XML 文件的结点树对象进行操作。

② 加载 XML 文档

如果希望在程序中加载 XML 文档，如图 15B-4 所示。下面分析一下代码：

```
DocumentBuilderFactory
factory = DocumentBuilderFactory.newInstance();
```

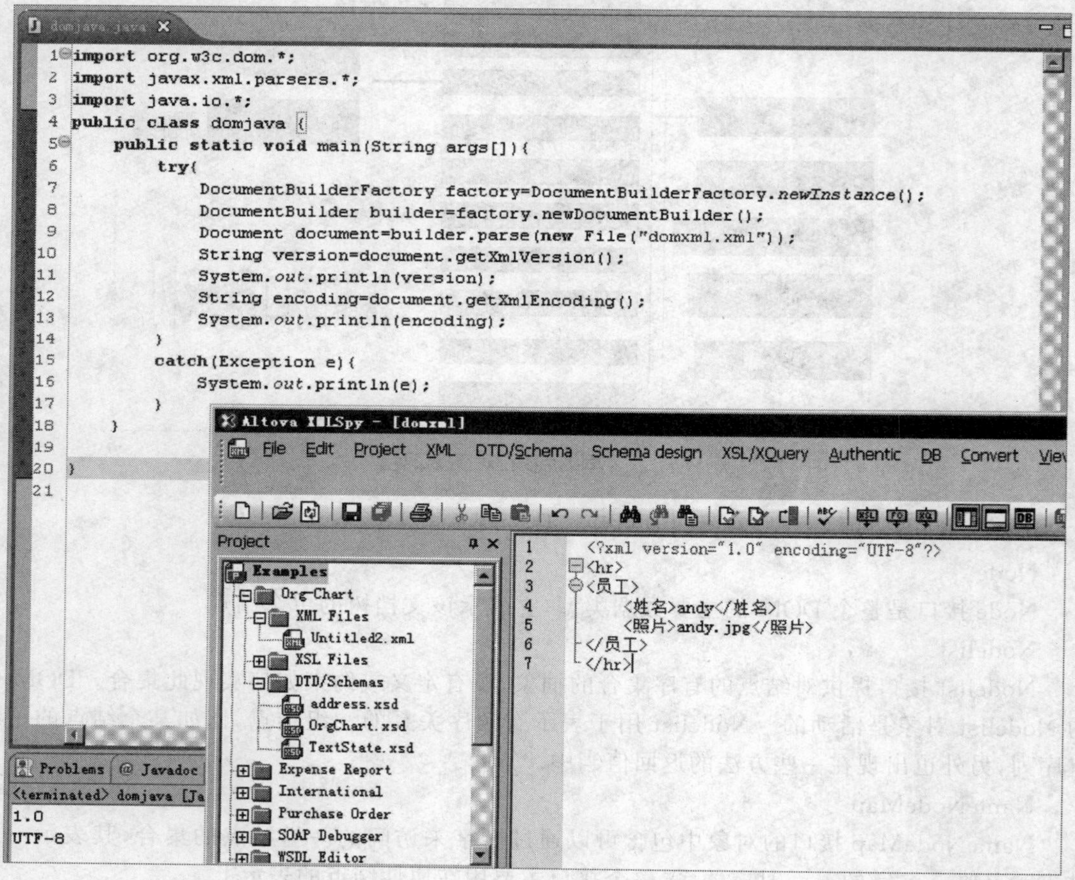

图 15B-14　加载 XML 文档

DocumentBuilderFactory 是一个抽象类，定义工厂 API，使应用程序能够从 XML 文档获取生成 DOM 对象树的解析器。这句话表示：创建一个 API 工厂 factory，在这里可以获得 API。

```
DocumentBuilder builder = factory.newDocumentBuilder();
```

DocumentBuilder 定义 API，使其从 XML 文档中获取 DOM 文档实例。使用此类，程序员可以从 XML 中获取一个 Document 对象。用 newDocumentBuilder()方法获取。获取此类实例之后,将解析 XML。这句话的意思是:标记表示创建一个该类的对象作为实现 Document 对象 API。

```
Document document = builder.parse(new File("domxml.xml"));
```

在内存中加载 xml 文件,并创建对象,在加载 XML 文档的时候,DocumentBuilder 的实例化对象会在内存中建立一个结点树,并且形成一个可以操作改结点树的对象 Document。

```
String version = document.getXmlVersion();
```

当 document 对象创建好以后,就可以对 XML 文档的结点树进行相关操作。getXmlVersion()方法表示获得该 XML 文档使用的版本号

```
System.out.println(version);
String encoding = document.getXmlEncoding();
```

getXmlEncoding()方法表示获得该 XML 文档使用的编码形式。

③ 遍历 XML 文档

加载并不是最终目的,程序的最终目的是根据需要遍历 XML 文档,取出加载内存中需要的数据,如图 15B-15 所示。下面分析一下代码:

```
Element root = document.getDocumentElement();
```

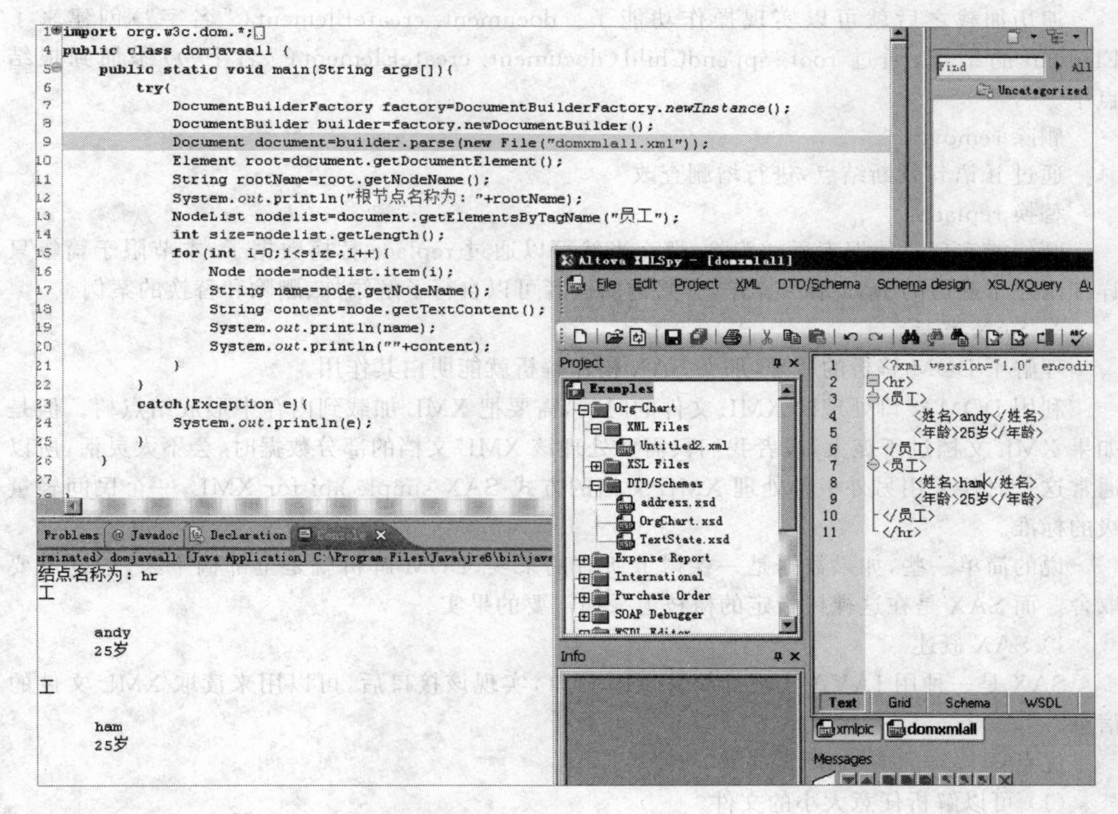

图 15B-15　遍历 XML 文档

通过 getDocumentElement()方法获得一个文档元素的子结点对象,实际上也是间接地创建了单个子结点对象 root。

```
String rootName = root.getNodeName();
```

这样就可以通过 getNodeName()方法获得 XML 文档根结点。创建这个例子的目的是为

了遍历所有结点的数据，这时要访问根结点下面的子结点，必须创建另外一个对象，即Nodelist结点集合。

```
System.out.println("根结点名称为：" + rootName);
NodeList nodelist = document.getElementsByTagName("员工");
```

要获得nodelist这个对象，可以通过document的getElementsByTagName("员工")；获得员工结点的集合，改方法会把结点树下的所有的"员工"结点全部按顺序放在集合中，这样就可以从这个集合的最上面开始向下依次获取或查看数据了。可以for循环显示出所有的结点。

```
int size = nodelist.getLength();
for(int i = 0;i<size;i++){
Node node = nodelist.item(i);
String name = node.getNodeName();
返回结点的名称 getNodeName()


String content = node.getTextContent();
返回结点的数据 geetTextContent()
```

添加：append&insert：

遍历加载之后就可以实现操作功能了。document.createElement("名字")创建来了Element的结点，通过root.appendChild(document.createElement("名字"))添加到根结点中。

删除remove：

通过if语句判断结点，进行增删查改

替换replace：

既然能实现对数据库添加删除，那么当然可以通过replace替换数据了，本节限于篇幅只详细阐述了遍历的Java语法操作，有兴趣的读者可以自行了解添加、删除和替换的案例。

3. SAX解析

理解了DOM解析的原理，那么SAX稍作解析就能明白其作用。

利用DOM接口处理的XML文件的时候，需要把XML加载到内存中形成结点树。但是如果XML文档过于庞大，或者我们只需要处理该XML文档的部分数据时，会不太灵活，所以通常这个时候采用另外一种处理XML文档的方式-SAX simple api for XML，一个民间轻量级的标准。

说的简单一些，如果数据是一棵树上所有的果实，DOM解析就是全部摘下来，根据需要取舍。而SAX是在这棵树指定的树枝上采摘需要的果实。

1) SAX概述

SAX是一种用JAVA实现的简易API接口，实现该接口后，可以用来读取XML文件的信息。

优点：

(1) 可以解析任意大小的文件。

(2) 创造自己的数据结构。

(3) 适合小信息子集。

(4) 简单快速。

缺点：

(1) 不能对文档做随机存取。

（2）不可获取词法信息。

（3）SAX 是只读的。

（4）不一定兼容所有浏览器。

SAX 工作机制：DOM 是文档驱动的，SAX 是事件驱动的，也就是说不需要一次性读入整个文档以在内存中操作，因为文档的读入过程也就是 SAX 的解析过程。所谓事件驱动，是一种基于回调机制的程序运行方法，一个对象出现问题后其本身并不具备处理该问题的能力，而需要调用第三者来处理整个问题，但该对象对第三者必须有相应的授权。整个模型中，有触发事件的源头，称为事件源；有处理事件的对象，称为事件处理者。

一个 java 类想要成为事件处理者，必须继承一个事先设定好的类，从而重写该类的里面的方法，这样才能成为一个事件处理者。

SAX 就是由许多 JAVA 接口构建而成的。

2）SAX 基本接口

（1）SAX 接口解析器

编写基于 SAX 接口程序之前，需要创建一个解析器，利用这个解析器调用 XML 文档，该 XML 文档这个时候需要和事件处理器 SAX 定义的一个进行绑定，在解析器解析文档的时候，若遇到出发事件的条件如开始标记，这时就会调用相关的事件处理器来处理整个事件。

整个过程，可以这样划分：

① 首先创建一个 XML 文档的解析器的实例 SAXParserFactory。

② 根据 SAXParserFactory 实例来创建 SAXParser。

③ SAXParser 产生 SAXReader。

```
XMLReader reader = factory.newSAXParser().getXMLReader();
```

④ XMLReader 加载 XML，然后解析 XML，在解析的过程中触发相对于接口中的事件处理程序。

【注意】其中，第一、二部分创建 SAX 中的解析器主要通过下面两个语句完成：

SAXParserFactory factory＝SAXParserFactory.newInstance()

实例化了一个解析器工厂的对象

```
SAXParser saxParser = factory.newSAXParser()
```

利用创建的工厂类对象调用 newSAXParser()创建了一个 SAXParesr 对象，也就是解析器。SAX 解析调用 parse 方法解析 XML 文件的过程中，根据从 XML 文件解析出的数据产生相应的事件，并报告给事件处理器，事件处理器就会处理发现的数据。DefaultHandler 类实现了文档所罗列接口的类，也就是说，DefaultHandler 定义了事件处理器根据相应时间应该调用的方法。

（2）ContentHandler 接口（主要用到的接口）

ContentHandler 是 Java 类包中一个特殊的 SAX 接口，位于 org.xml.sax 包中。该接口封装了一些对事件处理的方法，当 XML 解析器开始解析 XML 输入文档时，它会遇到某些特殊的事件，比如文档的开头和结束、元素开头和结束、以及元素中的字符数据等事件。当遇到这些事件时，XML 解析器会调用 ContentHandler 接口中相应的方法来响应该事件。

ContentHandler 接口的方法有以下几种：

① void startDocument()

② void endDocument()

③ void startElement(String uri,String localName,String qName,Attributes atts)

④ void endElement(String uri,String localName,String qName)

⑤ void characters(char[ ] ch,int start,int length)

(3) DTDHandler 接口

DTDHandler 用于接收基本的 DTD 相关事件的通知。该接口位于 org. xml. sax 包中。此接口仅包括 DTD 事件的注释和未解析的实体声明部分。SAX 解析器可按任何顺序报告这些事件,而不管声明注释和未解析实体时所采用的顺序;但是,必须在文档处理程序的 startDocument()事件之后,在第一个 startElement()事件之前报告所有的 DTD 事件。

DTDHandler 接口包括以下两个方法:

① void startDocumevoid notationDecl(String name,String publicId,String systemId) nt()

② void unparsedEntityDecl(String name,String publicId,String systemId,String notationName)

(4) EntityResolver 接口

EntityResolver 接口是用于解析实体的基本接口,该接口位于 org. xml. sax 包中。

该接口只有一个方法,如下:

public InputSource resolveEntity(String publicId,String systemId)

解析器将在打开任何外部实体前调用此方法。此类实体包括在 DTD 内引用的外部 DTD 子集和外部参数实体和在文档元素内引用的外部通用实体等。如果 SAX 应用程序需要实现自定义处理外部实体,则必须实现此接口。

(5) ErrorHandler 接口

ErrorHandler 接口是 SAX 错误处理程序的基本接口。如果 SAX 应用程序需要实现自定义的错误处理,则它必须实现此接口,然后解析器将通过此接口报告所有的错误和警告。

该接口的方法如下:

① void error(SAXParseException exception)

② void fatalError(SAXParseException exception)

③ void warning(SAXParseException exception)

3) SAX 对文档的操作示例

在解析 XML 文件之前,XML 文件的结点的种类,一种是 ElementNode,一种是 TextNode。Java Sax 解析是按照 XML 文件的顺序一步一步的来解析,如下图 15B-16 所示的这段 book. xml

Xml 代码:

```
1.  <?xml version="1.0" encoding="UTF-8"?>
2.  <books>
3.      <book id="12">
4.          <name>thinking in java</name>
5.          <price>85.5</price>
6.      </book>
7.      <book id="15">
8.          <name>Spring in Action</name>
9.          <price>39.0</price>
10.     </book>
11. </books>
```

图 15B-16 XML 文件

其中,像<books>、<book>这种结点就属于 ElementNode,而 thinking in java、85. 5 这种就属于 TextNode。

下面结合图 15B-17 来详细讲解 Sax 解析。

XML 文件被 SAX 解析器载入，由于 SAX 解析是按照 XML 文件的顺序来解析，当读入＜? xml.....＞时，会调用 startDocument()方法，当读入＜books＞的时候，由于它是个 ElementNode，所以会调用 startElement（String uri，String localName，String qName，Attributes attributes）方法，其中第二个参数就是结点的名称。

```
<?xml version="1.0" encoding="UTF-8"?>
<books>
  <book id="12">
    <name>thinking in java</name>
    <price>85.5</price>
  </book>
  <book id="15">
    <name>Spring in Action</name>
    <price>39.0</price>
  </book>
</books>
```

图 15B-17　解释功能

【注意】由于有些环境不一样，有时候第二个参数有可能为空，所以可以使用第三个参数，因此在解析前，先调用一下看哪个参数能用，第 4 个参数是这个结点的属性。

这里我们不需要这个结点，所以从＜book＞这个结点开始，也就是图 15B-17 中 1 的位置，当读入时，调用 startElement(...)方法，由于只有一个属性 id，可以通过 attributes. getValue(0)来得到，然后在图中标明 2 的地方会调用 characters(char[] ch，int start，int length)方法，不要以为那里是空白，SAX 解析器可不那么认为，SAX 解析器会把它认为是一个 TextNode。但是这个空白不是我们想要的数据，我们是想要＜name＞结点下的文本信息。这就要定义一个记录当上一结点的名称的 TAG，在 characters(.....)方法中，判断当前结点是不是 name，是再取值，才能取到 thinking in java。详细代码可参考本章的“参考资料”。

4. 两者区别

DOM 解析器把整个 XML 文档放入内存中，对内存要求比较高，对于结构复杂的树的遍历是一项比较耗时的操作。实现效率不理想，但是 DOM 解析器的树的结构思想与 XML 文档的结构吻合，通过 DOM 树的机制很容易实现随机访问。

SAX 解析器在访问 XML 文档分析时，会触发一系列事件，通过事件处理器对 XML 文档进行访问。由于事件触发本身是有时序性，因此，SAX 解析器对于已经分析过的部分，不能再倒回去冲洗处理。SAX 解析器在实现时，只是顺序的坚持 XML 文档中的字节流，判断当前字节是 XML 语法中那一部分，坚持是否符合 XML 语法并触发相应的事件。

同 DOM 相比，SAX 缺乏一定的灵活性，然后对于那些只需要访问 XML 文档中的数据而不需要对文档进行更改的应用程序来说，SAX 解析器的效率则更高。由于 SAX 解析器实现简单，对内容要求比较低，因此效率比较高。

可以结合两者的优点：用 SAX 解析器获得相应的数据，用 DOM 解析（比如用 if 判断进行增删）根据新的形成一个 XML 文件。

B. 2. 2　用 SAX 解析 XML 文件

1. 需求分析

好了，到这里先歇一口气，看看这个在 Android 中利用 SAX 解析 XML 文件的小例子，其目的：展示如何通过网络获取 XML 文件，然后再对 XML 的内容进行解析，得到其中的内容。掌握透彻之后。Google 提供的天气预报 API 只不过比自定义的 XML 文件包含的内容更复杂一些，但是解析的原理是一模一样的！

首先按照前面学习的 XML 的规则，定义一个简单的 XML 文件，如图 15B-18 所示。

然后需要将这个自定义的 XML 文件中的数据部分（注意，不是全部内容）载入到 Android 手机程序中，如图 15B-19 所示。

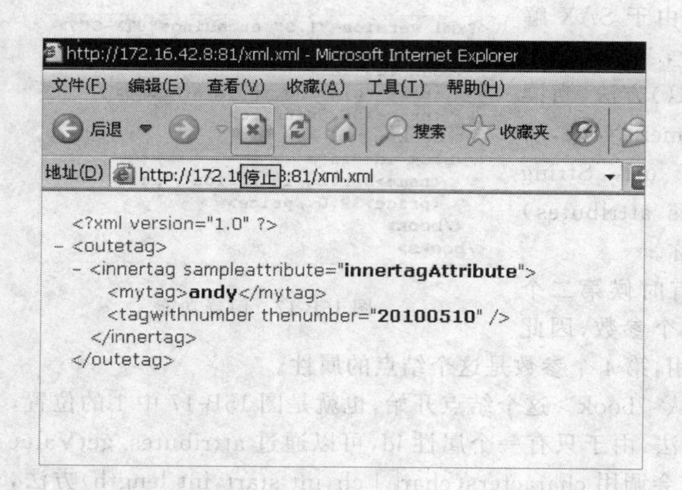

图 15B-18　自定义 xml 文件

图 15B-19　sax 解析获取到 xml 文件

2. 界面设计

界面没有加入任何代码，保持初始状态不变，如图 15B-20 所示。

```
main.xml
1  <?xml version="1.0" encoding="utf-8"?>
2  <LinearLayout xmlns:android="http://schemas.android.com/apk/res
3      android:orientation="vertical"
4      android:layout_width="fill_parent"
5      android:layout_height="fill_parent"
6      >
7  <TextView
8      android:layout_width="fill_parent"
9      android:layout_height="wrap_content"
10     android:text="@string/hello"
11     />
12 </LinearLayout>
13
```

图 15B-20　界面

3. 功能实现

本例的任务就是要把 XML 文件从网络上取回，并对其内容进行解析，得到里面的数据 andy 和 20100510。

原文件的组织如图 15B-21 所示。

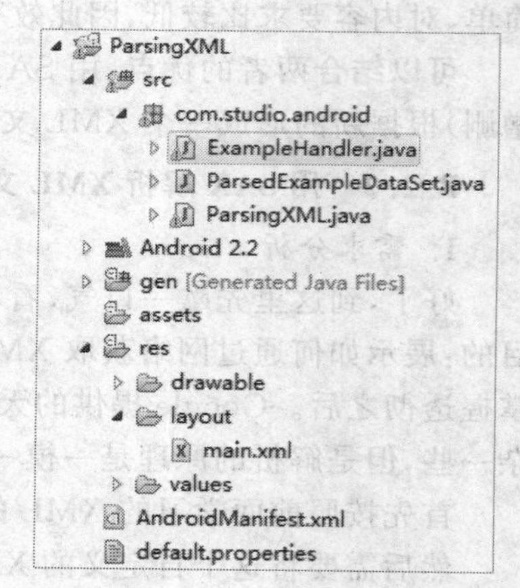

图 15B-21　源文件目录结构

其中：

ParsingXML 用于显示用户界面的文件；

ParsedExampleDataSet 定义了对 XML 结点中数据的处理方法；

ExampleHandler 用于解析处理 XML 结点。

1) SAX 解析 XML

首先，需要把 XML 文件通过 URL 在网上取回，那么首先得到一个 URL 对象，如图 15B-22 中 26 行所示。

根据之前 SAX 解析的知识(参考“SAX 基本接口”章

```
ParsedExampleDataSet.java    ParsingXML.java ✕    ExampleHandler.java
 1 package com.studio.android;
 2
 3 import java.net.URL;□
15
16 public class ParsingXML extends Activity {
17
18     @Override
19     public void onCreate(Bundle icicle) {
20         super.onCreate(icicle);
21
22         /* 为UI创建TextView*/
23         TextView tv = new TextView(this);
24         try {
25             /* 创建xml文件的URL*/
26             URL url = new URL("http://172.16.42.8:81/xml.xml");
27             /* 从SAXParserFactory获取SAXParser. */
28             SAXParserFactory spf = SAXParserFactory.newInstance();
29             SAXParser sp = spf.newSAXParser();
30             /* 从SAXParser获取XMLReader. */
31             XMLReader xr = sp.getXMLReader();
32             /* 创建我们自己的内容处理器*/
33             ExampleHandler myExampleHandler = new ExampleHandler();
34             /* 用内容处理器处理XMLReader*/
35             xr.setContentHandler(myExampleHandler);
36             /* XMLReader获取XML文件 */
37             xr.parse(new InputSource(url.openStream()));
38             /* 用我们的ExampleHandler解析XML中的数据. */
39             ParsedExampleDataSet parsedExampleDataSet =
40                                 myExampleHandler.getParsedData();
41
42             /* 将解析的结果显示到GUI. */
43             tv.setText(parsedExampleDataSet.toString());
44         } catch (Exception e) {
45             /* 在GUI显示错误提示 */
46             tv.setText("Error: " + e.getMessage());
47         }
48         /* 绘制TextView控件 */
49         this.setContentView(tv);
50     }
51 }
```

图 15B-22　ParsingXML

节)，在实现 SAX 解析功能之前，必须创建一个的实例 SAXParserFactory，利用这个解析器调用 XML 文档。

有了 SAXParser 实例，接下来通过 31 行 XMLReader 就可以调用主要用到的接口 ContentHandler，如图 15B-16 的 33 行所示，因为只有它才可以处理特殊的事件，比如文档的开头和结束、元素开头和结束。

设置好内容处理器之后，就可以开始用 XMLReader 读取 XML 内容，通过 ExampleHanlder 对象 myExampleHanlder 返回 XML 中提取到的数据，最后显示在用户界面上，如图 15B-26 的 39～49 行所示。

2）处理内容

图 15B-22 中 31 行的 XMLReader 会遍历读取 XML 文件的所有内容，在读取的过程中，事先注册的 XML 内容处理器就会被依次出发。那么，如何实现自己的 XML 内容处理器呢？

在图 15B-22 的 33 行调用了 ExampleHandler 这个类，并且实例化新的对象。通过之前的 XML 知识，DefaultHandler 提供了 startDocument()、endDocument()、starElement()、endElement()和 characters()等方法。那么在 ExampleHandler 这个类中只需要继承 DefaultHandler，然后重载这些方

法，就可以有效的处理 XML 的内容，如图 15B-23 和图 15B-24 方框所示。

```
ParsedExampleDataSet.java    ExampleHandler.java
1  package com.studio.android;
2  import org.xml.sax.Attributes;
6  public class ExampleHandler extends DefaultHandler{
7      private boolean in_outertag = false;
8      private boolean in_innertag = false;
9      private boolean in_mytag = false;
10     private ParsedExampleDataSet myParsedExampleDataSet
11     = new ParsedExampleDataSet();
12
13     public ParsedExampleDataSet getParsedData() {
14         return this.myParsedExampleDataSet;
15     }
16     @Override
17     public void startDocument() throws SAXException {
18         this.myParsedExampleDataSet = new ParsedExampleDataSet();
19         Log.v("ParsingXML", "startDocument()");
20     }
21     @Override
22     public void endDocument() throws SAXException {
23         Log.v("ParsingXML", "endDocument()");
24     }
25     /** 当遇到开始标签时被调用<tag>可以得到标签属性值，比如：
26      * <tag attribute="attributeValue">*/
27     public void startElement(String namespaceURI, String localName,
28             String qName, Attributes atts) throws SAXException {
29         if (localName.equals("outertag")) {
30             this.in_outertag = true;
31         }else if (localName.equals("innertag")) {
32             this.in_innertag = true;
33         }else if (localName.equals("mytag")) {
34             this.in_mytag = true;
35         }else if (localName.equals("tagwithnumber")) {
36             // 提取标签属性值
37             String attrValue = atts.getValue("thenumber");
```

图 15B-23　重载 1

```
ParsedExampleDataSet.java    *ExampleHandler.java
38             int i = Integer.parseInt(attrValue);
39             myParsedExampleDataSet.setExtractedInt(i);
40         }
41         Log.v("ParsingXML", "StartElement(): "+ localName);
42     }
43     /** 当遇到终止标签时被调用
44      * </tag> */
45     public void endElement(String namespaceURI, String localName
46         , String qName)
47         throws SAXException {
48         if (localName.equals("outertag")) {
49             this.in_outertag = false;
50         }else if (localName.equals("innertag")) {
51             this.in_innertag = false;
52         }else if (localName.equals("mytag")) {
53             this.in_mytag = false;
54         }else if (localName.equals("tagwithnumber")) {
55             // Nothing to do here
56         }
57         Log.v("ParsingXML", "endElement(): "+ localName);
58     }
59
60     /** 当遇到如下结构时被调用
61      * <tag>characters</tag>
62      */
63     @Override
64     public void characters(char ch[], int start, int length) {
65         if(this.in_mytag){
66         String str = new String(ch, start, length);
67         myParsedExampleDataSet.setExtractedString(str);
68         Log.v("ParsingXML", "characters(): " + str);
69     }
70     }
71 }
```

图 15B-24　重载 2

【小技巧】图 15B-23 中 19 行和 23 行是特意用 Log. V 记录下 XMLParser 的解析过程，方便记录解析过程，以便出现问题方便查看。在今后调试程序的过程中可以有意的加入 Log 输出消息，以便确定程序走到哪一步，确定 bug 出现的位置。

由前面的准备内容可以知道，XML 文件中的结点总是用＜tag＞...＜/tag＞的方式组织起来的，因此当 SAXParser 解析到 XML 开头的 tag 时，例如本例 29 行中自定义的＜outertag＞，startElement()就会被调用，同样解析到到＜/outertag＞时，endElement()就会被调用，如图 15B-24中 45 行所示。

Android 程序员需要做的事情重载 startDocument()、endDocument()、starElement()、endElement()和 characters()等方法，根据标签内容设置正确的标志符(30 行等)和取消相应的标志符(49 行等)。

程序的最后对于开始 tag 和接受 tag 之间的内容，通过重载 characters 方法，如图 15B-24 中 64 行所示。

到此为止，对于 XML 文件的解析就基本完成了，在图 15B-24 中 67 行使用了 setExtractedString 方法，这是在类 ParsedExampleDataSet 中定义存储 XML 中数据的方法，如图 15B-25 中 8 行所示。

```
ParsedExampleDataSet.java
1  package com.studio.android;
2
3  public class ParsedExampleDataSet {
4      private String extractedString = null;
5      private int extractedInt = 0;
6
7      //设置从xml中提取到的String
8      public void setExtractedString(String extractedString) {
9          this.extractedString = extractedString;
10     }
11     //设置从xml中提取到的Int
12     public void setExtractedInt(int extractedInt) {
13         this.extractedInt = extractedInt;
14     }
15     //将提取到的内容输出为String
16     public String toString(){
17         return "String from XML= " + this.extractedString
18                 + "\nNumber from XML= " + this.extractedInt;
19     }
20 }
```

图 15B-25　数据储存

总结，程序最后添加如图 15B-26 的权限之后，就全部完成了。可以这样形容本例中 SAX 解析 XML 内容：整个程序好像一个果农需要采摘成熟的苹果，但是一棵树上不是每一个果实都成熟了，只有一部分苹果适合采摘，于是选中树上果实成熟的范围，即 startDocument()和 endDocument()之间，跟着张开剪刀：starElement()，采摘果实 characters()，关闭剪刀 endElement()继续下一个果实的采摘。

```
*ParsedExampleDataSet.java    ParsingXML Manifest
1 <?xml version="1.0" encoding="utf-8"?>
2 <manifest xmlns:android="http://schemas.android.com/apk/res/android"
3       android:versionCode="1"
4       android:versionName="1.0.0" package="com.studio.android">
5     <application android:icon="@dravable/icon" android:label="@string/
6         <activity android:name="ParsingXML"
7                   android:label="@string/app_name">
8             <intent-filter>
9                 <action android:name="android.intent.action.MAIN" />
10                <category android:name="android.intent.category.LAUNCH
11            </intent-filter>
12        </activity>
13    </application>
14    <uses-permission android:name="android.permission.INTERNET" />
15 </manifest>
```

图 15B-26　权限

所以正确重载 DefaultHandler 提供了 startDocument()、endDocument()、starElement()、endElement()和 characters()是获取 XML 文件内容的关键。

B.2.3 利用 Baidu API 完成天气预报

打铁趁热，有了之前 XML 的知识和如何解析 XML 的文件的铺垫，理解如何利用 Baidu API 提供的 web service 完成查询天气预报的小应用。

首先在浏览器输入

http://api.map.baidu.com/telematics/v3/weather?location=北京&ak=5slgyqGDENN7Sy7pw29IUvrZ

按 Enter 键，这时候在浏览器里面显示的数据如图 15B-27 所示，是否觉得有点似曾相识呢？是否已经有些头绪了呢？

没有错，图 15B-27 中显示 XML 文件和之前在前面讲解 SAX 解析的 XML 的例子非常相似，只不过之前的 XML 文件是一些无意义的测试数据，而这里是由 Baidu 公司提供的各个城市最新几天的天气预报，如果我们采用前面一个案例的原理，将这些有意义的数据提取出来显示在手机屏幕上就是天气预报原理的雏形。不用担心那些刮风、下雨、冰雹的图片该怎么办，因为 Baidu API 已经提供了各种天气状况的图片。

```
▼<CityWeatherResponse>
   <error>0</error>
   <status>success</status>
   <date>2014-12-16</date>
  ▼<results>
     <currentCity>北京</currentCity>
    ▼<weather_data>
       <date>周二 12月16日 (实时: 0℃)</date>
      ▼<dayPictureUrl>
         http://api.map.baidu.com/images/weather/day/qing.png
       </dayPictureUrl>
      ▼<nightPictureUrl>
         http://api.map.baidu.com/images/weather/night/qing.png
       </nightPictureUrl>
       <weather>晴</weather>
       <wind>北风5-6级</wind>
       <temperature>1 ~ -6℃</temperature>
       <date>周三</date>
      ▼<dayPictureUrl>
         http://api.map.baidu.com/images/weather/day/qing.png
       </dayPictureUrl>
      ▼<nightPictureUrl>
         http://api.map.baidu.com/images/weather/night/qing.png
       </nightPictureUrl>
       <weather>晴</weather>
       <wind>微风</wind>
       <temperature>5 ~ -6℃</temperature>
       <date>周四</date>
      ▼<dayPictureUrl>
         http://api.map.baidu.com/images/weather/day/qing.png
       </dayPictureUrl>
      ▼<nightPictureUrl>
         http://api.map.baidu.com/images/weather/night/duoyun.png
       </nightPictureUrl>
       <weather>晴转多云</weather>
       <wind>微风</wind>
       <temperature>4 ~ -5℃</temperature>
       <date>周五</date>
      ▼<dayPictureUrl>
         http://api.map.baidu.com/images/weather/day/duoyun.png
       </dayPictureUrl>
      ▼<nightPictureUrl>
         http://api.map.baidu.com/images/weather/night/qing.png
       </nightPictureUrl>
       <weather>多云转晴</weather>
       <wind>北风4-5级</wind>
       <temperature>3 ~ -5℃</temperature>
     </weather_data>
```

图 15B-27 北京天气预报 XML

1. 需求分析

Baidu API已经为程序提供了足够的天气信息，所以可以通过在 Baidu API 的请求中嵌入城市名称来查询当地的天气预报，利用前面的 SAXParser 对 XML 文件进行解析，并把结果显示出来，如图 15B-28 所示。

【注意】本例只是一个雏形没有过多涉及 UI 部分，网上有很多开源的例子利用 Baidu 天气预报的 API 制作出精美的程序，如图 15B-29 所示(原理和本例是一样)。其开发过程附在参考资料中，有兴趣的读者可以阅读。

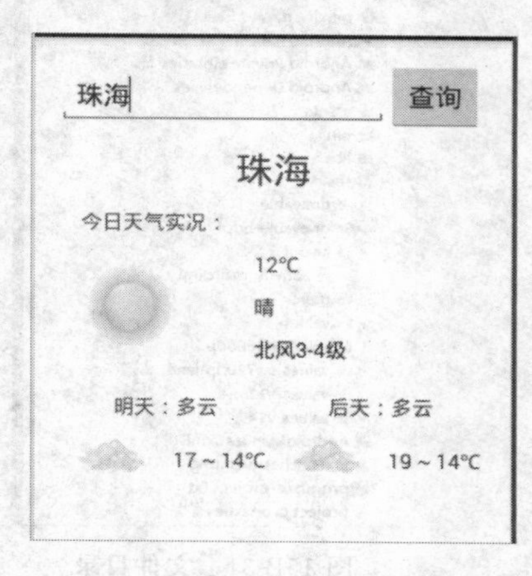

图 15B-28　显示结果

图 15B-29　精美程序

2. 界面设计

从图 15B-28 显示的结果可以看出界面设计很多地方都使用了 LineraLayout 布局嵌套构建用户界面，因为代码比较多，下面放出一部分的截图，其余部分请参考附件，如图 15B-30 所示。

3. 功能实现

用户界面确定之后，剩下的就是将用户在界面上输入和后台的 XML 解析连起来。通过单击“提交”查询按钮完成查询。

那么 button 中 onClick 被触发，程序将按下面三个步骤完成：

(1) 将用户在 EditText 输入的文本组合成 URL，调用 BAIDU API。

(2) 创建 SAXParser 实例并解析 Google API 的响应。

(3) 将 XML 的解析结果绘制到用户界面当中。

该程序的文件组织结构如图 15B-31 所示。

1) 步骤 1

图 15B-32 中显示使用 OnClick 来处理用户按下的动作，其中方框中显示的内容为步骤 1 的部分，获取到 EditText 输入的城市名称，如果存在空格的，需要通过“%20”代替，并将城市名称嵌入 Baidu API 查询的 URL 中。

2) 步骤 2

先自定义解析天气信息的类 WeatherHandler。在程序一开始需要定义操作的成员变量和这些变量操作的存取方法(get、set)，如图 15B-33 所示。

【注意】我这里写了一个 WeatherInfo 的类用于方便管理读取到的 XML 信息。具体实现可以参考附件中的 WeatherInfo 类。

```
13      <LinearLayout
14              android:layout_width="wrap_content"
15              android:layout_height="wrap_content"
16              android:orientation="horizontal"
17              >
18          <EditText
19              android:id="@+id/ed_search"
20              android:layout_width="220dp"
21              android:layout_height="wrap_content"
22              android:hint="@string/ed_search"
23              />
24
25          <Button
26              android:id="@+id/btn_search"
27              android:layout_width="wrap_content"
28              android:layout_height="wrap_content"
29              android:text="@string/btn_search"
30              />
31          </LinearLayout>
32
33      <LinearLayout
34          android:layout_width="fill_parent"
35          android:layout_height="wrap_content"
36          android:orientation="vertical"
37          android:layout_marginTop="10dp" >
38
39          <TextView
40              android:id="@+id/city"
41              android:layout_width="fill_parent"
42              android:layout_height="wrap_content"
43              android:gravity="center"
44              android:textSize="25sp"
45              android:text="@string/city"
46              />
47
```

图 15B-30 界面布局嵌套

```
WeatherCheck
  src
    com.hackerz.weathercheck
      MainActivity.java
      WeatherHandler.java
      WeatherInfo.java
  gen [Generated Java Files]
  Android 4.4
  Android Private Libraries
  Android Dependencies
  assets
  bin
  libs
  res
    drawable
    drawable-hdpi
    layout
      activity_main.xml
    menu
    values
    values-sw600dp
    values-sw720dp-land
    values-v11
    values-v14
  AndroidManifest.xml
  ic_launcher-web.png
  proguard-project.txt
  project.properties
```

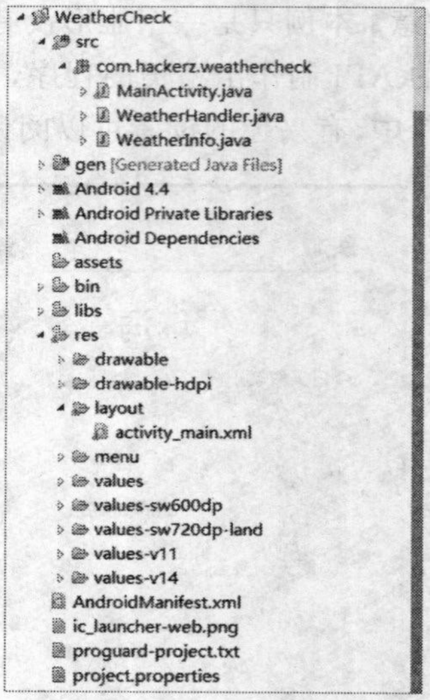

图 15B-31 文件目录

```
    class btn_search implements OnClickListener{

        @Override
        public void onClick(View arg0) {
            //得到想要查询的城市名称
            cityname = ed_search.getText().toString();
            city.setText(cityname);

            parseUrl();
        }
    }

    /**
     * 请求网络并解析xml
     * */
    public void parseUrl(){
        new Thread(new Runnable() {
            @Override
            public void run() {
                try {
                    //将相关信息组装成URL
                    cityname = URLEncoder.encode(cityname, "UTF-8");
                    String queryString = "http://api.map.baidu.com/telematics/v3/weather?loc
                            + cityname + "&output=xml&ak=z6unOFYmRGUidhsfI8TysIZ6" +
                            "&mcode=DD:39:24:66:06:17:34:8B:2B:B6:A5:E2:DB:1A:1E:DE:46:A9:1A
                    URL aURL = null;

                    //将可能的空格替换成%20
                    aURL = new URL(queryString.replace(" ", "%20"));

                    //从SAXParserFactory获取SAXParser
                    SAXParserFactory spf = SAXParserFactory.newInstance();
                    SAXParser sp = spf.newSAXParser();

                    //从SAXParser得到XMLReader
                    XMLReader reader = sp.getXMLReader();
```

图 15B-32 步骤 1

是否还记得之前例子中使用 DefaultHandler 接口提供了 startDocument()、endDocument()、starElement()、endElement()和 characters()解析数据。这里和上一个解析 XML 的例子几乎

一模一样，如图 15B-33 中横线标注的 endElement()方法。

只不过需要注意的是 Baidu API 提供了天气信息有很多，从图 15B-34 可以看的出，例如实时温度，当前温度、早晚天气 icon、风向、摄氏温度等等。但本例只采取了 Baidu 提供的一部分信息：温度、风向等。当然你也可以使用全部数据，达到图 15B-34 的效果，只需要重写相应的功能接口即可。

本次案例（图 15B-35）就以湿度为例，在解析 Baidu API 的过程中当碰到了风向的标签，就调用 set 方法进行保存数据，当碰到最低温度的接口时，没有进行操作，注释提醒这部分是可以扩展的，如果希望在屏幕上输出最低温度，只需要仿照风向的设置方法，将这些预留接口添加对应标签的 get set 存储方法即可。

```java
public class WeatherHandler extends DefaultHandler {
    String status, date, currentCity;
    String tagName;
    WeatherInfo weatherInfo = null;
    ArrayList<WeatherInfo> weatherInfos;
    int flag = 0;

    public ArrayList<WeatherInfo> getWeathers() {
        return weatherInfos;
    }

    public String getDate() {
        return date;
    }

    public String getCity() {
        return currentCity;
    }

    /**
     * 开始解析xml文件
     */
    public void startDocument() throws SAXException {
        weatherInfos = new ArrayList<WeatherInfo>();
        System.out.println("````````begin````````");
    }

    /**
     * 解析xml文件结束
     */
    public void endDocument() throws SAXException {
        System.out.println("````````end````````");
    }
```

图 15B-33　成员变量

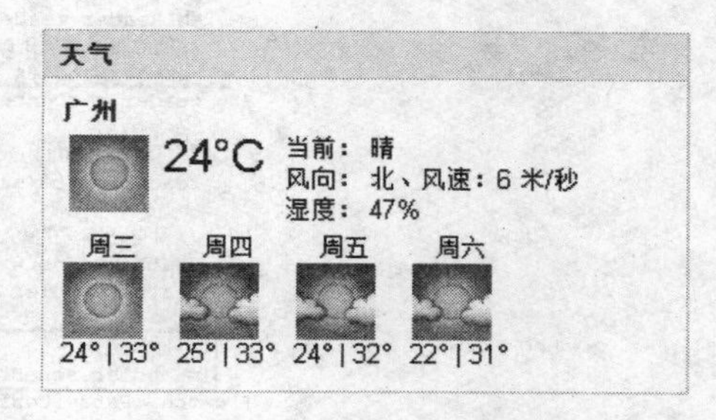

图 15B-34　丰富功能

```java
public void startElement(String namespaceURI, String localName,
        String qName, Attributes attr) throws SAXException {
    tagName = localName;
    if (localName.equals("CityWeatherResponse")) {
        System.out.println("start------CityWeatherResponse");
        // 获取标签的全部屬性
        for (int i = 0; i < attr.getLength(); i++) {
            System.out.println("startElement " + attr.getLocalName(i) + "="
                    + attr.getValue(i));
        }
    } else if (localName.equals("date")) {
        flag++;
        if (flag > 1) {
            weatherInfo = new WeatherInfo();
        }
    } else if (localName.equals("results")) {
        System.out.println("start-----results");
    } else if (localName.equals("weather_data")) {
        System.out.println("start-----weather_data");
    }
}

/**
 * 读取到内容
 */
public void characters(char[] ch, int start, int length)
        throws SAXException {
    // System.out.println("characters---tagName = " + tagName);
    if (tagName != null) {
        String data = new String(ch, start, length);
        if (tagName.equals("status"))
            status = data;
        else if (tagName.equals("currentCity"))
            currentCity = data;
        else if (tagName.equals("date")) {
            if (flag == 1) {
                date = data;
            } else {
                weatherInfo.setDate(data);
            }
```

图 15B-35　解析文件和预留接口

3）步骤 3

最后的步骤，回到原来第一步所在的类，继续完成“提交”按钮之后的内容。可以从图 15B-40 中横线部分看出调用了步骤 2 中的 WeatherHandler 解析 XML 中文件内容。

当解析后的结果最后全部显示到用户界面的控件上，如图 15B-36 方框所示。

```
public void parseUrl(){
    new Thread(new Runnable() {
        @Override
        public void run() {
            try {
                //将相关信息组装成URL
                cityname = URLEncoder.encode(cityname, "UTF-8");
                String queryString = "http://api.map.baidu.com/telematic
                    + cityname + "&output=xml&ak=z6unOFYmRGUidhsfI8T
                    "&mcode=DD:39:24:66:06:17:34:8B:2B:B6:A5:E2:DB:1
                URL aURL = null;

                //将可能的空格替换成%20
                aURL = new URL(queryString.replace(" ", "%20"));

                //从SAXParserFactory获取SAXParser
                SAXParserFactory spf = SAXParserFactory.newInstance();
                SAXParser sp = spf.newSAXParser();

                //从SAXParser得到XMLReader
                XMLReader reader = sp.getXMLReader();
                //创建自己编写的BaiduWeatherHacdler，以便解析XML内容
                WeatherHandler weatherhandler = new WeatherHandler();
                reader.setContentHandler(weatherhandler);

                //打开URL地址以获取XML内容
                reader.parse(new InputSource(aURL.openStream()));

                //用自己编写的BaiduWeatherHandler类解析XML内容
                weatherInfos = weatherhandler.getWeathers();
                weatherhandler.printout();

                //通知更新
                mHandler.sendEmptyMessage(0);
            } catch (ParserConfigurationException e) {
                e.printStackTrace();
            } catch (SAXException e) {
                e.printStackTrace();
            } catch (IOException e) {
                e.printStackTrace();
```

```
private Handler mHandler = new Handler(){
    @Override
    public void handleMessage(Message msg) {
        switch (msg.what){
            case 0:
                System.out.print(weatherInfos.toString());

                WeatherInfo weather = new WeatherInfo();
                if(weatherInfos != null && 0 != weatherInfos.size()){
                    weather = weatherInfos.get(0);

                    //今天
                    today_weather_image.setImageResource(getImageId(weather.getWeather()));
                    today_weather_wind.setText(weather.getWind());
                    today_weather_weather.setText(weather.getWeather());
                    today_weather_temp.setText(weather.getTemperature());

                    //明天
                    weather = weatherInfos.get(1);
                    tomorrow_weather_image.setImageResource(getImageId(weather.getWeather()))
                    tomorrow_weather_temp.setText(weather.getTemperature());
                    tomorrow_weather_weather.setText("明天：" + weather.getWeather());

                    //后天
                    weather = weatherInfos.get(2);
                    tdat_weather_image.setImageResource(getImageId(weather.getWeather()));
                    tdat_weather_temp.setText(weather.getTemperature());
                    tdat_weather_weather.setText("后天：" + weather.getWeather());
                }

                break;

        }
    }
};
```

图 15B-36　绘制界面

【注意】看到这里,可能有细心的读者看到在访问网络的时候新开了一条线程,前面也说过,这是因为 Android 在 4.x 版本中已经完全禁止程序在主线程访问网络了,因为这会引起界面卡死。

最后在程序中添加访问网络的权限,项目就大功告成,如图 15B-37 所示。

```
<application
    android:allowBackup="true"
    android:icon="@drawable/weather"
    android:label="@string/app_name"
    android:theme="@style/AppTheme" >
    <activity
        android:name="com.hackerz.weathercheck.MainActivity"
        android:label="@string/app_name" >
        <intent-filter>
            <action android:name="android.intent.action.MAIN" />

            <category android:name="android.intent.category.LAUNCHER" />
        </intent-filter>
    </activity>
</application>

<!-- 添加上权限 -->
<uses-permission android:name="android.permission.WRITE_EXTERNAL_STORAGE"/>
<uses-permission android:name="android.permission.MOUNT_UNMOUNT_FILESYSTEMS"/>
<uses-permission android:name="android.permission.ACCESS_NETWORK_STATE"></uses-permission>
<uses-permission android:name="android.permission.INTERNET"></uses-permission>
<uses-permission android:name="android.permission.ACCESS_WIFI_STATE"></uses-permission>
<uses-permission android:name="android.permission.CHANGE_WIFI_STATE"></uses-permission>
<uses-permission android:name="android.permission.READ_PHONE_STATE"></uses-permission>
<uses-permission android:name="android.permission.ACCESS_FINE_LOCATION"></uses-permission>
```

图 15B-37　添加权限

【注意】图 15B-37 其实只需要添加红框中的权限就足够了。

B.3　项目心得

用一句电影台词总结本章的项目心得,可以形容为:"出来行,迟早要还"。何解呢?如果程序员对 XML 掌握的非常透彻,接口的使用了如指掌,那么在编写案例 2 的时候就会非常轻松,如何建构解析器,然后调用 ContentHandler 接口……,每一个步骤在编写程序之前都心中有数,就好像开车旅行一样,旅途中该拐多少个弯,经过多少个路口,清清楚楚,那么就不会多走冤枉路,多花冤枉时间。

如果前面的基础知识似懂非懂,根基不牢,就像开车前没有做好规划,那么在后面做程序的时候必定坎坎坷坷,兜兜转转,一定会补回之前缺失的内容。

所以学习还是以踏踏实实为好。以为可以偷工减料的学习,必定在后面的学习中会补回,或许花的代价更多。

B.4　参加资料

(1) JAVA SAX 解析 xml 文件:

http://hi.baidu.com/%CC%EC%CF%FE%BA%A3%B3%B9/blog/item/9b201cdb4cca3ec9a8ec9a9b.html

(2) 天气预报精美设计:

http://blog.csdn.net/dany1202/article/details/6426064

B.5 常见问题

选择 DOM 还是选择 SAX 解析 XML 文件?

一定有读者会问:同样是解析 XML 文件,为什么天气预报的例子要使用 SAX 解析而不采用 DOM 解析呢?

选择 DOM 还是 SAX 解析模型是一个非常重要的设计决策。DOM 采用树形结构方式访问 XML 文档,SAX 采用事件模型方式。这是最大的区别。

DOM 解析将文档转化为内容树,然后对树遍历,编程简单,只需要调用命令即可,优点是数据是放入内存所以是持久的,可以在任何时候上下导航。

因为手机内存本来就小,如果采用 DOM 解析,访问 Google 天气预报信息的时候,将整个天气预报的 XML 文件载入内存,运行速度会变慢、效率会降低。所以天气预报是绝对不能采取 DOM 解析的。

而 SAX 是基于事件的模型,触发一系列的事件。当发现给定的 tag 的时候,就可以激活回调方法例如 startDocument()、endDocument()等等,告诉该方法标签已经找到。虽然需要开发人员自己定义处理的 tag,相比 DOM 比较麻烦,但是对内存要求比较低。不过唯一缺点数据是一次性处理,很难访问同一个文档中的多处不同数据。

C 百度地图与定位

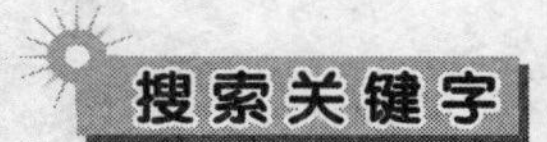

Baidu Map;
Overlay;
onTap()。

本章难点

申请 Baidu MAP API 密钥。

C.1 项目简介

互联网上很多关于 iPhone 和 Android 之间的讨论,iPhone 毕竟是先推出的产品,所以很多功能设计和概念设计给人以先入为主的感觉,但是 Android 除了是一款手机平台之外,更大程度上它是由 google 推出。是一个以搜索引擎、地图功能而闻名的公司所设计,那就注定了 Android 手机与谷歌地图(目前国内的百度和腾讯等公司也提供和谷歌一样的服务)结下了不解之缘。

本章将介绍如何开发基于位置的服务,简单地说,帮我们找到手机当前的地理位置信息,当然借助谷歌或者百度网络 API 的一些服务例如 Gmail、特定的广播短信,也可以知道别人的位置。因为地理位置实在太有意思了,Android 工程师可以开发出很多有创意的 APP,如图 15C-1 所示,是不是感觉仿佛特工电影里面的片段呢？

千里之行始于足下，让我们先从获取当前手机的位置信息开始。

【注意】虽然 Android 模拟器不提供 GPS 功能，但是在 DDMS 中支持手工改变地理位置坐标，映射到模拟器当中，如图 15C-2 所示。用户完全不用担心手工设置坐标给模拟器编写的功能代码，是否能正常允许在真机提供的 GPS 信息。这个答案是肯定可以的。而且用户也不需要关心手机是如何获得 GPS 地理信息的原理，因为这部分 Androd 手机也封装好了，保证高内聚、低耦合，用户直接调用坐标即可。

本课程几乎所有的实训设计的出发点都无须真机的允许环境，笔者接触的很多 Android 优秀工程师并没有 Android 手机，所以不要再为学不好 Android 而找没有真机的客观理由了。

图 15C-1　Google 地图

C.2　案例设计与实现

【知识点】实现位置服务的技术有 GPS 和 GOOGLE 网络地图，Android 将这些不同定位技术统称为 LBS(Location Based Services)基于位置的服务：包含了两个主要概念：

(1) LocationManager 提供获取 LBS 服务的挂钩。

(2) LocationProvider 代表不同的用于获取设备所处位置的定位技术。

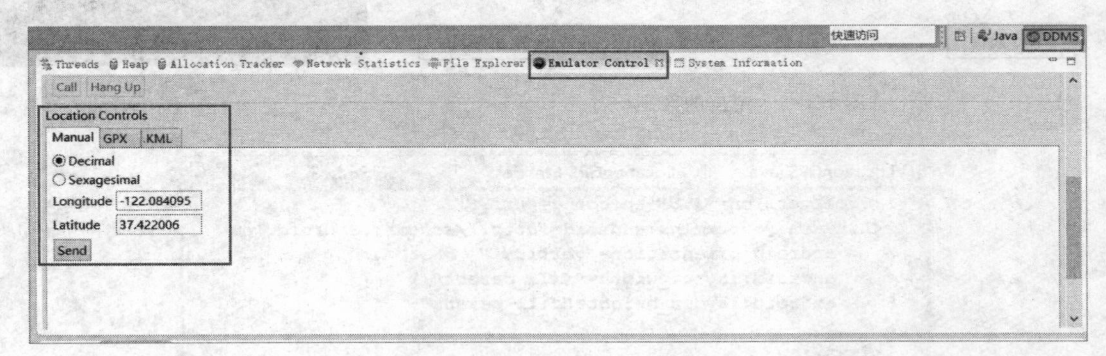

图 15C-2　在 DDMS 中设定坐标

通过这 2 个服务(非常重要)，Android 程序员可以做到：

(1) 获取某人当前所处的位置。

(2) 跟踪某人位置变化。

(3) 当默认进入、离开某一区域时，设定适当的位置提醒。

android. loaction. locationManager 定义了两种不同的定位技术：GPS 定位技术 GPS_ROVIDER 和网络定位技术 NETWORK_PROVIDER。在后续的课程中有专门的 LBS 服务，介绍如何实现例如“大众点评网”地理签到服务。

【知识点】有关 GPS 和 NETWORK 的定位技术物理区别(原理区别是一个基于 Cell 定位，一个是基于 WiFi 热点定位)，参考图 15C-3，在底层硬件的系统架构图就能理解之间的区别。

C.2.1　获取位置服务

1. 需求分析

罗马不是一天建立的。照例,先从容易的案例开始入手,创建一个程序使用 GPS 技术,前面提到的 LocationProvider 获取到手机的当前位置。即,获取到手机的经纬度信息(当然本例是在 DDMS 中手工设置一个坐标,编写功能代码让模拟器获取)这个例子只有文字信息,并没有地图信息,如图 15C-4 所示。不要急,慢慢来,任何一个功能丰富的程序一定是由简单功能累计而成的。

2. 界面设计

创建一个简单的用户界面,无须特别设置,保持不变,到时坐标数据直接赋值到 TextView 即可。如图 15C-5 所示。

架构图

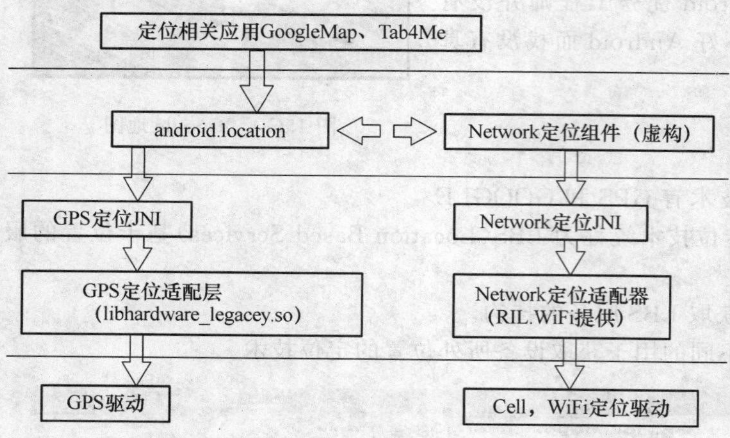

图 15C-3　定位的区别

图 15C-4　坐标

LocationGPS.java　LocationGPS Manifest　main.xml

```
1<?xml version="1.0" encoding="utf-8"?>
2<LinearLayout xmlns:android="http://schemas.android.com
3    android:orientation="vertical"
4    android:layout_width="fill_parent"
5    android:layout_height="fill_parent"
6    >
7<TextView
8    android:id="@+id/myLocationText"
9    android:layout_width="fill_parent"
10    android:layout_height="wrap_content"
11    android:text="@string/hello"
12    />
13</LinearLayout>
14
```

图 15C-5　布局

3. 功能实现

功能代码很简单,重点是要理清楚提供地理位置服务的几个类。

在讲解这个例子之前,看一个案例:

(1) 张三是一个学生,要获得他的家庭住址。

(2) 获得张三的家庭住址，需要调用他的班主任，班主任获取张三信息，必须拿到一张具体的“调查学生家庭的申请”单。

(3) 有了“调查学生家庭的申请”单，就可以通过网上校务系统查到张三的信息，将他的家庭住址信息抄下来。

(4) 校务系统提供了 PC 版和移动版，即：可以通过电脑查，也可以通过手机登录查询。

(5) 最终将屏幕显示到屏幕上。

可能读者还不清楚到达想表达什么内容，接下来请参考下面的本次案例的实现原理：

(1) LocationManager 是用于周期性获得当前设备位置信息的一个类。

(2) 获得 LocationManager 的实例，需要调用 Context. getSystemService()，方法中传入服务名。

(3) 有了 LocationManager 实例，就可以通过 getLastKnowLocation()，将上一次 LocationManager 获得有效位置以 Location 的对象的形式返回。

(4) getLastKnowLocation()需要传入一个字符串参数来确定使用定位服务类型，本例传入的是静态常量 LocationManager. GPS_PROVIDER，表示使用 GPS 技术定位。

(5) 若使用网络定位则应该船传入 NETWORK_PROVIDER(开篇有介绍)。

(6) 最后利用 Location 对象将位置信息以及文本的方式显示到用户界面。

是不是有些头绪了呢，反复再比较对照一下这 2 个案例，结合图 15C-6 所示的功能代码。

```
LocationGPS.java    LocationGPS Manifest
 1 package com.studio.android;
 2 import android.app.Activity;
10 public class LocationGPS extends Activity {
11     /** Called when the activity is first created. */
12     @Override
13     public void onCreate(Bundle savedInstanceState) {
14         super.onCreate(savedInstanceState);
15         setContentView(R.layout.main);
16         LocationManager locationManager;
17         String serviceName = Context.LOCATION_SERVICE;
18         locationManager = (LocationManager)getSystemService(serviceName);
19         String provider = LocationManager.GPS_PROVIDER;
20         Location location = locationManager.getLastKnownLocation(provider);
21         updateWithNewLocation(location);
22     }
23
24     private void updateWithNewLocation(Location location) {
25         String latLongString;
26         TextView myLocationText;
27         myLocationText = (TextView)findViewById(R.id.myLocationText);
28         if (location != null) {
29         double lat = location.getLatitude();
30         double lng = location.getLongitude();
31         latLongString = "纬度:" + lat + "\n经度:" + lng;
32         } else {
33         latLongString = "无法获取地理信息";
34         }
35         myLocationText.setText("您当前的位置是:\n" +
36         latLongString);
37     }
38 }
```

图 15C-6 功能代码

千万切记，一定要在 manifest 中添加访问 GPS 的权限，如图 15C-7 所示。如果坐标是通过 NETWORK_PROVIDER 访问到，应该加入：

android. permission. ACCESS_COARSE_LOCATION

最后，参考图 15C-2 中 DDMS 中设置模拟 GPS 数据，运行程序。会见到模拟器获取到的设置的坐标数据，如图 15C-4 所示。

```
LocationGPS.java    LocationGPS Manifest
1  <?xml version="1.0" encoding="utf-8"?>
2  <manifest xmlns:android="http://schemas.android.com/apk/res/android"
3        package="com.studio.android"
4        android:versionCode="1"
5        android:versionName="1.0">
6      <application android:icon="@drawable/icon" android:label="@string/app_name
7          <activity android:name=".LocationGPS"
8                    android:label="@string/app_name">
9              <intent-filter>
10                 <action android:name="android.intent.action.MAIN" />
11                 <category android:name="android.intent.category.LAUNCHER" />
12             </intent-filter>
13         </activity>
14
15     </application>
16     <uses-sdk android:minSdkVersion="7" />
17  <uses-permission android:name="android.permission.ACCESS FINE LOCATION"/>
18 </manifest>
```

图 15C-7 设置权限

【注意】请注意：根据开发经验这段代码实际运行起来 99％的几率都是显示获取不到了地理信息的，这是因为 locationManager. getLastKnowLocation()方法仅仅是获取当缓存中的上一次打开地图缓存起来的位置，一次定位极难成功，所以总是会返回 null 值并报空指针的错误。所以我们需要一个监听器反复获取当前地理位置，这就是下一节的内容。

C.2.2 更新位置服务

1. 需求分析

获得坐标的功能已经完成了，是否感觉差了一些功能呢？好像没有写更新的功能。前面的例子如果要更新坐标，必须推出程序，然后设定坐标，重启程序才能获得新的 GPS 信息，这种办法是不能满足实际生活需求的，很多人是一边开着车一遍观察 GPS 导航。

所以作为一个获取地理位置的软件，GPS 信息变化了，程序应该能够随着位置的变化而及时的刷新经纬度的信息。

当然在模拟器里面刷新经纬度的操作只能通过手工进行，如图 15C-8 所示，图中有 3 个步骤，分别是启动软件之后得到经纬度信息，然后在 DDMS 中更改坐标，无须特别操作模拟器就能同步更新。如果换在上面的例子，就必须关掉模拟器，重新启动了。

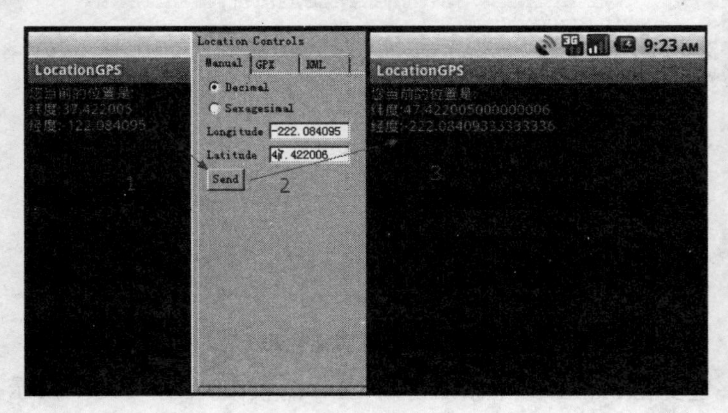

图 15C-8 更新坐标

那么如何做到实时跟踪用户的位置变化呢？单纯使用轮询 LocationManager 并不是一个好的方法。

幸运的是，LocationManager 同样也支持监听模式，通过调用 requestLocationUpdates()就能够为其设置一个 LocationListener(位置监听器)。

【注意】 同时 requestLocationUpdates()还需要指定要使用的位置服务类型以及位置更新的时间和最小位移，以确保在满足用户需要的前提下最低的电量消耗，这是和开发 PC 程序最大的区别。

2. 界面设计

在案例 1 的基础上，界面没有添加任何内容。

3. 功能实现

整个更新的全部功能代码如图 15C-9 所示。

```
LocationGPS.java    main.xml
1  package com.studio.android;
2  import android.app.Activity;
10 public class LocationGPS extends Activity {
11     /** Called when the activity is first created. */
12
13     public void onCreate(Bundle savedInstanceState) {
14         super.onCreate(savedInstanceState);
15         setContentView(R.layout.main);
16         LocationManager locationManager;
17         String serviceName = Context.LOCATION_SERVICE;
18         locationManager = (LocationManager)getSystemService(serviceName);
19         //String provider = LocationManager.GPS_PROVIDER;
20
21         Criteria criteria = new Criteria();                                  1
22         criteria.setAccuracy(Criteria.ACCURACY_FINE);
23         criteria.setAltitudeRequired(false);
24         criteria.setBearingRequired(false);
25         criteria.setCostAllowed(true);
26         criteria.setPowerRequirement(Criteria.POWER_LOW);
27         String provider = locationManager.getBestProvider(criteria, true);
28
29         Location location = locationManager.getLastKnownLocation(provider);
30         updateWithNewLocation(location);
31         locationManager.requestLocationUpdates(provider, 2000, 10,        2
32                 locationListener);
33     }
34     private final LocationListener locationListener = new LocationListener() {
35         public void onLocationChanged(Location location) {
36         updateWithNewLocation(location);
37         }
38         public void onProviderDisabled(String provider){                  3
39         updateWithNewLocation(null);
40         }
41         public void onProviderEnabled(String provider){ }
42         public void onStatusChanged(String provider, int status,
43         Bundle extras){ }
44     };
45     private void updateWithNewLocation(Location location) {
46         String latLongString;
47         TextView myLocationText;
48         myLocationText = (TextView)findViewById(R.id.myLocationText);
49         if (location != null) {
50         double lat = location.getLatitude();
51         double lng = location.getLongitude();
52         latLongString = "纬度:" + lat + "\n经度:" + lng;
53         } else {
54         latLongString = "无法获取地理信息";
55         }
56         myLocationText.setText("您当前的位置是:\n" +
57         latLongString);
58     }
59 }
```

图 15C-9 更新功能

主要是观察与案例 1 相比，添加的新内容，已经分别标出。

第一部分其实内容是需要记忆的。程序员开发的获取位置信息的应用程序提供查询 LocationProvider 的条件，Android 根据查询条件帮助程序选择最合适的提供器(没有错，的确是这么智能)。而这里 Criteria 类提供了一组查询条件：

(1) 位置解析精度(高或低)。

(2) 电池消耗(高、中、低)。

(3) 运营商的费用。

(4) 是否可以提供海拔高度、速度及方向信息。

方框 1 中要求低位置解析精度、低电池消耗、不要求得到海拔高度、方向和速度的查询条件,同时允许运行商计算费用。

设置好这一组查询条件后,通过 getBestProvider(27 行)得到与查询条件最匹配的 LocationProvider。更智能的是当没有一个提供器提供完全匹配的查询条件,查询条件会自动边宽松,直到找出一个提供器为止。

方框 2 设置位置信息更新的最小间隔为 2000 毫秒且位移变化在 10 米以上。当 GPS 位置变化超过 10 米,且时间超过 2 秒时,LocationListener 的回调方法 onLocationChanged 就会被调用,应用程序就可以通过 onLocationChanged 来反映位置信息的变化,如方框 3 所示。

最后,依然 manifest 添加必要的定位权限,和之前案例保持一样。

C.2.3 利用 Baidu API 完成地图及定位

1. 需求分析

只有文字没有地图的定位软件,会让用户体验大打折扣。让用户最直观感位置信息的方式是在地图上向用户呈现当前位置。在 Android SDK 1.5 以后,以 JAR 库的形式(maps.jar)提供了与 Google MAP 相关的 API,来方便开发人员进行地图相关的开发。但是因为国内没有 VPN 不能正常访问到 Google 的服务,所以我们以 Baidu 地图和定位 API 完成接下来的例子。

是否已经摩拳擦掌了呢? 本例需要完成的功能有：

(1) 保持案例 2 能更新位置地理服务,如图 15C-10 所示。

(2) 添加地图放大缩少的功能,如图 15C-11 所示。

(3) 添加卫星视图切换的功能,如图 15C-12 所示。

图 15C-10 动态更新

图 15C-11 放大缩小

图 15C-12 卫星视图

2. 界面设计

界面的布局比较简单，主要有一个用于显示当前地理位置的 TextView 和最关键的地图控件 MapView，如图 15C-13 所示。

```
<?xml version="1.0" encoding="utf-8"?>
<LinearLayout xmlns:android="http://schemas.android.com/apk/res/android"
    android:layout_width="fill_parent"
    android:layout_height="fill_parent"
    android:orientation="vertical" >

    <TextView
        android:id="@+id/textview"
        android:layout_height="wrap_content"
        android:layout_width="wrap_content"
        android:text="@string/location"
        />

        <!-- 添加地图控件 -->
        <com.baidu.mapapi.map.MapView
            android:id="@+id/bmapView"
            android:layout_width="fill_parent"
            android:layout_height="fill_parent"
            android:clickable="true" />
</LinearLayout>
```

图 15C-13　布局

3. 功能实现

1) Baidu APIs

首先和以往所有的项目不一样的地方，此次项目允许需要含有 Baidu API 的 Target 作为项目构建的目标(官方提供免费下载)，如图 15C-14 所示。

在新建工程的之后需要添加 Baidu 提供的第三方 jar 包和相关文件，添加方法是把相应的 jar 文件和 so 文件放进项目的 libs 文件夹中，如图 15C-15 所示。

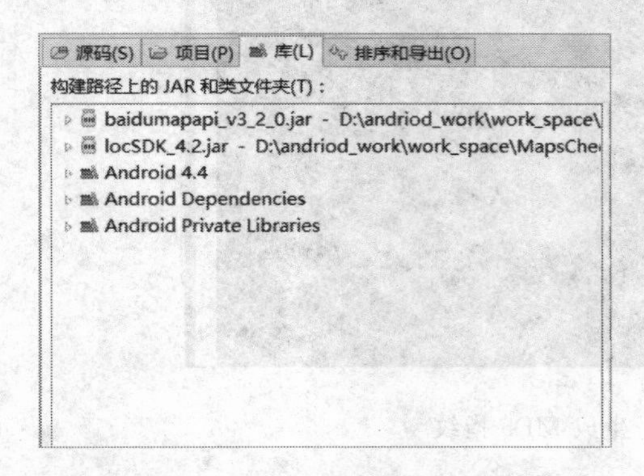

图 15C-14　Baidu APIs

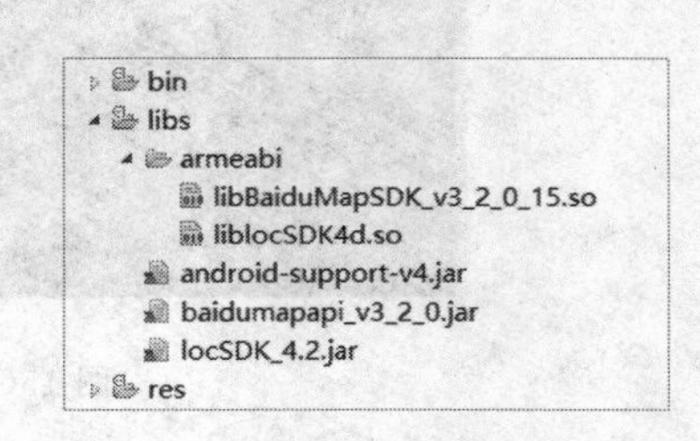

图 15C-15　Baidu APIs

然后右键项目选择 Build Java Path→Libs→add External Jar 选择对应的 Baidu 地图和定位 Jar 文件，然后确保 Order and Export 中的 Android Private Libraries 有打上勾，单击“确认”按钮，然后就可以在项目中调用 Baidu API 了。

2) MAP api 密钥

MapView 是一个能够通过网络与相关地图服务数据进行下载并且显示地图的控件。为了使得开发人员合理的使用 Map 服务，在使用 MapView 之前必须为当前应用程序的密钥生成一个 MD5 指纹(数字签名)，然后利用此 MD5 指纹在生成 Map API 密钥的网站，生成一个所有用此密钥签名的应用程序通用的 Map API 密钥(布局文件中 41 行所示的 apiKey)。

在开发阶段,所有调试的程序是用预先定义好的 debug. keystore 内的 androiddebugkey 来签名的,默认情况下,debug. keystore 位于 C:\Users\Administrator\. android 目录下,如图 15C-16所示。

利用 keytool 为 Androiddebugkey 打印出 MD5 指纹信息,如图 15C-17 和图 15C-18 所示。

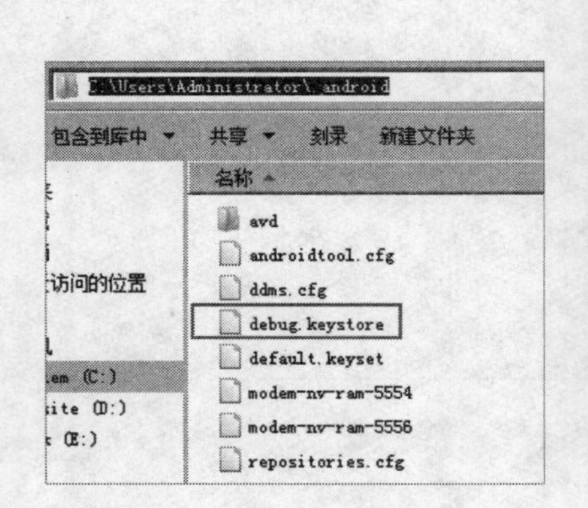

图 15C-16　debug. keystore 默认位置

图 15C-17　调用 keytool

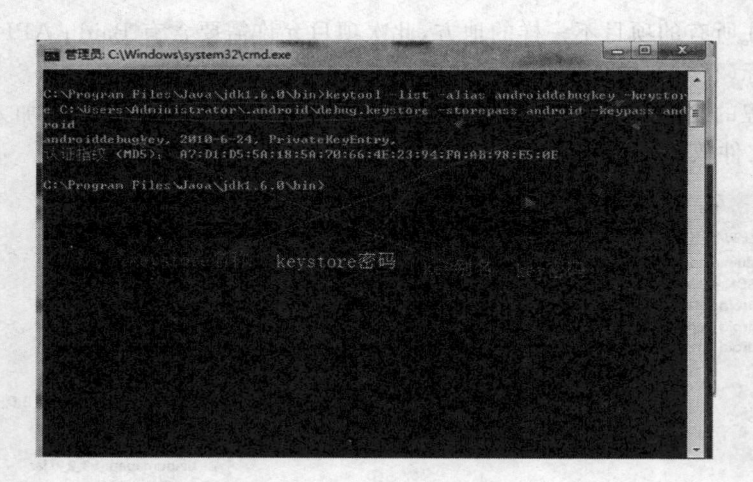

图 15C-18　生成 MD5 指纹

有了 MD5 指纹就可以到 Baidu MAP API 密钥的生成页面:

http://lbsyun. baidu. com/apiconsole/key

去申请 Map API 密钥了,如图 15C-19 所示。

填入刚刚命令行界面的 MD5 指纹后,勾选同意服务条款,就可以单击“Generate API key”按钮,即可生成 Map API 密钥了,如图 15C-20 所示,在申请密钥时需要预先登录 Baidu 账号,若没有先申请一个。

至此,就获得开发阶段的应用程序通用的 Map API 密钥,接下来所有用到 MapView 控件的程序都会用到它。

【注意】在应用程序发布时,切记需要根据重新为应用程序签名的密钥生成 Map API 密钥,否则是不能正常调用 MapView。因为调试版本的签名和发布版本的签名包含的内容是不一样的。

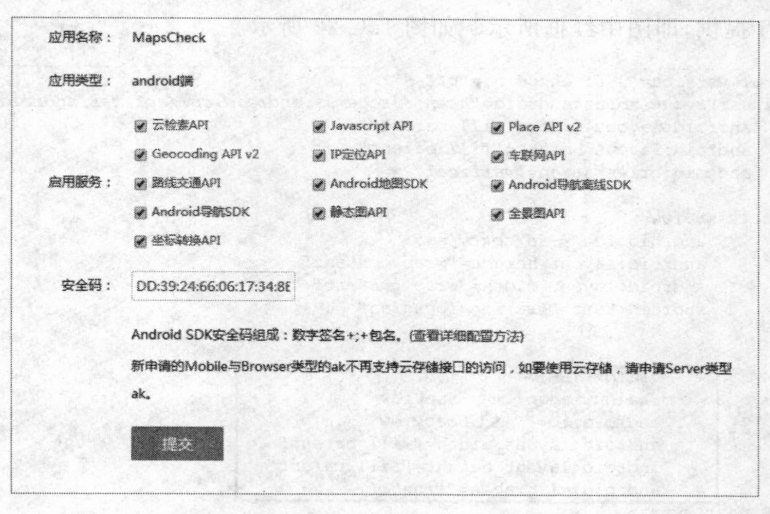

图 15C-19　生产密钥

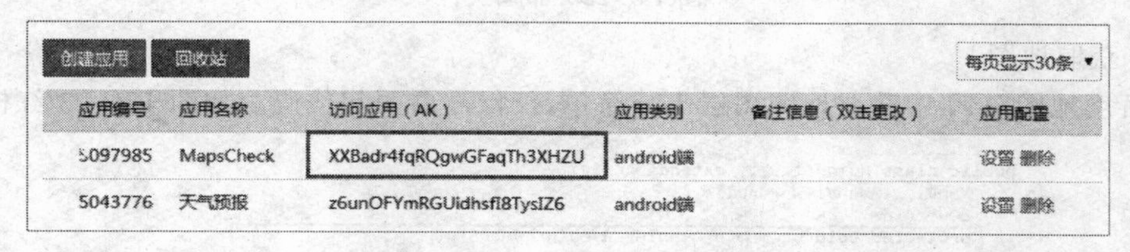

创建应用　回收站　每页显示30条

应用编号	应用名称	访问应用（AK）	应用类别	备注信息（双击更改）	应用配置
5097985	MapsCheck	XXBadr4fqRQgwGFaqTh3XHZU	android端		设置 删除
5043776	天气预报	z6unOFYmRGUidhsfI8TysIZ6	android端		设置 删除

图 15C-20　得到密钥

3）基于地图的应用

接下来,需要完善用户界面的显示部分。

(1) 使用 MapView 下载显示地图

为了在应用中使用地图,Baidu API 需要获取到应用的相关信息,如密钥、服务等。我们需要在 AndroidManifest. xml 中设置相关此类信息。如图 15C-21 所示。

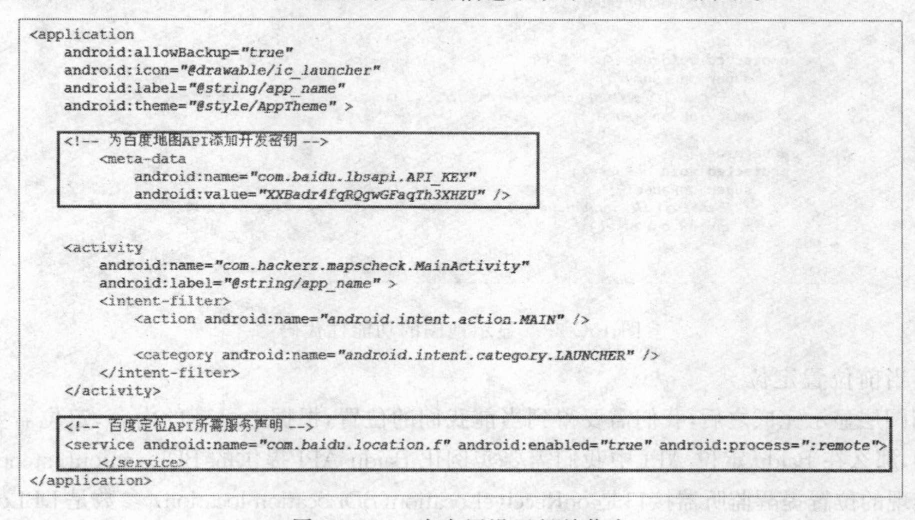

```
<application
    android:allowBackup="true"
    android:icon="@drawable/ic_launcher"
    android:label="@string/app_name"
    android:theme="@style/AppTheme" >

  <!-- 为百度地图API添加开发密钥 -->
      <meta-data
          android:name="com.baidu.lbsapi.API_KEY"
          android:value="XXBadr4fqRQgwGFaqTh3XHZU" />

    <activity
        android:name="com.hackerz.mapscheck.MainActivity"
        android:label="@string/app_name" >
        <intent-filter>
            <action android:name="android.intent.action.MAIN" />

            <category android:name="android.intent.category.LAUNCHER" />
        </intent-filter>
    </activity>

    <!-- 百度定位API所需服务声明 -->
    <service android:name="com.baidu.location.f" android:enabled="true" android:process=":remote">
        </service>
</application>
```

图 15C-21　为应用设置相关信息

(2) 布局文件

因为该应用的布局比较简单，只需要显示出当前位置的经纬度和地图就可以了，而地图控件由 Baidu API 提供，即图中红框所示。如图 15C-22 所示。

```
<?xml version="1.0" encoding="utf-8"?>
<LinearLayout xmlns:android="http://schemas.android.com/apk/res/android"
    android:layout_width="fill_parent"
    android:layout_height="fill_parent"
    android:orientation="vertical" >

    <TextView
        android:id="@+id/textview"
        android:layout_height="wrap_content"
        android:layout_width="wrap_content"
        android:text="@string/location"
        />

    <!-- 添加地图控件 -->
    <com.baidu.mapapi.map.MapView
        android:id="@+id/bmapView"
        android:layout_width="fill_parent"
        android:layout_height="fill_parent"
        android:clickable="true" />
</LinearLayout>
```

图 15C-22　布局文件

(3) 获取地图

在百度地图 API 中获取地图图层十分简单，仅仅需要两句代码。如图 15C-23 红框处。

```
public class MainActivity extends Activity {
    MapView mMapView = null;
    @Override
    protected void onCreate(Bundle savedInstanceState) {
        super.onCreate(savedInstanceState);
        //在使用SDK各组件之前初始化context信息，传入ApplicationContext
        //注意该方法要再setContentView方法之前实现
        SDKInitializer.initialize(getApplicationContext());
        setContentView(R.layout.activity_main);
        //获取地图控件引用
        mMapView = (MapView) findViewById(R.id.bmapView);
    }
    @Override
    protected void onDestroy() {
        super.onDestroy();
        //在activity执行onDestroy时执行mMapView.onDestroy()，实现地图生命周期管理
        mMapView.onDestroy();
    }
    @Override
    protected void onResume() {
        super.onResume();
        //在activity执行onResume时执行mMapView. onResume ()，实现地图生命周期管理
        mMapView.onResume();
        }
    @Override
    protected void onPause() {
        super.onPause();
        //在activity执行onPause时执行mMapView. onPause ()，实现地图生命周期管理
        mMapView.onPause();
        }
    }
```

图 15C-23　显示地图的功能性代码

(4) 当前位置定位

地图图层显示完成之后，我们需要得到当前我们的位置，根据上一节的内容，定位需要实现一个监听器，那么在 Baidu 定位 API 中我们需要实例化 Baidu API 提供的 BDLocationListener 类。该类需要实现的位置提醒监听器接口是 onReceiveLocation(BDLocation location) 参数是 DBLocation 类

型。DBLocation 类封装了 SDK 中定位的结果，通过对该对象的操作我们可以得到 error code、位置的半径、经纬度等信息。如图 15C-24 所示。图中红框位置就是设置得到的经纬度信息。

```
public BDLocationListener myListener = new BDLocationListener() {
    @Override
    public void onReceiveLocation(BDLocation location) {
        // map view 销毁后不在处理新接收的位置
        if (location == null || mapView == null)
            return;

        MyLocationData locData = new MyLocationData.Builder()
                .accuracy(location.getRadius())
                // 此处设置开发者获取到的方向信息，顺时针0-360
                .direction(100).latitude(location.getLatitude())
                .longitude(location.getLongitude()).build();
        baiduMap.setMyLocationData(locData);    //设置定位数据

        if (isFirstLoc) {
            isFirstLoc = false;


            LatLng ll = new LatLng(location.getLatitude(),
                    location.getLongitude());
            lat = location.getLatitude();
            lit = location.getLongitude();
            textview = (TextView)findViewById(R.id.textview);
            textview.setText("您当前的地理信息为\n经度：" + lit + "     纬度：" + lat);
            MapStatusUpdate u = MapStatusUpdateFactory.newLatLngZoom(ll, 16);    //设置地图中心点以及缩放
            MapStatusUpdate u = MapStatusUpdateFactory.newLatLng(ll);
            baiduMap.animateMapStatus(u);
        }
    }
};
```

图 15C-24 实现 BDLocationListener 类

那么 SDK 是从哪里定位得到的地理位置信息呢？想要 SDK 定位，我们需要在主线程中实现 LocationClient 类，如图 15C-25 所示。

```
@Override
protected void onCreate(Bundle savedInstanceState) {
    super.onCreate(savedInstanceState);
    // 在使用SDK各组件之前初始化context信息，传入ApplicationContext
    // 注意该方法要再setContentView方法之前实现
    SDKInitializer.initialize(getApplicationContext());
    setContentView(R.layout.activity_main);

    mapView = (MapView) this.findViewById(R.id.bmapView); // 获取地图控件引用
    baiduMap = mapView.getMap();
    //开启定位图层
    baiduMap.setMyLocationEnabled(true);

    locationClient = new LocationClient(getApplicationContext()); // 实例化LocationClient类
    locationClient.registerLocationListener(myListener); // 注册监听函数
    this.setLocationOption();    //设置定位参数
    locationClient.start(); // 开始定位
    // baiduMap.setMapType(BaiduMap.MAP_TYPE_NORMAL); // 设置为一般地图

    // baiduMap.setMapType(BaiduMap.MAP_TYPE_SATELLITE); //设置为卫星地图
    // baiduMap.setTrafficEnabled(true); //开启交通图

}
```

图 15C-25 主线程实现 LocationClient 类

接下来只需要在 AndroidManifest.xml 中添加相关的权限，通过上面的简单几步我们很简单就完成了 Baidu 地图和定位的功能。因为 Baidu API 的封装，我们无法看到完整的实现

方法代码。但是正是由于 Baidu 地图高度封装，我们可以在这个基础上花更多的精力去完善我们的地图应用，因为一个地图应用并不是该例这么简单，还有更多，更强大的功能需要我们实现。那么下面我们来讲解一个地图应用中十分常见的地图标记功能。

（5）在地图上标记位置

是否记得在布局设计中有这样一句代码：android：clickable＝"true"表示可以在地图上可以标记。在功能代码中若要实现标价位置，就需要用到 Overlay 类。Overlay 是一种专门在地图上用 2D 图像进行标记的类，该类对象拥用自己的地理坐标，当拖动或缩放地图时，它们会相应地进行移动。

为 MapView 添加 Overlay，只需要用 map 对象调用 getOverlay()获得该 MapView 所有已添加 Overlay 对象的链表(List＜Overlay＞)，然后将构建好的 Overlay 对象添加到这个链表就可以了，现在就可以在地图上用红色小箭头来标记当前的位置了，如图 15C-26 方框标记所示。

【知识点】Overlay 回调函数(onTap)

Overlay 回调函数除了 draw 方法以外，还有下列几个回调方法，会在特定的事件发生被调用。最有意思的是莫过于 onTap：

① onKeyDow：处理按下的事件。

② onKeyUp ：处理抬起的事件。

③ onTap ：处理单击的事件，可能是通过触摸点击触发，也可能是通过轨迹球在 MapView 的中间点击触发。

④ onTouchEvent ：处理触摸事件。

⑤ onTrackballEvent ：处理轨迹球事件。

Overlay 的 onTap()方法，可以实现自己的 MapView 中添加：

① 单击某个位置 Overlay，弹出自己写的带尾巴的气泡 popView；

② 也可用 setOnFocusChangeListener()，在 listener 中实现弹出 popView，如图 15C-27 所示(非本例)。

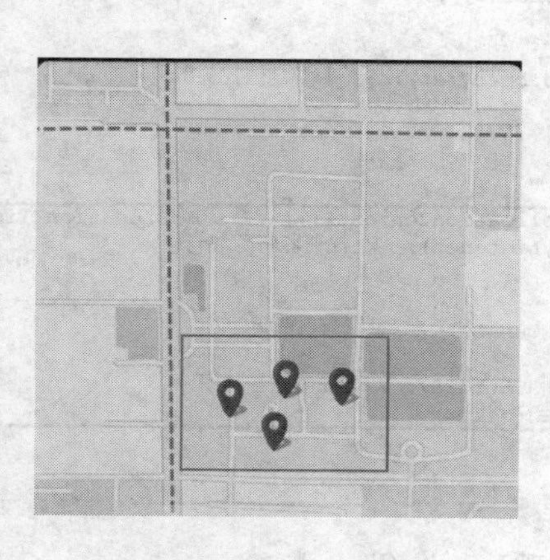

图 15C-26　Overlay 类

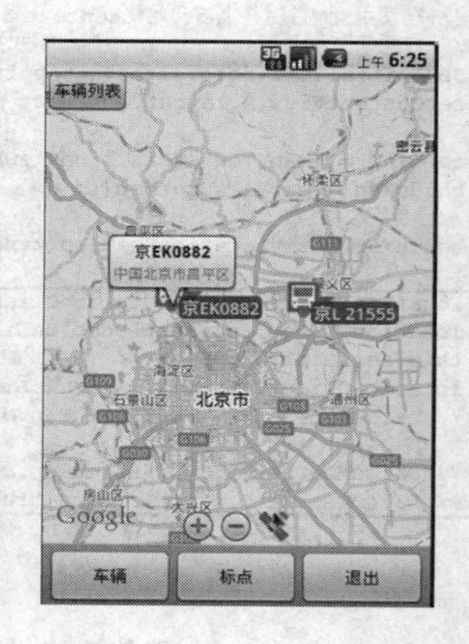

图 15C-27　popView

Listener 优点在于 setOnFocusChangeListener 在失去焦点也会触发，可以再失去焦点的时候隐藏 popView。

C.3 项目心得

LBS 服务比所有的之前 Google 的 API 服务更有魅力，除了功能丰富以外，最重要的它有"互动"的功能。什么程序一旦脱离了单机版，它就变得有趣、生动起来。正如："一百个人心中，有一百个哈莫雷特。"同一个 Google MAP API 在每一个程序员的心目中用法都是不一样的，创意都是不一样的。所以期待每一个 Android 爱好者将创意投入进来，让生活更加有趣。

C.4 参考资料

（1）Overlay

http://android.toolib.net/reference/android/gesture/GestureOverlayView.html

（2）MapController

http://code.google.com/intl/zh-CN/android/add-ons/google-apis/reference/com/google/android/maps/MapController.html

16 数据库结合多线的信息查询

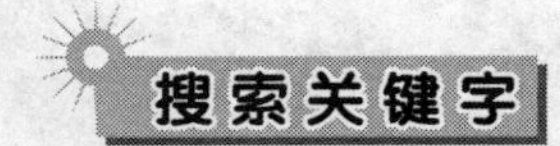

android 布局；
数据库；
java 线程。

本章难点

程序分为三个档次的难度
(1) 简单控件的了解和使用。
(2) 和数据库进行交互。
(3) 线程的使用。

16.1 项目简介

本项目只是简单的介绍 Android 中与界面交互、与数据库进行交互还有线程的使用。首先有一个学生信息的数据库，程序可以通过姓名或者学号来搜索数据库中的学生，如图 16-1、图 16-2 所示。

图 16-1 单击搜索 1

程序界面中的最后一个文本编辑框仅仅为显示程序搜索结果，并非要拿来输入什么。有 3 种情况：

图 16-2　单击搜索 2

(1) 姓名编辑框和学号编辑框没有填写任何信息,便会显示“请填写学号或者姓名”。

(2) 填写的姓名或者学号在数据库中不存在,便会显示“没有这位学生”。

(3) 填写的姓名或者学号在数据库中存在,便会显示“有这位学生”。

16.2　案例设计与实现

完成这个程序,我们分成三部分:

(1) 首先学会使用控件的使用。

(2) 添加数据库。

(3) 最后我们为搜索按钮添加一个线程。

16.2.1　简单的控件

1. 需求分析

先在布局文件中添加控件,然后为按钮添加监听器。使其单击搜索按钮过后,学号文本编辑框为 001,姓名是安卓,性别是男,如图 16-3 所示。

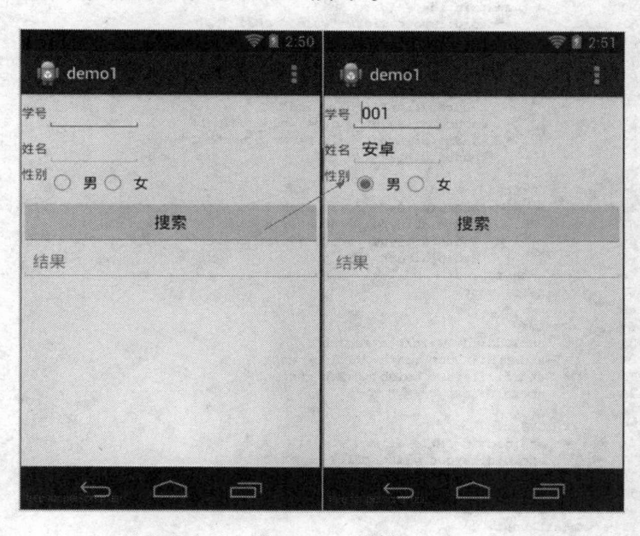

图 16-3　程序

2. 界面设计

界面布局文件在项目的 res 文件夹的 layout 文件夹里，一般首界面名称为 activity_main. xml。

界面布局并不复杂。只是添加了 3 个 TextView（相当于 GUI 中的 JLabel），2 个 EditText（相当于 GUI 中的 JTextField），RadioGroup 和 1 个 Button（相当于 GUI 中的 JButton）。

代码：

```
1  <?xml version="1.0" encoding="utf-8"?>
2  <LinearLayout xmlns:android="http://schemas.android.com/apk/res/android"
3      android:layout_width="fill_parent"
4      android:layout_height="fill_parent"
5      android:orientation="vertical" >
6
7      <LinearLayout
8          android:layout_width="fill_parent"
9          android:layout_height="wrap_content"
10         android:orientation="horizontal" >
11
12         <TextView
13             android:layout_width="wrap_content"
14             android:layout_height="wrap_content"
15             android:text="学号" />
16
17         <EditText
18             android:id="@+id/et_number"
19             android:layout_width="100dp"
20             android:layout_height="wrap_content" />
21     </LinearLayout>
22
23     <LinearLayout
24         android:layout_width="fill_parent"
25         android:layout_height="wrap_content"
26         android:orientation="horizontal" >
27
28         <TextView
29             android:layout_width="wrap_content"
30             android:layout_height="wrap_content"
31             android:text="姓名" />
32
33         <EditText
34             android:id="@+id/et_name"
35             android:layout_width="100dp"
36             android:layout_height="wrap_content" />
37     </LinearLayout>
38
39     <LinearLayout
40         android:layout_width="fill_parent"
41         android:layout_height="wrap_content"
42         android:orientation="horizontal" >
43
44         <TextView
45             android:layout_width="wrap_content"
46             android:layout_height="wrap_content"
47             android:text="性别" />
48
49         <RadioGroup
50             android:id="@+id/rg_sex"
51             android:layout_width="wrap_content"
52             android:layout_height="wrap_content"
53             android:orientation="horizontal" >
54
55             <RadioButton
56                 android:id="@+id/rb_man"
57                 android:layout_width="wrap_content"
58                 android:layout_height="wrap_content"
59                 android:text="男" />
60
61             <RadioButton
62                 android:id="@+id/rb_woman"
63                 android:layout_width="wrap_content"
64                 android:layout_height="wrap_content"
65                 android:text="女" />
66         </RadioGroup>
67     </LinearLayout>
68
69     <Button
70         android:id="@+id/btn_search"
71         android:layout_width="fill_parent"
72         android:layout_height="wrap_content"
73         android:text="搜索" />
74
75     <EditText
76         android:id="@+id/et_end"
77         android:layout_width="fill_parent"
78         android:layout_height="wrap_content"
79         android:hint="结果" />
80
81 </LinearLayout>
```

代码解释：

LinearLayout 是线性布局，是布局之一。在它里面控件可以是水平排列也可以是垂直排列。由 orientation 的值来决定，值为 vertical 为垂直排列，值为 horizontal 为水平排列。

布局可以相互嵌套。

因为整个的大的 LinearLayout 设为垂直排列，那么我们要实现“姓名”这个 TextView 和输入框水平排列，我们就应该嵌套一个 LinearLayout，设置 orientation 的值为 horizontal 便可以了。

id 指的是每个控件的名字，对这个控件的操作就可以通过 id 来指定控件。

Layout_width，layout_height 设置宽和高。

效果图如图 16-4 所示。

3. 功能实现

(1) OnClickListener

界面布局过后，我们应该对按钮添加监听器。所谓的监听器就是点击按钮过后，程序有所反应。就像我们平时按一下开灯按钮，灯就亮了。而监听器方法里面要写的代码，就是要反应的内容。

添加监听器步骤：(1) 实现 OnClickListener 接口；

(2) 重写 OnClickListener 接口中的 onClick(View v)方法；

(3) 对按钮. setOnClickListener(this)；

这样当单击“搜索”按钮时，就会调用 onClick(View v)方法。

这里，我们给搜索按钮的反应内容是：学号文本编辑框为 001，姓名是安卓，性别是男。代码如图 16-5 所示。

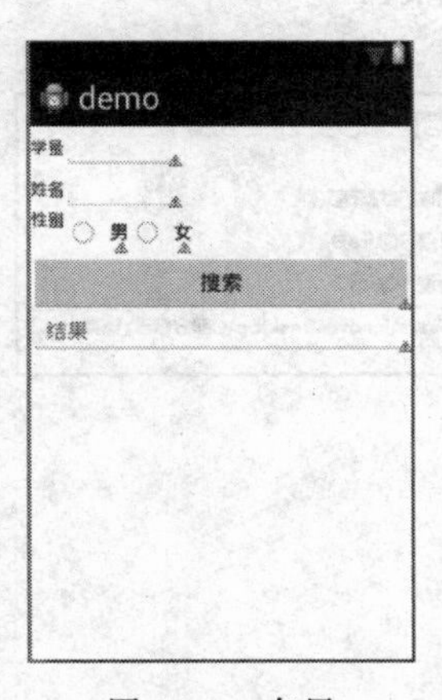

图 16-4 布局

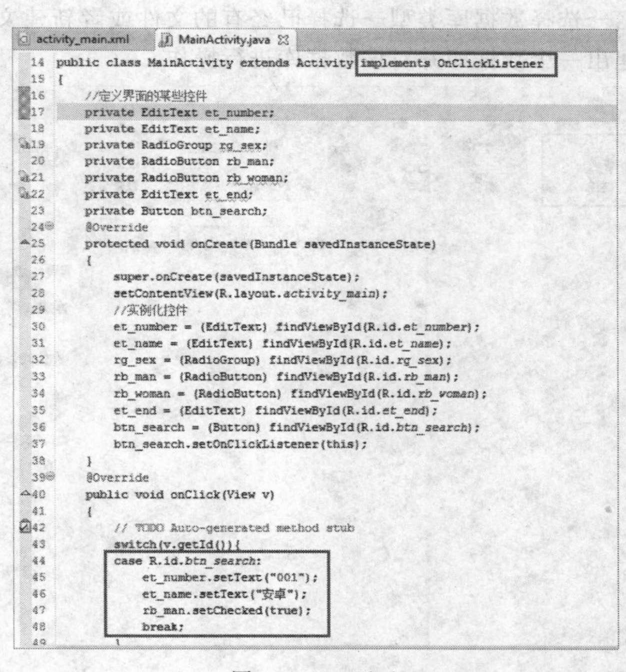

图 16-5 onClick

16.2.2 数据库交互

该程序要实现：输入学号或姓名，单击“搜索”按钮，程序便会从数据库进行查询，并将结果呈现出来。其情况有三种：

(1) 如果有该位学生的存在，程序的最后一个文本编辑框会显示“有这位学生”，并且学生的学号、姓名和性别都会在程序中显示出来。

(2) 如果没有该位学生，那么程序的最后一个文本编辑框会显示“没有这位学生”。

(3) 如果没有输入姓名和学号，则会显示“请填写学号或者姓名”

其运行的效果图跟图 16-1，图 16-2 一样。

1. 需求分析

Android 中使用的数据库是 sqlite3，但是语法跟 SQL、mySQL 相差不大。首先我们先准备一个学生信息的数据库。如图 16-6 所示。

因为这个数据库是事先做好的，而不是在软件使用的过程中创建的，所以应该先将该数据库放在项目文件夹中，让项目将数据库导入到手机中，如此才能使用数据库的数据。

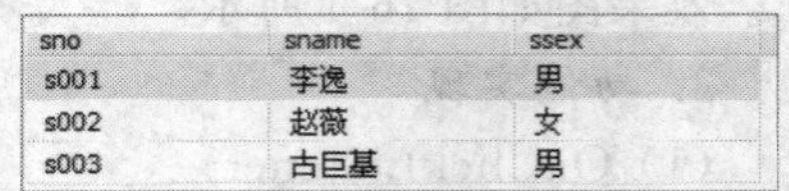

sno	sname	ssex
s001	李逸	男
s002	赵薇	女
s003	古巨基	男

图 16-6　学生信息

因此第二步需要做的就是将数据库导入到手机中。然后编写方法与数据库进行交互。

2. 界面设计

界面布局保持和上一个程序布局一样。

3. 功能实现

在这里数据库的制作比较简单，字段比较少(就 3 个)，这里先说说数据库是怎么建立的。这里选择了业界最常用的 Navicat 工具用于管理 Android 使用的数据库。

如图 16-7 所示，使用了 Navicat for SQLite 来新建数据库，只需要依次单击连接→输入连接名→选择数据库类型→选择已经有的文件或者新建文件的保存路径→确定。这样，就可以新建出一个数据库并对该数据库进行操作。

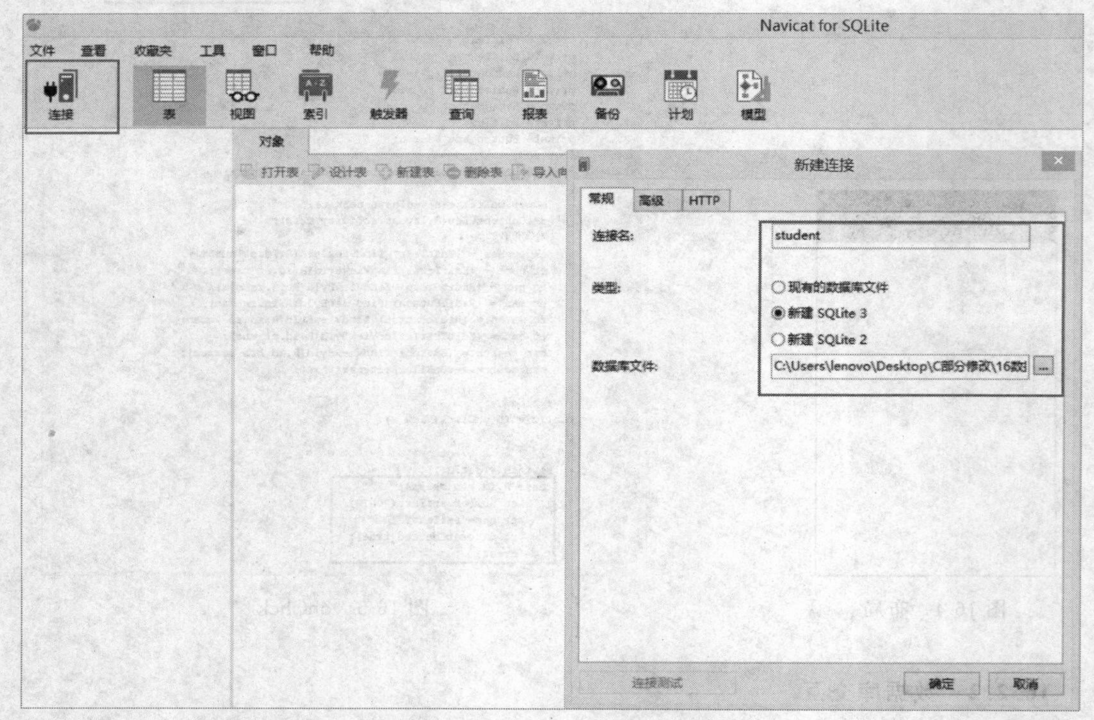

图 16-7　使用 Navicat 新建数据库

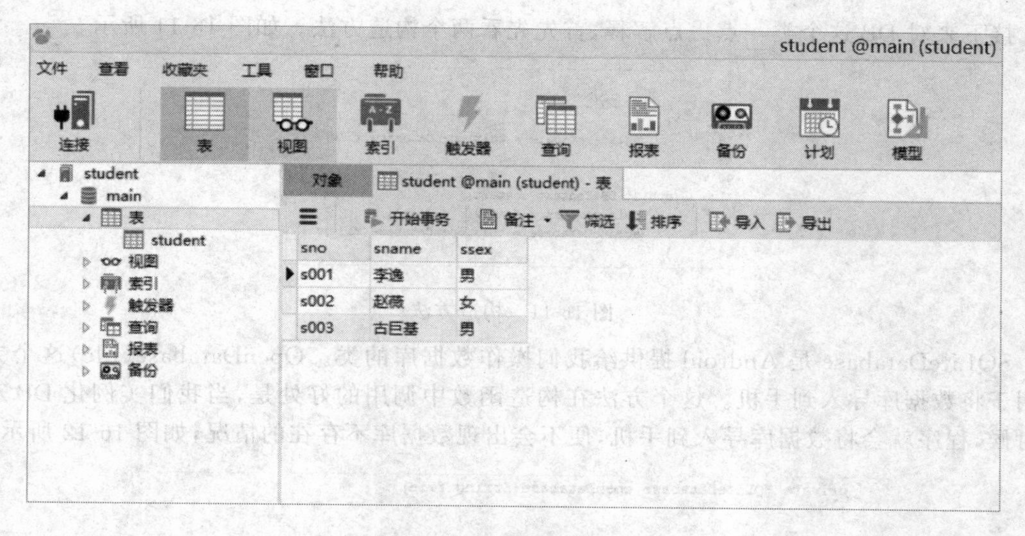

图 16-8　student 数据库设计

接下来，我们的需要解决的问题是：

（1）怎么将数据库导入手机？（使用输入输出流）

（2）怎么操作数据库？（使用 rawQuery 函数，并在 onclick 函数中完善功能）

1）导入数据库

首先我们要在 res 的文件夹里建一个名为 raw 的新文件夹，并将数据库放在里面，如图 16-9 所示。

其次我们构建一个 DB 类，用来导入数据库和操作数据库。代码如图 16-10 所示。

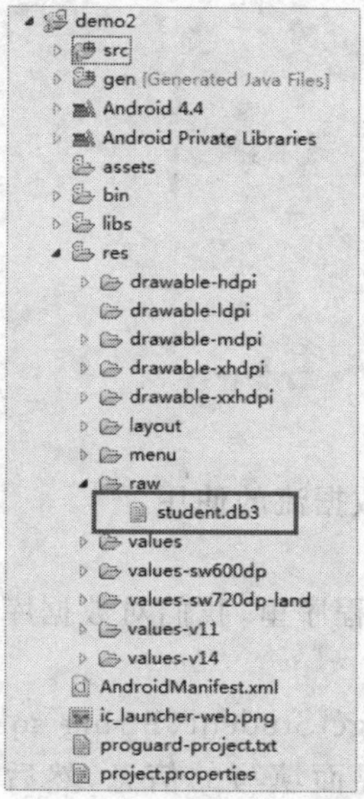

```
demo2
  src
  gen [Generated Java Files]
  Android 4.4
  Android Private Libraries
  assets
  bin
  libs
  res
    drawable-hdpi
    drawable-ldpi
    drawable-mdpi
    drawable-xhdpi
    drawable-xxhdpi
    layout
    menu
    raw
      student.db3
    values
    values-sw600dp
    values-sw720dp-land
    values-v11
    values-v14
  AndroidManifest.xml
  ic_launcher-web.png
  proguard-project.txt
  project.properties
```

图 16-9　数据库

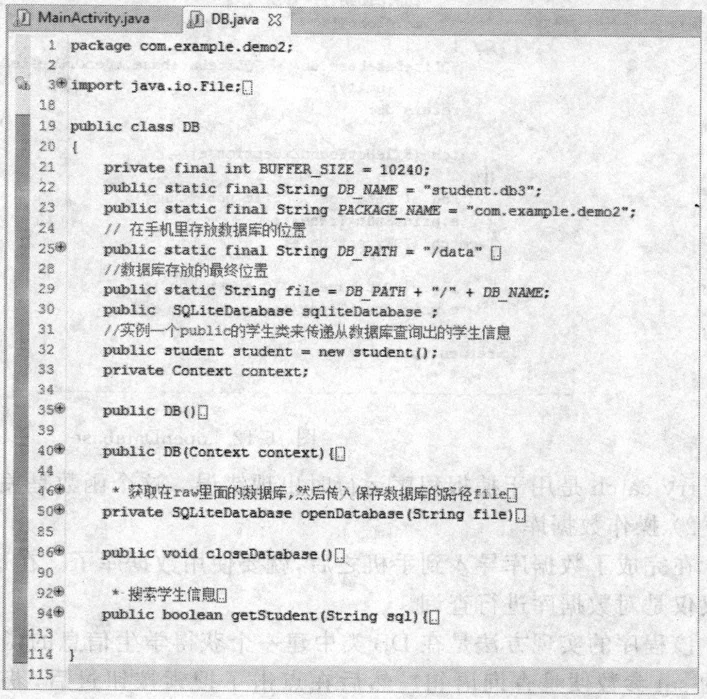

```
MainActivity.java   DB.java
  1 package com.example.demo2;
  2
  3 import java.io.File;
 18
 19 public class DB
 20 {
 21     private final int BUFFER_SIZE = 10240;
 22     public static final String DB_NAME = "student.db3";
 23     public static final String PACKAGE_NAME = "com.example.demo2";
 24     // 在手机里存放数据库的位置
 25     public static final String DB_PATH = "/data"
 28     //数据库存放的最终位置
 29     public static String file = DB_PATH + "/" + DB_NAME;
 30     public  SQLiteDatabase sqliteDatabase ;
 31     //实例一个public的学生类来传递从数据库查询出的学生信息
 32     public student student = new student();
 33     private Context context;
 34
 35     public DB()
 39
 40     public DB(Context context){
 44
 46      * 获取在raw里面的数据库,然后传入保存数据库的路径file
 50     private SQLiteDatabase openDatabase(String file)
 85
 86     public void closeDatabase()
 90
 92      * 搜索学生信息
 94     public boolean getStudent(String sql){
113
114 }
115
```

图 16-10　DB

接下来对 DB 这个类一点一点解释，首先先看两个构造方法。如图 16-11 所示。

```
35
36⊖    public DB()
37     {
38         sqliteDatabase = this.openDatabase(file);
39     }
40
41⊖    public DB(Context context){
42         this.context = context;
43         sqliteDatabase = this.openDatabase(file);
44     }
```

图 16-11　构造方法

SQLiteDatabase 是 Android 提供给我们操作数据库的类。OpenDatabase(file)这个方法是用于将数据库导入到手机。这个方法在构造函数中调用的好处是，当我们实例化 DB 对象的时候，程序就会将数据库导入到手机，便不会出现数据库不存在的情况，如图 16-12 所示。

```
private SQLiteDatabase openDatabase(String file)
{
    try
    {
        if (!(new File(file).exists()))
        {// 判断数据库文件是否存在，若不存在则执行导入，否则直接打开数据库
            InputStream is = this.context.getResources().openRawResource(
                    R.raw.student); // 欲导入的数据库
            FileOutputStream fos = new FileOutputStream(file);
            byte[] buffer = new byte[BUFFER_SIZE];
            int count = 0;

            while ((count = is.read(buffer)) > 0)
            {
                fos.write(buffer, 0, count);
            }
            fos.flush();
            fos.close();
            is.close();
        }
        SQLiteDatabase db  = SQLiteDatabase.openOrCreateDatabase(file,
                null);
        return db;

    } catch (FileNotFoundException e)
    {
        Log.e("Database", "File not found");
        e.printStackTrace();
    } catch (IOException e)
    {
        Log.e("Database", "IO exception");
        e.printStackTrace();
    }
    return null;
}
```

图 16-12　openDatabase

try-catch 是用于捕捉程序运行时出现错误。这个函数是关于数据流的使用。

2）操作数据库

在完成了数据库导入到手机之后，就要使用数据库了。在这个程序里，我们对数据库的使用仅仅是对数据库进行查询。

该程序的实现方法是在 DB 类中建一个获得学生信息的函数，getStudent(String sql)，传入的 sql 参数便是查询语句。然后在点击了搜索按钮过后，获取界面填写的信息，然后调用 getStudent(String sql)方法，来获得信息。代码如图 16-13、图 16-14 和图 16-15 所示。

```
91  /**
92   * 搜索学生信息
93   */
94  public boolean getStudent(String sql){
95      //使用rawQuery查询数据库
96      //cursor 是游标，可以存每行学生数据的集合
97      Cursor cursor = sqliteDatabase.rawQuery(sql, null);
98      if (cursor.getCount()!=0)
99      {
100         //将游标移到第一行
101         if (cursor.moveToFirst())
102         {
103             student.setSno(cursor.getString(cursor.getColumnIndex("sno")));
104             student.setSname(cursor.getString(cursor.getColumnIndex("sname")));
105             student.setSsex(cursor.getString(cursor.getColumnIndex("ssex")));
106         }
107         return true;
108     } else
109     {
110         return false;
111     }
112 }
```

图 16-13　getStudent

```
DB.java    MainActivity.java
44  public void onClick(View v)
45  {
46      // TODO Auto-generated method stub
47      switch (v.getId())
48      {
49      case R.id.btn_search:
50          // 实例化一个DB对象
51          DB db = new DB(this);
52          String sql = "select * from student where ";
53          // 在java字符串比较是否相等，使用.equals函数
54          // 如果学号文本编辑框不为空，那么将信息提取出来
55          String sno = et_number.getText().toString();
56          if (!sno.equals(""))
57          {
58              sql = sql + "sno='" + sno + "' ";
59          }
60          // 姓名文本编辑框也是如此
61          String sname = et_name.getText().toString();
62          if (!sname.equals(""))
63          {
64              sql = sql + "sname='" + sname + "'";
65          }
66          // 判断是否有填写学号或者姓名
67          if (sno.equals("") && sname.equals(""))
68          {
69              et_end.setText("请填写学号或者姓名");
70          } else
71          {
72              //通过DB类的getStudent函数返回的boolean值判断是否有结果
73              if (!db.getStudent(sql))
74              {
75                  et_end.setText("没有这位学生");
76              } else
77              {
78                  student student = db.student;
79                  et_end.setText("有这位学生");
```

图 16-14　onclick 完善功能 1

16.2.3　线程

上一个程序已经实现了查询学生信息的功能。在这个程序中，我们在搜索上添加线程，换言之，点击了搜索等待一段时间，再把结果显示出来。而这个线程的体现我们只能通过 Logcat 观看，所以，程序的运行感觉是反应慢了。如图 16-16 所示的 Logcat，以下会详解。

1. 需求分析

添加一个让线程睡眠 3 秒的线程类，然后在搜索按钮的监听器下实例化线程并且启动线

```
69                      et_end.setText("请填写学号或者姓名");
70                  } else
71                  {
72                      //通过DB类的getStudent函数返回的boolean值判断是否有结果
73                      if (!db.getStudent(sql))
74                      {
75                          et_end.setText("没有这位学生");
76                      } else
77                      {
78                          student student = db.student;
79                          et_end.setText("有这位学生");
80                          // 将学生信息在界面中显示
81                          et_number.setText(student.getSno().toString());
82                          et_name.setText(student.getSname().toString());
83                          if (student.getSsex().equals("男"))
84                          {
85                              rb_man.setChecked(true);
86                          } else
87                          {
88                              rb_woman.setChecked(true);
89                          }
90                      }
91                  }
92                  break;
93              }
94          }
95
96          @Override
97          public boolean onCreateOptionsMenu(Menu menu)
98          {
99              // Inflate the menu; this adds items to the action bar if it is present.
100             getMenuInflater().inflate(R.menu.main, menu);
101             return true;
102         }
103     }
104
```

图 16-15　onclick 完善功能 2

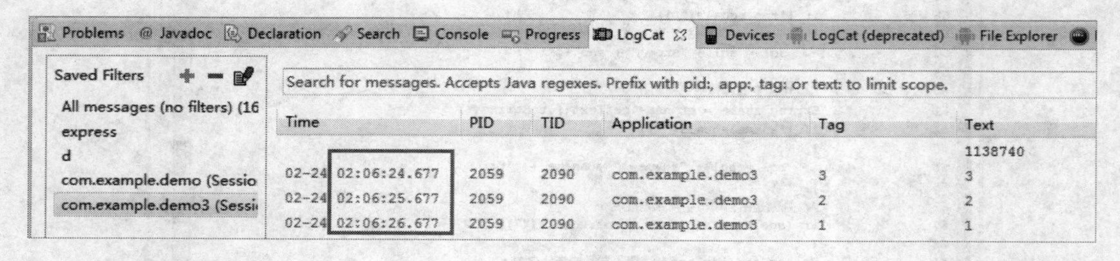

图 16-16　线程

程，便能达到单击“搜索”按钮，等待 3 秒才显示结果的效果。

2. 界面设计

布局跟前两个程序一样，无须改变。

3. 功能实现

1）线程 Runnable

【知识点】Runnable

通过 Runnable 接口创建线程，这个类必须实现 Runnable 接口中唯一的 run()方法。其格式如下：

```
class A implements Runnable{
    public void run(){
        //线程所要完成的工作
    }
}
```

要创建一个线程对象，还必须通过 Thread 类。会用到 Thread 类定义的两个构造方法，public Thread(Runnable target)和 public Thread(Runnable target，String name)。这两个构造方法中，参数 target 定义了一个实现了 Runnable 接口的类的对象的引用。新建的线程将来就是要执行这个对象中的 run()方法，而新建线程的名字可以通过第二个构造方法中的参数 name 来指定。实现代码如下所示：

```
A a = new A();
Thread thread = new Thread(a);
```

此时，线程对象才被创建(两条代码缺一不可)。如果想要执行该线程的 run()方法，则仍然需要通过调用 start()方法来实现。如

thread. start()。

程序自定义的线程类如图 16-17 所示。

Android 应用程序运行后并不会在控制台内输出任何信息，但是 Android 提供了另一种方式——Log 类。在程序中输出日志，使用 android. util. Log 类。

该类提供了若干静态方法

```
Log. v(String    tag,    String    msg);
Log. d(String    tag,    String    msg);
Log. i(String    tag,    String    msg);
Log. w(String    tag,    String    msg);
Log. e(String    tag,    String    msg);
```

分别对应 Verbose，Debug，Info，Warning，Error.

tag 是一个标识，可以是任意字符串，通常可以使用类名＋方法名，主要是用来在查看日志时提供一个筛选条件.

Log 日志可在 Logcat 中观看。

如何打开 Logcat?

在 eclipse 的菜单 window→show view→other，打开如图 16-18 的 show view。

```
myThread.java    MainActivity.java

package com.example.demo3;

import android.R.integer;

public class myThread implements Runnable
{
    public myThread()
    {
        // TODO Auto-generated constructor stub
    }

    @Override
    public void run()
    {
        // TODO Auto-generated method stub
        for(int i=3;i>=1;i--){
            try{
                //等待1秒
                Thread.sleep(1000);
                //显示倒计时模式
                String s = "" + i;
                Log.i(s, s);
            } catch (InterruptedException e)
            {
                // TODO Auto-generated catch block
                e.printStackTrace();
            }
        }
    }

}
```

图 16-17　myThread

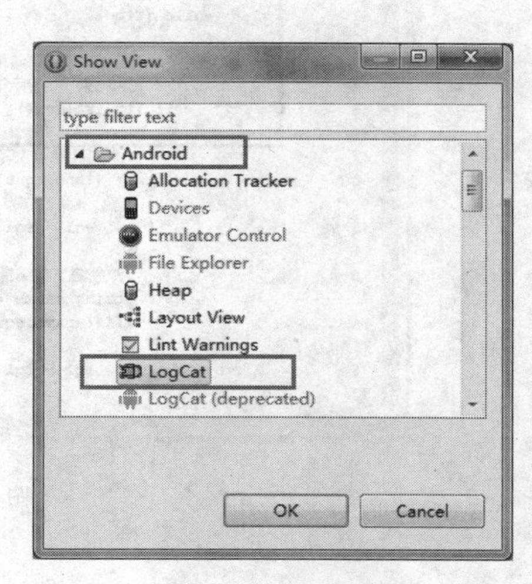

图 16-18　show view

单击 Android 下的 Logcat 便能观看日志。如图 16-19 所示便是 Logcat。

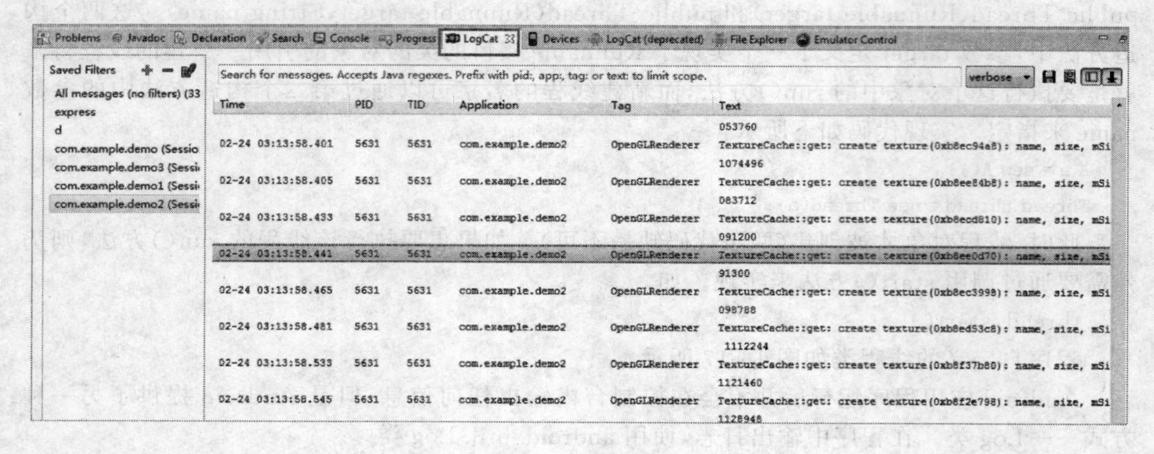

图 16-19　Logcat

2）完善功能

Onclick 完善功能的代码如图 16-20，图 16-21 所示。

只是在判断文本编辑框的文本之前添加线程就可以了。

DB.java　MainActivity.java

```
42
43      @Override
44      public void onClick(View v)
45      {
46          // TODO Auto-generated method stub
47          switch (v.getId())
48          {
49          case R.id.btn_search:
50              // 实例化一个DB对象
51              DB db = new DB(this);
52              String sql = "select * from student where ";
53              // 在java字符串比较是否相等，使用.equals函数
54              String sno = et_number.getText().toString();
55              // 实例化自定义的线程对象
56              myThread thread = new myThread();
57              Thread t = new Thread(thread);
58              // 开始线程
59              t.start();
60              //使用死循环来达到不断判断线程是否已结束的目的
61              while (true)
62              {
63                  // 判断线程是不是结束了
64                  // 如果结束了便显示结果
65                  if (!t.isAlive())
66                  {
67                      // 如果 学号 文本编辑框不为空，那么将信息提取出来
68                      if (!sno.equals(""))
69                      {
70                          sql = sql + "sno='" + sno + "' ";
71                      }
72                      // 姓名 文本编辑框也是如此
73                      String sname = et_name.getText().toString();
74                      if (!sname.equals(""))
75                      {
76                          sql = sql + "sname='" + sname + "'";
77                      }
```

图 16-20　thread1

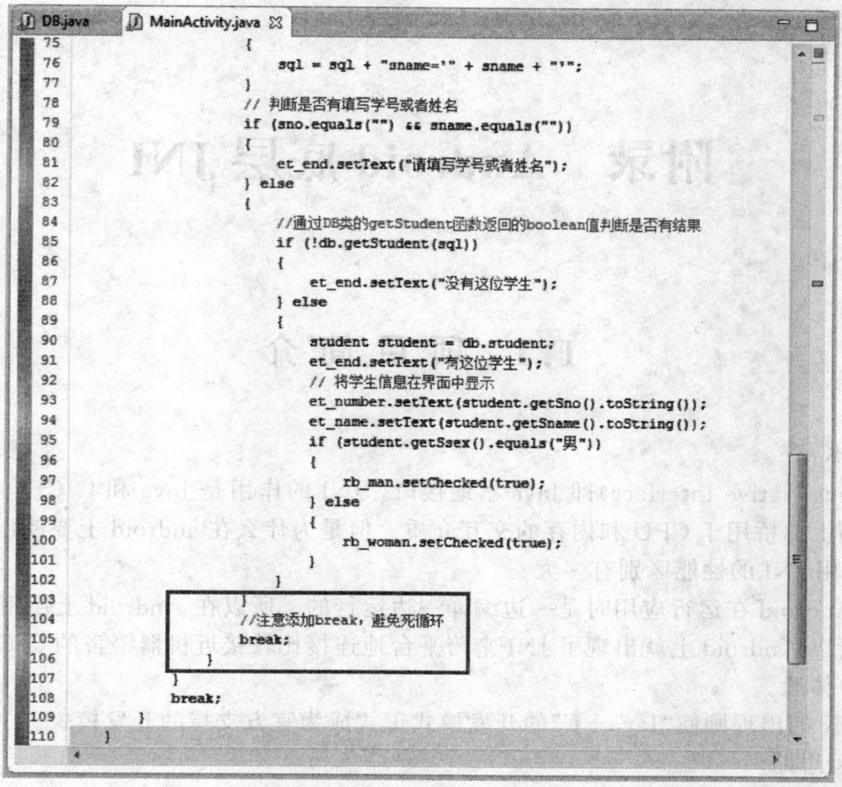

```
DB.java    MainActivity.java
75                  {
76                      sql = sql + "sname='" + sname + "'";
77                  }
78                  // 判断是否有填写学号或者姓名
79                  if (sno.equals("") && sname.equals(""))
80                  {
81                      et_end.setText("请填写学号或者姓名");
82                  } else
83                  {
84                      //通过DB类的getStudent函数返回的boolean值判断是否有结果
85                      if (!db.getStudent(sql))
86                      {
87                          et_end.setText("没有这位学生");
88                      } else
89                      {
90                          student student = db.student;
91                          et_end.setText("有这位学生");
92                          // 将学生信息在界面中显示
93                          et_number.setText(student.getSno().toString());
94                          et_name.setText(student.getSname().toString());
95                          if (student.getSsex().equals("男"))
96                          {
97                              rb_man.setChecked(true);
98                          } else
99                          {
100                             rb_woman.setChecked(true);
101                         }
102                     }
103                 }
104                 //注意添加break，避免死循环
105                 break;
106             }
107         }
108         break;
109     }
110 }
```

图 16-21　thread2

16.3　项目心得

本次实训并不复杂，包含了 Android 最基本的控件、数据库和线程的知识点。可以让学过 GUI 同学简单的了解 Android 中使用 java，也可以让没接触过 java 的同学了解 java，学习 Android。

16.4　参考资料

Cursor：

http://www.2cto.com/kf/201109/103163.html

附录 Android 底层 JNI

F.1 项目简介

1）NDK

JNI(Java Native Interface)即 Java 本地接口。JNI 的作用是 Java 和 C/C＋＋的交互层。类似于电脑上北桥用于 CPU 和内存的交互介质。但是为什么在 android 上要使用 JNI？使用 JNI 和不使用 JNI 的性能区别有多大？

因为 Android 在运行应用时是一边编译一边运行的。所以在 Android 上使用应用程序会相对慢。所以 Android 上就出现了 JNI 来跨平台地连接比较接近机器语言的 C/C＋＋。以此来增强用户体验。

而 NDK 的出现则使“Java＋C”的开发模式正式成为官方支持的开发模式。

2）实验思路

(1) 使用 JNI 处理同一张图片。将图片像素传递给 C/C＋＋函数进行处理。处理步骤如下。

(2) 不使用 JNI 处理同一张图片。将图片传递给 Java 函数进行处理。处理步骤如下。

(3) 在应用程序标题处显示处理图片所用时间。

处理图片步骤：①灰度转换。②边缘检测。③负片处理。

3）实验目的

实验主要围绕使用 JNI 处理图片和不使用 JNI 处理图片的耗时对比。

4）实验环境

(1) PC 环境

系统：ubuntu12.04 64 位。

CPU：i5-3230。

内存：8GB。

(2) 测试环境

系统：Android4.4。

CPU：全至 A31。

内存：2GB。

(3) 实验工具：

① 已经配置好的 Ndk

配置方法：

• 于谷歌官网下载 ndk 工具 https://developer.android.com/tools/sdk/ndk/index.html。下载平台为 Linux 64-bit(x86)

• 解压文件 android-ndk-r9c-linux-x86_64. tar. bz2。

• 配置环境变量,如图 F-1 所示。

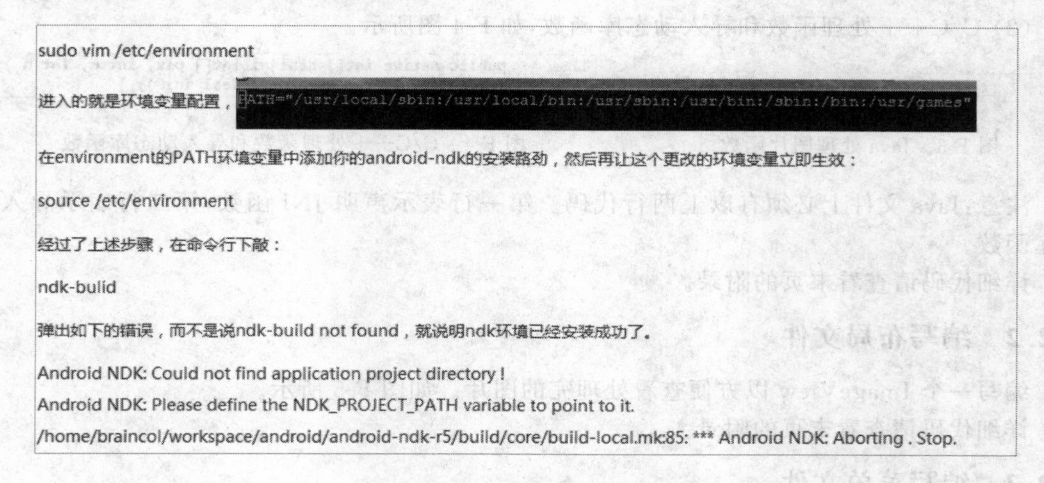

图 F-1　环境变量配置

参考网站:http://my. eoe. cn/sandking/archive/2999. html

② Eclipse

• 于谷歌官网下载 ADT。http://developer. android. com/sdk/index. html。下载平台为 Linux 64-bit。

• 解压文件 adt-bundle-linux-x86_64-20131030. zip。

• 配置环境变量。见参考网站。

F. 2　案例设计与实现

F. 2. 1　编写 Java 程序

在 eclipse 中创建工程,如图 F-2 所示。

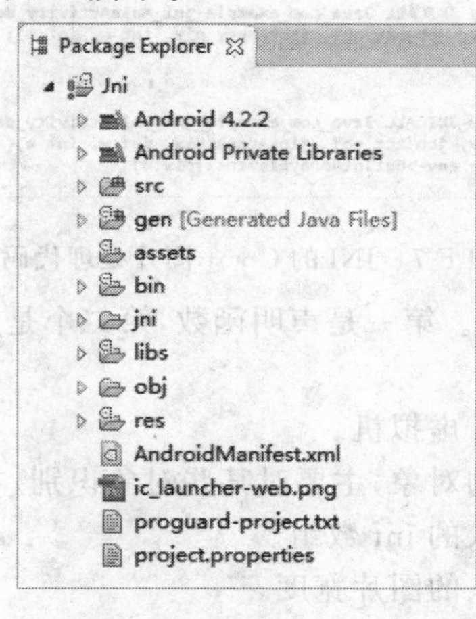

图 F-2　创建 JNI 项目工程

Java 文件 MainAcitvity 中主要有两部分组成：

(1) Java 处理图片函数，如图 F-3 所示：

(2) C/C++处理函数和导入动态库函数，如 F-4 图所示。

```
61⊖    public Bitmap deal(Bitmap b_new)
```

图 F-3　Java 处理图片函数

```
116        public native int[] dealjni(int[] pix, int w, int h );
117        static {System.loadLibrary("deal_jni"); }
```

图 F-4　C/C++处理函数和导入动态库函数

注意：Java 文件上必须有以上两行代码。第一行表示声明 JNI 函数，第二行表示导入动态库函数。

详细代码请查看末页的附录。

F.2.2　编写布局文件

编写一个 ImageView 以方便查看处理完的图片。如图 F-5 所示。

详细代码请查看末页的附录。

F.2.3　编写菜单文件

编写两个选项，分别为使用 Java 和使用 C/C++处理图片，如图 F-6 所示。

```
8     <ImageView
9         android:layout_width="match_parent"
10        android:layout_height="match_parent"
11        android:scaleType="fitCenter"
12        android:id="@+id/mimageView"
13        android:background="@drawable/test"
14        />
15
```

图 F-5　ImageView 属性

```
3       <item
4           android:id="@+id/java"
5           android:orderInCategory="100"
6           android:showAsAction="never"
7           android:title="使用JAVA"/>
8
9       <item
10          android:id="@+id/c"
11          android:orderInCategory="100"
12          android:showAsAction="never"
13          android:title="使用C"/>
```

图 F-6　创建两个选项分别使用不同语言处理图片

详细代码请查看末页的附录。

F.2.4　编写 JNI 代码

编写 JNI 的 C++代码，如图 F-7。要注意的是：

```
7  extern "C" {
8  JNIEXPORT jintArray JNICALL Java_com_example_jni_MainActivity_dealjni(
9          JNIEnv* env, jobject obj, jintArray pix, int w, int h);
10 }
11 ;
12
13⊖JNIEXPORT jintArray JNICALL Java_com_example_jni_MainActivity_dealjni(
14         JNIEnv* env, jobject obj, jintArray pix, int w, int h){
15     jint* pix_new = env->GetIntArrayElements(pix,0);
16
```

图 F-7　JNI 的 C++图片处理代码

代码出现了两个一样的函数。第一是声明函数，第二个是重写函数。

函数中参数表示：

第一个参数表示传入的 Java 虚拟机。

第二个参数是 Java 虚拟机的对象，主要对某些对象识别，本次实验不需使用。

第三个参数是 Java 代码传入的 int 数组。

第四个参数是 Java 代码传入的图片宽度。

第五个参数是 Java 代码传入的图片高度。

详细代码请查看附录。

F.2.5 编写脚本文件

编写脚本文件：

(1) 文件名：Android. mk

第一行表示生产代库文件的路径。

第二行表示声明变量。

第三行表示库文件的名字。

第四行表示要编译的文件。

第五行表示生成的目标为库文件。

```
1 LOCAL_PATH := $(call my-dir)
2
3 include $(CLEAR_VARS)
4
5 LOCAL_MODULE    := deal_jni
6 LOCAL_SRC_FILES := deal_jni.cpp
7
8 include $(BUILD_SHARED_LIBRARY)
```

图 F-8 Android. mk 脚本文件

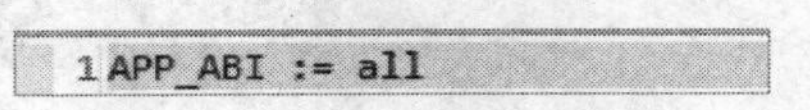

图 F-9 Application. mk 脚本文件

(2) 文件名：Application. mk

表示适用所有架构的平台。架构平台分别有：armeabi-v7a，x86，mips 等，有兴趣的可以参考一下百度。

将 jni 文件和脚本文件放在同一个文件夹，如图 F-10 所示。

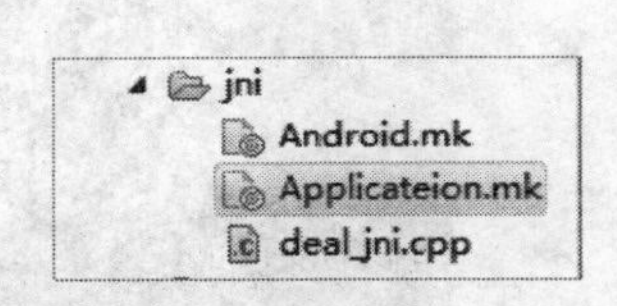

图 F-10 将 JNI 文件和脚本文件放置在同一个文件夹下

图中均放在 JNI 项目下的 JNI 文件夹上。

F.2.6 生产 so 文件

在终端进入 JNI 文件所在的文件夹(为了方便起见，将 JNI 项目放在了桌面)，输入 ndk-build 命令。出现如下图 F-11 证明完成。

图 F-11 NDK 创建成功

生成后刷新一下项目，在项目 libs 文件夹中会多一个文件，如图 F-12 所示。

图 F-12　libs 文件夹中多出一个文件

F.2.7　调试

在 eclipse 中运行。

F.3　实验结果与分析

这是原始图片(没有处理前)，如图 F-13 所示。

图 F-13　原始图片效果

以下分别多次使用非 JNI(Java 函数)和 JNI(调用 C/C++函数)处理图片的结果，我们可以观察处理时间：

图 F-14　使用 Java 处理图片 1

图 F-15　使用 Java 处理图片 2

图 F-16　使用 Java 处理图片 3

以下均为使用 JNI 处理图片(调用 C/C++函数)的结果：

图 F-17　使用 C/C++处理图片 1

图 F-18　使用 C/C＋＋处理图片 2

图 F-19　使用 C/C＋＋处理图片 3

经过多次实验，可以看到使用和不使用 jni 处理同一张图片所花费的时间。不使用 JNI 处理图片所花费的时间一般在 4 秒左右，而使用 jni 处理图片所花费的时间一般在 3.3 秒左右。同样大小为 1440×960 的图片，相差了约 0.7 秒。所以如果 Android 系统全部用 Java 语言的话，用户体验会大大降低。

其实 Android 上大量地使用了 JNI。例如：

(1) 硬件的驱动是用 C/C＋＋来编写，Android 使用 JNI 来更好地控制硬件（硬件包括：LCD 显示屏、信号接收器、网卡、摄像头、传感器、按键等）。

(2) 大型的手机游戏也要通过 JNI 来增加图像处理的速度，达到增强用户体验的目的。

本次实验到此结束，如果对 JNI 感兴趣的话可以查看 ndk 文件夹里面的 sample 文件夹。其中包括许多 Android 使用 JNI 的例子。

F.4 参考资料

以下是源代码参考：

(1) 文件名：MainActivity. java，目录 Jni/src/com/example/jni/MainActivity

```
package com. example. jni;

import android. os. Bundle;
import android. app. Activity;
import android. graphics. Bitmap;
import android. graphics. Bitmap. Config;
import android. graphics. BitmapFactory;
import android. view. Menu;
import android. view. MenuItem;
import android. widget. ImageView;

publicclass MainActivity extends Activity {
    public Bitmap bit ;
    publiclongstart,end;
    public ImageView image;

    @Override
    protectedvoid onCreate(Bundle savedInstanceState) {
        super. onCreate(savedInstanceState);
        setContentView(R. layout. activity_main);

        bit = BitmapFactory. decodeResource(getResources(),R. drawable. test);
        image = (ImageView)findViewById(R. id. mimageView);
    }

    @Override
    publicboolean onCreateOptionsMenu(Menu menu) {
        //Inflate the menu; this adds items to the action bar if it is present.
        getMenuInflater(). inflate(R. menu. main,menu);
        returntrue;
    }

    @Override
    publicboolean onOptionsItemSelected(MenuItem item){
        switch(item. getItemId())
        {
        case R. id. java: //使用 java 处理图片
```

```
            start = System.currentTimeMillis();
            Bitmap b_new = Bitmap.createBitmap(bit,0,0,bit.getWidth(),bit.getHeight());
            Bitmap b = deal(b_new);
            end = System.currentTimeMillis()-start;
            image.setImageBitmap(b);
            this.setTitle("JAVA use" + end + "");
            break;
        case R.id.c:  //使用 jni 处理图片
            start = System.currentTimeMillis();
            Bitmap b_new_jni = Bitmap.createBitmap(bit,0,0,bit.getWidth(),bit.getHeight());
            int pix[] = newint[bit.getWidth() * bit.getHeight()];
            b_new_jni.getPixels(pix,0,bit.getWidth(),0,0,bit.getWidth(),bit.getHeight());
            int[] result = dealjni(pix,bit.getWidth(),bit.getHeight());
            Bitmap resultbit = Bitmap.createBitmap(bit.getWidth(),bit.getHeight(),Config.ARGB_8888);
            resultbit.setPixels(result,0,bit.getWidth(),0,0,bit.getWidth(),bit.getHeight());
            end = System.currentTimeMillis()-start;
            image.setImageBitmap(resultbit);
            this.setTitle("c++ use:" + end + "");
            break;
        }
        returnsuper.onOptionsItemSelected(item);
    }

    //处理图片函数
    public Bitmap deal(Bitmap b_new) {
        // TODO Auto-generated method stub
        Bitmap b = null;
        int w = bit.getWidth();
        int h = bit.getHeight();
        int pix[] = newint[w * h];
        b_new.getPixels(pix,0,w,0,0,w,h); //获取图片像素
        int gray[][] = newint[h][w];
        int[][] resultGray = newint[h][w];
        int x = 0,y = 0,index = 0;

        int alpha = 0xff000000;
        //图片转换为灰度
        for (int i = 0; i<h; i++) {
            for (int j = 0; j<w; j++) {
                int color = pix[w * i + j];
                int red = ((color & 0xff)>>16);
                int green = ((color & 0xff)>>8);
                int blue = color & 0xff;
                color = (red + green + blue)/3;
```

```
                    gray[i][j] = color;
                }
            }
            for(int i = 0;i<h;i++)
            {
                for(int j = 0;j<w;j++)
                {
                    resultGray[i][j] = 255;
                }
            }
            //边缘检测
            for(int i = 1;i< h-1;i++)
            {
                for(int j = 1;j< w-1;j++)
                {
    x = 1 * gray[i - 1][j - 1] + 2 * gray[i - 1][j] + 1 * gray[i - 1][j + 1] - 1 * gray[i + 1][j - 1] - 2 *
gray[i + 1][j] - 1 * gray[i + 1][j + 1];
    y = 1 * gray[i - 1][j - 1] + 2 * gray[i][j - 1] + 1 * gray[i + 1][j - 1] - 1 * gray[i - 1][j + 1] - 2 *
gray[i][j + 1] - 1 * gray[i + 1][j + 1];
                    resultGray[i][j] = (int)Math.sqrt(x * x + y * y)/2;
                    if(resultGray[i][j]>255)
                    {
                        resultGray[i][j] = 255;
                    }
                }
            }
            //负片处理
            for(int i = 0;i<h;i++)
            {
                for(int j = 0;j< w;j++)
                {
                    resultGray[i][j] = 255 - resultGray[i][j];
                    pix[index] = alpha |( (resultGray[i][j] << 16) | (resultGray[i][j] << 8) |
resultGray[i][j]);
                    index++;
                }
            }
            b = Bitmap.createBitmap(pix,w,h,Bitmap.Config.ARGB_8888);
            return b;
        }

    //声明 jni 函数和导入 jni 动态库
    publicnativeint[] dealjni(int[] pix,int w,int h);
    static {System.loadLibrary("deal_jni");}
}
```

(2) 文件名:activity_main.xml。目录:Jni/res/layout/ activity_main.xml

```
<? xmlversion = "1.0"encoding = "utf - 8"? >
<LinearLayoutxmlns:android = "http://schemas.android.com/apk/res/android"
```

```
android:layout_width="match_parent"
android:layout_height="match_parent"
android:orientation="vertical"
android:gravity="center">

<ImageView
android:layout_width="match_parent"
android:layout_height="match_parent"
android:scaleType="fitCenter"
android:id="@+id/mimageView"
android:background="@drawable/test"
/>
</LinearLayout>
```
(3) 文件名:main.xml。目录:Jni/res/menu/ main.xml
```
<menuxmlns:android="http://schemas.android.com/apk/res/android">

<item
android:id="@+id/java"
android:orderInCategory="100"
android:showAsAction="never"
android:title="使用 JAVA"/>

<item
android:id="@+id/c"
android:orderInCategory="100"
android:showAsAction="never"
android:title="使用 C"/>

</menu>
```
(4) 文件名:deal_jni.cpp。目录:Jni/jni/deal_jni.cpp
```
#include<jni.h>
#include<stdio.h>
#include<stdlib.h>
#include<math.h>
#include<malloc.h>
//声明函数
extern"C" {
JNIEXPORT jintArray JNICALL Java_com_example_jni_MainActivity_dealjni(
        JNIEnv * env,jobject obj,jintArray pix,int w,int h);
}
;
//重写函数
JNIEXPORT jintArray JNICALL Java_com_example_jni_MainActivity_dealjni(
        JNIEnv * env,jobject obj,jintArray pix,int w,int h){
    jint * pix_new = env->GetIntArrayElements(pix,0);

    int i,j,x = 0,y = 0;
    int size = w * h ,index = 0;
```

```
    int * * gray , * * result_2D;
    gray = (int * * )malloc(h * sizeof(int * ));
    result_2D = (int * * )malloc(h * sizeof(int * ));
    for(i = 0;i<h;i + + )
    {
        gray[i] = (int * )malloc(w * sizeof(int));
        result_2D[i] = (int * )malloc(w * sizeof(int));
    }

    if(pix_new = = NULL)
    {
        return 0;
    }
    int alpha = 0xff000000;
    //图片转换灰度
    for (int i = 0; i<h; i + + ) {
        for (int j = 0; j<w; j + + ) {
        int color = pix_new[w  *  i + j];
        int red = ((color & 0xff)>>16);
        int green = ((color & 0xff)>>8);
        int blue = color & 0xff;
            color = (red + green + blue)/3;
            gray[i][j] = color;
            result_2D[i][j] = 255;
        }
    }
    //边缘检测
    for(int i = 1;i< h - 1;i + + ){
        for(int j = 1;j< w - 1;j + + ){
        x = 1 * gray[i - 1][j - 1] + 2 * gray[i - 1][j] + 1 * gray[i - 1][j + 1] - 1 * gray[i + 1][j - 1] -
2 * gray[i + 1][j] - 1 * gray[i + 1][j + 1];
        y = 1 * gray[i - 1][j - 1] + 2 * gray[i][j - 1] + 1 * gray[i + 1][j - 1] - 1 * gray[i - 1][j + 1] -
2 * gray[i][j + 1] - 1 * gray[i + 1][j + 1];
            result_2D[i][j] = (int)sqrt(x * x + y * y)/2;
            if(result_2D[i][j]>255)
            {
                result_2D[i][j] = 255;
            }
        }
    }
    //负片处理
        for(int i = 0;i<h;i + + )
        {
            for(int j = 0;j< w;j + + )
            {
                result_2D[i][j] = 255 - result_2D[i][j];
                pix_new[index] = alpha |( (result_2D[i][j] << 16) | (result_2D[i][j] << 8) |
result_2D[i][j]);
```

```
            index++;
        }
    }
    //新建数组
    jintArray result = env->NewIntArray(size);
    //复制数组内容
    env->SetIntArrayRegion(result,0,size,pix_new);
    //释放空间
    env->ReleaseIntArrayElements(pix,pix_new,0);
    //释放空间
    free(gray);
    free(result_2D);
    //将新生成的数组返回 java
    return result;
}
```

(5) 脚本文件

I. 文件名:Android.mk。目录:Jni/jni/Android.mk

```
LOCAL_PATH := $(call my-dir)
include $(CLEAR_VARS)
LOCAL_MODULE    := deal_jni
LOCAL_SRC_FILES:= deal_jni.cpp
include $(BUILD_SHARED_LIBRARY)
```

II. 文件名:Application.mk。目录:Jni/jni/Application.mk

```
APP_ABI := all
```